中國古農書集粹

王思明——主編

鳳凰出版社

目録

佩文齋廣群芳譜（下）

（清）汪　灝　等　編修

佩文齋廣羣芳譜卷第六十八

木譜

松一

【原】松百木之長猶公故字從公磥砢多節盤根樛枝皮
麤厚望之如龍鱗四時常靑不改柯葉三鬣者爲栝子
松七鬣者爲果松千歲之松下有茯苓上有兎絲又有
赤松白松鹿尾松秉性尤異至如石橋怪松則蟠巖隨
石所礙鬱不得伸變爲偃蹇離奇輪囷非松之性也
【增】廣雅道梓松也〔酉陽雜俎〕金松葉似麥門冬葉中
一縷如金綫出浙東台州尤多　洛中有魚甲松　學
圃餘疏栝子松俗名剔牙松歲久亦生實

【彙考】【原】書禹貢岱畎絲枲鉛松怪石〔詩衛風〕淇水滺
滺檜楫松舟　【增】〔鄭風〕山有橋松　【原】〔小雅〕如松柏之
茂無不爾或承　〔魯頌〕徂來之松　松桷有舄路寢孔
碩〔商頌〕陟彼景山松柏丸丸　松桷有梴旅楹有閑
寢成孔安〔禮記禮器〕其在人也如竹箭之有筠也如
松柏之有心也二者居天下之大端矣故貫四時而不
改柯易葉〔周禮夏官〕河內曰冀州其利松柏〔左傳〕
培塿無松柏　松柏之下其草不殖〔論語〕夏后氏以
松　歲寒然後知松柏之後凋也〔史記龜策傳〕松柏
爲百木長而守門閭〔晉書山濤傳〕濤年踰耳順居喪
過禮負土成墳手植松柏〔孫綽傳〕綽所居齋前種一

株松恒自守護鄰人謂之曰松樹子非不楚楚可愛但
恐永無棟梁用耳綽答曰楓柳雖復合抱亦何所施耶
【增】〔晉書孝友傳〕許孜二親沒建墓於縣之東山列植
松柏亘五六里時有鹿犯其松栽孜悲嘆曰鹿獨不念
我乎明日忽見鹿爲猛獸所殺置於所犯栽下孜悵惋
不已乃爲作冢埋於隧側猛獸卽於孜前自撲而死孜
益嘆息又取埋之自後樹木滋茂而無犯者〔石勒載
記〕太興二年大雨霖中山常山尤甚滹沱泛溢衝陷山
谷巨松僵拔浮於滹沱東至渤海原隰之間皆如山積
〔宋書符瑞志〕宋文帝元嘉八年四月東莞莒縣松樹
連理　【原】〔陳書儒林傳〕後主嘗幸鍾山開善寺召從臣

坐於寺西南松林下勅召張譏豎義時索麈尾未至後
主勅取松枝手以屬譏曰可代麈尾顧謂羣臣曰此卽
是張譏後事〔魏書彭城王勰傳〕高祖幸代都次於上
黨之銅鞮山路旁有大松樹十數根時高祖進繖遂行
而賦詩令人示勰曰吾始作此詩雖不七步亦不言遠
汝可作之比至吾所令就之也時勰去帝十餘步遂且
行且作未至帝所而就詩曰問松林松林經幾冬山川
何如昔風雲與古同高祖大笑曰汝此詩亦調責吾耳
【增】〔劉芳傳〕芳以社稷無樹上疏曰按論語稱夏后氏
以松殷人以柏周人以栗便是世代不同而尚書逸篇
則云太社惟松東社惟柏南社惟梓西社惟栗北社惟

槐如此便以一代之中而五社各異也愚以爲宜植以
松何以言之逸書云太社惟松今者植松不慮失禮惟
稷無成證稷乃社之細蓋亦不離松也世宗從之 原
甄琛傳琛喪父於塋兆之內手種松柏隆冬之月負擔
水土鄉老哀之咸助加功十餘年中墳成木茂 增 隋
書隱逸傳徐則東海郯人也入天台山絕穀養性所資
惟松水而已 南史孝義傳庾沙彌母亡晝夜號慟墓
在新林忽生旅松百許株枝葉鬱茂有異常松 隱逸
傳關康之少而篤學姿狀豐偉特進顏延之等當時名
士十許人入山候之見其散髮披黃布帊席松葉枕一
塊白石而臥了不相盼延之等各嗟而退 顧歡鄉中

有學舍貧無以受業於舍壁後倚聽無遺忘者夕則燃
松節讀書或燃糠自照 陶弘景特愛松風庭院皆植
松每聞其響欣然爲樂 原 唐書李泌傳泌嘗取松樛
枝以隱背名曰養和後得如龍形者因以獻帝四方爭
效之 增 唐書彝表微傳表微授監察御史裏行不樂
曰吾將爲松菊主人不愧陶淵明云 鄭薰傳薰既老
號所居爲隱巖蒔松於庭號七松處士云 隱逸傳王
希夸居兗州徂徠餌松柏葉雜華年七十餘筋力柔強
原 唐書隱逸傳秦系客泉州南安有九日山大松百
餘章俗傳東晉時所植系結廬其上穴石爲研注老子
彌年不出 增 唐書儒學傳褚無量廬墓左鹿犯所植

松柏無量號訴曰山林不乏忍犯吾塋樹耶自是羣鹿
馴擾不復棖觸無量爲終身不御其肉 列女傳汴女
李父母亡廬於墓蓬頭跣足負土以完園塋蒔松數百
武后時詔樹闕門閭 五代史一行傳鄭遨聞華山有
五粒松脂淪入地千歲化爲藥能去三尸因徙居華陰
欲求之 山海經錢來之山其上多松 大荒之中有
方山上有青松名曰拒格之松日月所出入也 穆天
子傳天子升長松之隥 原 莊子受命於地惟松柏獨
也在冬夏青青 天寒既至霜雪既降吾是以知松柏
之茂也 荀子松柏經隆冬而不凋蒙霜雪而不變可
謂得其貞矣 歲不寒無以知松柏事不難無以知君

子 增 呂氏春秋百仞之松本傷於下而末槁於上
尸子荊有長松文梓 原 符子符子與玄子登乎泰山
下臨千仞之淵上蔭百仞之松蕭蕭然神王乎一丘矣
增 漢官儀秦始皇上封泰山遇疾風暴雨賴得抱松
樹因封爲五大夫 原 說苑智襄子爲室美士茁曰記
有之高山峻原不生草木松柏之地其土不肥今土木
勝人臣懼其不安人也 增 神仙傳松者橫也時受服
者皆至三百歲 焦氏易林瀏山松柏鬱鳳以庇 禮
斗威儀君乘木而王其政升平時則松爲常生 環氏
吳紀孫皓嘗問張尚曰詩云汎彼柏舟惟柏中舟乎尚
對曰詩言檜楫松舟則松亦中舟也 原 玉策記千歲

松樹枝葉四邊披起上杪不長望而視之有如偃蓋其
中有物或如青牛或如青犬或如人皆壽萬歲〔抱朴
子〕天陵偃蓋之松大谷倒生之柏皆與天齊其長地等
其久 增 〔抱朴子〕成帝時獵者於終南山見一人無衣
服身皆生黑毛跳坑越澗如飛乃密伺其所在合圍取
得乃是一婦人問之言是秦之宮人關東賊至秦王
出降驚走入山饑無所食有一老翁教我食松柏葉實
初時苦澀後稍便吃遂不復饑冬不寒夏不熱此女是
秦人至成帝時三百餘載矣〔遊四郡記〕永寧縣界海
中有松門西岸及嶼上皆生松故名松門〔會稽記〕會
稽境特多名山水峰崿隆峻吐納雲霧松栝楓柏擢榦

竦條澄壑鏡徹清流瀉注〔拾遺記〕始皇起雲明臺窮
四方之珍木東得漂檖龍松 原 〔聖賢冢墓記〕東平王
歸國思京師後薨葬東平其冢上松柏皆西靡 增 〔先
聖本紀〕許由欲觀帝意曰帝坐華堂面雙闕君之榮顧
亦得矣余坐華堂森然有松生於戶雲生於牖雖面雙
闕異乎鸞之榮崑崙余安知其所以取榮哉〔神境記〕
滎陽郡南有石室室後有孤松千丈常有雙鶴晨必接
翮夕輒偶影傳曰昔有夫婦二人俱隱此室年既數百
化成雙鶴〔泰山記〕岱宗小天門有秦時五大夫松在
〔廬山記〕石門北巖即松林也有數百樹松大皆連拱
長近二十丈攢生絕崖上南廊石門澗澗中仰視之離

離如駢麈尾號麈尾松〔嵩高山記〕嵩嶽有大松或百
歲千歲其精變爲青牛或爲伏龜採食其實得長生〔
豫章古今記〕松門在豫章北二百里江水遶山上有松
柏則江西第五六重水口也〔西河舊事〕祁連山在張
掖酒泉二界上東西二百里北百里有松栢五木美水
草〔金陵地記〕蔣山本少林木東晉令刺史罷還種松
百株宋時諸州刺史罷職還者栽松三百株下至郡守
各有差〔洛陽伽藍記〕景明寺房簷之外皆是山池松
竹蘭芷垂列堦墀含風團露流香吐馥 原 〔水經注〕蕭
水又歷白杜西有徐孺子墓吳嘉禾中太守長沙徐熙
於墓隧種松 徂徠山多松柏詩所謂徂徠之松也鄒

山記曰徂徠山在梁甫奉高博三縣界猶有美松〔金
樓子〕武帝每拜山陵涕淚所灑松爲變色 增 〔述異記〕
松有兩鬣三鬣七鬣者言如馬鬣形也言粒者非矣
香洲在朱崖郡出千年松香聞十里亦謂之十里香〔
高僧傳〕天台智者院釋行滿居房檻外有巨松橫枝之
上寄生小樹每滿出坐其寄生必婀娜向側時謂此樹
作禮茶頭也〔初學記〕後漢方儲丹陽人遭母憂負土
成墳種松柏鸞鳥棲其上白兎游其下〔錄異記〕婺州
永康縣山亭中有枯松樹因斷之誤墜水中化爲石取
未化者試於水隨亦化焉其所化者枝榦及皮與松無
異但堅勁有未化者數段相兼留之以旌異物焉〔開

元天寶遺事明皇鑾輿西幸禁中枯松復生枝葉葱蒨宛若新植後肅宗平內難重興唐祚枯松再生祥不誣矣　大唐新語玄奘法師往西域取經手摩靈巖寺松枝曰吾西去求佛教汝可西長吾歸卽東向使吾弟子輩知之旣去其枝年年西指一年忽東向弟子曰教主歸矣果還至今謂之摩頂松　酉陽雜俎成式修竹里私第大堂前有五鬣松兩根大財如碗甲子年結實味與新羅南詔者不別五鬣松皮不鱗中使仇士良水磑亭子在城東有兩鬣皮不鱗者又有七鬣者不知自何而得俗謂孔雀松三鬣松也松命根遇石則偃蓋不必千年也　南康有怪松從前刺史令畫工寫松必數枝

衰悴後一客與妓環飲其下經日松枯　不空三藏塔前多老松歲旱則官伐其枝爲龍骨以祈雨蓋三藏役龍意其木必有靈也　零陵總記東華觀在邵州城下江岸有松偃亞數枝凡八面上有一枝中折搭在半樹間復生垂下檽壇遊人以手扳而撼之則千萬枝皆動東野坐事謫居於郡見其魁異賞歎無已因爲詩并序云搖一枝則萬枝動看一面則八面同白犬出其根青羊入其腹漢高祖琥珀枕慮眞君茯苓人疑其孕也　汗漫錄司空圖隱於中條山芟松枝爲筆管人問之曰幽人筆正當如是　記事珠曰傳用胡松節支琴　原　摭言鍾輻建山齋于植一松夢朱衣吏曰松圍三尺子當及第後三十年策名松圍果然　增　聞奇錄呂知隱於洞庭山穿一松造草舍而居寶正中徵起鶴氅紗巾見武肅甚奇之　雲仙雜記朝眞觀九星院有三賢松三株如古君子梁爾老妓以麗水囊貯香遊之不數日松皆半枯　原　金陵記方山有野人見一使者異服牽一白羊野人問居何地答曰居偃蓋山隨至古松下而沒松形果如偃蓋意使者乃松精犬乃茯苓也　增　化書彌松所以能凌霜者藏正氣也　原　清異錄張薦明隱山林有古松十餘株謂人曰予人中之仙此松木中之仙也　晉僧法潛隱剡山或問勝友爲誰乃指松曰此蒼顏叟　增　傳載略越中禹志者郎高松數十株參

天遠望無不見故鄉人謂之禹志也　採蘭雜志雷威作琴不必皆桐遇大風雪中獨往峨嵋酣飲著蓑笠入深松中聽其聲連延悠颺者伐之斲以爲琴妙過於桐有最愛重者以松雪名之　文昌雜錄元微之詩云松門待制應全遠藥樹監搜可得知蓋有唐宣政殿爲正衙殿廷東西有四松松下待制官立班之地舊圖至今猶存　洛陽名園記松柏樅杉檜栝皆美木也洛陽獨愛栝而敬松松島數百年松也其東南隅雙松尤奇　因話錄察院諸廳禮察謂之松廳廳南有古松也　曲洧舊聞中嶽頂上松榦如插筆其間數株上巨下細柯似枯槎皮或剝落有半榮者僧指云此是嶽神爲珪禪

師夜移天將曉其鬼兵擢遽倒植之而去〔癸辛雜識〕凡松葉皆雙股故世以爲松釵獨栝松每穗三鬚而高麗所產每穗乃五鬣焉今所謂華山松是也李賀有五粒小松歌陸龜蒙詩松齋一夜懷貞白霜外空聞五粒風李義山詩松暄翠粒新劉夢得詩翠粒照清露皆以粒言松也酉陽雜俎云五粒者當言鬣自有一種名五鬣皮無鱗甲而結實多新羅所種云然則所謂粒者鬣也〔遊茅山錄〕臥龍松根盤如龍枝如覆屋常有道人結庵其下〔石湖詩注〕包山松多非種植風吹松子自成謂之飛松〔三峩山記〕山有塔松狀似杉而葉圓細亦不能高重重偃蹇如浮圖〔東齋記事〕秦始皇下泰

山風雨暴至休於樹下因封其樹爲五大夫初不言其爲何樹也後漢應劭作漢官儀始言爲松蓋松柏在秦山之小天門至劭時猶存故知其爲松也五大夫蓋秦爵之第九級如曹參賜爵七大夫遷爲五大夫是也後人不解遂謂松之封大夫者五故唐人松詩有不羡五株封之句蓋循襲不考之過也紹興上虞縣有村市曰五大故老云有焦氏墓於此後五子皆位至大夫因而得名近世好事者或異其說曰此秦封松爲五大夫之地也紹興間王十朋爲郡幕官採訪所聞作會稽風俗賦得此遂以爲然故賦中有楓挺千丈松封五夫之句疏於下云上虞有地名五夫始皇封松爲五大夫之處

蓋越人但知始皇嘗上會稽刻石頌德不知封松乃在泰山時非在會稽時也而十朋復失於致審遂以爲實余嘗過其處見道旁古石塔有刻字嘗可讀乃會昌三年余珠所記云草市曰五夫因焦氏立塋於此孝感上聖而爲名焉乃知五夫之名實由焦氏惜乎十朋之不見也〔湖山勝槩〕甘園內侍甘昇園又名湖曲曾經臨幸至今有御愛松〔老學庵筆記〕紹興間復古殿供御墨蓋新安墨工戴彥衡所造自禁中降出雙角龍文或云米友仁侍郎所畫也中宮欲於苑中作墨竈取西湖九里松作煤彥衡力持不可曰松當用黃山所產此平地松豈可用人重其有守〔誠齋詩注〕筠州人號夾道

松爲凉繖樹〔話腴〕慈谿縣西北有慶安寺寺前有古松夾道縣亘數里望之蒼蒼然其一最巨而奇蜿蜒若龍飛偃如蓋臨池之上寺後有泉出於深谷僧以巨竹連筒引行數里支分於松下石池溢入於溪舒龍圖亶有詩云門前屏障遠潺湲付與林僧夜定還松蓋作雲遮十里竹龍行雨出千山白公香火蓮開後謝氏池塘草夢閒我亦鳳凰臺上客圖閒却笑未能閒其後邑長沈時升有造舟之役聃覘茲松將斧斤焉里士馮文學覘作詩以遺沈賴以不伐松因詩而壽焉詩曰巢松一榦老蒼蒼古寺門前歲月長匠伯偶圖舟楫利禪翁方患斧斤傷得全此日同齊物勿翦他年比召棠可但與

君期久遠相將俱列大夫行〔艮嶽記〕壽山西半山間
樓曰倚翠青松蔽密布於前後號萬松嶺〔陶朱新錄〕
伊陽深山中有黑松山頂高四十里其上皆大松有二
株尤大一號大將軍一號小將軍大者圍約三疋小者
圍一疋木客取材於此皆祭之以絹圍訖造旛挂其上
政和間求明堂柱而邑官以無中程者聞旣而有人告
發云大松不可出小松可取也乃命告者以官而令佐
皆謫巳伐之亦不可出告者尋卒今獨大將軍尚在而
小者委於山間惜哉〔山川紀異〕翊眞觀在南昌府城
西南觀有二松相去五尺合爲一榦號曰義松〔兩山
行記〕太霄殿前石壇上有大松名昇仙樹門右有松高

與壇樹等名望仙〔輟耕錄〕白湛淵先生續演雅詩發
揮云灤人薪巨松童山八百里世無奚超勇惆悵度易
水者取松煤於灤陽卽今上都去上都二百里卽古松
林千里其大十圍居人薪之將八百里也〔林慮山記〕
墨竈寺山門有曰松皮葉皆異〔研莊雜記〕鮮于伯機
嘗於廢圃中得怪松一株移置所居齋前呼爲支離叟
朝夕撫翫以爲適〔西苑記〕自兩掖洞門而升上有古
松三株枝餘槎牙形狀偃蹇如龍奮爪拏空突兀天表
〔遊茅山記〕夜深宿方丈左室聞戶外聲澎湃淜滂飄
忽飍激如秋江怒濤又如大將之師萬馬奔騰千里驟
驟予意是日熱必大雨虞其妨遊攬衣起徐耳之蓋松

風云山客人寂境乃如是宜陶貞白之愛聽也〔霍山
記〕山有古松數株高數丈槎枒詭怪如青幢鐵榦枝皆
東向〔齊雲山記〕元武觀後古松數十天矯如虬龍皆
數百年物〔長安客話〕國子監彝倫堂前古松是元儒
許衡手植〔原〕〔雨航記〕自惠山寺門入西曰聽松松在
斷岡上大可十圍奇曲皆虬枝入聽松緣岡皆士大夫
家墓隧松楸白楊青沾翠灑其最勝曰邵文莊墓墓上
三松大逾聽松者二倍而奇峭不逮〔增〕〔光福記〕山間
蒼松萬餘樓閣臺榭宛然圖畫柏屏蘿幄在在有之
〔天目遊記〕天目山松形如蓋高不踰數尺一株値萬餘
錢〔遊盤山記〕崖西一古松頂稠結受日光若絺衣方

傾而樂之從東崖得松似更奇朱題曰蒼龍乃折中盤
下而觀所謂蒼龍者破石罅中出騈起而中權怒枝南
傾如渴虬之欲攫遠北而西抵環翠亭亭面山松屏之
幷東西厓者爲三望而第其伯仲焉〔登岱記〕十八盤
兩峽口各有松數十株蒼翠相掩里人名爲對松自嶺
以上松益老他樹殊不相敵蓋至此則玄雲宿霜孤寒
不受春花矣〔遊梁記〕密東三里天妃宮地上樹一松
圍五人起三枝而上可十丈色如傅粉粉內卽綠膚爪
之髓出葉如鐵線樛曲詭怪云數千年矣〔遊岱記〕峡
東西松數百株斜出蒼翠相掩博物志云松本石氣石
還受沙卽產松松三千年更化爲石泰山多松亦以之

石耳〔玉堂別集〕京師報國寺有松七八株高不過丈許其頂甚平而枝榦旁出至十餘丈者數百莖夭矯如遊龍寺僧恐其折每一榦以一木支之加丹堊焉好事者攜酒上其頂盤踞羣坐焉〔五雜俎〕建州谷道中有數松盤拏蹙縮形勢殊絕余嘗過之歎其生於荒僻無能賞者又十數武石碣表於周道大書曰戰龍松朱晦翁筆也乃知古人識鑒其先得我心若此〔半塘小志〕松林在千佛閣後僅存百株風濤鼓之如數部鼓吹晴嵐煙翠映帶閣間儼然宋人圖畫〔登泰山記〕御障坪有五大夫松一株亭亭其間於是爲五大夫之詩曰一家天下車書同我快秦皇虎視雄用事介丘臨綠海特

官蚪叟號蒼公雨師洗灑原淸道木長緜綸本壽翁盧塈橋槐何足賦龍門琴摯斫蒼桐此詩蓋翻案五大夫秦官名第九爵非五株也而唐之目爲五株者誣蓋或後人有舉五以實之者向來二今存其一〔王屋山志〕四聖殿後御愛松一株軒轅所憩處枯久尚堅甚不腐

〔原〕閩志蔡襄爲閩部使者夾道種松以避炎歊人至今賴之〔增〕〔福建志〕侯官縣石松寺宋紹興十年僧天石種松石上故名又自刻詩云偃蓋覆巖石歲寒傲霜雪深根蟠茯苓千古饒風月〔毘陵志〕洪邁紹興間與弟适遵讀書外家沈氏白茅山墳廬是歲墓有二松結毬蓋既而兄弟舉博學宏詞亦木之祥也〔杭州志〕於潛牧嶺上有古松一本錯盤奇怪嘗有兄弟鬩墻欲訟於有司夜行憩其下遲明辨色相視乃伯仲也遂各悔咎息爭而還因名松爲木長官

〔原〕南昌志建昌冷水觀壽松一株盤屈奇古又名挂劒松相傳許遜故事又府城東北章山上喬松修篁森列交蔭〔都昌縣志〕都昌柴棚鎮有古松一株太祖征僞漢時駐蹕其下萬曆甲申知縣王廷策卽地建亭掘得白蠟一枚畜之江又建前亭監梁有赤鯉從空飛下

〔增〕〔台州府志〕出金松垂條如弱柳結子如碧珠三年乃一熟每歲生者相續一年上綴於條上璀錯相間〔黃山志〕黃山松小者雖數十年百年其長不過三四尺餐雲吸霧天然盤

屈每一株成一形無有重複者儘足供盆盎中賞玩而根蟠絕壁過者目戀而無由攫取之若觀音大士石有楊枝灑淨松仙人觀榜石有晉纓松丞相觀棋石有棋枰松其最著也若松之大者則或以形體爭奇或以托地取勝如擾龍松怒蟠於千仞峰巔蒲團松可坐十數人破石松根丈餘穿於石罅倒挂松虛懸峭壁臥龍松橫踞道旁接引松夾中當橋迎送松若揖若讓變化離奇不一而足均不可以尋常比矣〔羅浮志〕羅浮奉宸橋南有古松七株上凌霄漢仙靈常此憩息鄒葆光有道術宣和中召至凝神殿有七人從之倏不見上問爲誰葆光對曰臣居山常習劒術此七人者古松也上異

之
原唐沙門性至孝母亡墓前忽生松柏十餘株人
以爲孝感所致　元珪法師坐禪於巖阿下忽有岳神
來并請受正法師付戒畢神曰願展小神通師曰吾東
嶺無松此處多松汝能移於東嶺乎神曰敬聽命願勿
恐拜辭而去是夜雷雨交至次日見巖前松皆移東嶺
　支硎山有晉松三十餘章傳爲支遁所栽高可巢鶴
大可蔽牛士人腰斧入山賴趙凡夫護之射書關使君
馬仲艮捐俸買贖截樹築石爲古公壇葛震父諸君皆
有歌
集藻〔傳〕**原**明洪璐木公傳　木公字貞夫系出伏羲氏世
居東莞三代前無顯者或曰黃帝時有業斲輪者爲帝

作舟車以濟不通商時居景山者事高宗周末居徂徠
者事魯僖公俱擅雄材爲君柱明堂棟宗廟安於泰山
磐石天下之民賴其帡幪而功業弘大嬴秦之世族盛
於魯始皇封泰山幸其宅值風雨因休息移時以功封
大夫命世其爵漢高帝誅秦惡其爲秦幸臣勒石禁錮
以是木姓皆匿深山窮谷中終漢之世無所聞晉季有
孤生與陶元亮居爲鄰元亮解印歸日撫孤生詩酒盤
桓藉以終餘年其後陶隱居亦招木氏拔萃者數人館
庭下爲貧賤交暇日葉或播其風聲欣然顧曰君輩可
謂善鳴者而假之鳴二姓遂爲累世通家與有十八公
者以占夢知書生丁固大顯貴後果應人皆神之唐德
宗朝崔斯立丞藍田有葉姓者日與吟哦韓昌黎爲文
記之自後知名頗多公先世家蜀父官江南而公生長
榦黟邑多鬚髯器宇軼宏壯有勁節老而蒼顏癯姿負
正氣挺高標炎寒不貳與古烈士爭茂簡素垂不朽名
借其習隱不仕龍臥空谷若千年閭衛人蒼庭鈞有直
名大庾人白先春美丰度乃請結歲寒盟時羣陰用事
衆皆屈膝斂容倉卒變萎獨三友堅持操烈猶暘春人
未嘗見其有悴色庭鈞雪後節或折輒笑曰君子固窮
胡爲乎然哉庭鈞遂起自持又見先春事粉飾戲之曰
吾聞以貌取人失之子羽吾友果君子者乎抑色莊者
乎先春慚遽謝曰無傷也前言戲之耳交益固一日有

相者見之謂人曰木公材大當晚用上必倚之爲廟廊
韋洪基於萬億斯年第先時不免有戕賊之災公聞之
懼遂深自韜晦以保天年云
〔記〕**增**宋王十朋巖松記　友人有以叢松至梅溪者異質
叢生根銜拳石茂焉匪枯森焉匪喬柏葉松身氣象聳
焉藏參天覆地之意於盈握間亦草木之英奇者予頗
愛之植以瓦盤置之小室稽古之暇寓陶先生鄭處士
之趣焉是日與同舍飲談故事因共觀之咸有欲得之
色余曰有能賦之以言者予弗敢吝俄而篇章爭先而
並至皆佳作也余不暇品第之莫知所贈因徙置於會
趣堂與一齋之衆共之且告之曰諸友講於斯食於斯

遊息於斯是松也常在眼焉奚必几案間然後爲吾物耶 明劉基遊松風閣記松風閣在金雞峯下活水源上予今春始至留再宿皆值雨但聞波濤聲徹晝夜未盡閱其妙也至是往來止閣上凡十餘日因得備悉其變態蓋閣後之峯獨高於群峯而松又在峯頂仰視如幢葆臨頭上當日正中時有風拂其枝如龍鳳翔舞離褷蜿蜒轇轕徘徊影落簷瓦間金碧相組繡觀之者目爲之明有聲如吹塤篪如過雨又如水激崖石或如鐵馬馳驟劍槊相磨戛忽作草蟲鳴切切乍大乍小若遠若近莫可名狀聽之者耳爲之聰予以問上人上人曰不知也我佛以清淨六塵爲明心之本凡耳目之入皆

虛妄耳予曰然則上人以是而名其閣何也上人笑曰偶然耳留閣上又三日乃歸 原 姚綬三松記雲東逸史手植三松於堂偃而就枕夢三丈夫衣碧茸之衣冠鱗皴之冠搖水玉之佩引二髯角于于而來離立而前曰先生其陶隱居之流乎不然何孜孜於吾三人者如此耶抑將如王祐之於三槐乎吾三人者挺歲寒而不移干雲霄而不屈其色蒼蒼不晨改而夕變其聲肅肅不後蕩而泚濫其勢喬喬不骯髒而促蹙何愧於槐彼槐之南柯容蟻爲國憧憧往來吾無是也昔丁固十八公事得之於兆先應之於日後視槐何如今先生雖無數仞之勝而有一堂之安遂易退之心得隱居之趣且

身親培植無君子必儆之語何其高哉願先生養利器於盤錯保貞心於歲寒衆皆靡靡吾獨挺挺衆皆營營吾獨舒舒衆皆競華敷榮吾獨完貞葆素不炫材力而材力饒不求聞達而聞達茂庶先生愛吾三人之意不虛哉逸史方退縮不敢當忽見髯童持姑射之冰藥搖湘君之翠羽翩翩焉周旋有儀作長蚪之舞而歌曰鳥翼飛兎足走寧栽桑莫栽柳柳易凋零未何有吾蜿蜒兮落君手君吾樹兮巨靈守再歌曰儼儼兮山中無山兮有庭蘢蘢兮容容吾得左盤右轉兮如旋風君之樂兮樂無窮三歌曰鳳鳴朝陽兮鶴鳴在陰於吾和兮知吾心請君爲我兮試援所御之瑤琴歌竟悚然驚寤推

枕而起但見三樹參差布列堂下時天寒折膠璧月流輝不覺時就夕矣因受柬而爲之記

說 原 明王夢澤松說夫天喬萬類惟松秉異是以後凋之旨著於魯論有心之言垂於戴記榮枯不隨乎冬春霜露莫致其感變彼蒲柳之姿先秋而萎桃李之芳競春而妍橘柚之質過汶而化豈可並日而稱貞齊軌而語雋哉若其永托根之慕則明發於楸梧篤連枝之愛則戀結於棠棣拓一本之想則滋植於芝蘭茂晚節之貞則桑榆自王稀奕葉之蔭則杞梓日倍至於餌滲液以制頹齡悟本性以致嘉遯幸匠石之不逆冀散木之得永則仙靈之最品隱淪之獲稱矣 無名氏愛松說

大抵松之爲物極地氣不能移歷歲寒不爲改大類有道君子顧當其始生困蓬蒿阨牛羊摧折於斧斤者往往而是惟托根深山大壑蘇之以風雨照之以日月籠之以輕煙薄霧而又飽飫雪霜延歷歲時然後翠蕤摩空鐵榦拂漢蚪撇鱗射夭矯扶疏爲故國偉觀良亦不易矣愛松者當何如珍護耶

題跋【增】宋周必大盤松贊跋德壽宮苑囿分四地分盤松在其北御製贊如右今大府丞張鎡以遺廬陵曾三異屬臣題其後臣嘗敬觀御製祭土地文爲此松也其文云神有百職職各不同典司草木土示是供我游湖園乃獲奇松植之禁苑百態千容婆娑偃蓋夭矯騰龍

翠色凝露清音舞風醉吟閒適予情所鍾壅培封殖久或力窮烏鳥外擾蟻蠹內攻神其勦絶勿使能終精邪竊據盜斧適逢神其呵逐勿使遺蹤常令勁質坐閱隆冬堅踰五柞弱異雙桐歷千萬年鬱鬱葱葱稚牢旨酒嗣錄汝功併錄以遺三異使寶藏之

雜著【增】唐符載植松論楚國圭人嗜材奉異有樹美松於庭者培沃土灌甘澤根柢深固柯葉暢達居三十年起盈尺挺於累丈始鋌筋大於拱抱高姿傑然若陵重霄主人方凝睇結意曰是可採之矣將行斧焉客有過之者曰噫其甚也是木有戞雲之姿有搆廈之材繩墨太速恐夭其理今植於庭除之間充耳目之玩常見狎近氣色不振若徙於嵩岱之間沆瀣之華注於內日月之光薄於外祥鸞嗷嗷戲其上流泉湯湯鳴其下巖岫重複漠漠然清淨靈風四起聲掩竽籟是時也當境勝神王拔地千丈根實黃泉枝摩青天則可以柱明堂而棟大厦也豈遐曠之旨捨此而取其榱桷棼橑哉主人曰客言雖濶而無岸然余終能大之矣

銘【增】宋黃庭堅天保松銘有序衡州花光山實衡嶽之南麓有松傑出磅礴雲表晉陵鄒浩嘗以問長老仲仁曰方法堂佛殿鼎新之時他山之木尚入繩墨乃不以爲材耶仲仁曰自其合抱以來睥睨於其旁者踵相尋而至豈特吾寺之人哉但以適當天子壽山之前故不

敢運斤耳因告之曰若題天保之名乎其此物以見意止言如南山之壽而以松柏之茂繼焉今山前之松可謂茂矣宜以天保名之仁請著以示後於是乎銘曰山有喬松在南山之陽巧匠覩傍莫之能傷非此以爲材可以全生得極其高大惟時太平薄海內外罔不稽首歸美以報如松之茂惟此獨也乃能長且久勿伐勿敗祝聖人壽

明邵寶松壇銘賢哉二大夫昔聞其語今乃見之古色蒼然挺乎儼而我壇於斯祭其離立山空無人仰不可及

贊【增】宋謝惠連松贊松惟靈木擬心雲端跡絶玉除形寄青巒予欲我知求之歲寒

庾肅之松贊流潤飛津

沉精幽結貞姿含芳仰拂素雪（唐于邵吳使君廳鄭華原壁畫松樹讚）貴之者眞得之者難松有勁質匠乎筆端森疎空倚挺拔上干如出絕壑若生大寒枝蟠龍變皮折龜攢青蘿若挂白鷺愁看美華原之墨妙能入室而思殫願主人之此壽從君子之靜觀（符載江陵府陟岵寺雲上人院壁張璪員外畫雙松讚）世人丹青得畫遺跡張公運思與造化敵根如蹲虯枝若交戟離披慘淡寒起素壁高秋古寺僧室虛白至人凝視心境雙寂（陸龜蒙怪松圖贊并序）有道人自天台來示余怪松圖披之甚駭人目根盤於巖穴之內輪囷偪側而上身大數圍而高不四五尺礧磈然蹙縮然榦不暇枝

枝不暇葉有若龍攣虎跛壯士囚縛之狀道人曰是何奇怪之如是耶子能變之乎余曰草木之生安有怪耶苟肥瘠得其中寒暑均於外不爲物所凌折未有不挺而茂者也況松柏乎今不幸出於巖穴之內脞脆者則磈然之牙伏屈其下矣何自奮之能爲是松也雖稚氣初折而正性不辱及其壯也力與石鬭乘陽之威怒已之軋拔而將升卒不勝其壓擁湧鬱遏坌憤激訐然大醜彰於形質天下指之爲怪木吁豈異人乎哉天之賦村之盛者蚤不得用於世則伏而不舒薰蒸沉酣日進其道權擠勢奪卒不勝其阨號呼呶拏發越赴訴然後大奇出於文彩天下指之爲怪民嗚呼木病而後怪不

怪不能圖其眞人病而後奇不奇不能駭於俗非始不幸而終幸者耶道人曰然爲吾贊之贊曰松生陰隘巖獄穴械病乎不快卒以爲怪擁腫支離神羞鬼疑道人咨嗟筆傳其奇或怪乎形或奇於辭我爲怪魁是以贊之（宋高宗盤松贊）天錫瑞木得自嶔岑枝蟠數萬榦不倍尋怒騰雲勢靜奏琴音凌寒鬱茂當暑陰森封以腴壤溉以碧潯越千萬年以慰我心

佩文齋廣羣芳譜卷第六十九

木譜

松二

〔集藻〕賦

〔御製松賦〕猗歟喬松鍾靈上苑柯百尺以如峯蓋千年而欲偃散積秀於蓮峯蔭孤芳於蘭畹標豔冶之不矜抗風塵其獨遠若夫盤根泰岱聳幹匡廬涵貞濕蝡泱彩蔚衢比德則質符君子授秩則名榮大夫三眠遂其勁節百木讓爲仙株爾其綠玉抽鍼黛蛾攢葉天矯虬鱗騰趠龍鬣謖謖離羣森森爽矗碧駕嶧桐翠增甍英至十圍蓊鬱連抱龍從濤乍驚而疑雨聲既遠而猶風弘景聞之於牖北陶

潛撫彼於籬東吏若招柏爲朋呼筠借響白兔頻遊青牛蜎往蘿蔦旁牽芝苓暗長落氛霧於瓊階藹菁葱於書幌或俯垂紫磴或斜倚清池鸞獨鶩而啄實鶴載舞而巢枝日臨照兮光蔚蒼月流素兮陰紛披緊符丘之神王羌偓佺所心怡是以茂姿式詠於雅詩貞修表揚於戴禮賁山則棟欲生雲石室則脂堪作餌非幽品之可懷曷詳美於圖史至若皁衣迎氣白草迷烟或霏千里冰凝萬川橘柚罷色杞梓藏妍獨斯樹之不改歷歲寒而蒼然涼飆至弗移其操洒陰積彌著其堅信國家之楨幹而表德者所取焉

〔齊〕齊王儉和蕭子良高松賦山有喬松峻極青葱既抽榮於岱嶽亦擢穎於荊峯受靈命於后土方嵩舜以齊蹤貫四時而不改超五玉之嘉名上拂天而獨遠下流雲而自重重陰微微漏景含暉日既升而猶晦時方中而未曦通霄泱而隱影集鸑鷟之翻飛儐佺食和而輔性墨翟昌言於宋闡想周穆之長坂念東平之思歸若乃朔窮於紀歲亦暮止降冰霰戢飛雪千里暨三秀而靡遺望九山其相似翔應哀廻於大津振鷺鷥鳴於川泱嗟萬有之必衰獨貞華之無已積皓薇而爭先延微颸而響起

〔謝朓和蕭子良高松賦〕鬬品物於幽記訪叢育於祕經延紀林之彌望識斯松之最靈挺於巖以羣茂臨於水而宗生豈榆柳之比性指其椿而等齡若

夫修幹垂蔭喬柯飛穎望肅肅而既閒即微微而方靜懷風音而送聲當月露而留影既芊眠於廣隰亦迢遞於孤嶺集九仙之羽儀棲五鳳之光景固總木之爲選貫山川而自永爾乃青春爰謝雲物含明江皋綠草暖然已平紛弱葉而凝照競新藻而抽英陵翠山其如剪施懸蘿而共輕至於星廻窮紀沙應相飛同雲泱其無色陽光沉而滅暉卷風颸之欻吸積霰雪之嚴霏豈彫貞於歲暮不受令於霜威若乃體同器制質兼上材夏書稱其岱畎周篇詠其徂徠乃屈巳以弘用構大壯於雲臺幸爲玩於君子留神心而顧懷若王乃從讌蘭室解佩明椒寨幽藹於夕陰詠鄴幹於寒朝陵高丘以致

思御風景而逍遙夷藏冕之隆貴懷汾陽之寂寥邈道
勝於千祀蘊神理而自超夫江海之爲大實涓澮之所
歸瞻衡恒之峻極不讓壤於塵微嗟孤陋之無取幸閒
道於淸徽理弱羽於九萬愧不能兮奮飛　梁沈約高
松賦鬱彼高松棲根得地託北園於上邸依平臺而養
翠若夫蟠株聳榦之懿含星漏月之奇經千霜而得拱
仰百仞而方枝朝吐輕烟薄霧夜宿迷鳥羈雌露雖滋
而不潤風未動而先知旣梢雲於淸漢亦倒景於華池
輕陰蒙密喬柯布濩葉斷禽蹤枝通猨路聽騷騷於旣
曉望隱隱於將暮曖平湖而濛靑綠拂緗綺而籠丹素
於時風急壟首寒浮塞天流蓬不息明月孤懸檀欒之

竹可詠鄒枚之客存焉淸都之念方遠姑射之想悠然
擢柔情於蕙圃涌寶思於珠泉豈徒爲善之小樂離繳
之短篇若此而已乎 【原】唐王勃澗底寒松賦并序歲
八月壬子旅遊於蜀尋茅谿之澗深溪絕磴人跡罕到
爰有松焉冒霜停雪蒼然百丈雖崇柯俊頴不能踰其
崖嗚呼斯松託非其所出羣之器何以別乎葢有殊類
而合情士因感而成興遂作賦曰惟松之植於澗之幽
盤柯跨嶮沓柢憑流寓天地兮何日霑雨露兮幾秋見
時華之屢變知俗態之多浮故其磊落殊狀森梢峻節
紫葉吟風蒼條振雪嗟英鑒之希遇保貞容之未缺攀
翠崿而形疲指丹霄而望絕已矣哉葢用輕則資衆器

完則施寡信榱梁之已成非榱桷之相假徒志遠而心
屈遂才高而位下斯在物而有焉余何爲而悲者 【增】
謝偃高松賦登靈嶽以遊目極千里兮周睇盡山川之
重沓容雲物之詭怪何茲松之挺茂擢修榦於孤林映
丹霄而有葉凌靑霞而矯心前絕萬仞却倚千尋俯崢
嶸之深谷仰迢遞之層岑寡夕烟而曖景度神飈而流
音若乃月起陽爻歲窮陰律匝地冰厚周空霧密雪積
巖而逾峻風乘林而轉疾結晻靄之愁雲黯蒼茫之寒
日於是衆草零羣木墜千巖槁萬嶺悴獨潔固而不渝
常猗猗而結翠始見貞而表潔乃以叢而辨類夫其深
山遂性委液流津感天地之粹質稟陰陽之精純根含

冰而彌固枝負雪而更新旣無懼於玄月寧有悅乎芳
春含奇文而養勁收高節而自珍恥取媚於樗子嗤受
封於亡秦本絕希於雕刻詎有憂於斧斤若乃流膏可
咀嘉實可薦香有四飛味逾九轉延促齡於度闕駐生
涯於流電故餌之者目改服之者容變紛羽衣而上騰
排紫虛於高扇起九垓而憩息周四海而顧盼信神經
而最品實祕錄而精選嗟美材之無用悲側路之險巇
動跬步而致阻投一足而必危傷拙目之衆毀慨名工
之獨知仰徑寸而靡及屈百尺而自卑縈白雲以舒蓋
接丹桂而變枝凝暉遠而澹景纖羅挂而輕颸窮萬祀
而不異歷千秋而不萎豈茲木之足歎亦前賢之所規

何吾生之命舛懷丹誠而莫披心炳朗而無報情蕩滌
而不羈任儻來之否泰委玄運之遭隨戢輕翮而未舉
蹴逸足而莫馳質未榮而先悴寧泛駕而致疲誠貴躬
而咎已豈藏瑕而掩疵恒怯進而勇退每知雄而守雌
庶比茲以自勗履貞固而不虧〔李紳寒松賦〕松之生
也於巖之側流俗不顧匠人未識無地勢以衒容有天
機而作色徒觀其貞枝肅矗直榦芊眠倚層巒則捎雲
蔽景據幽澗則蓄霧藏烟穹石盤薄而埋根凡經幾載
古藤聯綠而抱節莫記何年於是白露零涼風至林野
慘慄山原愁悴彼衆盡於玄黃斯獨茂於蒼翠然後知
落落高勁亭亭孤絕其爲質也不易葉而改柯其爲心

也甘冒霜而停雪叶幽人之雅趣明君子之奇節若乃
確乎不拔物莫與隆寒暑不能變其性雨露所以資其
豐擢影後彫一千年而作蓋流形入夢十八載而爲公
不學春開之桃李秋落之梧桐辭曰負棟梁兮時不知
冒霜雪兮空自奇諒可用而不用固斯焉而取斯〔李
德裕金松賦并序〕廣陵東南有顏太師猶子舊宅其地
則孔北海故臺余因暁春夕景命駕遊眺忽睹奇木植
於庭除枝似欅松葉如瞿麥迫而察之則翠葉金貫爍
然有光訪其名曰金松訊其所來曰得於台嶺乃就主
人求得一本列於平泉今聞封植得地枝葉益茂敘其
所自作此賦焉青春已暮白日將夕經顏子之陋巷訪

孔子之舊宅美珍木之在庭得嘉名於樵客曩擢本於
合嶺近徙根於簷隙其柯肅肅自比於貞松其葉纖纖
實侔於瞿麥風入葉而成韻露垂柯而流液不受命於
嚴霜諒同心於寒柏含春藹而葱蒨映夕陽而的皪疑
翠尾之羣翔若金潭之旁射雜爽籟於篔竹混晶光於
瑤碧琪樹以垂珠而擅名金松以潛光而莫覿亦由處
子在於隱淪奇才遺於草澤我有彌宇依山岑寂類仲
長之清曠如蕭幸之窮僻植根此地似在崖壁殊橘柚
之不遷同甘棠之可惜庶封殖於園林永愛翫而無斁
〔無名氏幽松賦〕惟天地之覆載厲日月之貞明幸雲
雨之廣潤及草木之滋榮代何材而不用材何代而不

生若乃地勢卑而路修迥有孤山曲澗之幽松挺百尺
而敷其狀聳千仞而擢其容柯榦夭矯花葉芊茸枝横
棲鶴蓋偃盤龍蹙皮膚而文疊峞宏磊砢而谷深重伐
人之所未見匠者之所未逢抱雅操兮積年載持槪節
兮佇時雍梢森乎巖之畔扶疎兮山之足稟二儀而自
清居四時而常綠其孤高也則排煙而蕩霧其貞堅也
則超代而越俗偏睹日而疏陰遂自然而孤直起踰有
叔夜之材入夢表丁君之職澗底幸左思之詠歲寒蒙
孔丘之識偉哉盛矣屬時代兮多杞梓其用無隔窺幽
澗兮茂松柏梓待搆而見須松堪棟兮希擇其文理也
奇絕可以雕楹架棁其雅操也昂藏可以振雪凌霜向

日貞心擢臨風足氣揚深谷如蒙顧此地有材良王爾經過而歎曰帝德咸亨此松挺生公輸俯仰而顧曰王道利貞大廈用成希皇鑒之留盼感鬱鬱之餘情者也

〔宋〕王曾矮松賦有序 齊城西南隅矮松園自昔之間館北邦之勝槩二松對植卑枝四出高不倍尋周且百尺輪囷偃亞觀者駭目蓋莫知其年祀亦靡記夫本源蓋造化奇詭之絕品也曾咸平中忝鄉薦登甲科蒙被寵靈踐歷清顯幾三十載前歲秋始罷冢司出守青社下車之後省閭里訪故舊則曩之耆耋悉淪逝童冠皆壯老邑居風物觸目變遷惟彼珍樹依然故態竊謂是松也匪獨以後凋克固歲寒抑由擁腫支離不爲世用故能宅茲皋壤免於斤斧若向負構廈之材竦凌雲之幹將爲棟梁戕伐無餘又安得保其天年全其生理哉感物興歎聊爲賦云惟中齊之舊國乃東夏之奧區有園游之勝致直廛閈之坤隅偉茂松之駢植軼衆木而特殊上輪囷以天矯旁鬱蓊而紛敷廣庭廡之可蔽高尋常之不踰枝擁闕兮橫亘根蹙縮兮盤紆徒觀其前瞻林嶺却枕康衢宅寶勢兮葱鬱據右地兮膏腴類蟠蟄兮神蜧訏騰倚兮虎貙將挐攫兮未奮忽伏竄兮爭趨色鬬鮮兮欲滴形詭俗兮難圖遠而望之蔚兮若摶鵬之出滄海迫而察之黯兮若方輿之承寶蓋矗洞口之歸雲堆嵩阿之宿霧談揮麈兮何多被集翠兮增沈

廣羣芳譜 木譜二 松二 七

度朔吹兮颼飀含陽暉兮晻藹吾不知其幾千歲起毫末而碩大昔去里兮離邦攀綠條兮彷徨今剖符兮臨郡識奇樹兮青蒼忻光景兮邁邁嘉歲寒兮益彰葉甤甤兮不改情眷眷兮難忘異古人之歎柳協予志之恭桑信矣夫卑以自牧終然允臧效先哲之儆傲法幽經之伏藏願蹈影於澗底厭爭榮於豫章鄙直木兮先伐懼秀林兮見傷幸高梧之垂蔭愧修竹之聯芳鸞作迷於枳棘鷃每悞於榆枋媲周雅之蹐地符羲易之巽牀既交讓以屈節復善下而同方自儲精於甘實不受命於繁霜客有系而稱曰材之良兮梓匠之攸貴生之全兮蒙莊之所美苟入用於鉤繩寧委迹於塵滓俾其天性而稱珍曷若存身而受祉紛異趣兮誰與歸當去彼而取此

〔元〕任士林蟠松賦 渺堪輿之神氣孕東海之平蠻紛百昌之甲宅儼孤松之結蟠根半蝕以秀出枝萬折而回環允神物之附靈時矯首而盤桓瞰然鱗甲之四縱傑出頭角而巑岏霧市暝合雲衣晝飛非鞭霆而欲駕則既雨而初歸爾則童豎俛仰怳然劉累之馴擾風雨吟哦又似夫葉公解衣盤礴雷電至而飈馳也噫嘻龍爲物靈不離鱗甲蕩日月撼山淵不崇朝而雨六合何其神也桎梏禹宮之梁斲削雷澤之梭劍津之吏照水夜驚長房之竹騰波自駕象罔求而不得雲霧集而時化又何其幻也而況乎青髮君之盤蹤秦大夫

廣羣芳譜 木譜二 松二 八

之春容妙婉蜒於氣毋抱不化之神蹤龍不知其爲松松不知其爲龍人不承澤螻蟻爲宮龍乎松乎出冡間之雷車走隴上之雨工松乎龍乎撫亭曲以一嘯山四立而長風

文賦散句 增 〔楚〕屈原九歌山中人兮芳杜若飲石泉兮蔭松柏 原 〔漢〕賈山至言秦爲馳道於天下廣五十步三丈而樹厚築其外隱以金椎樹以青松 〔晉〕曹毗對儒文松以負霜稱雋 〔陶潛〕歸去來辭三徑就荒松菊猶存 撫孤松而盤桓 〔齊〕孔稚珪北山移文青松落陰白雲誰侶 〔梁〕劉峻廣絕交論援青松以示心指白水而旌信 〔唐〕韓愈藍田縣丞廳壁記斯立對樹二松

日哦其間有問者輒對曰余方有公事子姑去 〔柳宗元〕送崔羣序貞松產於巖嶺高直聳秀條暢碩茂粹然立於千仞之表和氣之發也稟和氣之至者必合以正性於是有貞心勁質用固其本禦攘冰霜以貫歲寒故君子儀之 〔杜牧〕晚晴賦松數千枝切切交峙如冠劍大臣國有疑難廷立而議 〔宋〕白玉蟾文太微宮中奎星之精化而爲松矯矯鬱鬱然於巖霜積雪之間

五言古詩 增 〔魏〕劉楨贈從弟亭亭山上松瑟瑟谷中風風聲一何盛松枝一何勁冰霜正慘悽終歲恒端正豈不罹凝寒松柏有本性 〔晉〕張華擬古松生隴阪上百尺下無枝東南望河尾西北隱崑崖剛風振山籟歸鳥夜驚離悲涼貫年節葱翠恒若斯安得草木心不怨寒暑移 〔陶潛〕飲酒青松在東園衆草沒其姿凝霜殄異類卓然見高枝連林人不見獨樹衆乃奇提壺挂寒柯遠望時復爲吾生夢幻間何事紲塵羈 〔謝道韞〕擬嵇中散詠松遙望山上松隆冬不能彫願想遊下憩瞻彼萬仞條騰躍未能升頓足俟王喬時哉不我與大運所飄颻 〔無名氏〕長松標落落千丈松晝夜對長風歲暮霜雪時寒苦與誰雙 〔梁〕沈約寒松梢聳振寒聲青葱標暮色疎葉望嶺齊喬榦凌雲直 〔范雲〕詠寒松修條拂層漢密葉障天潯凌風知勁節負雪見貞心 〔吳均〕詠慈姥磯石上松根爲石所蟠枝爲風所碎賴我有貞

心終凌細草輩 〔隋〕李德林詠松樹結根生上苑擢秀邇華池歲寒無改色年長有倒枝露自金盤灑風從玉樹吹寄言謝霜雪貞心自不移 〔唐〕劉希夷孤松篇蠶月桑葉青鶯時柳花白澹豔煙雨姿敷芬陽春陌如何秋風起零落從此始獨有南澗松不歎東流水玄陰天地冥皓雪朝夜零豈不罹寒暑爲君留青青青青好顏色落落任孤直羣樹遙相望衆草不敢逼靈龜卜眞隱仙鳥宜棲息恥受秦帝封願言唐侯食寒山夜月明山冷氣清清凄兮歸風集吹之作琴聲松子卧仙岑寂聽疑野心清冷有眞曲樵採無知音美人何時來幽徑委綠苔吁嗟深澗底棄捐廣厦材 〔宋之問〕題張老松樹

歲晚東岩下周顧何悽惻日落西山陰衆草起寒色中有喬松樹使我長歎息百尺無寸枝一生自孤直〈張宣明山行見孤松成詠〉孤松鬱山椒肅爽凌清霄既挺千丈幹亦生百尺條青青恒一色落落非一朝大厦今已構惜哉無人招寒霜十二月枝葉獨不凋〈儲光羲石子松〉盤石青巖下松生盤石中冬春無異色朝暮有清風五鬣何人採西山舊兩童〈原〉李白南軒松 南軒有孤松柯葉自綿羃清風無閑時瀟灑終日夕陰生古苔綠色染秋煙碧何當凌雲霄直上數千尺〈增〉李白與南陵常贊府遊五松山 安石泛溟渤獨嘯長風還逸韻動海上高情出人間靈異可並迹淡然與世閑我來五松下置酒窮躋攀徵古絕遺老因名五松山五松何清幽勝境美沃州蕭颯鳴洞壑終年風雨秋響入百泉夫聽如三峽流翦竹掃天花且從傲吏遊龍堂若可憩吾欲歸精修〈贈韋侍御黃裳〉太華生長松亭亭凌霜雪天與百尺高豈爲微飇折桃李賣陽豔路人行且迷春光掃地盡碧葉成黃泥願君學長松慎勿作桃李受屈不改心然後知君子〈原〉杜甫四松 四松初移時大抵三尺强別來忽三載離立如人長會看根不拔莫計枝凋傷幽色幸秀發疎柯亦昂藏所插小藩籬本亦有隄防終然振撥損得愜千葉黃敢爲故林主黎庶猶未康避賊今始歸春草滿空堂覽物歎衰謝及茲慰淒涼

清風爲我起灑面若微霜足以送老姿聊待偃蓋張我生無根蔕配爾亦茫茫有情且賦詩事迹可兩忘勿矜千載後慘淡蟠穹蒼〈增〉顧況蕭寺偃松 淒淒百卉病亭亭雙松迴直上古寺深橫拂秋殿冷輕響入龜息片陰棲鶴頂山中多好樹可憐無比並〈盧綸孤松吟酬渾贊善〉深山荒松枝雪壓半離披朱門青松樹萬葉乘清露露重色逾鮮吟風似遠泉天寒香自發日麗影長圓陰郊一夜雪榆柳皆枯折迴首望君家翠蓋滿瓊花捧君青松曲自顧同衰木曲罷不相親深山頭白人〈柳宗元酬賈鵬山人郡内新栽松寓興見贈二首〉芳朽自爲別無心乃玄功夭夭日放花榮耀將安窮青松遺澗底擢蒔茲庭中積雪表明秀寒花助蔥蘢幽貞夙有慕持以延清風 無能常閑閑偶以靜見名奇姿來遠山忽似人家生勁色不改舊芳心與誰榮喧卑豈所安任物非我情清韻動竽瑟諧此風中聲〈商山臨路有孤松往來斫以爲明好事者憐之編竹成援遂其生植感而賦詩〉孤松停翠蓋託根臨廣路不以險自防遂爲明所悮幸逢仁惠意重此藩籬護猶有半心存時將承雨露〈原〉孟郊寓言 誰言碧山曲不廢青松直誰言濁水泥不污明月色我有松月心仍騁風霜力貞明既如此摧折安可得〈哀松〉近世交道衰青松落顏色人心忌孤直木性隨改易既摧棲日榦未展擎天力終是君

子材還思君子識 【增】〔孟郊品松〕追悲謝靈運不得殊
常封縱然孔與顏亦莫及此松此松大格高聳異千萬
重抓拏巨靈手擘裂少室峯擘裂風雨獰抓拏指爪牘
道入難抱心學生易墮蹤時時數點仙嫋嫋一線龍霏
微嵐浪際遊戲顥與濃品松徒高高雌鳴詎噰雝賞異
尚可貴賞潛詎能容名華非典實翦棄徒纖茸刻削大
雅文所以不敢慵〔元稹松樹〕華山高幢幢上有高高
松株株遙各各葉葉相重重槐樹夾道植枝葉俱冥蒙
既無貞直榦復有罥挂蟲何不種松樹使之搖清風秦
時已曾種顛頷稱不供可憐孤松意不與槐樹同閒在
高山頂樛盤虬與龍屈爲大廈棟庇蔭侯與公不肯作

行伍俱在塵土中〔畫松〕張璪畫古松往往得神骨翠
帚掃春風枯龍戛寒月流傳畫師輩奇態盡埋沒纖枝
無瀟灑頑榦空突兀乃悟埃塵心難狀煙霄質我去淅
陽山深山看眞物〔西齋小松二首〕松樹短於我清風
亦已多況乃枝上雪動搖微月波幽姿得閒地詎感歲
蹉跎但恐厦終搆藉君當柰何 簇簇枝新黃纖纖攢
素指柔芷漸依條短莎還半委清風日夜高凌雲竟何
已千歲盤老龍修鱗白茲始〔白居易和松樹〕亭亭山
上松一一生朝陽森聳上參天柯條百尺長漠漠塵中
槐兩兩夾康莊婆娑低覆地枝榦亦尋常八月白露降
槐葉次第黃歲暮滿山雪松色鬱青蒼彼如君子心秉

操貫冰霜此如小人面變態隨炎涼共知松勝槐誠欲
栽道傍糞土種瑤草瑤草終不芳尚可以斧斤伐之爲
棟梁殺身獲其所爲君構明堂不能終天年老死在南
岡不願亞枝葉低隨槐樹行〔松聲〕月好好獨坐雙松
在前軒西南微風來潛入枝葉間蕭寥發爲聲半夜明
月前寒山颯颯雨秋琴泠泠絃一聞滌炎暑再聽破昏
煩竟夕遂不寐心體但翛然南陌車馬動西鄰歌吹繁
誰知茲簷下滿耳不爲喧〔寄題盩厔廳前雙松〕憶昨
爲吏日折腰多苦辛歸家不自適無計慰心神手栽兩
樹松聊以當嘉賓乘春日一往生意漸欣欣清韻度秋
在綠茸隨日新始憐澗底色不憶城中春有時晝掩關

雙影對一身盡日不寂寞意中如三人忽奉宣室詔徵
爲文苑臣閒來一惆悵長似別交親早知煙翠前攀翫
不逡巡悔從白雲裏移爾落囂塵〔贈賣松者〕一束蒼
蒼色知從澗底來斸掘經幾日枝葉滿塵埃不買非他
意城中無地栽〔庭松〕堂下何所有十松當我階亂立
無行次高下亦不齊高者三丈長下者十尺低有如野
生物不知何人栽接以靑瓦屋承之白沙臺朝昏有風
月燥濕無塵泥疎韻秋槭槭涼陰夏淒淒春深微雨夕
滿葉珠蓑蓑歲暮大雪天壓枝玉皚皚四時各有趣萬
木非其儕去年買此宅多爲人所咍一家二十口移轉
就松來移來有何得但得煩襟開即此是益友豈必交

賢才顧我猶俗士冠帶走塵埃未稱為松主時時一愧
懷　〔栽松〕小松未盈尺心愛手自移蒼然澗底色雲濕
煙霏霏栽植我年晚長成君性遲如何過四十種此數
寸枝得見成陰否人生七十稀　〔姚合松壇〕盤盤松上
蓋下覆青石壇月中零露垂日出露上溥山翁稱絕境
海嶠無所覩　〔皮日休小松〕婆娑只三尺移來白雲徑
亭亭向空意已解凌遼覓葉健似虬鬚枝脆如鶴脛清
音猶未成紺彩空不定陰圓小芝蓋鱗澀修荷柄先然
被鷄搶預恐遭蝸病結根幸得地且免離離映傈砢不
難過在保晚成性一日造明堂為君當畢命　〔陸龜蒙
小松〕擢秀逋客巖遺根飛鳥徑因求飾清閟遂得辭危

負貞同柏有心立若珠無脛枝形短未怪鬣數差難定
況密三天風方遵四時柄那興培塿歎免荅鄰里病徵
霜靜可分片月疎堪映奇當虎頭筆韻叶通明性會拂
暘烏翩掄材膺帝命　〔宋王安石前日石上松〕前日石
上松劚移沙水際青青折釵股俯映幽人砌蟠根今邑
茂落子還蒼翠三年一楮葉世事真期費　〔蘇軾種松
得徠字〕春風吹榆林亂莢飛作堆荒園一雨過戢戢千
萬栽青松種不生百株望一枚一枚已有餘氣壓千畝
槐野人易斗粟云自魯徂徠魯人不知貴萬竈飛青煤
束縛同一車胡為乎來哉泣然解其縛清泉洗浮埃枝
傷葉尚困生意未肯回山僧老無子養護如嬰孩坐待

走龍蛇清陰滿南臺孤根裂山石直幹排風雷我今百
日客養此千歲材茯苓無消息雙鬢日夜摧古今一俛
仰作詩寄餘哀　〔戲作種松〕我昔少年日種松滿東岡
初移一寸陰瑣細如插秧二年黃茅下一一攢麥芒三
年出蓬艾滿山散牛羊不見十年餘想作龍蛇長夜風
波浪碎朝露珠璣香我欲食其膏已伐百本桑人事多
乖迕神藥竟渺茫朅來齊安野夾路鬚髯蒼會開龜蛇
窟不惜斤斧瘡縱未得茯苓且當食流肪金盎百出入
皎然散飛霜槁死三彭仇澡換五穀腸青骨凝綠髓丹
田發幽光白髮何足道要使雙瞳方却後五百年騎鶴
還故鄉　〔曾鞏高松〕高松高干雲衆木安可到湯湯鳴

寒溪偃偃倚翠纛側聽心神醒仰視目睛眊風雨天地
動一葉不敢倒豈同澗中萍上下逐流潦豈同牆根槐
卷卷秋可掃鳳凰引衆禽此木陰可壽君求百常柱星
日此可造般匠世有無方鍾野人好　〔孔平仲詠道上
松〕長松高落落積雪白皚皚鱗鬣凍且僵鬱結久不開
觀其纏壓意直使同枯荄鵰帶寒光去鳥傳春信來微
陽入直幹生意忽已回豁若醉初醒整頓出塵埃秀色
媚山腹孤標摩斗魁時至自當復安得長摧頹若非根
本壯何能異草萊　〔黃庭堅道中聞松聲〕蟠空作風雨
發地鳴鼓吹日晴四無人聲在高林際伊優兒女語寒
淺市井議我欲抱七絃寫此以卒歲　〔秦觀題雙松寄

陳季常遙聞連理松託根黄麻城枝枝相鉤帶蕤葉同
死生雖云金石姿未免兒女情想應風月夕滿庭合歡
聲 〔陸游〕秋夕大風松聲甚壯戲作短歌人生不自憐
坐受外物械榮華難把玩俄頃皆變壞山樓亦何有耳
目差曠快秋郊多烈風夜竅起松籟初聞尚蕭瑟彷彿
聽嚴瀨忽如倒巨浸便欲翻大塊又疑楚漢戰酣洞更
勝敗不然六月雨雷霆奔百怪三更勢稍做鐵馬歸入
塞孰能從吾游洗汝胸次隘 〔楊萬里〕小松小松如小
兒能坐未能立亂髮覆地皮勁氣排雪汁誰將救暍手
種此青戢戢秋陽暴行人清蔭何時及 〔裘萬頃〕題余
仲祥松齋芳妍桃李場紛趨飈成蹊長松坐偃蹇遂爾

不見知平生異時人不與俗轉移蕭然塵埃中擅此丘
壑奇窓空境逾清四壁風來吹抱琴撫蒼髯喜氣掀兩
眉臭味既與同相親不相違直期閱歲寒可但忘朝飢
〔金黨懷英〕和張德遠伐松之什社櫟賦散財乃遭匠
石嗤高梧中宮徵不能保孫枝全傷隨用否理固不可
移堂堂十八公端勁出天姿蟠根借餘潤茂鬱清溪湄
雨師夜失律偶此遺神螭煙鱗漬寒雨霧鬣明朝曦騰
拏困愈壯偃蹇備不疲未能走沆漭聊與草木嬉長風
動頭角吟嘯舒鬱伊塵埃詎能久雷電會有時昨宵臥
溪月老影闘橫欹天明竟不舉俯仰益怪奇拳拳攀牛
崖渴嗉呑清漪希珍價不售復病樵柯危材高輒爾耳

咄彼造化兒樛枝飽霜雪遽與蓬蒿衰孤標挽萬牛未
爲廊廟知窈窕桃李春奈爾千歲期枯桑豈自買取敗
以老龜茲非爨下材梁棟終見施長短歸自然勿爲悲
鶴悲 〔鄺權〕竹林寺矮松蒼煙靄山曲回溪抱修筠中
藏古佛宮荒僻無四鄰靈松插殿脚偃蹇今幾春何年
霹靂雨抉石拔潛鱗謫東飛舉難墮此蜿蜒身聯拳縮
爪股氣屈不得伸蹈枝老無力支撐藉樵薪無風自悲
吟失水固不神安知才不才禍福了巳分南山聳千嶂
直幹排風雲正以中繩墨中道遭斧斤豈知無用貲千
歲保其貞何必求先容養此老困輪我亦愛奇節歲晏
守賤貧他時來汝伴露頂挂葛巾 〔馮璧〕同希顏怪松

崧高地氣靈花木競妍秀玉峯西南趾有松獨怪陋偃
蹇如蟠螭奮迅如攫獸葉勁鬣髯張皮古鱗甲皺菌蠹
藤瘿怒支離節節瘦月上虬影搖風度雨聲驟子落慰
枯禪枝樛礙飛鼬盤根萬乘器平蓋千歲壽樵斤幸免
尋厦匠矧肯構龍化會有時天旱期汝救 〔麻九疇〕樂
山松樂山一何崇上有千歲松清孤月露底秀拔天地
中蒲柳抱常質桃李鬪芳容爭如十八公笑傲冰霜風
居然喜避世不肯汙秦封蟠如扎游螭伏如南陽龍紛
紛過者多匠石終不逢明堂幾時構喚起蒼髯翁 〔雷
淵〕會善寺怪松物生自有常怪特物之病嗟嗟此老蒼
怪怪生魁柄侏儒變腰股宿瘤擁肥頸蜿蜒蛟龍戲騰

擲貙虎競鬐髯喜張磔意氣怒狂逆匠石求棟楹節目
足譏訶芻蕘急薪樵堅悍容盼睞靜言觀倚伏未易相
弔慶雖違時世用顧免斧斤橫暘秋莫榮悴歲月何究
竟盤盤曲則全挺挺獨也正小草悞揥逆伏神還守性
儻隨天中景廣宇共麻映（元劉詵賦小松樹）何時始
移根今日巳映坐沐露欲五寸出草先幾箇林深帶宿
潤滑滑垂白唾欣然千丈意鬱勃不可挨我無定居地
此計恐成蹉他年欲待陰日月當巳過桑麻要生養文
字迫寒餓柳傳未可學池書真足課如何抱空疎剝復
習凝惰嗜欲此山水五歲飽高卧君看重來時風雨夜
相和（馬祖常禮部合化堂前後栽小松）買松栽兩階

綠髮巳可梳恐是女元君藏鬟生地腴遲爾千尺長下
產黃琥珀服以安心神飛身作仙客（明劉基題趙文
敏公畫松）吳興昔王孫能畫世莫及觀其二松圖矯若
龍出蟄蟠根破坤輿拔萃滃原隰膠加各軒翥前劣相
倚立鼉鱗撐空青豕鬣振颯颯高藏日月氣清滴雲霧
汁垂釣者何人短棹非妄集五湖多風濤蛟蜃頭角觟
不如泠澤間取足鱭與鱖倦眼松影下百慮清涼入慎
勿驚松枝天寒衣袂濕（張羽藏山石上聽松）潤耳俗
諠久茲晨一清聽長松遞解嘁哀響互相應奔騰駭濤
瀨窈渺韻笙磬至音不假器始覺自然勝緣觸故成聲
動極還歸靜此時悟石坐默然待其定乃知棄瓢者未

悟聞中性
七言古詩（增）（唐張說遙向蔡起居偃松篇）清都衆大如
榮紛傳道孤松最出羣名接天庭長光景氣連宮闕借
氛氳懸池滴滴停華露偃蓋重重拂瑞雲不借流膏助
仙鼎願將楨榦奉明君莫比冥靈楚南樹朽老江邊朽
不聞（王維新秦郡松樹歌）青青山上松數里不見今
又逢不見君心相憶此心向君君應識為君顏色高且
閑亭亭迥出浮雲間（原）（杜甫戲為雙松圖歌）天下幾
人畫古松畢宏巳老韋偃少絕筆長風起纖末滿堂動
色嗟神妙兩株慘裂苔蘚皮屈鐵交錯迴高枝白摧朽
骨龍虎死黑入太陰雷雨垂松根胡僧憩寂寞龐眉皓

首無住著偏袒右肩露雙腳葉裏松子僧前落韋侯韋
侯數相見我有一匹好東絹重之不減錦繡段巳令拂
拭光凌亂請公放筆為直榦（增）（杜甫題李尊師松樹
障子歌）老夫清晨梳白頭玄都道士來相訪握髮呼兒
延入戶手提新畫青松障障子松林靜杳冥憑軒忽若
無丹青陰崖却承霜雪榦偃蓋反走虯龍形老夫平生
好奇古對此興與精靈聚巳知仙客意相親更覺良工
心獨苦松下丈人巾屨同偶坐似是商山翁悵望聊歌
紫芝曲時危慘淡來悲風（李賀五粒小松歌）蛇子蛇
孫鱗蜿蜿新香幾粒洪崖飯綠波浸葉滿濃光細束龍
髯鉸刀翦主人壁上鋪州圖主人堂前多俗儒月明白

露秋淚滴石筍溪雲肯寄書〔李咸用小松歌〕幽人不喜凡草生秋鋤劚得寒青青庭閑土瘦根脚獰風搖雨拂精神醒短影月斜不滿尺清聲細入鳴蛩翼天人戲翦蒼龍鬚參差簇在瑤階側金精水鬼欺不得長與東皇逞顏色勁節暫因君子移貞心不為麻中直〔盧士衡靈溪老松歌〕靈溪古觀壇西角千尺鱗皴棟梁樸橫出一枝憂樓閣直上一枝捎寥廓白石蒼苔擁根脚月明風撼寒光落有時風雨晦暝擺撼若黑龍之騰躍合生於象外峯巒枉滯乎人間山嶽安得巨靈授請託拔向青桂白榆邊安著〔宋蔡襄聖泉寺松徑詩〕青松苒苒門前道根底堅牢顏色好鳴籟蕭森風雨生紫鱗開

動龍蛇老天若有意別留種百年其下無纖草雷霆時繞雪霜重勁節支扶不顛倒野姿峭拔已背時宵要藤花彊纏抱南方赤夏苦蒸濕萬木無聲就偃槁忽經密蔭少休息肌骨便驚秋氣早寄言匠者勿復顧留作清涼除熱惱〔蘇轍種松〕城郭人家歲寒木檜柏森森映華屋青松介僻不入城野性特嫌塵土辱中庭冉冉盈尺苗條榦雖短風霜足培根不用糞壤厚插竹預防雞犬觸他年期汝三丈高獨立仙翁毛髮綠老人自分不及見子孫見汝知遺直〔徐積大松〕東海有物天下雄萬靈戮力生奇松天精地粹萃其下滄溟百道來相通一根直去穿九泉一根斜插鯨魚淵逡者壓折巨鼇背近者倒纏山根偏小枝可就千鈞弓大枝可挂萬斛鍾惟有老榦苦難狀呂光營外堆玄龍身披北帝雄犀甲虎賁連臂闈不匝無計都將大地遮有心盡把浮雲刷樛枝入地旋復上怪怪奇奇非一狀谷陵相變任古今土木兩行專王相列幟空遺渭川壘鎬師留得楊隋帳玄駒來撼亭亭蓋涤魚飛入蒼蒼浪最是半霄風雨聲山妖走盡川魅驚十萬爭揮鐵槊騎百千齊鬬黑旗兵有時海面波濤小一部仙韶下蓬島殘聲逐水散鳴琴遺響穿雲聚啼烏混沌死來凡幾朝清氣濁氣痕未消獨葉殘來新蓋鳳雙柯合處舊藏蛟其本既異其事殊德若有容材有餘大鵬斥鷃皆可居相忘有似江湖魚

美哉此木眞不凡能以智免斧斤間過盡工師無所用莊周應作不材看大松小松如此奇方輿圓蓋不可知陰陽山海氣合離不然神物相護持〔金李純甫怪松謠〕阿誰栽汝來幾時輪囷擁腫蒼虬姿鱗皴百怪雄牙髭拏空天矯蟠枯枝疑是祕魔嵓中老慵物旱火燒天鞭不出睡中失却驪海珠羞入黃泉蛻其骨石鉗沙錮汗且僵埋頭卧角政摧藏試與摩挲定何似怒我棖觸鬢鬚張壯士囚縛不得住神物世間無著處隄防夜半雷破山尾血淋漓飛却去〔元傅若金奉題仇工部壁間古松圖歌〕蒼松在山自奇古灌木翳之人不驚忽然圖向堂上壁满坐歎息長風生交柯蝹走森晝晦其下

將疑鬼神會霧雨寒霏虎豹毛雷霆怒折蛟鼉背乃知
巨筆老且神力斡造化雄千鈞皇天不夭棟梁具后土
滑同霜雪春爾松已爲人愛惜見爾爲爾生顏色山中
豈無材木倚絕壁未逢匠石嗟何益〔王冕題夏迪雙
松圖〕我昔曾上五老峯白雲盡處看青松中有兩樹如
飛龍正與夏迪畫者同夏迪畫松得松趣箇箇乃是廊
廟具貞固不特凌雪霜假塞猶能吐煙霧蒼髯獵獵如
有聲鐵甲半掩苔花青六月七日炎火生對此似覺形
神清丈人兀坐誠有道豈比商山采芝皓有琴有琴不
須彈而今世上知音少〔孤松歎〕孤松倚雲青亭亭故
老謂是蒼龍精古苔無花護鐵甲五月忽聽秋風聲幽

人恐爾斧斤辱獨傍孤根結茅屋月明喜看清影搖雪
凍却愁梢尾禿昨夜飛霜下南海山林草木無光彩起
來摩挲屋上松顏色如常心不改幽人盤桓重慨慷此
物乃是眞棟梁嗚呼既是眞棟梁天子何不用是扶明
堂〔楊維楨題履元陳君萬松圖〕紫芝道人天思精南
來新畫青松障東家畫水西家山積棗陳縑忽如忘突
然槎牙生肺肝元氣淋漓迫神王亟呼圓瓦倒墨汁盡
寫髯官立成仗羣爭十丈百丈身氣敵千人萬人將交
柯玉鎖混鱗甲屈鐵金繩殊骨相石鬬雷霆白日傾雨
走蝌龍青天上前身要是僧擇仁五百蜿蜒見情狀天
台老林亦畫松三株五株成兀長我家東越大松岡五

鬣蒼蒼鬱相望門前兩箇亦婆娑上有玄禽語相向雖
龍梓客朝取材伏虎將軍夜偷倘安得射洪好絹百尺
强令泣陰森移疊嶂鼓以軒轅之瑟五十弦共寫江聲
入悲壯〔明高啓偃松行〕龍門西岡魏公祠祠前有松
多古枝長身蜿蜒橫數畝巨石作枕相撐搭春泥半封
朽死骨凍蘚全聚雛生皮無心昂聳上霄漢偃仰獨向
荒山陲蟄雷振蟲撼不動千載一夢醒何遲政如臥龍
未起日深意有待風雲期太湖月出照夜魄天峯雪積
埋寒姿濤聲時吼若鼾息野老驚起山僧疑左仰右屈
各異態天自出巧非人爲畫師安能把筆寫樵子豈敢
操斤窺杜陵枯柟已憔悴蜀相老栢非瑰奇何如此樹

怪且壽呵衛定想煩靈祇不知已閱幾人代遊客過盡
今存誰明堂屢興不見取得全正變同支離我嘗來觀
忍遽返醉臥其上高吟詩葛陂筇竹亦騰化神物終去
可久羈何當一叱使飛起載我萬里遊天池他年還訪
舊城郭正是白鶴歸來時〔陳憲章戲題張千戶畫松〕
張侯畫松人不識松不畫橫惟畫直上干青霄下盤石
倒卷蒼龍二千尺神物安可留屋壁變化虛空了無迹
不然恐遭雷斧劈左手蹺弓右持戟所勝無過萬人敵
侯莫畫松費筆力〔原〕〔馮琦齋前松樹〕不盈咫亭亭車
蓋屈雲似虬枝婉婉世所希嗟爾勁節乃如此豈無凌
霄姿一旦成繞指雷雨方排未敢爭龍蛇將蟄何當起

展轉空向人詰曲誰相理直木從來忌先伐曲榦猶存
愈於死開君曲直安可爲大道委蛇誰則知請君看取
歲寒色猶自青青似舊時 陳繼儒羣松合抱支硎側
十里濃陰半山黑村翁記松不記年依稀傳是支公植
支公曾向松之下調鶴調鷹復調馬皮皴甲蛻化爲龍
誰知復有屠龍者使君買松欲製亭煙姿雪榦仍青青
一朝頓脫傖父厄要知樹老多精靈夜靜空林覺人語
大松小松共爾汝願以長生報使君結得茯苓如斗許
老松作牆茆作瓦道人來自天台者不羨黃精不劚
苓張口如箕坐松下一片松濤勝古沐細咀飽嚼風稜
稜吾將礪齒齒已折只恐松枯化爲石

五言律詩 增 唐李嶠松鬱鬱高巖表森森幽澗陲鶴棲
君子樹風拂大夫枝百尺條陰合千年蓋影披歲寒終
不改勁節幸君知 杜甫嚴鄭公階下新松弱質豈自
負移根方爾瞻細聲聞玉帳疎翠近珠簾未見紫煙集
虛蒙清露霑何當一百丈欹蓋擁高簷 錢起詠門上
畫松上元王杜三相公昔聞生澗底今見起豪端衆草
此時沒何人知歲寒豈能裨棟宇且欲出門闌只在丹
青筆凌雲也不難 李德裕金松台嶺生奇樹佳名世
未知纖纖疑大菊落落是松枝照日含金晰籠煙淡翠
滋勿言人去晚猶有歲寒期 陸肱松雪霜知勁質今
古占嘉名斷砌盤根遠疎陰偃蓋清鶴棲何代色僧老

已時聲鬱鬱心彌久煙高萬井生 李商隱高松高松
出衆木伴我向天涯客散初晴後僧來不語時有風傳
雅韻無雪試幽姿上藥終相待他年訪伏龜 喻鳧廣
德官舍二松楊公休簿領二木日堅牢直甚彰吾節清
終庇爾曹幽陰月裏細冷樹雪中高誰見干霄後枝飄
白鶴毛 項斯和李用夫栽小松移來未換葉已勝在
空山靜對心標直遙吟境助閑影侵殘雪際聲透小窗
間即聳凌空榦偷偷豈易攀 于武陵友人亭松俛仰
不能去如逢舊友同曾因春雪散見在華山中何處有
明月訪君聽遠風相將歸未得各占石巖東 張喬和
薛監察題興善寺古松種種近王城前朝古寺名瘦根

盤地遠香吹入雲清鶴動池臺影僧禪雨雪聲看來人
旋老因此歎浮生 題小松松子落何年纖枝長水邊
斸開深澗雪移出遠林煙帶月棲幽鳥兼花灌冷泉微
風動清韻閑聽罷琴眠 許棠和薛侍御題興善寺松
何年劚到城滿國響高名半寺陰常匝鄰坊景亦清代
多無巧勢風定有餘聲自得天然狀非同澗底生 崔
塗題興善寺隋松與人期不至青青伊澗松移植在蓮
宮蘇色前朝雨秋聲半夜風長閑應未得暫賞亦難同
不及禪棲者相看老此中 王貞白述松遠谷呈材幹
何由入棟梁歲寒虛勝竹功績不如桑秋老落乾子春
深裛嫩黃雖蒙匠者顧樵採日難防 曹松僧院松此

木韻彌含秋宵聲兗絃空知百餘尺未定幾多年古田
磨雲斲孤根挺直至何當抛一幹作蓋道場前　謝仲
宜賦松浣花松下丈員外送人多折柳唯我獨吟松若
保歲寒在何勁當年重森梢逢靜境踈落見孤峯還似
君高節亭亭出衆踈　杜荀鶴題唐興寺小松雖小天
然別雖將衆木同俊僧半聽月向客滿襟風枝拂行苔
鶴聲分叫砌蟲如今未巢看須是雪霜中　張蠙鄭畋
補幽山松心將積雪欺根與白雲誰遠寄僧稍億高看
鶴未知影交新長柔皴□舊生枝多小同時種深山不
得移　僧無可松枝怪幹鱗皴煙梢出澗新屈盤高極
目蒼翠遠驚人得向移陰過聽風落子頻青青寒木外

自與九霄鄰　宋司馬光古松擢頴巖巒間磊落得天
頑香葉低澌水餘根倒挂山白猿窺子落黃鶴認巢還
不久應爲石蒼苔蒼已斑　郭祥正松風夜寂松風度
魂淸客枕寒琴聲無不盡詩句寫應難驟雨傾瑤砌眞
珠落玉盤隱居如可話吾欲跨翔鸞　林景熙古松獨
古見閒地不知幾許入山林猶古色風雪自窮年寵伏
靈根壽禽巢絕頂仙棟梁非所屑袞見海成田　金周
昂望山中松地險蟠根古人稀小徑消雨皴開白雪風
舞入青宵未畏斧斤迫惟愁雷火燒解鞍那避遠冷色
故相招　原明申時行松間雲轉衝高卑青葱結茂林
剛雲低蓋影挾雨瀉濤聲節抱風霜苦根盤歲月深亦

知弘景意山閒助清吟

佩文齋廣羣芳譜卷第七十

木譜

松三

集藻 七言律詩 增 唐劉禹錫廟庭偃松詩有序侍中後閤前有小松不特立而偃丞相晉公爲賦詩美其猶龍蛇然植於高檐喬木間上嵌旁軋盤蹙傾亞似不得天和者公以遂物性爲意乃加齒焉命畚土以壯其趾使無欹索綯以牽其幹使不仆盥漱之餘以潤之顧盼之輝以照之發於人心感召和氣無復夭閼坐能敷舒翹之跧蹙化爲奇古故雖蓑文而有偃號焉予嘗詣閣白事公爲道所以且示以詩竊感嘉木之逢時斐然成詠

勢軋枝偏根已危高情一見與扶持忽從憔顇有生意卻爲離披無俗姿影入巖廊行樂處韻含天籟宿齋時謝公莫道東山去待取成陰滿鳳池 李商隱題小松 憐君孤秀植庭中細葉輕陰滿座風桃李盛時雖寂寞雪霜多後始青蔥一年幾變枯榮事百尺方資柱石功爲謝西園車馬客定悲搖落盡成空 趙嘏題橫水驛雙峰院松 故園溪上雪中別野館門前雲外逢白髮漸多何事苦清陰長在好相容迎風幾拂朝天騎帶月猶含度嶺鐘更憶葛洪丹井畔數株臨水欲成龍 曹唐題子姪書院雙松 自種雙松費幾錢頓令院落似秋天能藏此地新晴雨卻惹空山舊燒煙枝壓細風過枕上影籠殘月到窗前莫教取次成閒夢使汝悠悠十八年 李山甫松 地聳蒼龍勢抱雲天教青共眾材分孤標百尺雪中見長嘯一聲風裏聞桃李傍他眞足佞藤蘿攀爾亦非羣平生相愛應相識誰道修篁勝此君 崔途題淨眾寺古松 百尺森疎倚梵臺昔人誰見此初栽故園未有偏堪戀浮世如閒即合來天暝豈分蒼翠色歲寒應識棟梁材清陰可惜不駐得歸去暮城空首回 鄭谷松下 覩垂楊拂路塵雙峰石上覆苔文濃霜滿徑無紅葉晚日高枝有白雲春砌花飄僧旋掃寒溪子落鶴先聞那堪寂寞悲風起千樹深藏李白墳 吳融和陸拾遺題諫院松 落落孤松何處尋月華西畔結根

深曉含仙掌三清露晚上宮墻百雉陰野鶴不歸應有怨白雲高去本無心碧巖秋澗休相望捧日原須在禁林 韓溉松 倚空高檻冷無塵往事閒徵夢欲分翠色本宜霜後見寒聲偏向月中聞啼猿想帶蒼山雨歸鶴應和紫府雲莫向東園競桃李春光還是不容君 李中題吉水縣廳前新栽小松 劚開幽澗蘚苔斑移得孤根植砌前影小未遮官舍月翠濃猶帶舊山煙羣花解笑香寧久眾木雖高節不堅聽我婆娑欄檻內晚風蕭颯學幽泉 徐夤松 澗底青松不染塵未逢良匠競誰分龍盤勁節巖前見鶴唳翠梢天上聞大廈可營誰擇木女蘿相附欲凌雲皇王自有增封日修竹徒勞號此

君

〔畫松〕澗底陰森驗筆精筆閑開展覺神清曾嘗月
照還無影若許風吹合有聲枝偃只應玄鶴識根深宜
與茯苓生天台道士頻來見說似株株倚赤城 〔殷
子松〕寒松聳拔倚蒼岑綠葉扶疎自結陰丁固夢時還
有意秦皇封日豈無心常將正節栖孤鶴不遣高枝宿
衆禽好是特彫羣木後護霜凌雪翠逾深 〔宋韓琦和
潤倅王太博林畔松〕鬱鬱山頭翠色攢就中高格出林
端霜凌勁節難摧抑石壓危根任屈盤古髮自隨仙日
老孤風不入俗人看時來匠者須回顧且稟幽姿待歲
寒 〔蔡襄古寺偃松〕古寺無人野蘚滋空庭永日雪風
吹橫柯倒若張青蓋老幹孤如植紫芝萬乘未輕蟠木

器千年終與大椿期須知才短爲天幸江上婆娑得所
宜 〔安靜堂庭松〕偏愛堂東砌下松三年瀟灑伴衰翁
寒聲澹蕩潮初上疎影孤圓月正中清徹紗帷延晝夢
綠涵金盞帶春風自緣多病饒歸思便覺山林野意通
〔王安石古松〕森森直幹百餘尋高入青冥不附林萬
壑風生成夜響千山月照挂秋陰豈因糞壤栽培力自
得乾坤造化心廊廟乏材應見取世無良匠勿相侵
次韻董伯懿松聲天機自動豈關情能作人間物外聲
瞑聒一堂無客夢曉悲千嶂有猿驚廟中奏瑟沈三嘆
堂下吹簫失九成俚耳紛紛多鄭衛直須聞此始心清
〔蘇軾登州孫氏松堂〕萬松誰種已一擬擬半嶺蒼雲映

此邦露重珠瓔蒙翠蓋風來石齒碎寒江浮空兩竹橫
南閣倒景扶桑射北窓坐待夕烽傳海嶠重城歸去踏
逢逢 〔萬松亭并引麻城縣令張毅植萬松於道周以
芘行者且以名其亭去未十年而松之存者十不及三
四傷來者之不嗣其意也故作是詩〕十年栽種百年規
好德無人助我儀縣令若同倉庾氏亭松應長子孫枝
天公不救斧斤厄野火解憐冰雪姿爲問幾株能合抱
殷勤記取角弓詩 〔劉子翬詠松〕風韻颼飀遠更清蒼
髯瘦甲聳亭亭連根欲鬪巖巒力一蓋常涵雨露情曾
映月明留鶴宿近經雷霹帶龍腥衰殘愧我無仙骨癯
採流膏慰暮齡 〔元謝宗可龍形松〕夭矯拏雲海上來

蜿蜒蛻骨老莓苔紫髯夜濕千山雨鐵甲春生萬壑雷
影動欲翻平陸起聲號如捲怒潮回蜷枝冷挂巖前月
猶似擎珠照九垓 〔張雨次韻虞公和斷江和尚種松〕
松下微吟愜病悰支離潦倒似支公頂因巢鶴翻成結
心爲依禪里竟空陸子墻前春古淡葛洪井上雨青蔥
茯苓乞與楊員外誰復緘詩過浙東 〔原〕明屠隆詠羅
漢松何年荅叟住禪林百尺婆娑萬壑陰四果總來成
佛印一官應不受秦侵盤根歲月蹣跚久老幹風霜面
壁深謖謖回飇響空谷猶聞清夜海潮音

五言排律 〔增〕唐員南溟禁中春松鬱鬱貞松樹陰陰在
紫宸葱蘢偏近日青翠更宜春雅韻風來起輕煙霽後

新葉深栖語鶴枝亞拂朝臣全節長依北凌雲欲致身山苗蔭不得生楠荷陶鈞〔陸贄禁中春松〕陰陰清禁裏蒼翠滿春松雨露恩偏近陽和色更濃高枝分曉日虛韻雜宵鐘香助爐煙遠形疑蓋影重願符千載壽不羨五株封倘得迴天眷全勝老碧峰〔周存禁中春松〕幾歲含貞節青青紫禁中日華留偃蓋雉尾轉東風不爲繁霜改那將衆木同千條攢翠色百尺淡晴空影密金莖近花明鳳沼通安知幽澗側獨與散樗叢〔常沂禁中春松〕映殿松偏好森森列禁中攢柯沾聖澤疎蓋引皇風晚色連秦苑春香滿漢宮操將貞石固材與直臣同翠影宜青瑣蒼枝秀碧空還知沐天眷千載更葱

龍〔李胄文宣王廟古松〕列植成均裏分行古廟前陰森非一日蒼翠自何年寒影遮霜暗晨光枝葉妍近檐陰更靜臨砌色相鮮每愧聞鐘磬多慚接豆籩更宜教胄子於此學貞堅〔元稹與楊十二巨源盧十九經濟同遊大安亭各賦二物合爲五韻探得古松〕片石與孤松曾經物外逢月臨栖鶴影雲抱老人峰蜀客君當問秦官我舊封積膏當琥珀新劫長芙蓉待補蒼蒼去樛柯早變龍〔白居易題遺愛寺前溪松〕偃亞長松樹侵臨小石溪靜將流水對高共遠峰齊翠蓋煙籠密花幢雪壓低與僧清影坐借鶴穩枝棲筆寫形難似琴偷韻易迷暑天風槭槭晴夜露淒淒獨憩依爲舍閑行繞作蹊棟梁君莫採留著伴幽棲〔鄭澣中書相公任兵部侍郎日後閣植四松逾數年澣忝此官因獻拙作〕丞相當時植幽襟對此開人知舟楫器天假棟梁材錯落龍鱗出褷褷鶴翅迴重陰羅武庫細響靜山臺得地公堂裏移根澗水隈吳臣夢寐遠秦岳歲年催轉覺飛纓謬何因繼組來幾尋珠履跡願比角弓培柏悅徒依社星高久照台後凋應共操無復問良媒〔劉禹錫和兵部鄭侍郎省中四松詩十韻〕右相歷中臺移松武庫栽紫茸抽組綬青實長玫瑰便有干霄勢看成構廈材數分天柱半影逐日輪迴舊賞台堦去新知谷口來息陰長仰望翫境幾徘徊翠粒晴懸露蒼鱗雨起苔凝音助瑤

瑟飄蘂泛金罍月桂花遥燭星榆葉對開終須似雞樹榮茂近昭回〔姚合和兵部鄭侍郎省中四松詩十韻〕四松相對植蒼翠映中臺擢幹凌空去移根劚石開陰陽氣潛照造化手親栽日月滋佳色煙霄長異材清音勝在澗寒影徧生苔蘚繞霜露屢開看酒滿杯同榮朱戶際永日白雲隈密葉聞風度高枝見鶴來賞心雖可盡麗什妙難裁此地無因到循墻幾百回〔李正封貢院樓北新栽小松〕青蒼初得地華省植來新尚帶山中色猶含洞裏春近樓依北戶隱砌淨遊塵鶴壽應成蓋龍形未有鱗爲梁資大廈封爵恥嬴秦幸此觀光日清風屢得親〔白行簡貢院樓北新栽小松〕華省清霜暗

樓陰植小松移根依厚地委質別危峰北户知猶遠東堂幸見容心堅終待鶴枝嫩未成龍夜影看仍薄朝嵐色漸濃山苗不可蔭孤直俟秦封〔錢衆仲貢院樓北新栽小松〕愛此凌霜操移來獨占春貞心初得地勁節始依人晚日煙猶薄當軒色轉新枝低無宿羽葉淨不留塵每與芝蘭近常霑雨露均幸因逢顧盼生植及兹辰〔吳武陵貢院樓北新栽小松〕拂檻愛貞容移根自遠峰已曾經草没終不任苔封葉少初凌雪鱗生欲化龍乘春濯雨露得地近垣墉逐吹香微動含煙色漸濃時迴日月照爲謝小山松〔劉得仁賦得聽松聲〕庭際微風動高松韻自生聽時無物亂盡日覺神清强與幽

泉並翻嫌細雨幷拂空增鶴唳過牖合琴聲况復當秋暮偏宜在月明不知深澗底蕭瑟有誰驚

五言絶句

御製戒壇臥松蒼松臥如龍蜿蜒鱗鬣古膚寸起山雲用渡作霖雨〔詠盆中松〕歲寒堅後彫秀寄山林性移根濰座傍可託青松柄

〔增〕唐皇甫冉臺頭寺願上人院古松下有小松栽毫末新生與纖草不辨重其有陵雲干霄之志與趙八員外裴十補闕同賦之細草亦全高秋豪乍堪比及至干霄日何人復居此〔元稹題翰林東閣前小松〕簷礙修鱗亞霜侵簇翠黄唯餘入琴韻終待舜絃張〔王建小松〕

小松初數尺未有直生枝閑即傍邊立看多長却遲〔段成式奇松二十字〕杉桂何相疎榆柳方迥眉無人擅談柄一枝不敢折　偃蓋入樓妨盤根侵井窄高僧獨惆悵爲與澄嵐隔〔鄭谷乳毛松〕松格一何高何人號乳毛霜天寓直夜愧爾伴閑曹〔唐彥謙松〕托根盤泰華倚幹蝕莓苔誰云山澤間而無梁棟材〔宋徐鉉松〕細韻風中遠寒青雪後濃繁陰堪避雨效用待東封〔蘇軾松〕强致南山樹來經渭水灘生成未有意鴉鵲莫相干〔元李俊民松〕鬱鬱愁無地青青獨有心疑從大夫後傾蓋到如今〔明李東陽題畫松〕種樹自何年幽人不知老不愛松色奇只聽松聲好〔陳憲章畫松爲

張別駕〕松乃木之雄公亦人中龍何須看畫本千丈在胸中〔朱鷺黄山松〕松無五仞高矮者二三尺數枝或橫畝平翠可布席

七言絶句

御製閱烏稽幷序古松林數十里蔭翳無際非午亭夜分不見日月松林黯黯百十里罕境偏爲麋鹿遊雨雪飄蕭難到地虢烏野草自春秋

〔原〕唐杜甫憑韋少府覓松樹子落落出群非櫸柳青青不朽豈楊梅欲存老蓋千年意爲覓霜根數寸栽〔增〕白居易松樹白金換得青松樹君既先栽我不栽幸有西風易憑仗夜深偷送好聲來〔劉商與湛上人畫松〕

水墨作成巖下樹摧殘半隱洞中雲猷公曾住天台寺
陰雨猿聲何處聞　〔章孝標〕小松爪葉鱗條龍不盤梳
風幕翠一庭寒莫言只似人長短須作浮雲向上看
僧院小松拋杉背柏冷僧簾鎖月梳風出殿簷還似天
台新雨後小峰雲外碧尖尖　〔施肩吾〕手植松郄思
亳末栽松處青翠纔將衆草分今日散材遮不得看看
氣色欲凌雲　〔李羣玉〕書院二小松一雙幽色出凡塵
數粒秋煙二尺鱗從此靜窗聞細韻琴聲長伴讀書人
〔崔塗〕澗松寸寸凌霜長勁條路人猶笑未干霄南園
桃李雖堪羨爭奈春殘又寂寥　〔鄭谷〕傳經院壁畫松
危根瘦盡聳孤峰珍重江僧好筆蹤得向遊人多處畫

却勝澗底作眞松　〔陸希聲〕松嶺嶺上春松手自栽已
能蒼翠映莓苔歲寒本是君家事好送清風月下來
〔曹松〕題僧院松空山澗畔枯松樹老對禪堂鱗甲身傳
是昔朝僧種著下頭應有茯苓神　〔杜荀鶴〕小松自小
刺頭深草裏而今漸覺出蓬蒿時人不識凌雲木直到
凌雲始道高　〔成彥雄〕松大夫名價古今聞盤屈孤貞
更出羣將謂嶺頭閑得了夕陽猶挂數枝雲　〔張蠙〕華
山孤松石罅引根非土力冒寒猶助岳蓮光綠槐生在
膏腴地何得無心拒雪霜　〔羅隱〕小松已有清陰逼座
隅愛聲仙客肯過無陵遷谷變須高節莫向人間作大
夫　〔徐夤〕詠大夫松五樹旌封許歲寒挽柯攀葉也無

端爭如澗底凌霜節不受秦皇號此官　〔僧景雲〕畫松
畫松一似眞松樹且待尋思記得無曾在天台山上見
石橋南畔第三株　〔僧皎然〕題松為愛松聲聽不足每
逢松樹便忘還翛然此外更何事笑向閒雲似我閒
原〔宋王安石〕道旁大松人取以為明龍甲虬髯不可攀
亭亭千丈蔭南山應嗟無地逃斤斧豈願爭明爝火間
增〔王安石〕北山道人栽松陽坡風暖雪初融度谷遙
看積翠重喬柯拂天吾所愛他生來此聽樓鐘　〔鄭獬〕
種松高標不畏雪霜侵狂劚孤根出晉林但恐長安無
地種人家桃李自成陰　〔蘇軾〕予少年頗知種松手植
數萬株皆中梁柱矣都梁山中見杜輿秀才求學其法

戲贈二首露宿泥行草棘中十年春雨養鬚龍如今尺
五城南杜欲問東坡學種松　君方掃雪收松子我已
開榛得茯苓為問何如插楊柳明年飛絮作浮萍　〔黃
庭堅〕題仁上座畫松偃蹇松枝隔煙雨知儂定是歲寒
材百年根節要老硬將恐崩崖倒石來　〔戲答陳季常
寄黃州山中連理松枝二首〕故人折松寄千里想聽萬
壑風泉音誰言五鬣蒼煙面猶作人間兒女心　老松
連枝亦偶然紅紫事退獨參天金沙灘頭鏁子骨不妨
隨俗暫嬋娟　〔謝邁〕移松二首古貌蒼髯十八公巍巍
獨出衆村中朝來挽致茅堂下為我商量送好風　河
出崑崙派九州屹然砥柱立中流蒼松若比丘山重豈

但回頭費萬牛 〔陸游〕雙松 東岡天矯兩蒼龍千尺蟠
空黛色濃六十餘年松若此誰知我更老于松 〔楊萬
里〕松七首 翠旌綠纛夾車輪龍作長身鐵作鱗莫笑道
傍數松樹古來老卻幾官人 修塗殘暑僕夫勞午憩
茅簷尺許高忽有凉風颯然起小松呼雖大松號 松
本無聲風亦無適然相值兩相呼非金非石非絲竹萬
頃雲濤殷五湖 莫信秦人五大夫一生清苦不敷腴
也將青玉瑚釵子一一釵頭綴兩株 老人手種一川
松爲棟爲梁似未中只合茅齋聽驅使爲公六月喚清
風 夾道松杉半老蒼前賢餘澤未應忘君看直幹連
雲起豈但當年蔽芾棠 一生著數落人先自愛栽松

自可憐待得茯苓堪採掘此翁久已作飛仙 〔謝枋得〕
松喬松磊磊多奇節冬無霜雪夏無熱根頭更有千歲
苓知誰可語長生訣 〔元傅若金〕題畫松 遥憶商顏松
色青女蘿枝上醉眠醒自從四皓安劉後歲莫何人采
茯苓 〔僧行端〕栽松 鈍钁橫肩雪未消不辭艱步上岧
嶤等閒種得靈根活會看春風長綠條 〔明李東陽〕畫
松三首爲卜刑部從大題 玄雲匝地黯無輝老幹盤空
勢不歸疑是葉家堂上見夜深風雨墨龍飛 十年不
到山中路又見青松畫裏生擬著茅堂最深處石窗凉
雨聽秋聲 郎官對坐一松孤共識西臺兩大夫十八
年中今已半夜來曾夢作公無 原 〔陳繼儒〕曾笑西湖

九里松樛枝數尺不成龍只因茹頂時多月照見南高
峯外峯
詩散句 增 〔晉嵇康〕遥望山上松隆冬鬱青葱自遇一何
高獨立迥無雙 〔袁宏〕森森千丈松磊砢非一節雖無
榱桷麗較爲棟梁桀 〔唐王績〕松生北巖下由來人徑
絕布葉梢雲煙插根擁巖穴 〔唐扶〕日射蒼鱗動塵迎
翠帶迴嫩茸含細粉初葉泛新杯 〔宋石延年〕菌生枝
上雨龍起穴中雷怪影漫溪側寒根擁石回 〔晉阮籍〕
澤中生喬松萬世未可期 〔陶潛〕懷此貞秀姿卓爲霜
下傑 原 〔宋鮑照〕願君松柏心採照無窮極 〔梁吳均〕
白雲光彩麗青松意氣多 增 〔唐孟浩然〕寥落幽居心

颼飀青松樹 原 〔李白〕開花必早落桃李不如松 巫
山小搖落碧色見松林 松柏本孤直難爲桃李顏
昂君青松心努力保霜雪 增 〔李白〕長松入雲漢遠望
不盈尺 五峰轉月色百里行松聲 錯落千丈松虯
龍盤古根 〔杜甫〕土室延白光松門耿疎影 〔柳宗元〕
日出霧露餘青松如宵沐 〔元稹〕君看孤松樹左右蘿
蔦纏 臺下三四松低昂勢前却 〔白居易〕愛君抱晚
節憐君含直文 臨風有清韻向日無曲陰 衆目悅
芳艷松獨守其貞 〔邵雍〕孤松自有色豈奪衆草榮
〔宋司馬光〕藏春在何許鬱鬱萬松林 〔蘇軾〕林中百尺
松歲久苔鱗皴 養此霜雪根遲彼鸞鳳吟 〔黃庭堅〕

青松出澗壑十里聞風聲　孫文懿疎影碎夜月寒聲
攪秋風　金蔡松年高陵五六松潭水涵清陰　元楊
載長松蔭泉水四時清如秋　原唐李白南窗蕭颯松
風起憑誰一聽清心耳　增韓愈山紅澗碧紛爛熳時
見松櫪皆十圍　白居易有松百尺大十圍生在澗底
寒且卑　煙葉葱蘢蒼麈尾霜皮剝落紫龍鱗　惟憶
夜深新雪後新昌臺上七株松　廖匡圖曾於西晉封
中散又向東吳作大夫　原宋石延年影搖千尺龍蛇
動聲撼半天風雨寒　王令那笑五株喬嶽子肯將直
節事嬴秦　文同若遇風雷須守護恐生頭角似飛騰
蘇軾百年父老知誰在惟有雙松識使君　張舜民

要有堂堂冠劍輿蒼然千萬甲夫中　張商英如障如
屏如繡畫似幢似蓋似旌旗　增范成大松節焦膏當
燭籠凝煙如墨染房櫳　金蔡松年老松閱世幾千尺
玉骨冷風戰天碧　晉左思鬱鬱澗底松　劉琨繫馬
長松下　許詢青松凝素髓　湛方生林松冬夏青
梁江淹青松挺秀萼　唐太宗巖松千丈蓋　王績澗
松寒轉直　王丘松風鳴珮環　王維松樹有秦官
青松學大夫　日色冷青松　孟浩然谷轉松翠密
李白松寒不改容　翠色明雲松　松古漸無煙　長
松鳴夜風　原杜甫突回松風長　松門似畫圖　看
松露滴身　增杜甫碧色三松林　冬嶺秀孤松　一青

松寒不落　原韓愈青鸞倚長松　增白居易松張翠
傘蓋　龍蟠松矯矯　澗遠松如畫　孟郊青松多壽
色　萬松無一斜　松氣清耳目　姚合看月嫌松密
李商隱張琴和古松　紫閣舞雲松　朱慶餘山深
松翠冷　司空圖松涼夏健人　韓偓松長見日多
裴說無風松自吟　杜荀鶴松頭穿破雲　李中清風
生古松　張蠙松高影上樓　松合徑先秋　僧卿雲
松徑雨餘香　宋錢惟演松疎露下涼　余靖松溪千
蓋雨　司馬光秀直寒松節　蘇軾長松度翠莖　陸
游露濃松鬣長　戴昺松涼鶴夢清　吳激松風六月
寒　元袁桷松聳翠崚嶒　唐王維種松皆作老龍鱗

李白枯松倒挂倚絕壁　原杜甫新松恨不高千尺
疎松隔水奏笙簧　增杜甫松高擬對阮生論　韋
應物碧澗蒼松五粒稀　白居易寒松縱老風標在
秋風拂松疎韻落　李商隱青松手植變龍文　方干
小松出屋和巢長　唐球松纖香梢古道寒　杜荀鶴
澗底松搖千尺雨　韓偓長松夜落釵千股　韋莊松
裝粉穗臨窗亞　宋蘇軾澗底松根斫雪腴　范成大
松根當路龍筋瘦　金王寂一軒松蔭碧油幢　元袁
桷松吼龍吟萬壑奔　陳樵千歲孤松生綠煙
詞　增宋陳亮臨江仙五百年前非一日可堪只到今年
雲龍欲化鬱陽天從來老耆傳不博地行仙　昨夜風

聲何處度典刑猶在南山自憐不結傍時緣著鞭非我事避路只渠賢　〔水龍吟〕錢王霸業成時多應是百年遺樹羞將高古爲渠遮映魚鹽調度且向空山趁時多事四垂盤踞算興衰坐閱權奇磊塊世間斤斧　又見當天明聖便彈丸也難分土一番整頓舊家草木新來雨露鐵石心腸虯龍根幹亭亭天柱縱茯苓下結蔦蘿高際怎堪攀附

別錄 增 〔吳志孫晧傳注〕初丁固爲尚書夢松樹生其腹上謂人曰松字十八公也後十八歲吾其爲公乎卒如夢焉　〔唐書儒學傳〕郎餘令授霍王元軌府參軍事從父知年亦爲王友元軌毎曰郎家二賢皆入府不意培

塿而松柏爲林也　原 〔唐書回鶻傳〕拔野古有川曰康于河斷松投之三年輒化爲石色蒼緻然節理猶在世謂康于石　增 〔世說〕顧悅與簡文同年而髮早白簡文曰卿何以先白對曰蒲柳之姿望秋而落松柏之質經霜彌茂　世目李元禮謖謖如勁松下風　嵇康身長七尺八寸風姿特秀見者歎曰蕭蕭肅肅爽朗清舉或云肅肅如松下風高而徐引山公曰嵇叔夜之爲人也巖巖若孤松之獨立其醉也傀俄若玉山之將崩　庾子嵩目和嶠森森如千丈松雖磊砢有節目施之大廈有棟梁之用　〔顏氏家訓〕齊世有辛毗者清幹之士官至行臺尚書嗤鄙文學嘲劉逖云君輩辭藻譬若朝菌須臾之翫非宏才也豈比吾徒千丈松樹常有風霜不可凋悴矣劉應之曰既有寒木又發春華何如也辛笑曰可矣　〔夢書〕松爲人君夢見松者見人君也　〔杜陽雜編〕武宗會昌元年夫餘國貢松風石方一丈瑩徹如玉其中有樹形若古松偃蓋颯颯然而涼飇生于其間至盛夏上令置于殿内稍秋風颼颼即令撤去　〔岳陽風土記〕白鶴老松古木精也李觀守賀州有道人陳某自云一百三十六歲因言及呂洞賓曰近在南嶽見之呂云過岳陽日憩城南古松陰有人自杪而下來相揖曰某非山精木魅故能識先生幸先生哀憐呂因與丹一粒贈之以詩呂擧以示陳陳記其末云惟有城南

老樹精分明知道神仙過明日陳行留之不可後年餘李守岳陽因訪前事果城南有老松以問近寺僧曰先生舊題寺壁久已摧毀但能記其詩曰獨自行來獨自坐無限世人不識我惟有城南老樹精分明知道神仙過後爲亭松前曰過仙亭舊松枯槁今復鬱茂得非丹餌之力耶　原 〔東坡集〕元祐元年正月十二日蘇子瞻李伯時爲柳仲遠作松石圖仲遠取杜子美詩松根胡僧憩寂寞龐眉皓首無住著褊袒右肩露雙脚葉裏松子僧前落之句復求伯時畫此數句爲憩寂圖子由題云東坡自作蒼蒼石留取長松待伯時只有兩人嫌未足兼收前世杜陵詩因次其韻云東坡雖是湖州派竹

石風流各一時前世畫師今姓李不妨題作輞川詩文與可嘗云老夫墨竹一派近在徐州吾竹雖不及石似過之此一卷公案不可不令魯直下一句 增 避暑錄話松磊落昂藏似孔北海 洞天清錄蜀中有石解開自然有小松形或三五十株行列成徑描畫所不及 畫史大夫蔣長源作著色山水松頂似荊浩松身似李成葉取眞松爲之如靈鼠尾大有生意石不甚工作麥霄花纏松亦佳作 錢藻字醇老收張璪松一株下有流泉澗松上有八分詩一首斷句云近溪幽濕處全藉墨煙濃 圖繪寶鑑畢宏善畫山水作松石圖於左省壁間一時文士有詩稱之其落筆縱橫變易常法意在

筆前非繩墨所能制故得生意爲多 宋廸字復古師李成畫山水運思高妙筆墨清潤又喜畫松或高或偃或孤或雙以至於千萬株森森然殊可駭也 馬宋英溫州人放達能詩至錢塘游靜慈寺寫古松於壁題云磨出一錠兩錠墨掃出千年萬年樹月明烏鵲慢飛來蹋枝不著空歸去丁大全丞相賞其詩畫急命索之人忌其能閟不令出卒不遇 原 梧潯雜佩松化石余嘗於張雨若清江衙齋見之大小凡五松理而石質云得之古廟中大是奇物雨若繪圖而系以詩好事者咸屬和焉 增 素園石譜婺州永寧縣松林一夕大風雨忽化爲石悉皆新截大者徑二三尺有松節脂脈土人運

而爲坐且至有小如拳者亦宜据几案間 原 種藝 八月終擇成熟松子柏子同收頓至來年春分時甜水浸十日治畦中下水土糞漫散子於畦內如種菜法或單排點種上覆土厚二指許畦上搭短棚蔽日旱則頻澆常須濕潤至秋後去棚高四五寸十月中夾萄稭籬以禦北風畦內亂撒麥糠覆樹令梢上厚二三寸止南方宜微蓋至穀雨前後手爬淨澆之次冬封蓋如前二年後於三月帶土移栽先掘坎用糞土相合納坎中水調成稀泥栽於內擁土令坎滿下水塌實不用杵築脚踏次日看有縫處以細土掩之常澆令濕至十月以土覆藏毋使露樹春間去土次年不須覆若果松須種於盆

仍用木隔勿令蟻傷根 移植 過冬至三候以後至春社以前松柏杉槐一切樹皆可移栽大樹須廣留土如一丈樹留土二尺遠移者二尺五寸用草繩纏束根土樹大者從下去枝三二層記南北運至栽處深鑿穴先用水足然後下樹加乾土將樹架起搖之令土至根底皆徧實土如舊根四圍築實然後澆水令足俟乾再加土一二寸以防乾裂勿令風入傷根百株百活若欲偃蹇婆娑將大根除去止留四邊鬚根 製用 清異錄郄老霜九鍊松枝爲之辟穀長生 松節松之骨也質堅氣勁筋骨間諸病宜之釀酒已風痺 松葉一名松毛除惡疾安五臟生毛去風痛脚痺及風濕瘡 松白皮

松根下皮也解勞益氣　松皮松樹老皮也一名赤龍
皮生肌止血斂瘡口治瘡　松液火燒松枝溢出者治
瘡疥及牛馬瘡

附錄 松花

原 松樹二三月抽蕤生花長四五寸采其花蘂名松黃
彙考 原 原化書崔希真十月一日遇老父於門獻松花
酒老父曰此酒無味乃於懷中取丸藥置酒中味極美
後問天師師曰此真人葛洪第三子其藥乃千歲松膠
也 增 老學庵筆記青城山上官道人北人也巢居食
松麨年九十矣人有謁之者但粲然一笑耳　居山雜
志 松至三月花以杖叩其枝則紛紛墜落張衣裓盛之

囊貯而歸調以蜜作餅遺人曰松花餅市無鬻者
彙藻 五言古詩 增 金張建擬古客從岳頂來貽我松粉
黃爲言服之久身輕欲飛翔我嘗淡無味我嗅寂無香
還君三太息世好方膏粱
七言律詩 增 唐韋應物紫閣東林居士叔緘賜松英丸
碧澗蒼松五粒稀侵雲來去露霑衣夜啓群仙合靈藥
朝思俗侶寄將歸道場齋戒今初服人事葷羶已覺非
一望嵐峰拜還使腰間銅印與心違
七言絕句 增 唐姚合採松花擬服松花無處學嵩陽道
士忽相教今朝試上高枝採不覺傾翻仙鶴巢
詩散句 增 宋吳儆風急忽驚烏鵲起窣堵蔌蔌墮松花

唐蘇頲三月松作花　宋慶餘風起松花散　元馬
祖常石澗松花落　倪瓚堦下松粉黃　唐白居易腹
空先進松花酒　張耒山下松花龍甲老　方干慣緣
險峭收松粉　元尹廷高滿山黃霧落松花　袁桷松
花落徑無人掃

附錄 松脂

原 松脂松之津液精華也一名松膏一名松香一名松
膠一名松肪一名瀝青以通明如薰陸香顆者爲勝老
松皮內自然聚者爲第一勝鑿取及鍊成者根下有傷
處不見日月者爲陰脂尤佳氣味苦溫無毒潤心肺强
筋骨安五臟利耳目除伏熱治瘡瘍消風氣久服輕身

不老　千年松脂入地化爲琥珀又千年爲瑿狀如黑
玉蜜蠟金亦多年琥珀所化屑其末焚之有松香氣
彙考 增 漢武內傳仙之上藥有松柏之膏服之可延年
原 列仙傳仇生者不知何許人湯時爲木正常食松
脂在尸鄉北山上自作石室周武王時其室祠之　增
博物志松脂淪入地中千歲爲茯苓茯苓千年化爲琥
珀琥珀一名江珠今泰山有茯苓而無琥珀益州永昌
出琥珀而無茯苓　原 抱朴子松樹之三千歲者其皮
中有聚脂狀如龍形名曰飛節芝　增 燕閒錄戴石屏
詩麥麪朝充食松明夜當燈此是山西本色語深山老
松心有油者如蠟山西人多以代燭謂之松明頗不畏

風 【史】上黨趙瞿病癩垂死其家棄之山中有仙人見而憐之與以藥服百餘日瘡愈顏色豐悅肌膚玉澤後遇仙人乞其方乃鍊過松脂也瞿服久身輕力倍年百餘歲齒髮如故夜臥忽見屋間有光大如鏡久而一室盡明如晝又見面上有采女戲于口鼻間後入抱犢山中成地仙

【別錄】【原】〈製用〉辟穀松脂十斤桑薪灰汁一石煮五七沸撈入冷水中旋復煮凡七徧乃白細研爲散每服一二錢粥飲調下日三服至十兩不饑一年以後夜視目明久服延年益壽　松脂不拘多少長流水桑柴煮㨫三次再以桑灰汁煮七次扯拔更以好酒煮二次仍以長

流水煮二次色白不苦爲度每斤入九蒸地黃末十兩烏梅末六兩煉蜜丸桐子大每服七十丸用鹽米湯下補中强筋潤肌大能益人　取松柏粉帶露採嫩葉搗末當日爲之經日則無粉松藥去赤皮取嫩白者蜜漬之略焙令蜜熟勿太熟則香脆

附錄 艾蒳香

【增】【廣志】松樹綠衣名艾蒳合衆香燒之其煙團聚清白可愛　〈春風堂隨筆〉栝松百年即有白衣如粉本草謂之艾蒳香吾鄉錢甕先生號艾蒳蓋取諸此趙文敏號松雪乃是一琴名若艾蒳香亦可稱曰松雪

附錄 水松

【增】南方　木狀 水松葉如檜而細長出南海土產衆香而此木不大香故彼人無佩服者嶺北人極愛之然其香殊勝在南方時植物無情者也不香于彼而香于此豈屈于不知已而伸于知已者歟物理之難窮如此

附錄 落葉松

【增】落葉松塞外與安嶺多有之五臺亦有其皮蒙古無茶時可以當茶木性最堅其刺有毒入肉即爛入水即沉所以木商不取其榦直挺恭天枝葉蔚然恍若九簷羽蓋以塞北高寒經秋葉脫至春復生松上寄生白脂厚五六寸光潔似玉微軟而堅有用之爲靴底者

附錄 杆松

【增】杆松一名白松生塞外汙帖木兒嶺五臺亦有其榦直上枝葉如盤下枝長以上漸短遠望無異浮圖其體最輕商人取之運至通州

廣羣芳譜卷第七十

佩文齋廣羣芳譜卷第七十一

木譜

柏

原柏一名椈（爾雅：柏椈）樹聳直皮薄肌膩三月開細瑣花結實成毬狀如小鈴多瓣九月熟霜後瓣裂中有子大如麥芬香可愛六書精蘊云柏陰木也木皆屬陽而柏向陰指西蓋木之有貞德者故字從白白西方正色也處處有之古以生泰山者爲良今陝州宜州密州皆佳而乾陵者尤異木之文理大者多爲菩薩雲氣人物鳥獸狀態分明徑尺一株可値萬錢川柏亦細膩以爲几案光滑悅目 增〔廣雅〕汁柏柏也〔地理志〕華山生文柏一名黃腸〔廣志〕柏有積柏

彙考 原〔書禹貢〕杶榦栝柏〔詩邶風〕汎彼柏舟〔魯頌〕新甫之柏 增〔禮記雜記〕暢臼以椈杵以梧〔疏〕擣鬱鬯用柏臼桐杵者柏香桐潔於神爲宜 原〔論語〕殷人以柏 增〔漢書武帝紀〕元鼎二年春起柏梁臺〔註〕三輔舊事云以香柏爲之〔郊祀志〕李少君見上上有故銅器問少君少君曰此器齊桓公十年陳於柏寢〔註〕以柏木爲寢室於臺之上〔東方朔傳〕柏者鬼之廷也〔註〕言鬼神尚幽闇故以松柏之樹爲廷府〔朱博傳〕御史府中列柏樹常有野鳥數千棲宿其上晨去暮來號曰朝夕烏〔晉書郭璞傳〕璞洞五行天文卜筮之術王導深重之嘗令作卦璞言公有震厄可命駕西出數十里得一柏樹截斷如身長置常寢處災當可消矣導從其言數日果震柏樹粉碎〔孝友傳〕王裒廬於墓側旦夕常至墓所拜跪攀柏悲號涕淚著樹樹爲之枯 庾袞字叔褒或有斬其墓柏莫知其誰乃召鄰人集於墓而自責焉因叩頭泣涕謝祖禰曰德之不修不能庇先人之樹袞之罪也父老咸亦爲之垂泣自後人莫之犯〔宋書符瑞志〕王者耆老見敬則柏受甘露 原〔宋書武三王列傳〕魯郡孔子舊庭有柏樹二十四株經歷漢晉其大連抱有二株先折倒士人崇敬莫之敢犯義恭悉遣人伐取父老莫不歎息 增〔南齊書高逸傳〕徐伯珍宅南九里有高山班固謂之九巖山後漢龍丘萇隱處也山

多龍鬚檉柏望之五采世呼爲婦人巖伯珍移居之〔周書齊王憲傳〕高祖親圍晉州齊主將兵十萬自來援之永昌公椿屯雞棲原憲密謂椿曰汝今爲營不須張幕可伐柏爲庵示有形勢令兵去之後賊猶致疑也及椿被敕追還率兵夜返齊人果謂柏庵爲帳幕也不疑軍退翌日始悟〔隋書王劭傳〕劭上表言符命曰陳留老子祠有枯柏世傳云老子將度世云待枯柏生東南枝迴指當有聖人出吾道復行至齊枯柏從下生枝東南上指夜有三童子相與歌曰老子廟前古枯樹東南狀如繖聖主從此去及至尊牧亳州親至祠樹之下自

是柏枝迴抱其枯枝漸指西北道教果行 原 南史王晏傳晏爲員外郎齋前相樹忽變成梧桐論者謂梧桐雖有棲鳳之美而失後凋之節及晏敗果如之 增 裴邃傳邃廟在光宅寺西堂宇弘敞松柏鬱茂范雲廟在三橋蓬蒿不翦梁武帝南郊道經二廟顧而歎曰范爲已死裴爲更生大同初都下旱蝗四籬門外桐柏凋盡唯邃墓犬牙不入當時異之 孝義傳霸城王整之姊嫁爲衛敬瑜妻年十六而敬瑜亡手爲亡壻種樹數百株墓前柏樹忽成連理一年許還復分散女乃爲詩曰墓前一株柏根連復並枝妾心能感木頹城何足奇 唐書狄仁傑傳左威衛大將軍權善才右監門中郎將

范懷義坐誤斧昭陵柏罪當免高宗詔誅之仁傑奏不應死帝怒曰是使我爲不孝子必殺之仁傑曰漢有盜高廟玉環文帝欲當之族張釋之廷諍曰假令取長陵一抔土何以加其法於是罪止棄市陛下之法在象魏固有差等犯不至死而致之死何哉今誤伐一柏殺二臣後世謂陛下爲何如主帝意解遂免死 原 方技傳桑道茂居有二柏甚茂曰人居而木蕃者去之木盛則土衰土衰則人病乃以鐵數十鈞埋其下 增 山海經白於之山其上多柏 講山其上多柏 尚書逸篇東社惟柏 原 穆天子傳甲申天子升於大北之隥而降休於兩柏之下 增 三輔黃圖漢文帝霸陵不起山陵

稠種柏 春秋運斗樞玉衡星精散爲柏 東觀漢記李恂遭父母喪六年躬自負土樹柏常在冢下 原 謝承後漢書陳留虞延爲郡督郵光武巡狩至外黃問延園陵柏樹株數延悉曉之由是見知 東方朔外傳孝武皇帝時閒居鵲鳴新雨止朔執戟在殿上呼問之答曰殿後柏樹有鵲立枯枝上東嚮鳴上遣視如朔言 晉宮閣名華林園柏二株 抱朴子大谷倒生之柏

增 神仙傳孔元方鑿水邊岸作一窟室窟前有一柏樹生道後棘草間委曲隱蔽弟子有急欲詣元方窟室者皆莫能知 列士傳延陵季子解寶劍挂徐君墓柏樹 三齊畧記堯山在廣固城西七里堯巡狩所登遂以

爲名山頂立祠祠邊有柏樹枯而復生不知幾代樹也 拾遺記始皇起雲明臺窮四方之珍木東得蔥巒錦柏 述征記柏谷谷名也谷中無迴車地夾以高原柏林蔭藹窮日幽暗弗覩陽景 從征記泰山廟中柏皆二十餘圍夾兩堦赤眉嘗斫一樹見血而止今斧創猶在 泰山記山南有泰山廟種柏樹千株大者十五六圍長老傳云漢武所種 述異記盧氏縣有盧君古塚冢旁柏二株枝條蔭茂二百餘步樹文隱起皆如龜甲根勁如銅石 水經注泌水北有華嶽廟廟側有攢柏數百根對郭臨川負岡蔭渚青青彌望奇可翫也 陘山下牽墳東有廟舊有一枯柏樹其塵根故株之上多

生稚柏列秀青青望之奇可嘉矣〔笑宗師園林記〕柏
曰蒼官〔酉陽雜俎〕上座璘公院有穗柏一株衢柯偃
覆下坐十餘人 太常博士崔碩云汝西有練溪多異
柏及暮秋葉上歛俗呼合掌柏〔海錄碎事〕負霜柏一
作宜霜柏〔寰宇記〕巴郡有柏柱大可十圍高二十餘
丈乃公孫述時樓柱所斫之處忽生枝而不朽〔眞源
縣老子堂前有雙柏樹左階之柏久枯大業十三年忽
從根生一枝聳幹三丈三尺枝葉青翠唐武宗二年更
生一枝直上五尺橫枝兩層枝葉相覆異於常樹〔東
齋紀事〕武侯廟柏其色若牙然白而光澤尚復生枝葉
今纔十丈 原〔東坡集〕孤山有陳時柏二株其一爲人

所薪山下老人自爲兒已見其枯矣然堅悍如金石南
于未枯者僧志詮作堂于其側名之柏堂 予來汝愈
地平無山清穎之外無以娛子者而地近亳社特宜檜
柏自拱把而上輒有樛枝細紋冶事堂前二柏與薦福
兩檜尤爲殊絕孰使子安此寂寞而忘歸者非此君歟
增〔春渚紀聞〕元豐間朝廷問罪西夏五路舉兵秦鳳
路圖上師行營憩形便之次至關嶺有秦時柏一株雖
質幹不枯而枝葉略無存者既標圖開裕陵披圖顧問
左右偶以御筆點其枝間而歎其閱歲之久也後郡奏
秦朝柏忽復一枝再榮殿中有記當時奏圖歎賞之語
丞相蔡確以爲天人筆澤所加便同雨露之施〔少林

集錄〕嵩山漢武帝登封時神人呼萬歲之所峯之半乃
昔嵩陽觀故基有唐天寶年碑刻碑東古柏五株積翠
婆娑可愛中有一株尤大五人聯手抱之圍始合下一
石刻曰漢武帝封大將軍〔山川紀異〕漢陽縣西柏泉
寺有古井世傳大禹植柏於大別山其根盤曲直至井
底今柏根尚存又大別山陽太平興國寺前亦有古柏
俗傳禹治水時所植者〔化源記〕柏葉仙人田鸞家居
長安常聞道者有長生術遂入華山求問眞侶心願懇
至至山下數十里見黃冠自山而出鸞遂禮謁祈問隱
訣黃冠指柏樹示之曰此卽長生藥也何必深遠但問
志何如耳鸞遂搜尋仙方云側柏服之久而不已可以

長生乃取柏葉曝乾爲末服之稍節葷味心志專一至
六七十日未有他益但覺時時煩熱至二年餘病熱頭
目如裂舉身生瘡而鸞意終不捨至七八年熱疾益甚
其身如火人不可近皆聞柏葉氣諸瘡潰爛黃水遍身
如膠忽自云體今小可須一沐浴遂命置一斛溫水於
室數人舁臥斛中遂於斛中寢三日方悟呼人起之身
上諸瘡皆已掃去光彩明白鬚髮紺綠頓覺耳目鮮明
自云初寢夢黃冠數人持旌節導引謁上清遍禮古來
列仙皆謂曰柏葉仙人來此遂授以仙術謂曰且止於
人世修行後有位次當相召也自此絕穀隱於嵩陽年
百二十三歲無疾而終異香滿室空中聞音樂聲乃造

青都赴仙約耳【原】燕談寇萊公知巴東縣手植雙柏
於庭民比之甘棠謂之萊公柏後大火柏與公祠俱焚
黃陽鄭贊爲令悼柏之焚惜公手植不忍翦伐種凌霄
花於下使附榦而上以著公之遺德且慰邦人之去思
云【增】西溪叢語青龍寺老柏院有布衣張在題一絶
於院壁云南隣北舍牡丹開年少尋芳去又回唯有君
家老柏樹春風來似不曾來元祐中州學教授畢仲愈
題跋刻石於平嵐亭上　姚氏殘語太祖以柏爲界尺
謂之隔筆簡　避暑録話柏奇峻堅瘦似李元膺　遯
齋閒覽余靖慶曆中知桂州州境窮僻處有林木延袤
數十里每至月盈之夕輒有笛聲發於林中甚清遠土
人云聞之已數十年終不知其何怪也公遣人尋之見
其聲出一大柏樹中乃伐取以爲枕聲如期而發公甚
寶惜凡數年公之季弟欲窮其怪命工解視但見木之
文理正如人在月下吹笛之像雖善畫者莫能及重以
膠合之則不復有聲矣　玉堂閒話高祖在襁褓之時
母置放其莊柏樹之陰而往餉田比及餉回日斜而樹
影不移　墨客揮犀壺山有柏木一株長數尺半化爲
石半猶是堅木蔡君謨見而異焉因運至私第余在莆
陽日親見之　老學庵筆記眞宗御集有苑中賞花詩
十首內一首龍柏花李文饒平泉山居草木記有藍田
之龍柏宋子京又有眞珠龍柏詩劉子儀晁以道朱希

眞亦皆有此作子長於江南未嘗見也或云本出鄜坊
間　方輿勝覽桔柏渡在昭化縣今昭化驛有古柏土
人呼桔柏故名　游武夷山記峯山有仙柏樹古而青
翠可賞　成都記曰就殿以文梩綺柏爲材【原】五色
線嵩山天封觀有古柏三株武后封五品大夫蔭百餘
步俗云大小將軍【增】濟南行記岱岳觀有漢柏柯葉
甚茂　蜀都雜抄蜀都大抵雨多風少故竹樹皆修聳
少陵古柏二千尺人譏其瘦長詩固有放言要之蜀產
與他迥異謂柏之森森者惟蜀爲然所謂喬木如山者
亦惟蜀爲然　遊香山寺記至洪光寺入石門路甚修
平可步古柏夾之外不見林土不見顛枝榦交蔭人行
道上蒼翠撲衣日影注射如荇藻凌亂可數百步復折
而上如是者凡十有一每登一折必右俯木末左瞰絶
壁壁皆甃石爲之歲久若天造柏從石罅出多類鬼工
初登一二盤奇在柏稍上諸山如螺髻自柏外見則又
奇至七八盤山盡在下精藍名墅棊布繡錯金碧晃耀
目境屢換殆無暇問柏奇矣　桐柏山志柏香峰四望
險巖垂磴萬仞上多柏木　金陵諸園記東園一曰太
傅園兩柏異榦合杪下可出入曰柏門　天中記廣漢
梁泉縣漢故道縣也龍女山多紫柏華陽志云梁泉有
紫柏坂　嵩遊記嵩陽宮外有漢武帝封三將軍柏柏
膚殼皆脫去獨存肉理色蒼白大者圍六人次四次三

入計千百年物矣其最大者南枝一節爐甚蓋木瘿也祖庵左一柏云惠能謫祖時從鉢盂中帶至也余爲書六祖手植柏五字 原湧幢小品高祖取夔州過蘭溪縣見古柏甚奇駐師其下後搆亭繞之而空其中夜半輒有蒼龍繞伏其上王世懋詩云何年古柏尚青青曾是高皇玉輦停不信聖恩偏雨露枝枝都作老龍形

增七曲山記應夢臺右晉柏二株其形盤踞如虯龍邑令蒼舉自晉代傳於今幾三合抱 泰山記炳靈殿漢柏三四株皆迤邐中一株最巨輪囷臃腫狀尤詭異非千年不能有此 四川志詹香山綿竹縣人言某寺有古柏一株縣令將伐之遣匠人莫敢逆者寺有老僧

題一絕於樹云定知此去棟梁材無復清陰覆綠苔只恐深山明月夜懼他千里鶴歸來縣令見之惻然而止

原崑山縣志南宋時高麗進陰陽柏二株初僅二尺種之永懷寺殿庭左右久之高與殿等每左花則右實右花則左實

集藻記增宋田況古柏記成都諸葛孔明祠古柏年祀寖遠喬柯鉅圍蟠固峻拔有足異者杜甫嘗作歌民文昌亦作文摹狀瓌奇人多賭誦故老相傳及記事者云自唐季凋瘁歷王孟二僞國蠹槁尤甚然以祠中樹無敢翦伐者皇朝乾德丁卯歲仲夏枯柯復生日益敷茂觀者雖異以爲榮枯之變應時治亂武侯光靈如有意於茲者誠爲異事因命工圖寫備述本末以貽好事者

題跋增宋陸游跋古柏圖此圖吾家舊藏余居成都七年屢至漢昭烈惠陵此柏在陵旁廟中忠武侯室之南所謂先主武侯同閟宮者與此略無小異則畫工亦當時名手也

贊增宋蘇軾東莞資福堂老柏再生贊生石首冒羙松朋伺是心苟眞金石爲開堂去柏枯其留復生此柏無我誰爲枯榮方其枯時不枯者存一枯一榮皆方便門人皆不聞瓦礫說法今聞此柏熾然常說

賦原齊蕭鋒修柏賦既殊羣而抗立亦含貞而挺正豈春日之自芳在霜下而爲盛衝風不能摧其枝積雪不

能改其性雖坎壈於當年庶後凋之可詠 增唐魏徵道觀內柏樹賦有序玄壇內有柏樹焉封植營護幾乎二紀枝幹扶疎不過數尺籠於衆草之中覆乎蔾棘之下雖磊落節目不改本性然而翳薈蒙籠莫能自中達也惜其不生高峰臨絕壑籠日月帶雲霞而與夫臃腫之徒雜糅茲地此豈所謂方以類聚物以羣分者哉有感於懷喟然而賦其詞曰覽大鈞之播化察草木之殊類雨露清而並榮霜雪茫而俱悴唯丸丸之庭柏稟自然而醇粹涉青陽不增其華歷玄英不減其翠原斯木之攸挺植新甫之高岑干霄漢以上秀絕無地而下臨籠日月以散彩傍雲霞而結陰邁千祀而逾茂秉四時

而一心靈根再徙茲庭爰植高節未彰貞心誰識旣雜沓乎衆草又蕪沒乎叢棘匪王孫之見知志耿介其何極若乃春風起於蘋末美景麗乎中國水含苔於曲浦草鋪露於平原成蹊花亂幽谷鶯喧徒耿然而自撫謝桃李而無言至於日窮於紀歲云暮止飄蓬亂驚愁雲叠起氷凝無際雪飛千里顧衆類之颯然鬱亭亭而孤峙貴不移於本性方有儷於君子聊染翰以寫懷庶無虧於善始

〔李德裕柳柏賦并序〕夫受天地之正氣者唯松柏而已故聖人稱其有心美其後凋豈無他木莫可儔匹于常歎柏之爲物貞若有餘而華滋不足徒植於精舍刻於幽庭不得處園池之中與松竹相映獨此

郡有柳柏風姿濯濯宛若荑楊而冒霜停雪四時不改斯得謂之具美矣惜其生於遐遠人罕知之偶爲此賦以貽親友惟天地之生物均覆載而不私雖草木之殊性皆榮落之有時感松柏兮自得經隆冬兮乃知常集霰於窮節秉心終而不移觀夫竹嬋娟以挺秀松英茂以含滋可蔭蔚於臺榭故封植於園池嗟緑柏之貞苦爰自託乎幽崖或森森於寒壟或肅肅於神祠何炎徼之僻陋忽珍木而在茲齊芊蔚於蘭蓀儷貞芳於桂枝遠而象之聳幹參差凝翠姿之陸離迫而觀之布葉低垂若孔蓋之葳蕤又似翠刈巢以羣棲鸞奮翼而來儀含輕煙於夕景泫零露於朝曦逮秋實之蕃衍綴青珠以纍纍嗟乎材不可備人亦如此斯子張之容雖盛柳惠之貞則虧有長孺之正色無思旻之風姿歎此物之具美以幽深而見遺非企瑤林於塵外方玉樹於前墀望舊國兮無際思故人兮未期曾不得倚樹而泛瑤瑟攀條而獻蘭巵慨路遠而莫致抑毫端而孔悲顧謂稚子起爲謠曰楚山側兮湘水源美斯柏兮託幽根條總翠兮冬轉茂實垂珠兮秋始蕃彼變化兮不測焉知非張緒之精魂

五言古詩

〔增〕北齊魏收庭柏古松圖假蓋新柏寫爐峰凌寒翠不奪迎暄綠更濃茹葉輕沉體咀實化衰容將使中臺麝違山能見從

〔原〕唐杜甫病柏有柏生崇岡

童童狀車蓋偃蹇龍虎姿主當風雲會神明依正直故老多再拜豈知千年根中路顏色壞出非不得地蟠據亦高大歲寒忽無憑日夜柯葉改丹鳳領九雛哀鳴翔其外鴟鴞志意滿養子穿穴內客從何鄉來佇立久呼怪靜求元精理浩蕩難倚賴

〔增〕宋司馬光柏軒凛然凌霜色本自生丘壑徙之君子庭栽培固不薄靜夜聲颼飀清晝陰漠漠秀氣過簷楹翠影通簾箔知君梁棟材大匠偶未度但守歲寒心閑軒亦不惡

蘇軾和子由記園中草木種柏待其成柏成人已老不如種叢篁春種秋可倒陰陽不擇物美惡隨意造柏生何苦艱似亦費天巧天工巧有幾肯盡爲汝耗君看藜與藿生意

常草草〔御史臺柏〕故園多珍木翠柏如蒲葦幽因無
與樂百日看不已時來拾流肪未忍踐落子當年誰所
種少長與我齒仰視蒼蒼幹所閱固多矣應見李將軍
膽落溫御史〔蘇轍廳前柏〕雙柏如嬰兒冉冉三尺長
移根出澗石植幹對華堂重露忝膏沐清風時抑揚我
老不耐寒憐汝堪風霜朝夕望爾長尺寸常度量知非
老人伴可入諸孫行想見十年後詹前蔚蒼蒼人來顧
汝笑誦我此詩章〔嵩山天封觀將軍柏〕肅肅避暑宮
石殿秋日冷凜然中庭柏氣壓千夫整風聲答萬壑雲
色通諸嶺材大難爲工甘與蓬蒿屏〔元陳樵雙柏亭〕
亭山上柏柯幹如青桐蒼古拔俗姿百作兒女容風霜

日搖落萬木爲之空爾獨不見摧屹立如老翁乃知歸
根妙生意恒內融願乘雷雨興化作雙飛龍〔明方孝
孺栽柏〕迂拙乖世用每蘊無窮思取效非目前遠與千
載期翠柏信良材成長計功遲茲晨劚煙雨移種盈尺
姿清廟嚴潔地聖靈會於斯豈無杞柳輩不足當堦墀
殿社夙所尚古制非人爲先師實殷人植此理固宜但
恐枝幹弱不耐風霜欺培護苟無失終見盛大時三年
過人長十年齊桷榱百年必合抱根深柯葉滋青青泊
鸞鳳厚土蟠蛟螭豈特傲寒暑將堪閱興衰所托况得
所永免斤斧危既脩顧盼榮復與翦伐辭寥寥百世後
萬物相扶持何必爲棟梁乃見才氣施流光若飛翰時

代易推移行看好古士追訟種者誰我生素多病中歲
草孱羸待爲鶴髮翁見女夌雲枝志士用心者護落爲
世嗤何如羣兒巧插槿紛成籬
七言古詩〔原〕〔唐杜甫古柏行〕孔明廟前有老柏柯如青
銅根如石霜皮溜雨四十圍黛色參天二千尺君臣已
與時際會樹木猶爲人愛惜雲來氣接巫峽長月出寒
通雪山白憶昨路繞錦亭東先主武侯同閟宮崔嵬枝
幹郊原古窈窕丹青戶牖空落落盤踞雖得地冥冥孤
高多烈風扶持自是神明力正直原因造化功大廈如
傾要梁棟萬牛回首丘山重不露文章世已驚未辭翦
伐誰能送苦心豈免容螻蟻香葉終經宿鸞鳳志士幽

人莫怨嗟古來材大難爲用〔增〕〔宋梅堯臣龍柏〕花非
龍香葉非柏獨竊二美誇芳蕤苦棟不分顏色近紫荊
未甘開謝遲羣公莫以得地貴竟費佳句何足思〔明
李奎古柏行〕虞山古柏幾千歲根盤節錯羅星文靈氣
常懸白日雨疎枝亂灑青天雲霜柯露幹了不識半是
蒼苔半成石石上猶存古鏡光青萍未拭芙蓉色我來
八月秋氣濃月明滿地盤虬龍赤腳大呼不忍去長風
吹落虞山鐘天生異物詎可測呵護常聞鬼神泣嚴壑
寧教無此材歲寒然後知松柏
五言律詩〔增〕〔唐岑參使院中新栽柏樹子呈李十五栖
筠〕愛爾青青色移根此地來不曾臺上種留向磧中栽

殘葉欺門柳狂花笑院梅不須愁歲晚霜露豈能摧　李德裕相閣有三珠樹惟應秘閣風珊瑚不生葉朱草又無叢未若凌雲柏常能終歲紅晨霞與落日相照在巖中　段成式穗柏聯句　一院暑難侵莓苔共影深枝標爭息鳥餘吹正開襟柯古宿雨香添色殘陽石在陰乘閒動詩意助靜入禪心善繼　李洞古柏　手植知何代年齊偃蓋松結根生別樹吹子落鄰峯古幹經龍嗅高煙過雁銜可作繁葉盡聲不凝秋鐘　宋朱長文多幹柏　古柏列重門連枝若弟昆參天分直幹得地共靈根月照龍蛇影風摧鐵石痕鸞凰期可宿香葉向春繁　明吳寬追和朱樂圃蘇學多幹柏　新甫傳遺種吳門見後昆碧霄多直幹黃壤本同根霜雪持高節莓苔接古痕三年非檻木十畝自陰繁

七言律詩原唐溫庭筠晉朝柏樹　晉朝名輩此離羣想對濃陰去住分題處尚尋王內使畫時應是顧將軍長廊夜靜聲疑雨古殿秋深影勝雲一下南臺到人世曉泉清籟更難聞　增宋韓琦刪柏　翠柏枝繁鬱未伸我來刪理務躬親孤根得地雖經歲逸勢參天不在人先易工夫知取舍後凋顏色長精神壞材自入他年用莫厭因時前擇頻　王安石景福殿前柏　香葉由來耐歲寒幾經真賞駐鳴鑾根通御水龍應蟄枝觸宮雲鶴更盤怪石誤蒙三品號老松先得大夫官知君勁節無榮

慕寵辱紛紛一等看　蘇軾文殊院古柏　會看大柏孔明祠行盡天涯未見之此樹須當稱子行他山只可作孫枝棟梁知是誰家用舟楫唯應海水宜日莫飛鴉集無數青田老鶴未曾知　郭祥正柏　青幢碧蓋儼天成濕翠濛濛滴畫楹禪客自陪千歲老遊人時抱一樽傾恥隨桃李春風短奪盡松篁夜氣清安得鬼神題巨筆不容左紐獨專名

五言排律增唐李商隱武侯廟古柏　蜀相階前柏龍蛇捧閟宮陰成外江畔老向惠陵東大樹思馮異甘棠憶名公葉凋湘燕雨枝拆海鵬風玉壘經綸遠金刀歷數終誰將出師表一爲問昭融

五言絕句增唐武平一奉和正旦賜宰臣柏葉應制　綠葉迎春綠寒枝歷歲寒願持柏葉壽長奉萬年歡　趙彥昭奉和元日賜羣臣柏葉應制　器乏雕梁器材非構厦材但將千歲葉常奉萬年杯　李乂元日恩賜柏葉應制　勁節臨冬勁芳心待歲芳偏令人益壽非止麝含香

七言絕句增唐雍陶武侯廟古柏　宿葉四時同一色高枝千歲對孤峯此中疑有精靈在爲見盤根似臥龍　宋司馬光柏　紅桃素李競芊華閒偏長安萬萬家何事青青亭下柏東風吹盡亦無花　金完顏璹黃華畫古柏　黃華老人畫古柏鐵簡將軍挽大弨意足不求顏色

似荔支風味配江瑤
詩散句【增】〔晉潘岳〕不見澗邊柏歲寒守一度〔唐杜甫〕
雖當霰雪嚴未覺栝柏枯〔李賀〕幽幽太華側老柏如
建纛〔宋石延年〕蛇露根穿嶺龍眠影在潭〔梅堯臣〕
栞柏移皆活風霜不變青〔蘇軾〕蒼龍轉玉骨黑虎抱
金棍　瘦皮纏鶴骨高頂轉龍腰〔蘇轍〕孤直自新甫
何年移禁廷〔陸游〕龍吟風雨夕山立雪霜晨〔唐張
籍〕弱柏倒垂如線蔓簷頭不見有枝柯〔宋夏竦〕托植
久依山杏密附枝俄接帝梧榮〔劉敞〕南牆雙柏天生
直材雖未老心千尺〔王令〕不惜以材同失地好留更
老共支天　強枝拗回信有力高幹復俯交虬拳〔蘇

軾〕道人手植幾生前鶴骨龍姿尚宛然〔周弼〕更添蒼
柏兩三莖相伴高枝作雨聲〔金王元粹〕風吹高柏影
在衣忽驚滿座蛟龍入【原】唐杜甫翠柏苦猶食【增】
〔李賀〕小柏儼重扇〔薛能〕春氣柏林香〔宋司馬光〕翠
色添崖柏〔金元好問〕細柏含古春〔元許有壬〕翠柏
瀉秋聲〔唐王維〕柏葉初齊養麝香　杜甫錦官城外
柏森森〔宋歐陽修〕凛凛節奇霜幹柏〔蘇軾〕拏龍攫
霧屈虬枝〔吳澂〕庭柏無心不受誇
【別錄】【原】南史王儉傳儉字仲寶丹陽尹袁粲聞其名及
見之曰宰相之門也栝柏豫章雖小已有棟梁氣矣
【增】拾遺記太山下有連理文石高十二丈狀如柏樹其
文彪發似人雕鏤自下而上皆合而中開廣六尺望若
柏樹也〔桂海虞衡志〕石柏生海中一幹極細上有一
葉宛似側柏扶疎無小葉根所附著如烏藥大抵皆化
爲石矣〔行營雜錄〕大中祥符六年緜州彰明縣崇仙
觀柏柱上有木文如畫天尊狀毛髮眉目衣服履舄纖
縷悉備〔素園石譜〕黃龍府山中產柏枝瑪瑙石色甚
瑩白上如柏枝或黃或黑甚光潤頃年白蒙亨奉使北
主遺以一石大如桃上有鴝鵒如豆許棲柏枝上頗奇
怪【原】〔種植〕九月中柏子熟採收候來年二三月間用
水淘過取沉水者著濕地二三日淘一次候芽出將劚
熟地調成畦水飲足以子勻撒其中覆細土半寸再以

水壓下二三日澆一次常使土潤勿太濕太乾既生出
土四圍豎矮籬護之恐爲蝦蟇所食常澆水亦宜糞俟
長高數尺分栽〔灌溉〕性喜肥一年中用肥過糞水澆
三四次則青翠蓊鬱秋時翦小枝二三尺可插活　柏
葉色綠不獨夏秋採者良種類非一入藥惟取葉扁而
側生者名側柏功効殊別古柏尤奇益州孔明廟中大
柏蜀漢時植人多採入藥其味甘香大異常柏他如花
柏葉濃郁成朶無子叢柏樹綠色並不入藥〔製用〕嫩
柏枝洗淨控乾入梅滷醃乾甘草桂心爲細末入淨磁
器中一層葉一層柏枝緊封藏之久不開則上鹽花可
玩可食煮汁釀酒去風痺歷節風

附錄柏實

〔本草〕柏實以乾州者爲最三月開花九月結子狀如小鈴霜後四裂中有數子大如麥粒芬香可愛

彙考增〔列仙傳〕赤松子好食柏實齒落更生〔賈氏談錄〕李德裕平泉莊有珠子柏實皆如珠子叢生葉上香聞數十步〔傳燈錄〕僧問趙州和尚祖師西來意趙云庭前柏樹子〔茅亭客話〕遂州小溪縣石城鎮仙女埡村民程翁名君友開寶九年春往雲頂山寺遇一道士隨往青城山道士曰爾有仙表得至於此開囊取丹一粒令吞之曰若有饑渴則可嚼柏葉柏實些些君友歸家無饑渴之念遂別止一室不顧家事嘗焚柏子柏葉

靜坐無所營爲不飲不食時嚼柏實三五顆而已門外有一柏樹下有一大盤石常偃息於上至九月七日夜如有所待達旦雲霞相映有如五色君友躡空而去

集藻詩散句增宋晏殊紫結茱萸實濃薰菡萏香〔唐皮日休〕荒徑掃稀堆柏子

別錄原收子熟時頓採之易得過時則零落又易生蟲〔製用〕子熟採蒸曝春礧取仁用 取子之沉者曝乾爲末每服方寸匕漸增三五合欲絕穀恣食取飽渴則飲水久服延年

附錄竹柏

增〔益部方物畧記〕竹柏生峩眉山中葉繁長而籜似竹然其幹大抵類柏而亭直

集藻贊增〔宋宋祁竹柏贊〕葉與竹類纖理如柏以狀得名亭亭修直

檜

原檜柏葉松身見爾雅葉尖硬亦謂之栝今人名圓柏以別側柏增〔爾雅翼〕又有一種別名檜柏不甚長其枝葉乍檜乍柏一枝之間屢變人家庭宇植之以爲玩

彙考增〔書禹貢〕杶榦栝柏〔詩衛風〕檜楫松舟〔宋史眞宗紀〕大中祥符六年十月甲子亳州太清宮枯檜再生〔西京雜記〕上林苑栝十株〔洛陽伽藍記〕永寧寺僧房樓觀一千餘間栝椿松柏扶疎拂簷〔水經注〕孔

子舊廟西北二里有顏母廟廟像猶嚴有修栝五株封氏見聞記兗州曲阜縣文宣廟門內并殿西南各有柏葉松身之樹各高五六丈枯槁已久相傳夫子手植永嘉三年復枯俗傳千年木療心痛人多竊割削之樹身漸細去地丈餘皆以泥累泥封猶不免焉亦有取爲笏者色紫而甚光澤肅宗時二樹猶在〔幽燕記異〕幽燕思先驛後有五樹檜忽生藥圓試摘服之往往療疾有驗〔賈氏談錄〕李德裕平泉莊有雁翅檜婆娑如鴻雁之翅〔洛陽名園記〕董氏東園北鄉入門有栝可十圍實小如松實而甘香過之 歸仁園其坊名也園盡此一坊廣輪皆里餘唐丞相牛僧孺園七里檜其故木

也　〔避暑錄話〕蘇州白樂天手植檜在州宅後余政和初嘗見之已槁瘁高不滿二丈意非四百年物眞僞未知也後爲朱冲取獻聞槁死于道中乃以他檜易之禁中多不知又有言華亭悟空禪師塔前檜亦唐物詔冲取之檜大不可越橋梁乃以大舟即華亭泛海出楚州以入汴既行一日張帆風猛檜枝與帆低昂不可制舟與人皆沒長與大雄寺陳霸先宅庭亦有大檜中空裂爲兩枝蔭半庭質如金石相傳以爲霸先所植又欲取以獻會聞悟空檜沉海乃已賢者因物幸託以不朽然此三檜　槁死于道　沉于海一僅以免蓋欲爲道旁櫪株不可得也　檜深密紆盤似管幼安　〔澠水燕談〕

亳州法相寺矮檜高纔數尺偃亞蟠屈枝葉繁茂不可圖唐大中年李待價石記云圍茲三丈餘詎今又三百餘年廣袤五六丈爲一郡之珍玩士人目其寺曰矮栝廊　〔遊茅山錄〕王晨觀東廊許長史手植檜其圍丈餘西廊左紐檜圍八尺　〔原〕〔太清記〕亳州太清宮有八檜老子手植根株枝榦皆左紐石曼卿棻此檜不知年代李唐之盛一枝再生全聖朝復有此異　〔增〕〔老學菴筆記〕海檜有二種海檜夭矯堅瘦皆天成又有刻削盤屈而成者名土（音杜）檜海檜絕難致凡人家所有大抵土檜也

亳州太清宮檜至多檜花開時蜜蜂飛集其間不可勝數作蜜極香而味帶微苦謂之檜花蜜眞奇物也歐陽公守亳時有詩曰蜂採檜花村落香則亦不獨太清而已　〔話腴〕宋眞宗朝寢殿側有古檜秀茂不羣名御愛檜然橫礙殿簷眞皇意欲去之一夕風雷轉摺其枝時以爲瑞　〔中吳紀聞〕白樂天爲蘇州守時恩信及民皆敬而愛之嘗植檜數本于郡圃後人目之爲白公檜以況甘棠焉　〔湖山勝槩〕鳳凰山有交枝檜　〔東遊記〕顏廟中孤檜高五丈許　〔遊茅山記〕茅峰之西麓有玉宸觀門外有古檜千餘皆迴抱紋左紐奇怪可畫白馬老君二殿前各檜一株尤古而奇　〔西山遊記〕碧雲寺殿前二栝松十圍隱于牛焉日出映之山中蓊蓊如青雲起　〔龍鳴山記〕聽松軒西即韓熙載讀書堂遺址所

植檜猶存　〔原〕〔梧潯雜佩〕余嘗憩兩廣公署前庭有檫檜二樹駢生蟠根合體互相糾結異枝交蔭蒼翠成帷每婆娑其下玩之不忍去　〔增〕〔福建志〕王審知夢衆僧奕奕有光所至有雙檜并池旦尋而得之池曰浴聖檜曰息聖　〔原〕曲阜孔廟殿前宣聖手植檜紋皆左紐上聳無枝而不朽每遇一代興或聖君出則發一枝我朝太祖龍興世宗繼統會兩見眞大異事　常州烈帝廟有獨孤檜賴州靈壇觀有再生檜

〔集藻〕〔賦〕

御製闕里古檜賦并序孔子手植檜在杏壇之側金貞祐間無復存矣元至元三十年再茁故處明弘治間又燬于火

今所遺者不枯不榮屹立霜露而秀色獨異撫摩久之乃
作賦曰維槎枒之靈質實鈞化之所鍾標扶輿之奇特峙
先聖之故宮涵元氣以不朽與至道而俱崇爾其黛榦蒼
蒼孤柯濯濯鶴骨初扶霜鱗未作儼茁軋以方舒類洪荒
之忽鬱謝繁采于春華完淳風于太樸天矯拂勃星臨露
滴枝無取于樛樛葉全稀于摵摵夕飈度兮弗驚朝旭烘
兮如滌伊間氣之滑滋惟神爽之咸集徘徊延却宛轉斷
連蟠屈兮若俯羽之在列聳削兮若篔簹之待懸則有榮
以崇封沃以膏壤方以周關角以文條足縮心獻日給神
賞蘿煙奪翠松籟失響于昃楷因之而擢頳著感之而抽
莖爭蕤于絃誦之里旁扶疎于禮樂之庭朝茵黼兮一

旦大椿讓兮千齡上泝眞宰之功遠契無爲之代均雲行
兮雨施等乾始兮坤載疇則出混茫之中而居耳目之外
與二才以並植綿歷祀其長在亦有扶桑海表若木山巔
東瀛西極揭日摩天迹雖誇于神異植非出于文宣宜膛
乎其後矣邈無得而稱焉
【增】唐溫岐再生檜賦檜有再生之瑞天符聖運之興挺
松身而鱗皴迥出布柏葉而杳靄相承隋道既窮則沒
身于亂土唐朝將建故發德于休徵原夫日將興而幽
隮皆明君應期而纖微必表生于枯朽證受命于敗德
之時長則繁華示寶祚于延慶之兆想夫拔陳根而已
萎聳脩榦以方妍変朝而還宜宿露向晚而尤稱新煙

沒狀而方生莢之枯楊若此以理而論易葉之僵柳昭
然效殊祥以示後願衆瑞而居先嘉其擢本傍榮抽條
迥秀歷朱夏而彌盛冒霜雪而不朽應昌業于龍潛之
際昔日無心彰聖德于虎視之前孰云虛受徒觀夫載
光紫府効祉皇家竦亭亭之柯葉擢鬱鬱之輝華可以
播之于萬古可以流之于四遐是知歷數歸唐禎祥啓
聖何厚地之朽木報上天之明命殘陽未落宮庭之林
藪忽生明月初懸玉砌之桂花復盛矧夫貞節獨異高
標自持散芳氣而微風乍動入重陰而宿鳥猶疑蓋天
所贊也亦神以化之客有生遇明時身蒙至德窮勝負
于朕兆慕休祥于邦國敢獻賦以揚榮遂布之于翰墨

【元】祝堯手植檜賦繁孔庭之喬木兮自夫子之文章
象三林以毓秀兮開萬葉以流芳根詩書之正脈兮表
吾道之昌長昔闕里之微言兮稱後凋之松柏惟若木
之柏葉松身兮固手之而不能釋諒因材以栽培兮在
人物以如一元氣會乎其根兮集條理而大成日月拂
乎其枝兮揭文明而上行映尼山之正色兮紛蒼翠之
會斂承泗波之餘澤兮潤滲漉而不枯雲風欻霍而經
庭兮羌芳氣之襲予八音嘈吰以砰磕兮忽升堂而驚
顧鳳飄飄以銜圖兮遙千載以來下麒麟有時而出兮
或遲茲而游豫彼春秋之風雨兮超震凌以自揭後七
雄之斬艾兮曾不足動其一髮金石嬈乎其堅剛兮縱

百奉而何棼神左右以扶持兮知未喪於斯文吾聞孔
壇之杏兮配斯文以永久何絲檜之鼎峙兮亦兹杏之
不朽信聖人之於萬物兮無一物而不仁苟仁心一有
所寓兮自當與天地而長春建深根而不拔兮庇儒家
之枝石兮將指天地爲期兮壽皇圖於箕翼北極建杓
而秉持兮奎壁爛然而成行扶桑昭晰以警蹕兮條風
發乎震方皇覽乎六藝之芳潤兮熙文運以再昌錄孔
氏之子孫兮攬庭秀而不忘訪故家而愛其木兮當
百倍乎甘棠命奇賜使發藏兮起朱融使郴邑戒顯收
以來殺兮警神冥以孳養爾英材之並育兮待棟梁以
爲用矧先聖之親植兮誠有土之所重嗟七十子而承

摯提兮各抱材而有施符梁木之既壞兮余乃不得與
茲檜而同時幸壁藏之亡恙兮瞻書劍以有基託餘陰
以延佇兮結芳條而遐思衣繭後之裔如兮恍洋洋而
在斯雖朽質之莫雕兮亦求柯而爲則喜斯道之有依
兮遂游歌而不息歌曰檜之根兮輪囷檜之節兮嶙峋
自周及元吾不知其幾春檜之古兮有神檜之今兮有
靈維元繼周盍將開千萬億載之文明

五言古詩 增 宋梅堯臣和曹光道風拔三檜 飄風西北
至樹苦萬餘牽君家三古檜蔡根龍地纏其固謂不拔
朱欄擁青壚今同秀林木摧倒誰復憐安得百力士扶
持尚可全愼勿伐作薪豈無庭燎然 原 蘇軾和趙景
覎栽檜汝陰多老檜處處屯蒼雲地連丹砂井物化青
牛君時有再生枝還作左紐文王孫有古意書室延清
芬應憐四孺子不墮凡木羣體備松柏姿氣含芝朮薰
初扶鶴立骨未出龍纏筋巢根白蟻亂網葉秋虫紛乃
知蔽芾初甚要封植勤他年皮三寸狐鼠了不聞 增
蘇軾王仲至侍郎見惠稚栝種之禮曹北垣下今百餘
日矣蔚然有生意喜而作詩翠栝東南美近生神嶽陰
惜哉不可致霜根絡雲岑仙風振高標香實隕平林偶
隨樗櫟生不爲樵牧侵忽驚黃茆嶺稍出青玉鍼好事
雖力取王城少知音豈無換鵝手但知覓來禽高懷獨
夫子一見捐橐金得之喜不寐贈我意殊深公堂開後

閣凡木愧華簪栽培一寸根寄子百年心常恐樊籠中
摧我鸞鶴衿誰知積雨後寒芒曉森森恨我迫歸老不
見汝十尋蒼皮護玉骨旦暮視古今何人風雨夜臥聽
饑龍吟 郭祥正合肥何公檜部使者楊公潛古命子
賦之合肥有老檜得名自何公何公何代人名跡了莫
窮高枝偃羽蓋低枝臥蒼龍盤根徹厚地疎影落寒空
荏苒九天碧仍爲煙霧濛相傳魏武帝解甲休鐵驄嘗
坐此檜下吞吳未成功至今晦暝夕往往揚英風我公
心好古清標聳千峰鑒賞揮巨筆丹青就爲工璨璨發
明玉琤琤叩絲桐談笑走兵役垣牆密泥封拂拭枯折
幹一助春風融顧回拔山力移植明光宮 原 陳師道

次韻趙德麟植檜種木待成林聊爲千年事目中趨百里寧同萬牛費栢檜三尺強已有凌雲氣生世能幾何擬作千年計衆人笑拍手君子用其意蕭蕭孤竹君忘言默相契名以金石交椿楊皆奴婢緬懷萬仞巔千丈蔚蒼翠盤根泉石底用意霜雪外寧須大厦材坐待斧斤至散爲風雨聲密作馬牛蔽

【詩】金元好問濟南廟中古檜同叔能賦亭亭祠宮檜鬱鬱上雲雨扶持幾來年造物心獨苦青餘玉川潤根入鐵岸古雖含棟梁姿斤斧安得取沉淤地中久駭浪思一鼓天柱屹不移水國莫平土乾坤此神物甲乙存世譜瀨鄉留耳孫闕里傳鼻祖秦松徒自汙蜀柏聊共數會待十抱成茲焉重

摩拊

明吳寬觀孔林手植檜魯宮久已壞孔宅仍如新悠悠二千載手澤嗟猶存所存匪俄物奇樹當高門矯矯歷霜雪青青出埃塵親承時雨化生意常欣欣相傳藉文字烈火經嬴秦而此特萌蘖挺然異其羣羣木繞庭際合抱高入雲尋常豈得似隱起成旋文端如人累絢徽纆依然分米芾好奇士于道未必聞玩物有述作意與石丈均我來重謁拜欲去步幾巡維魯多松柏斷度見詩人徂徠與新甫遙瞻失嶙峋

沈周七星檜海虞七星檜直爲羣木冠列生老子宮與邑作奇觀廣墀氣蕭森入門凜欲汗入信天地成沃知雨露灌傳植從蕭梁其說我恐漫驗斗形亘全七既斃其半三株實聊存難執歲月算各各具其異形容匪詞翰西體裂多稿豁然敞二判東體活亦裂筋骸互續斷北者蜷而禿袖破舞脫腕葉亦不暇葉榦亦不暇榦左文皮索綯孤絶頂留纖槎折象齒蹺瘦夾鬼目斸疏越復叢穴皷髭仍軒岸蛟孿及猊狨努力不得竄子長及劍短接戰鶩楚漢如此紛怪駭聘君不能按知遭幾雷厄還屢兵火難生死付冥然造物又被玩君子重貞固頑醜小八調緣高坐吹簫我欲呼鶴鸞從根覓埋丹澆泉覲紅燦長生就其蔭永作婆娑伴

鄧韍致道觀七星檜琳宮何岩嶤爽氣凌青蒼中有古檜樹傳植自蕭梁歲遠四樹存如斗酌天漿東株聳而老慶曆補其亡中株歷瓊壇

少日嬉其旁栫動手可摵鐵杜鎖蛟猖今已翦不遺彼蚩盜其香兩株在東南偃蓋覆修廊攢枝細而密葉聚如針芒擁挺析三本糾結連肺腸龍也方出海挾以子母將兩株在西南赤立膚無霜偃蹇捎殿角督力示堅強龍也得雲霧攫鶩不復翔六子莫囚鎖帝招遣巫陽北株最怪異不與羣木行既榦盡屈鐵大矯互低昂辨葉知乃樹尋柯惑其方衆視與怪歎應接不得遑乍疑古蚩尤蓄力抗軒黃掐臂運五兵有徒實跳踉勁者弩脫括彎者弧方張橫者奪槊舞堅者操矛鏘何乃大小柯廉脊如斧螳怒虬拔山出隱霧勢騰驤理斷一絲續膚削流乳肪我語非强聒細視乃知詳四檜皆左紐玉

晨遠相望霽晴亦慘黯昏黑常有晶光仙真護呵久山鬼
憑藉長至今空翠表劍佩時將將蜀廟青銅柏涿郡羽
葆桑圖經儼封殖況我桑梓鄉入景星月夜清嘆徹虛
皇移酒與檜飲風露襲綃裳石田寫東樹高詞振琳瑯
遺墨付好事煙姿漲雲房我詩費摹寫傳之起蕭張錄
詩冠巨圖尚與檜作堂 原 施顯七星檜 琳宮檜森森
蓼枝鬱蒼翠植時應斗宿數列三之四龍鱗綴苔圓香
葉凝煙細節擬歷冰霜大材難小試匠石偶來見錯愕
相驚視 吳綱七星檜 仙壇有古檜森列同七星云是
梁家種古怪如龍形東蘇護朽骨新枝復青青造化呈
奇觀拱衛煩山靈護栽若此樹閱歲踰千齡

七言古詩 原 宋蘇轍任氏閱世堂前大檜 君家大檜長
百尺根如車輪身弦直壯夫連臂不能抱孤鶴高飛直
上立狂風動地無枝幹大雪翻空洗顏色人言此檜三
百年未知昔是何人植君家大夫老不遇一生使氣未
嘗屈沒身不說歸故里遺愛自知懷舊邑此翁此檜兩
相似相與閱世何終極汝南山淺無良材櫟柱棟樑聊
障日便令殺身起大廈亦恐眾材無匹敵且留枝葉撓
雲霓猶得世人長太息 增 郭祥正詠蔣公檜 淮南亭
中有蒼檜仰視團團翠為蓋直幹每容鸞鳳棲盤根深
壓鯨鰲背北風預作冰陣聲恐取蛟龍斬天外呼童出
屋為我窺塵廐清陰月光碎問誰植之前蔣公得地然

經三十載不同種杏上青天正似甘棠有遺愛使華今
復見公孫太平事業鍾一門祖朝冠帶漸塵土却憐此
檜春常存孤高豈忘栽培力秀發兼承造化恩已看枝
葉飽霜露終作棟樑扶乾坤新詩編聯益珠玉光大先
烈聽箎塤吏憶丹青妙手書進入明堂逢至尊 林景
熙雙檜堂為魯聖可行可賦魚頭公子冰雪姿根柢忠
信華文辭乃翁手植豈無意貞固已作眉霄期氣含芝
朮體松柏容成山下神仙宅清陰冉冉生庭除絲霧纖
纖護琴冊風簷對語如索詩君家伯仲諧塤箎養成材
器豐且碩蓄洩雲雨蟠蛟螭黃州謫臣坐詩累沓沓蟄
龍空九地蒼根留取千載芳何物醜秦益名字 元謝

應芳獨孤公檜詩并序 唐獨孤憲公為常州刺史時有
手植之檜今見諸郡志等書元末樹毀於兵至此二十
餘年為常州民者宜再植以寓思賢之意況有周鍊師
為松菊主者乎率爾口占是乞諸搢紳先生更倡迭和
相與贊成亦庶乎厚風俗云 憶昔十五六好古尊前賢
初問獨孤檜快覩曾爭先蒼然一株栫舊根皴皮錯節
枝葉蕃適逢夜雨半身濕疑是往年甘露痕孔明廟前
柏相似乃在陳司徒廟之後園鄉來陵谷忽變改造化
劫灰飛入海神焦鬼爛救不得桐鄉自此無光彩幸存
一曲闌干石趣公姓字留遺跡石苔斕斑土花碧相伴
銅駝弃荊棘余從海上避兵歸幾度摩挲長太息懷哉

古之人好賢意無窮詠甘棠愛召伯賦菉竹美武公惠
公此樹堪比隆後人寧不仰高風玄都道士桃千樹一
會區區豈難措龍鍾野老及羣英亦媿因循坐遲暮檜
乎檜乎重培植風枝相樛霜幹直邦人且瞻仰遺德見
樹猶如見顏色六百二十五年如一昔（明孫一元致
道觀看七星檜樹歌）海虞山前突兀見古檜眼中氣勢
相盤拏上應七曜分布有神會地靈千歲儲精華皴皮
無文盡剝落老根化石吞泥沙據山崛起映舒舒身枯
溜雨枝黑藏蛇佇立頃刻雲霧遮日落未落山之庢同
行觀者皆歎嗟舌捫頸縮無敢譁歸來靈物不可究夜
宿檝牀恐龍鬭（王叔承震澤普濟寺觀古檜歌）沙門

老樹驚奇崛四百年來青未歇氣交古佛通精靈命落
殘碑題歲月皮爲黛石根爲鐵琥珀爲枝玉爲節曲阿
倒紐上下錯尖梢反擲東西掣扶疏入畫畫不成苔痕
賦鎖雷神結雨餘細葉浮煙出新枝舊枝宛相亂飛天
仙女生綠毛墮地驪龍蛻蒼骨西方薄樹何時分婆娑
獨立南江濱寒色虛搖五湖月淸陰薄灑諸天雲忽漫
星槎過笠澤酣歌樹底流光碧秦亡爭笑大夫松蜀破
空憐丞相柏信是僧家佛日長貝葉曇花幻今昔昔者
火燒闕里檜仲尼寂寞斯文墜今來風擊虞山枝言游
慘澹文章廢儒林喬木奈如許野寺孤根聊酹汝

五言律詩

御製闕里古檜幹聳朱甍外根蟠碧殿阿奇文成左紐元氣
挺孤柯瑞與龍並傳來歲月多徘徊看手澤不共刼灰
磨

增（宋梅堯臣施景仁邀詠泗州普照王寺古檜）來尋淮
上寺老檜莫知年刼火已銷像樛枝寧改煙根拏怪石
入節駮蒼苦堅欲問浮波箭空嗟此獨傳（宋朱長文並
秀檜）盤根幾百齡合幹倚冥冥似寒雙虯聳聯翩兩蓋
青紫鱗霜外躍紺葉雨餘馨左紐憑仙宇何如拱泮亭
（明吳寬追和朱樂圃蘇學士並秀檜）講堂前並立霜雪
傲玄冥此樹今猶在常年不改青雨來添秀色風動散
馥馨科第能相繼題名下有亭（蕭其昌詠孟檜）愛此

孟家檜森然見典型沃根洙泗潤含氣嶧山靈閱世消
秦篆參天鬱魯青方知樗散壽只入列仙經

七言律詩 增（唐劉禹錫謝寺雙檜）雙檜蒼然古貌奇含
煙吐霧鬱參差晚依禪客當金殿初對將軍映畫旗龍
象界中成寶蓋鴛鴦瓦上出高枝長明燈是前朝焰曾
照青青年少時 原（秦觀王檜樹）翠雲交幹瘦輪囷嘯
雨吟風幾百春深蓋屈盤青麈尾老皮張展黑龍鱗唯
堆寒色資琴興不放秋聲染俗塵歲月如波事如夢竟
留蒼翠待何人 增（杜荀鶴題瓦棺寺眞上人院矮檜）
天生仙檜是長材栽檜希逢此最低一似舊山來砌畔
幾番凡木與雲齊迴無斜影欹僧蹋免有閒枝引鶴棲

今日偶題題似著不知題後更誰題〔宋韓琦〕得太清
小檜植館中〕仙檜移來近紫壇亭亭將見聳毫纖枝
未覺來風韻勁節先知度歲寒得地最宜儒館植結根
須作棟材看願將軒竹陪蒼翠帶雪開樽助雅歡〔梅
堯臣檜詠〕文章老重欲追古便作帝宮蒼檜詩青葱玉
樹傳楊子盤屈洪桃見左思龍鱗已愛松身直珠實還
看柏葉垂秀木囏叢那可擬但將霜雪定堅姿〔曾鞏
庭檜呈蔣穎叔〕膠枝高下秀森森曾寄名卿異俗心草
舍一時成往事松身千尺見新陰蘚清不受笙竽雜氣
勁能遺霰雪侵漢節從來縱眞賞謝庭蘭玉載芳音
〔元成廷珪陳朝檜〕千年老檜上青霄三閣花飛不動搖

香骨自來盤左紐苦心未忍棄前朝蛟龍並立江雲黑
鸞鳳雙啼海霧消想得龜蒙題詠處殿頭風雨正蕭條
五言排律〔增〕〔唐吳融三峯府內矮檜〕擢秀依黃閣移根
自碧岑周圍雖合抱直上豈盈尋遠砌行窺頂當庭坐
芘陰短堪驚衆目高已讓他林日轉無長影風迴有細
音不容蘿蔦樹只耐雪霜侵玉帳籠應匝牙旗倚更禁
葉低宜拂席枝裊易抽簪綠潤支雖久朱門摻映深何
須一千丈方有歲寒心
五言絕句〔增〕〔宋蘇軾檜〕依依古松子鬱鬱綠毛身每長
須成節明年漸庇人〔明李東陽詠檜〕雙枝出牆頭亭
亭兩高蓋爾色愛青葱大聲聽靈籟

七言絕句〔增〕〔唐皮日休重玄寺雙矮檜〕撲地枝回是翠
鈿碧絲籠細不成煙應如天竺難陀寺一對狻猊相枕
眠〔陸龜蒙和重玄寺雙矮檜〕可憐煙刺是青螺如到
雙林誤禮多更憶早秋登北固海門蒼翠出晴波〔宋
韓琦小檜〕小檜新移近曲欄養成隆棟亦非難當軒不
是憐蒼翠只要人知耐歲寒〔蘇軾塔前古檜〕當年雙
檜是雙童柏樹無言老更恭庭雪到腰埋不死如今化
作兩蒼龍〔王復秀才所居雙檜二首〕吳王池館遍重
城奇草幽花不記名青蓋一歸無覓處只留雙檜待昇
平　凜然相對敢相欺直幹臨空未要奇根到九泉無
曲處世間惟有蟄龍知〔郭祥正檜〕花開供蜜葉經霜

老柏喬松氣亦降未遇李聃誰愛惜柘塘西院碧油幢
〔元虞集古檜〕根到深泉石作身疎疎香葉不知春海
波不動天風遠千歲寒蛟作老人
詩散句〔增〕〔宋蘇軾〕團團山上檜歲歲閱榆柳〔郭祥正〕
歲老枝葉簡春深香氣新〔元王惲〕南山開畫屏高下
蔚萬檜〔唐張祜〕高臨月戶秋雲影靜入風簷夜雨聲
〔孟郊〕蔭庾森嶺檜〔李賀〕古檜拏雲臂〔宋歐陽修〕
夜凉蒼檜起天風〔楊萬里〕老檜如幢翠接連〔金許
古〕蒼檜四排巖法界
附錄 樅
〔原〕樅 松葉柏身見爾雅千仞無枝葉與身皆直樅檜樹皆

高丈餘花葉皆同但實稍大而色黃綠肉虛爲異耳初
甚酸澀經霜乃可食採藥者不收

彙考 **增**〔尸子〕松柏之鼠不知堂密之有美樅〔西京雜記〕上林苑樅七株

佩文齋廣羣芳譜卷第七十一

佩文齋廣羣芳譜卷第七十二

木譜

杉

原 杉一名煔披煔〔爾雅〕云一名沙一名樧類松而幹端直大者數圍高十餘丈文理條直南方人造屋及船多用之葉麤厚微扁附枝生有刺至冬不凋結實如楓有赤白二種赤杉實而多油白杉虛而乾燥有斑紋如雉尾者謂之野雉斑入土不腐燒灰最發火藥

彙考 **增**〔西京雜記〕太液池西有一池名孤樹池池中有洲洲上煔樹一株大十餘圍望之重重如蓋故取爲名〔南方草木狀〕合浦東二百里有杉一樹漢安帝永初

五年春葉落隨風飄入洛陽城其葉大常杉數十倍術士廉盛曰合浦東杉葉也此休徵當出王者帝遣使驗之信然乃以千人伐樹〔南康記〕南野𡽱山有漢太傅陳蕃墓邃望兩杉樹聳柯出嶺垂陰覆谷〔遊名山志〕華子岡上柴杉千仞被在崖側　金州山西面杉樹偏爲白猨所棲竟夕哀鳴行人所惡〔晁無咎詩注〕愼思家臨湘豪塘晉陶淡隱此山仙去藏丹於杉今大十餘抱矣〔避暑錄話〕杉豐腴秀澤似謝安石〔福建志〕淳熙二年仙遊縣九座山上古杉木生花其臭如蘭〔貴州志〕白雲山在廣順州城東四十里建文帝常遯迹於北上有羅永庵庵外杉二株長可數十尺其一經帝手

所摩至杪絶無附枝
集藻頌增梁江淹杉頌 桐梓舊覽松栝稱奇焉如茲品
獨秀青崖羣木斂望雜卉不窺長入烟氛下臨鸞螭
五言古詩增唐韋應物郡齋移杉 擢幹方數尺幽姿已
蒼然結根西山寺來植郡齋前新含野露氣稍靜高窓
眠雖爲賞心遇豈有巖中緣 白居易栽杉 勁葉森利
戟孤莖挺端標纔高四五尺勢若干青霄移栽東窓前
愛爾寒不凋病夫臥相對日夕閒蕭蕭昨爲山中樹今
爲簷下條雖然遇賞玩無乃近塵囂猶勝澗谷底埋沒
隨衆樵不見鬱鬱松委質山上苗
七言古詩增元范梈古杉行丹陵觀有古杉屹如雙闕

當雲門云是鍾君之手植君去此樹餘空郁尾搖翡翠
梢八表根結蛇蛟行九原幽邊豈無鬼神護深處直形
天地恩一方拆裂引穿溜猶是百年燒火痕蒼皮樹裏
漸欲合始知草木有道存或云下有丹火伏四時地底
皆春溫神還復壯此其驗疑是自此無傳喧平生致坐
嘗奇古來看適値寒冬昏長歌沈思遶其下夜半月高
松露繁飄飄葉縣鳧舄影牢落豐城龍劒魂何當喚起
博物者共騎黃鵠夌昆崙 傅若金古杉行題陳兵曹
所藏李遵道畫靈隱道中二杉圖 靈隱道中古杉樹上
與雲霧相膠葛李侯一見爲寫眞霜雪蕭蕭起毫末此
杉蒼茫幾百年鬼物扶持人所憐貞心豈容螻蟻蝕老

幹或有蛟龍纏山林萬里那得致見者皆驚棟梁器暗
壁尋常度雨聲晴窓彷彿生秋氣吾聞大廈衆力持此
杉誰能久棄之君見逆邊不材木擁腫百圍安所施
五言律詩增明吳寬追和朱樂圃蘇學新杉 生爲松柏
類不逐歲寒凋弱質蒙春雨高情瀨紫霄諸生沾膏馥
巧匠待長條此日材當大初栽自宋朝
七言律詩原宋潘紫巖杉 何代移來得許長想渠歷晉
復經唐慣於巖畔諳風雪不與人間作棟梁二室七仙
同守護千松萬檜自低昂向來諸葛祠前柏此物當爲
伯仲行
五言排律增唐皮日休武丘寺前有古杉一本形狀醜

怪圖之不盡況百卉競媚若妬若媢唯此杉死抱奇節
髐然闖然不知雨露之可生也風霜之可瘁也乃造化
者方外之材乎遂賦三百言以見志 種日應逢晉枯來
必自隋鱷狂將立處螭鬬未開時卓犖擲槍幹叉牙束
戟枝初驚蟉篆活復訝猗狂癡勁質如堯瘦貞容學舜
黴勢能擒土伯醜可駭山祇虎爪拏巖穩虬身脫浪欹
槎頭禿似刷柄觜利於錐突兀方相脛鱗皴夏氏胝根
應藏鬼血柯欲漏龍漦拗似神荼怒呀如猰貐饑朽癰
難可吮枯瘇不堪治一炷玄雲拔三尋黑稍奇狠頭敎
窣堵蠆尾掘攣垂日燥那逢爟心開豈中鈹任苔爲疥
擗從蠹作瘡痍品格齊遼鶴年齡等寶龜將懷縮地力

欲負拔山貧未到防風骨初僵負貳屍漆書明古本鐵
室抗金師碨磊還無極伶俜又莫持堅應敵發骨文定
寫虬皮蟠屈愁凌刹騰驤恐攫池拴烟寒嶙峋披蔦靜
龕禪威仰誠難識勿芒恐不知好燒胡律看堪共達多
期寡色諸芳笑無聲衆籟疑終添八柱位未要一繩維
盡日來唯我當春玩更誰他年如入用直搆太平基
（陸龜蒙）和襲美古杉三十韻 衆木盡相遺孤杉獨任奇
插天形硉兀當殿勢敧危恐是夸娥怒教臨巀嶭衰節
穿開耳目根癭坐熊羆世只論榮落人誰問等衰有巔
從日上無葉與秋欺虎搏應難動鵬蹲不敢遲戰鋒新
鈌齾燒岸黑黸黷鬬死龍骸雜爭奔鹿角差脂銷洪水

腦稜聳梵天層礫索珊瑚湧森嚴獬豸窺向空分拳指
衝浪出鯨鬐楊僕船橦在蚩尤陣纛墮下連金粟固高
用鐵菱披挺若苻堅椎浮於祖納椎崢嶸驚露鶴趯趣
閣雲螭傍宇將支壓撩霄欲抵巇背交蟲臂挏相向鶻
奔追格筆差猶立體干草未麾鬼神應暗畫風雨恐潛
移已覺寒松伏偏宜后土疲好邀清嘯傲堪映古茅茨
材大應容蝎年深必孕夔後凋依佛氏初植必僧彌擁
腫煩莊辯槎牙費庾詞詠多靈府困搜苦化權卑類既
區中寡朋當物外推蟠桃標日域珠草侍仙墀眞宰誠
求夢春工幸可醫若能嘘嶰竹猶是動華滋
七言絕句【增】（宋曾鞏）七星杉 古杉蒼蒼横斗文其幹十
圍陰蔽野應到夜深山月來林色天光迷上下（王十
朋）杉 記得先人手自栽森然千尺盡成材翠絲結作思
人樹他日兒孫豈忍摧
詩散句【增】（宋朱子）門前杉徑深屋後杉色奇空山歲年
晚鬱鬱凌寒姿 （梁吳均）三秋合浦葉九月洞庭秋
（唐韓愈）夜風一何喧杉檜屢磨颭 （曹唐）雪風更起古
杉葉時送步虛清磬音 （宋范成大）萬杉離立翠雲幢
婀娜稀聞晚吹香 （宋子）好把穉杉緣徑插待迎涼月
看清華 【原】（唐杜甫）杉青延日華 【增】（孟郊）石根百尺
杉 （皮日休）杉葉尖於鏃 （杜牧）杉樹碧爲幢 （宋唐
庚）杉木翠邊程 （隋薛道衡）杉葉朝飛向京洛 （宋王

阮）萬歲靈杉守百神
【別錄】【增】（種植）江南宣池歙饒等處山廣土肥堪插杉苗
先將地耕過種芝蔴一年來歲芒種時截嫩苗頭一尺
二三寸長先用尖橛一把舂穴勿番轉原土將苗插下
一半築實離四五寸成行排密則易長每年耘鋤勿雜
他木或種穀麥以當耘鋤高三四尺則不必鋤 【原】種
樹書插杉枝用驚蟄前後五日斬新枝鋤開根入枝下
泥杵緊視天陰則插插了遇雨十分無雨即有分數

梓

【原】梓或作杍楸類（爾雅云椅梓 註云即楸）一名木王（埤雅云梓爲木王）植
於林諸木皆内拱造屋有此木則羣材皆不震處處有

之木莫良於梓故書以梓材名篇禮以梓人名匠水似桐而葉小花紫陸璣詩疏謂楸之疏理白色而生子者爲梓賈思勰齊民要術以白色有角者爲梓似楸有角者名爲角楸又名子楸角細如箸長徑尺冬後落葉而角不落其實亦名豫章 【增】〔齊民要術〕黃色無子者爲柳楸世人見其木黃呼爲荊黃楸 〔本草〕李時珍曰梓木有三種木理白者爲梓赤者爲楸梓梓之美文者爲椅 【原】梓以白皮者入藥味苦寒無毒治熱毒去三蟲療目疾吐逆反胃及一切溫病

【彙考】【原】〔書梓材〕若作梓材既勤樸斲惟其塗丹雘 【增】〔詩鄘風〕樹之榛栗椅桐梓漆爰伐琴瑟〔傳〕椅梓屬也

【原】〔小雅〕維桑與梓必恭敬止 【增】〔齊書高逸傳〕徐伯珍宅南九里有高山班固謂之九岩山伯珍移居之門前生梓樹一年便合抱論者以爲隱德之感 〔山海經〕虖勺之山其上多梓柟 荎理之山其上多美梓 雞山其上多美梓 〔尚書大傳〕伯禽康叔見周公三見而三笞商子曰南山之陽有木名橋北山之陰有木名梓二子盍往觀焉二子往觀見橋木高而仰梓木晉而俯反以告商子商子曰橋者父道也梓者子道也二子再見周公入門而趨登堂而跪周公拂其首勞而食之 〔尚書逸篇〕商社惟梓 〔竹書〕文王之妃曰太姒夢商庭生棘太子發植梓樹於闕間化爲松柏棫柞以告文王文王幣率羣臣與發並拜吉夢 【原】〔尸子〕荊有長松文梓 【增】〔禮斗威儀〕君乘火而王其政和平梓爲長生 〔華嶠後漢書〕應華仲遷東平相賞罰必信吏不敢犯有梓樹生於廳事室上事後母至孝衆以爲孝感之應 〔拾遺記〕始皇起雲明臺窮四方之珍木東得峗雲之梓北得陰坂文梓 〔南康記〕梓潭昔有梓樹巨圍葉廣丈餘垂柯數畝吳王伐樹作船使童男女挽之船自飛下 〔玄中記〕秦文公造長安宮而四百里南至終南山山有梓樹大數百圍蔭宮中公惡而伐之連日不尅輒大風雨夜有鬼問梓樹樹曰豈奈吾何鬼曰若使三百人披頭以絲繞樹豈不敗汝樹樹默然不應明日人言於秦王

王依此言伐之中有青牛逐之入澧水 〔述異記〕梓樹之精化爲青牛生百年而紅五百年而黃又五百年而色蒼又五百年而色白 〔雜五行書〕舍西種梓楸各五根子孫孝順口舌消滅也 〔雲笈七籤〕巢州開元觀接郡城選立觀額猶闕大殿州司遣工匠及道流採買林木臨行夢有人云朱鳳灘中有木可以足用如此者三一匠曰吾於朱鳳山下江中尋之莫有商筏已到來否即往山下尋求灘水澄澈忽見灘底有木因使善沉者鉤求得梓木千段構成三尊殿鐘樓經閣山門廊宇咸得周足 【原】海虞王之瑗通判貴陽運木渡黃河其最大梓木二忽陷泥中千人不可出爲文祭之乃見夢曰

吾二千年爲羣木領袖今乃遂逐隨其後終當別去必
欲相須應大子命非巨舟載不可如其言携而登舟舉
纜一呼如躍舟行甚疾絕無阻滯
別錄 增 〔漢武故事〕衛子夫入宮歲餘不得見因涕泣請
出上曰吾昨夢子夫中庭生梓樹數株豈非天意乎是
日幸之有娠 種藝 〔齊民要術〕種梓法秋耕地令熟秋
末冬初梓角熟時摘取曝乾打取子耕地作壟漫散即
再勞之明年春生有草拔令去勿使荒沒後年正月間
斸移之方步兩步一樹即無子可於大樹四面掘坑取
栽移之一方兩步一根兩畝一行一行百二十株五行
合六百株十年後一樹千錢柴在外車板盤合樂器所

在任用 原 春月斷其根瘞於土遂能發條取以分種
製用 〔博物志〕桐梓二樹花葉飼豬能肥大且易養
附錄 鼠梓
原 鼠梓名楰詩所謂南山有楰是也今人謂之苦楸江
東人謂之虎梓 爾雅云楰鼠梓注云楸屬也今江東有虎梓 鼠李亦名鼠梓
別是一種

漆

原 漆 說文云漆本作桼木汁可以髹物其字象水滴下之形 似榎而大樹高二三
丈餘身如柿皮白葉似椿花似槐子似牛李子木心黃
生漢中山谷梁益陝襄歙州皆有金州者最善廣州者
性急易燥辛溫有小毒乾漆去積滯消瘀血殺二蟲通
經脈李時珍曰漆性毒而殺蟲降而行血主證雖煩功
只在二者
彙考 增 〔詩鄘風〕椅桐梓漆 〔唐風〕山有漆 〔周禮夏官〕
河南曰豫州其利林漆絲枲 〔史記貨殖列傳〕陳夏千
畝漆其人與千戶侯等 原 〔後漢書樊宏傳〕宏父重嘗
欲作器物先種梓漆時人嗤之然積以歲月皆得其用
向之笑者咸求假焉 〔魏志方技傳〕樊阿從華佗
學求可服食益於人者佗授以漆葉青黏散漆葉屑一
升青黏屑十四兩以是爲率言久服去三蟲利五藏輕
體使人頭不白阿從其言壽百餘歲漆葉處所而有青
黏生於豐沛彭城及朝歌云 增 〔山海經〕號山其木多

漆櫻 英鞮之山上多漆木 原 〔莊子〕桂可食故伐之
漆可用故割之人皆知有用之用而莫知無用之用也
增 〔淮南子〕蟹見漆而不乾 〔西京雜記〕上林苑蜀漆
樹十株 〔拾遺記〕始皇起雲明臺窮四方之珍木北得
寘阜乾漆 原 〔本草〕葛洪抱朴子云漆葉青黏凡藪之
草也樊阿服之得壽二百歲而耳目聰明猶能持鍼治
病此近代實事史所記注者也洪說猶近於理有言阿
年五百歲者誤也或云青黏即葳蕤
集藻 〔七言律詩〕 增 〔宋蕭文山漆樹〕天以晶華界爾形千
夫斂鍔可曾停世間有器蒙鮮澤林下無辜受割刑斫
壞孫枝難老大攙殘老幹易凋零退思禹貢周征日未

必如春税不征

五言絶句【增】唐王維漆園　古人非傲吏自闕經世務偶寄一微官婆娑數株樹　裴迪漆園　好閒早成性果此諧宿諾今日漆園遊還同莊叟樂　【原】宋朱子漆園　舊聞南華仙作吏漆園裏應悟見割愛嗒然空隱几

詩散句【增】唐杜甫　近聞西枝村有谷杉漆稠

【別錄】【增】後漢書雷義傳　義舉茂才讓於陳重刺史不聽遂佯狂披髮走不應命鄉里爲之語曰膠漆自謂堅不如雷與陳　【原】種植　春分前移栽易成一云臘月種

製用　六月中以剛斧斫皮開以竹管承之汁滴管中則成漆先取其液液滿則樹菑蹶一云取於霜降後者更

良取時須荏油點破故淳者難得可重重別拭之上等清漆色黑如瑿若鐵石者好黃嫩若蜂窠者不佳　試驗　稀者以物蘸起細而不斷斷而急收更塗於乾竹上蔭之速乾者佳世重金漆出金州也人多以桐油雜入試訣云微扇光如鏡懸絲急似鈎撼成琥珀色打著有浮漚今廣浙中出一種取漆物黃澤如金即唐書所謂黃漆也入藥當用黑漆　入藥　用乾漆筒中自然乾者狀如蜂房孔孔隔者爲佳須搗碎炒熟不爾損腸胃亦有燒存性者生漆毒烈人以雞子和服之去蟲猶自嚙腸胃者毒發飲鐵漿煎黃櫨汁甘豆湯蟹並可制之因漆氣成瘡腫者杉木湯紫蘇湯漆姑草湯蟹湯浴之良又嚼蜀椒塗口鼻可避漆氣

豫樟

【增】本草　豫章乃二木名一類二種也　【原】豫章二木生七年乃可辨見淮南子豫一名烏樟一名杭樟又名釣樟通志云釣樟亦樟之類即爾雅所謂棆無疵是也又本草云釣樟即樟之小者莖葉寘門上辟天行樹高丈餘小葉似楠而尖長背有黃赤茸毛四時不凋夏開細花結小子肌理細膩有紋故名樟可雕刻氣甚芬烈大者數抱西南處處出谷有之可爲居室器物又可製船易長根側分小木種之老則出火種勿近人家辛溫無毒霍亂及乾霍亂須吐者樟木屑煎濃汁吐之甚良此物辛烈香竄能去濕氣辟邪惡宿食不消常

吐酸臭水酒煮服煎湯浴脚疥癬風癢作履除脚氣

【彙考】【增】晉書王廙傳　廙爲荆州刺史奏中興賦上疏曰臣郡有枯樟更生　宋書符瑞志　愍帝建興四年豫章有大樟樹大三十五圍枯死積久永嘉中忽更榮茂景純言是元帝中興之應　陳書高祖紀　承聖中議欲營太極殿獨闕一柱至是有樟木大十八圍長四丈五尺流泊陶家後渚監軍鄒子度以聞　山海經　蛇山其木豫樟　玉山其木多豫樟　尸子　土積則生楩柟豫樟　神異經　東方荒外有豫樟焉此樹主九州其高千尺圍百尺本上三百丈本如有條枝敷張如帳枝主一州南北並列面向西南有九力士操斧伐之以占九州吉

內〔荊州記〕山陽縣豫樟木可伐作鼓顙〔陳留風土
傳〕尉氏章樹生酸棗〔拾遺記〕岱輿山北有沙棠豫章
之木長千尋細枝爲舟猶長十丈〔述異記〕漢武帝寶
鼎二年立豫章宮於昆明池中作豫章木殿〔豫章記〕
新淦縣封谿有聶友所用樟木殘柯者遂生爲樹今猶
存其木合抱始倒植之今枝條皆垂下〔水經注〕豫章
城之南門曰松陽門門內有樟樹高七丈五尺大二十
五圍枝葉扶疎垂蔭數畝應劭漢官儀曰豫章郡樹生
庭中故以名郡矣此樹嘗中枯逮晉永嘉中一旦更茂
豐蔚如初咸以中宗之禪也禮斗威儀曰君政訟平豫
章常爲生大興中元皇果興大業於南故郭景純南郊

賦云樊樟擢秀於祖邑是也以宣王祖爲豫章故也
〔栝甌勝述〕栝州白雲山下有麗陽廟其神即以麗陽作
姓寢殿二像刻自老樟靈根千年不榮不槁而柯萸時
出殿外〔閩部疏〕建寧都司後圃多大樟皆十許人合
抱一樹中空可容五六人坐樣杈下垂儼如巖洞不知
爲樹也【原】〔花史〕建昌邑人李公懋入朝高宗問樟公
安否李奏枝葉扶疎歲寒獨秀黃庭堅有記
【集藻】〔記〕【增】宋祝穆南溪樟隱記余卜居南溪上流溪之
滸有喬木二蓋古之豫章而今俗以樟名者也其壽當
三百餘載而大且二十圍闕變偃蹇庇及數畝老根盤
踞高突地面如巨石礧砢余因募工畚土厚培其根使

平若一臺可坐數客久焉根入土深得所滋養枝葉益
敷暢亭午日不穿漏夏五六月淸陰覆地暑氣不入凉
飈時來方春稚綠競秀靄若雲屯及玄冥凍沍此獨挺
秀余愛護封殖每爲賦甘棠之詩余聞昔商山之老戲
於橘中者謂之橘隱後世效山陰之種竹者謂之竹隱
慕彭澤之採菊者謂之菊隱擬孤山之詠梅者謂之梅
隱余愛此古樟遂名吾廬以南溪樟隱暇日披閱書篋
得晦庵朱子所書四大字適契余所命名若有天相亟
摹勒揭於廳之楣即其右闢一小室取朱子所書歲寒
二大字爲扁以表古樟之高致室僅容膝處勢最高平
挹翠嵐下臨綠浸隔岸擔簦負笈之行人中流披簑鼓

枻之漁父皆可坐見於几席之上市廛雖近而一塵不
侵余蓋於此讀書以求聖賢爲己之學涵養體察私淑
吾身庶幾不負朱子教育之意且日有餘力則編輯古
人嘉言善行類成巨帙窮年矻矻皆手自抄錄樂而忘
疲今一二書行於世者行有揚子雲不以一醬瓿之可
爲坐久神倦起而欠伸則信手拈取前輩詩文一二帙
緩誦微吟戰睡魔而却之此則樟隱之成趣也其西則
築小樓四楹與廳對峙又取南軒張子所書藏書閣三
大字揭扁樓上雖余無貲聚書不能多視鄴侯插架特
泰山之毫芒然余性健忘不可無書舊所讀不獲盡記
必藉檢閱積久抽取簡帙散亂則必次其甲乙使如舊

亭剝去蠹魚蟲以風日搽茲樓也檢書則登整書則登
曝書則登當此之時窓牖四徹不妨眺望以舒暢心目
至於秋霄爽豁月鑑澄鮮朔風怒號雪絮飛舞乘興一
登便覺水晶宮闕瓊樓玉宇去人不遠此又樟隱之勝
槩也噫余晨興而啟吾扉出入而涉吾庭仰而瞻吾巨
扁銀鈎鐵畫動有法度則思其人儼若先儒之臨其上
顧而見吾古樟龍身虬柯昂霄聳壑則愛其木凜然歲
寒之友在吾側是則吾廬雖甚湫隘卑陋而雄麗偉特
之觀固不在於輪奐之美也

頌〔增〕梁江淹豫章頌伊南有材匪桂匪椒下貫金壤上
籠赤霄盤薄廣結撊瑟曾喬七年乃識非日終朝

賦〔增〕唐敬括豫章賦東南一方淮海維揚爰有喬木是
名豫章根坎窞彗天綢繆四氣煥三光矗縮雲聳離披
翼張一擢而其秀穎發七年而其材莫當懿夫倚荆衡
連楚越迴合湘沅之浦芬敷炎會之闕黕彭蠡而烟垂
汨滄浪而吹發清輝艷艷朝灑陽臺之雲翠影亭亭名
皓巫山之月爾其孤爺直指交莖亂傾紺葉烟綠朱華
日明掩蓂靈之光價奪若木之芳榮卉不暇植蔓不及
縈總此衆芙疇之與京其下則啼飛狨逐碁武突兀鹿
麌爪牙鬭拏盤遊其下蓊蘢勝數其上則陸鴻漸谷鶯
遷孔翠曳曳鸞鶴翩翩翾翾日聲聞大巢集其顛勤盈
百于嗟乎不困不輪有典有則闕四字其材也直空懷寶

以自棄諒斤斧之未識昔者龍宮是構鵲觀云修磬山
林之木應椳楄之求何獨不見于金而留為媒絡也闕
為出處也幽為爾不任大為賢而致尤今叢木之所忽
吾亦為之心憂借如將趨括於上軍秩長卿於下令良
驥為鹽車所伏谷松為由苗所昳以曼倩而等侏儒肖
俳優而輕雅正雖物情之共爾固君子之攸病向若廊
君之林池克君之苑囿宮澤既沐鴻休亦覆門椰不可
齊華庭梧不能獨秀已矣夫用之則哲抑之則沈隨取
捨之攸措何棟梁之所任梓匠之瞻望靡及江潭之歲
月空深誰當徙植天池畔終冀成君桃李陰

文散句〔增〕梁劉勰新論夫樟木盤根鈎枝瘿節蠹皮輪

囷擁腫則衆眼不顧匠者採焉製為殿堂塗以丹漆畫
為黼藻則百辟卿士莫不顧盼仰視木性猶是也而昔
賤今貴者良工為之容也　橡樟之植百尺而蒔柯

五言古詩〔增〕唐白居易寓意詩豫章生深山七年而後
知挺高二百尺本末皆十圍天子建明堂此材獨中規
匠人執斤墨采度將有期孟冬草木枯烈火燎山陂疾
風吹猛焰從根燒到枝養材三十年方成棟梁姿一朝
為灰燼柯葉無孑遺地雖生爾材天不與爾時不如糞
土英猶有人薮之已矣勿重陳重陳令人悲不悲焚燒
苦但悲采用遲

七言絕句〔增〕宋覯移豫章豫章假寒雨蒼龍雪餘寧須

匠石逢借可歲寒雙大字絕勝松拜大夫封

詩散句 增 〔唐杜甫〕豫章夾日月歲久空深根　豫章深入地滄海潤無涯 〔元稹〕木尋豫章幹九萬大鵬歌

原 〔杜甫〕豫章翻風白日動鯨魚跋浪滄溟開　增 〔宋慶餘〕館依高嶺分樟葉

附錄 樟腦

原 樟腦樟樹脂也似龍腦色白如雪出韶州漳州辛熱無毒通關竅利滯氣治中帶邪瘧寒濕腳氣霍亂心腹痛疥癬風瘙齲齒殺蟲辟蠹

別錄 原 〔修治〕煎樟腦法新樟木切片井水浸三日三夜入鍋煎之柳木頻攪待汁減半柳上有白霜濾去滓傾

汁入新瓦盆經宿自然結成塊　鍊樟腦法用銅盆以陳壁土爲粉糝之糝樟腦一重又糝壁土如此四五重以薄荷安土上再用一盆覆之黃泥封固火上款款炙之須以意斟酌不可太過不及勿令出氣候冷取出則腦皆升於上盆如此兩三次可充片腦　凡用每一兩以二椀合住濕紙糊口文武火熁之半時許冷定取出用 〔製用〕燒烟薰衣篋席簟能辟壁虱蟲蛀

柟

原 柟生南方故又作楠黔蜀諸山尤多其樹童童若幢蓋枝葉森秀不相礙若相避然又名交讓木文潞公所謂移植廣南者以此本草李時珍曰葉似豫章大如牛耳一頭尖經歲不凋新陳相換花黃赤色實似丁香色青不可食幹甚端偉高者十餘丈麤者數十圍氣甚芬芳紋理細緻性堅耐居水中今江南造船皆用之堪爲梁棟製器甚佳蓋良材也子赤者材堅子白者材脆年深向陽者結成旋紋爲鬭柏楠　增 〔格古要論〕骰一作鬭柏楠木出西蜀馬湖府紋理縱橫不直其中有山水人物等花者價高亦難得又謂之骰子柏楠

彙考 增 〔史記貨殖傳〕江南出柟梓薑桂 〔宋史五行志〕政和四年六月沅陵縣江漲流出楠木二十七可爲明堂梁柱 〔山海經〕搖碧山其木多梓柟 〔西京雜記〕上林苑柟四株　原 〔述異記〕黃金山有柟樹一年東邊榮

西邊枯後年西邊榮東邊枯年年如此張華云交讓樹也　增 〔酉陽雜俎〕武陵郡記白雉山有木名交讓衆木敷榮後方萌芽亦更歲迭榮也 〔潛確類書〕眞多市有楠木其竅若七星之狀李八百妹躡其竅而上仙後立星楠觀　原 凡楠木最巨者商人採之鑿字號編筏而下既至蕪湖每年濟江主事必來選擇買供運舟之用南部又來爭商人甚以爲苦剔巨者沉江干俟其去沒水取之常失去一二萬曆癸酉一舟飄沒中有老人素持齋守信義方泊水若有一人扶之至一灘口榜曰木龍府殿上人冕旒甚偉而有黑痕宛然所鑿字號也傳呼曰曾相識否老人頓首曰榜已明矣惟大王死生之

又傳呼曰汝善人數尚可延速歸令一人負之而出俄頃抵岸則身在大木上衣服皆不濡既登岸一無所見

【增】〔四州志〕楠溪在西陽宣撫司西二百里其溪清淺傍多楠木

【集藻】〔記〕【增】〔宋蒲咸臨新繁古楠木記〕周公賦鴟鴞之年大風拔木乃命邦人起而築之最爲異事然大風拔木天也起而築之人也大木所假因人而起之當無足怪者孔子定書從而記之示訓戒也元祐八年繁江隆道觀玉帝殿庭有古楠二章分列左右如輔如弼一夕風雷大作偃其左偏者邑宰命匠石取之方執柯伐其枝忽聞軋軋聲乃稍稍起立匠石皆在上如猿猱然觀者

驚駭邑宰降階俯伏謝罪君子以是知天道之不可誣也較諸金縢茲尤爲異蓋以不待人力而自起也今五十有一年矣縉紳先生尚能言之若不鑱諸石以永其傳則無以訓戒後代余被命尉茲邑道士詹交淵請書其事因從春秋記異之法月而日之以警不能寅畏上帝者

【原】〔陸游成都犀浦國寧觀古楠記〕予在成都嘗以事至沉犀過國寧觀有古楠四皆千歲木也枝擾雲漢聲挾風雨根入地不知幾百尺而陰之所芘車且百輛正晝日不穿漏夏五六月暑氣不至凜如九秋成都固多壽木然莫與四楠比者予甚愛而不能去者彌日有石刻立廡下曰是仙人蹇君手植余歎曰神仙至人手之所觸氣之所呵羸疾者起盲瞶者愈榮茂枯朽而金玉瓦石不難況其親所培植哉久而不槁不死固宜欲爲作詩文會多事不果嘗以語道人蹇昌老眞叟以爲恨予既去蜀三年而昌老萬里以書屬予曰國寧之楠幾伐以營繕郡人力全之僅乃得免懼卒不免也君爲我終昔意予發書且歎且喜夫勿翦憩棠恭敬桑梓愛其人及其木自古已然姑以蜀事言之則唐節度取孔明祠栢一小枝爲手板書於圖志今見非詆蔣堂守成都有美政止以築銅壺閣伐江瀆廟一木坐謠言罷亦書國史且王建孟知祥父子專有西南窮土木之侈沉犀近在國城數十里間而四楠不爲當時所取彼猶

有畏而不敢者況今聖主以恭儉化天下有夏禹卑宮室漢文罷露臺之風專闔方面皆重德偉人豈其殘滅千歲遺跡侈大棟宇爲王孟之所難哉意者情出於吏胥梓匠欺罔專恣以自爲功而已使有以吾文告之者讀未終篇禁令下矣然則其可不書

【贊】【增】〔宋宋祁蜀楠贊〕在士所宜亭擢而上枝枝相避葉葉相讓繁陰可庇美榦斯仰

【賦】【增】〔宋宗澤古楠賦有序〕巴城之南山有寺曰南龕寺之外有大木曰楠其生甚久唐刺史嚴武御史史俊皆有詩講刻於巖腹巖曰臨溪插石盤老根史曰結根幽壑不知歲自時迄今又數百年邦人謂之古楠宜矣僕

到官之三月一雨至巖下讀史巖之濤竹感是楠之老於巖谷而可憐也因慨然操筆而賦之曰楠之生兮層崖之中巔詢之人兮不知幾何年包堅根而下蟠兮貫頑石而徹沈淵竦修榦以上淩兮並孤岑而參蒼天大枝崛起兮虎豹拏攫小枝回屈兮蛟螭蜿蜒黃葉敷陰白晝沈沈輪廣十畝蓋窮百尋衆鳥托宿鄧林非深諸卉仰芘荊雲非陰雨濯瑩兮一塵不染風振響兮海潮同音露下兮鶴唳月明兮猿吟擅此清致亘古迄今有客戾止惻然動中吁嗟斯木之異兮有不遇之窮爾胡不生於泰山之側泰帝東封會風雨之是避豈以五大夫之號而封松爾胡不生於周成之宮禁林九重顧親賢

之是戲豈以封國之端而翦桐爾胡不生於分陝之域舍彼召公未必以甘棠之蔽芾流詠於國風抑亦豈無工師之良識爾材之非常用之為棟梁則足以建九重之明堂用之為舟楫則足以濟巨川之汪洋用為宗廟社稷之器則足以叅鼎彝交神明薦至德之馨香夫何默默而甘老於窮山寂寞之鄉徘徊其下恍若夢兮心駭而目眙蒼髯偉人瞋目視曰噫謂子知我乃不吾知吾生於斯長於斯始於毫末至於十圍雨露不吾遺霜雪不吾欺春兮秋兮吾不知代謝之有期漢兮唐兮吾不知興亡之幾時柯葉顏色曾無改移過者千百睥睨焉不以吾為樸樕叢待之斧斤之害亦幸不罹吾受天地造化之恩孰有等夷子之不智而乃我悲使子處此復將奚為吾非不知強自取藏器以待時而動老當益壯自任以天下之重儻匠人斲而小之能不浼然而悔痛乃所願此不材之樗同乎無所用若曰不遇自有物主之非吾所能為姑亦付之一夢客聞之釋然悟曰達矣去斯言可書紳而詠誦

原 明王烓〈楠樹賦〉繄楠之生也含津玄冥托根崑崙氣之所湊殷殷屯屯羌濆洊之欻發觸巨石而塊分得貞剛以為性匪蓊茸之為倫迨夫雨以膏之雷以震之風以撓之霜以嚴之扶疎矗特輪輪囷囷蚪枝上聳迴無旁紛凝若木之晶魄翕淑氣之芳芬膚理潤玉體榦堅金繄楠之茂也勢參岱華

光拍滄溟上懸三光下蟠九地青鸞白鵠朝夕是憩夫豈鵂鶹之敢寄也貞松巨柏戢戢相比夫豈蔓草之敢麗也莊生索之而駭咍匠石過焉而睥睨顧神物之偉奇斧欲揮而終忌是宜棟梁乎清廟為九垓之大庇繄楠之壽也瀡液內益姿華外妍巔頂不肅祝融不然枝拂常春之霧根漬不涸之泉元龜蟠其下卿雲覆其巔豐隆為之呵護王孫休而不前望之蓊蓊然叩之砰砰然騰神光兮夜曙播蕃陰兮晝暝老聃曾息蔭於髫齔王母於茲表道兮屢焉笑蟠桃之難熟輕銅狄之千年諒玄精之丕擕與日月而周旋

又〔散句〕增〔晉〕左思〈蜀都賦〉楩枏幽藹於谷底　交讓所

植〔吳都賦〕楠榴之木相思之樹

五言古詩【原】〔唐杜甫枯楠〕楩楠枯崢嶸鄉黨皆莫記不知幾百歲慘慘無生意上枝摩皇天下根蟠厚地巨圍雷霆坼萬孔蟲蟻萃凍雨落流膠衝風奪佳氣白鵠遂不來天雞爲愁思猶含棟梁具無復霄漢志良工古昔少識者出涕淚種榆水中央成長何容易截承金露盤裊裊不自畏

七言古詩【原】〔唐杜甫楠樹爲風雨所拔歎〕倚江柟樹草堂前故老相傳二百年誅茅卜居總爲此五月髣髴聞寒蟬東南飄風動地至江翻石走流雲氣幹排雷雨猶力爭根斷泉源豈天意滄波老樹性所愛浦上童童一

青蓋野客頻留懼雪霜行人不過聽竽籟虎倒龍顛委榛棘淚痕血點垂胸臆我有新詩何處吟草堂自此無顏色　〔嚴武題巴州光福寺柟木〕楚江長流對楚寺楠木幽生赤崖背臨谿插石盤老根苔色青蒼山雨痕高枝鬧葉鳥不度半掩白雲朝與暮香殿蕭條轉密陰花龕滴瀝垂清露聞道偏多越水頭烟生霽斂使人愁月明忽憶湘川夜猨叫還思鄂渚秋看君幽靄幾千丈寂寞窮山今夜賞亦知鐘梵報黃昏猶臥禪牀戀奇響

〔史俊題巴州光福寺楠木〕近郭城南山寺深亭亭奇樹出禪林結根幽壑不知歲聳幹摩天凡幾尋翠色晚將嵐氣合月光時有夜猨吟經行綠葉望成蓋宴坐黃花長滿襟此木嘗聞生豫章今朝獨秀在巴鄉凌霜不肯讓松柏作宇由來稱棟梁會待良工時一盼應歸法水作慈航

五言律詩【原】〔唐杜甫高柟〕柟樹色冥冥江邊一蓋青近根開藥圃接葉製茅亭落景陰猶合微風韻可聽尋常絕醉困臥此片時醒

七言律詩【增】〔宋歐陽修至喜堂新開北軒手植柟木兩株走筆呈元珍表臣〕爲憐碧砌宜佳樹自劚蒼苔選綠叢不向芳菲趁開落直須霜雪見青葱披條泫轉清晨露響葉蕭騷半夜風時掃濃陰北窗下一枰閑且伴衰翁

七言絕句【增】〔宋范成大寄題郫縣蘧仙觀四楠〕沉犀浦上舊仙蹤老木長春翠埽空敢請丹光來萬里爲扶雲蹻駕飛鴻

詩散句【增】〔宋宋祁〕童童挺十尋一蓋磨空綠　〔孫覿〕枯柟鬱崢嶸老幹空自表　〔文同〕佛現寶幢經幾刦天開寶幄待何人　〔唐薛能〕夜聲柟樹遠

石楠

【彙考】〔南方記〕石楠樹野生二月花實如燕卵七八月熟出九眞　〔本草〕石楠一名楓藥蘇頌曰南北有之生於石上株有極高大者江湖間出者葉如枇杷上有小刺凌冬不凋春生白花成簇秋結細紅實關隴間出者葉似

莽草青黃色皆有紫點雨多則併生長及二三寸根橫細紫色無花實葉至茂密南北人多移植亭院間陰翳可愛不透日氣寇宗奭曰石楠葉似枇杷葉之小者而背無毛光而不皺正二月間開花冬有二葉為花苞苞既開中有十五餘花大小如椿花甚細碎每一苞約彌許大成一毬一花六葉一朵有七八毬淡白綠色葉末微淡赤色花既開蕊滿花但見蕊不見花花纔能去年綠葉盡脫落漸生新葉

【彙考】【增】〔述異記〕曲阜古城有顏回墓上石楠樹二株可三四十圍土人云顏子手植〔太眞外傳〕上發馬嵬行至扶風道道旁有花寺畔見石楠樹團圝愛玩之因呼

為端正樹〔酉陽雜俎〕衡山石楠花有紫碧白三色花大如牡丹亦有無花者〔齊雲山志〕西山有石鋪方廣若門蓋天造以通遊者門首有石楠一株其大數圍

【集藻】〔五言古詩〕【增】唐孟郊和宣州錢判官使院廳前石楠樹太朴既一剖衆材爭萬殊懿茲南海華來與北壤俱生長如自惜雪霜無凋渝籠籠抱靈秀簇簇抽芳膚寒日吐丹豔赬子流細珠鴛鴦花數重翡翠葉四鋪雨洗新妝色一枝如一姝聳異敷庭際傾妍來坐隅散彩飾几案餘輝盈盤盂高意因造化常情逐榮枯主公方寸中陶甄在須臾養此奉君子賞覲日為娛始覺石楠詠價傾賦兩都棠頌庶可比桂詞難以踰因謝丘墟木空採落泥塗時來聞佳姿道去臥枯株爭芳無由緣受氣如鬱紆抽肝在郢匠歎息何躑躅

〔五言律詩〕【增】宋朱長文石楠昔年曾賞翫移自碧由遙古瑜摩文石寒枝聚翠綃雖殊楩梓用終免雪霜凋來者宜珍護毋令困採樵〔明吳寬追和朱樂圃蘇學石楠〕泮水根常溉臨池路不遙顧瞻依曲檻愛護障輕綃別種爲交讓終年亦後凋有材非斐用斤斧免山樵

〔七言律詩〕【增】唐白居易石楠樹可憐顏色好陰涼葉翦紅箋花撲霜傘蓋低垂金翡翠薰籠亂搭繡衣裳春芽細炷千燈焰夏蕊濃薰百和香見說上林無此樹只教桃柳占年芳〔胡汾石楠樹〕本自清溪石上生移栽此

處稱閒情古雲事盡識珍木白屋人多與俗名重布綠陰滋蘚色深藏好鳥引鶵聲余今一日千迴看每度看來眼益明

〔七言絕句〕【增】唐王建看石楠花留得行人望卻歸雨中（闕字）是石楠枝明朝獨上銅臺路容見花開少許時〔權德輿石楠樹〕石楠紅葉透簾春憶得妝成下錦茵試折一枝含萬恨分明說向夢中人〔溫庭筠重題端正樹〕路傍佳樹碧雲愁曾侍金輿幸驛樓草木榮枯似人事綠陰寂寞漢陵秋〔趙嘏詠端正樹〕一樹繁陰先著名異花奇葉儼天成馬嵬此去無多地祇合楊妃墓上生

〔詩散句〕【增】唐李白千千石楠樹萬萬女貞林〔張籍江

皋三月時花發石榴枝〔司空圖〕客處偷閑未是閑石榴雖好懶頻攀〔李白〕風掃石榴花〔宋蘇軾〕孤生有石榴〔元龔璛〕紅樹石榴春

廣羣芳譜卷第七十二

佩文齋廣羣芳譜卷第七十三

木譜

桐

〔增〕〔爾雅翼〕桐有青赤白三種而青桐又有有實無實之辨〔原〕梧桐一名青桐埤雅今以梧桐皮青號曰青桐一名櫬爾雅櫬梧注今梧桐皮青如翠葉缺如花妍雅華淨賞心悅目人家齋閣多種之其木無節直生理細而性緊四月開嫩黃小花如棗花墜下如醭五六月結子莢長三寸許五片合成老則開裂如箕名曰橐鄂子綴其上多者五六少者二三大如黃豆雲南者更大皮皺淡黃色仁肥嫩可生啖亦可炒食遁甲書云梧桐可知月正閏歲生十二葉一邊六葉從下數一葉為一月有閏則十三葉視葉小處則知閏何月立秋之日如某時立秋至期一葉先墜故云梧桐一葉落天下盡知秋　白桐一名華桐一名泡桐葉三杈大徑尺最易生長皮色麤白木輕虛不生蟲蛀作器物屋柱甚良二月開花如牽牛花而色白華而不實賈勰云桐葉華而不實者曰白桐無子冬結似子者乃明年華房爾雅云榮桐木即此華而不實故曰榮桐木也木之榮者多矣獨桐名榮者桐以三月華蔡邕月令曰桐始華桐木之後華者也稱之故曰始周書時訓曰清明之日桐始華桐不華歲有大寒蓋不華則陽氣微陽氣微則寒可知也造琴瑟以華桐生山間者為

樂器則鳴孫枝爲琴則音清 增〔桐譜〕一種文理麤而體性慢葉圓大而尖長光滑而毳稚者三角成條之時葉皆茸毳而嫩皮體淸白喜生朝陽之地花先葉開白色心赤內凝紅其實穟先長而大可圍三四寸內爲兩房房中有肉肉上細白而黑點者其子也謂之白花桐一種文理細而體性緊葉三角而圓大色青多毳而不光滑葉硬文微赤花亦先葉而開皆紫色而作穟類紫藤花謂之紫花桐二桐皮色皆一類但花葉小異體性緊慢不同

彙考 增〔書禹貢〕嶧陽孤桐〔傳〕孤特也嶧山之陽特生桐中琴瑟 原〔詩鄘風〕椅桐梓漆爰伐琴瑟 〔大雅〕梧桐

生矣于彼朝陽〔注〕梧桐不生山岡太平而後生朝陽 增〔禮記月令〕季春之月桐始華 原〔禮記雜記〕杵以梧 〔孟子〕拱把之桐梓人苟欲生之皆知所以養之者 增〔史記晉世家〕成王與叔虞戲削桐葉爲珪以與叔虞曰以此封若史佚因請擇日立叔虞成王曰吾與之戲耳史佚曰天子無戲言言則史書之禮成之樂歌之于是遂封叔虞于唐 〔後漢書蔡邕傳〕邕在吳吳人有燒桐以爨者邕聞火裂之聲知其良木因請而裁爲琴果有美音而其尾猶焦故時人名曰焦尾琴焉 〔西南夷傳〕哀牢夷有梧桐木華績以爲布 〔晉書張華傳〕吳郡臨平岸崩出一石鼓槌之無聲帝以問華華曰可取蜀中桐材刻爲魚形扣之則鳴矣于是如其言果聲聞數里 原〔晉書苻堅載記〕堅以姜宇爲前將軍與苻琳率衆三萬擊慕容冲于灞上爲冲所敗冲遂據阿房城初長安謠曰鳳凰鳳凰止阿房堅以鳳凰非梧桐不棲非竹實不食乃植桐竹數十萬株于阿房城以待之冲小字鳳凰至是入止阿房城焉 增〔魏書彭城王勰傳〕高祖與侍臣升金墉城顧見堂後梧桐竹曰鳳凰非梧桐不棲非竹實不食今梧桐竹並茂詎能降鳳乎勰對曰鳳凰應德而來豈竹梧桐能降高祖曰何以言之勰曰昔在虞舜鳳凰來儀周之興也鸑鷟鳴于岐山未聞降桐食竹高祖笑曰朕亦未望降之也後宴侍臣於淸徽

堂日宴移于流化池芳林之下高祖仰觀桐葉之茂曰其桐其椅其實離離豈弟君子莫不令儀今林下諸賢足敷歌詠遂令黃門侍郎崔光讀暮春羣臣應詔詩 〔北史李元忠傳〕元忠甚工彈彈桐葉常出一孔擲棗栗而彈之十中八九 原〔唐書李泌傳〕德宗在奉天召泌赴行在時李懷光叛歲有蝗旱議者欲赦懷光帝博問羣臣泌破一桐葉附使以進曰陛下與懷光君臣之分不可復合如此葉矣繇是不赦 增〔宋史五行志〕治平四年六月汀州進桐木板二有文曰天下太平 〔山海經〕虢山其下多桐椐 〔穆天子傳〕是日天子鼓道其下而鳴乃樹之桐〔注〕桐亦響木 〔管子〕五沃之土其木宜

桐　原莊子空門來風桐乳致巢　增列子人有枯梧
樹者其隣父言枯梧之樹不祥其隣人遽而伐之隣人
父請以爲薪其人乃不悅曰隣人之父徒欲爲薪而教
吾伐之也與我隣若此其險豈可哉　原淮南子梧桐
斷角馬氂截玉　增淮南子桐木成雲注取十石瓮滿
以水置桐其中蓋之三四日氣如雲作　智者有所不
及故桐不可以爲弩　以巨斧擊桐薪不待利日良時
而後破之加斧桐薪之上而無人力之奉雖順招搖刑
德而不能破無其勢也　新書懸弧之禮東方之弧以
梧梧者東方之草春木也　風俗通梧桐生于嶧陽山
巖石之上采東南孫枝爲琴聲清雅　伏虔古今注昭

帝丹鳳二年馮翊人獻桐枝長六尺九枚枚一葉也
楚辭注梧桐春榮陽木也　新論神農黃帝削桐爲琴
論衡李子長爲政欲知囚情刻桐象囚形鑿地爲坎
臥木囚其中囚若正木囚不動若有冤木囚動出蓋人
之精誠著木人也　原易緯桐枝濡毳而又空中難成
易傷須成氣而後華　禮斗威儀君乘火而王其政平
梧桐爲常生　瑞應圖王者任用賢良則梧桐生于東
廂　遁甲書梧桐不生則九州異　增西京雜記上林
苑桐三椅桐梧桐荊桐　五柞宮西有青梧觀觀前有
三梧桐樹　晉宮閣名華林園青白桐三株　廣志驃
國有白桐木其葉有白毳取其毳淹漬緝織以爲布

華陽國志益州有梧桐木其華采如絲人績以爲布名
曰華布　南越志青桐華頗似木綿而輝薰過之　安
成記府君諱保如令樹梧于芭兩邊柯葉菴藹炎暑爲
之清凉百姓列宅其間　鄒山記鄒山古之嶧陽爵穆
公改爲鄒今鄒山嶧陽猶多桐樹　齊春秋豫章王于
郊起山列種桐竹號爲桐山武帝幸之置酒爲樂　齊
地記城北十五里有桐臺即桐宮　水經注浦陽江自
嵊山東北逕太康湖車騎將軍謝玄田居所在於江曲
起樓樓側悉是桐梓森聳可愛居民號爲桐亭樓　顏
氏家訓或有諱桐者呼梧桐樹爲白鐵樹便似戲笑耳
原異苑句章吳平州門前忽生一株青桐樹上有謠

歌之聲平惡而伐之平隨軍北行首尾三載死桐欻自
還立於故根上聞聲樹巔空中歌曰死樹今更青吳平
尋當歸適聞伐此樹已復有光輝平尋歸如鬼謠　述
異記梧桐園在吳夫差舊國一名琴川梧園在句容縣
傳曰吳王別館有楸梧成林焉古樂府云梧宮秋吳王
愁是也　增遊山記吹臺有高桐皆百圍嶧陽孤桐方
此爲劣　隋唐嘉話唐初宮中少樹孝仁后命種白楊
謂何力曰此樹易長三數年間宮中可得陰映何力一
無所應但誦古詩云白楊多悲風蕭蕭愁殺人意謂此
是冢墓間木非宮中所宜種孝仁遽令拔去更樹梧桐
也　尚書故實李汧公取桐孫之精者雜綴爲琴謂之

百衲琴 【原】〈酉陽雜俎〉歷城房家園齊博陵君豹之山池其中雜樹森竦曾有人折其桐枝者公曰何爲傷吾鳳條自後人不復敢折 【增】〈酉陽雜俎〉大興善寺東廊之南素和尚院庭有青桐四株素之手植元和中卿相多遊此院桐至夏有汙汚人衣如䵒脂不可浣昭國東門鄭相常與丞郎數人避暑惡其汙謂素曰弟子爲和尚伐此樹各植一松也及暮素戲祝樹曰我種汝二十餘年汝以汙爲人所惡來歲若復有汁我必薪之自是無汙 南中桐花有深紅色者 臨瀨西北有寺寺僧智通常持法華經入禪每宴坐必求寒林靜境殆非人所至經數年忽夜有人環其院呼智通至曉聲方息歷

三夜聲侵戶智通不耐應曰汝呼我何事可入來言也有物長六尺餘皁衣青面張目巨吻見僧初亦合手智通熟視良久謂曰爾寒乎就是向火物亦就坐智通但念經至五更物爲火所醉因閉目開口據爐而鼾智通覩之乃以香匙舉灰火寘其口中物大呼起走至閫若蹶聲其寺背山智通及明視蹶處得木皮一片登山尋之數里見大青桐樹梢已童矣其下凹根若新缺然僧以木皮附之合無蹤隙其半有薪者創成一蹬深六寸餘蓋魅之口灰火滿其中火猶熒熒智通焚之其怪自絶 〈十道志〉桐廬縣吳黃武四年置以桐溪側有大桐樹垂條偃蓋傍蔭數畝遠望似廬因謂之桐廬 【原】本

事詩蜀侯繼圖倚大慈寺樓偶飄一大桐葉上有詩云拭翠斂蛾眉爲鬱心中事搦管下庭除書作相思字此字不書石此字不書紙書向秋葉上願逐秋風起天下有心人盡解相思死天下負心人不識相思意有心與負心不知落何地後數年繼圖卜任氏爲婚始知字出任氏 【增】〈高僧傳〉僧瑜幼入釋門擔薪欲焚身以宋孝建中集薪爲龕請僧設齋禮別而入火中經三日而瑜房內忽生雙桐樹根枝豐茂鬱翠非常道輩異之號爲雙桐沙門 【原】〈清異錄〉同州郃陽縣劉靖家兄弟同居宅邊榆樹上生桑西廊梧桐上生穀枝明年墳中白楊生檜並鬱茂鄉人號榆爲義祖桐爲小義楊爲義孫縣

令出官錢爲修三異亭 〈北夢瑣言〉王義方初拜御史置宅酬直訖數日忽對賓朋指庭中青桐一雙曰此忘酬直召宅主付錢四千 〈搢紳脞說〉顧況于御溝流水上得一桐葉有詩云一入深宮裏年年不見春聊題一片葉寄與有情人況亦題葉于流泛之後十餘日況又得一詩似答況者 〈集仙傳〉呂洞賓題汴都峩眉院云明月斜秋風冷今夜故人來不來教人立盡梧桐影 〈揮麈前錄〉自祖宗以來故家以眞定韓氏爲首忠憲公家也居京師庭有桐木都人以桐樹目之以别相韓焉相韓則魏公家也 〈洞天清錄〉桐木年久木液去盡紫色透裏全無白色更加細密方稱良材 〈龍門山記〉徐

童觀多桐木花其花淸香襲人其子碧可染靑碧色若
移植他處則不活 〔埤雅〕詩曰湛湛露斯在彼杞棘愷
悌君子莫不令德其桐其椅其實離離愷悌君子莫不
令儀杞棘剛木故詩以況令德椅桐柔木故詩以況令
儀 增〔古琴疏〕吳叔治夏日納凉門外時聞桐樹下有
琴聲後一人請以五百金買此樹叔治曰金欲得耳弟
吾自以口就食卽見此樹今何忍伐之後叔治出爲北
海主簿歸已爲族人賣去久之其人以二琴至示叔治
一曰陰姬一曰陽娃不加少漆斵磨光毫其文宛然各
有仙女弄琴之狀云凉天月夜不鼓而自鳴請留其一
以一相報叔治不受 〔丹鉛總錄〕凡木本實而末虛惟

桐反之試取小枝削之皆堅實如蠟而其本皆虛故世
所以貴孫枝者貴其實也 原〔滇南雜記〕永昌有梧桐
子比中州者形頗長大者幾可當蓮實過永昌亦不可
得 〔巳瘧編〕張士傑客壽陽被酒歷淮陽濵入龍祠見
後帳龍女塑像甚美乃取桐葉題詩投帳中云我是夢
中傳彩筆書于葉上寄朝雲忽見一舍有美女士傑徑
詣置酒女吟曰落帆且泊小沙灘霜月無波淮上寒若
向江湖得消息爲傳風水到長安士傑昏醉既醒孤坐
于廟門之右小女奴曰娘子傳語還君桐葉勿復置念
增〔一統志〕桐君山在桐廬縣東二里相傳昔有異人
于此山採藥求道結廬于桐木下人問其姓則指桐以

示之因號爲桐君山
集藻 〔記〕增〔宋陳翥西山植桐記〕咸聱子陳翥子翔少漸
義方訓涉孤哀淪于季孟悸疾否滯十有餘年蝎蠧木
虛根枝不附志願相畔退而治生至慶曆八年戊子冬
十有一月于家後西山之南始有地數畝東止陳翊西
止柴樣凡東西延二十丈有奇南止弟翊北止兄翺凡
南北袤十丈有奇自十二月至于皇祐三年辛卯冬澆
而植之凡數百株南栽戟榆以累翊北樹槿籬以分翺
餘桐皆布于內靡有列也未植前斫其地有圖者至而
問曰將胡爲乎余荅曰植桐于其中圖者笑曰得利之
速植桐不如植桑之博矣余應之曰吾非不知衣食之

源爲世所急但足而已夫仲尼豈不能明老圃之業乎
柳下惠豈不能爲盜跖之事乎苟議利而後動誠聖賢
之所不取亦吾心之所未能也翌日將植撫而祝之曰
爾其材森森直而理敷榮朝陽立而不倚吾將激淸風
將其聲聽之以爲古琴之操焉爾其葉萋萋緣而繁應
時開落不爲物頑吾將招君子于其下樂之以待靈鳳
之棲焉因書以爲植桐記
〔贊〕增〔晉郭璞梧桐贊〕桐實嘉木鳳凰所棲爰伐琴瑟八
音克諧歌以永言噰噰喈喈 〔宋孝武帝孤桐贊〕珍無
隱德產必有甄資此孤榦獻枝楚山梢星雲界衍葉炎
靡名列貢寶器贊虞絃

賦

御製梧桐賦撫萬彙之生成攬植物之暢茂見藹藹之梧桐爲良材之佳觀當綺闥而結柯臨玉階而吐秀旣託根以得地亦含靈而迎候扇淑景於春陽振英華於清晝揚蕤瑤樹布葉金鑾碧滋密綴翠纈深攢散澄暉于帷幄濯鮮色於琅玕被光華於日月耀羽儀於鳳鸞迺有醲雲上覆瓊泉下浸長浥潤於丹穹永敷榮於紫禁雨滴疎聲風吹籟鳴乍響迴於環珮已樂合於笙竽若夫新條始引清露初流如潔清之士邈焉而寡儔挺節無撓陵虛欲上如謇直之臣介然而不黨菶菶者其陰可以矢卷阿之頌音離離者其實可以賡湛露之雅什韻虞氏之文琴絙軒皇之

素瑟信天地之嘉生非凡材之能匹彼夫桃李之佳蔭松柏之貞心甘棠蔽芾於南國玉樹青葱於上林雖留詠於在昔詎埒美於斯今至於嶧山孤立之姿龍門百尺之榦或擢本於丘樊或漸色於巖畔豈若茲樹之曜穎朝陽植枝脣漢負聳蓊之遐標增麗城之榮觀也哉

增魏夏侯湛桐賦有南國之陋寢植嘉桐乎前庭闡洪根以誕茂豐脩幹以繁生納谷風以疏葉含春雨以濯莖濯莖夭夭布葉藹藹蔚童童以重茂蔭蒙接而相蓋蔽陰澹之南表覆陽阿之北外于是詰朝之暇步趾前廡春以遊目夏以清暑昔詩人之所稱美厥生之攸奇植匪禰其不滋識非條其不儀

晉嵇康琴賦惟椅梧之所生兮託峻嶽之崇岡披重壤以誕載兮參辰極而高驤含天地之醇和兮吸日月之休光鬱紛紜以獨茂兮飛英蕤于昊蒼夕納景于虞淵兮旦晞幹于九陽經千載以待價兮寂神時而永康且其山川形勢則盤紆隱深確嵬岑嵓亙嶺巉巖岞崿嶇岑丹巖嶮巘青壁萬尋若乃重巘增起偃蹇雲覆邈隆崇以極壯崛巍巍而特秀蒸靈液以播雲據神淵而吐溜爾乃顛波奔突狂赴爭流觸巖觝隈鬱怒彪休洶湧騰薄奮沫揚濤瀄汨澎湃蟺蟺相糾放肆大川濟乎中州安迴徐邁寂爾長浮澹乎洋洋縈抱山丘詳觀其區土之所產毓奧宇之所寶殖珍怪琅玕瑤瑾翕赩叢集累積奐衍于其側若

乃春蘭被其東沙棠殖其西涓子宅其陽玉醴涌其前玄雲蔭其上翔鸞集其巔清露潤其膚惠風流其間竦肅肅以靜謐密微微其清閑夫所以經營其左右者固以自然神麗而足思願愛樂矣於是遯世之士榮期綺季之儔乃相與登飛梁越幽壑援瓊枝陟峻崿以遊乎其下周旋永望邈若凌飛邪睨崑崙俯闞海湄指蒼梧之迢遞臨迴江之威夷寤時俗之多累仰箕山之餘輝羨斯嶽之弘敞心慷慨以忘歸情舒放而遠覽接軒轅之遺音慕老童于騩隅欽泰容之高吟顧茲桐而興慮思假物以託心乃斲孫枝準量所任至人攄思制爲雅琴

傳咸梧桐賦美詩人之攸貴兮覽梧桐乎朝陽蔚

蓁蓁以萋萋兮鬱林列而成行夾二門以駢羅作館寓之表章停公子之龍駕息旅人之肩行瞻華實之離離想儀鳳之來翔（宋劉義恭桐樹賦）伊梧桐之靈材蔚疎林而擢秀玄根通徹于幽泉密葉垂藹而增茂挺修幹蔭朝陽招飛鸞鳴鳳凰甘露灑液于其莖清風流薄乎其枝丹霞赫奕于其上白水浸潤乎其陂（袁淑桐賦）越衆木之薰猶勝雜樹之藻縟信爽幹以弱枝實裏素而表綠若乃根荑條茂跡曠心冲貞觀于會山之陽抽景于少澤之東被緗兮煙霞裏珮兮星虹儀丹丘之瑞羽棲清都之仙宮（齊蕭子良梧桐賦）植椅桐于廣圃嗟倏忽而成林依層楹而吐秀臨平臺而結陰乃抽

葉而露始亦結實于星沈聳輕條而麗景涵清風而散音發雅詠于依昔流素賞之在今必鸞鳳而後集何燕雀之能臨匪伊楚宮側豈獨嶧山岑邈蒿萊之難儷永配道于仙琴（王融桐樹賦）梧桐生矣于邸岫之曾隈儀龍門而插幹佇鳳羽以抽枝縱楚宮而留稱藉淄館以翻聲直不綳而特秀圓匪規而天成同歲草以萎暮共辰物而滋榮豈遠心以自外寧有志于孤貞（梁沈約桐賦）龍門之桐遠望青蔥專巖擅嶺或孤或叢枝封暮雪葉映晝虹抗蘭橑以棲龍拂雕窻而溥露啦密葉于鳳晨宿高枝于鸞暮合影陽崖標峯東陸俯結玄陰仰成翠屋乍髣髴于行雨時徘徊于丹轂遽齊綵于碧

林豈慚光于若木（唐崔鎮尚書省梧桐賦）惟皇立極建都河洛會府疏庭珍木咸若偉梧桐之嘉遇竟因人以勝託傾鳳翼于朝陽偶鵷行于祕閣質有常尊靜爲躁君花繁翼子幹直謀孫履素至潔體柔常存揭日月以曜穎含雨露以流根豈與夫龍門半死嶧陽孤植齊萬籟而混吹合千巖以共色勁質冰摧而朽人莫識高標風折爲樵人所得求知音于爨燃諭分理于繩墨且問之以生死又焉議夫通塞故至人以全身遠害君子以自彊不息失其理山林不足以攝生順其道朝市何妨乎育德梧桐生矣自遠而至輕去無何之鄉不居有過之地謂繁華兮國人服媚吾獨後春而翠謂搖落兮

物情共棄吾亦先秋以悴不改節以邀利不立名而自異必居常以待終將自處而一致大年椿榦梢雲豫章箘簵貞勁桂椒信芳百果甲坼于金谷千林花發于河陽實繁者皆折材用者先亡我異于是于何不臧布清陰于仙署棲白雲于帝鄉旁連杞梓俯接琳瑯蔚金蟬之氣色耀錦帳之輝光我封我樹無臭無香從大年于社櫟用當代于甘棠得喪齊致語默兩忘吾不知夫支離之德何獨擅而自出蘧瑗之智何獨卷而自藏復有翦刻爲圭琢磨成器龍章鳳彩金符玉瑞平君子之心戒王者之戲筍侯得之諸侯靡至于野得之玄鶴來暨雖信美于疇日未若茲辰之佩仁履義我求懿德于是

乎在疏相比遠相待以其彙征成而不孳譬諸草木生植有時除惡務本樹德務滋引之斯至權之斯離角弓兮有什杕杜兮陳詩敢告在位如何不思念茲在茲恕事順施苟求夏陰與秋實無拔楊以樹茨　宋陳翥桐賦始吾植桐與竹于西山南見謂乎天倫間以謂拙難于生計不如桑柘果實之木有所利吾決而遂其志乃自號桐竹君以固而拒之又作西山桐詩十二首復援其詩之餘义而為賦所以伸植之之心也其詞曰伊梧桐之柔木生崇絕之高岡谿天地之淳氣吐春冬之奇芳借濡潤于夕𣅜藉和煖于陰陽綿歲月之久持森鬱茂而延昌爾其溪臨千仞巖空百丈增巇岌以周列重

峯叢其相向勢崔嵬而峭且峻形嶇嶮而不可上巖嶮巇以無土嶅嶒巉而弗敞枝上拔而雖榮根下朶而不長迅雷疾風之所飄擊湧濡飛溜之所滌蕩蒙苦霧而含瞑鎮愁雲于寫葦霏霜封條而欲折積雪擁根而致強枝盡則中閒節傷則液滿同枌棘以凋殺雜樞榆而蒼莽于是哀狖晨吟饑梟夜啼熊狐傍宿麏麑下蹊悲號叫嘯回惶慘悽勇夫聞之而心碎山鬼尋之而晝迷寒雕啄鷹以之游集妖烏怪鵬以之安棲蓋人跡罕履故物類來萃材雖具不見用于匠氏根已固故不可以移陟其或春氣和木向榮飛孑結孕其柢抽萌條毿毿以嫩碧葉茸茸而綠成水再離而自茂氣猶缺而未英

當斯時也吾孤且否人無我諳既支離而不煖始有地于西山之南遂忘刻銳任情意命鐵以薙草向陽以避地列行行之坑坎有鱗鱗之位次庸以梧桐植而異羣類也由是召山叟訪圃師披榛棘之叢薄陟峯巒之險危望椅梓以相近求拱把而見移全根本之延蔓擇材幹之珍奇迺等地以森植亦分株而對之俟底道之矢直鄙左右之器欲適夾道之細櫛類通衢之高椅累歲時而茂盛發花葉之繁滋土膏泉液以澤乎根春風夏雨以長其枝晨霞暮雨以蔭其幹清露薄霧以潤其肌暘烏舒暖以條布陰兔飛光而影垂佳庭雪之難積嘯巖霜之易晞是以其上則鴟鴞鷲鵝之所不敢棲也其

下則騰猿飛鼯之所不獲息也結藤垂蔓莫得而依也毒泉依瀨亡由而及矣故遠而望之而列戟與排矛郎而憩之若綠幄與翠裯將以集鸞鷟鳴飄鶴翫之以興詠聽之以消憂于是招直諒之賓命端善之友坐萋萋之陰蔭論詩書之盛否逍遙乎志氣宴樂以支酒賞茲桐之森森玩桑柘之勁勁彼欹欹婆娑椅傷擁腫一則為盡其生意一則嗟無其器用未若葉中藥餌材堪梁棟雲和會入于周制嶧陽乃隨于禹貢有名實以相副豈虛偽以動衆吾將采東南之孤枝剡疏白之雅琴絃以檿桑之絲徽以雙南之金同夔牙以揮鼓並鍾期而側聆追淳風于先德寫太古之遺音非鏗鏘也不足以

傾鄙夫之耳有幽靜也自可以悅君子之心桐竹君乃
神瑰清心志和以道自任孰知其他據高梧以釋俗中
素聽以長歌歌曰蒿艾茂郁兮芝蘭不馨柞櫟芬芳兮
梗楠不亨苟毁方以趨勢兮雖棫樸而見稱倘容援之
云依兮雖楸梓而弗名且斥遠于匠石兮終見委于林
衢自樂天以知命兮故無慮而自營歌卒矚目周玩沉
吟自斷後以餘音系而爲亂曰貴遠賤近特之宜兮衆
咸去朴爭華僞兮花葉不能資耳目兮子實無堪充口
腹兮人誰采用到林麓兮雖材還同不材木兮無願終
身老林泉兮器與不器居其間兮梓桐放懷事都捐兮
優游共得終天年兮

文散句 增 〔楚宋玉九辯〕白露既下百草兮奄離披此梧
楸 〔漢枚乘七發〕龍門之桐百尺無枝其中鬱結輪囷
扶疎以分離 〔晉崔綺七觸〕爰有梧桐生于玄谿傳根
朽壤托險生危 〔張協七命〕寒山之桐出自大冥含黃
鍾以吐幹據蒼岑以孤生

四言古詩 增 〔宋伏系之詠椅桐〕亭亭椅桐鬱茲庭圃翠
條疎風綠柯蔭宇

五言古詩 增 〔晉司馬彪與山巨源〕苕苕椅桐樹寄生於
南岳上陵青雲霓下臨千仞谷處身孤且危於何託余
足昔也植朝陽傾枝俟鸞鶯今者絕世用倥傯見迫束
班匠不我顧牙曠不我錄焉得成琴瑟何由揚妙曲干
和潛幽巖誰能證奇璞冀望神龍來揚光以見燭 〔宋
鮑照山行見孤桐〕桐生叢石裏根孤地寒陰上倚崩岸
勢下帶洞阿深奔泉冬激射霧雨夏霖霪未霜葉已肅
不風條自吟昏明積苦思晝夜叫哀禽棄妾望掩淚逐
臣對撫心雖以慰單危悲涼不可任幸願見雕斵爲君
堂上琴 〔齊王融詠梧桐〕翦鳳影層枝輕虹鏡展綠豈
斆龍門幽直慕瑤池曲 〔謝朓遊東堂詠桐〕孤桐北窻
外高枝百尺餘葉生旣婀娜葉落更扶疎無華復無實
何以贍離居裁爲珪與瑞足可命參墟 〔梁簡文帝雙
桐生空井〕季月雙桐井新枝雜舊株晚葉藏棲鳳朝花
拂曙烏還看西子照銀牀繫轆轤 〔沈約詠梧桐〕秋還

遽已落春曉猶未黃微葉雖可賤一翦或成珪 〔詠孤
桐〕龍門百尺時排雲少孤立分根蔭玉池欲待高鸞集
〔吳均詠庭中桐〕龍門有奇價自言梧桐枝華暉實掩
映細葉能披離不降周王子空待歲時移嚴風忽交勁
遂使無人知 〔王筠奉酬從兄臨川桐樹〕伊昔擅羽儀
待價龍門垂優游清露點徽穆惠風吹月上陰陽幹雲
覆死生枝公子存高尚聊用影華池棲鸞旣不重舞鶴
復何施方同散木爨清響竟誰知 〔隋魏彥深詠桐〕未
求裁作瑟何用削成珪願寄華庭裏枝橫待鳳棲 〔陸
季覽詠桐〕摇落依空井生死尚餘心不辭先入爨惟恨
少知音 〔唐戴叔倫梧桐亭〕亭亭南軒外貞幹修且直廣

葉結青陰繁花連素色天資韶雅性不愧知音識〔元
稹三月二十四日宿曾峯館夜對桐花寄樂天〕微月照
桐花月微花漠漠怨澹不勝情低徊拂簾幕葉新陰影
細露重枝條弱夜久春恨多風清暗香薄是夕遠思君
思君瘦如削但感事睽違非言官好惡奏書金鑾殿步
屧青龍閣我在山館中滿地桐花落〔雲居寺孤桐〕一
株青玉立千葉綠雲委亭亭五丈餘高意猶未已山僧
年九十清淨老不死自云手種時一顆青桐子直從萌
芽拔高自毫末始四面無附枝中心有通理寄言立身
者孤直當如此〔白居易苔桐花〕山木多蓊鬱茲桐獨
亭亭葉重碧雲片花簇紫霞英是時三月天春暖山雨

晴夜色向月淺闇香隨風輕行者多商賈居者悉黎甿
無人解賞愛有客獨屏營手攀花枝立足蹋花影行生
憐不得所死欲揚其聲截爲天子琴刻作古人形云待
我成器薦之於穆清誠是君子心恐非草木情胡爲愛
其華而反傷其生老龜被刳腸不如無神靈雄雞自斷
尾不願爲犧牲況此好顏色花紫葉青青宜遂天地性
忍加刀斧刑我思五丁力拔入九重城當君正殿栽花
葉生光晶上對月中桂下覆階前蓂洸拂香爐煙隱映
斧藻屏爲君布綠陰當暑蔭軒楹沉沉綠滿地桃李不
敢爭爲君發清韻風來如叩瓊泠泠聲滿耳鄭衛不足
聽受君封植力不獨吐芬馨助君行春令開花應晴明

受君雨露恩不獨含芳榮戒君無戲言翦葉封弟兄受
君歲月功不獨資生成爲君長高枝鳳凰上頭鳴一鳴
君萬歲壽如山不傾再鳴萬人泰泰階爲之平如何有
此用幽滯在巖垌歲月不爾駐孤芳坐凋零請向梧枝
上爲余題姓名待余有勢力移爾獻丹庭〔桐花〕春令
有常候清明桐始發何此巴峽中桐花開十月豈伊物
理變信是土宜別地氣反寒暄天時倒生殺草木堅強
物所稟固難奪風候一參差榮枯遂乖剌況吾北人性
不耐南方熱強羸壽天間安得依時節〔宋歐陽修桐
花〕猗猗井上桐花葉何衰衰下蔭百尺泉上聳凌雲材
翠色洗朝露清陰午當階幽蟬自嘒嘒鳴鳥何喈喈日

出花照耀飛香動浮埃今朝一雨過狼藉黏青苔斯桐
乃誰樹意若銘我齋常聞漢道隆上下相和諧選吏擇
孝廉視民嬰與孩政聲如九韶百物絕妖災優優潁川
守能致鳳凰來到此幾千載丹山自崔嵬聖君勤治理
百郡列賢才嗟爾不自勉鳳凰其來哉〔司馬光桐軒〕
朝陽升東隅照此庭下桐萋萋復萋萋居然古人風疎
柯青玉聳密葉翠羽蒙午景凝餘清夕照留殘紅雨響
甍棟外風生戶牖中主人政多暇步賞常從容終當致
威鳳覽德鳴噰噰又將施五絃解慍歌帝宮〔曾鞏桐
樹〕葉地瓦礫間茲桐偶誰樹憶見擁西牆俄成劃煙霧
得時花葉鮮照影清泉助當軒蔽赤日對臥醒百慮惜

哉禀受弱妄使鸞鳳顧商聲動猶微秀色觸巳沮泫摧
亂繁條逼迫畏清露暄晴幸未闕飄落儻可拒噫號衝
飈回激射陰霰聚此勢復何言瞪視空薄暮〔陳翥西
山桐詩〕桐栽吾有西山桐植之未盈握所得從野人移
來出喬嶽節凝葉尚祕根凍土自剗匪爲待雛鵷膚將
棲鸞鷟異日成茂林論材誰見擢巨則爲棟梁微亦任
楹桷仍堪雅琴器奏之反淳朴入匠如顧憐委軀願雕
斵〔桐根〕我有西山桐早隣桃與李得地自行根受芘
踰高壘上灌春雲膏下滋醴泉灑盤結併循環岐分類
股體乘虛股體大憤漲土脈起扶疎向山壤蔓衍出林
趾願偕久深固無爲伴生死死議大厦材合抱由滋此

〔桐花〕我有西山桐桐成茂其花香心自蝶戀縹縹帶
無遮華白含香色璨如凝瑤華紫者吐芳英爛若舒朝
霞素柰未足擬紅杏寧相加世但貴丹藥天艷姿驕奢
歌管遶庭檻玩賞成今誇倘或求美材爲爾長吁嗟
〔桐葉〕我有西山桐下臨百尺溪布葉雖遲遲庇本亦萋
萋密類張翠幄青堪翦封圭滑澤經日久濡毳隨榦躋
迎風帶影動墜雨向身低寧隱凡鳥巢自蔽儀鳳棲松
栢徒爾頑蒲柳空思齊但有知心時應候常弗迷〔桐
乳〕吾有西山桐厥實狀如乳含房隱綠葉致巢來翠羽
外滑自爲穗中犀不可數輕漸曝秋暘重即濡綠雨霜
後感氣裂隨風倒煙塢雖非松栢子受命亦于土誰能
好琴瑟種之向春圃始知非凡材諸核豈余伍〔桐孫〕
高梧巳繁盛蕭蕭西山隴毳葉竟開展孫枝自森聳擅
美惟東南滋榮藉萋萋不能容燕雀只許棲鸞鳳寧人
與人爨堪隨伯禹貢雨露時加潤霜雪胡爲凍况有奇
特材足任雅琴用中含太古音可奏清風頌〔桐風〕分
材植梧桐桐茂成翠林日日來輕風時時自登臨拂榦
動微毳吹葉破圓陰慮凉可解愠鼓拂如調琴莫傳獨
鵠號願送棲鳳吟豈羞楚襄王蘭臺堪披襟亦陋陶隱
居高閣聽松音無爲搖落意慰我休閒心〔桐陰〕枝軟
自相交葉榮更分茂所得成清陰仍宜當白晝陰凝翠
繚展翳若繁雲覆日午密影疊風搖碎花漏冷不蔽空

井高堪在庭藝吾本閒野人受樂忘兢兢亭亭如張蓋
翼翼如層構月夕獨徘徊猶思一重覆〔桐徑〕時人羨
桃李下自成蹊徑而我愛梧桐亦以成乎性中平端隧
道還往非遼敻直入無欹斜橫庭亦徑廷月夕照影碎
春暮花光映清朝濛露濕落日隨煙瞑不使草蔓滋任
從根裂迸堪詰蔣詡徒惟任蓬蒿盛〔金張建擬古〕奉
奉嶧山桐一樹十二枝枝分十二律所指各不移胡爲
師襄子獨謂東南奇一律不可闕一枝不可遺誰能以
此意說似與樂夔〔明高啓桐樹〕晴紛朝英墜凉殞夏
葉翁鳥啼高樹早蟾轉薄疏虛朱絃未薦曲彤管屢題
書坐恐銷華澤商吹起前除

五言律詩增唐李嶠桐孤秀嶧陽岑亭亭出衆林春光集鳳影秋月弄圭陰高映龍門迥雙依玉井深不因將入爨誰爲作鳴琴王昌齡段宥廳孤桐鳳凰所宿處月映孤桐寒槁葉零落盡空柯蒼翠殘虛心誰能見直影非無端響發調尚苦清商勞一彈雍陶孤桐疎桐餘一榦風雨日蕭條歲晚琴材老天寒桂葉凋已悲根半死復恐尾全焦幸在龍門下知音肯寂寥宋司馬光梧桐紫極宮庭濶扶疎四五栽初聞一葉落知是九秋來實滿風前地根添雨後苔羣仙儻來會靈鳳必徘徊王安石孤桐天質自森森孤高幾百尋凌霄不屈巳得地本虛心歲老根彌壯陽驕葉更陰明時思解慍

顧斲五絃琴朱子次韻擇之咏梧并呈季通永日長梧下清陰小院幽自憐風嫋嫋客賦雨瀏瀏作別今千里相思欲九秋更憐同社友復此誤淹留林景熙桐歿田家無律呂聲寄始華桐碧卷春風老淸吹野水空客心寒食後牛背夕陽中不惹梅花恨年年送落紅明高啓梧桐井邊雙玉樹高結自生凉影散秋雲薄聲喧夜雨長疎英飄碧簟亂葉響銀牀綠綺誰能斲持將奏鳳凰鍾惺月下新桐喜徐元歎至是物多妨月桐陰殊不然長如晨露引不隔晚凉天綠滿清虛內光生幽獨邊懷新君亦爾到在夕陽先

五言小律增唐李頎題僧房雙桐青桐雙拂日傍帶凌霄花綠葉傳僧磬淸陰潤井花誰能事音律焦尾蔡邕家

七言律詩增唐陳標焦桐樹江上烹魚採野樵鸞枝摧折半曾燒未經良匠材雖散得待知音尾巳焦若使琢磨徽白玉須來風律軫青瑤還能萬里傳山水三峽泉聲豈寂寥元黃清老梧桐雨曾將秋信報人知又與西風泣別離病綠滴殘猶有淚題紅流去更無詩舊巢鳳冷朝飛遠古井金寒曉汲遲待得楚臺雲散後却憑琴調寄相思原明施槃桐雲摛清秋晝飛悲梧桐滿地月明時斜穿翠葉通金井直透蒼波漾玉池青女莫驚烏鵲夢素娥偏惜鳳凰枝故人千里關情處獨立空

階影漸移徐茂吳咏桐綿濡毳桐枝別作菴溫柔香裏玉無瑕冰蠶未織鮮新絶雪璽還同麗密誇猶勝南中桀吉貝漫教西蜀倭檀華銀牀金井俱搖落誰信埋臨更有涯

五言絶句增唐韋應物題桐葉參差剪綠綺瀟灑覆瑤柯憶在灃東寺偏書此葉多李頻題長孫桐樹一去龍門側千年鳳影移空餘翦圭處無復在孫枝

七言絶句

御製詠桐老圖賜裕親王丹桂秋香飄碧虛青桐迎露葉扶疎願將花萼樓前老帝子王孫永結廬

增唐元稹桐孫詩并序元和五年予貶掾江陵三月二

十四日宿曾峯館山月曉時見桐花滿地因有八韻寄白翰林詩當時草蹙未暇紀題及今六年詔許西歸去時桐樹上孫枝已拱矣予亦白鬚兩莖而蒼然斑鬢感念前事因題舊詩仍賦桐孫詩一絶又不知幾何年復來商山道中元和十年正月題 去日桐花半桐葉別來桐樹老桐孫城中過盡無窮事白髮滿頭歸故園 李商隱蜀桐 玉壘高桐拂玉繩上含非霧下含冰柱敎紫鳳無棲處斵作秋琴彈壞陵 宋徐積華州太守花園 南園花謝北園開紅拂闌干翠拂苔却是梧桐且栽取丹山相次鳳凰來 楊萬里桐花二首春色來時物喜初春光歸日興闌餘更無人餞春行色猶有桐花管領

渠 老去能逢幾个春今年春事不關人紅千紫百何曾夢壓尾焦桐也俗塵 元鄭氏允端梧桐 梧桐葉上秋先到索索蕭蕭向樹鳴爲報西風莫吹却夜深留取聽秋聲

詩散句 原 魏明帝雙桐生空井枝葉自相加 增 陳張正見丹山下威鳳來集帝梧中 唐孟浩然微雲淡河漢疎雨滴梧桐 原 李白梧桐落金井一葉飛銀牀 增 李白寧知鸞鳳意遠托椅桐前 四面無附枝中心有通理 今兹大火落秋葉黃梧桐 原 杜甫石欄斜點筆桐葉坐題詩 西掖梧桐樹空留一院陰 增 薛奇童月砌梧桐落微寒入紫垣 韋應物高梧一葉下空齋歸思多 韓愈空階一片下琤若摧琅玕 原 元稹朧月上山館紫桐垂好陰 增 李中門巷凉秋至高梧一葉驚 宋蘇軾至今多梧桐合抱如彭聃 陳師道林梧自黃殞風過成夜語 陸游井桐殊可念無葉送秋聲 吳儆庭前兩梧桐濃綠涵清輝 金雷琯桐生日已長鳳來殊未央 原 唐元稹明月滿庭池水綠桐花垂在翠簾前 增 宋劉敞城角日高春寂寂小庭行徧拾桐花 劉小山睡起秋聲無覓處滿階桐葉月明中 徐積獨誰與深春共憔悴隔江一樹紫桐花 宋謝靈運桐林帶晨霞 齊邢邵桐影傍巖疎 梁庾肩吾桐橫棲鳳條 山桐迥出城 唐太宗舒圭葉翦

桐 上官儀翠梧臨鳳邸 張說隔戶共桐陰 李白秋色老梧桐 原 杜甫薰風纔帝梧 淒淒把翠梧 增 杜甫樹暗惜桐孫 元稹桐花新雨氣 白居易鬱鬱井上桐 宋梅堯臣梧桐生靜思 陳師道風梧有先聲 原 唐杜甫清秋幕府井梧寒 碧梧棲老鳳凰枝 王昌齡金井梧桐秋葉黃 增 白居易雨滴梧桐山館秋 梧桐老去長孫枝 李賀牕前植桐青鳳小 李商隱桐拂千尋鳳要棲 曹唐桐花風軟管絃清 韋莊滿院桐花鳥雀喧 宋錢惟演秋意先侵玉井桐 劉敞秋桐不識春風面 王安石漠漠疎桐日下陰 陸游桐引新枝出粉牆 金井梧桐辭故枝 元

悅瓚井床露淨碧桐花〔顧英〕梧桐葉大午陰垂
【別錄】【增】〔祖台之志怪〕鶩保至檀丘塢上北樓宿暮鼓二
中有人著黃練單衣白帢將人持炬火上樓保懼藏壁
中須臾有二婢上帳使迎一女子上與白帢人入帳宿
未明白帢輒先去保因入帳中持女子問向去者誰荅
曰桐郎道東廟樹是也至暮二更桐郎復來保乃斫取
之縛著樓柱明日視之形如人長三尺餘檻送詣丞相
度江未半風浪起桐郎得投入水風波乃息〔大中遺
事〕軒轅先生居羅浮山宣宗召入禁中能以桐竹葉滿
手挼之悉成錢〔錦里新聞〕成都出小鳥紅翠相間生
于桐花中惟飲其汁不食他物〔五色線〕葛仙翁憑桐

木几于女几山學仙得道後几化爲三足白鹿時出于
山上〔雲林遺事〕倪元鎮嘗留客夜榻恐有所穢時出
聽之一夕聞有咳嗽聲侵晨令家僮遍覔無所得童慮
捶楚僞言牕外梧桐葉有唾痕者元鎮遂令翦葉棄十
餘里外蓋宿露所凝訛指爲唾以紿之耳〔清暑筆談〕
琴材以輕鬆脆滑謂之四善取桐木多年者木性都盡
紋理枯勁則聲易發而清越　【原】〔羣碎錄〕桐花可敷猪
瘡飼猪肥大三倍〔占候〕梧桐花初生色赤主旱色白
主水〔種植〕正二月內以黃土拌鉅末少許或盆或地
上俱可種上覆土末寸半許時時用水澆灌使土長濕
待長尺餘移栽冬間不用苫蓋〔製用〕桐子微炒布包

少許磚地上輕輕板之筒出仁未破者再板陸續收取

附錄　刺桐

【原】刺桐葉如梧桐其花附幹而生側敷如掌形若金鳳
枝幹有刺花色深紅嵇含草木狀云九眞有刺桐布葉
繁密三月開花赤色照映三五房凋則三五房復發陳
翥桐譜云刺桐生山谷中文理細緊而性喜折裂體有
巨刺如欓樹其實如楓
【彙考】【增】〔投荒雜錄〕刺桐花狀比圖畫者不類其木爲材
三四月時布葉繁密後有赤花生葉間三五房不得如
畫者紅芳滿樹　【原】〔溫陵郡志〕溫陵城留從効重加板
築植刺桐環繞之其樹高大而枝葉蔚茂初夏開花極

鮮紅如葉先萌而花後發主明年五穀豐熟　【增】〔花經〕
刺桐八品二命〔南海古蹟記〕泚杯池南有陸公亭故
基夾溪種刺桐木緜花開殷盛如畫〔泉南雜志〕宋進
士呂造詩云閩海雲霞遶刺桐往年城郭爲誰封刺桐
城今泉州築城時環城皆植刺桐故號桐城〔天中記〕
彭綱詠刺桐花詩云樹頭樹底花楚楚風吹綠葉翠翩
翩露中幾枝紅鸚鵡刺桐花雲南名鸚哥花酷似之彭
詩本四句命吏寫刻遺其一句復誦之自覺意足乃不
更改
【集藻】〔七言絕句〕【增】〔唐陳陶泉州刺桐花詠六首兼呈趙
使君〕海曲春深滿郡霞越人多種刺桐花可憐虎竹西

樓色錦帳三千阿母家　石氏金園無此艷南都舊賦
乏靈材只因赤帝宮中樹丹鳳新銜出世來　猗猗小
艷夾通衢晴日薰風笑越姝只是紅芳移不得刺桐屏
障滿中都　不勝攀折悵年華紅樹南看見海涯故國
春風歸去盡何人堪寄一枝花　赤帝當聞海上遊三
千幢蓋擁炎州今來樹似離宮色紅翠斜欹十二樓
鬅鬙三株植世間風光滿地赤城閒無因秉燭看奇樹
長伴劉公醉玉山　宋丁謂刺桐花聞說鄉人說刺桐
花如後發始年豐我今到此憂民切只愛青青不愛紅
王十朋刺桐花初見枝頭方綠濃忽驚火傘欲燒空
花先花後年年雨莫遣時人不愛紅

詩散句增唐徐夤歸日捧持明月寶去時期刻刺桐花
方干風烟漸近刺桐花　宋蘇軾木綿花發刺桐開

附錄　岡桐

原岡桐一名油桐一名荏桐（其油似荏）一名罌子桐一名虎
子桐　增桐譜枝幹花葉與白桐花相類　本草李時
珍曰即白桐之紫花者人或謂之紫花桐　原樹小長
亦遲早春先開淡紅花狀如鼓子花實大而圓每實中
二子或四子大如大楓子肉白味甘食之令人吐人多
種之取子作桐油入漆及油器物艌船爲時所須人多
僞爲之惟以篾圈擷起如鼓面者爲眞

附錄　頳桐

增桐譜頳桐一名貞桐　南方草木狀嶺南處處有之
自初夏生至秋蓋草也葉如桐其花連枝萼皆深紅色
俗呼貞桐花　酉陽雜俎貞桐枝端抽赤黃條條復旁
對分三層花大如落蘇花作黃色一莖上有五六十朵
彙身青葉圓大而長高三四尺便有花成朵而繁紅
色如火爲夏秋榮觀

集藻七言律詩增明沈氏天孫頳桐朱萼疑看九月楓
繁枝又借嶧陽桐丹鬚吐舌迎風艷絳蠟籠紗照月空
西域應分安石紫寢宮可作麥英紅綠珠宴罷歸金谷
七尺珊瑚映水中
七言絕句增宋方岳頳桐花二首厥草惟夭簇絳繪新

紅初滴尚炎蒸西風坐閱芙蓉老合是花中耐久朋
似子圓紅不似花綠叢擎出野人家亦知吟骨今當換
火候初成獨體砂
詩散句增宋蘇舜欽奠起十年閩嶺夢頳桐花畔見紅
蕉

附錄　臭桐

原臭桐生南海及雷州近海州郡亦有之葉大如手作
三花尖長青不凋皮若梓白而堅韌可作繩入水不爛
花細白如丁香而臭味不甚美遠觀可也人家園內多
植之皮堪入藥采取無時

附錄　胡桐

增（前漢書西域傳）鄯善國多胡桐（注）孟康曰胡桐似桑而多曲師古曰胡桐亦似桐不類桑也蟲食其樹而沫出下流者俗名爲胡桐淚言似眼淚也可以汗金銀今工匠皆用之

附錄 海梧

增（南方草木狀）海梧樹與中國松同但結實絕大形如小栗三角肥甘有香味亦樽俎間佳果也出林邑

附錄 折桐

增（洞天清錄）有花桐春來開花如玉簪而微紅號折桐花

佩文齋廣羣芳譜卷第七十三

佩文齋廣羣芳譜卷第七十四

木譜

榆

原榆一名零（本草云榆莢飄零故曰零榆）一名藲荎（爾雅云藲荎註云今之刺榆）有數十種今人不能別惟知莢榆白榆刺榆榔榆數種而已莢榆白榆皆大榆也有赤白二種白者名枌（爾雅云榆白枌說文云榎山枌榆也）木甚高大未葉時枝上先生瘤纍纍成串及開則爲榆莢生青熟白形圓如小錢故又名榆錢甚薄中仁有殼榆莢開後方生葉似山茱萸葉而長尖鮹潤澤　增（本草）大榆二月生莢榔榆八月生莢

彙考 增（詩唐風）山有樞隰有榆　原（禮記內則）堇荁枌榆免薧滫瀡以滑之（注）枌白榆也以此樹爲社神因立名也　（漢書郊祀志）高祖禱豐枌榆社　增（漢書循吏傳）龔遂爲渤海太守勸民務農桑令口種一樹榆　（魏志鄭渾傳）渾爲山陽魏郡太守以郡下百姓苦乏材木乃課樹榆爲籬並益樹五果榆皆成藩五果豐實　（宋書符瑞志）晉孝武帝太元十一年四月壬申琅邪費有榆木異根連理相去四尺九寸　（魏書昭帝紀）帝曾中蠱嘔吐之地仍生榆木參合陂土無榆樹故世人異之至今傳記　（太祖紀）建國三十四年生太祖於參合陂北明年有榆生於埋胞之坎後遂成林　（南史劉善明傳）善明除海陵太守郡境邊海無樹木善明課人種榆

櫝雜果遂獲其利　原唐書陽城傳城隱中條山歲飢屏跡不過隣里屑榆為粥講論不輟　管子五沃之土其榆條長　莊子鵲上高城之垝而巢於高榆之巔城壞巢折凌風而起故君子之居世也得時則蟻行失時則鵲起　鄒子春取榆柳之火　韓詩外傳楚莊王將伐晉令曰敢諫者死孫叔敖諫曰臣園中有榆榆上有蟬方奮翼悲鳴飲清露不知螳螂之在其後也　增新論劉子駿信方士虛言謂神仙可學余見其庭下大榆樹久老剝折指謂曰彼樹無情然猶枯蠹人雖欲愛養何能使之不衰　春秋元命苞三月榆莢落　晉宮閣名華林園榆十九株　博物志啖榆則瞑不欲覺　荆

州圖記鄭縣東百步里名伍伯村有白榆連理樹異根合條高四丈餘土民奉為社　原鄴中記襄國鄴路千里之中夾道種榆盛暑之月人行其下　增水經注大河在金城北門東流有梁泉注之出縣之南山按耆舊言梁暉字始娥漢大將軍梁冀後冀誅入羌後其祖父為羌所推為渠帥而居此城土荒民亂暉將移居枹罕出頓此山為羣羌圍迫無水暉以所執榆鞭竪地以青羊祈山神泉涌出榆木成林　諸次水東逕榆林塞世又謂之榆林山即漢書所謂榆谿舊塞者也自谿西去悉榆林之藪矣緣歷沙陵屆龜茲縣西出故謂廣長榆也王恢云樹榆為塞謂此矣　酉陽雜俎盧縣東有金

榆山昔郎法師令子弟至此採榆莢詣瑕丘市易皆化為金錢　幽明錄虞晚家有皁莢樹有神陽路有大榆樹古傳曰是雌雄　原清異錄金鄉路上一老榆往來者就樹下易草履例以其舊懸而去時人指為鞾鞋樹　增爾雅翼秦漢故塞其地皆榆榆北方之木也　修眞錄昔有女僊喜食衆草日夜恒不卧一日食一樹葉酣卧不欲覺殊愉快因名其樹曰愉後人改以從木即今榆樹也後女僊繞宮種之時與族雪道君會於下使金童講鏐虹寶典　原農桑通訣昔豐沛歲饑以榆皮作屑煮食之民賴以濟

集藻

文散句　增魏應璩與龐惠恭書頻見所上利民之

術植濟南之榆栽漢中之漆

五言古詩　原宋蘇軾御史臺榆我行汴隄上厭見榆陰綠千株不盈畝斬伐同一束及居幽囚中亦復見此木蠹皮溜秋雨病葉埋牆曲誰言霜雪苦生意殊未足坐待春風至飛英覆空屋　增明吳寬榆始我種三榆近在亭之左西日待隱蔽陰成客能坐七年長漸高密葉已交鎖生錢闇可食貧者當果蓏其一忽憔悴齧腹緣蟻螻持斧欲伐之材本中船舵藤蔓方附麗不伐亦自可古人無棄物守圃常用此

七言古詩　增唐僧皎然寓興天上生白榆白榆直上連天根高枝不知幾萬丈世人仰望徒攀援誰能上天採

其子種向人問笑桃李因問老仙求種法老仙嗤我愚
不荅始知此道終無成還如瞽夫學長生
七言絕句 增 宋孔平仲榆錢鏤雪裁綃箇箇圓日斜風
定穩如穿憑誰細與東君說買住青春費幾錢 宋蘇軾
詩散句 增 唐韓愈狂風簸枯榆狼籍九衢內
可惜凌雲條化作樵夫束 原 張耒修柯遐雲日老枿
干虹霓 增 唐韓愈榆葉祇能隨柳好等閒撩亂走空
園 李賀榆莢相催不知數沈郎青錢夾城路 雍陶
寂寞春風花落盡滿庭榆莢似秋天 曹唐欲將心就
仙郎說借問榆花早晚秋 薛能此日郊亭心乍喜敗
榆芳景似還家 明李氏玉英柴扉寂寞瑣殘春滿地

榆錢不療貧 周庾信輿雲榆莢雨 唐張籍榆葉暗
飄蕭 原 白居易錢穿短貫榆 增 白居易晴薰榆莢
黑 薛能榆莢奔風健 韋莊絲錢榆貫重 原 唐白
居易榆葉拋錢柳展眉 隔牆榆葉散青錢 曹唐北
斗西風吹白榆 薛逢報秋榆葉落征衣 金麻九疇
村村榆火碧煙新
別錄 增 典術北方種榆九根宜蠶桑田穀好 夢書榆
火君德至也夢採榆葉受恩賜也夢居樹得貴官也夢
其葉滋茂福祿存也 原 種植榆莢落時收取作畦種
之令與草俱長不必去草明年正月附地劖除覆以草
放火燒之一歲中可長八九尺不燒則長遲一根數條
者止留麤大條直者一株餘悉去之三年後正月移栽
早則易曲三年內若採葉戕心則不長宜更燒之則依
前茂盛附枝切勿剝性喜肥種宜糞陳屋草亦佳種非
叢林則易曲如白土薄地不宜穀者取一方純種榆則
易長種榆田畔防鳥雀損穀諸榆性皆扇地其下五穀
不植樹影所及東西北三面穀皆不生宜於近北牆處
種之 增 氾勝之書種木無期因地爲時三月榆莢雨
時高地強土可種木 齊民要術種榆法歲歲科簡剝
治之功指柴雇人十束雇一人無業之人爭來就作賣
柴之利已自無貲況諸器物其利十倍砍後復生不勞
耕種所謂一勞永逸能種一頃歲收千疋惟須一人守

護指揮處分既無牛耕種子人功之費不慮水旱風蟲
之災比之穀田勞逸萬倍男女初生各與小樹二十株
比至嫁娶悉任車轂一樹三具一具值絹三疋成絹一
百八十疋聘財資遣麤得充事 原 取用三年春莢可
賣五年堪作椽十年後可作器用十五年後可作車轂
嫩葉煠浸淘淨可食　榆錢可羹又可蒸糕餌收至
冬可釀酒瀹過曬乾搗羅爲末鹽水調勻日中曝曬可
作醬即榆仁醬也　榆皮去上皺澀乾枯者取嫩白皮
剉乾磨粉可作粥備荒採其白皮爲麪水調合香劑黏
滑勝膠漆榆皮濕搗如糊黏瓦石極有力汴洛以石爲
碓觜用此膠之

槐
【原】槐虛星之精也（見春秋說題辭）一名櫰有數種有守宮槐一
名紫槐似槐榦弱花紫晝合夜開（爾雅翼謂之合昏槐）有白槐似
梆而葉差小有櫰槐葉大而黑其葉細而色青綠者直
謂之槐功用大略相等木有極高大者材實重可作器
物有青黃白黑數色黑者為猪屎槐材不堪用四五月
開黃花未開時狀如米粒採取曬乾炒過煎水染黃甚
鮮其青槐花無色不堪用七八月結實作莢如連珠中
有黑子以子多者為好淮南子云槐之生也季春五日
而兔目十日而鼠耳更旬而始規二旬而葉成味苦平
無毒久服明目益氣烏鬚固齒催生 【增】〔神農本草經〕

槐實生河南平澤可作神燭
【彙考】【原】〔周禮秋官〕朝士掌建邦外朝之法面三槐三公
位焉州長衆庶在其後〔註〕槐之言懷也懷來人於此欲
與之謀 【增】〔爾雅〕槐棘醜喬〔疏〕醜類也喬高也槐棘之
類枝皆翹竦 〔晉書殷仲文傳〕仲文因月朔與衆至大
司馬府府中有老槐樹顧之良久而歎曰此樹婆娑無
復生意 〔李玄盛傳〕河右不生楸槐柏漆張駿之世取
於秦隴而植之終於皆死而酒泉宮之西北隅有槐樹
生焉玄盛著槐樹賦以寄情蓋歎僻陋遐方立功非所
也 〔苻堅載記〕堅頗留心儒學王猛整齊風俗政理稱
舉學校漸興關隴清晏百姓豐樂自長安至於諸州皆

夾路樹槐柳百姓歌之曰長安大街夾樹楊槐下走朱
輪上有鸞棲英彥雲集誨我萌黎 〔周書韋孝寬傳〕孝
寬為雍州刺史先是路側一里置一土堠經雨頹毀每
須修之自孝寬臨州乃勒部內當堠處植槐樹代之既
免修復行旅又得庇陰周文後見怪問知之曰豈得一
州獨爾當令天下同之於是令諸州夾道一里種一樹
十里種三樹百里種五樹焉 〔隋書高熲傳〕熲每坐朝
堂北槐樹下以聽事其樹不依行列有司將伐之上特
命勿去以示後人其見重如此 〔孝義傳〕紐回子士雄
少質直孝友其庭前有一槐樹先甚鬱茂及士雄居喪
樹遂枯服闋還宅復榮高祖聞之下詔褒揚 〔唐書吳

湊傳〕湊為京兆尹街樾稀殘有司蒔榆其空湊曰榆非
人所蔭玩悉易以槐及槐成而湊已亡行人指樹懷之
〔宋朴傳〕與朴皆相者孫偓字龍光始家第堂柱生槐
枝碁而茂既而偓秉政封樂安縣侯 〔宋史五行志〕政
和四年澤州台州槐木連理 〔山海經〕首山其木多槐
條谷之山其木多槐桐 〔尚書逸篇〕北社惟槐 〔太公
金匱〕武王問太公曰天下神來甚衆恐有試者何以待
之太公請樹槐於王門內有益者入無益者距之 〔穆
天子傳〕天子遂驅升於弇山乃紀丌跡於弇山之石而
樹之槐眉曰西王母之山 〔管子〕五沃之土宜槐 〔晏
子春秋〕齊景公有所愛槐令吏守之令曰犯槐者刑傷

槐者死有醉而傷槐者且加刑焉其女告晏子曰妾聞
明君不爲禽獸傷人民不爲草木傷禽獸不爲野草傷
禾苗今君以樹木之故罪妾父恐鄰國謂君愛樹而賤
人也晏子入言之公令罷守槐之役廢傷槐之法出犯
槐之囚 〔莊子〕陰陽錯行則天地大絯於是乎有雷有
霆水中有火乃焚大槐〔註〕言陰陽氣鬱則雷霆奮擊水
中起火而焚大槐槐者東方之木老而生火在人身則
謂龍雷之火難以直折是已 〔鄒子〕秋取槐檀之火
【原】〔淮南子〕老槐生火 【增】〔淮南子〕夫天之所覆地之所
載六合所包陰陽所煦雨露所濡道德所扶此皆生一
父母而閱一和也是故槐榆與橘柚合而爲兄弟 〔三

輔黃圖〕元始四年起明堂辟雍爲博士舍三十區爲會
市但列槐樹數百行諸生朔望會此市各持其郡所出
物及經書相與買賣雍容揖讓議論槐下侃侃誾誾
甘泉谷北岸有槐樹今謂玉樹根幹盤峙三二百年木
也楊震關輔古語云耆老相傳咸以謂此樹即揚雄甘
泉賦所謂玉樹青葱也 〔春秋元命苞〕樹槐聽訟其下
〔註〕槐之言歸也情見歸實也 〔魏德論〕武帝執政日白
雀集於庭槐 〔西京雜記〕上林苑槐六百四十株守宮
槐十株 〔抱朴子〕槐子服之補腦令人髮不白而長生
〔汝南先賢傳〕新蔡鄭敬字次都爲郡功曹都尉高懿
廳事前有槐樹白露類甘露者懿問掾屬皆言是甘露

敬獨曰明府政未能致甘露但樹汁耳 【原】〔顏氏家訓〕
庾肩吾常服槐實年七十餘目看細字鬚髮猶黑 〔天
玄生物簿〕老槐生丹 【增】〔洛陽伽藍記〕永寧寺四門外
樹以青槐亘以綠水京邑行人多庇其下 〔劉賓客嘉
話錄〕賈嘉隱年七歲以神童召見時長孫無忌徐司空
勣於朝堂立語徐戲之曰吾所倚何樹嘉隱曰松樹徐
曰此槐也何言松嘉隱云以公配木何得非松長孫復
問吾所倚何樹曰槐樹公曰汝不能復矯對耶嘉隱曰
何煩矯對但取其鬼木耳 〔國史補〕貞元中度支欲砍
取兩京道中槐樹造車更栽小樹先符牒渭南縣尉張
造造批其牒曰近奉文牒令伐官槐若欲造車豈無良

木恭惟此樹其來久遠東西列植南北成行輝映秦中
光臨關外不惟用資行者抑亦曾蔭學徒拔本塞源雖
有一時之利深根固蒂須存百代之規況神堯入關先
駐此樹玄宗幸嶽見立豐碑山川宛然原野未改且召
伯所憩尚自保全先皇舊遊寧宜翦伐思人愛樹詩有
薄言運斧操斤情所未忍付司具狀牒上度支使仍具
奏聞遂罷造尋入臺 〔酉陽雜俎〕夏州惟一郵有槐樹
數株監州或要葉行牒求之 相國李石河中永樂里
有宅庭槐一本抽三枝直過堂前屋脊一枝不及相國
同堂兄弟三人曰石曰程皆登第宰執唯福一人歷七
鎮使相而已 京西持國寺前有槐樹數株金監買一

林令所使巧工解之及入內迴工言木無他異金大嗟
惋令膠之曰此不堪矣但使爾知予工也乃別理解之
每片一天王塔戟成就　上都渾瑊宅戟門內一小槐
樹有穴大如錢每夜月霽後有蚓如巨臂長二尺餘白
頸紅斑領數百條如索緣樹枝條及曉悉入穴或時衆
鳴往往成曲　〔異聞錄〕淳于棼家廣陵郡宅南有大古
槐枝幹條密棼與羣豪大飲其下貞元七年因沉醉致
疾二友扶之歸卧夢二使曰槐安國王奉邀棼隨二使
指古槐驅入穴中題曰大槐安國入見王妻以次女瑤
芳號金枝公主有羣女曰華陽姑青溪姑上仙子下仙
子輩皆侍從命守南柯郡棼至郡二十餘年使者送出

穴遂寤斜日未隱於西垣餘尊尚湛於東牖夢中倏忽
若度一世矣因與客尋槐下穴洞然明朗可容一榻有
二大蟻素翼朱首長可二寸乃槐安王又窮一穴直上
南枝即南柯郡也　〔原〕〔盧氏雜說〕裴晉公度在相位日
有人寄槐癭一枚欲削為枕時郎中庾威世稱博物召
請別之庾捧玩良久白曰此槐癭是雌樹生者恐不堪
用裴曰郎中甲子多少庾曰某與令公同是甲辰生公
笑曰郎中便是雌甲辰　〔中朝故事〕天街兩畔多槐俗
號為槐衙　〔增〕〔傳載〕白居易云忠州荔枝一株槐一株
自忠之南更無槐自忠之北更無荔枝　〔南部新書〕都
堂南門道東古槐垂陰至廣或夜聞絲竹之音則省中

有入相者俗謂音聲樹　〔青箱雜記〕晉陽都城北角有
槐木一日三榮三悴　〔名臣言行錄〕王晉公祐事太祖
知制誥以魏州節度使符彥卿事坐貶華州祐赴貶時
親朋送于都門外謂公曰意公作王溥官職矣以太祖
遣使魏州之日許以宰相之職也祐笑曰祐不做兒子
二郎必做二郎者文正公也祐素知其必貴因手植三
槐於庭曰吾子孫必有為三公者已而果然天下謂之
三槐王氏　〔筆錄〕熙寧中吳仲庶知成都一日文明廳
前大槐枝葉皆出煙色青白如焚香至暮方止木如故
歷訪儒士莫知其說惟楊損之云陰符經稱火生於木
禍發必克疑將有將士作難而不成者後月餘果有告

戍卒議亂者皆獲　〔玉堂閒話〕長安城有孫家宅居之
數世堂室甚古其堂前一柱忽生槐枝孫氏初猶障閉
之不欲人見朞年之後漸漸滋茂以至柱身通體變易
壞其屋上衝秘藏不及衣冠士庶之來觀者車馬塡咽
不久遲處嚴廊居節制人以為應三槐之朕亦甚異也
其孫愇備言之　〔幕府燕閒錄〕呂蒙正方應舉僦舍建
隆觀緣事入洛鎖室而去自冬涉春方同啓戶視之床
前槐枝叢生高二三尺蒙茸合抱是年登科十年作相
〔五色線〕審雨堂古槐中蟻穴也盧汾常叩樹有一女
子衣青衣出引汾入見廳堂危豁有堂題曰審雨堂云
〔全唐詩話〕翁承贊乾寧進士也唐語云槐花黃舉子

忙承贊有詩曰雨中衰黦望中黃勾引蟬聲送夕陽憶得當年隨計吏馬蹄終日爲君忙〔嵩遊記〕少林寺秦封槐風摧二十年矣今寺東一槐亦可數百年黦僧往往謬指以誇遊人〔泰山記〕延禧殿唐槐一株中空而半枯

集藻〔銘〕增〔宋蘇軾三槐堂銘〕嗚呼休哉魏公之業與槐俱萌封植之勤必世乃成既相眞宗四方砥平歸視其家槐陰滿庭吾儕小人朝不及夕相時射利皇䘏厥德庶幾僥倖不種而獲不有君子其何能國王城之東晉公所廬鬱鬱三槐惟德之符嗚呼休哉〔明李東陽槐軒銘并序〕太子太保吏部尚書四明屠公於堂之南軒

新闢北戶戶外抵堂堂之隙僅足容武有一槐適生其間緣戶而起其高出屋上可二三丈則布爲繁柯覆爲重陰方暑盛時南枝透徹清入几格不知赤日之當午也公顧而樂之若恨相見之晚者乃名其軒曰槐軒賦以著志侍郎鄆城侶公姑蘇吳公皆和之出以示諸卿大夫和者因益衆屠公則以銘屬予予昔奉使南都禮部尚書金谿徐公時以學士掌翰林院事指所植三槐謂予曰此樹既枯而復茂意院中有當大用如宋王晉公所徵者屬予隸晉軒二大字扁於楣際故公是時屬予而屠公見屬者亦以此也惟王氏以忠信仁厚饗功名富貴之盛其祥在物蓋一家之兆也然猶足以被文字傳久遠今茲槐所托顯於官署天下人材所萃集之地其於氣運殆將有徵焉以此例彼宜亦有不得不傳者也且一物之微而顯晦出處繫於時者如此屠公感物用世觸類而取之則凡魁梧博大之材樸茂敦實之器固將掄簡甄拔以爲國家天下用彼山林草澤抱德而隱處者亦豈肎遺遠棄置使之有不遇之歎哉由是觀之則公之名望勳業當不爲一家兆也從而爲之銘銘曰昔聞其三今見其一彼槐何知倏異今昔昔在相門今在公署彼槐何心實同出處唯天生材氣運使然家運以百國運則千惟曹有銓若藪若淵彼材攸居視厥陶甄材具小大槐其大者若作棟梁此物誰舍或蔽

若揖或顯若庸時哉時哉實維其逢公軒則嘉我銘弗工公名之傳與軒無窮

〔頌〕增〔晉摯虞連理槐頌〕東宮正德之內承華之外槐樹二枝連理而生二榦一心以蕃本根

〔賦〕增〔魏文帝槐賦有序〕文昌殿中槐樹盛暑之時余數遊其下美而賦之王粲直登賢門小閣外亦有槐樹乃就使賦焉有大邦之美樹惟令質之可佳托靈根于豐壤被日月之光華周長廊而開趾夾通門而駢羅承文昌之邃宇望迎風之曲阿修榦紛其璀錯綠葉萋而重陰上幽藹而雲覆下莖立而擢心伊暮春之既替即首夏之初期鴻雁遊而送節凱風翔而迎時天清和而溫

潤氣恬淡以安治違隆暑而適體誰謂此之不怡曹
植槐賦羨良木之華麗爰獲貴於至尊憑文昌之華殿
森列峙乎端門觀朱榱以振條據文陛而結根暢沈陰
以溥覆似明后之垂恩在季春以初茂踐朱夏而乃繁
覆陽精之炎景散流耀以增鮮〔王粲槐賦〕惟中唐之
奇樹禀天然之淑姿超疇畝而登殖作階庭之華暉形
禕禕以條暢色采采而鮮明豐茂葉之幽藹履中夏而
敷榮既立本於殿省植根柢其弘深鳥願棲而投翼人
望庇而披襟〔晉摯虞槐賦〕覽坤元之產植莫茲槐之
爲貴爰表庭而樹門膺論道而正位爾乃觀其誕狀察
其攸居豐融湛靄蓊鬱扶踈上拂華宇下臨修渠湊以

夸徑帶以通衢樂雙遊之黃鵠嘉別摯之王雎春棲教
農之鳥夏憩蠶哺之烏若夫龍升南陸火集正陽恢茲
鬱陶靜暑無方鼓柯命風振葉致涼開明過于八闥兮
重陰踰乎九房〔庾儵大槐賦有序〕余去許都將歸洛
京舍於嵩岳之下而植斯樹焉遂作賦曰有殊世之奇
樹生中岳之重阿承蒼昊之純氣吸后土之柔嘉若夫
赤松王喬馮夸之倫逍遙茂蔭濯纓其瀆望輕霞而增
舉垂高暢之清塵若其含眞抱朴曠世所希降夏后之
卑室作唐虞之茅茨潔昭儉以矯奢成三王之懿資故
能著英聲於來世超羣侶而垂暉仰瞻重幹俯察其陰
逸葉橫被流枝蕭森下覆靈沼上蔽高岑孤鵠徘徊寡

鶴悲吟清風時至惻愴傷心將騁轍以輕運安久留而
涕淫

五言古詩〔增〕〔魏繁欽槐樹詩〕嘉樹吐翠葉列在雙闕涯
旖旎隨風動柔色紛陸離〔唐白居易庭槐〕南方饒竹
樹唯有青槐稀十種七八死縱活亦支離何此郡庭下
一株獨華滋蒙蒙碧煙葉婀婀黃花枝我家渭水上此
樹蔭前墀忽向天涯見憶在故園時人生有情感遇物
牽所思樹木猶復爾況見舊親知〔宋歐陽修寄生槐〕
檜爲凌雲材槐實凡木賤奈何柔脆質累此孤高幹龍
鱗老蒼蒼鼠耳光燦燦因緣初莫原感吒徒自歎翕生
由附託得勢爭葱蒨方其榮盛時曾莫見眞贋欲知窮

悴節宜試以霜霰萌芽起微蘖辨別弄先見翦除初非
難長養遂成患雖然根性殊常恐枝葉亂惟應植者深
幸不育而變含容因有害勦絕須明斷惟當愼斤斧去
惡無傷善〔王安石與平甫同賦槐〕氷雪泊楚岸萬株
同飄零春風都城居初見葉靑靑歲行如車輪蔭翳忽
滿庭秋子今在眼何時動江舲〔蘇軾御史臺槐〕憶我
初來時草木向衰歇高槐雖經秋晚蟬猶抱葉淹留未
云幾離離見疏莢棲鴉寒不去哀叫飢啄雪破巢帶空
枝疏影挂殘月豈無兩翅羽伴我此愁絕〔明吳寬槐〕
東園憶初購糞壤頻掃除牆下古槐樹憔悴色不舒況
遭衆攀折高枝且無餘愛護至今日濃陰接吾廬數步

已仰視偉哉鉅人如非藉此蔭芘誰結幽亭居立爲衆
木長奴僕棲與榆
七言古詩增宋韓維奉同原甫槐陰行天門觀闕雙凌
霞下有馳道開平沙高槐左右覆朱梐綠陰翠氣相蒙
遮朝回亘雲下寶騎遊散掣電奔香車我慚太學官況
冷旦暮出此驅疲騎清風吹涼南就局炎日轉景東還
家昏然百事不知省空復春葉零秋華　元迺賢孔林
瑞槐歌并序先聖墓林古槐一章枝榦偃蹇膚理若鐫
刻篆籀龍鳳細如絲髮雖善畫者莫能狀其奇巧襲封
衍聖公愈加培植見者咸加敬愛因以紀瑞云闕里陰
陰槐樹古百尺長柯挾風雨密葉蟠空擁翠雲深根貫

石流瓊乳蒼皮皴蝕紋異常天成篆籀分毫芒游絲縈
錯科斗亂雲氣飛動龍鸞翔嬴秦書焚士坑僇幾歎遺
經藏壁屋千年聖道復昭明喜見文章出嘉木神明元
冑嗣上公雨露滋沐深培封清陰如水石壇靜彈琴樹
底歌薰風　明李東陽成國公家槐樹歌東平王家足
喬木中有老槐寒更綠拔地能穿千丈雲盤空却蔭三
重屋憶昔二王初種時高門駟馬相追隨五朝恩露簪
纓重四世威聲草木知世間植物因人瑞培植根深乃
天意向月長留宿鳳巢排霜故作蟠虬勢舞袖飛花遶
北堂屯陰列戟森成行壁窗雨過看秋霽紗帽風低坐
晚涼古來匠石匪廊廟堂中絲竹應同調馮氏空傳大

樹名王公豈待三槐兆木天老朽舊通家樹猶如此我
堪嗟厲公人好樹亦好長共河山閱歲華
五言律詩增唐李嶠槐暮律移寒火春宮長舊栽葉生
馳道側花落鳳庭隈烈士懷忠觸鴻儒訪業來何當赤
墀下疎榦擬三台　宋朱長文公堂槐五紀栽培後三
春長育中靈根蟠故國密葉蔭儒宮患與盤斤遠歌宜
曾藻同先儒垂意厚期此出三公　明吳寬追和朱樂
圃蘇學公堂槐密葉連街上孤根寄學中名揚蘇子記
陰覆魯侯宮既久今何在惟喬自不同會沾時雨化多
幸遇朱公
七言律詩增唐羅鄴槐花行宮門外陌銅駝兩畔分栽

此最多欲到清秋近時節爭開金蕊向關河層樓寄恨
飄珠箔駿馬憐香撼玉珂愁殺江湖隨計者年年爲爾
剩奔波　吳融岐下寓居見槐花落因寄從事纔開便
落不勝黃覆著庭莎襯夕陽只共蟬催雙鬢老可知人
已十年忙曉窗須爲吟秋興夜枕應教夢帝鄉蜀國馬
卿看從獵肯將閑事入淒涼　宋梅堯臣宮槐漢家宮
殿蔭長槐嫩色葱葱不染埃天仗龍旂穿影去鉤陳豹
尾拂枝來青蟲掛後蜂銜子素月生時桂並栽我意方
同杜工部冷淘唯喜葉新開　張耒雙槐晚秀三月一
日初見新葉東皐無處著紫華亦復分張到我家他日
老蒼悲敗枿今晨嫩綠出新芽禿翁承弁纖纖髮村婦

縈蘙草花桃李蹊中人跡絕綠陰門巷正藏鴉〔明
馬弓陳槐〕古本夌空百尺過根盤如石鐵爲柯濃陰不
礙金蓮座虛龕猶傳玉樹譌倦客解衣頻徙倚老禪卓
錫定摩挲雲門寺裏梁朝柏身上苔痕想更多

五言絕句〔原〕唐王維宮槐陌〕仄徑蔭宮槐幽陰多綠苔
應門但迎掃畏有山僧來　裴迪宮槐陌〕門前宮槐陌
是向欹湖道秋來山雨多落葉無人掃　〔增〕宋蘇軾槐
采擷殊未厭忽然已成陰蟬鳴看不見鶴立趁還深
楊萬里槐〕陰作官街綠花開舉子黃公家有三樹猶帶
鳳池香　明李東陽庭槐〕去年長比人今歲高過屋好
雨東南來依稀滿庭綠

七言絕句〔增〕唐鄭谷槐花〕毿毿金蘂撲晴空舉子魂驚
落照中今日老郎猶有恨昔年相誑十秋風　宋范成
大夏日田園雜興〕槐葉初勻日氣涼葱葱鼠耳翠成雙
三公只得三株看閒客清陰滿北窗　元鄭氏允端庭
槐〕風轉庭槐拂檻開綠陰如染淨無埃婦人不作功名
夢閒看南柯蟻往來

詩散句〔增〕唐李濤落日長安道秋槐滿地花　杜甫青
青高槐葉采掇付中廚　白居易槐花滿田地僅絕人
行跡　薄暮宅門前槐花深一寸　韓愈泥雨城東路
夏槐作雲屯　宋梅堯臣古縣太行下老槐三四株
吳儆〕僧房因石室蟻穴夢槐安　唐韓愈樂游下矚無
遠近綠槐蔣合不可芟　宋司馬光當時秋天落宮槐
今此婆娑皆合抱　梅堯臣六月御溝馳道間青槐花
上夏雲山　蘇軾庭槐似識天顏喜舞破清陰作雨龍
金高士談數樹高槐散乳鴉時於缺處見黃花　宋
謝莊秋槐響寒音　梁劉孝綽青槐秋葉疏　周庾信
學市舊槐疏　細火落空槐　唐崔日知霧披槐市靄
李嶠槐煙乘曉散　凌敬宮槐散綠穗　王維槐陰
清夏首　孟浩然庭槐寒影疏　白居易煙槐凝綠姿
滿地槐花秋　韓愈槐密鶯長蔭　孟郊高槐結浮
陰　宋慶餘雨餘槐穟重　顧非熊寒色老槐稀　鄭
谷高槐藥半黃　宋陸游槐晚纖纖綠　元袁桷槐明

金瑣碎　魏無名氏青槐夾道多塵埃　唐韓愈夾道
疎槐出老根　朱慶餘綠槐花墮御溝邊　羅鄴古道
槐花滿樹開　韋莊臨路槐花七月初　宋蘇軾風動
槐龍舞交翠　細細槐花暖欲零　黃庭堅槐催舉子
看黃花　陸游日長風舞一庭槐　吳儆綠槐庭院鎖
薰風　金蔡珪槐幄陰陰一畝涼　麻九疇槐花滿地
黃金冷

別錄〔原〕種植〕收熟槐子曬乾夏至前以水浸生芽和麻
子撒當年即與麻齊刈麻留槐別竪木以繩攔定來年
復種麻其上守宮槐春月從根側分小本移種　製用
初生嫩芽煠熟水泡去苦味可薑醋拌食曬乾亦可作

飲代茶　以槐子和糝黍種畦中至冬放火燒過明年取苗食如取枸杞苗法入土深劚上糞澆遍過如此至秋末常取芽食又且無蟲若根大即劚去併以利鍬鋤深劚遍便上糞待春初雨過種之　取一寸槐芽數斤水煮如泥去滓入鹽一升煮乾炒黑空心擦牙白而固終身無齒患　庾肩吾服槐實法十月上巳日取子去一子及五子者餘納黑牛膽中百日後空心服初一日一粒以後日增一粒至十六日後日減一粒

檀

原檀善木也其字從亶亶者善也有黃白二種江淮河朔山中皆有葉如槐皮青而澤肌細而膩體重而堅狀

與梓榆莢蒾相似材可為車輻及斧鎚諸柯臘月分根傍小枝種　江南有一種木至夏不生葉忽然葉開當有大水農人候之以占水旱號為水檀又有一種葉如檀高五六尺生高原四月開花正紫亦名檀樹其根如葛

彙考增詩鄭風無折我樹檀　魏風坎坎伐檀兮寘之河之干兮　漢書註孟康曰攙檀檀別名索隱曰皇覽云孔子墓後有攙檀樹也　唐書南蠻傳單單在振州東南多羅磨之西木多白檀　山海經鳥危之山其陰多檀楮　讙山其木多檀　淮南子十月官司馬其樹檀　論衡楓桐之樹生而速長故其皮肌不能堅剛樹檀以五月生葉後彼春榮之木其材強勁車以為軸　長樂縣志天王寺唐建初有檀木泝江湖而上牧童取之夜中發光里人林錡夢其木謂我北方毗沙門天王遂捨宅為寺

別錄原製用皮和榆皮為粉食可救荒斷食

附錄紫檀

增古今註紫栴木出扶南色紫亦謂之紫檀　格古要論出交趾廣西湖廣性堅新者色紅舊者色紫有蟹爪紋新者以水濕浸之色能染物

集藻詩散句增宋歐陽修紫檀皮軟御春寒

附錄檕迷

增陸璣詩疏檕迷一名挈橀爾雅作槉橀爾雅云魄槉橀註云魄大木細葉似檀今河東多有之齊人諺曰上山斫檀槉橀先殫鄭註按此俗呼朴樹其木如檀子大如梧桐子而黃　本草一名莢蒾一名羿先蘇恭曰莢蒾葉似木槿及榆作小樹其子如疏溲兩兩相對而色赤所在山谷有之陳藏器曰生北土山林中皮堪為索

附錄駮馬

增陸璣詩疏駮馬梓榆也其樹皮青白駁犖遙視似駮馬故謂之駮馬　崔豹古今註六駮山中有木葉似豫章皮多癬駮　爾雅翼今之檀木皮正青而澤與莢蒾及此木相似

彙考增詩秦風隰有六駁

佩文齋廣羣芳譜卷第七十五

木譜

楸

原 楸（與萩同漢書注云萩卽楸也）生山谷間今處處有之與梓樹本同末異本草李時珍云卽梓之赤者也周憲王曰楸有二種一種刺楸樹高大皮色蒼白上有黃白斑點枝間多大刺葉薄爾雅云楸有行列莖幹喬聳凌雲高華可愛至秋垂條如線謂之楸線其木濕時脆燥則堅良木也白皮及葉味苦小寒無毒主治吐逆殺三蟲及皮膚蟲傳惡瘡疽瘻癰除膿血生肌膚長筋骨有拔毒排膿之功爲外科要藥

彙考 增 〔史記貨殖傳〕淮北常山以南河濟之間千樹萩其人與千戸侯等 〔莊子〕宋有荊氏者宜楸柏桑其拱把而上者求狙猴之杙者斬之三圍四圍求高名之麗者斬之七圍八圍貴人富商之家求樿傍者斬之故未終其天年而中道之夭於斧斤此材之患也 〔洛陽伽藍記〕修梵寺北有永和里里中皆高門華屋齋館敞麗楸槐蔭途桐楊夾植當世名爲貴里 〔述異記〕中山有楸戸掌楸木者楸可爲什器 〔菊坡叢語〕汝州楸樹極多富鄭公知州時手植數百本於後圃中 原 〔埤雅〕董子曰木名三時草命一歲若榛從春榎從夏楸從秋所謂木名三時也芧從予蕢從貴茆從卯茜從西苧從丁茂從戊芑從已莘從辛葵從癸之類命以一歲支干故曰草命一歲也

集藻 〔五言古詩〕增 〔唐韓愈庭楸〕庭楸止五株共生十步間各有藤繞之上各相鈎聯下葉各垂地樹顛各雲連朝日出其東我常坐西偏夕日在其西我常坐東邊當晝日在上我在中央間仰視何青青上不見纖穿朝暮無日時我且八九旋濯濯晨露香明珠何聯聯夜月來照之蒨蒨自生煙我已自頑鈍重遭五楸牽客來尚不見肎到權門前權門衆所趨有客動百千九牛亡一毛未在多少間往既無可顧不往自可憐 〔宋梅堯臣和王仲儀楸花十二韻〕春陽發草木美好一同時桃李雜山櫻紅白開繁枝楸英獨嫵媚淡紫相參差大葉與勁幹簇簇萼密自宜圖出帝宮樹聳向白玉墀高絶不近俗直許天人窺今植郡庭中根遠未可移但欣東風來不恨和煦遲山禽勿蹙踏蜂蝶休掇之昔聞韓吏部爲爾作好詩愛陰無纖穿就影東西隨公今亦牽此端坐曾莫疑

〔七言絶句〕原 〔唐杜甫楸樹〕楸樹馨香倚釣磯斬新花蕊未應飛不如醉裏風吹盡可忍醒時雨打稀 〔韓愈楸樹〕青幢紫蓋立童童細雨浮煙作綵籠不得畫師來貌取定知難見一生中 〔楸樹二首〕幾歲生成爲大樹一朝[illegible]長藤誰人與脫青羅帔看吐高花萬萬層

幸自枝條能樹立可煩蘿蔓作交加傍人不解尋根本
却道新花勝舊花【增】金元格楸樹道邊楸樹老龍形
社酒澆來漸有靈只恐等閒風雨夜怒隨雷電止青冥
元段克已楸花楸樹馨香見未曾牆西碧蓋聳孤稜
會須雨洗塵埃盡看吐高花一萬層
詩散句【增】宋劉敞中庭長楸百尺餘翠掩藹葉當四隅
魏曹植走馬長楸間　宋陸游搖搖楸線風初緊
【別錄】【增】典術西方種楸九根延年百病除【原】製用周
憲王本草木可作棋枰葉味甘嫩時取以煠熟水淘淨
拌食

附錄 榎

【原】榎檟也亦楸屬（爾雅註云楸細葉者爲榎）楸葉大而早脫故謂之
楸榎葉小而早秀故謂之榎爾雅云小而皵（音鵲）榎（小而皮麤
皵者爲榎）大而皵楸（老而皮麤皵者爲楸）

附錄 山楸

【增】爾雅梧山榎【疏】梧今山楸也亦如下田楸耳皮葉白
色亦白材理好宜爲車板能濕宜陽共北山多有之

楓

【原】楓一名香楓一名靈楓一名攝攝（爾雅云楓攝攝漢書注云天風則鳴故曰攝攝）江南及關陝甚多樹高大似白楊枝葉修聳木最
堅有赤白二種白者木理細膩葉圓而作岐有三角而
香霜後丹二月開白花旋著實成毬有柔刺大如鴨卵

八九月熟曝乾可燒
【彙考】【增】爾雅疏楓生江南有寄生枝高三四尺生毛一
名楓子鬼天旱以泥泥之即雨　南齊書祥瑞志建元
二年九月有司奏上虞縣楓樹連理兩根相去九尺雙
枝均聳去地九尺合成一榦　周書武帝紀天和二年
七月辛丑梁州上言鳳凰集於楓樹羣鳥列侍以萬數
宋史五行志政和三年南雄州楓木連理【原】山海
經有宋山者木生山上名曰楓木楓木蚩尤所棄其桎
梏是爲楓木【增】西京雜記上林苑楓四株　晉宮閣
名華林園楓香三株　拾遺記頻斯國有大楓木成林
高六七十里善算者以里計之雷電常出樹之半其枝

交蔭於上蔽不見日月之光其下平淨掃灑雨霧不能
入焉　南方草木狀五嶺之間多楓木歲久則生癭瘤
一夕遇暴雷驟雨其樹贅暗長三五尺謂之楓人越巫
取之作術有通神之驗取之不以法則能化去　異苑
烏傷程氏有女未醮著屐遙上大楓樹顛了無危闋顧
曰我應爲神今便長去惟左蒼右黃當暫歸爾家人悉
出見舉手辭訣於是飄聳輕越極睇乃沒既不了蒼黃
之意每春輒以蒼狗秋黃犬設祀於樹下【原】述異記
南中有楓子鬼楓木之老者爲人形亦呼爲靈楓　化
書老楓化爲羽人朽麥化爲蝴蝶自無情而之有情也
說文解字楓木厚葉弱枝善搖漢宮殿中多植之至

霜後葉丹可愛故稱楓宸 增〈物類相感志〉楓木無風自動天雨則止 〈埤雅〉兵法曰楓天棗地置之槽則馬駭置之轊則車覆舊說楓之有癭者風神居之故造式以爲蓋又以大霆擊棗木載之所謂楓天棗地蓋以風雷之靈在焉故能使馬駭車覆也楓尊棗卑故式覆以風楓載以雷棗 〈丹鉛總錄〉張文成太卜判有楓天棗地之語唐六典三式云六壬卦局以楓木爲天棗心爲地 原〈異林〉弘治乙卯長沙大旱楓樹生李實

集藻〈記〉增〈明鍾人傑過楓林記〉楓林在城西南隅枕岡帶郭境頗幽迴際秋老霜新之後悠然一往會心正不在遠也歲辛未重九後二日晨起霜風肅然日氣爽潔

不知何從忽動登眺之興欲出郭念無可與遊者遂獨登候潮城循雉而西因山起伏不復規規𨻶塹委蛇旋折足可送遠目適遊履也將近楓林女牆竟與人家菜畦坦接穿籬度莽轉一㘭則楓木千本障天蔽野了無雜樹時夕照已轉林腰橫射葉上光彩如潑丹砂者正坐吟遠上寒山之句希微間踽踽影動定視之乃一野衲掃落葉爾廹晚風景蒼涼凜不可留望龕燈明處亟投漸聞石磬乃三茅福地遂由石徑出而歸

文賦〈散句〉增〈楚宋玉招魂〉湛湛江水兮上有楓 〈晉何晏景福殿賦〉槐楓被宸

五言古詩 增〈梁簡文帝詠疏楓〉萎絲映復青疏紅分浪白花葉灑行舟仍持送遠客 〈宋姚合楓林堰〉森森楓樹林護此石門堰杏堤數里餘楓影覆亦徧鸕鷀與釣童質異同所顧 〈宋劉從楓樹〉楓葉不耐冷露下臙脂紅無復戀本枝槭槭隨驚風向來樹頭蟬去盡不見蹤日落秋水寒哀哀鳴征鴻

七言古詩 增〈宋楊萬里雙楓〉一松相後前可憐老翁依少年少年翡翠新衫子老翁得衣青布被更有秋風清露時少年再換輕紅衣莫教一夜霜雪落少年赤立無衣著老翁深衣却不惡 〈宋湛盧鳳山〉高兮上有楓青女染葉猩血紅莫辭老紅嫁西風一夜憔悴成禿翁

五言律詩 增〈唐杜甫雙楓浦〉輟棹青楓浦雙楓舊已摧

自驚衰謝力不道棟梁材浪足浮紗帽皮須截錦苔江邊地有主暫借上天迴

七言律詩 增〈明李東陽諸生有作紅葉詩者愛其末句戲爲補之〉碧樹凋餘老更紅彊將顏色慰飄蓬濃霜未著愁先醉返照初回望欲空唐苑情多何足問吳江句好更誰工晚來蟻穴無歸路應恨蕭蕭匝地風 原〈徐渭紅葉〉纔見芳華照眼新又看紅葉點衣頻只言春色能嬌物不道秋霜解媚人宮水正寒愁字字吳江初冷錦鱗鱗更餘一種閒風景醉雜黃花野老巾 〈林若撫紅葉〉花發炎方想刺桐誰知秋葉幻春紅朝華忽散朝陽後晚艷都迷晚燒中凋謝未應隨玉露翦裁元自出

金風若教題就能飛去不待流波意已通

七言排律【原】〔明于若瀛〕禁城玉露漸秋深楓色凄凄滿上林萬片作霞延日麗幾株含露苦霜吟斜連雙闕輝青瑣倒影平津映碧潯岐葉蕭颼聲瑟瑟殷紅過雨色沉沉雜黃間綠紛成錦委砌飄簷拷作金向夕轉深嬌落照因風散響怖棲禽城頭迥接青岑遠殿角寒生繡幄陰幾度朝昏勞悵望徘徊故苑倍蕭森

五言絶句【增】〔唐錢起〕江行遠岸無行樹經霜有伴紅停船披好句題葉贈江楓〔成彥雄〕江上楓江楓自蓊鬱不競松筠力一葉落漁家斜陽帶秋色

七言絶句【增】〔唐杜牧〕山行遠上寒山石徑斜白雲深處有人家停車坐愛楓林晚霜葉紅於二月花〔宋趙成德〕黃紅紫綠巖巒上遠近高低松竹間山色未應秋後老靈楓方爲駐童顔【原】〔明朱靜庵女郎〕江空木落雁聲悲霜入丹楓百草萎蝴蝶不知身是夢又隨春色上寒枝

詩散句【增】〔古詩〕長楓千餘丈蕭蕭臨澗水〔晉阮籍〕湛湛長江水上有楓樹林〔唐李白〕帝子隔洞庭青楓滿瀟湘　霜落江始寒楓葉綠未脫【原】〔杜甫〕獨歎楓香林春時好顔色　使者雖光彩青楓滿地愁　回首過津口而多楓樹林〔宋郭祥正〕一鳥藏深林楓葉翻蜀錦〔明馮琦〕萬里江楓夜相思秋已深〔唐杜甫〕含風

翠壁孤雲細背日丹楓萬木凋【增】〔韓愈〕去歲羈帆湘水明霜楓千里隨歸伴〔李嘉祐〕青楓獨映搖前浦白鷺閒飛過遠村【原】〔魚玄機〕楓葉千枝復萬枝江橋掩映暮帆時〔宋朱行中〕遥看一樹凌霜葉好似衰顔醉裏紅〔明唐文獻〕苑外鴻聲連畫角帆前樹色半丹楓【增】〔宋謝靈運〕曉霜楓葉丹〔梁庾肩吾〕江楓拂岸遊〔唐張九齡〕兩邊楓作岸〔王維〕楓攢赤岸村〔孟浩然〕目極楓樹林【原】〔李白〕楓葉疊青岑〔杜甫〕雨急青楓暮　門巷散丹楓　丹楓不爲霜【增】〔李商隱〕神護青楓岸〔李咸用〕秋楓紅蝶散〔宋王安石〕江楓湛湛青〔元馬祖常〕光山楓製錦【原】〔唐杜甫〕赤葉楓林百舌鳴　江石決裂青楓催　玉露凋傷楓樹林【增】〔嚴武〕江頭赤葉楓愁客〔韓偓〕楓葉微紅近有霜〔宋陸游〕楓葉欲殘看愈好〔金王鬱〕江林楓葉秋容醉〔元郭鈺〕落日楓林紅葉明

詞【增】〔宋張炎綺羅香〕萬里飛霜千山落木寒艷不招春妬楓冷吳江獨客又吟愁句正船艤流水孤村似花繞斜陽芳樹甚荒溝一片凄涼載情不去載愁去　長安誰問倦旅羞見衰顔借酒飄零如許謾倚新妝不入洛陽花譜爲回風起舞樽前盡化作斷霞千縷記陰陰綠遍江南夜窗聽暗雨

別錄【增】唐書崔信明傳信明蹇亢以門望自負嘗矜其

文請過李百藥議者不許揚州錄事叅軍鄭世翼者亦驁倨數俳輕忤物遇信明江中謂曰聞公有楓落吳江冷願見其餘信明欣然多出衆篇世翼覽未終曰所見不逮所聞投諸水引舟去 原 顏魯公集 唐金華張遊朝妻劉氏夢楓生腹上後生子名志和立性孤峻篤志隱淪不可得而親疎自號玄貞子結茅會稽東郭以豹皮爲蓆櫻皮爲屩隱素木几酌斑螺杯鳴榔拏杖隨意取適垂釣去餌意不在魚竟陵子陸羽問與何人往來答曰太虛作室而共居明月爲燈以同照與四海諸公未嘗離別有何往來 增 湘山野錄 餘杭能萬卷者浮圖之眞儒介然持古人風節有奥學著典類一百二十

卷其居延慶寺在大慈塢時儒者抱經受業師居常喜閱唐韻諸生長竊笑一日出題於法堂曰楓爲虎賦其韻曰脂入於地千年成虎諸生皆不諭固請之不說凡月餘檢經史殆百家會萃小說俱無見者閣筆以聽教師曰聞諸君笑老僧酷嗜唐韻茲事止在東字韻第二版請詳閱諸生檢之果見楓字註中云黃帝殺蚩尤棄其桎梏變爲楓木脂入地千年化爲虎魄後諸生始敬此書

附錄 楓香

增 爾雅注 楓樹有脂而香今之楓香是 本草 金光明經謂其香爲須薩折羅婆香 原 楓脂爲白膠香五月斫爲坎十一月採之氣辛味苦平無毒治一切癮疹風癢癰疽瘡疥金瘡吐衄咯血活血生肌止痛解毒燒過揩牙永無齒疾近世多以松脂之清瑩者爲楓香又以楓香松脂爲乳香總之二物功雖次於乳香諒亦彷彿不遠

別錄 原 製用 取楓脂入虀水煮二十沸又冷水中揉扯數十次曬乾用

附錄 棫

增 說文 棫木可作大車輮 蕭穎士詩序 二室之間有棫樹焉與江南楓形胥類

集藻 詩散句 增 唐蕭穎士 山有棫其葉漠漠

榕

增 南方草木狀 榕樹南海桂林多植之葉如木麻實如冬青枝幹拳曲其本稜理而深燒之無焰其蔭十畝枝條既繁葉又茂細軟條如藤垂下漸漸及地藤梢入地便生根節或一大株有根四五處而横枝及鄰樹即連理南人以爲常不謂之瑞木 南州異物志 榕木初生少時緣搏他樹如外方扶芳藤形不能自立根本緣繞他木傍作連結如羅網相絡然彼理連合鬱茂扶疎高六七尺

彙考 增 後山談叢 蔡州壺公觀有大木四垂旁出人莫能知張戣閩人嘗至蔡爲余言乃榕木也 南軒集 昔

山谷南遷維舟榕下後人爲作榕溪閣〔丹鉛錄〕福建龍泉菴有榕木其中亦可盤坐五六人枝梢寄生大可數十圍方廣巖有木自深坑出直至巖頂寺僧自巔垂組縋下度之得三十丈云而榦不甚巨半巖視之殊不覺其長也〔泉南雜志〕嶺西榕樹榦大如一間屋枝上有䙰纚垂下者謂是根也其高參天枝葉蔭可三十餘丈相傳蔣少卿國華爲郡誕魏公日樹杪爲吐烟霧又云榕樹千年者其上生伽楠香〔閩部疏〕布政司在山上堂後一大樹是榕樟二樹相繆結而生鬱然千雲因爲堂以嘉樹顏之〔榕城隨筆〕閩中多榕樹因號榕城閩以北無此其在江南則冬青之屬也而枝榦柔脆榦既生枝枝又生根垂垂若流蘇少著物即縈繫或就本榦自相依附若七八樹叢生者多至數十百條合並爲一蝡蜷繆結柯葉蔭茂其偶成章者垂若偃蓋曲若虬龍似亦可觀〔廣西志〕榕樹門即古南門相傳爲唐時所築門上植榕一株歲久根蔕生跨門外盤錯至地若天成焉因得今名元至正間其樹忽憔悴平章唐元公祭之旬餘枝葉復茂

【集藻】記【增】明吳寬榕江記木之產於地者曰松曰柏曰栝曰檜曰豫章曰桐梓皆良材也其用于世大者爲棟爲梁小者爲桷爲梲各隨其材以爲用夫以材之良不用於什器而於宮室亦不枉其材矣然而數木也其生

徧於天下而亦足天下之用惟五嶺之南有木曰榕廱腫離奇偃蹇蓊鬱橫柯曲榦間有縣焉垂地輒復爲根歲久叢生成林其高且大過松柏栝檜豫章其不黃落而凋桐梓所不及也榕既偏生一隅中原之人初不之識故詩三百多草木之名而篇皆不載後世如郭璞陸佃之博物著書復遺之僅一見於柳子厚之詩而已余嘗讀子厚之詩而識其名詢之士人而知其狀曰此可取以譬乎人矣葢榕之材雖不若松柏之類之堅可用之於宮室而其高大不黃落而凋足以蔭庇乎人嶺南春夏之交日氣酷烈行旅負載之徒跋履勞苦爭息其下或風雨暴至就而避之亦何異夏屋之帡幪也故雖不爲宮室之用而其功與宮室等豈不猶鄉里巨人厭爵祿謝民社而浮沉乎閭井之間一旦里之人有急焉投之無不周卹者豈惟僅全其身以自足而已潮陽隱士陳孔誠甫淳朴恭謹兼通陰陽樹藝之說家邑之華里村宅前有榕數十株歲邀賓友攜子弟往遊其間彈瑟賦詩意甚樂也有水自西山來折而東環其宅又東注於海而榕適際水水日夜漱其根灌其條更茂密可愛孔誠或坐盤石投竿而釣悠然有會於心因自號榕江或謂之曰子其終老於是而忘斯世耶則對曰吾已有子出而仕矣於是使其子吳江教諭顯來乞余記所謂榕江者蓋孔誠記此以自警者意實有在豈惟追涼

風弄明月以爲供賓友子弟之樂之計耶且江之廣不足以爲負舟然掬襲者即之亦可以灌畦孰謂孔誠無意於此江本出岷山禹貢所謂岷山導江是也此亦曰江南人指水之急流者多借以名之爾

賦【增】宋薛士隆大榕賦越甌而南嶺山東麓有七閩之會焉厥都維福福都中闉城山塹水修逵孔直麗譙南指粤有喬木根乎此堂青葱映帶經五門而之合江夾經逵者凡十有五里其爲根也盤桓詰曲勢浮平陸隱丘陵幹坤軸如山如坻崟岑嶔巇刻畫奇峯幻然黯爲蜿蜒糾紛虬蟠鹿奔卷舒連蜷油如出雲樹無全株萬木同植縈連擁腫鑽堅露隙儔引儔緣自陵空碧和氣

鬱賁兢生衆醜備百怪形岌如神山冬無落木蒼蒼九夏森其翠幄枝柯離敵横從出奇翕如其合判如其離嗟如其往欻如其來夭矯驪龍摩天切空離翼雲垂扶搖下風輪囷無心隨之有本孔綜根元誰分混沌軒然而大厦成蜿然而怪螭怒騁爪紛拏矗其八柱飛鳥千羣而咸棲有所綢繆束薪不堪以火盤根錯節而摧斤缺斧其圓也不中乎規不成乎矩樵夫視而弗斫大匠行而弗顧以無犍而保其天斯所以遯乎人而壽莫之數也若夫景升之牛主人之雁不善其鳴服箱孔屯以不才而烹者何哉蓋豐肌而蠹夫人之芻豢也斯榕木則不然承天之施得生於地不假乎人不離乎類不以直節爲高不以孤生爲異淩寒而不改其悳違理而不稱其瑞無庸而庸無尙焉爲其全虛愚之義也至於交柯旁薄分根合枝異生同命縈繚相維倚天成蓋蔽野成帷迷雲而零雨不下畏日而炎天改色邑人之夜行人之得不才而才無似焉斯其爲大通之德也夫惟有大通之德全虛愚之義守不才之位處無庸之地爲物而物固莫之陵比人而人適當其意其事也無施其生乃克遂是生乎通邑大都之間尙亦躐千齡而幾萬歲也走嘗聞諸西方之人曰尼俱律陀之木其子芥三之一及其成材蔭車將五百乘所榕木者不幾於是乎今夫閩中之木榕爲大其萌也微物莫之害有蕞其芽翕

然天蓋走不知命之者誰耶庸以劣其形而不文其內無文於內將或容於外而以成其大　李綱榕木賦有序閩廣之間多榕木其材大而無用然枝葉扶疎芘蔭數畝清陰人寔賴之故得不爲斧斤之所翦伐蓋所謂無用之用也感而爲之賦其辭曰南有巨木其名曰榕下蟠據於厚地上盪摩於高穹雨露之所霶潤雷霆之所震聳日月之所照燭乾坤之所含容與衆木均夫何賦形禀氣之獨不同也爾其擁蔟敷條輪囷離奇結根植本拳曲擁腫口鼻百圍之竅穴龍蛇千尺而飛動仰視俯察何規矩繩墨之不中也高明之麗非棟梁之資斲削之工非俎豆之奉以爲舟檝則速沉以爲棺椁則

速腐以爲門戶則液以爲樠柱則蠹薪之弗焰無爨鼎之功燎之弗明無爝火之用蓋楞然之散木徒萬牛之嗟垂宜匠石之不顧同櫟社而見夢然而脩枝翼布密葉雲濃芘結駟之千乘象青蓋之童童夏日方永畏景馳空垂一方之美蔭來萬里之淸風靚如帷幄肅如房櫳爲行人之所依歸咸休影乎其中故能不夭斧斤棓擊是免雖不材而無用乃川大而效顯異文木之必折類甘棠之勿翦立乎無何有之鄉配靈椿而獨遠不然則雁以不鳴而烹漆以有用而割犀象以齒角而斃樗櫟以惡木而伐處夫材與不材之閒殆未易議其優劣也

五言古詩【增】宋唐庚雙榕　水東雙榕閒有叟時出遊淸風衣屨古白雪鬚髯虬吟哦明月夕簸弄寒江秋鶩傳里中兒不泊岸下舟君看鬼趣中有此風味否安知非黃石但恨無留侯此生鋤犁手誤入簪紳流無功折毫髮負罪乎山丘政爾求濯濯開之歎綢繆摳衣倘可親跪履安敢羞得聞半偈語一解終身憂性不喜伐國兵書非所求　張栻榕溪　寒溪淡容與老木枝相樛其誰合二美名此景物幽太師昔南鶩於焉曾少休想當下榻時淸與耳目謀品題得要領亦有翰墨留我來訪遺地密竹鳴鈎輈稍令舊觀復還與佳客遊樹影散香篆水光泛茶甌市聲不到耳永日風飀飀所喜簿書隙有此足夷猶平生丘壑願如痼不可瘳雖知等喧寂終覺靜理優更思濯滄浪榕根浮小舟

五言律詩【增】明傅汝舟南峯菴菴徑有古榕樹懸枝對峙宛若關門　古樹上危根依天巧出門雲飛不在外虎過定消魂野客逢迎少山僧出入尊朋遊坐不厭葉落滿金樽

七言絕句【增】唐柳宗元柳州二月榕葉落盡偶題宦情羈思共悽悽春半如秋意轉迷山城過雨百花盡榕葉滿庭鶯亂啼　宋劉克莊榕溪閣　榕聲竹影一溪風遷客曾來繫短蓬我與竹君俱晚出兩榕猶及識涪翁

詩散句【增】宋蘇軾　忽此榕林中跨空飛栱枅　急雨蕭蕭作晚涼臥聞榕葉響長廊　楊萬里　斜陽碎入高榕葉翻作青天覆作金　數枝連碧眞成菌一歷空肥總是筋　劉克莊　拔地高標如鐵色拂天老樹作寒聲　唐許渾　榕根架綠陰

楮

【原】楮一名穀一名穀桑（陸璣詩疏云幽州人謂之穀桑或謂之楮桑荆揚交廣謂之穀中州人謂之楮）有二種本草曰楮本作柠楮辨雌雄雄者皮斑而葉無椏叉謂之斑穀今人用皮爲冠者三月開花成長穗如柳花狀不結實雌者皮白無花葉有椏叉似葡萄葉開碎花結實如楊梅用時但取葉有椏叉有子者爲佳其實初夏生大如彈丸靑綠色六七月成熟漸深紅

入九月采實名楮桃一名穀實甘寒無毒治水腫壯筋骨補虛勞益顏色健腰膝克肌明目久服輕身不饑不老 增崔豹古今注楮實爲任 陸璣詩疏江南人績其皮以爲布又擣以爲紙謂之穀皮紙其葉初生可以爲茹

彙考 增 詩小雅樂彼之園爰有樹檀其下維穀注穀楮也 漢書郊祀志帝太戊有桑穀生於廷一暮大拱注穀即今之楮樹也 山海經霍山其木多穀 管子五沃之土宜穀 抱朴子柠實赤者餌之一年老者還少 酉陽雜俎穀田久廢必生構葉有辨曰楮無曰構 澄懷錄永徽中定州僧寫華嚴經先以沉香種楮樹取

以造紙

集藻 傳 原 明閔文振楮待制傳楮待制初名藤及長爲世用更名知白會稽剡溪人先世索居山林無所聞於世歷前漢有楮先生始以名顯和帝時中常侍蔡倫有文思善造就人材辟召遍天下使者見楮氏歸以告倫倫亟聘之得楮皮者俱來倫曰眞良材也一變化則就章程於是刮劘浸漬漸見春容延館簾內知白聞而歎曰以皮之陋且沾掄選吾可終老林藪乎既至倫揭簾見之嘖嘖歎賞曰文明之化其在君矣引見帝帝嘉賞恨相得之晚超拜秘書省萬字令尋擢秘閣待制日承任使自書契既造竹氏帛氏嘗董於世者既數千年乃知白用二氏遂廢凡經史術藝百家九流之說皆托以行天下當代注記冊籍臣民文移簡札非知白不達也帝益加寵待每中書令毛穎松滋侯陳玄萬石君羅文侍左右必召知白至展其邊幅有諮議須令省記帝嘉其潔白戲語陳玄曰江漢以濯秋陽以暴若知白者殆孔氏之徒與卿與之反何哉玄曰知其白守其黑臣得自全之道皦皦者易汙臣懼知白之不終也帝笑曰卿不加汙誰復汙之玄頓首謝一日知白侍經筵屬微風神思飄亂不定帝曰朕固知卿體薄不耐風今加節鎮俾邊都護領之知白叩謝臣辱荷厚恩敢不竭方正之節捐軀以報士有以文辭投知白者頗涉謬惡知白怒

會召因愬帝曰臣精白一心仰叨任使者數十年每願得嘉言醇文推明義理以淑人心翊世教利益國家今狂生淺夫任情謬惡臣一被汙辱欲雪無由願陛下一申文字垂謬之禁帝從其言且惜其蒙辱命儒臣撰悲剡藤文以舒其憤知白才博而通推其餘兩賜可蓋風露可障壁可屏擁可扇觀美可圖畫夫子所稱不器庶幾近之晚年就閒族子曰麻曰桑曰竹曰繭曰敝布曰魚網並出蔡氏陶鑄繼知白大用於世傳嗣不絕其他銀光陟釐羅文玉版蠟牋烏絲襴以至間雜五采尤爲世所愛重云

五言古詩 增 宋蘇軾宥老楮我牆東北隅張王維老穀

樹先楟櫟大葉等桑柘沃流膏馬乳漲隍子楊梅熟胡
爲尋丈地養此不材木蹶之得輿薪規以種松菊靜言
求其用畧數得五六膚爲蔡侯紙子入桐君錄黃緇練
成素黝面頩作玉灌灑蒸生菌腐餘光吐燭雖無傲霜
節幸免狂酲毒孤根信微陋生理有倚伏投斧爲賦詩
德怨聊相贖

五言絕句【增】宋王安石詠穀可憐臺上穀轉目已陰繁
不解詩人意何爲樂彼園

七言絕句【增】宋無名氏楮樹婆娑覆小齋更無日影
午窓開一端能敗幽人意夜夜牆西礙月來

【別錄】【增】列子宋人有爲其君以玉爲楮葉者三年而成

鋒殺莖柯毫芒繁澤亂之楮葉中而不可別也此人遂
以巧食宋國子列子聞之曰使天地之生物三年而成
一葉則物之有葉者寡矣故聖人恃道化而不恃智巧

齊民要術楮宜澗谷間種之地欲極良秋上楮子熟
時多收淨淘曝令燥耕地令熟二月耬耩之和麻子漫
散之即勞秋冬仍留麻勿刈爲楮作煖明年正月初附
地芟殺放火燒之一歲即没人三年便中斫斫法十二
月爲上四月次之每歲正月常放火燒二月中間斫去
惡根移栽者二月時之亦三年一斫指地賣者省功而
利少煮剝賣皮者雖勞而大白能造紙其利又多種三
十畝者歲斫十畝三年一遍歲收絹三百疋 物類相
感志楮膠可以匱丹砂 水南翰記凡接紙縫如一線
日久不脫用楮樹汁白麪白芨末調爲糊 【原】種植熟
時取子淘淨曬乾同麻子種熟地至冬留麻取暖明春
放火燒芟之三年可斫其皮抄紙斫以臘月爲上四月
次之非此月損其樹木 服食八月後采實水浸去皮
穰甲子日陰乾爲末每水服二錢久之乃效

椿 按香者名椿臭者名樗二木形幹相類椿木實而葉香樗木疎而葉臭無花木身大其幹端直者爲椿有花木身小幹多迂矮者爲樗乃一類二種也

【原】椿集韻作櫄夏書作杶左傳作橁今俗名香椿本草
陳藏器云俗呼爲猪椿易長而有壽南北皆有之木身
大而實其幹端直紋理細膩肌色赤皮有縱紋易起葉

自發芽及嫩時皆香甘生熟鹽醃皆可茹世皆尚之無
花莢葉苦溫無毒多食動風熏經絡令人神昏和猪肉
熱麪頻食則中滿椿用葉

【彙考】【增】書禹貢杶幹栝柏 山海經成侯之山其上多
櫄木 【原】莊子上古有大椿者以八千歲爲春八千歲
爲秋 鳳池編盧攜夢人贈句曰若問登庸日庭椿不
染風初不解其言後數年攜拜相庭下古椿一株雖狂
風驟雨不濕不搖 宦遊紀聞涿州有靈椿寺寺中椿
木一本大不可量枝幹繁盛凡樹影皆隨日月升沉以
爲邪正而椿影早暮未嘗少移 湧幢小品福州之壺
江在海上多烈風山峯之巔有椿一枝翠蓋亭亭搭葉

槐身經年無鳥跡雖風作不脫片葉三年一結子如紅
豆一道士夜半月明見樹頂霞裳羽衣者數人隨以鶴
鹿盤桓其上隱隱有笙簧聲雞初號乃散
【集藻】賦【增】元任士林庭椿賦燕山之陽南冥之濱有大
木焉其名曰椿蓋抗歲時而聳立揭造化之蹲蹲者與
相彼奇亭夷庚掌平迺瞰筲村甍椽列星維陋巷之蕭
蕭兀幽人之柴扃有椿喬然闖乎中庭玄雲構其堂宇
秀色結乎軒楹劉其崇根碩本梴柯稠葉蓊蓊焉葺葺
焉青冥黯黮皮溜雨而胼胝榦拂霓而冗遝蟠日月之
氛陰捲雪霜之飄颻千尋引而表端萬鳥棲而影接蓋
根柢之擁腫性也豈不美乎莊生之櫟枝葉之榮暢時

也又何歆乎王氏之槐耶盼老人之豫章訪歲寒之松
柏或輪囷以為奇或偃蹇以為傑孰與夫謝萬牛而崔
嵬却匠石而鬱茀者乎爾則稚竹株連弱松胏附結綣
根於地軸藉沫濡於雨露想其簇榦絣幪列萬間之厦
屋不足以踰宗條鱗蔆雖千社之枌榆又何足以同年
而語耶於是天踊其貞地隆其植寒暑節其凉溫鬼神
呵其峻特醴泉夜注而人不能挹以草木之滋卿雲晨
覆而人不能衣以青黃朱綠之絲人不足以扶持而終
風不移人不足以悅懌而陽春色怡此所以俯視君遷
儼睨平仲而永為斯庭之瞻依也耶彼尋常之喬梓亦
何足以與乎斯

五言絕句【原】宋晏殊峩峩楚南樹杳杳含風韻何用八
千秋騰凌詫朝菌
七言絕句【原】宋劉敞椿野人獨愛靈椿館館西靈椿聳
危榦風揉雨煉三月餘奕奕中庭蔭華傘
詩散句【原】宋蘇軾從今八百歲合抱是靈椿　【增】後周
馮道靈椿一株老　唐張蠙靈椿還向細枝條　金元
好問溪童相對采椿芽
【別錄】【增】花木考採椿芽食之以當蔬亦有點茶者其初
茁時甚珍之既老則薤而蓄之

樗

【原】樗亦椿類氣臭俗名臭椿一名虎目樹一名大眼桐

皮麤肌虛而白其葉臭惡荒年人亦采食膳夫采取瀹
熟另用冷水浸去氣息亦可油醋拌食但無味耳有花
者無莢有莢者無花藥中用根及莢葉　【增】本草北人
呼為山椿江東呼為虎眼謂葉脫處有痕如虎之眼目
又如樗蒲子故得此名
【彙考】【增】詩豳風采茶薪樗　小雅我行其野蔽芾其樗
注樗惡木也　山海經丹熏之山其上多樗柏　灌題
之山其上多樗柘　橐山其木多樗　【原】莊子惠子謂
莊子曰吾有大樹人謂之樗其大本擁腫而不中繩墨
其小枝卷曲而不中規矩立之塗匠者不顧今子之言
大而無用眾所同去也莊子曰子有大樹患其無用何

不樹之於無何有之鄉廣莫之野彷徨乎無爲其側逍遥乎寢臥其下不夭斤斧物無害者無所可用安所困苦哉 增 河洛記 洛陽北山謂之邙山其上無大樹都城之北嶺上有古樗樹不知其來早晚婆娑周廻四五畝與伊闕山正南相當越公等將建都城之日據此樹以爲南北定準嫌樗木名惡號曰娑婆羅樹矣

集藻 五言古詩 增 宋梅堯臣尹師魯治第伐樗 伊人利營構思欲新其居匠築經舊址簷楹礙高樗且云忍不伐何以成吾廬人言此樹古百怪所憑依獨秉一定議自將羣俗違乃俾執柯者丁丁霜刃揮纖殘條百尺横仆株數圍從茲朝夕間不聞鳥雀喧既能考子室而復

高其門閎也昔騁辯後以不材諭工今誠匪度苟害安可存舟檝且非藉薪爨聊用燔莫比溝中斷區區望犧樽

五言絕句 增 宋蘇軾 樗 自昔爲神樹空聞蜩鵙鳴社公煩見輟爲爾致羊羹

七言絕句 增 唐白居易 林下樗 香檀文桂苦雕鐫生理何曾得自全知我無材老樗否一枝不損盡天年

附錄 山樗

原 栲山樗也似樗色小白葉差狹吳人取以爲茗木虛大梓人亦或用之然爪之腐朽故古人以爲不材之木 增 爾雅注 栲類漆樹 疏 俗云櫄樗栲漆相似如一

草木疏 山樗與下田樗略無異葉似差狹耳 本草李時珍曰椿樗栲一木三種也栲木即樗之生山中者

櫟 櫟實附見

增 爾雅 栩杼 疏 今柞櫟也徐州人謂櫟爲杼或謂之爲栩其子爲皂或言皂斗其殼爲汁可以染皂 櫟其實梂 注 有梂彙自裹 疏 櫟似樗之木也梂盛實之房也孫炎曰櫟實橡也 圖經 柞櫟也杼也栩也皆橡櫟之通名 本草 櫟有二種一種不結實者其名曰棫其木心赤一種結實者其名曰栩其實爲橡二者樹小則聳枝大則偃蹇其葉如櫧葉而文理皆斜鉤四五月開花如栗花黃色結實如荔支核而有尖其蒂有斗包其半截

其仁如老蓮子肉可以爲飯或擣浸取粉其嫩葉可煎飲高者二三丈堅實而重有斑文大者可作柱棟小者可爲薪炭 櫟實一名橡斗一名柞子一名杼 古今注 東海及徐州謂之木蓮梂子八月中成搏以爲燭明如胡麻燭研以爲羹肥如胡麻羹

彙考 增 詩唐風 集于苞栩 秦風 山有苞櫟 疏 秦人謂柞爲櫟 小雅 陟彼高岡析其柞薪析其柞薪其葉湑兮 維柞之枝其葉蓬蓬 大雅 柞棫拔矣 瑟彼柞棫民所燎矣 周禮地官 一曰山林其植物宜皂物 注 柞栗之屬 後漢書 李恂傳 恂徙居新安關下拾橡實以自資 晉書摯虞傳 虞從惠帝幸長安流離鄠杜之

問轉入南山中糧絶饑甚拾橡實而食之　宋書符瑞志宋文帝元嘉二十二年七月南頓櫟連理　唐書文藝傳杜甫客秦州負薪采橡栗自給　山海經白於之山下多櫟檀

原 莊子狙公賦芧曰朝三而暮四衆狙皆怒曰然則朝四而暮三衆狙皆悅名實未虧而喜怒爲用亦因是也

增 莊子匠石之齊至乎曲轅見櫟社樹其大蔽牛絜之百圍其高臨山十仞而後有枝其可以爲舟者旁十數觀者如市匠伯不顧遂行不輟弟子厭觀之走及匠石曰自吾執斧斤以隨夫子未嘗見材如此其美也先生不肯視行不輟何邪曰散木也以爲舟則沉以爲棺槨則速腐以爲器則速毁以爲門戶則

液樠以爲柱則蠹是不材之木也無所可用故能若是之壽匠石歸櫟社見夢曰予求無所可用久矣幾死乃今得之使予也而有用且得有此大也耶　古者獸多人少皆巢居以避之晝食橡栗夜棲樹上故曰有巢氏　列子杜厲叔居海上夏日則食菱芡冬日則食橡栗　淮南子十二月其樹櫟注可以爲車轂木不出火惟櫟爲然亦應陰氣也　三輔黃圖五柞宮漢之離宮也在扶風盩厔宮中有五柞樹因以爲名五柞皆連抱上枝覆陰數畝　風土記史記曰舜耕於歷山而始寧剡二縣界上舜所耕田在於山下多柞樹吳越之間名柞爲櫪故曰歷山　水經注夷陵東城西五十餘步中山夫人祠堯妃也石壁皆㙖仍舊南西北三面長櫟聯蔭扶疎里餘　溼溼水出西谿東流水上有連理樹其柞櫟也南北對生淩空交合谿水歷二樹之間　若邪谿上有一櫟樹謝靈運與從弟惠連常遊之作連句題刻樹側　孝友傳庾袞與邑人入山拾橡分夷嶮序長幼推易居難禮無違者　輿地志鍾山最高峰有五願樹樹柞木也元嘉中百姓祈禱率有驗　夢溪筆談江南有小栗謂之茅栗以予觀之此正所謂芧也則莊子所謂狙公賦芧者此文相近之誤也　誠齋雜記桂陽張碩爲神女杜蘭香所降出薯橡子三枚大如雞子云食此令君不畏風波辟寒濕

集藻 詩散句 **原** 唐皮日休秋深橡子熟散落榛蕪岡　宋張耒野俎飽貆脯山罏煑橡糜　唐杜甫呼鷹皂櫟林　孟郊翻翻橡葉鳴　李嘉祐千峯櫟樹林　皮日休橡實養山禽　張蠙齋廚惟有橡　杜荀鶴霜後巖猿拾橡忙　方千歲計有時添橡實　宋唐庚橡實炊食如剝栗

佩文齋廣羣芳譜卷第七十五

佩文齋廣羣芳譜卷第七十六

木譜

柳一

【增】〔本草〕柳一名小楊一名楊柳陳藏器曰江東人通名楊柳北人都不言楊楊樹枝葉短柳樹枝葉長李時珍曰楊枝硬而揚起故謂之楊柳枝弱而垂流故謂之柳蓋一物二種也

【原】柳易生之木也埤雅云柳與楊同類縱橫顛倒植之皆生雖性柔脆北土最多枝條長軟葉青而狹長其長條數尺或丈餘嫋嫋下垂者名垂柳木理最細膩唐曲江池畔多柳號爲柳衙謂成行列如排衙也柳條柔弱嫋娜故言細腰娬媚者謂之柳腰

【集考】【增】〔易〕枯楊生稊〔注〕稊者楊之秀也〔疏〕稊者楊柳之

穗故云楊之秀也 【原】〔詩齊風〕折柳樊圃 〔陳風〕東門之楊其葉牂牂 東門之楊其葉肺肺 【增】〔小雅〕昔我往矣楊柳依依 【原】〔小雅〕菀彼柳斯 【增】〔周禮地官司徒〕以土會之法辨五地之物生二曰川澤其動物宜鱗物其植物宜膏物〔注〕膏物謂楊柳之屬 【原】〔大戴禮正月〕柳稊稊者發乎也 【增】〔戰國策〕田需貴於魏王惠子曰子必善左右今夫楊橫樹之則生倒樹之則生折而樹之又生然使十人樹楊一人拔之則無生楊矣 楚有養由基者善射去柳葉百步而射之百發百中 【原】〔漢書五行志〕昭帝時上林苑種大柳樹斷仆地一朝起立生枝葉有蟲食其葉成文字曰公孫病已立 【增】〔漢書地理志〕信都國扶柳〔注〕師古曰闞駰云其地有扶澤澤中多柳故曰扶柳 〔晉書嵇康傳〕康性絕巧而好鍛宅中有一柳樹甚茂乃激水圜之每夏月居其下以鍛 【原】〔晉書陶侃傳〕侃性纖密好問頗類趙廣漢常課諸營種柳都尉夏施盜官柳植之於已門侃後見駐車問曰此是武昌西門前柳何因盜來此種施惶怖謝罪 〔桓溫傳〕溫自江陵北伐行經金城見少爲瑯琊時所種柳皆已十圍慨然曰木猶如此人何以堪 【增】〔晉書苻堅載記〕王猛整齊風俗自長安至於諸州皆夾路樹槐柳百姓歌之曰長安大街夾樹楊槐下走朱輪上有鸞棲英彥雲集誨我萌黎 【原】〔南齊書王敬則傳〕敬則初

爲散騎使北於北館種楊柳後員外郎虞長耀北使還敬則問我昔種楊柳樹今若大小長耀曰北人以爲甘棠敬則笑而不答 〔隋書高熲傳〕熲少明敏有器局畧涉書史尤善詞令初孩孺時家有柳樹高百許尺亭亭如蓋里中父老曰此家當出貴人 〔南史張緒傳〕緒吐納風流聽者皆忘飢疲見者肅然如在宗廟雖終日與居莫能測焉劉悛之爲益州獻蜀柳數株枝條甚長狀若絲縷時舊宮芳林苑始成武帝以植於太昌靈和殿前常賞玩咨嗟曰此楊柳風流可愛似張緒當年時其見賞愛如此 【增】〔南史陸慧曉傳〕慧曉與張融並宅其間有池池上有二株楊柳何點歎曰此池便是醇泉

此木便是交讓〔劉瓛傳〕瓛晉丹陽尹惔六世孫篤志好學丹陽尹袁粲於後堂夜集聞而請之指廳事前古柳樹謂瓛曰人謂此是劉尹時樹每想高風今復見卿清德可謂不衰矣〔隱逸傳〕陶潛少有高趣宅邊有五柳樹嘗著五柳先生傳〔舊唐書范希朝傳〕希朝除振武節度使單于城中舊少樹希朝于他處市柳子命軍人種之俄遂成林居人賴之〔唐書呂渭傳〕貞元中渭累遷禮部侍郎始中書省有古柳建中末枯死德宗自梁還復榮茂人以爲瑞柳渭令貢士賦之〔文藝傳〕王維別墅在輞川有柳浪〔宋史五行志〕天聖元年二月河陽柳二本連理〔辛仲甫傳〕乾德五年入拜右補闕

出知光州六年移知彭州先是州少種樹暑無所休仲甫課民栽柳蔭行路郡人德之名爲補闕柳〔遼史禮志〕遼國行瑟瑟儀若天旱前期置百柱天棚乃射柳皇帝再射親王宰執以次各一射中柳者質誌柳者冠服不中者以冠服質之不勝者進飲於勝者然後各歸其冠服又翼日植柳天棚之東南巫以酒醴黍稷薦植柳祝之皇帝皇后祭東方畢子弟射柳皇族國舅羣臣與禮者賜禮物有差既三日雨則賜敵烈麻都馬四匹衣四襲否則以水沃之〔山海經〕庵山之西有谷焉名曰雚谷其木多柳　鳳伯之山熊山真陵之山木多柳　平丘山爰有楊柳　沃民之國有白柳　原〔管子〕五沃之土其木宜柳　增〔淮南子注〕展禽之家有柳樹身行惠德因號柳下惠一曰邑名〔三輔黃圖〕細柳觀在長安西北三輔舊事云漢文帝大將軍周亞夫軍於細柳今呼古徼是也　長安御溝謂之楊溝謂植高楊于其上也〔荊州記〕緣城隄邊悉植細柳綠條散風青陰交陌〔秦州記〕上邽縣北有利山川中平地有土堆高五丈生二楊樹大數十圍百姓祀之〔孔氏志怪〕會稽盛逸嘗晨興路未有行人見門內柳樹上有一人長二尺衣朱衣冠冕俯以舌舐樹上露良久忽見逸神意如驚遽即隱不見〔開河記〕大業中開汴渠兩堤上栽垂柳詔民間有柳一株賞一縑百姓競植之〔鄴侯家傳〕泌

賦詩譏楊國忠曰青青東門柳歲晏復憔悴國忠訴於明皇上曰賦柳爲譏卿則賦李爲譏朕可乎〔酉陽雜俎〕肅宗將至靈武一驛黃昏有婦人長大攜雙鯉咤於營門曰皇帝何在衆謂風狂遽白上潛視舉止婦人言已止大樹下軍人有逼視見其臂上有鱗俄天黑失所在及上即位歸京闕虢州刺史王奇光奏女媧墳云天寶十三載大雨晦冥忽沉今月一日夜河上有人覺風雷聲曉見其墳湧出上生雙柳樹高丈餘下有巨石兼畫圖進上初克復使祝史就其所祭之至是而見衆疑向婦人其神也　原〔清異錄〕新栽柳樹必用泥封其頭頗類比丘頂元伯玉宅前插柳初春吐芽伯玉曰喜得

漏春和尚一一無慈盃取杜子美漏泄春光有柳條之句〔孔帖〕韋維初爲省郎時蒔柳於庭及其子虛心兄弟俱郎省對之歛容 增〔冷齋夜話〕王仲正言老杜詩江蓮搖白羽天棘蔓青絲天棘非煙雨自是一種物曾見於一小說今忘之高秀實曰天棘天門冬也天門冬一名顛棘非天棘也王元之詩曰水芝臥玉腕天棘舞金絲則天棘蓋柳也〔西朝寶訓〕眞宗賦御溝柳詩令宰相兩省和進陳執中詩曰一度春來一度新翠光長得照龍津君王自愛天然態恨殺昭陽學舞人其詩最尤者 原〔古今詩話〕漢張敞爲京兆尹走馬章臺街街有柳終唐世曰章臺柳故杜詩京兆空柳色 增〔暇日記〕孟伯饒說宋用臣種柳睿思殿用常柳五株批開急合爲一取圓直廊纏繫牛欠泥固深栽之一年有三年力〔白玉蟾集〕太微宮中貧宿之精化而爲柳垂垂臭臭然于淡雲疎雨之間其間則有五柳先生古人之所以隱於柳者蓋欲彰其溫柔謙遜之志也〔墨莊漫錄〕揚州蜀岡上大明寺平山堂前歐陽文忠手植柳一株謂之歐公柳公詞所謂手植堂前楊柳別來幾度春風者薛嗣昌作守相對亦種一株自榜曰薛公柳人莫不嗤之〔高僧傳〕西域尼拘律陁樹即東夏之楊柳西域人來止稱尼拘〔方輿勝覽〕建康有鳳州柳蜀主與江南結婚求得其種鳳州出手柳酒曾極詩云蜀主函封

遣使時芳根原自鳳州移柔荑臙脂今安得惟有青絲拂地垂〔湖山勝槩〕段橋又名段家橋萬柳如雲望如裙帶白樂天詩云誰開湖寺西南路草綠裙腰一道斜〔高梁橋記〕高梁橋在西直門外京師最勝地也兩水夾堤垂楊十餘里〔小輞川記〕藍田別墅前有池渟泓一碧左右垂柳交蔭顏曰水木清華〔小崑山記〕紅蓼渡之東板橋橫焉左右多垂楊曰楊柳橋〔閩部疏〕閩部最少楊柳福州城中士大夫園池邊間有一兩株作長條拂地不能拱把〔西浮籍〕皖城之東垂楊撲江陰募數里帆影盡綠〔淮南記〕南門三里許有池曼衍碧瀰映底荻蔣菱蒲互相凌亂柳樹百株籠煙拂風架木爲橋濶可並騎度橋及洲洲上築天妃宮堂楹精楚庭除清蔭亦柳爲翳景也宮旁二百步又爲板橋小渚渚有亭亭有柳澄懷咏象渺然盡陂澤山林之思〔西湖志〕西湖北山有柳洲亭覽勝志引元史云南渡後自湧金至錢塘沿城五里堤岸徧插垂柳故名〔嘉興志〕五柳橋在嘉興縣治西宋張堯同詩爲懷陶靖節無復見其人惟種橋邊柳猶含舊日春〔漢中府志〕金絲柳出鳳縣宋元豐間有旨下鳳州取金絲柳一百根墨客揮犀云鳳州妓女手皆纖白州境內生柳翠色可愛與他處不同又公庫多美醞故世言鳳州有三出淳熙初太守傅子平作詩云珍珠不見小槽紅遐想柔荑斜嫩葱

惟有萬條羅帶綠年年依舊舞春風　【原】〔太原府志〕柳
溪在府城西太守陳堯佐築堤植柳數萬有亭有閣率
郡僚上巳泛舟於此　〔平京府志〕柳湖在府城北三十
里宋守蔡挺建湖畔柳數千株綠蔭平堤湖光可挹
〔慶陽府志〕寧州治後圃宋建蓮池柳巷花嶼蘭皐一郡
勝地也　予師帶溪曲公自西粵左轄入覲爲予言西
粵無柳僅藩司一株每吐葉則司中設席請三司賞柳
以爲奇觀後以質之予同年唐兄抱一唐云豈止此某
鄉紳園中仍有一株夫柳中土林立而粵西至比之異
卉奇葩然則物之貴賤豈有定哉
【集藻】〔序〕【原】〔魏曹植柳頌序〕余以閒暇駕言出遊過友人

楊德祖之家視其屋宇寥廓庭中有一柳樹聊戲刊其
枝葉故著斯文表之遺翰遂因辭勢以譏當今之士
〔賦〕【原】〔漢枚乘忘憂館柳賦〕忘憂之館垂條之木枝逶迤
而含紫葉萋萋而吐綠出入風雲去來羽族既上下而
好音亦黃衣而絳足蜩螗厲響蜘蛛吐絲階草漠漠白
日遲遲於嗟細柳流亂輕絲君王淵穆其度御羣英而
翫之小臣瞽聵於此陳辭於嗟樂兮於是罇盈縹玉之
酒爵獻金漿之醪庶羞千族盈滿六庖弱絲清管與風
霜而共雕鎗鍠啾唧蕭條寂寥雋乂英髦列襟聯袍小
臣莫效於鴻毛空銜鮮而嗽醪雖復河清海竭無增景
於邊撩　【增】〔魏文帝柳賦〕〔并序〕昔建安五年上與袁紹

戰於官渡時余始植斯柳自彼迄今十有五載矣感物
傷懷乃作斯賦曰伊中域之偉木兮瑰姿妙其可珍禀
靈祇之篤施兮與造化乎相因四時邁而代運兮去冬
節而涉春彼庶卉之未動兮固肇萌而先辰盛德遷而
南移兮星鳥正而司分應隆時而繁育兮揚翠葉之青
純修幹偃蹇以虹指兮柔條婀娜而蛇伸上扶疎而施
散兮下交錯而龍鱗在余年之二七植斯柳乎中庭始
圍寸而高尺今連拱而九成嗟日月之逝邁忽亹亹以
遄征昔周遊而處此今倏忽而弗形感遺物而懷故俛
惆悵以傷情於是曜靈次乎鶉首兮景風扇而增暖豐
弘陰而博覆兮躬愷悌而弗倦四馬望而傾蓋兮行施

仰而迴睠秉至德而不伐兮豈簡卑而擇賤含精靈而
寄生兮保休體之豐衍惟尺斷而能植兮信永貞而可
羨　〔王粲柳賦〕昔吾君之定武致天屆而徂征元子從
而撫軍植嘉木於茲庭歷春秋以逾紀行復出於斯鄉
覽茲樹之豐茂紛旖旎以修長枝扶疎而覃布莖森梢
以奮揚人情感於舊物心惆悵以增慮行遊目而廣望
覩城壘之故處悟元正之話言信思難而存懼嘉甘棠
之不伐畏取累於此樹苟遠跡而退之豈駕馳而不屢
〔應瑒楊柳賦〕赴陽春之和節植纖柳以承涼攄豐節
而廣布紛鬱勃以敷陽三春倏其奄過景曰赫其垂光
振橫條而遠翳廻雲蓋於中唐　〔繁欽柳賦〕有寄生之

孤柳託余寢之南隅順肇陽以吐芽因春風以揚敷交綠葉而重葩轉紛錯以扶疏鬱青青以暢茂紛冉冉以陸離浸朝露之清液曜華采之猗猗（晉傅玄柳賦）美允靈之鑠氣兮嘉木德之在春何茲柳之珍樹兮稟二儀之清純受大角之禎祥兮生濛汜之遐濱參剛柔而定體兮應中和以屈伸長莖舒而增茂兮密葉布而重陰夾通塗與廣庭兮瓊清沼而成林于是玄雲被岳素景含暉泰液渥流朝露未晞是精靈之所鍾兮蔚鬱鬱以依依居者觀而弭思兮行者樂而忘歸夫其結根建本則固於泰山兼覆廣施則均於昊天雖尺斷而逾滋兮配生生於自然無邪壤而不植兮象乾道之屢遷紛猗靡以從風兮若將往而復旋若乃豐葩茂樹長枝夭㛹娜四垂凱風振條同志來遊攜手逍遙（成公綏柳賦）宅京宇之西偏濱憤鼻之清渠啟橫門於大路臨九達之通衢慰行旅之靡休樹雙柳於道隅彌年載而成陰紛嬋娟而扶疏（唐郭炯西掖瑞柳賦）乾坤至誠草木無情神靈秉化而致理枯朽効祥而發生當聖澤未沾故兀然枯瘁及天光廻照遂藹爾敷榮因萬物以咸遂與百祥而畢呈故得垂陰瑣闥之中固本鳳池之側始孤標而穎拔乍苒弱而條直長亢西掖之佳翫迴奪東門之秀色芬敷自異永垂不朽之名變化無常用表好生之德懿其載生漸蔚幹聳惟條拂瑞景而增麗

褒祥風而獨搖可以彰聖主之玄感可以見昊天之孔昭舒卷以時陋梧桐之半死榮枯順理鄙松柏之後凋且春布發生之慶秋行肅殺之令於天地而不失其常在金木而各得其性衆皆畢出盡達我則向日而衰衆皆黃落萎腓我則感時而盛不然何知至德之動天運神功而瑞聖者矣翠色牂牂異洒泉嘉柰之祥輕陰澹澹同鄰郡枯梓之感炯銷雨露霏素雪於宸居日晏春深雜繁花於靡覽青翠葳蕤垂軒拂墀在日月偏臨之處當鴛鷺集苑之時至矣哉天降靈貺聿爲明證既得地而不雜衆流常托根而獨標美稱是知天聽自人而應者也（陳詡西掖瑞柳賦）柳美西掖瑞彰聖時感巡遊之未至失榮落於先期雨露所均常比中園之鬱鬱宮闈暫閉若無春日之遲遲所以望車塵之行幸慰都人之怨思物或有憑神固難宰生植不易地而殊榮孤影忽同秋而異色豈上天之降鑒俾下民之是則予以激忠臣之心予以彰大君之德初斯柳之失常人未知其爲祥泰原之烟景明媚漢苑之草樹芬芳獨孤彫而槁瘁似永隔於風光無絮花之似雪意膏露之凝霜及夫天廻舊步木得其性于宮捧日以輸忠萬騎從龍而翊聖彼衆芳之已歇我得秋而始盛豈固異於常材實願貞乎景命偉夫瑞發匪遙成天意之孔昭德惟可覽結人心之幽感不然柳且無情曷枯而生其枯也當烟

塵之晦其生也表氛沴之淸與時不偶叶聖斯呈政或可恃疾風始知夫草勁節無所立歲寒徒稱乎柏貞宜其俯鳳池而灑潤接雞樹以連榮儒有因物比興屬詞揣稱聞瑞柳於春宮遂揄揚於天應　敬括枯楊生稊賦柔得乎剛則變化無方故能令老者以安分使衰者而再芳不然爻之均奚獨殊其槇橈木之衆奚獨舉其枯楊徒觀其枝葉滋潤色帶韶光發枯槁擢豪芒直幹森梢欻浮於靑翠高柯假爍漸變於蒼黃豈比夫顛木貴梼櫱材稱良而已哉至如和風稍吹遲日久照淡淸烟而猋爍合曉露而凝耀苟非懷蘊狀雖死而猶生忽應鳴禽類先號而後笑是知心動於內氣變於形以類

相感因時則宜或叢生落落或孤峙亭亭映平林而逈秀倚長空而特靑爰有翰林墨客懿此維新覩物生興與時爲春在陽當榮於枯木理代實資於哲人遂稽大道將斯小伸相長楊以體物希百中於茲辰

五言古詩　增　梁簡文帝折楊柳楊柳亂成絲攀折上春時葉密鳥飛礙風輕花落遲城高短簫發林空畫角悲曲中無別意並是爲相思　和湘東王陽雲樓簷柳暧暧陽雲臺春柳發新梅柳枝無極軟春風隨意來潭沲靑帷閉玲瓏朱扇開佳人有所望車聲非是雷　詠柳垂陰滿上路結翠早知春花絮時隨鳥風枝屢拂塵欲散依依采時要歌吹人　元帝詠陽雲樓簷柳楊柳非

花樹依樓自覺春枝邊通粉色隙裏映紅巾帶日交簾影因吹掃窓塵拂簷應有意偏宜桃李人　綠柳長條垂拂地輕花上逐風露霑疑染綠葉小未障空　沈約翫庭柳輕陰拂建章夾道連未央因風結復解霑露柔且長楚妃思欲絕班女淚成行遊人未應去爲此還故鄉　吳均詠柳細柳生堂北長風發雁門秋霜常振葉春露詎濡根朝作離蟬宇暮成宿鳥園不爲君所愛擢折當何言　陳張正見折楊柳楊柳半垂空裊裊上春中枝疎董澤箭葉翠楚臣弓色映長河水花飛高樹風莫言限宮掖不閉長楊宮　賦得垂柳映斜谿千仞淸溪險三陽弱柳垂葉細臨湍合根空帶石危風翻夾浦

絮雨濯倚流枝不分梅花落還同橫笛吹　祖孫登詠柳馳道藏烏日鬱鬱正翻風抽翠爭連影飛綿亂上空高葉臨秦塞長枝拂漢宮欲驗傷攀折三春橫笛中　王瑳折楊柳塞外無春色上林柳已黃枝影侵雲暗葉彩亂星光陌頭藏戲鳥樓上掩新妝攀折思爲贈心期別路長　隋杜之松和衛尉于卿詠柳漢將本屯營遼河有戍城大夫曾取姓先生會得名高枝拂遠雁疎影度遙星不辭攀折苦爲入管絃聲　唐盧照鄰折楊柳倡樓啓曙扉楊柳正依依鶯啼知歲隔條變識春歸露葉疑秋黛風花亂舞衣攀折將安寄軍中音信稀　韋承慶折楊柳萬里邊城地三春楊柳節葉似鏡中眉花

如關外雪征人遠鄉思娼婦高樓別不忍擲年華含情
寄攀折　〔鄭谷折楊柳〕青柳映紅顏黃雲蔽紫關忽聞
邊使出枝葉為君攀舞腰愁欲斷春心望不還風花滚
成雪羅綺亂斑斑　〔李白折楊柳〕垂楊拂淥水搖艷東
風年花明玉關雪葉暖金窻烟美人結長想對此心悽
然攀條折春色遠寄龍庭前　〔金陵白下亭留別〕驛亭
三楊樹正當白下門呉烟暝長條漢水齧古根向來送
行處廻首阻笑言別後若見之為余一攀翻　〔姚係庭
柳〕褭褭楊柳枝當軒雜佩垂交陰總共密分條各自宜
因依似永久攬結更傷離愛此陽春色秋風莫遽吹
〔皇甫冉崔十四宅各賦一物得簷柳〕官渡老風烟潯陽

廣羣芳譜　卷木譜九　柳一　十三

媚雲日漢將營前見胡笳曲中出復在此簷端垂陰仲
長室　〔韋應物西澗種柳〕宰邑乖所願僶俛愧昔人聊
將休暇日種柳西澗濱置鍤息徽倦臨流睇歸雲封壤
自人力生條在陽春成陰豈自取為茂屬他辰延詠留
佳賞山水變夕曛　〔孟郊搖柳〕弱弱本易驚看看勢難
定因風似醉舞盡日不能正時邀詠花女笑輟春妝鏡
〔宇文秀才齋中海柳詠〕玉縷青葳蕤結為芳樹姿忽
驚明月鉤鉤出珊瑚枝灼灼不死花濛濛長生絲飲柏
况仙味詠蘭擬古詞霜風清颼颼與君長相思　〔白居
易有木詩〕有木名弱柳結根近清池風烟借顏色雨露
助華滋峩峩白雪花嫋嫋青絲枝漸密陰自庇轉高梢

四垂截枝扶為杖軟弱不自持折條用樊圃柔脆非其
宜為樹信可謫論材何所施可惜金堤地栽之徒爾為
〔東溪種柳〕野性愛栽植植柳水中坻乘春持斧斫裁
截而樹之長短既不一高下隨所宜倚岸埋大幹臨流
插小枝松柏不可待楩柟固難移不如種此樹此樹易
榮滋無根亦可活成陰况非遲三年未離郡可以見依
依種罷水邊憩仰頭閒自思富貴本非望功名須待時
不種東溪柳端坐欲何為　〔種柳三首〕白頭種松桂早
晚見成林不及栽楊柳明年便有陰春風為催促副取
老人心　從君種楊柳夾水意如何舉擬三年後青絲
拂綠波仍教小樓上對唱柳枝歌　更想五年後千千

廣羣芳譜　卷木譜九　柳一　十四

條麴塵路傍深映月樓上閉藏春愁殺閒遊客聞歌不
見人　〔崔護五月水邊柳〕結根挺涯涘垂影覆清淺睡
臉寒未開嫩腰晴更軟搖空條已重拂水帶方展似醉
烟景凝如愁月露泫緌長魚伏恐枝弱禽驚踐長別幾
多情含春任攀搴　〔宋司馬光柳〕驛道苦車馬田廬悲
斧斤誰栽官舍前老朽完天真所願明府心庇樹如庇
人　〔李元膺折楊柳〕東風來何時百花已飄零獨有堤
上柳慘澹含春榮扁舟復何適延客江上亭顧無青玉
案何以送予行攀條欲相贈上有雙流鶯流鶯正求友
奈此離別情　〔元謝應芳六柳莊為沈太守作〕彭澤五
株柳清風千載餘顧余心乃心修名難與俱所以樹六

柳於焉結吾廬門前有流水樹下堪釣魚我柳已成陰豈不懷放歸人生一趨舍世事紛萬殊善學柳下惠風雨恒攸居繼跡子陶子亦曰姑徐徐誰其知此心南山默如愚〔明袁凱鄒園柳堤〕柔條被晴莎密陰覆芳杜逶迤起沙際寂寞連水滸鷗眠雨未歇鶯叫烟初暝還將竹竿去從爾釣春渚

七言古詩〔增〕〔唐許景先折柳篇〕春色東來渡渭橋青門垂柳百千條長楊西連建章路漢家林苑紛無數縈花始遍合歡枝遊絲半罥相思樹春樓初日照南隅柔條垂綠掃金鋪寶釵新梳倭墮髻錦帶交垂連理襦自憐柳塞淪戍幕銀燭長啼愁夢著芳樹朝催玉管新春風

夜染羅衣薄城頭楊柳已如絲今年花落去年時折芳遠寄相思曲為惜容華難再持〔李白宜春苑奉詔賦龍池柳色初青聽新鶯百囀歌〕東風已綠瀛洲草紫殿紅樓覺春好池南柳色半青青縈烟裊娜拂綺城垂絲百尺挂雕楹上有好鳥相和鳴間關早得春風情春風卷入白雲去千門萬戶皆春聲是時君王在鎬京五雲垂暉耀紫清仗出金宮隨日轉天回玉輦繞花行始向蓬萊看舞鶴還過茝石聽新鶯新鶯飛繞上林苑願入簫韶雜鳳笙〔劉商柳條歌送客〕露井夭桃春未到遲日猶寒柳開早高枝低枝飛鸝黃千條萬條覆宮牆幾回離別折欲盡一夜東風吹又長鬖鬖拂人行不進依依送君無遠近青春去住隨柳條卻寄來人以為信〔白居易蘇州柳〕金谷園中黃嫋娜曲江亭畔碧婆娑老來處處遊應徧不似蘇門柳最多絮撲白頭條拂面使君無計奈春何〔崔珏門前柳〕門前蜀柳先知春風潛暖烟愁殺人將謂只栽郡樓下不知迤邐連南津南津柳色連南市南市戎州三百里夷陬蠻落相連接故鄉吳道心先死我今帝里還有家門前嫩柳插仙霞晨露大乙壇邊雨暮宿鳳凰城裏鴉別來三載當誰道門前年年綠陰好春來定解飛雪花雨後還應庇煙草憶昔當年栽柳時新芽茁茁嫌生遲如今宛轉稱著地常向綠陰勞夢思不道彼樹好不道此樹惡試將此意問野

人野人盡道生處樂為報門前楊柳栽我應來歲當歸來縱令樹下能攀折白髮如絲心似灰〔宋蘇軾次韻子由柳湖感物〕憶昔子美在東屯數間茅屋蒼山根嘲吟草木調蠻獠欲與猿鳥爭啾喧子今憔悴衆所棄驅馬獨出無往還惟有柳湖萬株柳清陰與子供朝昏胡為譏評不少借生意凌挫難為繁柳雖無言不解慍世俗乍見應憮然嬌姿共愛春濯濯豈問空腹修蛇蟠朝看濃翠傲炎赫夜愛疏影搖清圓風翻雪陣春絮亂蠹響啄木秋聲堅四時盛衰各有態搖落悽愴驚寒溫南山孤松積雪底抱凍不死誰復賢〔蘇轍柳湖感物〕柳湖萬柳作雲屯種時亂插不須根根如臥蛇身合抱仰

覷不見蜩蟬喧開花三月亂飛雪過墻度水無復還窮
高極遠風力盡藥墜泥土顏色昏偶然直墮湖中水化
爲浮萍輕且繁隨波上下去無定物性不改天使然南
山老松長百尺根入石底蛟龍蟠秋深葉上露如雨傾
流入土明珠圓乘春發生葉短短根大如指長而堅神
農嘗藥最上品氣力直壓鍾乳溫物生稟受久已異世
俗何始分愚賢〔徐積楊柳枝〕楊柳楊柳復楊柳舞罷
青衫困垂手相如病思最多情沈約才清更耐酒君看
好鳥鳴枝間日與春風問安否清明前後峭寒時好把
香綿閑抖擻〔楊萬里岸柳〕柳梢拂入溪雲陰柳根插
入溪水深祇今立岸一𢿋帚歸時弄日千黃金人生榮

謝亦如此謝何足怨榮何喜秋霜春雨自四時老夫問
柳柳不知〔金元好問結楊柳怨〕長樂坡前一杯酒鄭
重行人結楊柳可憐楊柳千萬枝看看盡入行人手輕
烟細雨綠相和惱亂春風態度多路人愛是風流樹無
柰朝攀暮折何朝攀暮折何時了不道行人暗中老素
衣今日洛陽塵白髮朝朝塞城草柳色年年歲歲青關
人何事管離情春風誰向丁寧道折斷長條莫再生
〔元龔璛題馬虛中柳城春色圖〕城中塵頭十丈高欲畫
春風風怒號佩霞仙人騎鶴背却度太虛觀樂郊當時
丹青爭出色借與天公動搖碧上流老子餘舊蹤桓大
將軍亦曾植樹猶如此我何堪莫學江南繫船客雉堞

平成天下平有情有思弄春晴隔葉睍睆黃鸝聲〔劉
詵水邊柳〕影江南殘臘冰雪消人家垂楊如灞橋窺春
嬌眼寒未動彷彿已學東風腰東家女兒重歲月心逐
時物先妖嬈此時欲寄未可折直待二月黃金條〔郯
部柳塘春〕美人遠在春塘住門外垂楊千萬樹微風白
日裊游絲度水輕陰蕩飛絮使君來自白玉堂攀枝欲
結雙明璫門前繫著紫騮馬上堂急管絃清商美人起
舞爲君壽再拜登歌酌君酒使君明日上長安莫唱東
風折楊柳　春塘二月春波深楊柳濯濯弄輕陰微風
裊裊金蟲落隔屋兩兩黃鸝吟飛花莫遣度流水化作
浮萍無定止折時須折最長條堤邊繫取木蘭橈〔王

逢君家柳〕君家柳萬株一色鵝黃酒龍鱗波暖裊翠烟
飛花直渡江南天倉庚立聽燕穿午薄暮啄木聲丁然
腹中樹蝕皮齧馬舊陰半減金城下長條短條屬行人
猶有持斤覘之者秋來大地落葉鳴心憶陽春淚如瀉
〔明黃世康新柳篇〕嶰谷看梅初駐杖清溪又見柳條
長穉葉晴窺搶翠堤流絲暗撲遊春仗帶結柔腰不自
持笛弄新腔那得知小樓思婦見愁別南陌征人折恨
離離亭欲折未堪折昨夜迴風復迴雪黯黯妝成寒食
天毿毿怯近清明節漢苑三眠鬢欲斜隋宮一望雲牛
遮此時出谷綿蠻鳥此時曳艷桃李花縈花狎鳥空青
滴金縷千行照窗碧抹黛當壚何氏壞垂鞭繫馬誰家

客客來索酒蒲萄香中懸結綠衣醮黃迎陰半上鞦韆架踏影爭登蹋蹴場場前歌舞少年路綺羅綷盡傷心樹但憐蘇小門庭清誰知稽大園林暮一年柳色一年新新柳年年弄早春章臺曲斷驚殘夢月淡烟疎惱殺人〔僧德祥折楊柳〕小葉柳大葉楊今年折盡明年長明年今日在何鄉春風吹斷鐵心腸葉葉比君看條條比君髮朝如青絲暮如雪能使離人幾廻別

五言律詩【增】〔唐太宗春池柳〕年柳變池臺隋堤曲直廻逐浪分陰去迎風帶影來疎黃一鳥弄半翠幾眉開縈雪臨春岸參差間早梅〔李嶠柳〕楊柳鬱氤氳金堤總翠氛庭前花類雪樓際葉如雲列宿分龍影芳池寫鳳

文短簫何以奏攀折爲思君〔李白望漢陽柳色寄王宰〕漢陽江上柳望客引東枝樹樹花如雪紛紛亂若絲春風傳我意草木別前知寄謝弦歌宰西來定未遲【原】〔杜甫柳邊〕只道梅花發那知柳亦新枝枝總到地葉葉自開春紫燕時翻翼黃鸝不露身漢南應老盡灞上遠愁人【增】〔皇甫冉謝韋大夫栽柳〕本在胡笳曲今從漢將營濃陰方待庇弱植豈無情比雪花應吐藏烏葉未成五株蒙遠賜應使號先生〔盧綸送張成季往江上賦得垂楊〕垂楊眞可憐地勝覺春偏一穗雨聲裏千條池色前露繁花的皪日麗影團圓若到隋堤望應逢花滿船〔戴叔倫賦得長亭柳〕濯濯長亭柳陰連灞水流雨搓金縷細烟裊翠絲柔送客添新恨聽鶯憶舊遊贈行多折取那得到深秋〔柳宗元種柳戲題〕柳州柳刺史種柳柳江邊談笑爲故事推移成昔年垂陰當覆地聳幹會參天好作思人樹慚無惠化傳〔白居易題王家莊臨水柳亭〕弱柳緣堤種虛亭壓水開條疑逐風去波欲上堦來翠羽偷魚入紅腰學舞廻春愁正無緒爭不盡殘杯〔顧非熊賦得江邊柳送陳許郭員外〕拂水復含烟行分古岸邊春風正搖落客思共悠然絮急頻縈水根靈復繫船微陰覆離岸祗此醉昏眠〔李商隱柳〕動春何限葉撼曉幾多枝解有相思苦應無不舞時絮飛藏皓蝶帶弱露黃鸝傾國宜通體誰來獨賞眉

〔贈柳〕章臺從掩映郢路更參差見說風流極來當婀娜時橋廻行欲斷堤遠意相隨忍放花如雪青樓撲酒旗〔謔柳〕巳帶黃金縷仍飛白玉花長時須拂馬密處少藏鴉眉細從他斂腰輕莫自斜玳梁誰道好偏擬映盧家〔方干柳〕搖曳惹風吹臨堤軟勝絲態濃誰解識力弱自難持學舞枝翻袖呈妝葉展眉如何一攀折懷友又題詩〔趙嘏垂柳覆金堤〕新年垂柳色嫋嫋對空闈不畏芳菲好自緣離別啼因風飄玉戶向日映金堤驛使何時度還將贈隴西〔薛能江柳〕條綠似垂纓離筵日照輕向人雖有態傷我爲無情橋遠孤臨水牆低半出營天津曾此見亦是愴行行〔吳融詠柳〕自與鶯

爲地不教花作媒細應和雨斷輕祇愛風裁好拂錦步
障莫遮銅雀臺灞陵千萬樹日暮別離回〔李中題柳〕
折向離亭畔春光滿手生羣花豈無艷柔質自多情夾
岸籠溪月兼風撼野鶯晴堤三月暮飛絮想縱橫 原
魚玄機賦得江邊柳〕翠色迷荒岸烟姿入遠樓影鋪秋
水面花落釣人頭根老藏魚窟枝低繫客舟蕭蕭風雨
夜驚夢復添愁 增〔宋韓琦獅子柳〕柳出猊首天然
癭贅高楓瘤蟲鬼伏松幹護龍豪想猙伸獰爪絲輕被
毳毛三眠漢官樹人狀可同褒 〔徐照衰柳〕風吹無一
葉不復翠成叢枝脆經霜氣根空入水波寒棲江鷺早
暗出野螢多廢圃荒堤外人嗟舊迹過 〔元孫氏蕙蘭

綠窗詩〕窗裏人初起窗前柳正嬌捲簾銜落絮開鏡見
垂條坐對分金線行防拂翠翹流鶯空巧語倦聽不須
調 〔明高啓詠柳〕何恨苦長羈纖姿嫌媚春慣愁行路
客羞比舞筵人亂葉斜斜雨狂風袞袞塵殘蟬來暮日
應落漢潭濱 〔楊基雪中柳〕春雪曉蕭蕭隨鶯上柳條
漸將絲共結終與絮俱飄淚粉凝啼眼珍珠壓舞腰東
風自憐惜留映赤欄橋 〔顧璘問柳〕爲問故園柳春光
幾許深未忘攀折處猶帶別離心疎雨一川暝輕烟兩
岸沉主人歸未得惆悵五株吟 〔陳沂宮柳〕嫋嫋春聲
裏陰陰曉色中纔垂金屋暗花散玉樓空凝露啼秦苑
因風鬪楚宮不知行輦處幾樹近簾櫳 〔金鑾柳堤〕春

江水正平密樹聽啼鶯十里籠晴苑千條鎖故營雨香
飛燕促風暖落花輕更欲勞攀折年年還自生 原〔申
時行適適圃柳堤〕一借河橋色長留水閣陰籠烟斜鎖
黛颭日縷垂金葉底三眠夢枝頭百囀音五株頻對詠
眞慰故園心 增〔謝肇淛賦得新柳送別〕短岸復長堤
黃輕綠未齊曉風吹不定春雪壓常低草細偏相妬鶯
嬌未敢啼年芳君莫問日落灞陵西
七言律詩 增〔唐白居易題路傍老柳樹〕皮枯緣受風霜
久條短爲經攀折頻但見半衰當此路不知初種是何
人雪花零碎逐年減烟葉稀疎隨分新莫道老株芳意
少逢春猶勝不逢春 〔喜小樓西新柳抽條〕一行弱柳

前年種數尺柔條今日新漸欲拂他騎馬客未多遮得
上樓人須教碧玉羞眉黛莫與紅桃作麴塵爲報金堤
千萬樹饒伊未敢苦爭春 〔杜牧柳長句〕日落水流西
復東春光不盡柳何窮巫娥廟裏低含雨宋玉宅前斜
帶風莫將榆莢共爭翠深感杏花相映紅灞上漢南千
萬樹幾人遊宦別離中 〔李商隱柳〕江南江北雪初消
漠漠輕黃惹嫩條灞岸已攀行客手楚宮先騁舞姬腰
清明帶雨臨官道晚日含風拂野橋如線如絲正牽恨
王孫歸路一何遙 原〔溫庭筠題柳〕楊柳千條拂面絲
綠烟金穗不勝吹香隨靜婉歌塵起影伴嬌嬈舞袖垂
羌管一聲何處曲流鶯百囀最高枝千門九陌花如雪

飛過宮墻兩不知〔薛逢詠柳〕弱植驚風急自傷暮來
翻遣思悠揚曾飄綺陌隨高下敢拂朱闌競短長縈砌
乍飛還乍舞撲池如雪又如霜莫令岐路頻攀折漸擬
垂陰到畫堂 增〔顧雲柳帶〕露含烟處處垂綻黃搖綠
嫩參差長堤未見風飄絮廣陌初憐日映絲斜傍畫筵
偷舞態低臨妝閣學愁眉離亭不放到春暮折盡拂簷
千萬枝〔韓偓宮柳〕莫道秋來芳意違宮娃猶自妬蛾
眉幸當玉輦經過處不怕金風浩蕩時草色長承垂地
葉日華先動映樓枝澗松亦有凌雲分爭似移根太液
池 原〔唐彥謙柳〕春思春愁一萬枝遠村遙岸寄相思
西園有雨和苦長南內無人拂檻垂遊客寂寥緘遠恨

暮鶯啼叫惜芳時曉來飛絮如霜鬢恐爲多情管別離
增〔李咸用詠柳〕日近烟饒還有意東垣西掖幾千株
牽仍別恨知難盡誇衒春光恐更無解得人情常婉約
巧隨風勢強盤紆天應繡出繁華景處處茸絲惹路衢
〔羅紹威柳〕裝點青春更有誰青春常許占先知亞夫
營畔風輕處元亮門前日暖時花密宛如飄六出葉繁
何惜借雙眉交情別緒論多少好向仁人贈一枝〔徐
夤柳〕漠漠金條引線微年年先翠報春歸解籠飛靄延
芳景不逐亂花飄夕暉啼鳥噪蟬堪悵望舞烟搖水自
因依五株名顯陶家後見說辭榮種者稀〔僧慕幽柳〕
今古憑君一贈行幾回折盡復重生五株斜傍淵明宅

千樹低垂太尉營臨水帶烟藏翡翠倚風兼雨宿流鶯
隋皇堤上依依在肎惹當時歌吹聲〔宋歐陽修去思
堂手植雙柳今歲成陰因而有感〕曲欄高柳拂簷邪
憶初栽映碧潭人昔共遊今孰在樹猶如此我何堪壯
心無復身從老世事都銷酒半酣後日更來知有幾攀
條莫惜駐征驂〔詠柳〕綠樹低昂不自持河橋風雨弄
春絲殘黃淺約眉雙斂欲舞先誇手小垂快馬折鞭催
遠道落梅橫笛共餘悲長亭送客兼迎雨費盡春條贈
別離〔陶弼詠柳〕揚子江頭流水湄長安陌上暖風吹
黃金瓔珞雪晴後碧玉玲瓏春盡時端的園林俱不及
等閑臺榭便相宜思量也是多情物占與人間贈別離

〔邵雍垂柳短吟〕臨溪拂水正依依更被狂風來往吹
薄暮不勝烟羃羃深春無奈日遲遲誰家縹緲青羅被
何處蹁躚金縷衣猶恐離人腸未斷滿天仍著亂花飛
〔王十朋詠柳〕東君于此最鍾情裝點村村入畫屏向
我無言眉自展與人非故眼猶青縈牽別恨絲千尺斷
送春光絮一亭葉底黃鸝音更好隔溪烟雨醉時聽
〔元張弘範風柳〕澹澹池塘近楚宮綠腰裊娜學盤中亂
搖芳草飛輕白細搭朱闌拂落紅枝上嬌鶯啼恰恰樹
邊舞蝶意悤悤東君應著吹噓力莫把眞愁一埽空
〔明興獻王楊柳〕金絲縷縷是誰搓時見流鶯爲擲梭春
暮絮飛淸影薄夏初蟬噪綠陰多依依弱態愁青女裊

裊柔情戀碧波惆悵路岐行客衆長條折盡欲如何
楊基新柳濃如烟草淡如金濯濯姿容裊裊陰漸軟已
無憔悴色未長先有別離心風來東面知春淺月到梢
頭覺夜深惆悵吳宮千萬樹亂鴉疎雨正沉沉 李禎
柳含烟裊露白青青愛近官橋與驛亭春滿章臺偏婀
娜秋深隋岸最凋零長從蘇小門前折幾向龜年笛裏
聽絕勝東風桃李樹飛花猶解化浮萍 石瑤宮柳內
裏垂楊自不同萬條柔翠拂瓊宮葉含華萼樓前雨枝
帶朝元閣上風望入畫眉情正切囀來黃鳥語初工一
般灞水橋頭綠日日行人惆悵中 謝榛春柳黃鸝時
復喚春遊陌上楊花漫不休幾向離筵搖落日莫教長

笛動淸秋輕烟直接都門外細雨低臨灞水頭漫繫王
孫金絡馬萋萋綠草有人愁 李言恭柳千株楊柳翠
逶迤裊裊烟絲風細搓鶯囀市橋牽客思馬嘶官道促
驪歌水邊賦欲堆金縷花外輕堪度玉梭漢苑隋宮俱
寂寞古堤草滿夕陽多 李奎詠湖上新柳依依弱柳
不勝春裊裊垂條向水濱奈可輕盈愁少婦豈堪攀折
贈離人烟消翡翠眠初起風折鵝黃舞乍新猶喜芳心
未成絮肎將眉黛向人顰 原張祥鳶柳東風宛轉柳
條新攀折初榮蛸玉人眉翠正逢三月望絲長能繫百
年春輕撩燕子昭陽舞低拂桃花洛水神唱罷新翻芳
樹曲半遮歌扇一含顰 申時行烟柳拂地長翻綺陌

塵弄晴偏學黛眉顰三眠弱縷深如羃一抹輕綃黯未
勻嘶入紫騮難辨影坐來黃鳥易藏身千條青瑣還能
記御氣氤氳曉色新 淺綠輕黃半吐姿長堤曲沼萬
垂絲纔消凍水先窺眼乍著條風已放眉陌上折來偏
弄色樓頭望去轉縈思一年一報芳菲節漫向河橋怨
別離 范景文春柳春晴乍被柳相挑費盡支持不自
聊作意將來看眼媚關情偏可惹魂消瘦猶含態驕梅
格暖故拖寒帶雪條漫較疎黃與深綠好風吹綻看明
朝 鄭之文詠柳灞橋無恙綰離憂忽見揚鞭紫陌頭
學舞腰肢防妬含顰眉黛爲君愁藏鴉門外條空結
繫馬堤邊葉正柔古道荒城慣吹笛懸知心已在封侯

徐桂新柳條風一夜乍回枯黛色和烟半有無玄灞
柔條堪繫馬白門疎影不藏烏樓頭寒映羅衣薄曲裏
風驚紫塞孤春水漾波春草碧等閑芳歲莫教徂 增
康彥登詠柳照影盈盈拂自垂受風縷縷弱還吹關山
笛裏思歸引灞水橋邊恨別枝翠黛莫因春去損纖腰
乍向月明移可憐空傍章臺老欲惜凋零更有誰 朱
謀晉柳二十八星中有名千枝萬樹綰離情暖風拂地
條初弱寒雨連空葉漸生半倚紅亭江北岸低藏粉堞
漢南城綠陰高處春光暮吹送新蟬四五聲 陳繼儒
詠柳泥融沙漲雪痕消到處芳菲著舊條隔水半藏青
雀舫迎風斜倚赤欄橋樓頭人醉初橫笛灞口春陰不

上潮陶令柴桑歸去久五株門外已飄摇　翠條金縷
舞娉婷野渡津頭驛外亭啼鳥踏來枝太怯春風扶起
態沉冥黄河氷破初回綠紫塞沙寒不放青此日深閨
遊子婦只愁飄泊逐浮萍　東風淡蕩影徘徊斂態凝
愁傍落梅疎翠護枝披早霰縱黄黏凍候輕雷此時穉
鍜陰仝薄幾夜羌吹花不開依舊西京春月色何人走
馬過章臺〔僧智舷秋柳〕悵望依依南浦南春絲争吐
似吳蠶一枝一葉俱無恙秋雨秋風也不堪蚕識愁催
青眼變宵將鬢與翠眉含明年縱使連堤綠能忍清霜
滿樹酣〔僧大遂柳〕沐雨梳烟千萬枝春風撓住定何
時青窺鏡裏愁人眼翠染機中織女絲柔舞難容鶯坐

穩輕搖易惹燕飛遲可憐歲歲章臺路腸斷忘歸遊俠
兒

佩文齋廣羣芳譜卷第七十六

佩文齋廣羣芳譜卷第七十七

木譜

柳二

【集藻】〔五言排律〕【增】唐張昔〔小苑春望宮池柳色〕小苑春
初至皇衢日更清遥分萬條柳迴出九重城隱映龍池
潤參差鳳闕明影宜宮雪曙色帶禁煙晴深淺殘陽變
高低曉吹輕年光正堪折欲寄一枝榮〔黎逢小苑春
望宮池柳色〕上宮新柳變小苑草天晴始見和煙密遥
憐拂水輕色乘陽氣重陰助御楼清不厭隨風嫋仍宜
向月明客中愁美景池上仰光榮漸到依依處思聞出
谷鶯〔丁位小苑春望宮池柳色〕小苑宜春望宮池柳

色輕低昂含曉景繁轉帶新晴似蓋芳初合如絲蔭漸
成依依連水暗嫋嫋出牆明雖以陽和發能令旅思生
他時花滿路從此接遷鶯〔元友直小苑春望宮池柳
色〕柳色新池徧春光御苑晴葉依青閣密條向碧流傾
路暗陰初重波搖影轉清風從垂處度煙就望中生斷
續遊蜂聚飄颻戲蝶輕怡然變芳節願及一枝榮〔楊
系小苑春望宮池柳色〕勝遊從小苑宮柳望春晴拂地
青絲嫩縈風綠帶輕光含煙色遠影透水紋清玉笛吟
何得金閨畫豈成皇風吹欲斷聖日映逾明願駐高枝
上還同出谷鶯〔楊凌小苑春望宮池柳色〕上苑閑遊
早東風柳色輕儲胥遥掩映池水隔微明春至條偏弱

寒餘葉未成和煙變濃淡轉日異陰晴不獨芳菲好還因雨露榮行人望攀折遠翠暮愁生〔崔績小苑春望宮池柳色〕帝京春氣早御柳已先榮嫩葉隨風散浮光向日明悠揚生別意斷續引芳聲積翠連馳道飄花出禁城柔條依水弱遠色帶煙輕南望龍池畔斜光照曉晴〔裴達小苑春望宮池柳色勝遊〕經小苑閑望上春城御路韶光發宮池柳色輕乍濃含雨潤微澹帶雲晴羃䍥殘煙斂搖揚落照明幾條垂廣殿數樹影高旌獨有風塵客思同雨露榮〔張季略小苑春望宮池柳色〕韶光歸漢苑柳色發秦城半見離宮出纔分遠水明青葱當淑景隱映媚新晴積翠煙初合微黃葉未生迎春

看尚嫩照日見先榮倘得辭幽谷高枝寄一鳴〔沈廻小苑春望宮池柳色〕今來遊上苑春染拂條輕濯濯方含色依依若有情分行臨曲沼先發媚重城拂水枝偏弱搖風絲已生變黃隨淑景吐翠逐新晴佇立徒延首徘徊欲寄誠〔賈稜御溝新柳〕御苑陽和早章溝柳色新託根偏近日布葉乍迎春秀質方含翠清陰欲庇人輕雲度斜景多露滴行塵裊裊堪離贈依依獨望頻王孫如可賞攀折在芳辰〔陳羽御溝新柳〕宛宛如絲柳含黃一望新未成溝上暗且向日邊春嫋娜方遮水低迷欲醉人託空芳鬱鬱逐溜影鱗鱗弄色滋宵露垂枝染夕塵夾堤連太液還似映天津〔歐陽詹御溝新柳〕

東風韶景至垂柳御溝新媚作千門秀連爲一道春柔荑生女指嫩葉長龍鱗舞絮廻青岸輕煙拂綠蘋王孫初命賞楚客欲傷神芳意堪相贈一枝先遠人〔馮宿御溝新柳〕夾道天衢遠垂絲御柳新千條宜向日萬戶共迎春輕翠含煙發微音逐吹頻靜看思渡口廻望憶江濱褭褭分遊騎依依駐旅人陽和如可及攀折在茲辰〔李觀御溝新柳〕御溝廻廣陌芳柳對行人翠色枝枝滿年光樹樹新畏逢攀折客愁見別離辰近映章臺騎遙分禁苑春嫩陰初覆水高影漸離塵莫入邊城笛還令淚濕巾〔劉遵古御溝新柳〕韶光先禁柳幾處覆溝新映水疑分翠含煙欲占春悠悠遲日晚裊裊好風

頻吐節茸猶嫩通條澤稍均遠和瑤草色暗拂玉樓塵願假鶯飛便歸栖及此辰〔李商隱垂柳〕垂柳碧鬅茸樓昏雨帶容思量成夜夢未久發春慵梳洗憑張敞乘騎笑稚恭碧虛隨轉笠紅燭近高春怨目明秋水愁眉淡遠峰小闌花蕊蝶靜院醉醒蛩舊作琴臺鳳今爲藥店龍寶奩拋擲久一任景陽鐘〔溫庭筠原隰荑綠柳〕迥野韶光早晴川柳滿堤拂塵生嫩綠披雪見柔荑碧玉牙猶短黃金縷未齊腰支弄寒吹眉意入春閨預恐狂夫折迎牽逸客迷新鶯將出谷應借一枝栖〔杜荀鶴御溝柳〕律到御溝春溝邊柳色新細籠穿禁水輕拂入朝人日近韶光早天低聖澤勻谷鶯栖未穩宮女畫

難眞楚國空搖浪隋堤暗惹塵何如帝城裏先得覆龍
津　〔元許有孚柳巷〕種柳圭塘路行行便向榮雨晴羞
眼澀煙暖細眉橫色比金猶嫩枝看翠易盈林疎無繫
馬葉接有啼鶯線亂柔條裊瑣鋪落絮平時詩常獨往
送客或同行歸院塵難到還家月每明上通陶宅令下
接亞夫營京兆時非昔平康夢自驚陽關休豔曲司馬
易傷情但恐春回馭何將酒解醒托根因勝境由徑得
嘉名莫訝公休吏詩成句未精　〔明僧廣潤賦得新月
柳〕初月生明夜嬋娟映柳時幽暉疑露葉淺影弄風枝
寫黛將開鏡停梭未理絲絃調銀指甲珮曳翠腰肢顧
兎眼還起驚烏舞乍敧一痕青眼媚萬縷素心知濯濯

俱盈手纖纖互鬬眉攀條悲往事流彩誤佳期偏照深
閨夢長牽故國思關山正愁絕莫向笛中吹
五言絕句　增〔唐太宗賦得臨池柳〕岸曲絲陰聚波移帶
影疎還將眉裏翠來就鏡中舒　原〔王維輞川柳浪〕分
行接綺樹倒影入淸漪不學御溝上春風傷別離　〔裴
廸輞川柳浪〕映池同一色逐吹散如絲結陰既得地何
謝陶家時　增〔岑參題平陽郡汾陽橋邊柳樹〕此地曾
居住今來宛似歸可憐汾上柳相見也依依　〔王之渙
送別〕楊柳東風樹青青夾御河近來攀折苦應爲別離
多　〔皇甫冉問柳〕接影武昌城分行漢南道何事閉門
外空對青山老　〔戴叔倫堤上柳〕垂柳萬條絲春來織

別離行人攀折處閨妾斷腸時　〔司空曙新柳〕全欺芳
蕙晚似妒寒梅疾撩亂發春條春風來幾日　〔韓愈和
虢州劉給事使君柳溪〕柳樹誰人種行行夾岸高莫將
條繫纜到處有蟬號　〔柳巷〕柳巷還飛絮春餘幾許時
吏人休報事公作送春詩　〔白居易勤政樓老柳〕半朽
臨風樹多情立馬人開元一株樹長慶二年春　〔雨中
題衰柳〕濕屈青條折寒飄黃葉多不知秋雨意更欲遣
如何　〔杜牧獨柳〕含煙一株柳拂地搖風久佳人不忍
折悵望廻纖手　〔李商隱巴江柳〕巴江可惜柳柳色綠
侵江好向金鑾殿移陰入綺窻　〔柳下暗記〕無奈巴南
柳千條傍吹臺更將黃映白擬作杏花媒　〔李中途中

柳〕翠色晴來近長亭路去遙無人折煙縷落日拂溪橋
〔宋晏殊河柳〕河柳擅佳名青條發紅穗因愁百卉嬌
强作芳菲意　〔王安石五柳〕五柳柴桑宅三楊白下亭
往來無一事長得見青青　〔蘇軾和子由岐下柳〕今年
手自栽問我何年去他年我復來搖落傷人思　〔朱子
丘子野郊園詠柳〕欲識淵明家離離疎柳下中有白雲
人良非遯世者　〔元楊維楨楊柳詞〕楊柳董家橋鵞黃
萬萬條行人莫到此春色易相撩　〔明袁凱新柳〕淺色
初含雨輕陰未過池黃昏畫樓畔最是斷腸時　〔胡奎
江邊柳〕朝送木蘭船暮迎征馬鞭非關離別苦生長在
江邊　原〔孫蕡折柳〕人言折柳惡儂言折柳好倘向柳

邊行識君去時道

七言絕句

御製苑西新柳二首 岸草青回太液池春來又見柳垂絲東風小苑三眠後最愛鶯黃蘸水枝　輕煙漠漠柳青青半拂虹橋半水亭嗁鳥數聲春晝永博山香裊隔簾聽 新柳 畿內柳絲未出黃江南柳色已成行鬱金枝上嗁鶯早積翠河邊待夕陽 柳條邊望月 雨過高天霽晚虹關山迢遞月明中春風寂寂吹楊柳摇曳寒光度遠空

原 唐賀知章詠柳 碧玉妝成一樹高萬條垂下綠絲絛不知細葉誰裁出二月春風似剪刀 增 張旭柳 濯濯煙條拂地垂城邊樓畔結春思請君細看風流意未減

靈和殿裏時 原 王昌齡閨怨 閨中少婦不知愁春日凝妝上翠樓忽見陌頭楊柳色悔教夫壻覓封侯 杜甫漫興 隔溪楊柳弱嫋嫋恰似十五女兒腰誰謂朝來不作意狂風挽斷最長條 劉方平春怨 朝日殘鶯伴妾嗁開簾只見草萋萋庭前時有東風入楊柳千條盡向西 增 皇甫松楊柳枝詞 爛熳春歸水國時吳王宮殿柳絲垂黃鶯長叫香閨畔西子無因更得知 劉禹錫楊柳枝詞 塞北梅花羌笛吹淮南桂樹小山詞請君莫奏前朝曲聽唱新翻楊柳枝　南陌東城春早時相逢何處不依依桃紅李白皆誇好須得垂楊相發揮　鳳闕輕遮翡翠幃龍池遥望麴塵絲御溝春水相輝映狂殺長安年少兒　金谷園中鶯亂飛銅駝陌上好風吹城中桃李須臾盡爭似垂楊無限時　花萼樓前初種時美人樓上鬬腰支如今抛擲長街裏露葉如嗁欲恨誰　御陌青門拂地垂千條金縷萬條絲如今綰作同心結將贈行人知不知　城外春風吹酒旗行人揮袂日西時長安陌上無窮樹唯有垂楊管別離　輕盈嫋娜占年華舞榭妝樓處處遮春盡絮飛留不得隨風好去落誰家 楊枝詞 迎得春光先到來淺黃輕綠映樓臺只緣嫋娜多情思更被東風長挫摧　巫峽巫山楊柳多朝雲暮雨遠相和因想陽臺無限事爲君回唱竹枝歌 原 楊巨源和練師素秀才楊柳 水邊楊柳麴

塵絲立馬煩君折一枝惟有春風最相惜殷勤更向手中吹 賦得灞岸柳留辭鄭員外 楊柳含煙灞岸春年年攀折爲行人好風倘借低枝便莫遣青絲掃路塵

增 李紳楊柳 千條楊柳拂金絲日暖牽風葉學眉愁見花狂飛不定還同輕薄五陵兒　陶令門前罥接䍦亞夫營裏拂朱旗人事推移無舊物年年春至綠垂絲 王建華清宮前柳 楊柳宮前忽地春在先鸞動探春人曉來唯欠驪山雨洗却枝頭綠上塵 白居易楊柳枝詞八首 六么水調家家唱白雪梅花處處吹古歌舊曲君休聽聽取新翻楊柳枝　陶令門前四五樹亞夫營裏百千條何似東都正二月黃金枝映洛陽橋　依依

嫋嫋復青青勾引春風無限情白雪花繁空撲地綠絲
條弱不勝鶯　紅板江橋青酒旗館娃宮暖日斜時可
憐雨歇東風定萬樹千條各自垂　蘇州楊柳任君誇
更有錢塘勝館娃若解多情尋小小綠楊深處是蘇家
蘇家小女舊知名楊柳風前別有情剝條盤作銀環
樣卷葉吹爲玉笛聲　葉含濃露如啼眼枝嫋輕風似
舞腰小樹不禁攀折苦乞君留取兩三條　人言柳葉
似愁眉更有愁腸似柳絲柳絲挽斷腸牽斷彼此應無
續得期　〔憶江柳〕曾栽楊柳江南岸一別江南兩度春
遙憶青青江岸上不知攀折是何人　〔青門柳〕青青一
樹傷心色曾入幾人離恨中爲近都門多送別長條折

盡減春風　〔元稹第三歲日詠春風憑楊員外寄長安
柳〕三日春風已有情拂人頭面稍憐輕殷勤爲報長安
柳莫惜枝條動軟聲　〔野狐泉柳林〕去日野狐泉上柳
紫芽初綻拂眉低秋來寥落驚風雨葉滿空林踏作泥
〔姚合楊柳枝詞五首〕黃金絲挂粉牆頭動似顛狂靜
似愁遊客見時心自醉無因得見謝家樓　葉葉如眉
翠色濃黃鶯偏戀語從容橋邊陌上無人識雨濕煙和
思萬重　江上東西離別饒舊條折盡折新條亦知春
色人將去猶勝狂風取次飄　二月楊花觸處飛悠悠
漠漠自東西謝家詠雪徒相比吹落庭前便作泥　江
亭楊柳折還垂月照深黃幾樹絲見說隋堤枯已盡年

年行客怪春遲〔杜牧柳絕句〕數樹新開翠影齊倚風
情態被春迷依依故國樊川恨半掩村橋半掩溪　〔隋
堤柳〕夾岸垂楊三百里祇因圖畫最相宜自嫌流落西
歸疾不見東風二月時　〔李商隱詠柳〕柳映江潭底有
情望中頻遣客心驚巴雷隱隱千山外更作章臺走馬
聲　曾逐東風拂舞筵樂遊春苑斷腸天如何肯到清
秋日已帶斜陽又帶蟬　爲有橋邊拂面香何曾自
占年光後庭玉樹承恩澤不信年華有斷腸　〔離亭賦
得折楊柳〕含煙惹霧每依依萬緒千條拂落暉爲報行
人休盡折半留相送半迎歸　〔關門柳〕永定河邊一行
柳依依長發故年春東來西去人情薄不爲清陰減路

塵　〔溫庭筠楊柳枝八首〕宜春苑外最長條閒裊春風
伴舞腰正是玉人腸斷處一渠春水赤欄橋　南內牆
東御路傍預知春色柳絲黃杏花未肯無情思何事行
人最斷腸　蘇小門前柳萬條毿毿金線拂平橋黃鶯
不語東風起深閉朱門伴細腰　金縷毿毿碧瓦溝六
宮眉黛惹春愁晚來更帶龍池雨半拂闌干半入樓
館娃宮外鄴城西遠映征帆近拂堤繫得王孫歸思切
不關春草綠萋萋　兩兩黃鸝色似金裊枝啼露動芳
音春來幸自長如線可惜牽纏蕩子心　御柳如絲映
九重鳳凰窗柱繡芙蓉景陽樓畔千條露一面新妝待
曉鐘　織錦機邊鶯語頻停梭垂淚憶征人塞門三月

猶蕭索縱有垂楊未覺春 〔段成式折楊柳〕玉樓煙薄
不勝芳金屋寒輕翠帶長公子驊騮往何處綠陰堪繫
紫遊韁 微黃纔綻未成陰繡戶朱簾相映深長恨早
梅無賴極先將春色出前林 陌上河邊千萬枝怕寒
愁雨盡低垂黃金穟短人多折已恨東風不展眉 〔趙
嘏東亭柳〕拂水斜煙一萬條幾隨春色倚河橋不知別
後誰攀折猶自風流勝舞腰 〔韓琮題柳〕和白樂天詔
取永豐柳植上苑〕折柳歌中得翠條遠移金殿種青霄
上陽宮女吞聲送不忍先歸學舞腰 〔楊柳枝詞〕枝鬭
纖腰葉鬭眉春來無處不如絲灞陵橋上多離別少有
長條拂地垂 〔汪遵楊柳〕亞夫營畔柳濛濛隋主堤邊

四路通攀折贈君還有意翠眉輕嫩怕春風 〔李山甫
柳十首〕灞岸江頭臘雪消東風偷軟入纖條春來不忍
登樓望萬架金絲著地嬌 受盡風霜得到春一條條
是逐年新尋常送別無餘事爭忍攀將過與人 長恨
陽和也世情把香和艷與紅英家家只是栽桃李獨自
無根到處生 只為遮樓又拂橋被人摧折好枝條假
饒張緒如今在須把風流暗裏銷 弱帶似垂可自由
傍他門戶倚他樓金風不解相擡舉露壓煙欺直到秋
終日堂前學晝眉幾人曾道勝花枝試看三月春殘
後門外清陰是阿誰 也曾飛絮謝家庭從此風流別
有名不是向人無用處一枝愁殺別離情 從來只是

愛花人楊柳何曾占得春多向客亭門外立與他迎
往來塵 強扶柔態酒難醒漠漠春風別有情公子
孫且相伴與君俱得幾時榮 無賴秋風斗柄寒萬
煙暈一時乾遊人若要春消息直向江頭臘後看 〔[illegible]
能折楊柳八首〕華清高樹出離宮南陌柔條帶暖風
見輕陰是良夜瀑泉聲畔月明中 洛橋晴影覆江
羌笛秋聲濕塞煙閑想習池公宴罷水蒲風絮夕陽
嫩綠輕懸似緩旒路人遙見隔宮樓誰能更近丹墀
種解播皇風入九州 暖風晴日斷浮埃廢路新條
釣臺處處輕陰可惆悵後人攀處古人栽 灞上江邊
嫋嫋垂日高風靜絮相隨青樓一樹無人見正是女郎

眠覺時 窗外齊垂旭日初樓邊輕裊暖風徐遊人莫
道栽無益桃李清陰却不如 眾木猶寒獨早青御溝
橋畔曲江亭陶家舊日應如此一院春條綠遶廳 帳
偃纓垂細復繁令人心想石家園風條月影皆堪重何
事侯門愛樹萱 〔柳枝二首〕縣依陶令想嫌迂營伴將
軍卽大纛此日與君除萬恨數篇風調更應無 狂似
纖腰嫩勝綿自多情態竟誰憐遊人不折還堪恨拋向
橋邊與路邊 〔楊柳詞四首〕朝陽晴照綠楊煙一別通
波十七年應有舊枝無處覓萬株風裊卓旌旃 晴垂
芳態吐芽新雨擺輕條濕面春別有出墻高數尺不知
搖動是何人 暖梳簪朶事登樓因挂垂楊立地愁牽

斷縧絲攀不及半空懸著玉搔頭　西園高樹後庭根
處處尋芳有折痕終憶我遊桃葉舍一株斜映竹籬門
〔顧雲枯柳〕閒花野草總爭新眉皺絲乾獨不勻乞與
東風殘氣力莫教虛度一年春　〔陸龜蒙冬柳〕柳汀斜
對野人窗零落衰條傍曉江正是霜風飄斷處寒鷗驚
起一雙雙　〔司空圖楊柳枝壽杯詞十首〕撼晚梳空不
自持與君同折上樓時春風還有常情處繫得人心免
別離　偶然樓上捲珠簾往往長條拂枕函恰值小娥
初學舞擬偷金縷押春衫　客淚休沾漢水濱舞腰羞
殺漢宮人狂風更與回煙帶掃盡繁花獨占春　遊人
莫嘆易凋衰長樂榮枯自有期看取明年春意動更於

何處最先知　絮惹輕枝雪未飄小溪煙束帶危橋鄰
家女伴頻攀折不覺回身罥翠翹　處處縈空百萬
一枝枝好更題詩隔城遠岫招行客便與朱樓當酒
錦城分得映金溝兩岸年年引勝遊若似松篁須
雪人間何處認風流　日暖津頭絮已飛看看還是
春歸莫言萬緒牽愁思緝取長繩繫落暉　大堤時
近滿明霞襯煙籠遠郡城好是梨花相映處更勝松
日初晴　聖主千年樂未央御溝金翠滿垂楊年年
作昇平字高映南山獻壽觴　楊柳枝數枝珍重蘸
泥無限塵心暫免忙煩暑若和煙露裛便同佛手灑
宗　〔柳二首〕誰家按舞傍池塘已見繁枝嫩眼黃還

早梅先得意不知春力暗分張　似擬凌寒妒早梅無
端弄色傍高臺折來未有新枝長莫遣佳人更折來
〔韓偓詠柳〕褭雨拖風不自持全身無力向人垂玉纖折
得遙相謝便似觀音手裏時　一籠金線拂彎橋幾被
兒童損細腰無柰靈和標格在春來依舊褭長條　〔唐
彥謙詠柳〕絆惹春風別有情世間誰敢鬬輕盈楚王江
畔無端種餓損宮腰學不成　裴說柳高拂危樓低拂
塵灞橋攀折一何頻思量卻是無情樹不解迎人只送
人　〔孫魴楊柳枝詞四首〕靈和風暖太昌春舞線搖絲
向昔人何似曉來江雨後一行如畫隔遙津　彭澤初
栽五樹時只應閒著一枝垂不知天意風流處要與佳

人學畫眉　暖傍離亭靜拂橋入流穿檻綠陰搖不知
落日誰相送魂斷千條與萬條　春來綠樹徧天涯未
見垂楊未可誇晴日萬株煙一陣閒坊兼是莫愁家
〔成彥雄柳枝詞九首〕輕籠小徑近誰家玉馬追風翠影
斜愛把長條惱公子惹他頭上海棠花　鶯黃翦出小
花鈿綴上芳枝色轉鮮飲散無人收拾得月明階下伴
鞦韆　東君愛惜與先春草澤無人處也新委囑露華
並細雨莫教遲日惹風塵　勾踐初迎西子年琉璃為
帚掃溪煙至今不改當時色留與王孫繫酒船　綠楊
移傍小亭栽便擁濃煙撥不開誰把金刀為刪掠放教
明月入窗來　遠接關河高接雲雨餘西出半天津牡

丹不用相輕薄自有淸陰覆得人　掩映鶯花媚有餘
風流才調比應無朝朝奉御臨池上不羨靑松拜大夫
王孫宴罷曲江池折取春光伴醉歸怪得美人爭鬭
乞要他穠翠染羅衣　殘照林梢裊數枝能招醉客上
金堤馬驕如練纓如火瑟瑟陰中步步嘶〔李中柳〕春
來無樹不靑靑似共東風別有情閒憶舊居湓水畔數
枝煙雨屬啼鶯　最愛靑靑水國中莫愁門外閒花紅
纖纖無力勝春色撼起啼鶯恨曉風〔牛嶠楊柳枝五
首〕解凍風來末上靑解垂羅袖拜卿卿無端裊娜臨官
路舞送行人過一生　吳王宮裏色偏深一簇纖條萬
縷金不憤錢塘蘇小小引郎松下結同心　橋北橋南

千萬條恨伊張緖不相饒金羈白馬臨風望認得羊家
靜婉腰　狂雪隨風撲馬飛惹煙無力被春欺莫敎移
入靈和殿宮女三千又妒伊　裊翠籠煙拂暖波舞裙
新染麴塵羅章華臺畔隋堤上傍得春風爾許多〔歐
陽炯楊柳枝〕軟碧搖煙似送人映花時把翠蛾顰靑靑自
是風流主慢颭金絲待洛神〔羅隱柳〕一簇靑煙鎖玉
樓半垂欄畔半垂溝明年更有新條在繞亂春風卒未
休　灞岸晴來送別頻相偎相倚不勝春自家飛絮猶
無定爭解垂絲絆路人〔孫光憲楊柳枝詞三首〕閶門
風暖落花乾飛徧江城雪不寒獨有晚來臨水驛閑人
多凭赤闌干　有池有榭卽濛濛浸潤翻成長養功恰

似有人長點檢著行排立向春風　根柢雖然傍濁河
無妨終日近笙歌毿毿金帶誰堪比還共黃鶯不較多
〔崔道融楊柳枝詞〕霧撚煙搓一索春年年長似染來
新應須喚作風流線繫得東西南北人〔宋徐鉉柳枝
詞應制〕金馬詞臣賦小詩梨園子弟唱新詞君恩還似
東風意先入靈和蜀柳枝　百草千花共待春綠楊顏
色最驚人天邊雨露朝朝在上苑芳華歲歲新　長愛
龍池二月時毿毿金線弄春姿假饒葉落枝空後更有
梨園笛裏吹　綠水成紋柳帶搖春風初到不鳴條龍
舟欲過偏留戀萬縷輕絲拂御橋　百尺長條涴麴塵
詩題不盡畫難眞還憑君折向人間種還似君恩處處春

風暖雲開曉照明翠條深映鳳凰城人間欲識靈和
態聽取新詩玉管聲　醉折垂楊唱柳枝金城三月走
金羈年年爲愛新條好不學蒼華也似絲　新春花柳
競芳姿偏愛垂楊拂地枝天子偏敎詞客賦宮中要唱
洞簫詞　凝碧池頭蘸翠漣鳳凰樓畔簇晴煙新詩欲
詠知難詠說與雙成入管絃　侍從甘泉與未央移舟
偏要近垂楊櫻桃未綻梅花老折得柔條百尺長〔柳
枝詞九首〕把酒憑君唱柳枝也從絲管遞相隨逢春只
合朝朝醉記取秋風葉落時　夾岸朱顏柳映樓綠波
平漫帶花流歌聲不出長條密忽地風回見綵舟　老
大逢春總恨春綠楊陰裏最愁人舊遊一別無消息嫩

葉如看處處新　濛濛堤岸柳含煙疑是陽和二月天
醉裏不知時節改漫隨兒女打鞦韆　水閣春來乍減
寒曉妝初罷倚闌干長條亂拂春波動不許佳人照影
看　柳岸煙昏醉裏歸不知深處有芳菲重來已見花
飄盡惟有黃鶯囀樹飛　此去仙源不是遥垂楊深處
有朱橋共君同過朱橋去密映垂楊聽洞簫　仙樂春
來按舞腰清聲偏似傍嬌嬈應緣鸎舌多無賴長向雙
成說翠條　鳳笙臨檻不能吹舞袖當筵亦自疑唯有
美人多意緒解衣芳態畫雙眉　〔寇準柳曉帶輕煙間
杏花晚凝深翠拂平沙長條別有風流處密映錢塘蘇
小家　〔种放〕柳白雲溪畔種還生風擺長條拂水輕應

爲繁華壓金谷依依終日是無情　〔韓琦新柳二闋〕弄
黃含綠葉開看最有春來次第知生計任隨栽者意却
嗤松柏不禁移　驛路行人東復西等閑攀折損芳枝
有生自是無根物忍向東風賭別離　〔再賦柳枝詞二
闋〕曲江風暖曉陰斜翠邑相宜拂鈿車自是春眠慵未
起日高人困又飛花　葉葉新長約鸞蛾絲絲輕輭任
風梭啼鶯便學歌喉囀知是春來舞意多　〔垂柳〕東君
於此最多情先與黃金撚畫成何似亞夫堅壁地因人
千古得嘉名　〔和春卿學士柳枝詞四闋〕樓前輕雪未
全銷偷得春光入嫩條似向東風猶旅拒可能渾忘舞
時腰　陌閑宮古綠煙迷惹盡春愁困拂堤却爲多情

足離恨故教溝水亦東西　章街風曉起新眠寒食輕
陰未雨天無限青絲拂遊騎一生芳意負金鞭　淡煙
輕日簇誰家微出青旗一帶斜對景似嫌春意老更搖
疎影掃殘花　〔趙抃柳軒〕動人和風靜惹煙翠條疎處
露池蓮林中盡是能吟物春有黃鸝夏有蟬　原〔曾鞏
詠柳〕亂條猶未變初黃倚得東風勢更狂解把飛花蒙
日月不知天地有清霜　增〔司馬光垂柳〕天意清和二
月初春風不動整如梳陶潛宅外如無此想更蕭條不
易居　〔二月六日初見待漏房前柳已微綠欣然成詠〕
宮城映出絲絲綠頓覺皇州春意回從此不辭羸瘦馬
六街終日蹋塵埃　〔王安石御柳〕御柳新黃已迸條宮

溝薄凍未全銷人間今日春多少祇看東風批斗杓
〔移柳〕移柳當門何啻五奔松作徑適成三臨流遇興還
能賦自比淵明或未慙　原〔張耒柳〕永豐坊裏舊腰支
曾見青青初種時看盡道邊離別恨爭教風絮不狂飛
〔謝逸門前柳〕門前楊柳暗沙汀雨濕東風未放晴點
點落花春事晚青青芳草暮愁生　〔呂本中柳〕含煙帶
雨過平橋嫋嫋千絲復萬條張令當年成底事風流纔
似女兒腰　增〔陸游柳橋〕村路初晴雪作泥經旬不到
小橋西出來頻覺春來早柳染輕黃已蘸溪　〔柳〕楊柳
春風綠萬條憑鞍一望已魂銷當年鳳集城邊路曾愛
纖纖拂畫橋　西園雨打杏花稀便面章臺事已非只

恐無情堤上柳又將風絮送春歸　春來無處不春風偏在湖橋柳色中看得淺黃成嫩綠始知造物有全功〔徐照柳葉詞〕嫩葉吹風不自持淺黃微綠映清池玉人未識分離恨折向堂前學畫眉〔宋正父詠柳〕絲絲煙雨弄輕柔偏稱黃鸝與白鷗纔著一蟬嘶晚日西風容易便成秋〔顏頤仲詠柳〕柳漸成陰萬縷斜舞腰柔弱弄韶華一庭春色無人管簷雨聲中飛盡花〔陳抃〕山臘雪逢春次第消等閒著脚上溪橋柳條畢竟帶兒女一夜東風眼便嬌〔任斯菴〕嫋嫋吳興柳滿城春光濃處白蘋亭來時金縷黃猶淺看得枝枝葉葉青〔王漫翁〕春到枝枝是綠絲秋來葉葉似愁眉灞橋何限經

行者不記尋花繫馬時〔薛獨菴〕一撮嬌黃染不成藏鴉未穩早藏鶯行人自謂傷離別枉折無情贈有情〔朱淑眞詠柳〕萬縷千絲織暖風絆煙留露市橋東砌成幽恨斜陽裏供斷閒愁細雨中〔金施宜生柳〕魏王堤暗雨垂垂還似春殘欲別時傳語西風且停待黛殘黃淺不禁吹〔劉昂客亭〕折盡官橋楊柳枝春風依舊綠絲絲啼鶯爲向行人道離別何時是盡時〔呂中孚柳〕風外絲絲裊綠煙輕花初破不成綿却嫌官路逢寒食惱亂離愁似去年〔趙達夫柳〕楊柳攙春不耐秋十分憔悴儘風流水邊沙際風煙冷收拾殘陽合暮愁〔元淮南園新柳〕萬縷依依帶嫩黃斜穿紅杏弄疎狂晝

長舞得東風困半倚鞦韆半拂墻〔許有壬都門柳〕都門四十里青青幾度迎人幾送行老子有言來致柳只煩相送莫相迎〔蒲道源賦柳〕枯樹生黃色已嬌低垂江岸映溪橋東君不惜黃金縷散作春風十萬條〔張伯淳楊柳村〕千絲萬縷拂章臺陌上行人幾去來何事結根荒寂處東風青眼爲誰開〔王士熙上都柳枝詞〕曾見上都楊柳枝龍江女兒好腰肢西錦纏頭急催酒舞到秋來人去時　惹雪和煙復帶霜小東門外萬條長君王夜過五花殿曾與龍駒繫紫韁　來時垂葉嫩青青歸去西風又飄零願得儂身長似柳年年天上作飛星　儂在南都見柳花花紅柳綠有人家如今四月

猶飛絮沙磧蕭蕭映草芽　雪色驊騮窈窕騎宮羅窄袖袂能垂駐向山前折楊柳戲撚柔條作笛吹　偏嶺前頭樹樹逢輕於蒼檜短於松急風卷絮悲游子永日留陰送去儂　合門嶺上雪凄凄小樹雲深望欲迷何日汶陽尋故里綠陰陰裏聽鶯啼〔郭翼柳塘春〕陰陰覆地十餘畝嫋嫋廻塘二月風雨過鷗眠沙色裏花飛鶯亂水聲中〔貢性之湧金門見柳〕湧金門外柳垂金三日不來成綠陰折取一枝入城去使人知道已春深〔張昱柳枝詞〕尊前不棄小腰身爭欲攙先上舞茵多謝東風好擡舉盡情分付畫眉人　春光領略不勝嬌搖蕩東風千萬條悔盡江州白司馬一生空詠小蠻腰

明高啓秋柳欲挽長條已不堪都門無復舊毿毿此
時愁殺桓司馬暮雨秋風滿漢南　李楨楊柳枝參差
幾樹瞰長河樹樹垂金拂綠波不是秋來易零落自緣
人世別離多　細葉如眉綠未勻修眉渾似帶愁顰輸
他桃杏東風裏不管南遊北去人　陳憲章河橋柳色
靄皐清風長官宅渭城朝雨王維詩東西綠徧河橋路
長與離人照酒卮　看柳淺塘低竹小泥村黃土墻扃
白板門望見西頭楊柳樹行人都說是桃源　原薛蕙
詠柳閑倚闌干看柳條可憐渾似華嬌嬈東風何處吹
桃李空費心情學舞腰　曹大章柳立盡東風草色青
鵑啼日落暮愁生江流不斷春雲合一樹垂楊萬里情

于若瀛詠柳秦淮柳色弱於絲十里煙花澹蕩時明
月一灣開水閣何人吹徹玉參差　增董其昌題畫柳
摸索芳菲度畫檐煙絲嬝嬝雨毿毿幽人無復靈和夢
太守風流自漢南　原晏鐸詠柳河橋楊柳半無枝多
為行人贈別離羌客不知蕭索盡月明猶向笛中吹
陳鐃詠柳春歸禁柳綠參差葉葉含煙樹樹垂怕有長
條迷鳳輦臨風折盡向南枝　增僧木公怨自種柳雙
楊初種幾經春始見長條已拂塵萬里綠陰堪作帳一
枝不許贈行人　僧永瑛柳塘千樹垂絲兩岸煙綠波
春雨白鷗天江鄉不近章臺路留得長條繫釣船　僧
德祥柳詞莫折東風楊柳枝枝間葉葉是愁眉游人不

省愁何事曾向東風笛裏吹
詩散句　增唐戎昱江柳斷腸色黃絲垂未齊人看幾重
恨鳥入一枝低　孟郊楊柳多短枝短枝多別離贈遠
屢攀折柔條安得垂　枝疎緣別苦曲怨為年多花驚
燕地雪葉映楚池波　李商隱娉婷小苑中婀娜曲池
東朝佩皆垂地仙衣盡帶風　韓渥雪盡青門弄影微
暖風遲日早鶯啼如憑細葉留春色須把長條繫落暉
太宗還將眉裏翠來就鏡中舒　陳叔達水岸銜堦
轉風條出柳斜　喬侃登高一遊目始覺柳條新　原
韋承慶花裀低擁砌柳幔近當樓　增宋璟園亭若有
送楊柳最依依　崔顥柳垂金屋暖花發玉樓春　王

維深巷斜暉盡閑門高柳疎　孟浩然垂柳金堤合平
沙翠幕連　岑參官柳葉尚小長安春未濃　原李白
暫出東門前楊柳可藏鴉　咸陽二三月宮柳黃金枝
綠楊已可折攀取最長枝　杜甫野花隨處發官柳
著行新　退朝花底散歸院柳邊迷　冉冉柳枝碧娟
娟花蘂紅　白花簷外朵青柳檻前梢　增韓愈溝聲
通苑急柳色壓城勻　柳枝弱而細懸樹垂百尺　張
籍客亭門外柳折盡向南枝　白居易柳色早黃淺水
紋新綠微　柳眼黃絲纈花房絳蠟珠　杜牧無端千
樹柳更拂一條溪　許渾溪亭四面山橫柳半溪灣
李頻年年送別處楊柳少垂條　宋宋祁濯濯素春晚

依依帶暝饒　細栽煙外葉繁並暖前枝　梅堯臣柳
重宮腰弱花肥粉頰豐　折取東橋柳青青向故人
王安石　稍見青青色還從柳上歸　岸迴重重柳川低
渺渺河　蘇轍　如美婦正立櫛髮長在地　孫覿　紅輕
花似肉綠細柳如繅　陸游　柳弱風驚絮花殘雨漬香
金劉鐸　煙柳千家曉風花百里春　秦略　淺情墻外
柳新綠已依依　元朱德潤　柳絲繅十丈蘸水綠條鮮
明高啓　池柳疏含吹汀雲薄護霜　何景明　花飛御
溝水葉傍漢宮煙　秋風來上苑楊柳落金溝　徐禎
卿　春風三月柳吹暗大同城　原　王世貞　柳條恒撲岸
花氣欲薰舟　馮琦　芳草連山碧垂楊近水多　增　唐

崔液　江南日暖鴻始來柳條初碧葉半開　許景先　春
樓初日照南隅柔條垂綠掃金鋪　原　王維　渭城朝雨
裛輕塵客舍青青柳色新　李白　長安白日照春空綠
楊結煙垂裊風　增　韓愈　憑君先到江頭看柳色如今
深未深　洛陽東風幾時來川波岸柳春全迴　白居
易　何處未春先有思柳條無力魏王堤　鴛鴦蕩漾雙
雙翅楊柳交枝萬萬條　葉含濃露如啼眼枝嫋輕風
似舞腰　李山甫　多謝灞陵堤上柳與人頭上拂塵埃
韓溉　如憑細葉留春色須把長條繫落暉　無名氏
一把柳絲收不住和風搭在玉闌干　原　宋錢惟演　章
臺街裏翻輕吹灞水橋邊送落暉　增　張詠　但見低垂

長衢足更無疏聳直參天　夏竦　煙背翠簾人欲別月
斜煙柳馬頻嘶　原　宋祁　回雪有風嘗借舞落梅無笛
可供愁　不知張緒當年少得似長條濯濯時　增　劉
敞　不識日高眠起處何如風定舞餘時　王安石　水底
舊波吹歲換柳梢新葉卷春回　斜倚水開花有思暖
隨風轉柳如癡　陳師道　白下官楊小弄黃騎臺南路
綠無央　陸游　湖光漲綠分煙浦柳色搖金映市樓
灞橋煙柳知何限誰念行人寄一枝　方岳　粥香餳白
清明近鬬挽柔條插畫簷　陳卓山　門外莫栽楊柳樹
得春多處恨春多　僧北澗　初無惱亂春風意却是春
風惱亂他　金吳激　遙憶東郊亭畔柳歸時相見亦依

依　劉昂　折盡官橋楊柳枝春風依舊綠絲絲　劉中
柳含煙翠絲千尺水寫天容玉一奩　元好問　垂楊也
被多情惱瘦損春風十萬條　元趙雍　閒倚闌干看新
柳不知誰為染鵝黃　原　晉潘岳　弱柳蔭修衢　增　宋
謝朓　垂楊蔭御溝　梁簡文帝　岸柳垂長葉　柳枝無
極軟　沈約　楊柳亂如絲　高楊拂地垂　庾肩吾　春
塘細柳懸　徐陵　綠柳三春暗　周庾信　官渡柳應春
岸柳被青絲　王褒　垂楊夾浦綠　隋薛道衡　簷陰
翻細柳　唐太宗　殘柳散雕權　拂浪堤垂柳　初風
飄帶柳　蘇頲　仙仗柳交枝　趙冬曦　柳翠垂堪結
李嶠　細柳龍鱗映　韓仲宣　柳處雲疑葉　崔知賢　柳

搖風處色　武三思柳發龍鱗出　儲光羲清川楊柳
垂　疎柳映新塘　王維林薄媚新柳　柳色春山映
孟浩然看柳訝春遲　柳色半春天　岑參江暖柳
條黃　原李白柳色黃金嫩　增李白春思結垂楊
疎楊桂綠絲　原杜甫市橋官柳細　清秋凋碧柳
增杜甫萬柳半天青　塞柳半疎翠　柳影含雲幕
張謂柳枝經雨重　張均垂柳拂煙波　韋應物柳意
不勝春　司空曙柳絲遮綠浪　風柳人江樓　李嘉
祐柳暗白田春　孟郊綠煙柳際垂　楊凝水添楊柳
色　白居易院柳煙婀娜　金絲刷柳條　春染柳梢
黃　杜牧楚岸柳何窮　李商隱煙輕惟潤柳　柳暗

將翻巷　溫庭筠堤柳雨中春　柳占三春色　公乘
億綠搖宮柳散　崔塗綠楊無舊陰　韓偓柳密藏煙
易　溪長柳似帷　鄭谷翠低孤嶼柳　韋莊綠擺楊
枝嫩　宋司馬光柳陰濃不斷　弱柳周遭合　邵雍
微風按楊柳　風柳散如梳　蘇軾柳老半書蟲　陳
師道綠暗連村柳　陸游柳色新如染　元黃庚絲柳
綠繰煙　趙孟頫楊柳半溪陰　唐崔日用淑氣依遲
柳色青　蘇頲楊柳青宛地垂　千株御柳拂煙開
沈佺期天津御柳碧遙遙　王維柳條拂地不須折
楊柳青青渡水人　孟浩然綠岸毿毿楊柳垂　岑
參千門柳色連青瑣　賈至日長風暖柳青青　李白

陌頭楊柳黃金色　河堤弱柳鬱金枝　原杜甫晚鶯
啼斷綠楊枝　天晴宮柳暗長春　增杜甫漏洩春光
有柳條　歐陽詹新柳搖門青翡翠　孟郊萬里春風
動江柳　張籍閶門柳色煙中遠　白居易柳絲嫋嫋
風繰出　色濃柳最占春多　李商隱風柳誇腰住水
村　溫庭筠絲飄弱柳平橋晚　雍陶煙柳風絲拂岸
斜　方干楊柳斜牽一岸風　薛逢楊柳初迷渡口煙
薛能朝陽晴照綠楊煙　章碣暖著柳絲金蘂重
韓偓綠搓楊柳綿初軟　柳帶似搖全展綠　李咸用
絲垂楊柳當風軟　杜荀鶴絕岸柳絲懸細雨　韋莊
嫩綠誰家柳眼開　嫩煙輕染柳絲黃　羅隱高柳偷

風已弄條　宋劉筠客館春輕柳未眠　拂波宮柳漫
垂陰　林逋春色半歸湖岸柳　歐陽修晴明風日家
家柳　邵雍煙柳嫩垂低更綠　司馬光長春宮柳遠
扶疎　曲堤風暖柳絲長　王安石雨壓春風暗柳條
禁柳萬條金細撚　蘇軾東風弱柳萬絲垂　溪柳
自搖沙水清　范成大亂蟬高柳滿斜陽　陸游牆頭
楊柳知秋早　金趙渢楊柳似將煙染成　任詢風裏
垂楊學舞腰　段成己青絲步障柳千樹　元好問楊
柳無風綠縷齊　元黃庚細柳雨中垂綠重　袁桷門
當楊柳瀰瀰碧　馬祖常官橋無柳不拖金　貢奎玉
禁春深柳染衣　許有孚風吹楊柳回鸞舞　周權綠

染春風柳拂煙〔郭鈺〕清明煙散柳枝斜〔華幼武〕城頭楊柳綠如雲〔鄭玖〕楊柳葉落帶煙青

佩文齋廣羣芳譜卷第七十七

佩文齋廣羣芳譜卷第七十八

木譜

柳三

集藻〔詞〕增〔宋晏幾道浣溪沙〕二月和風到碧城萬條千縷巧相迎舞烟眠露過清明　妝鏡巧眉偷葉樣歌樓妍曲借枝名晚秋霜霰莫無情〔宋敦儒採桑子〕人如濯濯春楊柳徹骨風流脫體溫柔牽繫多情卒未休　最憐恰似新眠起雲雨初收斜倚項樓葉葉眉心一樣愁〔柳枝〕江南岸柳枝江北岸柳枝折送行人無盡時恨分離柳枝　酒一杯柳枝淚雙垂柳枝君到長安百事迷幾時歸柳枝原〔呂本中清平樂〕柳塘新漲艇子操雙槳閑倚曲樓成悵望是處春愁一樣　傍人幾點飛花夕陽又送棲鴉試問畫樓西畔暮雲恐近天涯增〔翁元龍醉桃源〕千絲風雨萬絲晴年年長短亭闇黃看到綠成陰春由他送迎　鶯思重燕愁輕如人離別情繞湖烟冷罨波明畫船移玉笙〔歐陽修朝中措〕平山欄檻倚晴空山色有無中手種堂前楊柳別來幾度春風　文章太守揮毫萬字一飲千鍾行樂直須年少尊前看取衰翁〔梅堯臣玉樓春〕天然不比花含粉約月微黃春色嫩小橋低映欲迷人閑倚東風無奈困　烟姿最與章臺近冉冉千絲誰結恨狂鶯來往戀芳陰不道風流真態盡〔歐陽修玉樓春〕黃金弄色輕於粉濯濯春條如水

嫩為緣力薄未禁風不奈嬌多長似困　腰柔乍怯人
相近眉小未知春有恨勸君著意惜芳菲莫待行人攀
折盡〔僧仲殊虞美人〕一番雨過年芳淺裊裊心情嬾
章臺人過馬嘶聲小眉不展恨盈盈怨清明　烟柔露
軟湖東岸惱亂春風慣一聲鶯是故園鶯及至而今始
得聞又多情〔張先蝶戀花〕移得綠楊栽後院學舞宮
腰二月青猶短不比灞陵多送遠殘絲亂絮東西岸
幾葉小眉愁不展莫唱陽關真個人腸斷分付與春春
細看條條盡是離人怨〔賀鑄蝶戀花〕為問浣溪橋畔
柳拂水長條幾贈行人手一樣葉眉偏解緲白綿飛盡
因誰瘦　今日離亭還對酒唱斷青青好去休回首美

蔭向人疎似舊何須更待秋風後 原 〔周邦彥蝶戀花〕
愛日輕明新雪後柳眼星星漸欲窺窗牖不待長條傾
別酒一枝已入離人手　淺淺柔黃輕蠟透過盡冰霜
便與春爭秀強對青銅簪白首老來風味難依舊 增
〔周邦彥蝶戀花〕桃萼新香梅落後葉葉藏鴉冉冉垂亭
牖舞困低迷如著酒輕絲偏近遊人手　雨過朧朧斜
日透客舍青青特地添明秀停語揚鞭回別首渭城荒
遠無交舊〔方千里蝶戀花〕小閣陰陰人寂後翠幕褰
風燭影搖疎牖夜半霜寒初索酒金刀正在柔荑手
絲薄粉香光欲透小葉尖新未放雙眉秀記得長條垂
鷁首別離情味還依舊〔元張雨蝶戀花〕誰道鵝兒黃

似酒對酒新鵝得似垂絲柳鉛粉泥金初染就年年春
色消時候　一縷柔情能斷否雨重烟輕無力縈窗牖
試看溪南陰十畝落花都聚紅雲帚〔宋劉鎮行香子〕
雲葉烟條天與多嬌算風流張緒難消惱人春思正自
無聊賴斂愁眉酣醉眼減圍腰　風絮還招蝶弄鶯嘲
坡關情是短長橋解驂分袂催上蘭橈更綠波平紅日
墜碧雲遙〔李石謝池春〕烟雨池塘綠影乍添春漲鳳
樓高珠簾捲上金柔玉困舞腰肢相向似玉人瘦時模
樣　離亭別後試問陽關誰唱對青春翻成悵望重門
靜院度香風屏幃吐飛花伴人來往〔秦觀江城子〕西
城楊柳弄春柔動離憂淚難收猶記多情曾為繫歸舟

碧野畫橋當日事人不見水空流　韶華不為少年留
恨悠悠幾時休飛絮落花時候一登樓便做春江都是
淚流不盡許多愁〔譚宣子江城子〕嫩黃初染綠初描
倚春嬌索春饒燕外鶯邊想見萬絲搖便作無情終軟
美天賦與眼眉腰　短長亭外短長橋駐金鑣繫蘭橈
可愛風流年紀可憐宵辦得重來攀折後烟雨暗不辭
遙〔僧仲殊驀山溪〕黃金線軟玉露生輕潤青豆破初
芽拂烟痕一枝獨嫩東風著意不放舞時閑春漸暖柔
無力悠悠怨和困　旗亭帶晚又是清明近惹盡別離
愁約啼鶯深深與問灞陵傷感那更入陽關攀折處我
無心行人自多恨〔蘇軾洞仙歌〕江南臘盡早梅花開

後分付新春與垂柳細腰肢自有入格風流仍更是骨
體清英雅秀　永豐坊那畔盡日無人惟見金絲弄晴
晝斷腸是飛絮時綠葉成陰無個事一成消瘦又莫是
東風逐君來便吹散眉間一點春皺　〔蔣捷洞仙歌〕枝
枝葉葉受東風調弄便是鶯穿也微動自鵝黃千縷數
到飛綿閑無事誰管將春迎送　輕柔心性在教得遊
人酒舞花吟恣狂縱更誰鸞鏡裏貪學纖蛾移來傍妝
樓新種總不道江頭鎖清愁正雨渺烟茫翠陰如夢
〔章謙亭念奴嬌〕垂楊得地在樓臺側畔無人攀折不似
津亭舟繫處只伴客愁離別絲過搖金帶鋪新翠稚稱
鶯調舌芳筵相映最宜斜挂殘月　那得連日春寒未

教輕滾一片庭前雪應恨張郎今老去難比風流時節
醉眼渾醒愁眉都展舞困腰肢怯有時微笑把伊綰個
鬟結　〔元趙文瑞鶴仙〕綠柳深似雨西湖上舊日愁絲
恨縷風流似張緒美春風依舊年年眉嫵宮腰楚楚倚
畫欄曾鬬妙舞想如今似我零落天涯那悔相妬　痛
絕長秋別後楊白花飛舊腔誰譜年光暗度淒涼孰訴
記菩提寺路段家橋水何時重到夢處況柔條老去爭
奈繫春不住　〔宋高觀國解連環〕露條烟葉惹長亭舊
恨幾番風月愛細縷先窣輕黃漸拂水藏鴉翠陰相接
纖軟風流眉黛淺三眠初歇奈年華又晚縈絆遊蜂絮
飛晴雪　依依灞橋怨別正千絲萬縷難禁愁絕悵歲

久應長新條念曾縈花戀屢停蘭檝弄影搖晴帳閒損
春風時節隔郵亭故人望斷舞腰瘦怯　〔張景修選冠
子〕嫩水接藍遙堤影翠半雨半烟橋畔鳴禽弄舌夢草
縈心偏稱謝家池館紅粉牆頭步搖金縷纖柔舞腰低
軟被和風搭在欄干終日畫簾高捲　春易老細葉舒
眉輕花吐絮漸覺綠陰成幔章臺繫馬灞水維舟誰念
鳳城人遠惆悵故國陽關杯酒飄零惹人腸斷恨青青
客舍江頭風笛亂雲空晚　〔周邦彥蘭陵王〕柳陰直烟
裏絲絲弄碧隋堤上曾見幾番拂水飄綿送行色登臨
望故國誰說京華倦客長亭路年去歲來因折柔條過
千尺　閒尋舊蹤跡又酒聽哀絃燈照離席梨花榆火

催寒食愁一箭風快半篙波暖回頭迢遞便數驛望人
在天北　悽惻恨堆積漸別浦縈迴津堠岑寂斜陽冉
冉春無極記月榭攜手露橋聞笛沉思前事似夢裏淚
暗滴

別錄增〔漢書周亞夫傳〕以河內守亞夫為將軍軍細柳
〔晉書王恭傳〕恭美姿儀人多愛悅或目之云濯濯如
春月柳　〔文苑傳〕顧愷之尤信小術以為求之必得桓
玄嘗以一柳葉紿之曰此蟬所翳葉也取以自蔽人不
見已愷之喜引葉自蔽玄就溺焉愷之信其不見已也
甚以珍之　〔隋書柳機傳〕機守匡時初機在周與族人
昂俱歷顯要及機昂並為外職楊素時為納言用事因

上賜宴素戲機曰二柳俱摧孤楊獨聳坐皆歎笑〔陳書陸瓊傳〕瓊第三子從典年十三作柳賦其詞甚美瓊時爲東宮管記宮僚並一時俊偉瓊示以此賦咸奇其異才〔南史徐嗣伯傳〕時有薛伯宗善徙癰疽公孫泰患背伯宗爲氣封之徙置齋前柳樹上明旦癰消樹邊便起一瘤如拳大稍稍長二十餘日瘤大膿爛出黃赤汁斗餘樹爲之痿損〔宣室志〕盧虔於古宅中遇柳將軍者驗之乃一枯柳樹〔楚國先賢傳〕孫敬到洛在太學左右一小屋安止母然後入學編柳爲簡以寫經睡則懸頭於梁〔齊民要術〕正月元旦取柳枝懸戶以驅百邪〔夢書〕柳爲使者夢當出遊也〔青瑣詩話〕韓翃

少負才名隣居有李姓者每將妓柳氏至其居必邀韓同飲既久愈狎柳每以隙壁窺韓所往來語李曰韓秀才甚貧然所與遊皆名人是必不久貧賤李深領之一日具饌邀韓酒酣謂韓曰秀才當今名士柳氏當今名色以名色配名士不亦可乎遂命柳從坐接韓未幾成名從辟淄青置之都下違三歲不果迓寄詩曰章臺柳章臺柳往日依依今在否縱使長條似舊垂也應攀折他人手柳答曰楊柳枝芳菲節可恨年年贈離別一葉隨風忽報秋縱使歸來不堪折後果爲番將沙吒利所刼翃會入中書道逢之謂永訣矣是日臨淄大校置酒疑翃不樂具告之有虞候將許俊以義烈自許即詐取得之時沙吒利寵殊等翃懼禍訴於侯希逸以事聞諸朝詔柳氏歸翃 原〔酉陽雜俎〕河陽城南百姓王氏莊有小池池邊巨柳數株開成末葉落池中旋化爲魚大小如葉食之無味〔雲仙雜記〕李固言未第時行古柳下聞有彈指聲固言問之應曰吾柳神九烈君也已用柳汁染子衣矣科第無疑得藍袍當以棗糕祀我固言許之未幾狀元及第〔古今詩話〕樊素善歌小蠻善舞樂天賦詩有曰櫻桃樊素口楊柳小蠻腰至於高年又賦詩曰失盡白頭伴長成紅粉娃因爲楊柳詞以託意云一樹春風萬萬枝嫩于金色軟于絲永豐東角荒園裏盡日無人屬阿誰及宣宗朝國樂唱是詞上問誰詞

永豐在何處左右具以對遂因東使命取永豐柳兩枝植於禁中白感上知其名且好尚風雅又爲詩云一樹衰殘委泥土雙枝移種植天庭定知此後天文裏柳宿光中見兩星洛下文士無不繼作者 增〔續前定錄〕柳宗元自永州司馬徵至京師意望錄用一日詣卜者問命且告以夢曰余柳姓也昨夢柳樹仆地其不祥乎卜者曰無苦但憂遠官耳夫生則柳樹仆則柳木木者牧也其牧柳州乎卒如其言 原〔物類相感志〕清明柳條可止醬醋潮溢 增〔苕溪漁隱叢話〕鄭谷柳詩云半烟半雨溪橋畔間杏間桃山路中會得離人無限意千絲萬絮惹春風或戲謂此詩乃柳謎子觀者試一思之方

知其善謔也　**原**麗情集柳枝娘洛中里妓也因誦李義山燕臺詩乃折柳結帶贈義山乞詩　**增**論畫瑣言宋人多寫垂柳又有點葉柳垂柳不難畫只要分枝得勢耳點葉柳之妙在樹頭圓鋪處只以汁綠漬出又要森梢有迎風搖颺之意其枝須半明半暗又春三月樹未垂條秋九月柳已衰颯俱不可混設色亦須體此意也　**原**種植正二月皆可栽諺云插柳莫教春知謂宜立春前也百木惟柳易栽易插但宜水濕之地尤盛一法柳栽近根三二寸許鑽一竅用杉木釘拴之出其兩頭各二三寸埋深尺餘杵實永不生刺毛蟲且防偷拔之患　先於坑中置蒜一辦甘草一寸永不生蟲常

以水澆必數條俱發留好者三四株削去稍枝必茂其餘皆削去　**增**種樹書種柳取青嫩枝條如臂大長六七尺燒下二三寸埋二尺以上順插爲柳倒插爲楊

附錄　柳絮

原柳春初生柔荑如筋長寸餘開黃花鱗起荑上甚細碎漸次生葉至晚春葉長成花中結細子如粟米大細扁而黑上帶白絮如絨名柳絮又名柳絨隨風飛舞著毛衣卽生蟲入池沼隔宿化爲浮萍花味苦寒無毒主治風水黃疸四肢攣急膝痛收之貼灸諸瘡甚良絮主治惡瘡金瘡潰癰逐膿血止血療痹柔軟性涼作褥與小兒臥甚佳

彙考　**原**晉書列女傳王凝之妻謝氏字道韞安西將軍奕之女也聰識有才辨嘗內集俄而雪驟下叔父安曰何所似也安兄子朗曰散鹽空中差可擬道韞曰未若柳絮因風起安大悅　**增**捫虱新話語曰南人不識雪向道似楊花然南方楊實無花以此知南人不識雪則亦不識楊花矣　西溪叢語楊柳二種楊樹葉短柳樹葉長花卽初發時黃蕊子爲飛絮今絮中有小青子著水泥沙灘上卽生小青芽乃柳之苗也東坡謂絮化爲浮萍誤矣　全唐詩話韋蟾廉問鄂州罷賓僚祖餞蟾會書文選句云悲莫悲兮生別離登山臨水送將歸以牋毫授賓從請續其句逡巡有妓泫然起曰某不才不

敢染翰欲口占兩句韋大驚異令隨念云武昌無限新栽柳不見楊花撲面飛坐客無不嘉歎韋令唱作楊柳枝詞　花經楊花五品五命　**原**南部烟花記陳後主與張麗華遊後園有柳絮點衣麗華謂後主曰何能點人衣曰輕薄物誠卿意也麗華笑而不答　玄宗幸建章見楊花點妃子衣曰似解人意

集藻　賦　**增**晉伍緝之柳花賦步江皐兮騁望感春柳之依依垂柯葉而雲布楊零花而雪飛或風迴而游薄或霧亂而飄零野淨穢而同降物均色而齊明

五言古詩　**增**唐韋應物歎楊花空濛不自定況值暄風度舊賞逐流年新愁忽盈素纔縈下苑曲稍滿東城路

人意有悲歡時芳獨如故〔明高啓柳絮〕輕盈易飄泊
思逐春雲亂已拂武昌門還縈灞陵岸沙頭雀啄墮水
面魚吹散官樹曉茫茫哀歌腸欲斷
七言古詩增〔唐戴叔倫柳花歌送客往桂陽〕滄浪渡頭
柳花發斷續因風飛不絕搖烟拂水積翠間綴雪含霜
誰忍攀夾岸紛紛送君去鳴棹孤尋到何處移家深入
桂水源種柳新成花更繁定知別後消散盡却憶今朝
傷旅魂原〔楊巨源楊花落〕北斗南廻春欲老紅英落
盡綠尚早韶風澹蕩無所依偏惜垂楊作春好此時可
憐楊柳花縈盈艷曳滿人家人家女兒出羅幙靜掃玉
除待花落寶環纖手捧更飛翠羽輕裙承不著歷歷瑤

琴舞袖陳飛紅拂黛憐玉人東園桃李芳已歇猶有楊
花嬌暮春增〔元袁桷楊花曲〕上都楊柳瘦且堅葉葉
不展圓如錢年年飛花作端午遠客乍見心茫然上都
飄雪不如數此花與雪相旋舞黃鸝聲絕孤雁鳴萬騎
千車互來去手攀短條心欲絕宛轉成毬恨初結寒風
飛蓬卷車輪點點相亞隨明滅南鄰蕩子衣夜單曉望
出日如黃綿辛勤掇拾不敢棄願刮龜毛同作氈〔胡
天游楊花吟〕吳江春水拍天淮江上風吹楊柳花花飛
滿空無處所隨風直渡吳江水渡水隨風太有情縈花
惹草恣輕盈狂如舞蝶穿花徑細逐流鶯度綺城綺城
樓閣連天際楊花飛入千門去飛去飛來稍覺多紛紛

如雪奈君何珠簾繡箔深深見舞榭妝樓處處過樓中
美人春睡起愁見楊花思蕩子蕩子飄零去不歸楊花
歲歲點春衣夢魂不識天涯路願作楊花片片飛〔張
憲楊花詞〕東風吹春春不醒桃花杏花空娉婷萬絲翦
綠暗如霧千里相思長短亭前女兒十六七手挽柔
條背春日六街馬啼蹋黃塵雪花漫天愁殺人〔明王
廷相楊花篇〕廣陵三月可憐春青青楊柳蘸湖新長條
不綰思歸客散作飛花愁殺人浣紗豔豔吳江女拾取
香毬連袂舉花點輕狂只欲飛徒欲多情亂心緒吳宮
隋苑烟裊裊別有豪華競春早飛璃流雪灑行旌日暮
迷却長楊道江頭一樹白離離打陣隨風趁落暉漫天

撲地何時住困入滄波却怨誰〔宋陽仲楊花篇〕江南
二三月楊花競芳華寂寞長條攀折盡綠絲飛來千片
花千片飛飛西復東白雪晴雲晝溟濛風吹滿空翳白
日散入千家池館中池館樓臺媚春晝珠箔重重散花
柳白玉筵中拂畫衣琉璃杯裏沾春酒落日千家春酒
闌飛花拂拂玉欄干高處餘風常不定低邊日氣轉猶
寒秦女樓中妝鏡寂王孫道上相思憶詎將春色報深
閨還惹遊絲度南陌南陌深閨兩地情惜此飄揚花性
輕焉知落地爲香土更憐入水作浮萍香土浮萍那堪
數虛今春色年年度今年已見柳花殘明年復見楊花
吐愁殺龍沙千萬山春來春去損朱顏祇被楊花惱妾

睡不教清夢到燕關
五言律詩【增】唐李建勳柳花寄人 每愛江城裏青春向
盡時一廻新雨歇是處好風吹破石黏蟲網高樓撲酒
旗遙知陶令宅五樹正離披 吉中孚妻張氏柳絮 靄
靄芳春朝雪絮起青條或值花同舞不因風自飄過罇
浮綠醑拂幌綴紅綃那用持杯玩春懷不自聊 宋徐
積柳絮二首 君看青絲蕊開花便棄捐臨風競離別就
地忽團圓孤客正心亂浮雲來馬前灞橋逢杜甫老淚
更潸然 長條徒自重狂絮去何之禁籞穿花樹春江
撲酒旗因風無定意著物有閑時謝女何為者深情在
雪詩【原】蔡確楊花 楊花二月暮撩亂送春歸盡日閑

相逐無風亦自飛輕輕欄乳燕故故撲征衣莫上高樓
望徘徊滿落暉【增】明僧妙聲楊花咏 飛飛辭古柳冉
冉媚晴空愛爾白於雪況乎兼以風游絲相上下戲蝶
或西東終然太輕薄飄轉委泥中
七言律詩【增】唐劉禹錫柳絮 飄颺南陌起東鄰漠漠濛
濛好度春花巷暖隨輕舞蝶玉樓晴拂艷妝人縈廻謝
女題詩筆點綴陶公漉酒巾何處好風偏似雪隋河堤
上古江津 宋錢惟演柳絮 三月江南花漸稀春陰漠
漠雪霏霏章臺街裏翻輕吹灞水橋邊送落暉陸凱傳
情梅驛落韓憑遺恨蝶爭飛詔書漫道吹綸薄誰見紛
紛上客衣 楊億柳絮 瓊蕊飄英逐吹繁建章飛舞入

千門羌人自怨殘梅曲莊叟還迷夢蝶魂漢苑風光隨
獵騎洛城花雪撲離樽錦帆蔽日隋堤遠枉逐東流箭
浪翻 劉筠柳絮 半減依依學轉蓬斑騅無奈恣西東
平沙千里經春雪廣陌三條盡日風北斗城高連蠛蠓
甘泉樹密蔽青葱漢家舊苑眠應足豈覺黃金萬縷空
韓琦柳絮 楊柳生花不戀枝紛紛終日亦何依來
庭下為毬輥散向空中作雪飛閑共落英浮遠水靜和
幽蝶舞斜暉見君方惜春難住忍縱輕狂攪擾歸 梅
堯臣柳絮 陶令生涯漉酒巾門前種柳萬條新花今吹
作蓬萊雪曲舊得於關塞人應與殘紅閑是伴不隨舞
蝶去爭春可憐輕質都無定一落銀河莫問津【原】張

舜民柳絮 隨風墜露事輕儇巧占人間欲夏天只恐障
空飛似雪從教糝逕白如綿未央宮裏黏歌袖楊子江
濱惱客船老去強看愁底事昏花滿眼意茫然【增】金
邢安國楊花 細點輕團轉復飄隋家堤岸灞陵橋非綿
非絮寒無用如雪如霜暖不消狂惹客衣如有恨巧尋
禪榻故相撩陂塘回首浮萍滿依舊春風擺翠條 元
黃溍老柳絮 風三月節光天氣清游絲舒卷太無情微
飄簾幕當春晝亂撲亭臺似雪晴醉臉欲吹新燕弱舞
腰初軟落花輕江頭點點行人淚相逐離歌灑客程
陳基賦楊花 巷南巷北晝冥冥搖蕩春風未肯停薄命
不禁巫峽雨前身曾化楚江萍已於謝女詩中見更向

劉郎曲裏聽腸斷不堪回首處並入飛過短長亭〔馬臻楊花〕品題曾入百花名長恨濛濛畫不成灞岸雨餘黏穗濕章臺風暖撲人輕綏隨流水知無力閒度高樓似有情想得山齋淸影裏亂和蛛網惹柴荆〔明朱應辰楊花〕三月江頭飛送春撲人隨馬斷人魂隔簾撩亂春無影著水縢纖雪有痕燕帶殘香飛又落魚吹小點吐還吞可憐天性何輕薄化作青萍不托根〔李東陽糝徑楊花〕漠漠楊花帶遠天舞如輕雪糝如氈徑當僻處隨人到風向多時著意偏地濕似沾前夜雨日斜猶照隔溪烟春光到此眞須惜莫愛床頭沽酒錢

五言排律〔增〕〔唐薛能柳花〕浮生失意頻起絮又飄淪發

自誰家樹飛來獨院春朝容縈斷砌晴影過諸隣亂掩窓中蝶繁衝陌上人隨波應到海霑雨或依塵會向慈恩日輕輕對此身〔金高廷玉柳絮〕斷送春歸去紛飛不暫停和風三徑雪微雨一池萍蝶惹依芳草蜂沾過小庭靜宜投隙地狂欲攪青冥得得穿朱戶時時撲翠屏黃鶯枝上語似與訴飄零

五言絶句〔原〕〔隋侯夫人妝成〕妝成多自惜夢好却成悲不及楊花意春來到處飛〔唐劉禹錫柳花詞三首〕開從綠條上散逐香風遠故取花落時悠揚占春晚 輕飛不假風輕落不委地撩亂舞晴空發人無限思 晴天闇闇雪來送青春暮無意似多情千家萬家去〔增〕

楊凝柳絮〕河畔多楊柳追遊盡狹斜春風一回送亂入莫愁家〔李中柳絮〕年年二月暮散亂雜飛花雨過微風起狂飄千萬家〔元朱德潤郎事〕柳絮覺春歸輕盈著處飛東風好收拾莫遣墜征衣〔傅若金古楊花怨〕楊花白如雪無事學高飛莫作浮萍草漂零不肎歸

七言絶句〔增〕〔唐韓愈池上絮〕池上無風有落暉楊花晴後自飛飛爲將纖質凌淸鏡濕却無窮不得歸〔白居易柳絮〕三月盡時頭白日與春老別更依依憑鶯爲向楊花道絆惹春風莫放歸〔張祜楊花〕散亂隨風處處勻庭前幾日雪花新無端惹著潘郎鬢驚殺綠窻紅粉人〔吳融楊花〕不關穠華不占紅自飛晴野雪濛濛百

花長恨風吹落唯有楊花獨愛風〔薛濤柳絮〕二月楊花輕復微春風搖蕩惹人衣他家本是無情物一任南飛又北飛〔宋韓琦柳絮〕慣惱東風不定家高樓長陌奈無涯一春情緒空撩亂不是天生穩重花 絮雪紛紛不自持亂愁縈困滿春暉有時穿入花枝過無限蜂兒作隊飛〔梅堯臣殿中柳絮〕玉几當中寶作床無端絮惹御袍香羣公唱第魚龍化列侍金階若堵墻〔原〕〔石懋柳絮〕苦無筋力太輕柔何物如君得自由帶雨飄來成墜雪捲春歸去作飛毬〔王巖叟柳絮〕銀毬抛出翠烟深聚散高低不自禁飄去長敎迎暖日飛來深院怯春陰〔汪藻柳絮〕柳絮顚狂不肎歸等閑東去復西

飛我身也是無歸著莫教風吹上妾衣 增陳與義柳
絮柳送腰肢日幾廻更教飛絮舞樓臺顛狂忽作高千
丈風力微時穩下來 陸游睡起見楊花滿庭偶書斷
香裊裊傍窗紗睡起瞢騰日未斜堪歎一春風雨惡今
年四月見楊花 原楊萬里柳絮只道垂楊管別離楊
花一去不思歸浮踪浪跡無拘束飛到蛛絲也不飛
增樓鑰楊花雨壓輕寒春較遲春深不見柳綿飛忽然
飛入閑庭院疑是故人何處歸 柳綿無數糝枝頭日
暖隨風撲畫樓萬象可觀惟有雪喜看晴晝滿空浮
為我輕攀綠柳枝帶花低蔓又攜歸日長深院微風動
要著鬆綿當面飛 野芳庭草是生涯老去秖宜閑在

家幾日惜春留不住小囊為我拾楊花 李劉柳絮蝶
撲蜂黏發出狂飄然欲上白雲鄉無端却被遊絲攬綰
住東風舞幾場 原虞詔短長亭外柳依依念我思歸
未得歸粉蝶不知行客恨也隨飛絮點征衣 孫文叔
宮柳垂垂拂苑墻啼鶯驚夢暗心傷起來羞見空中絮
也得隨風入御床 增金高士談楊花時來官柳萬絲
黃去日飛毬滿路傍我比楊花更飄蕩楊花只是一春
忙 元張弘範柳絮東風嫋殺柳梢頭吹去香綿得自
由不到池塘成翠靨顛狂飛入酒家樓 張昱柳花詞
欄馬墻西欲暮春花飛不復過中旬倚天樓閣晴光裏
爭撲珠簾不避人 滿院長條散綠陰誰家門戶碧沉

沉地衣不許重簾隔雪白花鋪一寸深 楊維楨飛絮
春風門巷欲無花絮起晴風落又斜飛入畫簾空惹恨
不知楊柳在誰家 明劉渙柳花雪點顛狂亂送春穿
簾透幙苦相親年年三月西陵渡愁殺輕舟度水人
原楊基風送楊花滿繡床飛來紫燕亦成雙閑人正在
停針處笑嚼殘絨唾碧窗 疎疎簾影漾微波庭戶無
人鳥自過一樹楊花三日雨池塘春水綠萍多 吳寬
柳絮綠嫩遙看更碧柔非烟非霧罷難收墻高不使花
飛過却似浮萍出御溝
詩散句 原明王世貞三眠初作絮百和欲成泥旖旎黏
輕浪顛狂撲大堤青絲愁綰結紅袖惜分攜 增元倫

善住未得為萍去先來作雪飛帶花黏燕嘴和雨點人
衣 原唐韋承慶葉似鏡中眉花如關外雪 增孟浩
然燕子家家入楊花處處飛 李白楊花滿江來疑是
龍山雪 原劉禹錫晴風吹柳絮新火起廚烟 增韓
愈柳花還漠漠江燕正飛飛 鄭谷楊花滿床席搔首
度春陰 宋歐陽修落絮風捲盡春歸不留迹 原吳
潛邂逅一杯酒東風柳絮天 賈似道輕袂楊花落遙
裴燕子隨 增唐杜甫雀啄江頭黃柳花鵁鶄鸂鶒滿
晴沙 原韓愈楊花榆莢無才思秖解漫天作雪飛
增李頻無那楊花起愁思滿天飄落雪紛紛 羅鄴處
處東風撲晚陽輕輕醉粉落無香 司空圖榮愁惹恨

奈楊花閉戶垂簾亦滿家 原孫光憲閶門風暖落花乾飛遍江城雪不寒 宋宋祁二月紛紛飛作雪白門啼殺護兒鴉 同雪有風嘗借舞落梅無笛可供愁 蘇軾爲問何如插楊柳明年飛絮作浮萍 長恨漫天柳絮輕只將飛舞逐淸明 增王安石楊花獨得春風意相逐晴空去不歸 呂祖謙風絮流花一任集北窗高臥綠陰初 陸游護雛燕子常更出著雨楊花又懶飛 楊花正與人爭路鳩語還催雨點衣 原高翥風前輕薄佳人命天外飄零蕩子身 吳潛落花飛絮將春去斷雨零雲入暮寒 陳長樂行人自逐楊花去不是楊花肯送人 賈似道飛花落絮滿長安飲盡離杯

度渺漫 孫月鏡莫欺春到荼蘼盡更有楊花落後飛 王花洲楊柳若知行客恨不教飛絮撲人衣 王太冲惟有楊花思空濶正零落處是開時 齊賢良依微謝女吟來雪零落襄王夢裏雲 陳景沂賦性太輕難作主飄蹤無著易黏人 增朱淑眞花邊嬌軟黏蜂翅陌上輕狂趁馬蹄 金劉勳小軒無事誰如我臥看楊花點硯池 元薩都剌柳花滿地無人掃隔水遙看是白雲 唐王維楊花飛上路 楊花惹暮春 楊花輕易飛 原杜甫仰蜂黏落絮 春風多柳花 增杜甫楊花覆白蘋 韓愈柳花閑度竹 原賈島春風生柳絮 白居易春陰妨柳絮 增吳融柳寒難吐絮 李白風吹柳花滿店香 原杜甫輕輕柳絮點人衣 顛狂柳絮隨風起 生憎柳絮白於綿 糝徑楊花鋪白氈 增孟郊水邊柳絮由春風 白居易尋逐春風捉柳花 楊柳花飄新白雪 溫庭筠陌上無風飄柳花 吳融楊花千里雪中行 韓偓袖拂楊花去却來 韋莊楊花漫染霏霏雨 許棠綠楊花撲一溪烟 宋韓琦楊花鋪水漲龍涎 楊花飛雪滿堦前 王令柳花風遠聚晴綿 吳潛推排春事到楊花 元陳基楊柳作花香勝雪 方夔漠漠楊花點客氈 趙孟頫春陰柳絮不能飛 倪瓚柳絮如烟迷晚浦

詞 增宋周晉柳梢青似霧中花似風前雪似雨餘雲本

自無情點萍成綠却又多情 西湖南陌東城甚管定年年送春薄倖東風薄情遊子薄命佳人 原周邦彥蝶戀花蠢蠢黃金初脫後暖日飛綿取次黏窗牖不見長條低拂酒罇行應已輸先手 鶯織金梭飛不透小榭危樓處處添奇秀何日隋堤縈馬首路長人倦空思舊 增張孝祥天仙子三月灞橋烟共雨拂拂依依飛到處雪毬輕颺弄精神撲不住留不住常繫柔腸千萬縷 只恐舞風無定據容易著人容易去肯將心事向才郎待擬處終須與作個羅幃收拾取 毛滂蓦山溪雪堂迴徑撲撲憐飛絮柔弱不勝春任東風吹來吹去墻陰花外一半落誰家 葉依依烟鬱鬱依舊如張緒

那人拈得吹向釵頭住不定却飛揚滿眼前攪人情愫
蜂兒蝏子敎得越輕狂隔斜陽點芳草斷送青春暮
〔李邴洞仙歌〕一團纖軟是將春揉做撩亂隨風到何處
自長亭人去後烟草萋迷歸來定妝點離愁無數　飄
揚無個事剛被縈牽長是黃昏怕微雨記那回深院靜
簾幕低垂花陰下霎時留住又只恐伊家太疎狂更驀
地和春帶將歸去　〔周密聲聲慢〕燕泥沾粉魚浪吹香
芳堤十里新晴薾惹遊絲花邊裊裊扶春多憐漂泊記
章臺曾挽青青堪愛處是撲簾嬌嫩隨馬輕盈　長是
河橋三月做一番晴雪惱亂詩魂帶雨沾衣羅襟點點
離痕休綴潘郎鬢影怕綠窗年少人驚捲春去翦東風

千縷碎雲　原〔蘇軾水龍吟〕似花還似飛花也無人惜
從教墜拋家傍路思量却是無情有思縈損柔腸困酣
嬌眼欲開還閉夢隨風萬里尋郎去處又還被鶯呼起
不恨此花飛盡恨西園落紅難綴曉來雨過遺踪何
在一池萍碎春色三分二分塵土一分流水細看來不
是楊花點點是離人淚　〔章楶水龍吟〕燕忙鶯懶芳殘
正堤上楊花飄墜輕飛亂舞點畫青林全無才思閒趁
遊絲靜臨深院日長門閉傍珠簾散漫垂垂欲下依前
被風扶起　蘭帳玉人睡覺怪春衣雪霑瓊綴繡床漸
滿香毬無數纔圓却碎時見蜂兒仰黏輕粉魚吞池水
望章臺路杳金鞍遊蕩有盈盈淚　〔馬莊父二郎神〕日

高睡起又却見柳梢飛絮倩誰說與年年相挽却又因
他相誤南北東西何時定看碧沼青萍無數念蜀郡風
流金陵年少那尋張緒　應許雪花比並撲簾堆戶更
羽綴遊絲氈鋪小逕腸斷鵁鶄喚雨舞態顛狂眠腰輕
怯散了幾回重聚空暗想昔日長亭別酒杜鵑催去
〔葉夢得賀新郎〕睡起流鶯語掩蒼苔房櫳向曉亂紅無
數吹盡殘花無人問惟有楊花自舞漸暝靄初回輕暑
寶扇重尋明月影暗塵侵尚有乘鸞女驚舊恨鎮如許
江南夢斷衡臯渚浪黏天蒲萄漲綠半空烟雨無限
樓前滄波意誰採蘋花寄取但悵望蘭舟容與萬里雲
帆何時到送孤鴻目斷千山阻誰爲我唱金縷

別錄　增〔唐書南蠻傳〕訶陵國以柳花柳子爲酒飲之輒
醉　〔四民月令〕三月三日以及上除采柳絮可以愈瘡
〔清異錄〕盧文紀有玉枕骨故凡枕之堅實者悉不可
用親舊間作楊花枕贈之遂獲安寢自是縫青繒充以
柳絮一年一易　原〔歲時記〕洛陽人家寒食煮楊花粥
增〔物類相感志〕冬月令水不冰以楊花鋪硯槽名文
房春風膏硯　原〔花史〕宋憲聖時收楊花爲冬日鞵韈
氈褥之用

附錄　柳寄生

原柳寄生狀類冬青亦似紫藤經冬不凋春夏之間作
紫花散落滿地冬月望之雜百樹中榮枯各異出蜀中

檉柳

【增】爾雅檉河柳註河旁赤莖小楊疏生水旁皮正赤如絳枝葉如松【原】檉柳一名雨師一名赤檉（本草云天將雨檉先起氣應之負霜不彫乃木之聖故字從聖）一名河柳一名人柳一名三眠柳一名觀音柳一名長壽仙人柳即今俗所稱三春柳也幹小枝弱皮赤葉細如絲（本草云南齊時益州獻蜀柳條長狀若絲縷即此）一年三次作花花穗長二三寸色粉紅如蓼花春前以枝插之易生草木子云大者爲炭復入炭汁可點銅成銀酉陽雜俎言涼州有赤白檉王禎農書云河柳白而明則檉又有白者矣

【彙考】【增】前漢書西域傳鄯善國多葭葦檉柳胡桐白草

南齊書祥瑞志永明五年山陰縣孔廣家園檉樹十二層會稽太守隨王子隆獻之種芳林園鳳光殿西三輔故事漢苑中柳狀如人形曰人柳一日三眠三起崔豹古今注赤楊霜降則葉赤材理亦赤也彥周詩話李義山賦云豈如河畔牛星隔年祇聞一過不及苑中人柳終朝剩得三眠

【集藻】頌【增】梁江淹檉頌木貴冬榮檉實寒色停蕤峯頂插翠在側碧葉菴藹赬柯翁施方陋筠檟遠笑荊棘

五言古詩【增】梁簡文帝檉凌寒競貞節負雪固難虧無慙雲母桂詎減珊瑚枝　唐白居易有木詩有木名水檉遠望青童童根株非勁挺柯葉多蒙籠彩翠色如柏鱗皴皮似松爲同松柏類得列嘉樹中枝弱不勝雪勢高常懼風雪壓低還舉風吹西復東柔芳甚楊柳早落先梧桐惟有一堪賞中心無蠹蟲　明吳寬檉讀詩識其名誰謂材無用西戎每渡河此木能載重所以人字之豈在作梁棟兩株倚東籬計亦七年種相對垂青絲蘙地來二仲

七言古詩【增】李頎魏倉曹東堂檉樹愛君雙檉一樹奇千葉齊生萬葉垂長頭拂石帶烟雨獨立空山人莫知攢青蓄翠陰滿屋紫穗紅英曾斷目洛陽墨客遊雲間若到麻源第三谷

詩散句【增】金雷琯　濯濯檉樹枝　唐羅鄴　滿院皆檉竹

期棲鸞鶴羣　金高士談　山店檉花落細紅

附錄　欅柳

【原】欅柳一名鬼柳（本草云其樹高舉其木如柳故名山人訛爲鬼柳郭璞注爾雅作柜柳云似柳皮可煑飲也）多生溪澗水側木大者高四五丈合二三人抱葉似柳非柳似槐非槐材紅紫作箱案之類甚佳鄭樵通志云欅乃榆類其實亦如榆錢鄉人採其葉爲甜茶

【彙考】【增】孟子告子曰性猶杞柳也註杞柳柜柳也　南史康絢傳武帝築淮堰假絢節都督淮上諸軍事幷護堰十五年四月堰成其長九里夾之以堤幷樹杞柳軍人安堵列居其上　荊溪疏瑣樹欅柳也以獨孤常州

詩得名擁腫輪囷空腹半死枝葉倚扶蘇垂藤其上如斗

附錄 水楊

增〔爾雅〕楊蒲柳〔注〕可以為箭左傳所謂董澤之蒲〔本草〕水楊一名青楊一名蒲楊一名蒲栘一名栘柳一名萑苻（音丸蒲）原陸璣疏云蒲柳有二種一種皮正青一種皮正白可為矢北土尤多花與柳同蘇頌曰水楊葉圓濶而尖枝條短硬與柳全別

彙考 增〔左傳〕楚熊負羈囚知罃知莊子以其族反之廚武子御下軍之士多從之每射抽矢菆納諸廚子之房廚子怒曰非子之求而蒲之愛董澤之蒲可勝既乎

別錄 增〔世說〕顧悅與簡文同年而髮早白簡文曰卿何以先白對曰蒲柳之姿望秋而落松柏之質經霜彌茂〔種樹書〕種水楊須先用木椿釘穴方入楊庶不損皮易長臘月二十四日種楊樹不生蟲

白楊

增〔本草〕一名獨搖（寇宗奭曰本身似楊微白故名李時珍曰鄭樵通志言白楊一名高飛與栘楊同名今俗通呼栘楊為白楊且白楊亦因風獨搖故得同名）蘇頌曰今處處有之北土尤多株甚高大葉圓如梨皮白色木似楊李時珍曰葉面青而光背白色有鋸齒木肌細白性堅直與栘楊乃一類二種也 原楊有二種一種白楊葉芽時有白茸毛蒂長兩兩相對遇風則簌簌有聲人多植之墳墓間樹聳直圓整微白色高者十餘丈大者徑三四尺堪棟梁之任一種青楊樹比白楊較小亦有二種一種梧桐青楊身亦聳直高數丈大者徑一二尺材可取用葉似杏葉而稍大色青綠其一種身矮多岐枝不堪大用北方材木全用楊槐榆柳四木是以人多種之

彙考 增〔南史〕蕭惠開傳惠開為少府不得志寺內齋前花草甚美悉鏟除別種白楊〔唐書契苾何力傳〕龍翔中司稼少卿梁脩仁新作大明宮植白楊于庭示何力曰此木易成不數年可庇何力不答但誦白楊多悲風蕭蕭愁殺人之句脩仁驚悟更植以桐〔懸笥瑣探〕予

初不識白楊及來河南巡行郡邑常經平疇入山谷見多大樹問從者曰白楊也其種易成葉尖圓如杏枝頗勁微風來則葉皆動其聲蕭瑟殊悲慘陝西南山谷尤多高可二三百尺圓可丈餘修直端美用為寺觀材久則疏裂不如松柏材勁實也

集藻 詩散句 增〔古樂府〕白楊初生時乃在豫章山上葉拂青雲下根通黃泉 〔唐李白〕白楊亦蕭蕭 腸斷白楊聲

別錄 原〔種植〕白楊伐去大木根在地中者遍發小條俟長至栗子核桃麤春月移栽勤澆之栽青楊于春月將欲栽樹地挑溝深一尺五六寸寬一尺長短任意先以

水飲透次日將青楊枝如箒栗纔者利刀砍下仍截作二尺長段密排溝內露出溝外二三寸加土與平築實數日後方可澆水候芽長常澆爲妙長至五六尺擇其密者删之既可作柴又使易長種十畝歲不慮乏柴及長至徑四五寸便可取作屋材用留端正者長爲大用每年春月仍可修其冗枝作柴而樹身日益高大

附録 栘楊

增 爾雅 唐棣栘 注 似白楊江東呼夫栘 疏 其花反而後合凡木之花皆先合後開惟此花先開後合 爾雅翼 栘生江南山谷大十數圍無風葉動 崔豹古今注 栘楊圓葉弱蔕微風大搖一名高飛一名獨搖一曰

栘楊亦曰蒲楊 本草 栘楊與白楊是同類二種今南人通呼爲白楊

佩文齋廣羣芳譜卷第七十八

佩文齋廣羣芳譜卷第七十九

木譜

女貞

原 女貞 楚辭作楨 一名貞木一名蠟樹 本草云凌冬青翠有貞守之操故以貞女狀之近時以放蠟蟲故俗呼爲蠟樹 處處有之以子種而生最易長樹似冬青葉厚而柔長面青背淡長者四五寸甚茂盛凌冬不凋人亦呼爲冬青 本草云與冬青同名異物蓋一類二種爾 五月開細花青白色花甚繁九月實成似牛李子纍纍滿樹生青熟紫木肌白膩立夏前後取蠟蟲種子裹置枝上半月其蟲化出延緣枝上造成白蠟民間大獲其利女貞實氣味苦平無毒補中明目强陰安五臟養精神健腰膝除

百病變白髮久服令人肥健輕身不老葉除風散血消腫定痛治頭目昏痛諸惡瘡腫

彙考 原 山海經 泰山多貞木 增 典術 女貞木者少陰之精故冬不落葉 晉宮閣名 華林園女貞一株 荆州記 宜都有喬木叢生名爲女貞 原 琴操 魯有處女見女貞木而作歌 臨安縣圖經 有木名將軍樹今在淨土寺西小橋之側乃女貞木也至今茂盛

集藻 頌 原 晉蘇彥女貞頌 昔東阿王作楊柳頌辭義慷慨旨在其中余今爲女貞頌雖事異於往作蓋亦以厲冶容之風也女貞之樹一名冬生負霜葱翠振柯凌風故清士欽其質而貞女慕其名或樹之於雲堂或植之

於階庭

〔贊〕增〔漢鄭氏婚禮謁文贊〕女貞之樹柯葉冬生寒冱守節險不能傾

〔文散句〕增〔漢司馬相如上林賦〕豫章女貞

〔詩散句〕增〔陳江總對幌〕女貞枝　〔唐李白〕萬萬女貞林

〔詞〕增〔宋張鎡眼兒媚〕山礬風味木犀魂高樹綠堆雲水光殿側月華樓畔晴雪紛紛　何如且向南湖住深映竹邊門月兒照著風兒吹動香了黃昏

〔別錄〕原〔辨訛〕人因女貞冬茂亦呼爲冬青不知女貞葉長子黑冬青葉圓子紅枸骨與女貞亦相似女貞卽俗呼蠟樹者冬青卽俗呼凍青樹者枸骨卽俗呼猫兒刺者蓋三樹也〔種植〕栽女貞畧如栽桑法縱橫相去一丈上下則樹大力厚若相去六七尺太逼須糞壅極肥歲耕地一再過有草便鋤之令枝條壯盛卽蠟多子亦可種巴蜀擷其子漬淅米水中十餘日搗去膚種之蠟生則近蹈伐去發肄再養蠟養一年停一年採蠟必伐木無老幹　〔寄蟲〕蟲微時白色大如蟣虱作蠟及老則赤黑色乃結苞於樹枝初若黍米大入春漸長大如雞頭子紫赤色纍纍抱枝宛若樹之結實蓋蟲將遺卵作房正如雀甕螵蛸之類俗呼爲蠟種亦曰蠟子子內皆白卵如細蟣一包數百凡寄子皆於夏前三日內從樹上連枝翦下去餘枝獨留寸許令抱木或三四顆乃至

十餘顆作一簇或單顆亦連枝翦之翦訖用稻穀浸水半日許漉取水剝下蟲顆浸水中一刻許取起用竹箬虛包之大者三四顆小者六七顆作一包靭草束之置潔淨瓮中若陰雨頓瓮中可數日天熱其子多迸出宜速寄之寄法取箬包翦去角作孔如小豆大仍用草縶之樹枝間其子多少視枝小大斟酌之枝大如指者可寄枝太細幹太麤者勿寄寄後數日閒鳥來啄箬包攫取子勤驅之天漸暖蟲漸出包先緣樹上下行若樹根有草卽附草不復上又防蟻食蟲故樹下須芟刈極淨次行至葉底棲止更數日復下至枝條嚙皮入咂食其脂液因作花狀如凝霜　取蠟凡採蠟樹上如凝霜謂之蠟花須看花老嫩太嫩不成蠟太老不可剝太約處暑後剝取謂之蠟滓剝時或就樹或翦枝俱先灑水潤之則易落次取蠟花投沸湯中融化傾入細囊漉別鍋中別鍋亦注沸湯漉盡絞去滓乘熱投入繩套子則凝聚成塊碎之文理如白石膏而瑩徹或以麤布蒙甑口置蠟布上甑內安一器甑下加火蒸化入器中待成塊取之其滓盛以絹囊投熱油中則蠟盡油可爲燭蠟花取時不宜盡留待明年又生子過白露則蠟花黏住難剝蟲白蠟純用作燭勝他燭十倍若以和他油不過百分之一其燭亦不淋爲用頗廣多植無害唐宋以前澆燭入藥所用白蠟皆蜜蠟此蟲白蠟自元以來人始知

之今則爲日用物矣四川湖廣滇南閩嶺吳越東南諸郡皆有之以川滇衡永產者爲勝〔息樹〕女貞收蠟有二種有自生者有寄子者自生者初時不知蟲何來忽遍樹生白花取用煉蠟明年復生蟲子向後恒自傳生若不曉寄放樹枯則已若解放者傳寄無窮寄子者取他樹之子寄此樹之上也其法或連年或停年或就樹或伐條若樹盛者連年就樹寄之俟有衰頓即斟酌停年以休其力培壅滋茂仍復寄放即宋氏雜部所謂養一年停一年者也伐條者取樹栽徑寸以上者種之俟盛長寄子生蠟即離根三四尺截去枝榦收蠟隨手下壅冬月再壅明年旁長新枝芽蘖以後恒擇去繁冗令

再直達又明年亦復修理恒加培壅第三年可放蠟子更三年仍斫去枝如條桑法如是無窮此所謂經三年停三年者也

冬青

〔原〕冬青一名凍青一名萬年枝女貞別種也樹似枸骨子而極茂盛身大合抱高丈許木理白細而堅重有文作象齒笏葉似樝子樹葉而小又似椿葉微窄而頭頗圓光潤經霜不凋堪染緋其嫩芽煠熟水浸去苦味淘淨五味調之可食五月開細白花結子如豆紅色放子收蠟一如女貞子及木與皮氣味甘苦凉無毒去風補虛益肌膚江南冬青葉對生枝葉皆如桂但桂葉硬冬青葉軟稍異豈另一種耶〔增〕〔本草〕陳藏器曰李邕云冬青出五臺山似椿子赤如郁李微酸性熱與此小異當是兩種

〔彙考〕〔增〕〔宋史五行志〕天聖九年十月公井縣冬青木連理　政和三年七月玉華殿萬年枝木連理〔原〕〔晉宮閣名〕華林園有萬年樹十四株　常氏日鈔冬青花關係水旱其花不落濕地諺云黃梅雨未過冬青花未破冬青花已開黃梅便不來〔委巷叢談〕洪武中浙江都司徐司馬令杭城人家植冬青樹於門數年各街市綠陰匝地張輿賦詩云比屋冬青樹人皆隱綺羅春風十年後惟恐綠陰多

〔集藻〕〔七言古詩〕〔增〕宋林景熙冬青花〔冬青花花時一日腸九折隔江風雨清影空五月深山護微雪石根雲氣龍所藏尋常螻蟻不敢穴移來此種非人間曾識萬年觴底月蜀魂飛遶百鳥臣夜半一聲山竹裂

〔五言律詩〕〔增〕唐許渾洞靈觀冬青〔霜霰不凋色兩株交石壇未秋紅實淺經夏綠陰寒露重蟬鳴急風多鳥宿難何如西禁柳晴舞玉闌干

〔五言排律〕〔增〕唐許稷風動萬年枝〔瑣樹春偏早光飛處處宜曉浮三殿日暗度萬年枝婀娜搖仙禁繽翻映玉池含芳煙乍合拂砌影初移爲近韶陽煦皆先衆卉垂成陰知可待不與衆芳隨

七言絕句增唐趙嘏宛陵館冬青樹碧樹如煙覆晚波清秋欲盡客重過故園亦有如煙樹鴻雁不來風雨多　宋韓駒冬青樹離宮見爾近天墀雨露常私養種時惆悵一枝嵐氣裏無人識是萬年枝　楊萬里冬青百子池邊種最奇無人識是萬年枝細花密葉青青子嘗得披香雨露滋　任參政冬青禁路風淸飛早鴉官皁難起紫宸衙了無公事鉤簾坐閒看冬青落細花

詩散句原唐杜甫下有冬青林石上走長根　宋盧多遜太液池邊看月時好風吹動萬年枝　元方夔老農歇熱藤陰下一樹冬青落細花　唐抑所苜蓿齋前萬年樹最宜蔥蒨雪中看　宋謝朓風動萬年枝

別錄增物類相感志冬青樹上接梅則開灑墨梅　原宋徽宗試畫院諸生以萬年枝上太平雀爲題無中程者或密扣中貴曰萬年枝冬青樹也　種植山居四要臘月下種次春發芽又次年三月移栽長七尺許可放蠟蟲

附錄水冬青

原宋氏樹畜部水冬青葉細利於養蠟子

枸骨

增本草一名貓兒刺（此木肌白如狗之骨葉有五刺如貓之形故名又衞矛亦名枸骨與此同名）李時珍曰枸骨樹如女貞肌理甚白葉長二三寸青翠而厚硬有五刺角四時不凋五月開細白花結實如女貞及菝葜子九月熟時緋紅色皮薄味甘核有四瓣人采其木皮煎膏以黏鳥雀謂之黏黐

烏臼

原烏臼一名鵶臼（烏喜食其子因以名之或云其木老則根下黑爛成臼故得此名）樹高數仞葉似小杏葉而微薄淡綠色可染皁五月開細花色黃白實如雞頭初青熟黑分三瓣八九月熟咋之如胡麻子汁味如豬脂壓油燃燈極明南方平澤甚多根皮味苦微溫有毒治頭風通二便慢火炙令脂汁盡黃乾後用子凉無毒壓汁梳頭變白爲黑炒作湯下水氣易生易長種之佳者有二曰葡萄臼穗聚子大而穰厚曰鷹爪臼穗散而殼薄臨安人每田十數畝田畔必種臼數株其田主歲收臼子便可完糧如是者租輕佃戶樂種謂之熟田若無此樹於田收糧租額重謂之生田江浙之人凡高山大道溪邊宅畔無不種亦有全用熟田種者樹大者或收子二三石忌近魚塘令魚黑且傷魚

彙考增羅逸長青山記山之麓曰朱村蓋考亭之祖居也自此倚石嘯歌松風上下遙望木葉著霜如渥丹始見怪以爲紅花久之知爲烏桕樹也　蓬窻續錄陸子淵豫章錄言饒信間桕樹冬初葉落結子放蠟每顆作十字裂一叢有數顆望之若梅花初綻枝柯詰曲多在野水亂石間遠望如成林眞可作畫此與柿樹俱稱美蔭

園圃植之最宜

集藻 詩散句 增〔宋陸游〕烏桕赤於楓園林九月中 〔唐陸龜蒙〕行歇每依鴉臼影挑頻時見鼠姑心 〔元方夔〕烏桕數家村 〔宋陸游〕烏桕新添落葉紅 烏桕猶爭久照紅

別錄 製用 採白子在中冬以熟爲候採須連條剡之但留指大以上枝其小者總無子亦宜剡去則明年枝實倶繁盛剡刀長三四寸廣半寸形如却月鉤刃在鉤內以竹木竿爲柄令刃向上剡時向上鏟之不傷枝幹剡下枝仍充燎爨揀取淨子曬乾入臼舂落外白穰篩出蒸熟作餅下榨取油如常法即成白油如蠟以製燭

若穰少不滿一榨即作餅入他油餅中雜榨之榨下盛油瓶中置一草帚候油出冷定臼油即凝附草帚不雜他油其篩出黑子石磨麤礱碎簸去殼存下核中仁復磨或碾細蒸熟榨油如常法即成清油燃燈極明塗髮變黑又可入漆可造傘凡製燭每白油十斤加白蠟三錢則不淋蠟多更佳常時肆中賣者白油十斤雜清油十斤白蠟不過一二錢其燭易淋收子一石可得白油十斤油中一畝之宮但有樹數株生平膏油足用不復市買用油之外其查仍可壅田可燎爨可宿火其葉可染皁其木可刻書及雕造器物且樹久不壞至合抱以上收子愈多故一種即爲子孫數世之利 接博子種者須接之乃可樹如杯口大即可接大至一兩圍亦可接但樹小低接樹大高接耳接須春分後數日法與雜果同聞之山中老圃云臼樹不須接博但於春間將樹枝一一捩轉碎其心無傷其膚即生子與接博者同試之良然若地遠無從取佳貼者宜用此法此法農書未載農家未聞恐他樹木亦然宜逐一試之

桄榔

增〔本草〕桄榔一名姑榔木一名麪木一名董櫻一名鐵木 〔廣志〕木大者四五圍高五六丈拱直無旁枝巓頂生葉數十似櫻葉其木肌堅斫入數寸得粉赤黃色可食 〔南方草木狀〕木性如竹紫黑色有文理工人解之

以製奕枰出九眞交阯 〔臨海異物志〕生牂牁山谷其木剛作鋘鋤利如鐵中石更利唯中蕉根乃致敗耳 圖經本草嶺南二廣州郡皆有之其木似栟櫚而堅硬斫其內取麪大者至數石食之不飢其皮至堅韌可以作綆其子作穗生木端不拘時月采之 〔海槎餘錄〕桄榔木身直如杉又似棕櫚椰子檳榔波斯棗古散（古散木名可爲杖又名虎散）諸樹而稍異有節似大竹樹杪挺出數枝開花成穗綠色結子如青珠每條不下百顆一樹僅百餘條團團懸挂若傘其木最重色類花梨而多紋番舶用代鐵槍鋒銛甚利 〔嶺表錄異〕葉下有鬚如麤馬尾廣人采之以織巾子其鬚尤宜鹹水浸漬即麤脹而韌彼

人以縛海舶不用釘線〔榕城隨筆〕幹似椶櫚層層納
上特節稀於椶耳其葉類竹而大其幹中空兩分之可
爲閘溜

彙考 增 〔後漢書夜郎傳〕句町縣有桄榔木可以爲麪百
姓資之〔中南志〕梁水興古西平三郡少穀有桄榔木
可以作麪以牛酥酪食之〔水經註〕盤木又東逕漢興
縣山溪之中多生邛竹桄榔樹樹出麪而土人資以自
給故蜀都賦曰麪有桄榔〔北戶錄〕洛陽伽藍記云昭
儀寺有酒樹麪木得非桄榔乎其心爲炙滋腴極美
〔東坡集〕東坡居士謫于儋耳無地可居偃息于桄榔林
中摘葉書銘以記其處〔廣東志〕連州北六十里曰桄

榔山上多桄榔故名

集藻 〔七言絕句〕 增 〔宋楊萬里題桄榔樹〕化工到得巧窮
時東補西移也大奇君看桄榔一窠子竹身杏葉海椶
枝

〔詩散句〕 增 〔唐張九齡〕里樹桄榔出〔白居易〕麪苦桄榔
製〔宋蘇軾〕雪粉剖桄榔〔唐于鵠〕權籬疏處種桄榔
〔宋黃庭堅〕日下桄榔猶扇開〔孫覿〕桄榔葉底秋聲
滿

椶櫚

原 椶櫚一名栟櫚 廣雅云栟櫚椶也 俗作椶櫚 皮中毛縷如馬之騣鬣故名
出嶺南西川今江南亦有種之最難長初生葉如白芨
葉長高二三尺則木端數葉大如扇上聳四散岐裂大
者高一二丈葉有大如車輪者其莖三稜稜邊如刺四
時不凋其幹正直無枝近葉莖處有皮裹之每長一層
卽爲一節幹身赤黑皆筋絡宜爲鐘杵亦可旋爲器物
其皮有絲毛錯綜如織剝取縷解可織衣帽褥椅鐘盂
之屬大爲時利每歲必兩三剝之否則樹死或不長也
剝之多亦傷樹三月於木端莖中出數黃苞苞中有細
子成列乃花之孕也狀如魚腹孕子謂之椶魚亦曰椶
筍漸長出苞則成花穗黃白色結實纍纍大如豆生黃
熟黑甚堅實或云南方此木有兩種一種有皮絲可作
繩一種小而無絲惟葉可作帚鄭樵以爲王彗者非也

按王彗乃落帚之名卽地膚子也

彙考 增 〔梁書處士傳〕張孝秀性通率不愛浮華常冠穀
布巾躡蒲履執栟櫚皮麈尾〔唐書南蠻傳〕訶陵在南
海中以木爲城雖大屋亦覆以栟櫚 原 〔山海經〕石脆
之山其木多椶柟 天帝之山上多椶柟 增 〔吳錄地
理志〕武陵臨沅縣多栟櫚木生山中〔晉令〕其夷民守
護椶皮者一身不輸〔高士春秋〕方儲隱天門山以椶
櫚葉拂書號曰無塵子月以酒脯祭之〔啓顏錄〕唐崔
行功與敬播相逐播帶櫚木霸刀子行功問播云此是
何木播曰栟櫚木行功曰唯問刀子不問佩人 原 杜
詩註 杜甫因朝廷以李林甫瑣瑣之林代張九齡爲相

作椶櫚拂詩寓意

集藻 頌 原 梁江淹栟櫚頌 異木之生疑竹疑草攢叢石徑森蔚山道煙岫相珍雲巒共寶不錦不繡何避工巧

賦 增 宋劉敞栟櫚賦 圓方相摩純粹精兮剛健專直交神靈兮馮翼正性栟櫚榮兮中立不倚何亭亭兮受命自天非曲成兮外無附枝匪其旁兮密葉森森劍戟錯兮溫潤可親廉而不傷兮雪霜青青不界偃兮壽比南山邈其無疆兮被髮文身何佯狂兮沐雨櫛風蹇無所妨兮苦身克己用不失職兮摩頂至踵尚禹墨兮黃中通理類有德兮屹如承天孔武且力兮懔其無華不尚色兮表英衆木如繩墨兮播蕤鬣夷反自匿兮遯世無悶曷幽懸兮明告君子吾將以爲則兮

賦散句 增 漢揚雄甘泉賦 攢栟櫚與芨苦兮紛被麗其亡鄂

五言古詩 原 唐杜甫枯椶 蜀門多椶櫚高者十八九其皮割剝甚雖衆亦易朽徒布如雲葉青黃歲寒後交橫集斧斤凋喪先蒲柳傷時苦軍乏一物官盡取嗟爾江漢人生成復何有有同枯椶木使我沉歎久死者卽已休生者何自守啾啾黃雀啅側見寒蓬走念爾形影乾摧殘沒藜莠 宋梅堯臣詠宋中道宅椶櫚 青青椶櫚樹散葉如車輪擁𢺦交紫髯歲剝豈非仁用以覆雕輿何憚剋厥身今値公侯第愛惜知幾春完之固不長只與薺本均幸當勅園吏披剝見日新是能去窘束始得物理親 劉攽椶花 砍破夜叉頭取出仙人掌皺人滿腹珠鯽魚新出網

七言古詩 原 宋蘇軾椶筍并引 椶筍狀如魚剖之得魚子味如苦筍而加甘芳蜀人以饌佛僧甚貴之而南方不知也筍生膚毳中蓋花之方孕者正二月間可剝取過此苦澀不可食矣取之無害于木而宜于飲食法當蒸熟所施略與筍同蜜煮酢浸可致千里外今以餉殊長老贈君木魚三百尾中有鵞黃子魚子夜叉剖癭欲分甘籜龍藏頭敢言美願隨蔬果得自用勿使山林空老死問君何事食木魚烹不能鳴固其理

五言律詩 原 宋洪咨夔椶櫚 舊脫敗蓑亂新添華節高蕭容春尚靜俠氣夏方豪黃孕子魚腹青披孔雀尻豐擁如可裂雷動景鐘號 明吳寬椶櫚 櫟社異茲種如何身類之奇形豈天賦剝剝諒非時磔魄還同瘦扶疏不是瘦猶能爲拂子敢負少陵詩

五言絕句 增 唐徐仲雅詠椶櫚 樹葉似新蒲緣身如亂錦纏任君千度剝意氣自衝天

七言絕句 增 宋劉敞椶櫚 纛影叱竿竿影直雪中霜裏伴松筠可憐憔悴凌雲色還勝昂藏獨立人 無名氏 秀榦扶疏綵檻新琅玕一束淨無塵重苞吐實黃金穗密葉圍條碧玉輪

〔詩散句〕增〔宋宋祁〕叢撩列蓋端攢旋注旗首〔曾肇〕童童雙櫻櫚葱蒨兩車蓋〔程金紫〕孤出亭亭羽蓋高掌開圓葉臂抽條〔唐杜甫〕甃井交櫻葉〔白居易〕栟櫚葉戰水風凉 原〔李羣玉〕櫻櫚葉散夜叉頭 增〔宋陸游〕栟櫚子嫩供香飯

別錄 原 筍及子花苦濇有小毒生食戟人喉主澀腸止瀉痢 皮止鼻衄吐血破癥治腸風赤白痢主金瘡疥癬生肌止血

附錄 櫚木

原 櫚木性堅紫赤色似紫檀亦有花紋者謂之花櫚木可作器皿床几扇骨諸物俗作花梨者非出安南及南海 增〔格古要論〕木與降眞香相似亦有香其花有鬼面者可愛花麤而色淡者低

附錄 海櫻

增〔益部方物畧記〕海櫻大抵櫻類然不皮而榦葉叢於杪至秋乃實似楝子

彙考 增〔老學庵筆記〕老杜海櫻詩在左縣所賦今已不存成都有一株在文明廳東廊前正與制置司簽廳門相直簽廳乃故錦官閣開瀘川尤多予未見也 原〔埤雅廣要〕蜀錦城之南有海櫻焉榦猶龍鱗枝猶鳳尾高百餘尺相傳繇李唐來閱千稔矣國朝徙其株于金陵莖葉披萎畧無生意勅還蜀植之護以赤闌甃以紋石其枝仍前峻拔秀聳雲漢若云不知其徙也迴者榦古顚仆命中貴典從政視之惜其材初未請他用旣而斲爲五十餘琴以進異音清發雖爨下之桐未可儗也今祕內祭士之嗜音者恆企慕焉

集藻 〔贊〕增〔宋宋祁海櫻贊〕櫻皆䟽皮此獨自榦攢葉于顚蘇首披散秋華而實其値則罕

〔七言古詩〕原〔唐杜甫海櫻行〕左綿公館清江濆海櫻一株高入雲龍鱗犀甲相錯落蒼稜白皮十抱文自是衆木亂紛紛海櫻焉知身出羣移栽北辰不可得時有西域胡僧識

附錄 蒲葵

增〔南方草木狀〕蒲葵似栟櫚而柔薄可爲扇笠出龍川〔本草〕蒲葵葉與櫻櫚相似許愼說文以爲櫻櫚誤也

彙考 增〔爾雅翼〕晉人稱蒲葵扇扇自柄上攢泉骨如櫻葉之狀今宜欽衢信間扇是也〔西溪叢語〕李商隱詩云何人書破蒲葵扇記看南塘移樹時蒲葵櫻櫚也晉陽秋謝太傅鄉人有罷中宿縣詣安安問歸資答曰唯有五萬蒲葵扇安乃取其中者執之其價數倍又王羲之見老姥持六角扇賣之因書其扇各五字老姥初有難色羲之謂曰但云右軍書以求百金姥從之人競買之乃二事誤用也

黃楊

原黃楊木理細膩枝幹繁多性堅緻難長歲長一寸閏月年反縮一寸謂之厄閏考之爾雅桐荄蓏皆厄閏不獨黃楊葉小而厚色青微黃取此木必于陰晦夜無一星伐之爲梳不裂 增本草黃楊生諸山野中人家多栽插之枝葉攢簇上聳葉似初生槐葉而青厚不花不實四時不凋其木堅膩作梳剜印最良

彙考原酉陽雜俎世重黃楊以無火或曰以水試之沉則無火 增艮嶽記增土疊石間留隙穴以栽黃楊曰黃楊巘

集藻賦增宋歐陽修黃楊樹子賦并序夷陵山谷間多黃楊樹子江行過絕險處時時從舟中望見之鬱鬱山

際有可愛之色獨念此樹生窮僻不得依君子封植備愛賞而樵夫野老又不知甚惜作小賦以歌之若夫漢武之宮叢生五柞景陽之井對植雙桐高秋羽獵之騎半夜嚴妝之鐘鳳蓋朝拂銀床暮空固已葳蕤近日的皪含風婆娑萬戶之側生長深宮之中豈知綠蘚青苔蒼崖翠壁枝蓊鬱以含霧根屈盤而帶石落落非松亭亭似柏上臨千仞之盤薄下有驚湍之濆激澗斷無路林高暝色偏依最險之處獨立無人之跡江已轉而猶見峰漸回而稍隔嗟乎日薄雲昏煙霏露滴負勁節以誰賞抱孤心而誰識徒以竇穴風吹陰崖雪積哢山烏之嘲哳裊驚猿之寂歷無遊女兮長攀有行人兮暫息節既晚而愈茂歲已寒而不易乃知張騫一見須移海上之根陸凱如逢堪寄隴頭之客

五言律詩增宋朱長文百幹黃楊賁幹多材美孤根一氣同春餘花淡薄雪裏葉青蔥蕃衍非人力堅剛稟化工寸枝栽玉軫可助舜南風 元華幼武黃楊咫尺黃楊樹婆娑枝幹重葉深團翡翠根古踞虬龍歲歷風霜久時霑雨露濃木應逢閏厄堅質比寒松 明吳寬追和朱樂圃蘇學百幹黃楊巖凝霜雪後蕃衍弟兄同帖莫題青李刀難斷寸蔥厄多逢歲閏材短謝良工桃李紛如許終看立下風 傅汝舟聖水峻山多古黃楊樹予爲置二株庵前閏厄無人見山深攜汝回暮蟬哀不

去秋草喜同來梁棟隨明世茅茨合短才千年如礙日能記野翁栽

詩散句增宋曾鞏雖非百尺材歲晚好顏色 婆娑兩佳木生長在岩石 蘇軾黃楊生石上堅瘦紋如綺 李廌黃樹性堅正枝葉已剛愿 原蘇軾園中草木春無數只有黃楊厄閏年

樺木

增爾雅翼樺木似山桃即今之皮貼弓者又堪爲燭取脂燒辟鬼 本草樺古作檴畫工以皮燒煙熏紙作古畫字故名檴俗省作樺字也李時珍曰樺木生遼東及臨洮河州西北諸地其木色黃有小斑點紅色能收肥膩其皮厚而輕虛軟柔皮

匠家用襯鞾裏及爲刀靶之類謂之暖皮以皮卷蠟可作燭點

【彙考】增 魏書禮志魏先之居幽都也鑿石爲祖宗之廟眞君中遣中書侍郎李敞詣石室告祭天地以皇祖先妣配既祭斬樺木立之以置牲體而還後所立樺木生長成林其民益神奉之咸謂魏國感靈祇之應也 唐書回鶻傳黠戛斯古堅昆國也木有松樺榆柳蒲松高者仰射不能及顛而樺尤多 大業拾遺記二年汾州起汾陽宮宮南外平林率是大樺木高百餘尺行從文武皆剝取皮囊庵舍

【集藻】七言絶句 增 元袁桷戲題樺皮 裼裳新脫玉層層紅葉朱蕉謝不能擬製小冠霜短髮意行雲水一枝藤

詩散句 增 唐白居易 風燭樺煙香 宋蘇軾送客 林中樺燭香

【別錄】增 李肇國史補 唐正旦曉漏以前三司使大金吾以樺燭擁謂之火城

闌天竹

【原】一名大椿一名南天竺（竺或作東天竺）一名南天燭榦生年久有高至丈餘者糯者矮而多子粳者高而不結子葉如竹小銳有刻缺梅雨中開碎白花結實枝頭赤紅如珊瑚成穗一穗數十子紅鮮可愛且耐霜雪經久不脫植之庭中又能辟火性好陰而惡濕栽貴得其地秋後髠其榦留孤根俟春遂長條肆而結子則身低矮子蕃衍可作盆景供書舍清玩澆用冷茶或臭酒糟水或退雞鵞翎水最妙壅以鞋底泥則盛

【彙考】增 夢溪筆談 南燭草木記傳本草所說多端今少有識者爲其作靑精飯色黑乃誤用烏臼爲之全非也此木類也又似草類故謂之南草木今人謂之南天燭者是也南人多植於庭檻之間莖如蒴藋有節高三四尺廬山有盈丈者葉微似楝而小至秋則實赤如丹南方至多 學圃餘疏 天竹累累朱實扶搖綠葉上雪中視之尤佳人所在種之

【集藻】賦 增 梁程詧東天竺賦有序 中大同元年秋河東柳惲爲祕書監詧以散騎爲之貳雠校之暇情甚相狎監署西廡有異草數本綠莖疎節葉膏如翦朱實離離炳如渥丹惲爲詧言西眞書號此爲東天竺其說曰軒轅帝鑄鼎南湖百神受職東海少君以是爲獻且白帝云女媧用以鍊石補天試以拂水水爲中斷試以御風風爲之息金石水火洞達無閡帝異焉命植於蓬壺之圃此其遺狀也然不復如向時之驗矣詧怪斯言誕而不經因竊歎曰物固有弱而剛微而彰當其時也雷轟而驕翔非其時也穴蟠而泥藏斮特斯草也感而作賦云彤庭赫兮弘敞入端闈而延顧粤若望直之都旁開羣玉之府則有芸㠭湘素蘭翳軒廡琳琅曳風璵玟泫

雨誠神明之粤壤乃尤物之所處是何弱植之蒙蒙兮榦如剖業之玉葉碎出藍之綠色含朱膏實正秋熟受中地腴號東天竺蓋女媧補有蒼之缺公孫佩遐升之篠來自西海植之蓬圃飛廉爲之轂御馮夷爲之止舞於斯時也神農未知藥后稷未播穀萁莢尚晦蓂蒲猶伏芝混菌耳苓羣很毒神禹所未識齊諧所未悉亦既擢質於神皋之苑獻名於通靈之室矣爾乃芳掩蘅若氣矜篔簹密束霞綴騈羅星光菁茅海梟不足以侔潔薝蔔薰陸不足以襲香璀璨於九閽之上而容與乎三階之旁者也時異事改貌存質昧眺知無用之用而不爲斯世之所采哇蛙痕夢隱兼蒿艾王田植表則有旛

伤之酷樵豎截歌則有蒸薪之悔文異溝中之斷音乖爨下之桐心類飛灰首如飛蓬豈非有意於上林之積翠而禁籞之摘紅者哉天嘉昌明萬物咸覩姬姜在御不棄蒯楚王鮹登庖旁徵魴鱮曾是散材托茲邃宇卿雲甘露之所濡白日陽春之所曜天雞晨翔銅枝夜照儻窮年之若斯敢搶攘於往操願黽勉於鴻私聽青箱而就槁

七言絕句　增　宋楊巽齋南天竺花發朱明雨後天結成紅顆更輕圓人間熱惱誰醫得止要淸香淨業緣

荊

增　廣志　楚荊也牡荊蔓荊也　本草　牡荊一名黃荊一名小荊（蘇恭曰牡荊作樹不爲蔓生故稱爲牡非無實之謂蔓荊子大牡荊子小故稱小荊）李時珍曰處處山野多有樵采爲薪年久不樵者其樹大如盌其枝對生一枝五葉或七葉葉如榆葉長而尖有鋸齒五月杪間開花成穗紅紫色其子大如胡荽子而有白膜皮裹之有靑赤二種靑者爲荊赤者爲楛　嫩條皆可爲筥箇古者貧婦以荊爲釵卽此二木也

彙考　增　詩周南翹翹錯薪言刈其楚　王風揚之水不流束楚　唐風綢繆束楚　秦風交交黃鳥止于楚　禮記學記夏楚二物收其威也　左傳伍舉奔鄭將遂奔晉聲子將如晉遇之於鄭郊班荊相與食而言復故　史記廉頗傳廉頗肉袒負荊因賓客至藺相如門謝

罪　漢書郊祀志告禱泰一以牡荊畫幡日月北斗登龍　注　牡荊作幡柄也　南史齊武帝紀上將討戴凱之大饗士卒是日大熱上各令折荊枝自蔽言未終而有雲垂蔭正當會所會罷乃散　北史酷吏傳燕榮嘗按部道次見叢荊堪爲笞箠命取之輒以試人人或自陳無咎榮曰後有罪當免及後犯細過將撾之人曰前日被杖許有罪宥之榮曰無過尚爾況有過耶榜捶如舊　山海經虖勺之山其下多荊杞　東觀漢記尹勤治韓詩事薛漢身牧豕事親至孝無有交游門生荊棘　春秋運斗樞玉衡星散爲荊　孝子傳古有兄弟忽欲分異出門見三荊同株接葉連陰歎曰木猶欣聚況我

而殊哉還爲雍和 〔南方草木狀〕荊寧浦有三種金荊
可作枕紫荊堪作床白荊堪作履與他處牡荊蔓荊全
異又彼境有牡荊指病自愈節不相當者月暈時刻之
與病人身齊等置床下雖危困亦愈 〔禮弓矢圖〕楚弴
以荊爲之然以灼正以荊者凡木心圓荊心方也 〔文
中子〕子赴洛道於沔池主人不授館子有飢色坐荊棘
間講易不輟也 〔大業拾遺錄〕五年南方置北景林邑
海陰三郡北景在林邑南大海中與海陰接境或云馬
援鑄柱尚存地暑熱多大林木高者數百尋有金荊生
于高山峻阜大者十圍盤屈瘤蹙文如美錦色豔于眞
金中夏時有于海際得之工人取用甚精妙貴于沉檀

〔登眞隱訣註〕梁天監三年上將合神仙飲奉勅論荊
曰荊花白多子子麤大歷歷踈生不過三兩莖多不能
圓或褊或異或多似竹節葉與餘荊不殊蜂多採牡荊
牡荊汁冷而甜餘荊被燒則煙火氣苦牡荊體慢汁實
煙火不入其中主治心風第一于時遠近尋覓不得猶
用荊葉今之所有者云 〔朝野僉載〕隋帝令朱寬征留
仇國還得金荊瘤數十片木色如眞金密緻而文采盤
蹙有如美錦甚香極細可以爲枕及案面雖沉檀不能
及

集藻 〔頌〕增 〔梁江淹金荊頌〕江南之山巨嶂連天既抱紫
霞亦漱絳煙金荊佳樹涵雲宅仙姱節詎及幽意誰傳

〔文散句〕增 〔漢東方朔七諫〕荊棘聚而成林 〔宋顏峻几
贊序〕今上在彭城賜金荊几

〔詩散句〕增 〔唐杜甫〕爲歷雲山問無辭荊棘深 〔晉陸機〕
三荊歡同株

別錄 增 〔神仙傳〕吳有徐隨居丹徒左慈過隨門下有宿
客東六七乘欺慈云徐公不在慈去客皆見牛在楊樹
杪車轂中皆生荊木長一二丈客懼入報隨隨曰此左
公遣追之客逐慈叩頭謝客還見牛故在地無復荊木
也

附錄 楛

增 〔陸璣詩疏〕楛其形似荊而赤莖似蓍上黨人織以爲

斗筥箱器又屈以爲釵故上黨人調曰問婦人欲買赭
不謂竈下自有黃土問買釵不謂山中自有楛

彙考 增 〔書禹貢〕惟箘簵楛 〔詩大雅〕瞻彼旱麓榛楛濟
濟 〔山海經〕上申之山下多榛楛

棘

增 〔爾雅翼〕棘心赤而外有刺有赤白二種其刺亦有直
者鉤者 〔本草〕白棘一名棘刺一名棘鍼一名赤龍爪
花名刺原一名菥蓂一名馬朐生雍州川谷棘刺花生
道旁冬至後一百二十日采之四月采實韓保昇曰切
韻云棘小棗也田野間有之叢高三二尺花葉莖實俱
似棗也寇宗奭曰白棘乃酸棗未長大時枝上刺也及

至長成其實大其刺亦少故棗取大木棘取小科不必
强分別焉

【彙考】增 詩邶風凱風自南吹彼棘心 魏風園有棘 唐風肅肅鴇羽集于苞棘 曹風鳲鳩在桑其子在棘 小雅湛湛露斯在彼杞棘 營營青蠅止于棘 周禮秋官朝士掌建邦外朝之法左九棘孤卿大夫位焉羣士在其後右九棘公侯伯子男位焉羣吏在其後註樹棘以爲位者取其赤心而外刺象以赤心三刺也 左傳桃弧棘矢以共禦王事 晉書藝術傳石季龍大饗羣臣於太武前殿佛圖澄吟曰殿乎殿乎棘子成林將壞人衣季龍令發殿石下視之有棘生焉 山海經

北嶽之山多枳棘剛木 竹書文王之妃太姒夢南庭生棘小子發植梓樹於闕間化爲松柏棫柞以告文王文王幣率羣臣與發並拜吉夢 韓子燕王好微巧衛人曰臣能以棘刺之端爲母猴王悅之養以五乘之奉 春秋繁露美惡之類各以類應故以龍致雨以扇逐暑軍之所處生以棘楚 白虎通景風至棘造實 春秋元命苞樹棘聽訟其下者願取其赤實也 陳留耆舊傳魏尚繫詔獄有雀集棘樹上占曰夫棘中心赤外有刺象我言有棘而赤心之至誠也 水經注夫子墓塋方一里在魯城北六里泗水上弟子各以四方奇木來植故多諸異樹不生棘木刺草 酉陽雜俎衛公言衡山舊無棘彌境草木無有傷者曾余知江南地本無棘潤州倉庫或要固牆隙植薔薇枝而已 埤雅舊云鵲巢中必有棘蓋棘性暖令人養華之法而春以棘數枝置華叢上可以辟霜護其華芽也

【集藻】文散句 增 漢劉向九歎折芳枝與瓊華兮樹枳棘與薪柴 藜棘樹于中庭

佩文齋廣羣芳譜卷第七十九

佩文齋廣羣芳譜卷第八十

木譜

檀香

原 檀香一名旃檀一名直檀出廣州雲南及占城眞臘諸國今嶺南諸地亦皆有之樹葉皆似荔枝皮青色而滑澤有三種黃檀（皮實色黃）白檀（皮潔色白）紫檀（皮腐色紫）其木並堅重清香而白檀尤盛宜以紙封固則不洩氣紫檀新者色紅舊者色紫有蟹爪文白檀辛溫氣分之藥故能理胃氣調脾肺利胸膈紫檀鹹寒血分之藥故能和營氣消腫毒治金瘡中土所產之檀亦檀香之類但不香則地氣使然也

彙考 增 清異錄同光中有舶上檀香色正白號雪檀長六尺人買爲僧坊刹竿　僧繼顒住五臺山手執香如意紫檀鏤成芬馨滿室繼元時在潛邸以金易致每接僧則項帽具三衣假比丘秉此揮談名爲握君

別錄 原 種植 臘月分木傍小株種之

降眞香

原 降眞香一名紫藤香一名雞骨香生南海及大秦國今兩廣雲南皆有不甚佳舶上來名番降紫而潤者良焚之氣勁而遠可以降神故名降眞 增 南方草木狀 紫藤葉細長莖如竹根堅實重重有皮花白子黑置酒中歷二三十年亦不腐敗其莖截置烟炱中經時成紫香可以降神

彙考 增 輟耕錄 道家者流爲人典行醮事曰高功其有行業精白者則必移檄南岳魏夫人請借仙鶴或二隻或四隻青鸞導衞翔鶩澄空昭揚道妙往往親見之偶讀本草有云降眞香出黔南伴和諸雜香燒煙直上天召鶴得盤旋于上注按仙傳云燒之或引鶴降醮星辰燒之甚爲第一度籙燒之功力極驗若然則鶴之來香所致也非歟

蜜香樹

增 南方草木狀 交趾有蜜香樹榦似柜柳其花白而繁其葉如橘欲取香伐之經年其根榦枝節各有別色也木心與節堅黑沉水者爲沉香與水面平者爲雞骨香其根爲黃熟香其榦爲棧香細枝緊實未爛者爲青桂香其根節輕而大者爲馬蹄香其花不香成實乃香爲雞舌香珍異之木也 香譜 唐本草注云沉香出天竺單于二國與青桂雞骨馢香同是一樹葉似橘經冬不凋夏生花白而圓細秋結實如檳榔色紫似椹而味辛療風水毒腫去惡氣樹皮青色木似櫸柳重實黑色沉水者是今復有生黃而沉水者謂之蠟沉又不沉者謂之生結 倦遊雜錄 沉香木嶺南諸郡悉有之瀕海諸州尤多交榦連枝岡嶺相接數千里不絕葉如冬青大者合數人抱木性虛韌山民或以構茅廬或以爲橋梁

為飯甑尤善有香者百無一二蓋木得水方結香多在折枝枯榦中或為沉或為煎或為黃熟自枯者謂之木槃香今南恩高竇等州惟產生結香蓋山民入山見香木之曲榦邪枝必以刀斫之成坎經年見雨水所漬結香復以鍬取之刮去白木其香結為斑點亦名鷓鴣斑燔之甚佳沉之良者惟在瓊崖等州俗謂角沉乃生水中取者宜用薰裛黃沉乃枯木中得之宜入藥用依木皮而結者謂之青桂氣尤清在土中歲久不待刓剔而精者謂之龍鱗亦有削之自卷咀之柔韌者謂之黃蠟沉尤難得

彙考增〔梁書林邑傳〕林邑國出沉木香土人斫斷之積以歲年朽爛而心節獨在置水中則沉故名沉香次不沉不浮者曰棧香也〔唐書宗室傳〕敬宗侈宮室舶賈獻沉香亭材帝受之漢諫曰以沉香為亭何異瑤臺瓊室乎〔三輔黃圖〕漢武帝元鼎六年破南越起扶荔宮以植所得奇草異木有蜜香百本〔清異錄〕海舶來有一沉香翁剜鏤若鬼工高尺餘以上吳越王王目為清門處士發源於心清聞妙香也　高麗舶主王大世選沉水近千斤疊為旖旎山象衡嶽七十二峯錢俶許黃金五百兩竟不售　沉水帶斑點者名鷓鴣沉華山道士蘇志恬偶獲尺許修為界尺〔寓簡〕草木之故香者如沉水旃檀龍腦蘇合薰陸鬱金薝蔔薔薇素馨末利

雞舌之屬皆產于嶺表海南南遷集云雷化已南山多荃苓藿香芬芳襲人動或數里予嘗推其理火盛於南方實能生土土味甘而臭香其在南方秉火之王得其所養英華發外是以草木皆香此實理性之自然者而前此說香自范蔚宗以下未嘗有及此也黃帝書言五氣香氣湊脾古人固知之矣楞嚴云純燒沉水無令見火此自佛以來燒香妙方也〔南海古蹟記〕晉吳隱之北歸家人攜沉香一斤覺投香江中〔越中雜記〕青口兩山夾天如綫山石峭削一壁上有古木一株土人云是沉香樹一年一花

集藻〔賦增〕宋蘇軾沉香山子賦古者以芸為香以蘭為芬以鬱鬯為祼以脂蕭為焚以椒為塗以蕙為薰杜衡帶屈菖蒲薦文麝多忌而本羶蘇合若薌而實葷嗟吾知之幾何為方入之所分方根塵之起滅常顛倒其天君每求似于髣髴或鼻勞而妄聞獨沉水為近正可以配薝蔔而並云矧儋崖之異產實超然而不羣既金堅而玉潤亦鶴骨而龍筋惟膏液之內足故把握而兼斤顧占城之枯朽宜爨釜而燎蚊宛彼小山巉然可欣如太華之倚天象小孤之插雲往壽子之生朝以寫我之老懃子方面壁以終日豈亦歸田而自耘幸置此于几席養幽芳于帨帉無一往之發烈有無窮之氤氳蓋非獨以飲東坡之壽亦取以食黎人之芹也

別錄增南方草木狀蜜香帋以蜜香樹皮葉作之微褐色有紋如魚子極香而堅韌水漬之不潰爛泰康五年大秦獻三萬幅常以萬幅賜當陽侯杜預令寫所撰春秋釋例及經傳集解（清異錄）有賈至林邑舍一翁姥家日食其飯濃香滿室賈亦不喻偶見甑則沉香所剜也

龍腦香

增酉陽雜俎龍腦香樹出婆利國婆利呼為固不婆律亦出波斯國樹高八九丈大可六七圍葉圓而背白無花實其樹有肥有瘦瘦者有婆律膏香一曰瘦者出龍腦香肥者出婆律膏也在木心中斷其樹劈取之膏于

樹端流出斫樹作坎而承之入藥用別有法（香譜）形似松脂作杉木氣乾脂謂之龍腦香清脂謂之波律膏子似豆蔻皮有甲錯海藥本草云味苦辛微溫無毒主內外障眼去三蟲療五痔明目鎮心祕精

安息香樹

增酉陽雜俎安息香樹出波斯國波斯呼為辟邪樹高三丈皮色黃黑葉有四角經冬不凋二月開花黃色花心微碧不結實刻其樹皮其膠如飴名安息香六七月堅凝乃取之燒通神明辟眾惡

麝香木

增清異錄江南山谷間有一種奇木曰麝香樹其老根焚之亦清烈號乾[illegible]香

羯布羅香

增西域記其樹松身異葉花果亦別初採既濕尚未有香木乾之後循理而折之其中有香木乾之後色如氷雪亦龍腦香

櫰香

增本草櫰香一名兜婁婆香江淮湖嶺山中有之木大者近丈許小者多被樵采葉青而長有鋸齒狀如小薊葉而香對節生其根狀如枸杞根而大煨之甚香

必栗香

增本草必栗香一名花木香一名詹香生高山中葉如

老椿擣置上流魚悉暴腮而死木為書軸白魚不損書

靈壽木

增爾雅椐樻（注）腫節可以為杖（鄭注）此木似藤節目相對（陸璣詩疏）木節中腫似扶老今人以為馬鞭及杖弘農郡北山有之（漢書注）木似竹有枝節長不過八九尺圍三四寸自然有合杖制不須削治也（本草）一名扶老杖陳藏器曰生劍南山谷圓長皮紫作杖令人延年益壽

彙考增漢書孔光傳光稱疾辭位太后詔賜靈壽杖山海經廣都之野靈壽實華（水經注）巴鄉村側有谿谿中多靈壽木

集藻銘增漢李尤靈壽杖銘亭亭奇榦實曰靈壽甘泉潤根清露流莖乃制爲杖扶危定傾旣憑其實亦貴其名

五言古詩增唐柳宗元植靈壽木白華鑒寒水怡我適野情前趨問長老重復欣嘉名蹇連易衰朽方剛謝經營敢期齒杖賜聊且移孤莖叢萼中競秀分房外舒英柔條乍反植勁節常對生循玩足忘疲稍覺步武輕安能事翦伐持用資徒行

五言律詩增宋張淳休曲木天然性叨名席上珍節高工得手倚壁快扶人莫問西來意終爲竈下薪他時俘頡利拜賜敢忘身

詩散句增宋曾肇林下揹來供燕息省中攜去寵師儒　蘇軾靈壽扶來似孔光

娑羅木

增通雅娑羅外國之交讓木也葉似柟皮如玉蘭色葱白最潔鳥不棲蟲不生子能下氣　益部方物略記生峨眉山中類枇杷數葩合房春開葉在表花在中或言根不可徙　吳船錄木葉如海桐又似楊梅花紅白色春夏閒開　茅亭客話花苞大如拳葉凡二十餘葉相沓捧苞類桐花一簇三十餘朶經月方謝

彙考增南史扶南國傳梁天監十八年遣使送天竺旃檀瑞像娑羅樹葉　荊南記晉永康元年巴陵顯安寺僧房床下忽生一樹隨伐隨生如是非一樹生愈疾咸共異之置而不翦旬日之間枝柯極棟遂移房避之自爾已後樹長漸遲但極晚秀夏中方有花葉枝莖與衆木不殊多歷年稔人莫識也後外國僧見之攀而流涕曰此娑羅樹也佛處其下涅槃吾思本事所以泣耳而花開細白不足觀採元嘉十一年忽生一花形色如芙蓉樹今見在此亦一方之奇蹟也　翻譯南印建那補羅國北不遠有多羅樹林三十餘里其葉長廣其色光潤諸國書寫莫不采用　酉陽雜俎慈恩寺殿庭大娑羅樹大曆中安西所進其木檊賜此寺四櫥大德行逢自種之一株不活　洛陽名園記苗帥園故有七葉二

樹對峙高百尺春夏望之如山然今刱堂其北　韓雍賜遊西苑記橋南有娑羅樹人所罕見　長安客話臥佛寺內娑羅樹二株子如橡栗可療心疾　名山記天台山有娑羅樹花一名鶴翎出華頂峯以多經風霜樹不高大樹數百枝枝十餘頭頭六七葉經冬不凋花如芍藥香如茉莉按蜀都賦雅州瓦屋山產娑羅花有五色照映山谷與此相類　花史昌化千頃山側娑羅一株每初夏花開香聞十里相傳爲許由故居　雲南志娑羅花在會城土主廟其本類大理和山花佛日盛開其色白微帶黃意異香芬馥非同凡花臭味中出一蕊如稗穗垂出瓣中每朶十二瓣遇閏輒多一瓣相傳高

僧以二念珠入土一珠出樹不知大理所傳仙人遺種者又出何典故且不獨和山有之也　俗傳娑羅樹炙之能却病土人有疾者度其高下以艾灼焉今樹枯

【集藻】狀【增】唐安西道進娑羅枝狀　臣所管四鎮有拔汗那最爲密近木有娑羅樹特爲奇絶不庇凡草不止惡禽聳幹無慙于松栝成陰不愧于桃李近差官拔汗那使令採得前件樹枝二百莖如得托根長樂擢穎建章布葉垂陰隣月中之丹桂連枝接影對天上之白榆

碑【增】唐李邕楚州淮陰縣娑羅樹碑并序　觀厥好德存樹愛人及鳥有情不忘雖小可作大施及者也則有宗廟加敬蠙墓增悲覩物可懷比事斯廣此觸類者也矧

乃通感靈變玄符聖迹根柢淨土碩茂佛時蜀金山之景彰聯玉豪之殊相至若泥日法會荼毘應身妙有雙樹之間光覆僧祇之衆安可混贈散木比列清林議上茅之挺生喻堅固之神造者也娑羅樹者非中夏物土所宜有者巳婆娑十畝映蔚千人密幄足以綴飛飈高蓋足以却流景惡禽翔而不集好鳥止而不巢有以多矣然深識者雖徘徊仰止而莫知冥植博物者雖沉吟稱引而莫辨嘉名華葉自奇榮枯當異隨所方面頗徵靈應東瘁則青郊苦而歲不稔西茂則白藏泰而秋有成唯南匪他自北常爾或季春擘發或仲夏萌生早先豐隨晚暮儉若且槁瘁後吐芬條前秀差池旬日奄忽

齊同無今昔可殊非物理所測古老多怪時俗每驚巫者占於鬼謀議者惑于神樹證聖載有三藏義淨還自西域逮茲中休信宿因依齋戒瞻漢演大本處徵之舊聞源其始也榮灼道成之際究其末也摧藏薪盡之餘或森列四方或合并二體常青不壞應現分榮變白有終不滅同盡昔與釋迦蔭首今爲羣生立緣大佛病從人大慈感故樹萎因物深悲理然化能分身半枯即是心有合相後茂還齊宜其表正聖神靈則品彙以變見一攝而稱讚十方者也淮陰縣者江海通津淮楚巨防彌越走蜀會閩驛吳七發枚乘之丘三傑楚王之窟勝引飛甍商旅接艫每至同雲冒山終風振壑宦子愓息

槁工疚懷魚貫迤其萬艘霧集登於曾渚莫不膜拜圍遶焚香護持復悔多尤廻祈景福於是風水相借物色同和挂帆啓行方舳駿邁浮山崛起而疏巘慶雲亂飛而比峯雖電影施鞭夸父杖策罔可喻其神速焉云狀其豁快者哉州牧宗子名仲康廣孝惟家大忠形國播清政以主郡儀古式以在人知微知彰有禮有樂別駕扶風竇公名誠盈盛門貴仕懿德令名利用以厚生明畧以營道上交不諂下交不黷司馬宗子名景虛受賢驥子之任邑宰清河張公名松質藐自維節忽乎博聞始于能賦而彰中于成器而立牧人通急狗物合權威

肅懾于神明慈惠安其父母豈伊政理自有才名莫不淨慮一乘追攀八樹嘆徙植而多感惟化生而永懷大啓上緣萃心檀施碩德道暉寺主道玄上座道絢都維那曇一等皆妙覺圓常釋門上首痛金棺而既往駭堅林而在茲鄉望司徒玄簡戴玄景王玄珪張仁藝王懷儼劉元隱沈信詳等夙悟大師深入眞際勤行進力護供莊嚴揚州東大雲寺法師希玄廣派法流固柢德本戒行有以鎭浮俗利言有以誨蒙求既憑藉于衆心亦謀明于獨得是標靈跡乃建豐碑其詞曰政化之理兮甘棠猶存寶乘之妙兮娑羅是敦欽厥道成兮八相克尊感乎示迹兮一歸可門與佛合緣兮榮落同時歘爾化生兮感變誰思休徵咎徵兮伺察不欺流俗莫識兮綿曠驚疑上人西還兮覲止增悲發皇靈應兮堅固在茲方國傳聞兮想象悽其廻首正信兮頂禮護持優曇千年兮曷足議之

贊 增 宋宋祁娑羅木贊 聚葩共房葉附花外根不得徙見偉斯世

歌

御製娑羅樹歌 娑羅珍木不易得此樹惟應月中植想見初從西域移山中有人多未識海桐結蕊松栝形千花散盡七葉青山禽廻翔不敢集虛堂落子風泠泠楚州遺碑今已偃峨嵋雪外雙林遠未若茲山近可遊靈根終古蟠層巘繁陰亭午轉幽闉回睇精藍路幾盤憑教紫府仙山樹寫入披香殿裏看

七言古詩 增 元郭翼題娑羅室 娑羅樹下幽人室山氣因之與秋碧古色猶棲竺國雲絕頂仰見扶桑日太陰垂地風雨會百尺撐空鬼神力醉呼北海起九原爲爾重鐫青石壁

五言排律 增 宋歐陽修定力院七葉木 伊洛多佳木娑羅舊得名常於佛家見宜在月中生睛砌陰鋪靜虛堂子落聲夜風疑雨過朝露炫霞明車馬王都盛樓臺梵宇閎惟應靜者樂時聽野禽鳴

七言絕句 增 宋梅堯臣娑羅樹 杪欏古樹常占歲在昔曾看北海碑今日四方俱大稔不知榮悴向何枝

扶木

增 山海經 大荒之中有山名曰孽搖頵羝上有扶木柱三百里其葉如芥 註 扶木即扶桑 湯谷上有扶木一日方至一日方出皆載于烏 十洲記 扶桑在碧海之中地方萬里多林木葉皆如桑又有椹樹長者數千丈大二千餘圍樹兩兩同根偶生更相依倚是以名爲扶桑仙人食其椹而一體皆作金光色飛翔空中其樹雖大其椹故如中夏之桑也但椹稀而色赤九千歲一生實耳

彙考 增 梁書扶桑國傳 扶桑國地在中國之東其土多

扶桑木故以爲名扶桑葉似桐而初生如筍國人食之實如梨而赤績其皮爲布以爲衣亦以爲綿作板屋無城郭有文字以扶桑皮爲紙 **原** 淮南子扶木在揚州日之所曊 **增** 拾遺記瀛州有扶桑萬歲一枯其人視之如旦暮也 **原** 寰中記天下之高者扶桑無枝葉上至于天下通三泉

集藻 賦 **增** 唐朱鄴扶桑賦木臨大壑名曰扶桑厥洪波之萬里在青帝之一方受浩氣以生成那倫衆木挺仙杭之秀麗能戴朝暘塵外風吟天涯雨泣山晴而瑞氣初動海晚而潮痕乍濕幾千歲月標下界之無雙迥拔榮枯依高空而獨立霧折煙融孤光在東長迎旭日先

得春風吾將原太極之意考眞宰之功不產奇異安分混同物欲明焉我則與三才並起田云化矣我則與大朴無窮卓出古今莫逾貞固當乾坤之上位瞰魚龍之要路至若玉漏聲殘銀蟾影度收人間之瞑色未遍羣山犇海底之紅輪先經此樹露戢雲驚珠懸焰生雖凌厥熾寧奪玆榮豈若常材隨大匠之雕刻自如良輔契吾君之聖明巢之者不可得其窺藎之者不可得其噬暘烏象擇木之狀晴虹作挂弓之勢名大天下身高水際掩彩翠於蟠桃病虧盈于月桂非海也不足以容其大非日也不足以升其高葉茂而雲垂露晷根深而龍撼鷩濤卑沃焦於尺土微鄧林以秋毫巨影倒空而漠

漠寒聲吹夜以颸颸靈境難尋人寰罕測性欺霜雪心藏正直故能齊衆甫而擬滄浪永佐東君之德

五言古詩 **增** 晉陶潛讀山海經逍遙蕪皐上杳然望扶木洪柯百萬尋森散覆暘谷靈人侍丹池朝朝爲日浴神景一登天何幽不見燭

若木

原 山海經洞野之山上有赤樹青葉赤華名曰若木南海之內黑水青水之間有木名曰若木

彙考 **增** 淮南子若木在建木西上有十日其華照下地 水經註若水之生非一所也黑水之間厥木所植水出其下故木受其稱焉

集藻 贊 **增** 晉郭璞若木贊若木之生崑山是濵朱華電照碧葉玉津食之靈智爲力爲仁

文散句 **增** 楚屈原離騷折若木以拂日兮聊逍遙以相羊 天問羲和之未揚若華何光

詩散句 **增** 唐李白西海栽若木東溟植扶桑別來幾多時枝葉萬里長 揮手折若木拂此西日光

丹木 二種同名

增 山海經峚山其上多丹木圓葉而赤莖黃花而赤實其味如飴食之不饑丹水有玉膏以灌丹木 崦嵫之山其上多丹木其葉如穀其實大如瓜赤附而黑理食之已癉可以禦火

集藻 贊 增 晉郭璞丹木贊爰有丹木生彼淆盤厥實如瓜其味甘酸蠲痾辟火用奇桂蘭　丹木暐暐沸沸玉膏黃軒是服遂攀龍豪

五言古詩 增 晉陶潛詩丹木生何許迺在峚山陽黃花復朱實食之壽命長白玉凝素液瑾瑜發奇光豈伊君子寶見重我軒黃

建木 二種同名

增 山海經有九丘以水絡之有木青葉紫英玄華黃實名曰建木百仞無枝有九欘下有九枸其實如麻其葉如芒　有木狀如牛引之有皮若纓黃蛇其葉如羅其實如欒其木如蓲其名曰建木在窫窳西弱水上 注 建

木青葉紫莖黑花黃實其下聲無響立無影也

彙考 增 淮南子建木在廣都天帝所從上下處此木日中無影

集藻 贊 增 晉郭璞建木贊爰有建木黃實紫柯皮如蛇纓葉有素羅絕蔭弱水義人則過

賦 增 唐無名氏建木賦廣都有建木焉大五千圍生不知始高八千尺仰不見巔過雷電遺雲煙倚白日摩青天靡蟠桃於度朔之上毫若木於滄海之邊斯未足奇者天收寸雲日在午位明白宇宙光嵌燭秘枝枝攢大虛外青葉葉積元氣間翠無一點之影落之於地故自當玉京之要得天下之中左右仙翁前後玉童潤璚露

飈祥風五雲翼之而斐亹八景舍之而玲瓏帝或自天而降天寧假羽翼帝或自地而還地不乘虛空以我有飛陛之力以我有泰階之功必我之由忽乎遂通如此見其真宰之意生巨材而不易上帝之心寄巨材而亦深不然奚至是哉俗人生代重疊詭譎其或不聞聞之或不信境之絕信之或不往往之或不到智之劣自非天付洞微神與明哲樹杳杳而何在身紛紛而已滅士有以廣都為帝王之宅以建木為台階之臣自謂未達仰慕斯人髣髴雲霄徘徊風塵若巨材之一見希謁帝之有因

賦散句 增 晉孫綽天台賦建木滅影于千尋琪樹璀璨而成珠

迷穀

增 山海經招搖之山有木焉其狀如穀而黑理其花四照其名曰迷穀佩之不迷

集藻 贊 增 晉郭璞迷穀贊爰有奇樹產自招搖厥華流光上映垂霄佩之不惑潛有靈標

棪木

增 山海經堂庭之山多棪木 注 別名溥其子似柰而赤可食

白䓘

增 山海經侖者之山有木焉其狀如穀而赤理其汗如

漆其味如飴食者不饑可以釋勞其名曰白蓉可以血
玉〔注〕武作睪蘇
【集藻】〔贊〕【增】晉郭璞白蓉贊白蓉睪蘇其汁如飴食之辟
穀味有餘滋逍遙忘勞窮生盡期

文莖

【增】〔山海經〕符禺之山有木焉名曰文莖其實如棗可以
已聾

若辛

【增】〔山海經〕華陽之山多若辛其狀如樕其實如瓜食之
已瘧

盼木

【增】〔山海經〕浮山多盼木枳葉而無傷木蟲居之

稷木

【增】〔山海經〕虖陽之山其木多稷柟豫章〔注〕稷似松有刺
細理

崇吾山木

【增】〔山海經〕崇吾之山有木焉員葉而白柎赤華而黑理
其實如枳食之宜子孫

櫾木

【增】〔山海經〕槐江之山其陰多櫾木之有若〔注〕櫾木大木
也言其上復生若木大木之奇靈者為若
【集藻】〔贊〕【增】晉郭璞櫾木贊櫾惟靈樹爰生若木重根增
駕流光旁燭食之靈化榮名仙錄

櫰木 槐一名櫰與此木名同物異

【增】〔山海經〕中曲之山有木焉其狀如棠而員葉赤實實
大如木瓜名曰櫰木食之多力
【集藻】〔贊〕【增】晉郭璞櫰木贊櫰之為木厥形似槤若能長
服拔樹排山力則有之壽則宜然

杌木

【增】〔山海經〕單狐之山多杌木〔注〕杌木似榆可燒以糞稻
田出蜀中

北號山木

【增】〔山海經〕北號之山有木焉其狀如楊赤華其實如棗

而無核其味酸甘食之不瘧

芑木

【增】〔山海經〕東始之山有木焉其狀如楊而赤理其汁如
血不實其名曰芑可以服馬
【集藻】〔贊〕【增】晉郭璞芑木贊馬維剛駮塗之芑汁不勞孫
陽自然閑習厥術無方理有潛執

櫔木

【增】〔山海經〕歷兒之山其上多櫔木是木也方莖而圓葉
黃華而毛其實如楝服之不忘

彤棠

【增】〔山海經〕陰山多彤棠其葉如榆葉而方其實如赤菽

食之已聾

芨

增山海經栒山有木焉其狀如樗其葉如桐而莢實其名曰芨可以毒魚

黃棘

增山海經苦山有木焉名曰黃棘黃華而圓葉其實如蘭服之不字

天楄

增山海經堵山有木焉名曰天楄方莖而葵狀服者不噎

蒙木

增山海經放皐之山有木焉其葉如槐黃華而不實其名曰蒙木服之不惑

帝休

增山海經少室之山其上有木焉其名曰帝休葉狀如楊其枝五衢黃華黑實服者不怒

集藻贊增晉郭璞帝休贊帝休之樹厥枝交對竦本少室曾陰雲蔚君子服之匪怒伊愛

栯木

增山海經泰室之山其上有木焉葉狀如梨而赤理其名曰栯木服者不妬

集藻贊增晉郭璞栯木贊爰有嘉樹厥名曰栯薄言采之窈窕是服君子維歡家無反目

帝屋

增山海經講山有木焉名曰帝屋葉狀如椒反傷赤實可以禦凶注反傷刺下勾也

亢木

增山海經浮戲之山有木焉葉狀如樗而赤實名曰亢木食之不蠱

蘮栢

增山海經敏山上有木焉其狀如荊白華而赤實名曰蘮栢服者不寒

集藻贊增晉郭璞蘮栢贊蘮栢白華厥子如丹實肥變

氣食之忘寒物隨所染墨子所歎

三珠樹

增山海經三珠樹在厭火北生赤水上其爲樹如栢葉皆爲珠一曰其爲樹若彗

集藻贊增晉郭璞三珠樹贊三珠所生赤水之際翹葉栢竦美壯若彗濯影丹波自相霞映

雄常樹

增山海經肅愼之國有樹名曰雄常先入代帝於此取之注其俗無衣服中國有聖帝代立者則此木生皮可衣也

欒

【增】山海經雲雨之山有木名曰欒禹攻雲南有赤石焉
生欒黃木赤枝青葉羣帝焉取藥
甘柤
【增】山海經蓋猶之山上有甘柤枝榦皆赤黃葉白華黑
實
甘華
【增】山海經蓋猶之上有甘華枝榦皆赤黃葉
朱木
【增】山海經蓋山之國有樹赤皮枝榦青葉名曰朱木注
或作朱威木也
壽木
【增】山海經壽木長千里在勾纓南生河上西北
【集藻】贊【增】晉郭璞壽木贊眇眇壽木生于河邊疎枝千
里上干雲天垂陰四極下蓋虞淵
文玉樹
【增】山海經開明北有珠樹文玉樹玗琪樹注玗琪赤玉
屬也吳天璽元年臨海郡吏伍曜在海水際得石樹高
二尺餘莖葉紫色詰曲傾靡有光彩卽玉樹之類也
【彙考】【增】淮南子崑崙上有珠樹玉樹璇樹不死樹在其
西沙棠琅玕在其東絳樹在其南碧樹瑶樹在其北
隋唐嘉話雲陽縣界多漢離宮故地地有似槐而葉細
土人謂之玉樹楊子雲甘泉賦云玉樹青葱後左思以

廣羣芳譜 木譜十三 甘柤 甘華 朱木 壽木 文玉樹 三二

雄爲假稱珍怪不詳也
【集藻】贊【增】晉郭璞文玉玗琪樹贊文玉玗琪方以類叢
翠葉猗萎丹柯玲瓏玉光爭煥彩豔火龍
不死樹
【增】山海經開明北有不死樹注言長生也 博物志員
丘山上有不死樹食之乃壽
【集藻】贊【增】晉郭璞不死樹贊萬物暫見人生如寄不死
之樹壽敝天地請藥西姥烏得如羿
賦散句【增】漢張衡思玄賦登閬風之層城兮搆不死而
爲床
聖木
【增】山海經開明北有甘木聖木注食之令人智聖也
【集藻】贊【增】晉郭璞甘水聖木贊醴泉睿木養齡盡性增
氣之和袪神之冥何必生知然後爲聖
服常琅玕樹
【增】山海經服常樹其上有三頭人伺琅玕樹注服常木
未詳琅玕子似珠爾雅曰西北之美者有崑崙之琅玕
焉莊周曰有人頭遞臥遞起以伺琅玕與玗琪子謂此
人也
【彙考】【增】續仙傳謝玄卿遇神仙見丹柯碧葉微風時叩
五音相節云此琅玕樹也
【集藻】贊【增】晉郭璞服常琅玕樹贊服常琅玕崑山奇樹

廣羣芳譜 木譜十三 不死樹 聖木 服常琅玕樹 三三

丹實殊離綠葉碧布三頭是伺遞望遞顧

櫧

增山海經前山其木多櫧注或作儲似柞子可食冬夏生作屋柱難腐 本草櫧木處處山谷有之大者數抱高二三丈葉長大如栗葉稍尖而厚堅光澤鋸齒峭利淩冬不凋三四月開白花成穗如栗花結實大如槲子外有小苞霜後苞裂子墜子圓褐而有尖大如菩提子內仁如杏仁生食苦澀煮炒乃帶甘亦可磨粉

集藻五言絕句增唐朱景玄雙櫧亭連簷對雙樹冬翠夏無塵未肯慙桃李成陰不待春

槲

增爾雅樕樸心注槲樕別名疏樸樕一名心有心能濕江淮間以作柱詩召南林有樸樕此作樕樸文雖別其實一也 本草一名大葉櫟一名櫟橿子蘇頌曰槲處處山林有之木高丈餘與櫟相類亦有斗但小不中用耳李時珍曰槲有二種一種叢生小者名枹一種高者名大葉櫟樹葉俱似栗長大粗厚冬月凋落三四月開花亦如栗八九月結實似橡子而稍短小僵澀味惡荒歲人亦食之

彙考增詩召南林有樸樕 唐書后妃傳后封嵩山禪少室封壇南有大槲赦日置雞其杪賜號金雞樹

集藻七言絕句增唐柳宗元種木槲花上苑年年占物華飄零今日在天涯祗因長作龍城守剩種庭前木槲花

詩散句增唐李賀侵侵槲葉香木花滯寒雨 元王惲闘首槲樹間氣自太古練 宋陸游三峯二室煙塵靜要試霜天槲葉衣 唐朱慶餘山橋槲葉暗 許渾古木高生槲 宋陸游掃園收槲葉

杻

增爾雅杻檍注似棣細葉葉新生可飼牛材中車輞關西呼杻子一名土橿疏陸機云葉似杏而尖白色皮正赤爲木多曲少直枝葉茂好二月中葉疏華如練而細蕊正白蓋枏今官園種之正名曰萬歲既取名於億萬

其葉又好故種之共汲山下人或謂之牛筋

彙考增詩唐風隰有杻 山海經岷崍之山其木多楢杻 丹鉛雜錄謝脁詩云風動萬年枝唐詩青松忽似萬年枝三體詩註以爲冬青非也草木疏云檍木枝葉可愛二月花白子似杏今官園種之取億萬之義改名萬歲樹即此也

梀

增爾雅梀赤梀白者梀注赤梀樹葉細而岐銳皮理錯戾好叢生山中中爲車輞白梀葉圓而岐爲大木疏陸璣云梀葉如柞皮薄而白其木理赤者爲赤梀一名梀白者爲梀其木皆堅韌今人以爲車轂

彙考增詩小雅隰有杞楰

棫

增爾雅棫白桵注桵小木叢生有刺實如耳璫紫赤可啖疏陸璣云王肅說棫卽柞也其材理全白無赤心者爲白桵直理易破可爲犢車輻又可爲才戴矜今人謂之白梂或曰白柘此二說不同未知孰是

彙考增詩大雅柞棫拔矣 芃芃棫樸薪之槱之 山海經踰次之山多棫橿

杬

增爾雅杬魚毒注杬大木子似栗生南方皮厚汁赤中藏卵果

橋

增尚書大傳伯禽康叔見周公三見而三笞商子曰南山之陽有木名橋北山之陰有木名梓二子盍往觀焉二子往觀見橋木高而仰梓木晉而俯反以告商子商子曰橋者父道也梓者子道也二子再見周公入門而趨登堂而跪周公拂其首勞而食之

冥靈

增莊子楚之南有冥靈者以五百歲爲春五百歲爲秋注冥靈木名

㯉支

增離騷注㯉支草也支一作枝相如賦云榹杷㯉支其字從木郭璞云㯉支木也

集藻文散句增楚辭采㯉支于中洲

赤木

增呂氏春秋括姑之東中容之國有赤木之葉焉

仁壽木

增呂氏春秋木之美者有仁壽之華焉

彙考增拾遺記晉文公焚林以求介之推有白鴉繞煙而噪或集之推之側火不能焚晉人嘉之起一高臺名曰思煙臺種仁壽木木似柏而枝長柔軟其花堪食

楧木

增淮南草木譜楧木生周公冢上其葉春青夏赤秋白冬黑以色得其正也

楷木

增淮南草木譜楷木生孔子冢上其榦枝疎而不屈以質得其直也 酉陽雜俎蜀中有木類柞衆木榮時枯枿隆冬方萌芽布陰蜀人呼爲楷木

別錄增元郝經詩序金源以來進士登第例授楷笏無則以槐代之

不盡木

增神異經南荒外有火山其中生不盡之木晝夜火燃得暴風不猛猛雨不滅 南荒之外有火山長四十里廣五十里其中皆生不燼之木火鼠生其中

柤稼櫃

增神異經南方大荒之中有樹焉名曰柤稼櫃柤者柤梨也稼者株稼也櫃親暱也三千歲作華九千歲作實其華藥紫色其實赤色其高百丈或千丈也敷張自輔東西南北方枝各近五十丈葉長七尺廣五尺色如綠青木皮如梓樹理如甘草味飴實長九尺圍如其長而無瓤核以竹刀剖之如凝蜜得食復見實即滅矣言復見後實熟者壽一萬二千歲

返魂樹

增十洲記聚窟洲上有大山名爲神鳥山山多大樹與楓木相類而花葉香聞數百里名爲返魂樹扣其樹亦

能自作聲聲如羣牛吼聞之者皆心驚神駭伐其木根心于玉釜中煮取汁更微火煎如黑餳狀令可丸之名爲驚精香或名之爲震靈丸或名之爲震檀香或名之爲人鳥精或名之爲却死香一種六名斯靈物也香氣聞數百里死者在地聞香氣乃却活不復亡也 博物志武帝時西域月支國度弱水貢此香三枚大如燕卵黑如桑椹値長安大疫西使謂燒一枚辟之宮中病者聞之即起香聞百里數日不歇疫死未三日者熏之皆活乃返生神藥也

聲風木

增東方朔外傳太初二年朔從西那邪國還得聲風木十枝以獻帝長九尺大如指此木出因洹之水則禹貢所謂因桓是來即其源也出甜波上有紫燕黃鵠集其間實如細珠風吹枝如玉聲因以爲名帝以遍賜羣臣年百歲者

指星木

增東方朔外傳武帝常見彗星朔折指星木以授帝帝指彗星應時星沒時人莫之測也

平露

增宋書符瑞志平露如蓋以察四方之政其國不平則隨方而傾 白虎通賢不肖位不相踰則平露生于庭一名平慮 瑞應圖一名平兩

集藻賦增唐無名氏平露賦惟唐累慶唯天眷命植平露之殊祥表吾君之睿聖不窺於牖可以辨百寮之賢不下於堂可以觀四方之政其儀可尚其義可嚴乎也者所以表太平之時露也者所以彰雨露之澤以此知庶類光贊神功昭格也希代以出曠古而無空當覩於青史獨有驗於祥圖借如嘉禾合穗且生於隴畝蓂莢扇食未遠於庖廚孰與夫蔦祉於彤庭之際含榮於紫殿之前亭亭葢擢的的規圓屬乾坤交泰風烈昭宣是以執正自守居中不偏倜香階之蓂莢對玉戶之賓連以承君顧盼以奉君周旋非夫聖哲首出英賢在位君臣同心上下一致五帝可以六三王可以四亦曷能感

於玆瑞如武政有所缺道有未光則柢枝傾蓋應是知
方寧茲物兮自爾信有神兮所將似能存於炯誠豈獨
效於禎祥客有聞之而歎曰於戲哉莫瑞匪靈匪聖莫
丁偉玆平露卓爾祥經物之咸若國之康寧覩珍符之
有炳致不頌乎德馨頌曰官爲賢兮政無失君輿臣兮
德惟一伊平露兮應時出彰聖代兮光史筆
賦散句 增 漢張衡東京賦植華平於春圃

賓連

增 瑞應圖賓連一名賓逹一名賓連闊 白虎通 繼嗣
平明則賓連生於房戶賓連者木名連累相承故在於
房戶象繼嗣也

垂龍木

增 洞冥記元光中帝起壽靈壇壇上列植垂龍之木似
青梧高十丈有朱露色如丹汁灑其葉地皆成珠其樹
似龍之倒垂亦曰珍枝樹

女香樹

增 洞冥記影娥池有女香樹細枝葉婦人帶之香終年
不滅

青櫨木

增 洞冥記青櫨木有膏如淳漆削置器中以蠟和之塗
布燃照數里

發日樹

增 洞冥記 背池寒國有發日樹言日從雲出雲來掩日
風吹樹枝拂雲開日光也亦名開日樹樹有汁滴如松
脂也

生金樹

增 洞冥記影娥池北作鳴禽之苑有生金樹破之皮間
有屑如金而色青亦名青金樹

長生樹

增 鄴中記金華殿後有皇后浴室種雙長生樹枝條交
於棟上團團車蓋形冬日不凋葉大如掌至八九月乃
生華華色白子赤大如橡子不中啖也世人謂之西王
母長生樹

彙考 增 西京雜記上林苑千年長生樹十株萬年長生
樹十株 洛陽宮殿簿 明光殿前長生二株含章殿前
長生一株 晉宮闕名 華林園長生六株萬年殿前長
生二株

集藻 賦 增 晉嵇含長生樹賦有序 余嬰丁閔凶靡所定
居老母垂聖善之訓以爲生事愛敬沒則無改宜居墓
次瞻奉成靈兼覽藝文可以不隕先軌祗奉慈令遂家
于墳左掃除壇封種植松栢松栢之下不滋非類之草
猥有長生育于域內豈老母至行表徵于嘉木哉辭曰
美我視之仁孝固徵瑞之必招降祖宗之遺德振奇木
之青條結根擢榦載生無漸弱莖猗猗綠華冉冉處陰

冬而愈茂豈莖葉之有點感自然以旌賢諒有道之不
掩

丹青樹

增西京雜記終南山有樹直上百丈無枝上結藂條如車蓋葉一青一赤望之斑駁如錦繡長安謂之丹青樹亦云華蓋樹亦生熊耳山　述異記辰州嵩溪有丹青樹上有五色葉圓如華蓋俗謂之五采樹

文木

彙考增西京雜記魯恭王得文木一枚伐以爲器意甚玩之中山王爲賦曰麗木離披生彼高崖拂天河而布葉橫日路而擢枝幼雛羸轂單雄寡雌紛紜翔集嘈嗷

鳴啼載重雪而梢勁風將等歲于二儀巧匠不識王子見知乃命班爾載斧伐斯隱若天崩豁如地裂花葉分披條枝摧折既剥既刊見其文章或如龍蟠虎踞復似鸞集鳳翔青緺紫綬環璧珪璋重山累嶂連波疊浪奔電屯雲薄霧濃雰麕宗驥旅雞族雉羣蠋繡鴦錦蓮藻芰文色比金而有裕質參玉而無分裁爲用器曲直舒卷修竹映池高松植巘制爲樂器婉轉蟠紆鳳將九子龍導五駒制爲屏風鬱茀穹窿制爲枕几極麗窮美制爲杌案文章璀璨彪炳渙汗制爲盤盂采玩踟躕猗歟君子其樂只且恭王大悅顧盼而笑賜駿馬二匹

上林苑樹

彙考增西京雜記初修上林苑羣臣遠方各獻名異樹亦有製爲美名以標奇麗白銀樹十株黃銀樹十株扶老木十株金明樹二十株搖風樹十株鳴風樹十株琉璃樹七株離婁樹十株

佩文齋廣羣芳譜卷第八十

佩文齋廣羣芳譜卷第八十一

木譜

君子樹

增〔廣志〕君子樹似檉松曹爽樹之于庭

彙考 增〔晉宮閣記〕華林園中有君子樹三株

集藻 詩散句 增〔晉戴暠接越稱交讓連樹名君子

不灰木

增〔抱朴子〕南海蕭丘之上有自生之火春起秋滅丘山純生一種木雖為火所著但小焦黑人或得以為薪者炊熟則灌滅之用之不窮〔齊地記〕盧水側有勝火木方俗音曰櫸子其木經野火燒死不滅故東方朔云不

灰之木者也〔發蒙記〕西域有火浣之布東海有不灰之木

員生樹

增〔釋典〕帝釋殿前員生樹梵語波利質多樹高一百繇旬枝葉覆五百繇旬寶花開時天界自然嚴飾妙好能逆風香諸天夏月于樹下宴息法華經謂之天樹王

蘇枋

增〔崔豹古今注〕蘇枋木出扶南林邑外國細破煮之以染色〔南方草木狀〕蘇枋樹類槐花黑子出九眞南人以染絳漬以大庾之水則色愈深〔本草〕一名蘇木樹似菴羅葉若榆葉而不澀抽條長丈許花黃子生青熟黑

鷄木

增〔崔豹古今注〕鷄鷘或作木出交州色黑而有文亦謂之烏文木也〔格古要論〕烏木出海南南番雲南性堅老者純黑色且脆間道者嫩〔本草〕一名烏樠木葉似椶櫚體重堅緻可為節及器物南人多以槃木染色僞之

貝多樹

增〔酉陽雜俎〕貝多出摩伽陀國長六七丈經冬不凋此樹有三種一者多羅娑力叉貝多二者多梨婆力叉貝多三者部婆力叉多羅梨並書其葉部闍一色取其皮書之貝多是梵語漢翻為葉貝多婆力叉者漢言葉樹

也西域經書用此三種皮葉若能保護亦得五六百年交趾近出貝多枝彈材中第一

彙考 增〔廣州記〕嵩山記曰嵩寺忽有思惟樹即貝多也有人坐貝多樹下思惟因以名焉內典所謂貝多樹下思惟經是也漢世有道士從外國來將子于西山腳下種之有四樹極高大與衆木異一年三花白色香美漢語翻為貝葉〔拾遺記〕洛陽翊津橋通翻經道場東街其道場有婆羅門僧及身毒僧十餘人新翻諸經其所翻經本從外國來用貝多樹葉書貝多葉長一尺五六寸闊五寸許葉形似琵琶而厚大橫作行書隨經多少縫其一邊帖帖然〔水經注〕菩薩入石窟將天地大動

諸天在空言此非過去當來諸佛成道處去此西南行減半由延貝多樹下是過去當來諸佛成道處諸天導引菩薩起行離樹三十步天授吉祥草菩薩受之復行十五步五百青雀飛來繞菩薩三匝而去菩薩前到貝多樹下敷吉祥草東向而坐 〔寰宇志〕緬甸在滇南有樹頭櫻高五六尺結實如柳子土人以鑵盛麴懸于實下劃其實汁流于鑵中以成酒名樹頭酒或不用麴惟取汁熬爲白糖其樹即貝樹也緬人取其葉寫書 〔諸寺奇物記〕寶光寺有西域來貝多婆力义經長可六七寸廣半之葉如細猶竹箭殼而柔膩如芭蕉梵典言貝多出摩伽陀國長六七丈經冬不彫其葉可寫字貝多

婆力义此翻葉樹也 〔渤泥入貢記〕王之所居若樓覆以貝多葉 番書無筆札以刀刻貝多葉行之

〔集藻〕〔五言排律〕〔增〕唐張喬興善寺貝多樹還應毫末長始見拂丹霄得子從西國成陰見昔朝勢隨雙刹直寒出四牆遥帶月啼春鳥連空噪暝蜩遠根穿古井高頂起凉飈影動懸燈夜聲繁過雨朝静遲松桂老堅任雪霜凋永共終南在應隨劫火燒

〔詩散句〕〔增〕唐李白去時應過嵩少間相思爲折三花樹

鬼目樹

〔增〕〔廣州記〕鬼目樹似棠梨葉如楮皮白樹高大如木瓜而小邪傾不周正味酢九月熟又有草昧子亦如之可爲糝用其草似鬼目 〔南方草木狀〕鬼木樹大者如李小者如鴨子二月花色似蓮其實色黄以蜜煑之滋味柔嘉交趾武平興古有之

⿱艹哥母樹

〔增〕〔異物志〕⿱艹哥母樹皮有蓋狀似栟櫚但脆不中用用之當裂作三四片 〔廣州記〕⿱艹哥葉六七尺接之當覆屋

梓㭼

〔增〕〔異物志〕梓㭼大十圍材貞勁非利剛截不能剋堪作船其實類棗著枝葉重曝撓垂刻鏤其皮藏味美於諸樹

莎樹

〔增〕〔廣志〕莎樹多枝葉葉兩邊行列若飛鳥之狀 〔蜀記〕莎樹出麪一樹出一石正白而味似桄榔出興古

抱木

〔增〕〔嶺表錄異〕抱木生江溪中葉細如檜身堅類栢惟根軟不勝刀鋸今潮循人多用其根刳而爲履當木濕時刻削易如割瓜木乾之後刀不可理也或油畫或漆其輕如通草暑月著之隔卑濕地氣力如杉木今廣州諸郡牧守初到任皆有油畫抱木履也

榑

〔增〕〔南方草木狀〕榑樹榦葉俱似椿以其葉鬻汁漬果呼爲榑汁若以榑汁雜䰞肉食者即時爲雷震死出高凉

郡

仙人樹

增 涼州記 邢連山有仙人樹行人山中饑渴者輒食之飽不得持去平居不可見

都句

增 交州記 都句樹似栟櫚木中出屑如麪可啖

候風木

彙考 增 宋書符瑞志 宋元嘉十七年七月武昌崇讓鄉程僧愛家候風木連理

酒樹

增 梁書扶南國傳 扶南國有酒樹似安石榴采其花汁停瓮中數日成酒

影木

增 拾遺記 瀛州有樹名影木日中視之則一葉百影花有光夜如列星萬年一實大如瓜青皮黑瓤食之骨輕上如華蓋羣仙以避風雨

燧木

增 拾遺記 燧明國不識四時晝夜有火樹名燧木盤屈萬頃有鳥名鴞來啄樹則燦然火出聖人感焉因取小枝以鑽火號燧人氏

壽木

增 拾遺記 渠搜國之西有祈淪之國其俗淳和人壽三

百歲有壽木之林一樹千尋日月爲之隱蔽若經憩此木下皆不死不病或有泛海越山來會其國歸懷其葉者則終身不老

恒春樹 一作長春

增 拾遺記 通霞臺左右種恒春之樹葉如蓮花芬芳如桂花隨四時之色昭王之末仙人貢焉列國咸賀王曰寡人得恒春矣何憂太清不至恒春一名沉生如今之沉香也 述異記 燕昭王種長春樹春生碧花春盡則落夏生紅花夏末則凋秋生白花秋殘則萎冬生紫花遇雪則謝故號爲長春樹

播杉樹

增 林邑記 播杉樹柯葉發根下虛中森羅望之似懸髮

文衆木

增 地道記 句町有文衆木

摩厨

增 南州異物志 木有摩厨生於斯調國其汁肥潤其澤如脂膏馨香馥郁可以煎熬食物香美如中國用油

石樓樹

增 述異記 案渚山有石樓樹吳太皇元年郡吏伍曜於海際得之枝莖紫色有光南越謂之石連理也

櫍子樹

增 述異記 顧渚山有櫍子樹其木如玉色渚人採之以

爲杖

大食國樹

【增】述異記大食王國在西海中有一方石石上多樹榦赤葉青枝上緫生小兒長六七寸見人皆笑動其手足頭著樹枝使摘一枝小兒便死

春浮

【增】水經注波羅奈國在迦維羅衞國南千二百里中間有恒水東南流佛轉法輪處在國北二十里樹名春浮維摩所處也

菩提樹

【增】酉陽雜俎菩提樹出摩伽陀國在摩訶菩提寺蓋釋

迦如來成道時樹一名思惟樹莖榦黃白枝葉青翠經冬不凋至佛入滅日變色凋落過已還生至此日國王人民大作佛事收葉而歸以爲瑞也樹高四百尺下有銀塔周圍繞之彼國人四時常焚香散花繞樹作禮唐貞觀中頻遣使往于寺設供并施袈裟至顯慶五年于寺立碑以紀聖德此樹梵名有二一曰賓撥梨力叉二曰阿濕曷咃婆力叉西域記謂之卑鉢羅以佛于其下成道即以道爲稱故號菩提婆力叉漢翻爲樹昔中天無憂王翦伐之令事火婆羅門積薪焚焉熾焰中忽生兩樹王因懺悔號灰菩提樹遂周以石垣至賞設迦王復掘之至泉其根不絶坑火焚之溉以甘蔗汁欲其燋爛後摩竭陁國滿曹王無憂之曾孫也乃以千牛乳澆之信宿樹生如舊更增石垣高二丈四尺玄奘至西域見樹出垣上二丈餘

【彙考增】洛陽伽藍記疑玄寺塔珠網以銅鑊盛之在塔西北一百歩掘地埋之上種樹樹名菩提枝條四布密葉蔽天　廣東志菩提樹種出西域大可數圍風搖其葉若雨驟至梁天監元年僧智藥三藏自天竺國持菩提一株航海而來植于廣州光孝寺戒壇之前迄今千餘年茂盛不改

婆那娑樹

【增】隋書真臘國傳婆那娑樹無花葉似柿實似冬瓜

酉陽雜俎婆那娑樹出波斯國亦出拂林呼爲阿部彈樹長五六丈皮色青綠葉極光淨冬夏不凋無花結實其實從樹莖出大如冬瓜有殼裹之殼上有刺瓤至甘甜可食核大如棗一實有數百枚核中仁如栗黃炒食甚美

庵羅樹

【增】隋書真臘國傳庵羅樹花葉似棗實似李

婆田羅樹

【增】隋書真臘國傳婆田羅樹花葉實並似棗而小異

毗野樹

【增】隋書真臘國傳毗野樹花似木瓜葉似杏實似楮

歌畢佗樹

增〔隋書眞臘國傳〕歌畢佗樹花似林檎葉似榆而厚大實似李其大如升

婆彌

增〔玄覽〕大食西有婆彌之樹見人善笑摘之則槁〔西陽雜俎〕人木大食西南二千里有國山谷間樹枝上化生人首如花不解語人借問笑而已頻笑輒落

呾賴羅

增〔唐書西域傳〕天竺有樹名呾賴羅葉如梨生窮山崖腹前有巨虺守穴不可到欲取葉者以方鏃矢射枝則落爲羣鳥銜去則又射乃得之

波羅樹

增〔唐書南蠻傳〕太和鄖鮮而西人不鑿剖波羅樹實狀若絮紉縷而幅之〔西域傳〕貞觀二十一年摩揭它始遣使自通于天子獻波羅樹樹類白楊

綸木

增〔南越志〕咸寧縣有穿州基多綸木似穀皮可以爲綿

勾芒木

增〔寰宇記〕嶺南容州陸川白石山色潔白四面懸絶上有飛泉瀑布下有勾芒木可以爲布俚人斫之新條更生取之績以爲布

橦樹

增〔廣韻〕橦花可爲布

集藻〔賦散句〕增〔左思蜀都賦〕布有橦華

〔五言古詩〕增〔元陳高種橦花〕炎方有橦樹衣被代蠶桑舍西得閒園種之漫成行苗生初夏時料理晨夕忙揮鋤向烈日灑汗成流漿培根澆灌頻高者三尺强鮮鮮綠葉茂燦燦金英黃結實成秋繭皎潔如雪霜及時以收斂采采動盈筐緝治入機杼裁翦爲衣裳禦寒類挾纊老稚免凄凉豪家植花卉紛紛被垣牆于世竟何補爭先玩芬芳棄取何相異感物增慨傷

〔詩散句〕增〔唐王維〕橦布作衣裳　漢女輸橦布

榿

增〔益部方物畧記〕民家樹榿不三年材可倍常疾種亟取里人以爲利〔四川志〕榿木古稱蜀木惟成都最多江干林畔蓊蔚可愛

彙考 增〔宋史五行志〕元符二年九月眉山縣榿木二株異根同榦木枝相附

集藻〔贊〕增〔宋宋祁榿木贊〕厥植易安數歲輒林民賴其用實代其薪不棟不梁亦被斧斤

〔七言絶句〕增〔唐杜甫憑何十一少府邕覓榿木栽〕草堂塹西無樹林非子誰復見幽心飽聞榿木三年大與致溪邊十畝陰

〔詩散句〕增〔元姚燧〕彼榿有二性生植惟幾眂欒欒于雲

婺才輿樗散鄰〔宋范成大〕疎密榿林整整來
【別錄】【增】〔齊東野語〕杜甫乞榿木詩無音或讀作豈而韻
書亦無此字集中又有榿林礙日吟風葉鄭氏注曰五
來反若然當作獃字余嘗見陳體仁端明云見前輩讀
若欹韻頗以爲疑後見劒南詩有著書增木品摟句覓
榿栽又荆公詩云濯錦江邊木有榿小園封植佇華滋
益信欹音爲然榿惟蜀有之不才木也或謂卽榿云
〔丹鉛錄〕姑蘇王守溪在閣日論杜詩聞知榿木三年大
因問先父榿木何音先父曰音欹守溪曰當依韻書作
楷先父曰音欹則鄉人農夫皆識之若作楷音不知何
木矣因舉王荆公榿木詩曰濯錦江邊木有榿野園封

植佇華滋地偏幸免桓魋代歲晚還同庾信移于乃悅
服

琪樹

【增】〔唐李紳詩序〕琪樹垂條如弱柳結子如碧珠三年子
可一熟每歲生者相續一年綠二年碧三年者紅綴於
條上璀錯相間
【集藻】〔五言古詩〕【增】〔唐劉駕琪樹下因吟六韻呈先達者〕
舉世愛嘉樹此樹何人識淸秋遠山意偶向亭際得奇
柯交若鬭珍葉密如織靡中尚靑蔥更想塵外色所宜
巢三鳥影入瑤池碧移根豈無時一間紫煙客
〔五言律詩〕【增】〔唐李羣玉佳人故居琪樹〕種樹人何在攀
枝空歎嗟人無重見日樹有每年花舊院雀聲暮半庭
春色斜東風不知恨滿地落餘霞
〔七言作詩〕【增】〔唐李紳琪樹〕石橋峯上棲玄鶴碧闕巖邊
蔭羽人冰葉萬條垂碧實玉枝千日保靑春月中泣露
應同色澗底侵雲尚有塵徒使伏根成琥珀不知松老
化龍鱗
〔五言絕句〕【增】〔唐羊士諤初移琪樹〕愛此丘中物煙霜盡
日看無窮碧雲意更助綠窗寒〔蔡隱石石橋琪樹〕山
上天將近人間路漸遙誰當雲裏見知欲渡仙橋

鳳首木

【增】〔杜陽編〕李輔國有鳳首木高一尺雕刻鸞鳳之形置

之堂中雖嚴冬之際而和煦如春故別名爲長春木

木龍樹

【增】〔酉陽雜俎〕木龍樹徐之高冢城南有木龍寺寺有三
層甎塔高丈餘塔側生一大樹縈繞至塔頂枝榦交橫
上平容十餘人坐枝杪四向下垂如百子帳莫有識此
木者僧呼爲龍木梁武曾遣人圖寫焉

色綾木

【增】〔酉陽雜俎〕臺山有色綾木理如綾文百姓取爲枕呼
爲色綾枕

倒生木

【增】〔酉陽雜俎〕倒生木依山生根在上有人觸則葉翕人

去則葉舒出東海

黝木

增〈酉陽雜俎〉黝木節似蟲獸可以爲鞭

鹿木

增〈酉陽雜俎〉武陵郡北有鹿木二株馬伏波所種木多節

獨梪樹

增〈酉陽雜俎〉獨梪樹頻丘南應足山有之山上有一樹高十餘丈皮青滑似流碧枝榦上聳子若五綵囊葉如亾子鏡世名之仙人獨梪樹

蜻蜓樹

增〈酉陽雜俎〉婁約居常山据禪座有一野嫗手持一樹植之于庭言此是蜻蜓樹歲久芬芳鬱茂有一鳥身赤尾長常止息其上

没樹

增〈酉陽雜俎〉没樹出波斯國拂林呼爲阿縒長一丈許皮青白色葉似槐葉而長花如橘花而大子黑色大如山茱萸其味酸甜可食

阿勃參

增〈酉陽雜俎〉阿勃參出拂林國長一丈餘皮色青白葉細兩兩相對花似蔓菁正黃子似胡椒赤色斫其枝汁如油以塗疥癬無不瘥者其油極貴價重于金

䅶齊

增〈酉陽雜俎〉䅶齊出波斯國拂林呼爲頂勃梨咃長一丈餘圍一尺許皮色青薄而極光淨葉似阿魏每三葉生于條端無花實西域人常八月伐之至臘月更抽新條極滋茂若不翦除反枯死七月斷其枝有黃汁其狀如蜜微有香氣入藥療病〈本草〉氣味甘平無毒主治骨蒸發熱痰嗽開胃止渴

瑞木

增〈酉陽雜俎〉大曆中成都郭遠因樵獲瑞木一莖理成字曰天下太平詔藏於秘閣

紫䤵樹

增〈酉陽雜俎〉紫䤵樹出眞臘國眞臘國呼爲勒佉亦出波斯國樹長一丈枝條鬱茂葉似橘經冬不凋三月開花白色不結子天大霧露及雨沾濡其樹枝條即出紫䤵波斯國使烏海及沙利深所說並同眞臘國使折衝都尉沙門施沙尼拔陀言蟻運土于樹端作窠蟻壤得雨露凝結而成紫䤵崑崙國者善波斯國者次之

尸利沙樹

增〈酉陽雜俎〉尸利沙樹足蹈即長

羅漢木

增〈石湖詩注〉翠峰寺在東山雪竇顯老道場山半有悟道石庵下大羅漢木兩株虬屈蟠狀甚奇古

思儷木

【增】桂海虞衡志思儷木生兩江州洞堅實漬鹽水中百年不腐

膩脂木

【增】桂海虞衡志膩脂木堅緻色如膩脂可鏇作出融州及州洞桂林屬縣亦有之

龍骨木

【增】桂海虞衡志龍骨木色翠青狀如枯骨

韓木

【增】竹坡詩話潮州韓文公祠有異木世傳文公手植去祠數十步種之輒不生有題文公祠者云韓木有情春

谷暖鱷魚無種海潭清是也

【集藻】七言絕句【增】宋楊萬里題韓庭韓木笑爲先生一問天身前身後兩般看亭前樹子關何事也得天公賜姓韓

頹常

【增】杜詩註頹音常樹無皮出肅慎氏之國聖人在位則木生皮可爲衣其國朝貢中國成王時一生之

鎖鎖木

【增】輟耕錄回紇野馬川有木名鎖鎖燒之其火經年不滅且不作灰彼處婦女取根製帽入火不焚能辟寒

欏木

【增】格古要論欏木出湖廣及江西南安萬羊山木色白紋理黃花紋纍亦可愛謂之倭欏不花者多有一等稍堅理直而細謂之草欏俗呼曰梌木

鸂鶒木

【增】格古要論鸂鶒木出西番其木一半紫褐色內有蟹爪紋一半純黑色如烏木有距者價高　西番作駱駝鼻中紋子不染肥膩

虎斑木

【增】格古要論虎斑木出海南其紋理似虎斑故名之曰虎斑木

赤水木

【增】格古要論此木色赤紋理細性稍堅且脆極滑淨

人面木

【增】格古要論人面木出鬱林州春花夏實秋熟兩邊似人面故以名之

千歲木

【增】宜都山川記佷山有異木人無見其朽者其名千歲葉似棗色似桑冬夏青貞强少節

强木

【增】彙苑强木不沉木也以之造船木方一寸以百觔巨石縋之終不沒

闊浮樹

增　彙苑閻浮樹須彌山有之月過樹影八月中

拘尼佗樹

增　彙苑拘尼佗樹其樹花見月光即開

稠錫樹

增　南嶽記南岳寺有稠錫樹極高大枝葉與他木絕異相傳唐天寶中有稠錫禪師自桐廬來卓庵演法寺與樹皆其遺跡

鐵樹

增　楊萬里詩注鐵樹葉似茵而紫榦如密節菖蒲　日詢手鏡吳浙間有俗諺見事難成則云須鐵樹花開余在廣西橫之馴象衞殿指揮家見一樹高可三四尺榦

葉皆紫黑色葉小類石榴質理細厚問之曰此鐵樹也每遇丁卯年乃花花四瓣紫白色如瑞香瓣較少圓一開累月不凋嗅之有草氣乃知鐵樹花開之說有自來矣

淨土樹

原　一統志淨土樹在鄠縣南八里三月開花如桃花八月結實狀如小栗殼中皆黃土俗傳鳩摩羅什憩此覆其屨土中所生

黃櫨

增　本草黃櫨生商洛山谷及四川葉圓木黃可染黃色

綟木

增　本草綟木生林澤山谷木文側戾故曰綟木

橉木

增　本草橉木一名橝木生江南深山大樹有數種性最硬梓人謂之橉筋木染絳用葉亦可釀酒

柯樹

增　本草柯樹一名木奴按廣志云生廣南山谷波斯家用木爲船舫

虎刺

增　本草一名伏牛花生蜀地所在皆有葉青細似黃蘗葉而不光莖亦有刺開花淡黃色作穗似杏花而小三月采陰乾

不凋木

增　本草不凋木生太白山巖谷樹高二三尺葉似槐莖赤有毛如棠梨四時不凋

賣子木

增　本草賣子木出嶺南邛州山谷中其葉似柿高三七尺徑寸許春生嫩枝條葉尖長一二寸俱青綠色枝稍淡紫色四五月開碎花百十枝圍攢作大朵焦紅色隨花便生子如椒目在花瓣中黑而光潔每株花裁三五大朵爾五月采其枝葉用

櫰木

增　本草櫰木生江南山谷高丈餘直上無枝莖上有刺

山人折取頭茹食謂之吻頭又謂之鵲不踏以其多刺
而無枝故也
木麻
增本草木麻生江南山谷林澤葉似胡麻相對山人取
以釀酒飲
大空
增本草大空生襄州所在山谷亦有之秦隴人名獨空
作小樹抽條高六七尺葉似楮小圓厚根皮赤色
黃葛
增峩眉山志嘉樹在羅目縣東南三十里陽山江溉兩
樹對植園各二三尺上引橫枝亘二丈相援連理陰庇

百夫其名曰黃葛號嘉樹蘇子由詩予生雖江陽未省
到嘉樹即此
佛頂青
增峩眉山志佛頂青其樹葉碧翠異常生峯頂者尤具
光彩
椵木
增椵木葉最大有類團扇其皮可以當麻取爲魚網之
綱牢固殊常
夜光木
增夜光木一名亮木塞外木經久而枯其根不朽蟠廻
連理于土中水漬木根光輝透徹中外一色有類珠樹

夜明儼可以燭物取者晝日從朽株中驗其滲濕昏槩
往取去其皮而光發則是矣泥沙淨盡竟體晶熒經月
水乾光乃漸滅
集藻賦
御製夜光木賦并序塞上古木夜視有光遇雨益明移置室
中即之可以燭物嘉其有異故賦猗嘉木之迥異乎四照
之華英蜿輪囷於川壤萃盤錯於柯莖外稟巽德內蘊離
精煥然夕皎灼爾宵明晼瑞星之初麗炯璧月之漸生既
騰輝於山谷亦揚彩於檐楹若乃靈根濯雨榮枝浥露芳
澤加鮮滄暉遠布方隱之而彌耀旋即之而如晤洵昭質
之無虧何冥行之是懼爾迺金膏灺爇鶴餘韜光獨飛熛

而振采長熤熤以煌煌吐瓊文於赤水懸瑤景於昆岡非
朝華而夕謝殆積闇以能彰於是列之桂宮置以椒室流
映金鋪近燭緗帙豈浮豔之爲容亮靈奇之足述庶含章
之可貞雖在野而靡失
萬葛樹
集藻七言律詩增唐劉兼萬葛樹葉如羽蓋豈堪論百
步晴陰鎖綠雲善政已聞思召伯英風偏稱號將軍靜
鋪講席麟纔潤高拂闕字一枝兔影分更有歲寒霜雪操
莫將樗櫟擬相羣
水清木
集藻詩散句增宋夏竦禁中遲日照南榮瑞木聯祥耀

國經合翰舊臨宮檻密交枝重茂帝梧青 密葉凝華
承玉甃附枝交影蔭銀塘

藤

增爾雅諸慮山櫐註今江東呼櫐爲藤似葛而麤大

廣雅藟藤也

原格物總論藤有大小數種皆依附大木蟠曲而上其緜亘不可以尋丈計所在山谷中多有之

增南方草木狀榼藤依樹蔓生如通草藤其子紫黑色一名象豆三年方熟其殼貯藥不壞解諸藥毒生南海按本草云一名榼子一名合子廣州記云角如弓袋子若雞卵取其中仁入藥炙用

浮沉藤生子大如甕甌正月華包連著實十月熟色赤生食之甜酢生交阯九真

藤出合浦生緣樹木正二月花四五月熟實如梨赤如雞冠取生食之味淡泊出交阯

野聚藤出合浦緣樹木二月花包仍連著實五六月熟子大如羹甌味甜酢出蒼梧

萩藤生金封山俚人往往賁之其色正赤出典古

廣州記膏藤土人伐船爲業隨樹所在就以成槽皆去木遠動有數里山生草名膏藤津汁軟滑無比以此導地牽之如流

苴藤狀如栟櫚葉疎破皮青多棘刺高五六丈者如五六寸竹小者如筆管竹類有十許種

原臨海異物志鍾藤附樹作根軟弱須緣樹而作藤既纏裹樹便死且有惡汁尤令速朽也藤盛成樹若木自然大者或至十圍

萪藤圍數寸重於竹可以爲杖篾以縛船及以爲席勝於竹也

增崔豹古今注酒杯藤出西域大如臂葉似葛花實似梧桐實花堅皆可以酌酒自有文章映徹可愛實大如指味如豆蔻香美消酒土人提酒來至藤下摘花酌酒仍以實銷醒國人寶之不傳中土張騫出大宛得之事出張騫出關志

酉陽雜俎人子藤出南安紅色在蔓端有刺其子如人狀崑崙燒之集象南中亦難得

本草千金藤陳藏器曰千金藤有數種南北名橫不同生北地者根大如指色似漆生南土者黃赤如細辛舒廬間有一種藤似木蓼又有烏虎藤繞樹生冬青亦名千金藤江西林間有草生葉頭有瘦子似鶴膝葉似柳亦名千金藤又一種似荷葉只大如錢許亦名千金藤又名古藤又嶺南有陳思岌亦名千金藤

黃

藤李時珍曰生嶺南狀若防已俚人常服此藤飲食有毒亦自然不發

白花藤蘇恭曰生嶺南交州廣州平澤苗似野葛葉如女貞莖葉俱無毛而白花其根似葛而骨柔皮厚肉白韓保昇曰蔓生白花葉有細毛根似牡丹凌冬不凋解諸毒藥

常春藤一名土鼓藤一名龍鱗薜荔陳藏器曰生林薄間作蔓繞草木上其葉頭尖結子正圓熟時如珠碧色

扶芳藤一名滂藤陳藏器曰生吳郡藤苗小時如絡石蔓延樹木

千歲櫐一名櫐蕪一名苣瓜陶弘景曰藤生如葡萄葉似鬼桃蔓延木上汁白陳藏器曰一只潤葉大者盤薄故曰千歲櫐幽州人謂之推櫐蘇頌曰五月開花七月結實八月采子青黑微赤

甘藤一名甜藤一名感藤李時珍曰又有甘露藤皆此類

含水藤一名大瓠藤交州記云生嶺南及北海邊山谷狀若葛葉似枸杞多在路旁行人乏水處便喫此故以爲名陳藏器曰藤狀如瓠斷之水出飲之清美李時珍曰顧微廣州記云水藤去地一丈斷之更生根至地水不絕山行口渴斷取汁飲之陳氏所謂大瓠藤蓋卽指此物也

天仙藤蘇頌曰生江淮及浙東山中春生苗蔓作藤葉似葛葉圓而小有白毛四時不凋根有鬚

紫金藤一名山甘草蘇頌曰生福州山中春初單生葉青色至冬凋落其藤似枯條

南藤一名石南藤一名丁公藤一名丁公寄一名丁父一名風藤生石間蔓延木上葉細大枝赤莖其大如磧黃有汁蘇頌曰生依南木莖如馬鞭有節紫褐色葉如杏葉而尖李時珍曰江南湖南諸大山有之細藤圓腻紫綠色一節一葉葉深綠色似杏葉而微短厚其莖貼樹處有小紫瘤疣中有小孔四時不凋莖葉皆臭而極辣

清風藤一名青藤一名尋風藤蘇頌曰生台州天台山中其苗蔓延木上四時常青

百稜藤一名百靈藤蘇頌曰生台州山中春生苗蔓延木上無花葉

省藤一名赤藤一名紅藤陳藏器曰生南地深山赤皮大如指堪縛物片片自解也

千里及藤陳藏器曰千里及藤生道旁籬落間葉細而厚蘇頌曰千里急生天台山中春生苗秋有花又筠州有千里光生淺山及路旁葉似菊而長背有毛枝幹圓而青生苗秋有黃花不結實名黃花演春

海藤廣志云出岳鄂等州諸山崖花有藥散落石上人收之謂之沙黃就樹採者輕妙謂之蠟黃今人訛爲銅黃李時珍曰今畫家所用藤黃皆經煎煉成者舐之麻人按周達觀眞臘記云國有畫黃乃樹脂番人以刀斫樹枝滴下次年收之與郭氏所說不同不知卽一物否

地龍藤陳藏器曰生天目山樹繞蟠屈如龍故名吳中亦有而小異

龍

手藤陳藏器曰出安荔浦石上向陽者葉如龍手牛領藤陳藏器曰生嶺南南山形褊如牛領
牛妳藤陳藏器曰生深山大如樹牛好食之其中有粉鬼髆藤陳藏器曰生江南林澗邊葉如
梨葉了如槠子斑珠藤陳藏器曰生山谷中不測子如珠而斑息王藤陳藏器曰生嶺南山
谷冬月不凋萬一藤陳藏器曰生嶺南蔓如小豆一名萬吉曼遊藤陳藏器曰生無爲天
門山谷狀如寄生著大樹葉如茅春花色紫蜀人謂之沉藤百丈青陳藏器曰生江南林澤藤蔓緊
硬葉如薺對生藍藤陳藏器曰生新羅國根如細辛爪藤蘇頌曰生施州四時有葉無花金
棱藤蘇頌曰生施州四時有葉無花含春藤蘇頌曰生台州其苗延木冬夏常青獨用藤
蘇頌曰生施州四時有葉無花葉上有倒刺祁婆藤蘇頌曰生天台山中蔓延木上四時常有野
猪尾蘇頌曰生施州藤纏大木四時有葉無花石合草蘇頌曰生施州藤纏木上四時有葉無花
飛藤陳藏器曰生崑崙國苗似凌霄藤根如青木香安南亦有之名骨路支溫藤陳藏器曰生江
南山谷著樹不凋

彙考 增 南史孝義傳 解叔謙母有疾夜于庭中稽顙祈
禱聞空中語云此病得丁公藤爲酒便差即訪醫及本
草註皆無識者乃求訪至宜都郡遙見山中一老公伐
木問其所用答曰此丁公藤療風尤驗叔謙便拜伏流
涕具言來意此公愴然以四段與之并示以漬酒法叔
謙受之顧視此人不復知處依法爲酒母病即差 唐
書方技傳 姜撫自言通仙人不死術開元末召至東都
舍集賢院因言服常春藤使白髮還鬒則長生可致藤
生太湖最良終南往往有之不及也帝遣使者至太湖
多取以賜中朝元老因詔天下使自求之宰相裴耀卿
奉觴上千萬歲壽帝悅御花萼樓宴羣臣出藤百奩徧

賜之 南蠻傳 環王以藤爲鎧 山海經 畢山其上多
櫐 始興記 晉中朝有質子將歸忽有人寄其書告曰
吾家在觀亭亭廟石間有懸藤君至叩藤家人自出歸
者如其言果有二人出水取書并曰江伯令君前入水
見屋舍甚麗今俗咸言觀亭有江伯神也 異苑 永陽
縣有山壁立千仞巖上有石室在路右名爲神農窟窟
前百藥叢茂莫不畢備又別有異藤花形似菱菜朝紫
中綠晡黃暮青夜赤五色迭耀 杜陽雜編 處士伊祁
元爲上種萬根藤于殿前一子而生萬根枝葉皆碧鉤
連盤屈可蔭一畝其花鮮潔狀類芍藥而蘂色殷紅細
如絲髮可長五六寸一朶之內不啻千莖亦謂之絳心

藤 遊張公洞記 其陽有懸巖朱藤纏絡巖上丹花蔌
蔌下墜芬香襲人 泛舟錄 湖洑兩岸多朱藤故號罨
畫溪 原 詞話 秦少游詞有醉臥古藤陰下杳不知南
北之句後至藤州而卒 增 吳郡諸山志 穹窿山紫藤
塢幽深多藤花可掇 一統志 紫花澗在長興縣西北
三十里岸皆叢薄朱藤下垂暮春之月紫花滿澗亦名
花瀨澗陸龜蒙詩花瀨濛濛紫氣昏 原 崑山縣志 元
衣和庵主蘇州崑山人也隱居雪竇之妙高峯在千丈
巖嶺有藤一枝蜿蜒其上下臨不測乃蟠結成龕爲藏
修之所故號棲雲
集藻 說 增 唐舒元輿悲剡溪古藤說 剡溪上綿西五百

里多古藤株枿逼土雖春入土脉他植發活獨古藤氣候不覺絕盡生意予以爲本乎地者春到必動此藤亦本於地方春且有死色遂問溪上人人有道者言溪中多紙工持刀斬伐無時擘剝其皮肌以給其業噫藤雖植物者溫而榮寒而枯養而生殘而死亦將似有命於天地間今爲紙工斬伐不得發生是天地氣力爲人中傷致一物疵癘之若此異日過數十百郡洎東雒西雍歷見言書文者皆以剡紙相夸乃寤曩見剡藤之死職正由此過固不在紙工且今九牧士人自專言能見文章戶牖者其數與麻竹相多聽其語其自安重皆不啻握驪龍珠雖苟有曉寤者其倫甚寡不勝衆者亦皆斂手無語勝衆者果自謂天下文章歸我遂輕傲聖人道使周南邵南風骨折入於楊白華中言偃卜子夏文學陷入於淫靡放蕩中比肩握管動盈數千百人下筆動數千萬言不知其爲謬誤日日以縱自然殘藤之命易甚桑枲波波頹沓未見其止如此則妄言文輩誰非書剡紙者耶紙工嗜利曉夜斬藤以鬻之雖舉天下爲剡溪猶不足以給況一剡溪者耶以此恐後之日不復有藤生於剡矣大抵人間費用苟得著其理爲不枉之道在則暴耗之過莫由橫及於物物之資人亦有其時時其斬伐不爲夭閼予謂今之錯爲文者皆夭閼剡溪藤之說也藤生也有涯而錯爲文者無涯世之損物不直

於剡藤而已予所以取剡藤以寄其悲

五言古詩 增（梁簡文帝詠藤）纖條寄喬木弱影掣風斜標春抽曉翠出霧掛懸花（唐岑參石上藤）石上生孤藤弱蔓依石長不逢高枝引未得凌空上何處堪托身爲君長萬丈（李白紫藤樹）紫藤掛雲木花蔓宜陽春密葉隱歌鳥香風流美人（韓愈感春）偶坐藤樹下暮春下旬間藤陰已可庇落蘂還漫漫叠叠新葉大瓏瓏晚花乾青天高寥寥兩蝶飛翻翻時節適當爾懷悲自無端 原（李德裕思平泉潭上紫藤）故鄉春欲盡一歲芳難再巖樹已青蔥吾廬日堪愛幽溪人未去芳草行應礙遙憶紫藤垂繁英照潭黛 增（姚合架木藤）濛濛紫花藤下復清谿水若遺隨波流不如風飄起風飄或近人隨波千萬里（宋梅堯臣垂澗藤）寒松偃澗濱弱蔓垂纓綠波縈翠帶長水濺低花馥終日採蘋人攀條映巖曲（宋子垂澗藤）寒泉下碧澗古木垂蒼藤蔭此萬里流間花自層層何人賞幽致白髮巖中僧（曹冠鄉挂樹藤）本爲獨立難寄彼高樹枝蔓引數條遠溟濛千朶垂向日助成陰當風藉持危誰言柔可屈坐見蟠蛟螭（明吳寬朱藤）蜿蜿數尺藤往歲手親插西庵敞短簷藉爾兩相夾歲久終蔓延枝葉已交接有花散紅纓有子垂皂莢亦日隔繁陰偃息可移榻但憂風雨甚高架一朝壓霜雪郤不妨忍冬共經臘

七言古詩增唐李頎愛敬寺古藤歌古藤池水盤樹根
左攫右拏龍虎蹲橫空直上相陵突丰茸離纚若無骨
風雷霹靂連黑枝人言其下藏妖魍空庭落葉作開合
十月苦寒常倒垂憶昨花飛滿空殿密葉吹香飯僧遍
南階雙桐一百尺相與年年老霜霰獨孤及和題藤
架蕁蕁葉成幄璀璀花落架花前離心苦愁至無日夜
人去藤花千里強藤花無主為誰芳相思歷亂何由盡
春日遲遲如線長宋唐庚採藤曲效王建體昏人酒
薄邯鄲園西河度橋南越悲歲調紅藤百萬計此貢一
作無窮時去年採藤藤已乏今年採藤藤轉竭入山十
日脫身歸新藤出土拳如蕨淇園取竹況有年越山採

藤輸不前今年採藤指黃犢明年輸藤波及屋吾皇養
民如養兒鑿空為此謀者誰范成大次韻李器之編
修靈石山萬歲藤歌君不見東林怪蔓之詩三百年字
如金繩鐵索相糾纏不如李侯靈石句筆陣壓倒長城
堅藤陰詩律兩秀發此段奇事今無前吾聞草木未有
不黃落雨荒霜倒相後先緜緜紫蘂天所壽風雨不動
常蒼然堅姿絕鄰傲一世深本無極融三泉騰蚪舞蛟
矯欲去流蘇絡帶翩如仙班剝芘蘿得吾黨酌泉共吸
杯中天詩成一一屬太白壁牕揮掃如雲烟北門西掖
君自有坐攤紅葉然金蓮山腰澗底莫濡滯早晚天風
吹蛻蟬

五言律詩增唐李嶠詠藤吐葉依松磴舒苗長石臺神
農嘗藥罷質子寄書來色映蒲萄架花分竹葉杯金隄
不見識玉潤幾重開李德裕憶新藤遙聞碧潭上春
晚紫藤開水似晨霞照林疑彩鳳來清香凝島嶼繁豔
映莓苔金谷如相並應將錦帳回明吳寬藤牆傾何
須附尺地幸相容但惜渠何罪兒為城旦舂纏根維石
固食葉有蟲攻卭首疑飛躍乘雲欲化龍
五言小律增唐儲光羲蔦蘿藤得從軒墀下如勝松柏
林生枝逐蔦遠吐葉向門深何許答君子簷間朝暝陰
五言排律增唐張蠙和友人許裳題宣平里古藤欲結
千年茂生來便近松迸根通井潤交葉覆庭穠蓋密勝

丹桂層危類遠峯嫩條懸野鼠枯節叫秋蛩翠老霜難
蝕皴多鮮乍封幾家遙共翫何寺不堪容客對忘離榻
僧看誤過鐘頃因陪預作終夕遶枝筇
七言律詩增金馮延登藤花得春字白白紅紅委暗塵
蒼藤次第著花新龍蛇奮起三冬蟄瓔珞紛垂百尺身
見說紫雲偏得意不知翠幄巧藏春齋廚晚甑清香滿
未信侯門有八珍原明王士騏手種藤花大可圍暮
春小圃亦芳菲黃鸝隱葉惟聞囀紫蝶尋春不辨飛滿
架迎風光眩眼緣溪著雨碧侵衣漫道破除情事盡長
條柔蔓轉依依
五言絕句增唐錢起古藤引蔓出雲樹垂綸覆巢鶴幽

人對酒時苦上問花落　顧況石上藤空山無鳥跡何
物如人意委曲結繩文離披草書字　原明于若瀛藤
古結為梁蜿蜒憑雲霧步之時動搖疑駕采虹度
七言絕句　增唐獨孤及垂花塢醉後戲題并序莊周臺
南十許步有丘一成上有樛藤垂花而蔓草荒之且隔
大溝路不可陟道士張太和伐薪為堰封土以壅澮余
亦命薙氏治蕪穢而剗宿莽遂闢為登賦之位位廣一
席席間足以兩尊酒二簋三月戊子及羣英由堰而升
焉諸花倒垂下拂杯案紫葩縟紕如敘如旒衆君子瞻
弄之不足故秉燭進酒以繼落日欲稱醉而不能也因
命其地曰垂花塢堰曰緣花堰亦飾之以詩云紫蔓青

條覆酒壺落花時與竹風俱歸時自負花前醉笑向儵
魚問樂無　許渾紫藤綠蔓濃陰紫袖低客來留坐小
堂西醉中掩瑟無人會家近江南罨畫溪
詩散句　增唐白居易下如蛇屈盤上若繩縈紆可憐中
間樹束縛成枯株　原杜甫露浥思藤架烟霏想舊叢
杳冥藤上下濃淡樹榮枯　廻策非新岸所攀仍舊
藤　增韓愈高木八九株有藤縷絡之　宋宋祁虺蔓
相結盤虬梢久回曲　陸游老夫維小艇半醉摘藤花
原唐杜甫不見高人王右丞藍田丘壑蔓寒藤　增
宋司馬光山椒迢遞峻無極行挽枯藤踏危石　宋謝
朓丹藤繞新竹　周庾信寒藤抱樹疎　婉婉藤倒垂

長藤連格徙　唐蘇頲藤蔓野人家　蕭嵩餘花發
紫藤　孟浩然藤架引梢長　原杜甫庭中藤刺簷
藤枝刺眼新　對門藤蓋瓦　藤蔓曲藏蛇　增白居
易拂榻藤陰清　姚合垂藤壓樹偏　李商隱綬藤縈
弱蔓　蒼崖萬歲藤　皮日休紫藤垂罽珥　韋莊藤
抽紫蔓肥　張蠙蠻藤絡酒瓢　袁皓青藤夾岸低
宋蘇軾古樹野藤垂　陸游壓架藤花重　趙師秀藤
深失樹身　唐王維藤花欲暗藏猱子　白居易綠藤
陰下鋪歌席　方干醉觸藤花落酒杯　姚合春風新
上數枝藤　宋戴昺輕風滿面落藤花　元王逢蔓長
鴉藤故故青

別錄　增北戶錄瓊州出五色藤合子書囊之類細于錦
綺亦藤工之妙手也新州作五色藤筌臺皆一時之精
絕者梁劉孝儀謝太子五色藤筌蹄一枚云炎州采藤
麗窮綺縟得非筌臺與蹄語訛歟　瓊州出紅藤簟一
呼為笙或謂之籧篨亦謂之行唐其色殷紅瑩而不垢
酉陽雜俎松楨即鍾藤也葉大晉安人以為盤　避
暑錄話晁任道自天台來以石橋藤杖二為贈自言親
取于懸崖間柔韌而輕堅如束筋余往自許昌歸得天
壇藤杖數十外圓實與此不類而中相若　紙箋譜范
寗教有上紙藤角紙　蜀中有藤紙　原製用收採藤
花擇淨鹽湯洒拌勻晒乾或蒸熟晒乾皆可留作葷素

食料

女蘿 按兔絲非女蘿或以為一物者謬辨見兔絲譜

【增】〔爾雅〕蒙玉女〔注〕蒙即唐也女蘿別名 〔廣雅〕女蘿松蘿也 〔本草〕一名松上寄生 〔爾雅翼〕女蘿正青而細長無雜蔓長如帶 〔本草別錄〕曰生熊耳山谷松樹上陶弘景曰山東甚多生雜樹上而以松上者為眞

【彙考】【增】〔詩小雅〕蔦與女蘿施于松栢 〔水經注〕沅水又東帶綠蘿山頽巖臨水懸蘿釣渚 〔新論〕碧蘿附于青松以茂凌雲之葉

【集藻】〔五言古詩〕【增】〔齊王融詠女蘿〕纍纍女蘿草蔓衍旁松枝含煙黃且綠因風卷復垂 〔陳劉刪賦松上輕蘿〕葉繞千年蓋條依百尺枝屬與松風動時將薜影垂學帶非難結為衣或易披山阿若近遠獨有楚人知

〔五言律詩〕【增】〔唐杜牧綠蘿〕綠蘿縈數匝本在草堂間秋色寄高樹晝陰籠近山移花疎處過劚藥困時攀日暮微風起難尋舊徑還

〔詩散句〕【增】〔魏曹植〕綠蘿緣玉樹光耀粲相輝 〔劉楨〕青青女蘿草上依高松枝 〔晉郭璞〕綠蘿結高林蒙籠蓋一山 〔宋謝靈運〕想見山阿人薜蘿若在眼 〔伍緝之〕女蘿依附松終已冠高枝 〔唐李白〕綠蘿紛葳蕤繚繞松柏枝 〔杜甫〕侍婢賣珠迴牽蘿補茅屋 〔梁吳均〕女蘿可代裙 〔王筠〕風氣入纖蘿 〔唐李白〕飛蘿採春煙延蘿結幽居 〔杜甫〕高蘿成帷幄 通林帶女蘿 〔于鵠〕深蘿月不通 〔朱慶餘〕秋近碧蘿鮮 〔李頻〕芳陰映綠蘿 〔殷璠〕高蘿出石懸 〔宋孫覿〕蘿牽籬羃翠 〔唐李白〕綠蘿樹下春風來 青蘿嫋嫋掛煙樹 〔白居易〕煙蘿初合澗新開 〔宋孫覿〕綠蘿高張翠羽蓋

薜荔

【增】〔爾雅翼〕薜荔狀如烏韭而生於石上亦緣木生葉厚寔而圓多蔓其寔上銳而下平外青而中瓤經霜則瓤紅而甘烏鳥所啄兒童亦食之謂之木饅頭亦曰鬼饅頭嶺外尤多 〔本草〕一名木蓮李時珍曰四時不凋厚葉堅强大于絡石不花而實實大如杯微似蓮蓬而稍長正如無花果之生者六七月實內空而紅八月後則滿腹細子大如稗子一子一鬚其味微濇其殼虛輕

【彙考】【增】〔山海經〕小華之山其草有薜荔食之已心痛

【集藻】〔文散句〕【增】〔楚屈原離騷〕貫薜荔之落蘂 〔九歌〕薜荔拍兮蕙綢 采薜荔兮水中 罔薜荔兮為帷 被薜荔兮帶女蘿 〔九章〕令薜荔以為理兮憚舉趾而緣木

〔五言絕句〕【增】〔唐顧況薜荔庵〕薜荔作禪庵重疊庵邊樹空山徑欲絕也有人知處

〔詩散句〕【增】〔宋梅堯臣〕春城百花發薜荔上陰階 根隨蔓生葉侵苔蘚碧 〔唐杜甫〕青垂薜荔長 〔王縉〕薜

荔成帷晚霧多〔柳宗元〕密雨斜侵薜荔牆〔胡曾〕蘿荔雨餘山似黛〔方千〕窻戶凉生薜荔風〔殷璠〕淺綠垣牆綿薜荔〔金高士談〕八尺龍蛇薜荔牆

絡石

增〔本草〕絡石一名石鯪一名石龍藤一名懸石一名耐冬一名雲花一名雲英一名雲丹一名石血一名雲珠蘇恭曰生陰濕處冬夏常青實黑而圓其莖蔓延繞樹石側若在石間者葉細厚而圓短繞樹生者葉大而薄韓保昇曰葉似細橘葉莖節著處即生根鬚包絡石旁花白子黑六七八月采陳藏器曰與薜荔相似更有石血地錦等十餘種藤皆是其類李時珍曰帖石而生其蔓折之有白汁其葉小如指頭厚于木强面青背淡濇而不光有尖葉圓葉二種蓋一物也

佩文齋廣羣芳譜卷第八十一

佩文齋廣羣芳譜卷第八十二

竹譜

竹一

原竹植物也非草非木（說文云竹冬生艸也竹譜云竹是一族之總名一形之偏稱也植物之中有草木竹猶動品之中有魚鳥獸也）耐濕耐寒貫四時而不改柯易葉其操與松柏等第雖喜濕惡燥亦不宜水淹其根根之發生喜向上行（本草云其根鞭喜行東南）其性又與菊等宜添河泥覆之每至冬月須厚加土爲佳每長至四年者即伐去庶不礙新笋而林亦茂盛增〔格物總論〕竹中虛白膜外皮青綠色或黃或紫或斑駁文或小或大或長或短種族最多大抵皆自根而蒸莖皆有節莖間節處生枝枝每兩之枝亦有節枝間節處生葉葉每三之初出地爲笋笋節有籜包之及成莖抽之而籜遂漸次脫落脫落處有粉歲久而茂茂則成林〔爾雅注〕簜竹〔注〕竹別名〔疏〕李巡曰竹節相去一丈曰簜孫炎曰竹闊節者曰簜禹貢篠簜既敷孔安國云簜大竹郭氏曰竹別名無大小之異也莽數節〔注〕竹類也節間促桃枝四寸有節〔注〕今桃枝節間相去多四寸（竹譜云桃枝竹皮赤編之滑勁可以爲席余之所見節短者不兼寸長者或踰尺豫章偏有之恐爾雅之所載草族自別有桃枝不必是竹郭注取之謬也按四寸有節蓋畧言之藏觀之以所見不合而遂疑桃枝之非竹謬矣）粼堅中〔注〕竹類也其中實簢䈾中〔注〕言其中空竹類（按筍譜云其中□簢曰茶可以爲席則其內膈奧與常竹不相同也）仲無笐〔注〕亦竹類未詳□箭〔注〕

別二名 原 戴凱之竹譜云竹之品類六十有一黃魯直以爲竹類至多竹譜所載皆不詳欲作竹史不果成

今按其種有方竹 產澄州體如削成勁挺堪爲杖隔州亦出大州者數丈東齋記事云武陵桃源山有方竹四面平整如削堅勁可以[illegible]杖寧波志云葛仙翁煉丹於定海雲峰植竹筋化爲竹而方續竹譜云方竹生嶺外大者如巾筒小者如界[illegible]益部方物畧記云圓衆方寡取貴方者岑[illegible]

斑竹 即吳地稱湘妃竹者其斑如淚痕續竹譜云世傳二妃將沉湘水望蒼梧而泣灑淚染成斑出峽州宜都[illegible]飛魚口大者不過寸鮮美可愛杭產者不如亦有一[illegible]出古辣者往出陶虛山者尤之土人栽爲筋其妙赤日人如跳者拔筍譜又有一種毛斑竹出新州研伐竹甲無斑以灰汁洗之即斑見彼人多作簾席或箭管識一妃祠者不同

棕竹 棕本作覺有三種上日筋頭梗如朱垂堪置書凡文日短栖可列庭階大日莖竹篷柳葉硬全欠溫雅但可作扇骨料耳性喜於畏寒風冬月藏不通風處三月方可見大原不見日扶分後可徐與出盆覘其根鬚不甚牢固處劈鬧栽盆欲變化多公則盆大更旺灌用浸豆水極肥含此供不其用

貓竹 一作茅竹又作毛竹榦大而厚異於衆竹人取[illegible]爲舟四明洞天記云毛竹蕺生澗邊又金庭山洞天[illegible]有續竹譜云毛竹生武夷山李義山詩武夷洞裏生[illegible]竹是也筍譜云出武陵祠戶人所竹篷生上發云仙[illegible]人洞故生此竹以隔浮生也

雙竹 修篁峨篠對抽垂金王[illegible]破謂之扶竹猶海上之狀桑也武陵山[illegible]髮竹院中產拔續竹譜云瑞竹合歡發地尺餘分爲[illegible]竿筍譜云合歡竹出南嶽下諸州山溪闊彬州最多[illegible]筍劉生合歡形勞及成竹也或三莖合或雨萃合齋[illegible]間有窮竹皮或有斑點文雙梢竹出九疑山第二東[illegible]臺側筍長獨莖及生枝葉即分爲兩梢葉密南福亦[illegible]爲合歡竹與象扶桑者少同蓋一蕭而數[illegible]也

蘄竹 出黃州府蘄州以邑瑩者爲帶節疎者爲前帶[illegible]者爲杖唐韓愈詩蘄州笛竹天下知鄭君所寶尤雲[illegible]擂來當書不得臥一府傳看黃琉璃是也

慈孝竹 生作大蔭長傳[illegible]聳羣篠外護向勝則皮[illegible]種高臺

柯亭竹

生雲夢之南可爲管以七月章前生[illegible]年七月望前伐過期伐則音譜永明代時[illegible]浮

觀音竹 每節

二三寸產古城園今州志云大[illegible]產福塔竹僅尺許葉當漁枝小名說[illegible]

黃金間碧玉

成都古今記云料青竹竹黃而講[illegible]節若開出浙中亦有之會稽甚多談人野荒余開[illegible]按筍譜云竹則

一邊青一呼紫其色又與此小異

龍公竹 其大徑七尺一節長丈二尺葉若芭蕉出浮羅山

龍孫竹 生辰州山谷間高不盈尺細僅如針

徑尺竹 可爲甑出湖湘

四季竹 節長而圓中管籥生山石者音清亮

月竹 每月抽笋狀輕怒叢生如箭筍不堪食產嘉定州

十二時竹 產蘄州其竹繞節凸生子丑寅卯等十二字安福周俊叔得此植之家庭十餘年筍而竹者十之三

慈勞竹 異物志云慈勞國出竹可彌指甲新州有此種製成琴樣爲彌甲之其用久徵滑以酸棠漬之過宿快利如初亦可作箭李商隱所謂慈勞琴箭磨青石是也按續竹譜有葱竹皮上有文可爲錯子錯甲利勝於鐵即此

大夫竹 其高裘雲園三尺兩桂錄云鄉延一人代此竹見內二仙翁相澗半生勁節惜爲主人所代遂騰空夫

鳳尾竹 高二三尺纖小猗那植盆中可作書室清玩

龜文竹 崇陽縣賓陀巖產僅一木製扇甚奇麗今亦絕種矣

人面竹 出剡山竹徑幾寸近本逮二尺節極促四面參差竹皮如魚鱗面凸頰類人面

黑竹 如藤長丈八尺色理如鐵

思摩竹 筍自節生筍既成竹至春節中復生筍出交阯

無節竹 出瓜州

大節竹 一節一丈出黎母山

疏節竹 六尺一節

通竹 直上無節而空洞出秦州

匾竹 筍譜云匡廬山中多有之其竹匾而長傳云釋慧遠捻此竹爲匾竹筍出皆匾

蘇竹 出占城

船竹 出員丘其竹一節可爲船

弓竹 竹譜云出東垂諸山中長數十丈每節輒曲既長且軟不能自立若遇木乃倚質有文章然要須膏塗火灼然後見之異物志云弓竹筋藤斑敢如狀増名承璟竹

涕竹 神異經云南方荒中有涕竹長數白丈圖三丈六尺厚八九寸可以爲船其笋甚美食之可以止瘠癧

丹青竹 葉黃碧丹相間出熊耳山

十抱竹 出罽賓

慈竹 內實而節疏性弱彩紫而細可代藤一名養竹述異記謂之子母竹蓋部方物褱記云慈竹性蘆生根不外引其密間不客苛荀生夏狀躍歲枝葉方茂別有數植節間八九寸者日龍竹一尺者日若竹弱梢垂地者日釣絲竹

桂竹 竹譜云高四五文者云二尺圓狀如甘竹而皮赤南康以南所饒也山海經云雲山柱竹傳人必死是柱竹有二種名同實異其形未許

桃竹 葉如棕身如竹密節而實中犀壓塵骨蓋天成杜杖也出巴渝間出豫者鄉文一節四尺花人呼爲桃絲竹續竹譜以爲郎樓竹校梭竹紋細桃竹紋粗一賴面二權也

相思竹 出廣東兩兩生笋

增 戴凱之竹譜 籦籠竹 黃帝使伶倫伐之於崑崙之嶰吹以

聽律聲譜云籦龍大竹此言非大小之謂笛賦云籦籠非也自一竹之名耳所生若是大竹豈中律管與笛

衛竹 細竹也出蜀志薄肌而勁衛音衛

簟竹 堅而促節體圓而質堅皮白如霜粉大者宜作船細者爲筩

棘竹 生交州諸郡叢生有數十莖大者二尺圍肉至厚實中破以爲弓枝節皆有刺彼人種以爲城卒不可攻萬震異物志所謂種爲藩落阻過層塘者也或卒崩根出大如十石物縱橫相承如繆車一名笆竹筍味落人鬢髮按竹譜有箱竹郎此貴州志云剃竹郎芳竹又名謚勒

單竹 大者如册虛細長爽嶺南人取其筍未及竹者灰煮績以爲布其精者如穀焉按戴竹譜一作簞竹

苦竹 有白有紫而味苦齊民要術云竹之醜有四有青苦者白苦者紫苦者黃苦者

甘竹 似篁而茂葉下節味甘合湯用之此處處亦有按圖經本草云即淡竹也夢溪筆談云淡竹對苦竹爲文除苦竹悉謂之淡竹後人不曉於本草內別疏淡竹爲一物非也

蘇麻竹 長數丈大者尺餘圍概節多枝叢生四枝葉大如屨此五嶺左右偏有之

負篔竹 最大大者中甑笋亦中射箭薄肌而最長節中貯箭因以爲名

篠蔡竹 葉薄而廣越女試劍竹是也

尋竹 禹殺共工相繇二臣膏流爲水其處腥臊不植五穀禹三湮皆沮尋竹生焉在崑崙之北南嶽之山見大荒北經中按玉篇云籌竹可爲身即此

般腸竹 生東郡緣海諸山中其筍最美云與笆竹相似出閩中其形未詳

筋竹 長二丈許圍數寸至堅利南土以爲矛其笋未成竹時堪爲弩弦見徐衷南中奏劉淵林云吳人以史葉竹爲矛即是筋竹一物而二名者也

百葉竹 生南垂界甚有毒傷人必死一枝百葉因以爲名述志劉淵林云旁竹有毒以刺虎豹中之輒死或一物二名未詳其同異

篔竹 篔厚肉孔小幾於實中安成以南有之其味苦篔音苍性柔弱

由衙竹 二竹皆大竹也土人用爲梁柱交州志云亦有生於永昌郡者爲物叢生吳都賦所謂由衙者篔也

箎竹 高節實中狀若人面廣志云出蜀廣邛都縣張孟陽云出興古磐江縣山海經帝之枝竹郭以法謂之以老竹箬云此與狀竹壺節者不同

篩竹 筍無味六漢間謂之苦節箭音卿

篔竹 二種至似若竹而細軟肌薄篔音禮齒有文理也

蓋竹 亦大肌薄色白生江南深谷山中不開人家植之其族類動有以畝與錄資齊傳云詩建安賦遺明於蓋竹蓋竹以名箭東之名邑豫章之名邪者類是也

雞脛竹 篁竹之類繁細大者不過如指疎葉黃皮強肌無所堪施弄美青利色綠沿江山間所饒也按此一竹雞頭竹

狗竹

生臨海山中節間有毛

蘆竹 此竹膚是蘆出揚州東垂諸郡

箭竹 高者不過一丈節間三尺堅勁中矢江南諸山皆有之會稽所生最精好故爾雅云東南之美者有會稽之竹箭焉

箘竹 **簬竹** 二竹亦皆中矢皆出雲夢之澤大較是會稽箭類特黑謂以此爲異呂氏春秋云駱越之箭則南越產不仰翦也

篛竹 山海經云其竹名箬生非一處江南山谷所饒也故是箭竹類一尺數節葉大如履可以作篷亦中作矢其筍冬生廣志云魏時漢中太守王圖每冬獻筍謂之籦筍籦苦怪反按此亦名篛竹

篠竹 過篠竹中擂帶細竹也特異龍篠見廣志至大者不存明如筍長者不出一丈根杪篠等下節生撲尚澰專焉乂畝廬山所饒也擂帶之選誦陽人往往取下壥貴方莫爲那鄒山有簽彤邑不味價特堅鸝宜篤筌管當如筋及牟鼠所謂鄒山大竹也大毒鳥有篠大者以邑內寶外堅拔之不尚枝葉篩少篠若枯節

赤竹 可

大者如篠堪作彈織箭扇出

白竹 作叢詩湯呼瓦日本竹縹時皮肉皆赤武陵溪中是兩豐走也按筍壽云連州抱篠山多生白竹葉篠白篩心少前篠波土人出筍後落蓨撒袷時篠此竹以爲一奏永浸作竹布撻一節作篠謂日竹篛若貢布一疋只重數兩也

答

傷竹 大如腳指堅厚修直腹中白膜闌隔狀如濕生竹衣將成竹而筍皮未落輒有細蟲齧之隕籜之後蟲齧處往往成赤文頗似繡畫可愛云滇之蟲化州山中生細竹長者十餘丈本粗而上細其上有蟲蝕處上之則蔬蝕如細竹輪以爲箸甚雅當是此竹一類也轄馬賦見

浮竹 長者

竹譜張竹襄陽人所垂下

篩竹

茶竹

簝竹 時生

僕竹

篢竹

竹長節而薄可竹屋椽

水竹

州有木竹廣竹一莖如萬斛管實如草豆蔻土人臨之爲樂實按此

雲母竹 大竹也

鄣縣審中而堅朝云寧華山在西可爲常藉異記云

蕈竹

酉有墓名篤篤竹吹之若鳳之鳴

鏞竹 肉

空容三升許未交廣以來人將此作弄子鼠出其肉

出崖同篠風疾名天竹黃按黃名天竹言此竹人地出

述竹 生廣州以來竹狀與鐵竹少異其洪長亦同內空生筍堪作丸 新婦竹 出武林山塗其竹圓直翎可爲貨 白烏竹 湘中有此竹見魏晉嘅賦 魚腸竹 其竹細而屈 篛筒 見吳都賦 吳誠有之 簡箐竹 竹節疎 籞竹 其竹實中篾薄出韶州莖五六寸中爲弓弩 服傷竹 大者五六寸闊長一丈其中實滿 筆竹 吳越多生 龍牙竹 出永嘉大羅山其竹長四五尺稀節人最必有大風雨害畏人下山則止 檳榔竹 見桂臺卿遊賦 丹竹 出道州瀧中峭壁之上竹每節可一丈或八尺蒸不大裊蔴空務節十似有丹色 拂雲箭竹 出廬山莖大如竹杪細葉密翠如蒔彼人採爲方物墮人謂之拂雲箒承落 水竹 出黔南管內或巖下瀘水中生 古散竹 節似馬鞭葉似桐樹面小皮似餅爲柔韌 鶴膝竹 竹狀節下大上小似若竹闊中上人呼爲槌竹堪作拄杖按此即雲南志所謂雞腿竹蓋叩竹聲也 石籧竹 竹似石笋而小一名篻簩生閩中 三稜竹 其狀若椶櫚葉莖稀若三脊然 劉美之續竹譜 沙摩竹 生桂嶺一人止可挈一竿欲種則簩其節截二尺許斜入土不踰月

而生根葉期年長芽筍不二歲而爲林 紫竹 其莖如染出青城峨眉山可作笙竽笛管益部方物略記云蜀諸山中尤多閩池亦種爲玩栽生二年色乃變三年而紫 猫兒竹 長沙有之體上細其筍甚甘美大者重十餘斤按毛竹一名猫竹與此各別 〔華陽國志〕濮竹 出永昌郡大竹節相去一丈受一斛許筍譜本草作漢竹疑濮字之訛 〔本草〕箽竹 堅而促節體圓質勁皮白如霜大者宜刺船細者可爲笛取瀝並根葉皆入藥 〔峩眉山志〕龍竹 根有二角高節實中可爲杖遊山者多採之 千歲竹之 生山南絕壁間盛以竹籃培以砂石懸之簷前即暢茂夏三月著花產上則枯處 〔廣東志〕電斑竹 雷州上貢電斑竹 婆娑羅竹 曾城縣東南二十三里日猊山產婆娑羅竹歟 〔雲南志〕黑竹 出浪穹色黑可爲簫管按此與原譜墨竹異 麻竹 其筍綿軟爲蔬爲屨可 巨竹 出易門深谷節高數尺 原 八月爲竹小春竹之萌曰筍竹之節曰箹竹之叢曰筤竹之實曰簝竹之得風而體夭屈曰笑竹死曰箹

彙考 增 易說卦震爲蒼筤竹〔疏〕竹初生之時色蒼筤取其春生之美也 原 書禹貢 篠簜既敷〔傳〕篠竹箭簜大竹水去已布生 瑤琨篠簜 惟箘簵楛三邦底貢厥名〔傳〕箘簵美竹楛中矢榦三物皆出雲夢之澤近澤三國常致貢之其名天下稱善〔疏〕鄭云箘簵箭風也竹有二名或大小異也箘簵是兩種竹 增 詩衞風籊籊竹竿以釣於淇 小雅如竹苞矣〔傳〕苞本也〔箋〕言時民殷衆如竹之本生矣 〔禮記月令〕日短至則伐木取竹箭 〔禮器〕其在人也如竹箭之有筠也如松柏之有心也二者居天下之大端矣故貫四時而不改柯易葉 〔周禮春官〕孤竹之管冬日至於地上之圜丘奏之〔注〕孤竹竹特生者 孫竹之管夏日至於澤中之方丘奏之〔注〕孫竹竹枝根之末生者 陰竹之管於宗廟之中奏之〔注〕陰竹生於山北者 〔夏官〕東南曰揚州其利金錫竹箭 〔史記河渠書〕天子自臨決河沈白馬玉璧於河令羣臣從官自將軍已下皆負薪寘決河是時東流郡燒草以故薪柴少而下淇園之竹以爲楗〔注〕樹竹塞水決之口稍稍布插接樹之水稍弱補令密 原 史記貨殖傳 渭川千畝竹其人與千戶侯等 增 漢書地理志 秦地有鄠杜竹林南山檀柘號稱陸海爲九州膏腴 原 晉書嵇康傳 康所與神交者惟陳留阮籍河內山濤豫其流者河內向秀沛國劉伶籍兄子咸琅邪王戎遂爲

竹林之遊世所謂竹林七賢也　〔晉書紀瞻傳〕瞻立宅於烏衣巷館宇崇麗園池竹木有足賞翫焉　〔王徽之傳〕吳中一士大夫家有好竹徽之欲觀之便出坐輿造竹下諷嘯良久主人灑掃請坐徽之不顧將出主人乃閉門徽之便以此賞之盡歡而去嘗寄居空宅中便令種竹或問其故徽之但嘯詠指竹曰何可一日無此君耶　〔梁書處士傳〕阮孝緒所居室惟有一鹿牀竹樹環繞　〔南史袁粲傳〕粲家居負郭每杖策逍遙當其意得悠然忘反郡南一家頗有竹石粲率爾步往亦不通主人直造竹所嘯詠自得主人出語笑款然俄而車騎羽儀並至方知是袁尹　〔沈約傳〕約孫衆字仲興好學

頗有文詞仕梁爲太子舍人武帝召見於文德殿帝令衆爲竹賦賦成奏之手勅答曰卿文體翩翩可謂無忝爾祖　〔北史楊愔傳〕愔一門四世同居家甚隆盛昆季就學者三十餘人學庭前有柰樹實落地羣兒咸爭之愔頹然獨坐其季父暐適入學館見之大用嗟異宅內有茂竹遂爲愔於林邊別葺一室命獨處其中常銅盤具盛饌以飯之因以督厲諸子曰汝輩但如遵彥謹慎自得竹林別室銅盤重肉之食　〔唐書文藝傳〕王維別墅在輞川有竹里館　〔五代史周臣傳〕扈載字仲熙少好學善屬文因遊相國寺見庭竹可愛作碧鮮賦題其壁世宗聞之遣小黃門就壁錄之覽而稱善　〔宋史五行志〕太平興國八年十月乙酉蜀州獻瑞竹一木十六節上分兩枝　雍熙三年四月眉山縣獻異竹圖　淳化二年二月射洪縣安國寺竹二莖同木　六月舒州竹連理知州樂史以聞　至道元年十一月潭州監軍廨生竹一本長二尺許枝葉萬餘尤爲殊異　景德三年十二月蓬州上瑞竹圖　大中祥符八年四月開元寺桃竹一莖上分十八節皆相對　〔寇準傳〕準歸葬西京道出京南公安縣人皆設祭哭於路折竹植地挂紙錢逾月視之枯竹盡生筍衆因爲立廟歲時享之　〔山海經〕英山其陽多箭䉋　竹山其陽多竹箭　踰次之山其下多竹箭　翠山其下多竹箭　高山其草多竹

京山多竹　蟲尾之山其下多竹　軒轅之山其下多竹　渠豬之山其上多竹　蔓渠之山其下多竹　牡山其下多竹箭竹䉋　長石之山其西有谷焉名曰共谷多竹　夸父之山其木多竹箭　荊山其草多竹　大堯之山其草多竹　師毋之山其草多竹　求山其木多䉋　從山其下多竹　雲山有桂竹甚毒傷人必死　龜山多扶竹　丙山多筀竹　大夫之山其草多竹　暴山其木多竹箭䉋箘　附禺之山有丘方圓三百里丘南帝俊竹林在焉大可爲舟〔注〕俊舜字假借音言舜林中竹一節則可以爲船也　〔汲冢周書〕路人大竹〔注〕路人東方蠻貢大竹　〔穆天子傳〕天子西征至於玄池乃樹之

竹是曰竹林〔家語〕山南之竹不搏自直斬而為箭射達犀革〔戰國策〕薊丘之植植於汶篁〔注〕竹田曰篁索隱云言燕薊丘之植植齊王汶上之竹〔淮南子〕竹以水生　漢水重安而宜竹　丘陵坂險不生五穀者以植竹木〔禮斗威儀〕君乘木而王其政太平蔓竹紫脫為之長生〔孝經河圖〕少室之山有爨器竹堪為釜甑〔三輔黃圖〕竹宮甘泉祠宮也以竹為宮天子居中〔三輔舊事〕竇將軍有青竹田　【原】〔三輔決錄〕蔣詡舍種竹下開三徑有羊仲裘仲之徒與之游　【增】〔博物志〕堯之二女舜之二妃曰湘夫人舜崩二妃啼以涕揮竹竹盡斑〔神仙傳〕蘇仙公者桂陽人漢文帝時得道昇雲

漢而去後母終鄉人見州東北牛脾山紫雲蓋上有號哭之聲咸知蘇君之神也先生哭處有桂竹兩枝無風自掃其地恒淨　〔風土記〕陽羨縣有袁君家壇邊有數林大竹並高二三丈枝皆下披掃壇上常潔淨也〔拾遺記〕始皇起雲明臺窮四方之珍木得雲岡素竹　蓬萊有浮筠之簳葉青莖紫子大如珠有青鸞集其上下有沙礰細如粉柔風至葉條翻起拂細沙如雲霧仙者來觀而戲焉風吹竹葉聲如鐘磬之音　〔華陽國志〕有竹王者興於遯水有一女子浣於水濱有三節大竹流入女子足閒推之不肯去聞有兒聲取持歸破之得一男兒長養有才武遂以竹為姓捐所破竹於野成竹林

今竹王祠竹林是也〔荊州記〕臨賀謝休縣東山中有大竹數十圍高亦數十丈有小竹生其旁皆四五圍下有盤石徑四五丈極方正青如彈棊局兩竹屈垂拂掃石上初無塵穢未至數十里聞風吹此竹如簫管之音　天門山角上各生一竹倒垂拂拭謂之天帚　〔廣州記〕石麻之竹勁而利削以為刀切象皮如切芋　〔湘中中記〕文竹山上有石牀方高一丈四面緣竹扶疎常隨風委拂此牀　【原】〔永嘉郡記〕樂城張廌者隱居頤志家有苦竹數十頃在竹中為屋常居其中王右軍聞而造之廌逃避竹中不與相見一郡號為竹中高士　【增】〔永嘉郡記〕陽嶼有仙石山頂上有平石方十餘丈名仙壇

壇陬輒有一筋竹凡有四竹葳蕤青翠風來動音自成宮商石上淨潔初無粗穢相傳云曾有郄粒者於此羽化故謂之仙石　小江緣岸有仙石壇有竹嬋娟青翠風來枝動掃石壇壇上無塵也　〔丹陽記〕江寧縣南三十里有慈母山積石臨江上生簫管竹王褒洞簫賦所稱即此也其竹圓緻異於餘處自伶倫采竹嶰谷其後唯此簳見珍故歷代常給樂府而俗呼曰鼓吹山今慈湖戍常禁採之　〔東陽記〕崑山去蕪城山十里山峰嶺高峻常秀雲表故老傳云嶺上有員池魚鼈具有池邊有竹極大風至垂屈掃地恒淨潔如人掃也　〔南越志〕博羅縣東蒼州足簟竹銘曰簞竹既大薄且空中節長

一丈其長如松　〔異苑〕建安有篔簹竹節中有人長尺
許頭足皆具　元嘉四年東陽留道先家筋竹林忽生
連理野人無知謂之禍祟欲斫殺之〔洛陽伽藍記〕永
寧寺僧房樓觀一千餘間翠竹香草布䕶堦墀〔述異
記〕東海畔有孤竹焉斬而復生中爲管　衛有淇園出
竹在淇水之上詩云瞻彼淇澳綠竹猗猗是也　和州
義城郡葭萌縣有玉女房蓋是一大石穴也昔有玉女
入此石穴前有竹數莖下有青石壇每因風自掃此壇
玉女每遇明月夜卽出於壇上閒步徘徊復入此房
【原】〔地道志〕梁孝王東苑方三百里卽兎園也多植竹中
有修竹園　【增】〔高士春秋〕王徽之以菖蒲映竹曰菖蒲

止以九節爲貴而此君面目聳然正當再拜此君而此
君亦安得不受之耶〔述征記〕山陽縣城東北二十里
魏中散大夫嵇康園宅竹林時有遺竹也　〔酉陽雜俎〕
衛公言北都惟童子寺有竹一窠纔長數尺其寺綱維
每日報竹平安　東宮郡漢順帝時屬南海西接高凉
郡又以其地爲司諫都尉東有蕪地西鄰大海有長洲
多桃枝竹緣岸而生　〔北戸錄〕貞元五年番禺有海戸
犯禁避罪羅浮山人至第十三嶺遇巨竹百丈萬竿竹
圍二十一尺有三十九節節長二丈海戸因破之爲篾
會罷吏捕逐遂挈而歸時有軍人獲一篾以爲奇貨後
獻於刺史李復復命陸子羽圖而記之　澄州産方竹

體如削戚勁挺堪爲拄杖亦不讓張騫筇竹杖也　又海
晏出蘆堪爲拄杖高潘州出千歲蕨扯杖之類具多更
有疎節竹五六尺一節僧道多以爲杖又按王最云溙
州通竹直上無節空心也〔玄山記〕孟浩然一日周旋
竹間喜色可掬又見網師得魚尤甚喜躍友人問之荅
云吾適得句中有魚竹二物不知竹有幾節魚有幾鱗
疑致疎謬今見二物乃釋然矣　【原】〔開元天寶遺事〕太
液池岸有竹數叢芽筍未嘗相離密密如栽也帝因與
諸王閒步於竹間謂諸王曰人世父子兄弟尚有離心
離意此竹宗本不相疎人有懷貳心生離間之意覩此
可以爲鑑諸王皆唯唯帝因呼爲竹義　【增】〔清異錄〕江

湖間有一種野竹其葉糾結如蟲狀山民曰此蚱蜢竹
也　【原】〔續世說〕杜子美居蜀於浣花里種竹植木結廬
枕江縱酒吟詠與田畯野老相狎　【增】〔獨樂園記〕沼北
横屋六楹前後多植美竹命之曰種竹齋　【原】〔東坡集〕
古氏南坡修竹數千竿大者皆七寸圍盛夏不見日蟬
鳴鳥呼有山谷氣象竹林之西又有隙地數畝種桃李
雜花今年秋冬當作三間一龜頭取雪堂規模東蔭修
竹西眺江山若果成此遂爲一郡之嘉觀也　風篁嶺
多竹風韻淒清至此林壑深沉迥出塵表流淙活活自
龍井而下四時不絕嶺故叢薄荒密元豐中僧辨才淬
治潔楚名曰風篁子訪辨才龍井送至嶺上左右驚曰

遠公過虎溪矣辨才笑曰杜子有云與子成二老來往
亦風流遂作亭嶺上名曰過溪亦曰二老作詩記之
【增】〔夢溪筆談〕近歲延州永寧關大河岸崩入地數十丈
土下得竹筍一林凡百莖悉化爲石延郡素無竹此入
在數十尺土下不知其何代物無乃曠古以前地卑氣
濕而宜竹耶 〔岳陽風土記〕五月十三日謂之龍生日
可種竹齊民要術所謂竹醉日也 〔冷齋夜話〕鄒志完
南遷自號道鄉居士在昭州江上爲居室近崇寧寺因
閱華嚴經於觀音像前有修竹三根生像之後志完揭
茅出之不可乃垂枝覆像有如今世畫寶陀山巖竹今
猶在昭人扃瑣之以俟過客遊觀 西湖僧清順怡然

清苦多佳句嘗賦十竹詩云城中寸土如寸金幽軒種
竹只十个春風慎勿長兒孫穿我階前綠苔破 〔洛陽
名園記〕富鄭公園自其第東出探春亭登四景堂則一
園之景勝可顧覽而得南渡通津橋上方流亭望紫筠
堂而還右旋花木中有百餘步走蔭樾亭賞幽臺抵重
波軒而止直北走土筠洞自此入大竹中凡謂之洞者
皆斬竹丈許引流穿之而徑其上橫爲洞一曰土筠縱
爲洞三曰水筠曰石筠曰榭筠歷四洞之北有亭五錯
列竹中曰叢玉曰披風曰漪嵐曰夾竹曰兼山 苗帥
園北竹萬餘竿皆大滿二三圍疎筠琅玕如碧玉椽
董氏西園有一堂竹環之中有石芙蓉水自其花間湧

出開軒窻四面甚敞盛夏燠暑不見畏日清風忽來留
而不去幽禽靜鳴各誇得意此山林之景而洛陽城中
遂得之 〔武夷山記〕峰山顛有佳竹多蚪屈如龍蛇狀
〔華陽宮記〕循壽山而西移竹成林復開小徑至百數
步竹有同本而異幹者不可紀極皆四方珍貢又雜以
對青竹十居八九曰斑竹麓 〔艮嶽記〕景龍江北岸萬
竹蒼翠蓊鬱仰不見天有勝雲庵躡雲臺消閒館飛岑
亭無雜花異木四面皆竹也 〔避暑錄話〕山林園圃但
多種竹不問其他景物望之自使人意瀟然竹之類多
尤可喜者筀竹蓋色深而葉密吾始得此山即散植竹
略有三四千竿雜衆色有之意數年後所向皆竹矣戊

申己酉間二浙竹皆結花而死俗謂之竹米於是吾所
植亦槁盡今所存惟介竹數百竿爾方其初花時老圃
輒能識之告吾亟盡伐去存其根則來歲尚可復生而
余終不忍至已槁而後伐則與其根俱朽矣比雖復補
種而竹種已難得不能及前五之一然猶更須三五年
始可望其干雲蔽日也 〔西溪叢話〕李義山崇讓宅讌
詩風過迴塘萬竹悲洛陽有崇讓坊有河陽節度使王
茂先宅李郎茂先之婿辛氏述征記云此坊出大竹及
桃 〔郤掃編〕蘇黃門子由南遷既還居許下多杜門不
通賓客有鄉人自蜀川來見之伺候於門彌旬不得通
宅南有叢竹竹中爲小亭遇風日清美或徜徉亭中鄉

人旣不得見則謀之閽人閽人使待於亭旁如其言旬日果出鄉人因趨進黄門見之大驚慰勞久之曰姑待我於此翩然復入迨夜竟不復出　西京一僧院後有竹林甚盛僧開軒對之極瀟灑士大夫多遊集其間一日文潞公亦訪焉大愛之僧因具榜乞命名公欣然許之攜牓以歸數月無耗僧往請則曰吾爲爾思一佳名未之得也姑少待後半年方送牓還題曰竹軒余觀士大夫立所在亭堂名當理而無疵者極少潞公之語雖質然不可破也　〔研北雜志〕朱希眞常言山陰富水竹有洛陽許下氣象　〔臨漢隱居詩話〕竹有黑點謂之斑竹非也湘中斑竹方生時每點上苔錢封之甚固

土人斫竹浸水中用草穰洗去苔錢則紫暈斕斑可愛此眞斑竹也　〔揮麈餘話〕紹興中趙元鎮爲左相一日入朝見自外移竹栽入内奏事畢亟往視之方興工於隙地元鎮詢誰主其事曰内侍黄彥節也元鎮即呼彥節詬責之曰頃歲艮嶽花石之擾皆出汝曹今將復蹈前轍耶命勒軍令狀日下罷役彥節以聞於上翼日元鎮奏事上諭曰前日偶見禁中有空地因令植竹數十竿非欲以爲苑囿然卿能防微杜漸如此可謂盡忠爾後儻有似此等事勿憚以警朕之不逮也　〔邵氏聞見後錄〕仁皇帝嘉祐七年十二月庚子幸天章閣召兩府以下觀瑞物十三種其一爲瑞竹一節有二幹並生其

中　〔吳興園林記〕章氏水竹塢章農卿北山別業也有水竹之勝　原　〔五色綫〕羅浮第三峰有大竹徑七尺圍節長丈二謂之龍竹常有鸞鳳栖宿東有溪曰羅陽暴漲有竹葉流出大如芭蕉　增　〔五色綫〕竹名魚腸梁簡文修竹賦玉潤桃枝之麗魚腸金母之名　〔丹鉛總錄〕竹亦有香人罕知之杜詩風吹細細香李賀詩竹香滿幽寂粉節塗生翠　〔閩部疏〕延福以南有竹叢生涉冬抽萌慈竹類也而長刺雲大者拱把吳越慈竹迥出其下　粉竹春絲爲佳紙料者美於江東白苧　〔荆溪疏〕金沙寺在湖㳇東南一里唐陸希聲舊宅今尚有讀易臺遶寺竹竿可數萬箇　〔居山雜志〕美竹高者至數丈

其名曰毛竹並山左右皆有之三伏蔭其下無暑氣然獨宜山岡則生移之平陸則弗活其餘竹數甚多無踰此品游人多愛刻名其上題蹟可經數年不壞久之益若蟲書古篆可觀　〔玉堂漫筆〕衡山後生竹最大名曰南竹土人截取其筒以爲甑節處可製盥盆然在深山中人跡不到之處　〔月河梵苑記〕聚景亭東隙地植竹數挺曰竹塢　〔遊台宕路程〕玉京洞天前蔭美竹從竹間見曉煙野色甚媚　〔越游雜記〕大平菴有竹俱大如汲桶而毛葉離離不啻雲鳳之尾　〔燕都游覽志〕駙馬都尉萬公白石莊在白石橋北臺榭數重古木合抱竹色蔥蒨盛夏不知有暑附郭園亭爲第一　原　〔花史〕許

州有修竹二十餘畝淇水貫其中文彥博爲置守桂
東萬玉城世傳王曾寓此階砌尚存旁有修竹數竿日
夕自仆掃其地而復立 增〔四川志〕邛州南八里有邛
崍山漢張騫奉使西域得高節竹植於邛山 漢寶誼
居蜀之峩眉放浪不覊月夜子規啼竹上誼曰竹裂吾
可歸峩峰是夕竹裂黎明遁於峩峰武帝三徵不起
〔福建志〕古田縣有馬山多竹可爲楮 武彝山白雲巖
下爲寒巖右爲毛竹洞唐李商隱詩武彝洞裏生毛竹
老盡曾孫更不來 〔廣東志〕清遠縣五十里曰峽山相
傳黃帝二庶子南採阮俞竹爲黃鍾之管與二臣俱隱
此山祠在廣慶寺東廡今山上小竹節間長九寸圓徑

三分疑此山卽阮俞舊志悞爲崑崙耳 東安縣之東
南五里曰雲浮嶺上產異竹 〔貴州志〕聖婆不知何許
人領五男行至鎮遠邛水司岑樓山以竹植地祝云我
得地竹當成林果成林時揮涕竹上今霧雨竹有液如
涕

集藻〔傳〕原 宋劉子翬此君傳 此君之先出自震澤有號
蒼筤子者與蒼頡同時頡觀鳥跡制字蒼筤子有記載
之功帝皆賜姓命以字爲蒼氏蒼筤子生篠禹修方貢
以其材也上之其後有國封孤竹君生籦籦逸去釣於
衛詩人咏淇澳以美之天下想見其風釆籦生篠篠生
庭筠母慈氏庭筠在綳縢中已有奇骨濯濯如傳粉然
及長清癯玉立七賢六逸皆從之遊王子猷最喜之嘗
曰不可一日無此君世以目之不名也此君性强項未
嘗折節下人得黃老深根固蔕之術蟠隱林麓間與徂
徠十八公新甫柏直臭味之同素相友善帝嘗特起三
人俱至上林愛其風操遷直御史府拜十八公爲大夫
獨此君不受爵帝館於行宮留以自近嘗訪養性之道
此君曰虛心直已至道自凝帝欽其言又嘗撫其腹曰
此中何有曰空洞無物當容數十百人耳帝爲之笑有
說之曰君有長材典樂府則簫韶九成直史館則汗青
有日入武庫則羽鏃宣威薦宗廟則簠簋甚飾蓋迎刃
而解盛筏以加者也時方多難何不捐軀出力掃氛祲

篚四彝以成不朽之名而反韞其楨榦甘與草木俱腐
邪此君曰鳳鳥不至吾已矣夫與其排雲叫閶闔披腹
呈琅玕孰若樂行憂違確乎不可拔也遂營嶰谷將老
焉此君常齋居每歲惟五月十三日露醉醉則外其形
骸或爲人徙至他所不知也故當時爲之語曰此君經
年常清齋一日不齋醉如泥有時倒載過習池蓫然乘
墜但不知曉歲益枯槁言無枝葉以蘭茨漆割爲戒竟
保其天年云帝思之命墨工圖其形像以張座隅仍賜
號曰苦節處士諸子皆嶄嶄露頭角曰萌最爽美陸沉
於世爲識者賞味爭挽致之俎豆於諸公之間猶子曰
篔苦節肉食者憚之其他支派繁衍青紫牌然居湘中

者斑斑以文采稱居渭川者千畝致富時比之封君居武夷者榦弱而毛髯人以爲蛻骨仙云

明方清清虛居士傳先生姓竹名榦字子直號清虛居士始祖名鐘黃帝時避蚩尤亂隱居嶰谷帝平涿鹿治定將作咸池之樂訪律呂材於羣臣伶倫以鐘對帝命使持節鉞召之鐘甘山谷不肯應詔使者肩曳以行詣闕猶僵仆不起帝慰諭再四乃就斷制敷宣徵角合嚼羽宮樂大成絪縕和羣生樂文鳥巢閣瑞獸遊郊帝奇其功欲封之鐘聞而嘆曰竊利居成功非臣之福况以口舌得官乎乃上疏乞骸骨歸嶰谷帝不允留樂府封同姓居嶰谷者以萬計鐘卒帝思悼不已蔭其子爲湘江侯至有虞

舜陟方崩蒼梧野二妃慟哭侯扶持嬛疚身染血淚痕不可洗人嘉其忠號斑氏二妃卒湘人廟於江滸曰湘君侯不自安徙淇澳子孫玉立根盤而固支繁而衍世以清潔自勵耿耿之操直與冰雪爭衡有猗猗子者文學斐然虛懷待物衛武公托爲布衣交武公晚年進德皆其切磋事載國風孫枝散處四方皆以鐘裔得賜氏不可一一數其尤著者曰山陰氏渭川氏毛氏苦氏淡氏筀氏爆氏罰氏篠氏至晉有林氏渭川所居延蔓千畝人稱萬戶侯山陰孤介寡同獨王子猷延之三徑呼以君而不名毛有名楚者好申韓刑名之學嫉惡如仇名紙者受學蔡倫雅好筆墨官秘書著作郎篠之顯者曰竿曰杖竿好漁隱釣磯杖能扶人之顛危國老多賴之後遇鍊師授刀圭化爲龍箭曰矢者有武才能致遠蓋其造詣有的也爆事神荼能以火作霹靂聲驅山魈頗自重今除夕多以楮生代筆淡苦二子者好軒岐術善療瘋痰渴熱遇病者輒解衣爲劑吐液爲湯急於救人如此林生於兩晉間清而不隘和而不流士大夫傾慕之山阮康伶輩競爲風流蕩廢禮法日就林觴詠風月林不能拒然屹立溪谷未嘗少亂識者知爲節介君子也林數傳而爲筠孤高絕俗好空寂之學於潛上人構軒禮之東坡詩云無竹令人俗指筠也竹氏之宗代多聞人如此筠又數傳而生節節生榦是爲先生疏暢

灑落神采若飛羽儀如鸞鳳欣然而形蒼然而色下賁上虛中通外直有君子操拂雲沖霄玉立風塵之表翩翩飄飄眞神仙侶也所居或深山窮谷雲溪月徑或困守籬落或飄泊舍宇要之隨寓而安時則臨風而舞掃月而眠意適如也趣向甚正獨好儒者之學率其徒往從方子方子與之處其徒數十人皆衣綠飧風吸露以爲食環繞門墻布列階下風雪不退雖夜未嘗就寢煙雨中時或垂頭而睡風觸之輒省擊節微吟聲入枕畔鏘然可愛本根雖固惜枝葉或被纏繞併以爲實語與之餘能虛心聽受輒作點頭狀與徂徠公孤山梅先生友善一日從容問榦曰梅生木公與予號優曰合英

西華流芳百世吾不如梅生挺然獨秀壁立萬仞吾亡如木公至於有主則虛秉直不回吾於二子亦有微長若乃寧耐歲寒不以盛衰改此吾三人之所同也顧屈至軒丁合公爲四幸堪歲寒方子曰梅生有寒酸氣木公自立太峻不免假秦封以驕士孰若吾子勁節凌寒而文采外見淸氣襲人今且與子爲歲寒交他日立玉堦寸地躡議二子之任使耳斡不豫退乃上書力疏二子材可用推引弗置方子領之明日命使往孤山梅生辭曰聞江城有玉筍者欲覊吾䰟俟少過夏五當往就東閣往徂徠木公辭曰以吾從大夫之後不可徒行也方子惡其迂不復召遂專與斡爲忘形交〔洪璐管若

虛傳管若虛字直節號中虛子其先衛人也先世有事軒轅者製律呂協月箭以明君德以通八風天下大服遂爲宗廟官世傳其子孫經事歷代功成之君若堯大章舜大韶禹大夏湯大濩文武淸廟之樂皆管氏所調也故王者有事太廟必先召之否則衆音殘缺神人弗和衛有居淇上者其人美手姿多德度蚤與武公同學切磋琢磨以成有斐之德衛人思之其先又有同太公釣隱渭川者族至千餘家當時稱其與千戶侯等漢有産鄠杜間者名陸海客蔣氏舍下者名三徑皆渭川人風流瀟灑人鮮及之至晉有曰林者以放曠鳴江左常從嵇康輩七賢游林第號此君王子猷深重之高風淸

節至今在人耳目此君歷數世至溪居徂徠山薄勢利尚豪邁日設酒肴召李白輩六逸士飲白後入翰林薦之朝名顯於唐後有名龍者官金陵多才幹遷署鎭江因家丹陽宋尹袁粲公餘造宅下與廠子石嘯咏竟日其龍孫曰玉版師少謝塵俗虛心禪理東坡同劉器之參焉因贈以詩其胄歷宋迄元以迨國朝南自閩廣北極幽陵族屬蕃衍若虛性質堅剛姿容美盛自始生已有高節心無私曲旣長吟詠風晨月夕有所激卽淸吟琳琅聞者嘆曰洋洋乎盈耳哉此管氏子聲詩也誠所謂鏗金戛玉陽春寡和者矣且器宇弘敞襟度瀟灑世之避煩熱者多往依之蜀人葉恒盛大庾人白知春素

重其節求與之交每接遇二人私語曰有若無實若虛犯而不校管氏子有之吾與若有愧焉若虛聞之益虛巳遜碩膚恒盛嘗曰吾慨天下物直而才者多夭折枉而不才者恒保貞固是以椅桐梓漆未嘗成大拱樗櫟桑穀更歲月而恒存天耶人耶若虛曰不然物之生以天而遇以時顧所養若何耳得其養則無物不長失其養不伐於斧斤害於牛羊者幾希又烏望其才且壽哉今子謂不才而壽才而夭豈其然哉竊試評之狀貌魁梧挺挺大節天下稱才稱壽者莫如恒盛神姿淸徹素有丰采則知春獨擅其才惜玉質易衰風韻不耐耳如若虛者翠氣可掬淸味婉如用舍隨緣修短安命所謂

天壽不貳者吾於二子亦有徵長二子服其確論

佩文齋廣羣芳譜卷第八十二

佩文齋廣羣芳譜卷第八十三

竹譜

竹二

集藻 記 原 唐白居易養竹記 竹似賢何哉竹本固固以樹德君子見其本則思善建不拔者竹性直直以立身君子見其性則思中立不倚者竹心空空以體道君子見其心則思應用虛受者竹節貞貞以立志君子見其節則思砥礪名行夷險一致者夫如是故君子人多樹之爲庭實焉貞元十九年春居易以拔萃選及第授校書郎始於長安求假居處得常樂里故關相國私第之東亭而處之明日履及於亭之東南隅見叢竹於斯枝

葉殄瘁無聲無色詢於關氏之老則曰此相國之手植者自相國捐館他人假居繇是筐篚者斬焉篲帚者刈焉刑餘之材長無尋焉數無百焉又有凡草木雜生其中菶茸薈蔚有無竹之心焉居易惜其嘗經長者之手而見賤俗人之目翦棄若是本性猶存乃芟翳薈除糞壤疏其間封其下不終日而畢於是日出有清陰風來有清聲依依然欣欣然若有情於感遇也嗟乎竹植物也於人何有哉以其有似於賢而人愛惜之封植之況其真賢者乎然則竹之於草木猶賢之於衆庶嗚呼竹不能自異惟人異之賢不能自異惟用賢者異之故作養竹記書於亭之壁以貽其後之居斯者亦欲以聞於

今之用賢者云〔劉巖夫植竹記〕秋八月劉氏徙竹凡百餘本列於室之東西軒泉之南北隅克全其根不傷其性載舊土而植新地煙翠靄靄寒聲蕭然適有問者曰樹梧桐可以代琴瑟植樝棃可以代甘實苟愛其堅貞豈無松柏耶何不雜列其間也答曰君子比德於竹焉原夫勁本堅節不受雪霜剛也綠葉萋萋翠筠浮浮柔也虛心而直無所隱蔽忠也不孤根以挺聳必相依以林秀義也雖春陽氣王終不與眾木鬬榮謙也四時一貫榮衰不殊常也垂蕢實以遲鳳樂賢也歲擢筍以成榦進德也及乎將用則裂爲簡牘於是寫詩書彖象之辭留示百代微則聖哲之道墜地而不聞矣後人又

何所宗歟至若鏃而箭之插羽而飛可以征不庭可以除民害此文武之兼用也又劃而破之爲簑席敷之於宗廟可以展孝敬截而穴之爲篪爲簫爲笙爲簧吹之成虞韶可以和人神此禮樂之並行也夫此數德可以配君子故巖夫列之於庭不植他木欲令獨擅其美且無以雜之乎竊懼來者之未諭故書曰劉氏植竹記尚德也 〔增〕〔劉寬夫剃竹記〕右史院邇宸居之正地直日華之東偏俗塵不飛人意自遠闃蓬幽閴似非官曹有竹一叢翠接階墀其虛中潔外之操蔭坐袪煩之能紫薇郎高公嘗賦之固已備盡然而歲月滋久蔓衍浸淫大小相依高下叢茂俾日光不透陰氣常凝暝色爲之

早來陽春爲之減煦四序不正一庭常昏蚊虻曹飛雀鷃自遂披圖散帙覩覽不快二年冬侍軒之暇載筆之餘偶步庭除病其蔽翳因命斧斤將治其蕪沉吟積時乃用中誠且謂其徒曰礪爾器用端爾瞻視謹爾操執慎爾區分有其質微而葉瓌苯䔿者去之從風而不能自正者去之大而倚者去之聚而曲者去之簇而不能備笙簧之用者去之挺而不能棲鸞鳳者去之其有羣居不亂獨立自持振風發屋不爲之傾大旱乾物不爲之瘁堅可以配松柏勁可以凌雪霜密可以泊晴煙疎可以漏宵月嬋娟可玩勁挺不迴者爾其保之旣而芟翦成功蘩蕪變盡去者存者邪正乃分不浹旬扶疎一

林歷歷可覩有清風瀟灑之致無蔽日朋奸之譏檀欒風生韻合宮徵君子是以知竹箭之美尚養科別之功即其他不俟言而詳矣或以斯爲小可以伸之因紀一時之妙處而述之 〔原〕〔宋王禹偁竹樓記〕黃岡之地多竹大者如椽竹工破之刳去其節用代陶瓦比屋皆是以其價廉而工省也子城西北隅雉堞圮毁蓁莽荒穢因作小樓二間與月波樓通遠吞山光平挹江瀨幽闃遼夐不可具狀夏宜急雨有瀑布聲冬宜密雪有碎玉聲宜鼓琴琴調虛暢宜詠詩詩韻清絕宜圍棋子聲丁丁然宜投壺矢聲錚錚然皆竹樓之所助也公退之暇披鶴氅戴華陽巾手執周易一卷焚香默坐銷遣世慮

江山之外第見風帆沙鳥煙雲竹木而已待其酒力醒茶煙歇送夕陽迎素月亦謫居之勝槩也彼齊雲落星高則高矣井榦麗譙華則華矣止於貯妓女藏歌舞非騷人之事吾所不取吾聞竹工云竹之爲瓦僅十稔若重覆之得二十稔噫吾以至道乙未歲自翰林出滁上丙申移廣陵丁酉又入西掖戊戌歲除日有齊安之命已亥閏三月到郡四年之間奔走不暇未知明年又在何處豈懼竹樓之易朽乎幸後之人與我同志嗣而葺之庶斯樓之不朽也

〔增〕蘇軾文與可畫篔簹谷偃竹記竹之始生一寸之萌耳而節葉具焉自蜩蝮蛇蚹以至於劒拔十尋者生而有之也今畫家乃節節而爲之

葉葉而累之豈復有竹乎故畫竹必先得成竹於胸中執筆熟視乃見其所欲畫者急起從之振筆直遂以追其所見如兎起鶻落少縱則逝矣與可之敎予如此予不能然也而心識其所以然然而不能然者內外不一心手不相應不學之過也故凡有見於中而操之不熟者平居自視了然而臨機忽焉喪之豈獨竹乎子由爲墨竹賦以遺與可曰庖丁解牛者也而養生者取之輪扁斲輪者也而讀書者與之今夫夫子之托於斯竹也而予以爲有道者則非耶子由未嘗畫也故得其意而已若予者豈徒得其意并得其法與可畫竹初不自貴重四方之人持縑素以請者足相躡於其門與可厭之

投諸地而罵曰吾將以爲韈士大夫傳之以爲口實及與可自洋州還而余爲徐州與可以書遺予曰近語士大夫吾墨竹一派近在彭城可往求之韈材當萃於子矣書尾復寫一詩其畧曰擬將一匹鵝溪絹掃取寒梢萬尺長予謂竹長萬尺當用絹二百五十匹知公倦於筆硯願得此絹而已與可無以答則曰吾言妄矣世豈有萬尺竹也哉余因而實之答其詩曰世間亦有千尋竹月落庭空影許長與可笑曰蘇子辨則辨矣然二百五十匹吾將買田而歸老焉因以所畫篔簹谷偃竹遺予曰此竹數尺耳而有萬尺之勢篔簹谷在洋州與可嘗令予作洋州三十詠篔簹谷其一也予詩云漢川修

竹賤如蓬斤斧何曾赦籜龍料得清貧饞太守渭濱千畝在胸中與可是日與其妻遊谷中燒筍晚食發函得詩失笑噴飯滿案元豐二年正月二十日與可歿於陳州是歲七月七日余在湖州曝書畫見此竹廢卷而哭失聲昔曹孟德祭喬公文有車過腹痛之語而余亦載與可疇昔戲笑之言者以見與可與予親厚無間如此也

〔晁補之有竹堂記〕濟南李文叔爲太學正得堂於經衢之西輸直於官而居之治其南軒地植竹砌傍而名其堂曰有竹榜諸楝間又爲之記於壁率午歸自大學則坐堂中掃地置筆硯呻吟策牘爲文章日數百篇不休如繭抽緒如山蒸雲如泉出流如春至草木發須

臾盈卷軸門窓几席婢僕犬馬目前之物有一可指無不論說形容强嘲而故評之以致其欣悅而於竹尤數數也顧其地狹而卑天雨榛穢蜘蛛之織河柳莬葵之所交橫而蒙翳人不知其竹也有過者文叔必顧堂下而語之讀壁間記仰棟而指其榜曰吾固詔客矣客輾然而笑曰今夫渭濱之千畝淇園之林與南山之瀰天而蔽日者其大若杯若盂若桐梓之軀其膠漆嵌巖之上而臨百仞之淵不特出屋簷而摩墻堵也暮春者春雷隱隱萬笴奮角如犀角作籜解而出碧一日百尺彌望不可以極於時刀斧之取材度經圍而得之大小齊一西轉巴笮南引江漢浮渭而亂河困束箄屬而下者

爲筒爲竿爲屋椽楗菑千丈之笮徧國之藩籬是賴與簴而比於律呂以悲哀娛耳者聲音滿天地也覩其旁之人室廬竹也器用竹也樵而薪者竹也以貿米鹽而出之其鄰境者竹也夫此人豈知竹之愛翛然而喜諄諄然語人而以誇之曰吾居有竹也哉文叔亦輾然而笑曰不然夫物安知有貴賤之所常在玉之美而藍田以抵鵲沉爲美木而交趾以爲盤石鼠白鷴錦雞山中以醯腊而貴人以百金致茗以爲粥而外國以爲僦夫物固有以多爲賤而以少爲貴者今夫王城之廣大九塗四達三門十二陌坊之棋置上自王侯至於百姓庶民宮接而垣比車馬之所騰藉人氣之所烝濆囂塵百

里欲求尺寸之地以休逸而莫之致而貧者置圃無隙况於其他哉然則環堵不容丈而有竹如吾堂者不知能幾人也則予所以揭之於楝而名之書諸壁而記之翛然以喜諄諄然語客以誇之不亦可哉且竹之美昔人以比德松柏冬夏青青君子之所獨也以夫少猶貴之使得見夫渭川淇園與南山之蒼蔚者而遊其間雖多固不可賤也夫多猶不可賤又况其少哉 原 明王世貞萬玉山房記司先生顏其讀書之舍曰萬玉山房而屬世貞爲之記夫萬玉者萬竹也竹何以稱玉也曰君子比德於玉已而比玉於竹今夫玉中實竹中虛竹磊砢而多節玉渾淪而已胡以比也然玉溫潤而澤縝

密以栗竹之質同也玉有禮地之珪曰琅玕之青碧竹之色同也叩之清越以長竹之音同也音之在樂有八而各居其一又同也玉稱君子竹亦稱君子又同也胡弗比也始司先生之問舍於江陵也謀所樹客或進曰公不聞之廚史江陵千樹橘乎哉苞可噉也市之入與千戶侯等先生笑曰不爾吾且樹竹客曰渭濱之千畝入與江陵等歟先生曰非是之謂也吾生平慕君子之佩玉而居貧不可致則有竹在令斥傍舍之隙悉移竹而加培漑焉既成臨風而聽之琮琮琤琤與天籟合悠然若韶濩之入耳過雨而撫之青蔥哨蒨與天並色濯濯若璆琳之寓目暑而就之驕陽翔舞而不敢下枕流

而氈之蔚藍之光下上相接吾安知夫竹乎玉乎吾適吾宇而神吾境暢吾五官濯吾心腑而已且去吾舍數百武則悍王之宮也其橫行若掃矣又去之則大相之府也其熱可炙手矣又去之故鄂都西通巫巴東有雲夢之饒其市囂若蜩螗矣然竟不能越吾所謂萬玉者而闖入吾之山房變於吾之視聽而蕩吾志吾豈以渭濱千畝爲千戶侯計哉不然吾何不因地之宜而樹之橘也司先生居民部以見推擇天官數遷選部郎至容臺卿於是不得長有茲舍而命工貌其凡恒挾以自隨諸通人名士皆爲詩歌詠之而今宗伯徐公子言序之司先生意猶未已以書屬世貞俾爲記世貞治弇中有

竹萬个然不能守舍而去之金陵安能爲先生記雖然使余能如司先生貌之而又詠歌之序之其亦庶可以無繫於舍矣或曰子之言甚得司先生意其比竹於玉甚辨不然楚之玉也不且以爲周之璞也耶【增】唐順之竹溪記余嘗游於京師侯家富人之園見其所蓄自絕徼海外奇花石無所不致而所不能致者惟竹吾江南人斬竹而薪之其爲園亦必購求海外奇花石或千錢買一石百錢買一花不自惜然有竹據其間或芟而去焉曰毋以是占我花石地而京師人苟可致一竹輒不惜數千錢然纔遇霜雪又槁以死以其難致而又多槁死則人益貴之而江南人甚或笑之曰京師人乃寶

吾之所薪嗚呼奇花石誠爲京師與江南人之所貴然窮其所生之地則絕徼海外之人視之吾意其亦無以甚異於竹之在江以南而絕徼海外或素不產竹之地然使其人一旦見竹吾意其必又有甚於京師人之寶之者是將不勝笑也語云人去鄉則益賤物去鄉則益貴以此言之世之好醜亦何常之有乎余舅光祿任君治園於荊溪之上徧植以竹不植他木竹間作一小樓暇則與客吟嘯其中而間謂予曰吾不能與有力者爭池亭花石之勝獨此取諸土之所有可以不勞力而蓊然滿園亦足適也因自謂竹溪主人甥其爲我記之余以謂君豈眞不能與有力者爭而漫然取諸其土之所

有者無乃獨有所深好於竹而不欲以告人歟昔人論竹以爲絕無聲色臭味可好故其巧怪不加石其妖豔綽約不如花孑孑然有似乎偃蹇孤特之士不可以諧於俗是以自古以來知好竹者絕少且彼京師人亦豈能知而貴之不過欲以此鬬富與奇花石等耳故京師人之貴竹與江南人之不貴竹其爲不知竹一也君生長於紛華而能不溺乎其守裘馬童奴歌舞凡諸富人所酣嗜一切斥去尤挺挺不妄與人交凜然有偃蹇孤特之氣此其於竹必有自得焉而舉凡萬物可喜可玩固有不能閒也歟然則雖使竹非其土之所有君猶將極其力以致之而後快乎其心君之力雖使能致奇花

石而其好固有不存也嗟乎竹固可以不出江南而取
貴也哉吾重有所感矣
跋【增】宋眞德秀跋陳慧父竹坡詩稿昔王子猷居必種
竹曰何可一日無此君而子猷行不副名見謂汙濁然
則子猷固愛此君政恐此君不愛子猷耳今竹坡君並
溪而廬種竹萬箇而有詩千篇好風涼月長吟其間此
君有知亦當欣然爲君一笑也建人眞某爲作歌曰萬
玉兮森森清風兮滿林有幽人兮高蹈時擊節兮長吟
長吟兮陸續鳳爲起舞兮鸞爲度曲羌此樂兮誰知簞
瓢兮亦足
雜著【原】晉戴凱之竹譜植物之中有名曰竹不剛不柔

非草非木小異空實大同節目或茂沙水或挺巖陸條
暢紛敷青翠森肅質雖冬蒨性忌殊寒九河鮮育五嶺
實繁萌筍苞籜夏多春鮮根幹將枯花復乃縣箹必六
十復亦六年籦籠之美爰自崑崙員丘帝竹一節爲船
巨細已聞形名未傳桂實一族同稱異源篃尤勁薄博
矢之賢篁任篙笛體特堅圓棘竹駢深一叢爲林根若
推輪節若束鍼亦曰笆竹城固是任篾筍既食鬢髮則
侵單體虛長各有所育若實稱名甘亦無目䈽竹如藤
其節郄曲生多臥土立則依木高幾百尋狀若相續質
雖含文須膏乃縟厥族之中蘇麻特奇修幹平節大葉
繁枝凌羣獨秀蓊茸紛披簹簩射筩篠筱桃枝長爽纖
葉清肌薄皮千百相亂大細有差相繇既戮厥土惟腥
三墳斯沮尋竹乃生物尤世遠略狀傳名般腸實中與
笆相類於用寡宜爲筍殊味筋竹爲矛稱利海表權仍
其幹刃卽其杪生於日南別名爲篻百葉參差生於南
垂傷人則死醫莫能治亦曰䈽竹厥毒若斯彼之同異
余所未知篙與繇衙厥體俱洪圍或累尺篙實衙空南
越之居梁柱是供竹之堪杖莫尚於筇磥柯不凡狀若
人功豈必蜀壤亦產餘邦一曰扶老名實縣同篩籚二
族亦甚相似杷髮苦竹促節薄齒束物體柔殆同麻枲
蓋竹所生大抵江東上密防露下疏來風連畝接町竦
散崗潭雞脛似篁高而笋脆稀葉梢杪類記黃細狗竹

有毛出諸東裔物類衆詭千伯不計有竹象蘆因以爲
名東甌諸郡緣海所生肌理勻淨筠色潤貞凡今之篪
匪茲不鳴會稽之箭東南之美古人嘉之因以命矢箘
簵載籍貢名荊鄙簡亦箘徒概節而短江漢之間謂之
竹簸根深耐寒茂彼淇苑篳條蒼蒼接町連篁性不卑
植必也巖崗踰矢稱大出尋爲長物各有用掃之最良
又有族類爰挺峄陽懸根有仞疏幹風生簫笙之選有
聲四方質清氣亮衆管莫伉亦有海篠生於島岑節大
盈尺幹不滿尋形枯若筋色黃若金徒爲一異罔知所
任赤白二竹還取其色白薄而曲赤厚而直沉瀣所豐
餘邦鮮植肅肅箘篠叟叟攢植擢筍於秋冬乃成竹無

大無小千萬修直簠膜內咼緗文外揔箖箞誕節內實
外澤作貢漁陽以供輅策浮竹亞節虛軟厚肉臨溪覆
潦棲雲蔭木供箭滋肥可爲旨蓄厥性異宜各有所育
篚植於宛箖生於蜀細篠大簜竹之通目互各統體譬
牛於犢人之所知事生軌躅赤縣之外嵩可詳錄聽之
筆之匪邁伊矚
〔頌〕增〔宋黃庭堅覺範師種竹頌并序〕筠池覺範道人城
東道友也今在筠州景德院其家風十二時似趙州東
院西也種竹兩枝於宴坐軒中山谷老農作頌往在江
南住竹山道人兩歲三來訪聽風聽雨看成龍牛羊折
角入朝餉筠州城東刮地寒手種檀欒三兩竿竹成要

作無孔笛若有靈寵一任鑽〔竹頌〕深根藏器時寸寸
抱奇節遭時上風雲故可做冰雪
〔贊〕增〔宋謝莊竹贊〕贍彼中唐綠竹猗猗貞而不介弱而
不虧杳裊人圖蕭瑟雲崖推名楚潭美質梁池〔宋祁
紫竹贊〕竹生三歲色乃變紫伐榦以用西南之美〔慈
竹贊〕根不他引是得慈名中實外堅筍不時萌末或下
垂萬弱綠縈〔椶竹贊〕葉椶身竹族生不蔓有皮無枝
實中而榦〔方竹贊〕竹箇皆圓此獨方形厚倍於簸細
節稜稜〔蘇軾戒壇院文與可畫墨竹贊〕風梢雨籜上
傲冰雹霜根雪節下貫金鐵誰爲此君與可姓文惟其
有之是以好之

〔騷〕原〔唐劉蛻哀湘竹〕悵二妃之淚竹圓紅滴滴兮臨乎
煙沚竦枝與修榦兮吟哀風之不已搖勁節而錦舒兮
垂高陰而自美抬翔鸞之與翠鳳兮緝晴霞之數里繁
柯重乎舜祠兮瘦影疊乎湘水諒高節之自任兮匪庭
篠之云比鄙衆蔭之延接兮恥凡羽之棲止入清溪之
浪聲兮無笙簧之相擬葉翻波兮騷屑之風露滴煙掌
兮濯纓之子悵靈均之節兮依然想貞姿兮千年若此
〔賦〕
御製竹賦并序〕江南修竹成林森如綠玉見輒愛之昔人所
以歌君子也舟行閒暇偶作賦曰攬嘉生之植物美修竹
之嬋娟振葳蕤以擢地結蒼翠而參天吐碧鮮於原隰含

玉潤於山川拂丹霄以煥采濯晨露以增妍爾其體本貞
堅性惟高子欵欵虛中亭亭秀越居遠俗以無塵生自然
而有列游必集於鵷鸞色不渝於霜雪抱君子之德生豈
凡姿之可埒至於汗青爲簡截管成聲文章彬郁律呂和
鳴流兩間之元化開萬古之菁英亦有蕩材敷布箭括叢
生鏃礪作器規矩中程或垂美於九府或呈能於五兵斯
其爲致用之廣遠尤不可以一得名也至若淇澳見稱於
衛國夾池作賦於粱園詠千畝於渭上想一葉於湘潭閟
不絕羣標傑意殊態嚴況爾闕北秋高江南地潔見衆茂
之咸凋知孤貞之自結巨榦凌風修莖映月豈徒覽夫清
陰實與感乎勁節何當植根綺殿布影彤庭彩鸞下集丹

鳳棲鳴將曉餐夫珠實亦暮託於紺莖迺其峭蒨之容檀
欒之美繁條緻青芳筍孕紫散夏景於瑤林蔭春華於仙
沚憂素籟以風疎破青暉而雲委影入戶而窺簷聲含宮
而嚼徵亦足以怡情適性娛目賞心徘徊晨夕抒寫高吟
響蕭蕭而隱几颯颯以開襟披十重之紺帙鼓五絃之
雅琴聊濡毫以成賦寄予思於遙深
晉江逌竹賦有嘉生之美竹挺純姿於自然含虛中
以象道體圓質以儀天託宗爽塏列族圍山緣崇嶺帶
迴川薄循隰行平原故能凌驚風茂寒鄉藉堅冰負雪
霜振葳蕤扇芬芳翕幽液以潤本承淸露以濯莖拂景
雲以容與拊惠風而迴縈 齊王儉靈丘竹賦靈丘深

沉蔓竹凝陰神根合拱貞幹百尋振芳條乎崑岳敷綠
采於高岑沿淮海而蔚映帶沮漳而蕭森志東南而擅
美在淇衞而流音方靈壽而均茂儀菌桂而成林若乃
青春受謝九野舒榮綠䕸齊葉白芷抽萌幹抽蔥而特
秀條擢穎而垂英霜皦鏡於原隰不衰疏於郊阡翠葉
與飛雲爭采貞柯與層冰競鮮 梁簡文帝修竹賦有
嬋娟之茂條寄江上而叢生玉潤桃枝之麗魚腸雲母
之名日映花靡風動枝輕陳王歎舊小堂竹軸今餞故
人亦賦修竹伊嘉賓之獨敬顧余躬而自思 任昉靜
思堂秋竹賦靜思堂連洞房臨曲沼夾修簷竹宮豐麗
於甘泉之右竹殿弘敞於神䔩之傍綠條發于然綮莖

映雕梁入房掃文石傍簷拂象牀常生偶蘭桂結實値
鸞凰逢性與之至道偶斯文之在茲歡柏梁之有賦恨
相如之異時 江淹靈丘竹賦登崎嶇之碧巘入朱宮
之瓏玲臨曲江之逈盪望南山之蔥靑鬱春華於石岸
艷夏彩於沙汀遠亘紫林祕野近帀玉苑禁坰於是綠
筠繞岫翠篁縣嶺參差黛色陸離紺影上謐謐而留閒
下微微而停靖蒙朱霞之丹氣曖白日之素景故非英
非藥非香非馥而珍跨仙草寶踰靈木夾池水而檀欒
繞園塘而橚矗旣門霜而無凋亦中暑而增肅每冠名
於華戎將擅奇於水陸況有朝雲之館行雨之宮窓崢
嶸而綠色戶踟躕而臨空綺疏蔽而停日朱簾開而留

風被箘簬之窈蔚結篠簜之濵濛或産鵷鵲之右或居
露寒之東皆金輿之所出入瑤輦之所周通 陳顧野
王拂崖篠賦詩詠淇水騷美江干崖㠁拂石神貴掃壇
旣來儀於鳴鳳亦攸集於翔鸞入翠壁之宵月映沅澧
之驚湍帶金風之爽朗雜玉潤之檀欒陪嘉宴於秋夕
等貞節之歲寒 隋蕭大圜竹花賦嗟春色之澄明映
陽流之澈淸花繞樹而競笑鳥徧野而俱鳴殘陂萍合
斜蹊草榮暄條絮滿暖路絲橫游蜂集而銜蘂戲蝶飛
而帶英鶬欲啼而藍歇鶊始去而蘆生別有葳蕤繡簜
嬋娟綠筩縹枝承露紺箬來風漢律依節月桂臨叢乍
影翻於樂沼時名留於瑞宮學應龍於葛水宿鸝鳳於

方桐洛下七賢湘濱二女傾翠蓋之蹁躚泛蓮舟之容與倜儻傲人便嬛笑語拊嫩荀以含啼顧貞筠而命觴

唐許敬宗竹賦惟修竹之勁節偉聖賢之留賞覽山經而逖聽詠周詩而遐想掩寰中而獨秀非庶物之所仰若夫嶰谷著美嵇山見知衛國之稱淇澳梁園之賦夾池山陽之翩密葉江潭之竦喬枝雖有聞於在昔諒無得而標奇乃徙植於廣庭爰移根於禁苑亘蕪草而界列繞醴泉而右轉修榦橫於松徑低枝拂於蘭畹對紫殿之初旭臨丹樓而向晚望威鳳而來儀佇化龍之爲遠爾乃春光變色夏景開松枝藏戲鳥葉間殘虹上便娟而防露下檀欒而來風散歸雲之掩翳引落日之

玲瓏雖復嚴霜曉結驚飈夕扇雪覆層臺寒生複殿惟貞心與勁節隨春冬而不變考衆卉而爲言常最高於歷選

吳筠竹賦惟坤靈之播育何備物之實繁偉茲竹之標挺得造化之清源契道合靈表貞示節葉森散以翠錯莖鮮修而瓊潔爾其和風流暢萬籟昭陳楊葩雎其密苑羨柳蒻於通津不郁馥以啓耀但葳蕤而有筠亦未知爲異也至如殺氣淩厲凝霜蕭瑟覽平楚之蒼茫窺衆林其如失冒冰霜之泅沍邈青熒以鬱密則殊可重焉故詩曰如苞書稱厥貢猗茲淇園美彼雲夢昔在軒后肇官陰陽俾伶倫於嶰谷伐修竹之珍篁裁六律以協氣調八風而順常然後成竽籥以備樂其聲盪而彌長笙鏞以間鳥獸蹌蹌諒自然之純粹曷羣材之可方若乃渭川千畝山陽數林會稽方潤於碧玉羅浮比色於黃金上點點以雲翳下泠泠而鳳吟袪赫曦之燠景納淒凉之淸陰王子所以嘯詠嵇生爲之幽尋名嘉賓及令友暢綠醑與鳴琴美遊槃之逸趣淸寂寞之遠心若乃夾滄江倚丹嶠蓄水霧之沉沉搖巖煙之漠漠湘妃有揮涕之感楚蕭興防露之作或挺鼓吹之欽岑或垂天門之磅礴皆鸞鳳之所翔集孔翠之所栖託豈獨嬋娟於廣漢之崖亦有璀璨於蓬萊之峯結實珠粒敷花紫茸拂皓絮以凝雲摧紺莖以韻鐘故列仙之攸翫匪吾人之所從也亦有化雉吳國成龍葛陂容

人質籀育蟲桃枝一節鳴其肩嗣三節獲乎嬰兒縈燈纘以感孝茂窓檽以表奇甚家壇以塵藏瑕石狀以陰滋皆靈變之謫怪良難得而備知爾其衆稟非一則有簨篣筋篔射筒篠篌篃箛筆之肅盧龍鍾雲母之扶疎箬筩浮色以縹槧笞篇綷文而繡蘧方志之所遺載山經之所闕書安可得而詳矣靡不勁堅其性葱蒨厥色不規而圓不揉而直故高皇製冠以守位孝文剖符以表職博望侯傳於大夏之外穆天子樹於玄池之側推此類以彌廣匪斯文之可極也

喬琳慈竹賦維竹稱慈幾乎有知九族敦敘孝友威儀是竹必滋五服相殘骨肉攜離是竹必衰苟自家而刑國亦觸類而皆然

本尊同護檀欒榊比如束之稠如插之密勁節中聳攢
根同實聳惟戛風影不透日類宗族之親比同朋友之
造膝至若暮歲窮律霜凝雪霏陶鈞無發生之理松柏
有後凋之期是竹也叢篁勞開芳筍怒長紫籜連披青
筠紛上有偕老之情感館親之養如受制於籬界不旁
侵於土壤雨露之澤謝剛眾芳細葉未吐貞心已長趾
高標而迥出斯裏曲而不揚匪趨時於律候亭虛韻於
笙簧保無用而以道自將愧不才而與物俱昌苟成陰
於隙地作盛景之清涼重曰夫緜緜瓜瓞兮如有子母
邑邑鴻鴈兮如夫弟兄於家則疏附禦侮於國則磐石
維城田氏不分庭之荊陳家則應天之星莫不鬱耿棠

棣急難鶺鴒斯竹也共根連茹一本千莖年深轉密歲
晚彌榮一可以厚骨肉一可以敦友生於靈臺而莫非
信性彰慈孝而感通神靈 〔李程竹箭有筠賦〕喻人守
禮如竹有筠俾修己以自守同固本而相因操持彰於
歲暮勤德貴乎日新所以取彼後彫之色戒夫行道之
人將以禦冬且見檀欒而守節比於藏器詎可須臾而
去身若乃清霜翻玄律改彼衆卉之具落受氣於負宰
何蓊茸而自異乃嬋娟而有待苟常其性寒竹何忠於
時移不易其心志士當懷於道在豈不以和澤自潤表
裏相資竹無筠不能固其節人無禮曷以法於時伊先
哲之善喻作後代之元龜企於禮者勤而行之苞本之

時已包周身之防疎莖之勢更叶凌雲之期當其冒霰
停霜雲披風靡誶青青而斯在何冉冉而居彼是知禮
之於已如我有徒筠之於竹如我有膚理無特立義必
相須堅剛自持雖貫四時而莫改賞翫不足奚可一日
而或無嗟乎皮之不存何以且其體心之不固何以謹
其禮所以大戴之記足徵相鼠之詩爰啓君子之道斯
其象諸示外以固執中而虛闕寒暑之不變齊榮辱之
所如天損不侵地利咎積包籜而未改交翠葉而不
易君子察於此者可學禮而受益 〔高無際大明西垣
竹賦〕嶰谷修篁移植仙堂左聯溫室之樹前對鳳池之
芳一生孤貞四時青蒨不爭麗於夏色不改貞於秋霰

保此歲寒之容得蔭宰衡之院露纍纍以珠綴風清泠
而響繁雜金絲於北掖對雲嵩於西垣曉視含煙朝歸
捧日挺八桂以獨秀與三槐而交密若夫制爲用也則
笙可以下鳳凰笛可以奏宮商筆可以播文章管可以
調陰陽信無施而不可若有待而韜光亂曰托根勝地
兮擢幹撐雲抱貞節兮蔥鬱氤氳若賞七賢之清曠不
可一日無此君也 〔無名氏竹賦〕總羣籟以擇音歷衆
材而簡質惟茲竹之珍勁獨懷貞而守一若洗文濃露
濯影華池離離嘉實冉冉纖枝含久氣而拖翠照晨旭
以舒猗凌積霜而莫改固虛心而不虧上橫桂櫛下拂
松蓋抗修莖於雲表煦輕花於霞外于彷未極其高十

闓寧中其大既絕摹川標傑亦冠叢而猶最連星影而類珠晄虹扭而猶帶蒙密柔柯布護繁葉白日朝映素輪夜接色浮潭深影沉攢疊洎乎層陰結長飈起淸徵奏鳴弦埋合韻溢而未傾王山儀而猶峙諷訶六籍咀嚼二史窮玄照之根柢極大地之終始此乃至人勝集七子淥滌則安萏故語其用也則五離十折絲剖毫分縈九華於紈扇結雙鐘於管文乍搖紈袖時拂湘裙掩凝鉛之豔逸籠流麝之氤氳若夫取象制儀激商流雅圓徵有素淸亮非假信鳳鳴之可習實龍吟而可寫乃曲絕而和微非韻高而調下豈知分光綺殿散影華軒淡雲霞之遠色霑雨露之餘恩嘉庭樹之鬬忿跂桃李

之無言庶歲寒而無易常耀節於粲園〔無名氏慈竹賦有序〕廣漢山谷有竹名慈生必向內示不離本修莖巨葉攢根合櫃叢之大者或至百千株藹而縈結踰乎咫步好事君子徙爲階庭之翫焉吁嗟非此土所有乃有厭流俗之議動鄉關之思者蓋撫高節而興感覽佳名而思歸遂爲賦曰有竹猗猗生於高陂左連瑤帶右雜瓊枝悵幽谷之方賞嗟君侯之不知徙蔚丹谷遷榮綠池氣凜冽而猶在色蒼蒼而未離屈巖壑之容貌充階庭之羽儀爾其劃地分域駢陰抗趾疊榦蘢廻攢根鳳峙防碧落於霄末翳紅光於夕始崇柯振而歷靄生繁葉動而風飈起擁涼飆之晨扇屛炎扃之書滓至若

白藏截謝玄英肇切塞北河堅江南地裂觀衆茂之咸悴驗貞輝之獨潔抽勁綠以垂霜總嚴青而負雪蓋同類之常禀非殊方之異節若乃宗生族茂天長地久萬柢爭盤千株競糾如母子之鉤帶似閨門之悌友恐孤秀而成危每羣居而自守何美名之天屬而和氣之冥受嗟乎道之存矣物亦有之不背仁以貪地不藏節以遁時故其貞不自炫用不見疑保夷險之無易哂榮枯之有期我蓬轉於岷徼遂萍流於江汜分兄弟於兩鄉隔晨昏於萬里撫貞容而骨愧伏嘉號而心死庶因感而長懷遂策情而斷已〔無名氏孤竹賦〕有斐君子兮將以自怡藝孤篠於前墀翫以時慨所思且面陛則陽

笑猗猗而處渭向砌則煥祕青青之在淇問君何事生乎茲嬋娟抱節而無詞借而東南之美會稽千里阻江阻河所貴則那至乃柯葉不二嗟吁此地彼其之子賤目貴耳豈知孤者取稀物莫之依含混元之休氣吸太陽之淸暉長則尺準大可寸圍有美遊兮忘其歸更憶朝霞露未晞懸明月而影短帶疎雨而聲微觀乎裊娜容與風生其處應知默定洪鐘律幾日能令童子悟實方就而孤鳳食來枝或成而一龍飛去天造自然含虛佩堅堅以保名虛以戒盈瞻彼標兮人之程萬類則改千竿森在其在伊何增冰峨峨瞻彼嶙兮不可磨則知天籟奇兮由我起道生一兮得我始得之者非取翫物

而已　宋蔡襄慈竹賦種植至多強名萬彙物拔其萃茲乃當天地之正氣有美竹兮特稟夫慈名而榮被豈有懷於本根兮何千竿蓊然而環侍若夫吳郡名園王家新第遠閣斜欄橫塘靜水或薰風晝來或秋露宵墜日遲留兮簷外陰移人悽悄兮屏間翳起方且濯峭格而清舉足檀欒之生意或翹而衆者若堂有高年兮勤素風而講議或亞而側者若家有令子兮聞話言而沉思悵如出門而事遠遊兮滋宿雨之清淚雍如奉卮而介眉壽兮羃春煙而怡醉紫芽蟠聯馨兒季穉去者奔追迎者嬉戲疎者如招並者如倚雖復貫千狀於巧筆會莫形其髣髴借如孫晚霜重兮萬木稜稜而僵悴朧

榆盡兮寒月高堤楓丹兮楚江紫此君也東藍田之苗玉刻炎州之稍翠固節虛心兮雖大鈞不能奪其志於是揖三荊於堂下結夔蘬於河涘襲氣同根之豆交孿承萼之棣顧威鳳之時下亦孝烏之來寄設有用於律筩天聲發兮太和備視此芳物悲哉遠人昔我從軍兮南之海濱今我辭家兮西遊洛塵悵然於舊國舊都感莊生之論恭止乎維桑與梓諷周傳之陳指白雲兮天遠採幽蘭而露新嗟碧鮮之得地乃叢茅而相親吾議爾德豈止乎千畝之渭濱萬石之封君者也　黃庭堅對青竹賦有序余楚產也閱東南之竹多矣未嘗聞對青竹者也嘉州僧從之包封見貽藐之而成乃初識之

惟範圍之內有知之物一無窮無知之物一無窮一耳一目不能徧覽也況六合之外者乎感而賦之竹之美於東南以節不以文也其在楚之西鬱鬱葱葱連山繚雲也會稽之奇材任矢石蘄春之澤夏簟簫笛沅湘淚血卭崍高節慈竹相守孝竹冬笋慈姥嶰谷笙竽笆篁長石之山一節可航猶未極其瑰怪不常也故吳楚無竹工非無竹工婦能織緝之器兒能雞鶩之籠也今夫筥筐籚笄椷櫺翰藩巴船百丈下漢為笪貴之則律呂汗簡賤之則箕箒蒸薪惟所逢遭盡於斧斤美哉斯竹黃質墨章如出杼軸織文白當解甲稅枯金碧其相歲寒在躬又免斮烹彼其文章之種性不可致詰剞心而

求之不可得劚根而求之不可得匪人匪天有物有則惟其與蓬蒿共盡而無憾余亦不知白駒之過隙　薛士隆種竹賦沔鄂之都牙堂之背久廢弗治汗萊有穢徙修竹而蒔焉地不改闢堂不改舊蕭蕭然鬱鬱然不移時而有拂雲之意矣方其竹之始生自彼空谷頎然而修猗然而綠葉秀卿雲雲與翠筠直節虛中羌來細風春生凛冬森然萬叢及其應人而出樹之庭陛葳蕤之態困頓美人之春睡灑落之韻謫仙頹乎其尚醉清飈時來振葉淩柯積翠招搖蕭灑交加夜風冽揭朦朧素月瑣碎兮清陰橫斜兮錯節吾不知前日之蒼涼與如今之煩熱也若乃天旻得助繁陰變暑蔭之以油雲

沐之以時雨翠榦盤根平安爾所稚子承承方流振古
斯又類物之攸裁固非人之所處也至若淵明之秫潘
岳之花好樂不齊咸宜厥家至人遐觀匪同匪異沈酣
清芬各從爾志則夫是竹之清風斯子猷之遠致也
王炎竹賦有序小人之情得意則頡頏自高少不得意
則摧折不能守君子反是竹之操甚有似夫君子者感
之作賦以自箴其辭曰晦叔讀書南齋之上門巷僻左
交游日稀環以桑麻之場帶以瓜芋之區路折西南萬
竹蒼然下綠乎曲澗之滸其清可以延風月其高可以
擾雲霓珊珊乎鳴蒼玉之佩搖搖乎舒翠鳳之旗森森
乎甲胄之雜峙而切切乎矛戟之參差其偃蹇挫折者

如忠臣節士赴患難而不辭其嬋娟蕭爽者如慈孫孝
子侍父祖而不違其挺拔雄勁者氣毅色嚴又如俠客
與勇夫其孤高介特者格清貌古又如騷人與臞儒于
雖朝夕吟嘯於其下曾無以名其美而狀其奇然泛觀
宇宙之中萬物均涵育於一氣而有剛柔堅脆之不齊
榮者必悴盛者必衰實繁者易剝色麗者早萎惟松柏
之有心及竹箭之有筠足以閱寒暑而貫四時春日載
陽山川含滋零露兮宵潤惠風兮曉披或孳或條或苗
或莢含英吐華夭夭怡怡竹於是時清而不媚冬日祁
寒天地積威雪慘兮冰堅風饕兮日淒川原千里木脫
草枯香銷芳歇掃迹無遺竹於是時秀而不耀兮而後
見其含德之有常特操之不移此吾所以無羨渭川之
千畝有取淇澳之猗猗願定交於金石邀歲寒以爲期
否泰兮消長剝復兮乘除秉吾心之堅一視此君乎庶
幾

〔元〕趙孟頫修竹賦猗猗修竹不卉不蔓非草非木
操挺特以高世姿瀟灑以拔俗葉深翠羽榦森碧玉孤
生大山之阿千畝渭川之曲來清飈於遠岑娛佳人於
空谷觀夫臨曲檻俯清池色侵雲漢影動漣漪蒼雲夏
集綠霧朝霏蕭蕭雨沐裊裊風披露鶴長嘯秋蟬獨嘶
金石間作笙竽雜吹若乃良夜明月窮冬積雪掃石上
之陰聽林間之折意參太古聲沉寥泬耳目爲之開滌
神情以之怡悅蓋其媲秀碧梧託友青松蒲柳慚弱桃

李羞容歌籊籊於衞女詠淇澳於國風故子猷吟嘯於
其下仲宣息宴乎其中七賢同調六逸齊蹤良有以也
又况鳴嶰谷之鳳化葛陂之龍者哉至於虛其心實其
節貫四時而不改柯易葉則吾以是觀君子之德〔貢
師泰小篔簹賦謂木非喬謂草非絲不蔓而夭不葩而
條閑庭翳翳密室脩脩名小篔簹有扁之昭或曰子篔
以篔簹爲小耶則仙標出塵直榦淩霄聲諧鳴鳳影挾
翔蛟灑清風之葉葉弄明月之梢梢雖並戶而當軒實
拂雲而騰霄予以植數少爲小耶則兩窗三四一徑五
六綑實漂黃錦苞凝綠或開樽而射金或援琴而擊玉
雖無千頃之多聊可數竿而足然則小篔簹果何在乎

主人曰肩高於牆斗大於室門可旋履居僅容膝修及尋丈廣袤咫尺以激以種充我餘隙匪谷斯盈匪川斯溢減晉林之七賢少唐溪之六逸異蔣詡之三徑慕子猷之一日况城西幽迥堂北愉惋平安之報維斯與晚遺形尚存先德不遠則又此心之所以思慕而憂惕也篔簹雖小其義實大謹葺謹培式萌孝愛或曰唯唯子誠是在虛心有容直節無懈庶其茂之勿翦勿敗

原楊維楨方竹賦秋孟之夕覺非道人寓宿於主人之軒見植竹焉外方中堅峭然觚稜抑之如石有聲硜硜子怪其不類衆竹戲若有詰曰后皇植物各界以形洪纖肥瘠莫殫其名毫忽無僭若冶剖型爾竹之產爲類實

繁寄哀瀟湘託興淇園嶧陽之材聲叶鳴鳳嶰簩之堅荆揚效貢黃岡如椽用代陶瓦筍篠叢生束之盈把由衙雞脛般腸射筒蘇麻篔簹笆箪鍾龍體柔爲篩節促爲籦刀毒爲簝依木爲弓毳毛爲狗扶老爲節名雖萬變莫不示圓於外而抱虛於中故能文理縝密節槩疏通迎刃而解落籜以從桃笙籧篨織翠生風纜維祇柱力縮篠簜干旄孑孑旌旆蔽空彤管煒煒橫出詞鋒簫韶九奏至和攸同他如器使惟適所逢皆所以弼成人用翼贊天工爾之爲質外方內塞肌不柔順性復挺特槩括莫施何堪細織豈非才不適用而名浮其實乎言旣而去遂巡就寢夢一玄叟頎然而長雙眉入鬢氅衣無裳頭角峭厲根立木偶歷階而進出聲琅琅凡今之人喜圓惡方頃聞誚譏顧不敢當子非含圓而不居蓋亦天賦之有常矧夫方圓不倚自昔爲詡稀膏棘軸不能獨運鑿枘異投終底於吝黠直見疏弘詐乃近正論天人江都遠擯詠諧詭奇金馬日進固知齊圓以自私不若執方以自信也且物生而才罕卽安處雕龍斲削自致困苦橒櫟擁腫斧斤莫尋桐杉楮野枳棘成林天嗇我才實非我仇以才莫全我獲實優方將勵吾之方堅吾之塞保天之全養地之力長吾兒孫同居壽域遨涼月於江上疏冷風於淇澳知我愛我過從成癖敲門竟造不辨主客札瘥奚生逍遙甚適彼以才而用世視

予孰得而孰失予驚而寤萬籟俱寂月明入戶京在中爲惟見此君挺然於庭粉壁鑄形一塵不驚修柯滴露鏘然成聲予爽然如失惕然而醒乃歌曰圓以智行兮方以義守智或有窮義則可久以虛而通兮以實而塞通或潰決兮惟塞乃格才應時用兮拙爲世損用則精弊兮損則神全竹兮竹兮予將謂汝爲方兮而不識汝之大圓

明桑民懌竹賦有序學圃中種竹數竿不二年蓊然成林日婆娑其間若楷忘者今將秋滿欲與圃別不能忘情爲作賦以表其德詞曰與趙殊符伐吳成象鸞鳳聲容龍蛇動盪知惟孔子智比辟支一本林立安有二岐直而不窒圓而不倚節操如是可謂君子

文賦散句【增】漢東方朔七諫便娟之修竹兮寄生乎江潭上葳蕤而防露兮下泠泠而來風　枚乘梁王兎園賦修竹檀欒夾池水　張衡東京賦修竹冬青　曹毗湘表賦其竹則篔簹白烏實中紺族濱葉幽渚繁宗隈曲萋蒨陵丘薆逮重谷　晉左思吳都賦竹則苞筍抽節往往縈結綠葉翠莖冒霜停雪　孫楚登樓賦羨綠竹之茂陰　王彪之閩中賦竹則紛葩赤箨縹箭斑弓篔簹函人桃枝育蟲綳箬赤笋彤竿綠筒攢罔抵之苯蓴漫原澤之蓊蒙　宋謝靈運山居賦竹緣浦以被綠石照澗而映紅　其竹則二箭殊葉四苦齊味水石別谷巨細各彙既修竦而便娟亦蕭森而蓊蔚露夕沾而

淒陰風朝振而清氣捎玄雲以拂杪臨碧潭而挺翠蔑上林與淇澳驗東南之所遺企山陽之游踐遲鸞鷖之棲託憶昆岡之悲調慨伶倫之哀籥衛女行而思歸詠楚客放而防露作

佩文齋廣羣芳譜卷第八十三

佩文齋廣羣芳譜卷第八十四

竹譜

竹三

集藻五言古詩

御製竹林禪院在潤州城南竹逕數里一逕入深竹數里來上方叢生巖磴密枝拂雲烟長華旗出林際芝蓋停三陽颯颯吹霜風碧葉紛翱翔山齋頗幽寂萬籟含虛光觸物感余懷歌彼淇澳章

【增】齊謝朓秋竹曲嬋娟綺窻北結根未參差從風既裊裊映日頗離離欲求棗下吹別有江南枝但能凌白雪貞心蔭曲池　詠竹窻前一叢竹青翠獨言奇南條交

北葉新笋雜故枝月光疏已密風來起復垂青扈飛不礙黃口得相窺但恨從風籜根株長別離　北齊蕭放詠竹懷風枝轉弱防露影逾濃既來丹穴鳳還作葛陂龍　梁元帝賦得竹嶰谷管新抽淇園節復修作龍還葛水為馬向并州柯亭臨絕澗桃枝夾細流冠學芙蓉勢花堪威鳳游邛王若有獻張騫應拜侯　沈約簷前竹萌開籜已垂結葉始成枝繁蔭上蓊茸促節下離離風動露滴瀝月照影參差得生君戶牖不願夾華池　吳均綠竹嬋娟鄣綺殿繞弱拂春漪何當逢採拾為君笙與篪　劉孝威詠枯葉竹枯楊猶更綠臥柳尚還生勿嫌鳳不至終當待聖明　劉孝先詠竹竹生空野外

梢雲聳百尋無人賞高節徒自抱貞心恥染湘妃淚羞
入上宮琴誰能製長笛當為吐龍吟　〔虞羲〕見江邊竹
挺此堅貞性來樹朝夕池秋波激下趾冬雪封上枝歲
蕤防曉露葱蒨集羈雌含風自颯颯負雪亦猗猗金明
無異狀玉洞良在斯但恨非嶰谷伶倫未見知　〔江洪〕
和新浦侯齋前竹本生出高嶺移賞入庭蹊檀欒拂桂
橑蓊葱傍朱閣夜條風析析曉葉露淒淒籜紫春鶯思
筠緑寒蛩啼不惜夌雲茂遂聽羣雀棲願抽一莖實試
看翔鳳來　〔陳陰鏗〕侍宴賦得夾池竹夾池一叢竹垂
翠不驚寒葉醞宜城酒皮裕薛縣冠湘川染別淚衡嶺
拂仙壇欲見葳蕤色當來兎苑看　〔張正見〕賦得風生

翠竹裏應教金風起燕觀翠竹夾梁池翻花疑鳳下颺
水似龍移帶露依深葉飄寒入勁枝聊因萬籟響詎待
伶倫吹　賦得山中翠竹修竹映巖垂來風異夾池複
澗藏高節重林隱勁枝雲生龍未上花落鳳將移莫言
棲嶰谷伶倫不復吹　〔賀循〕賦得夾池修竹緑竹影參
差葳蕤帶曲池逢秋葉不落經寒色詎移來風韻晚逕
集鳳動春枝所欣高蹈客未待伶倫吹　〔唐虞世南〕賦
得臨池竹葱翠梢雲質垂彩映清池波泛含風影流搖
防露枝龍鱗漾嶰谷鳳翅拂漣漪欲識凌冬性惟有歲
寒知　〔陳子昂〕修竹篇龍種生南嶽孤翠鬱亭亭峯嶺
上崇崒烟雨下微冥夜聞鼯鼠叫晝聒泉壑聲春風正

澹蕩白露已清泠哀響激金奏密色滋玉英歲寒霜雪
苦含彩獨青青豈不厭凝冽羞比春木榮春木有榮歇
此節無凋零始願與金石終古保賢貞不意伶倫子吹
之學鳳鳴遂偶雲和瑟張樂奏天庭妙曲方千變簫韶
亦九成信蒙雕斲美常願事仙靈驅馳翠虬駕伊鬱紫
鸞笙結交嬴臺女吟弄升天行攜手登白日遠遊戲赤
城低昂玄鶴舞斷續綵雲生永隨衆仙逝三山遊玉京
【原】〔李白〕慈姥竹野竹攢石生含烟映江島翠色落波
深虛聲帶寒早龍吟曾未聽鳳曲吹應好不學蒲柳凋
貞心常自保　〔杜甫〕營屋我有陰江竹能令朱夏寒陰
通積水內高入浮雲端甚疑鬼物憑不顧翦伐殘東偏

若面勢戶牖永可安愛惜已六載茲晨去千竿蕭蕭見
白日洶洶開奔湍度堂匪華麗養拙異考槃草茅雖薙
葺衰疾方少寬洗然順所適此足代加餐寂無斧斤響
庶遂憩息歡　【增】韋應物對新篁新緑苞初解嫩氣筍
猶香含露漸舒葉抽叢稍自長清晨止亭下獨愛此幽
篁　〔戴叔倫〕竹卷籜正離披新枝復蒙密翛翛月下聞
裊裊林際出豈獨對芳菲終年色如一　〔盧綸〕顏侍御
廳叢篁詠送薛存誠玉幹百餘莖生君此堂側拂簾寒
雨響擁砌深溪色何事鳳凰雛茲焉理歸翼　〔李益〕竹
磎訪竹越雲崖即林若磎絶寧知修幹下漠漠秋苔潔
清光溢空曲茂色臨水澈採擇愧芳鮮奉若歲暮節

張南史竹竹價長東南別種殊草木成林處處雲抽筍年年玉天風起成韻池水涵更綠開臨庾信園數竿心自足　柳宗元茅簷下始栽竹籬茅茸爲宇溽暑恒侵肌適有重膇疾蒸鬱寧所宜東鄰幸導我樹竹邀涼颸欣然愜我志荷鍤西巖垂楚壤多怪石墾鑿力已疲江風忽云暮輿曳還相追蕭瑟過極浦旖旎附幽墀貞根期永固貽爾寒泉滋夜窓遂不掩羽扇寧復持清冷集濃露枕簟淒已知網蟲依密葉曉禽棲迴枝豈伊紛囂間重以心慮怡嘉爾亭亭質自遠棄幽期不見野蔓草蓊蔚有華姿諒無凌寒色豈與青山辭　巽公院苦竹橋危橋屬幽逕繚繞穿疎林迸籜分苦節輕筠抱虛心

俯瞰涓涓流仰聆蕭蕭吟差池下烟日嘲哳鳴山禽諒無要津用棲息有餘陰　原　韓愈題新竹筍添南堦竹日日成清閟縹節已儲霜黄苞猶掩翠出欄抽五六當戶羅三四高標陵秋嚴貞色奪春媚稀生巧補林併出疑爭地縱橫乍依行爛熳忽無次風枝未飄吹露粉先含淚何人可攜玩清景空瞪視　增　白居易溢浦竹潯陽十月天天氣仍溫燠有霜不殺草有風不落木玄冥氣力薄草木冬猶綠誰肎溢浦頭迴眼看修竹其有顧盼者持刀斬且束剖劈靑琅玕家家蓋牆屋吾聞汾晉間竹少重如玉胡爲取輕賤生此西江曲　題小橋前新竹招客雁齒小紅橋垂簷低白屋橋前何所有苒苒

新生竹皮開折褐錦節露抽青玉筠翠如可餐粉霜不忍觸閒吟聲未已幽翫心難足管領好風烟輕欺凡草木誰能有月夜伴我林中宿爲君傾一杯狂歌竹枝曲　新栽竹佐邑意不適閉門秋草生何以娛野性種竹百餘莖見此溪上色憶得山中情有時公事暇盡日繞闌行勿言根未固勿言陰未成已覺庭宇內稍稍有餘清最愛近窓臥秋風枝有聲　東樓竹瀟灑城東樓繞樓多修竹森然一萬竿白粉封青玉卷簾睡初覺欹枕看未足影轉色入樓牀席生浮綠空城絕賓客向夕彌幽獨樓上夜不歸此君留我宿　竹窓嘗愛輞川寺竹窓東北廊一別十餘載見竹未曾忘今春二月初卜居

在新昌未暇作廐庫且先營一堂開窓不糊紙種竹不依行意取北簷下窓與竹相當遶屋聲淅淅逼人色蒼蒼烟通杳靄氣月透玲瓏光是時三伏天天氣熱如湯獨此竹窓下朝迴解衣裳輕紗一幅巾小簟六尺牀無客盡日靜有風終夜涼乃知前古人言事頗諳詳清風北窓臥可以傲羲皇　洗竹布裘寒擁頸氈履溫承足獨立冰池前久看洗霜竹先除老且病次去纖而曲翦葉猶可憐琅玕十餘束靑青復籊籊頗異凡草木依然若有情迴頭語僮僕小者截魚竿大者編茅屋勿作篲與箕而令糞土辱　原　元稹種竹並序昔樂天贈予詩云無波古井水有節秋竹竿予秋來種竹廳下因而有

懷聊書十韻昔公憐我直比之秋竹竿秋來苦相憶種
竹廳前看失地顏色改傷根枝葉殘清風猶淅淅高節
空團團鳴蟬聒暮景跳蛙集幽欄塵上復晝夜梢雲艮
獨難丹丘信云遠安得臨仙壇瘴江冬草綠何人驚歲
寒可憐亭亭幹一一青琅玕孤鳳竟不至坐傷時節闌
增元稹寺院新竹寶地琉璃坼紫苞琅玕踴亭亭巧
於削一一大如拱冰碧寒外寒峯巒眼前聳槎枿矛戟
合屹仡龍蛇動烟泛翠光流歲餘霜彩重風朝竽籟過
雨夜鬼神恐佳色有鮮妍修莖無擁腫節高迷玉鏃籜
綴疑花捧詎必太山根本自仙壇種誰令植幽壤復此
依閒宂居然霄漢姿坐受藩籬壅噪集勌鳴烏炎昏繁

蠛蠓未遭伶倫聽非安子猷寵威鳳來有時虛心豈無
奉和東川李相公慈竹十二韻慈竹不外長密比青
瑤華茅攢有森束玉立無蹊跂纖粉妍膩質細瓊交翠
柯亭亭霄漢近靄靄雨露多冰碧寒夜聳簫韶風晝羅
烟合朧朧影月泛鱗鱗波鸞鳳一以顧燕雀永不過幽
姿媚庭實顥氣凌天涯峻節高轉露貞筠寒更佳托身
仙壇上靈物神所呵時與天籟合日聞陽春歌應憐孤
生者摧折成病痾　鮑溶雲溪竹園翁硍硍雲溪裏翠
竹和雲生古泉積其深竦竦如刻成楚客臥雲老世間
無姓名因茲千畝業以代雙牛耕亂林不可留寸莖不
可輕風暖闢出地御齊故年莖幽室結白茆密葉羅衆

清聽水寒澹蕩對山綠崢嶸蒼翠含古貌秋桂儼白英
相看受天風深夜戛擊聲　姚合垣竹種竹愛庭際亦
以資翫賞窮秋雨蕭條但見墻垣長宣尼高數仞固應
非土壤　褚上竹葉葉新春筠下復清淺流微風處此
來決決復脩脩詩人月下吟月墮吟不休　張仲方賦
得竹箭有筠東南生綠竹獨美有筠箭枝葉詎曾凋風
霜孰云變偏宜林表秀多向歲寒見碧色乍葱蘢青光
常蒨練皮開鳳彩出節勁龍文現爰此守堅貞含歌屬
時彥　溫庭筠春盡與友人入裴氏林探漁竿一逕互
紆直茅棘亦已繁晴陽入荒竹暖暖如春園倚杖息惄
倦徘徊戀微暗歷尋嬋娟節剪破蒼筤根地僻修莖孤

林振餘籜翻適心在所好非必尋湘沅　皮日休公齋
詠新竹笠澤多異竹移之植後楹一架三百本綠沉森
冥冥圓緊珊瑚節釤利翡翠翎儼若青帝仗矗如紫姑
屏槭槭微風度漠漠輕靄生如神語鈞天似樂奏洞庭
一歡九藏冷再聞百骸醒有根可以執有籜可以馨願
稟君子操不敢先彫零　陸龜蒙和襲美公齋詠新竹
別塢破苔蘚嚴城樹軒楹恭聞稟璇璣化質離青冥色
可定雞脛實堪招鳳翎立窺五嶺秀坐對三都屏晴月
窈窕入曙烟霏微生昔者尚借宅況來處賓庭企彼縱
傾倒碧露還鮮醒若非抱苦節何以偶惟馨徐觀稚龍
出更賦錦苞零　李咸用題友生叢竹菊花寒露濃蘭

慈曉霜重掐佞不長生蒲蓮今無種安如植叢篁他年
待棲鳳大則化龍騎小可釣璜用留烟伴獨醒迴陰冷
閒夢何妨積雪凌但爲淸風動乃知子猷心不與常人
共〔陳陶題僧院竹〕喜遊蛟井寺復見炎州竹杳靄萬
丈間嘯風淸獨速江南正霜霰吐秀弄顓頊似瑞鸞堅
貞如魔試金粟箭非孝子泣文異湘靈哭金碧誰與隣
蕭森自成族新聞赤帝種子落毛人谷遠祖賜鵷鵬遺
芳遍南陸對烟蘇麻醜夾澗貧當伏美譽動丹靑瓌姿
豔秦蜀因緣鹿苑識想像蛇丘斸幾葉別黃茅何年依
白足龍樹藏一花砌瑤埽雲屋色靜曼倚花名高給孤
獨靑葱太子樹灑落觀音目法雨每沾濡玉毫時照燭

離居鸞節變任冷金顏縮豈念葛陂榮幸無祖父辱光
搖水精串影送蓮花軸江鷺日相尋野鶴時寄宿幽香
入茶竈靜翠直碁局宵羨亘上蒿自多籬下菊從來道
生一況伴寵藏六棲託距星翹檀欒已雲矗霞杯傳縹
葉羽管吹紫玉久絕釣竿歌聊裁竹枝曲媿生黃金地
千秋爲師祿〔僧皎然寒竹〕梟梟孤生竹獨立山中雪
蒼翠搖勁風嬋娟帶寒月狂風不相似還共夌冬發
〔宋梅堯臣雨中移竹〕荷鍤冒秋霖匆匆移翠竹欲分溪
上陰聊助池邊綠中散林未開子猷心已足靑靑謝栽
培豈媿凡草木〔紫竹〕西南産修竹色異東筠綠裁簫
映檀唇引枝宜鳳宿移從幾千里不改生幽谷　和平

叔道傍竹〕野田有修竹叢疎倚於霜下上乏佳禽左右
雜枯桑豈無行路子行路厭榛荒忽見此翠色徘徊未
能忘車馬去何疾迴顧隔山岡〔和永叔刑部廳看竹〕
蒼蒼庭中竹事莫歎遲速不同欄下草一歲一迴綠朝
開花照耀暮落風相逐何如飽霜雪冬夏森寒玉誰將
種官舍本合近巖屋不可一日無瀟灑看未足阮生豈
其愚林中醉醽醁我當明月時移床來此宿〔和王景
彝省中詠孤竹〕愛此孤生竹碧葉琅玕柯結根甘泉裏
豈必泰山阿會莫學兎絲徒以附女蘿風迴掃庭戶夜
月誰與過〔擬水西寺詠陰崖竹〕背嶺斷崖下老竹生
扶疎孤根石上引勁節松不如莫言霜雪多終見綠有

餘〔蘄竹〕題肥節腦瘦蘄水長笛材洛陽袁氏塢此竹
舊移來雪霰飽已久篾星誰爲開與君作龍吟吹發江
南梅〔歐陽修初夏劉氏竹林小飲〕春榮忽已衰夏葉
換初秀披荒得深蹊掃綠蔭淸晝萬竿交已聳千畝蔚
何富驚雷迸狂鞭霧籜舒文繡虛心高自擢勁節晚愈
瘦雖慙桃李妖豈愧松栢後川原湛新霽林麓洗昏霧
猗猗色可餐滴滴翠欲溜況茲夏首月景物得嘉候晚
蝶舞新黃孤禽弄淸咮庭深入窓蒙玩密愛林茂依依
帶幽澗隱隱見孤岫林蔭縟堪眠野汲冷可漱鳴琴瀉
山風高瀨發仙奏暑却自蠲渴心開疑愈疾杯盤雜芬
芳圖籍羅左右怡然忘簪組釋若出羈廐矧予懷一丘

未得解黃綬官事偶多閒郊扉須屢叩新篁漸添林晚
筍添薦豆誰邀接羅公有酒幸相就 〔劉敞詠庭前簡
竹〕冉冉東南美託根邪在茲鳳凰不可待歲月方屢移
非復山林意空餘霜霰姿淸風有時至獨與幽人期
原〔司馬光題鮮于子駿竹軒〕茲軒最灑落歷歷種琅玕
正晝薄雲稀蕭蕭風雨寒翠陰涼晏坐疎韻成淸歡錦
籜裁夏扇玉筍供春盤晴蝸潛葉底暝雀投林端幽興
遇物愜高懷隨處安且免一日無何須千畝寬 增〔司
馬光種竹齋〕吾愛王子猷借宅亦種竹一日不可無瀟
灑常在目雪霜徒自白柯葉不改綠殊勝石季倫珊瑚
滿金谷 〔種竹〕種竹南墻陰竹生皆北嚮苟非陽在北

竹性安可强乃知就陽意草木皆有情園葵最柔弱獨
取傾心名 〔蘇軾和子由記園中草木〕官舍有叢竹結
根問囚廳下爲人所徑土密不容釘慇懃戒吏卒插棘
護中庭遶砌忽墳裂走鞭瘦竛竮我常攜枕簟來此蔭
寒靑日暮不能去臥聽窓風泠 〔御史臺竹〕今日南風
來吹亂庭前竹低昂中音會甲刃紛相觸蕭然風雪意
可折不可辱風霽竹亦囘猗猗散靑玉故山今何有秋
雨荒籬菊此君知健否歸掃南軒綠 〔蘇轍賦園中所
有〕寒地竹不生雖生常若病斸根種幽砌開葉何已猛
嬋娟冰雪姿散亂風日影繁華見孤淡一個敵千頃今
人憶江上森聳緣岸勁無風籜自飄策策鳴荒逕 〔和

鮮于子駿益昌官舍竹軒〕幽軒離紛華惟有一叢竹纖
梢起餘寒紫筍散輕箙擢幹春雨餘挺節秋霜足不知
歲時改守此娟娟綠上有吟風蟬空腹未嘗食翦伐非
所辭不受塵土辱 〔次韻子瞻御史臺竹〕故園今何有
猶有百竿竹春雷起新萌不放牛羊觸雖無朱欄擁不
見紅塵辱淸風時一過交戛響鳴玉淵明避紛紜歸噴
東籬菊嗟我獨何爲棄此北窓綠 〔養竹〕病竹養經年
生筍大如母初番放出林末番任供口欲求五寸圍更
聽三年後蕭疎盡椽桷無復堪作帚吾廬適營葺便可
開戶牖秀色到衣冠淸風盪塵垢物生恨失養養至無
不厚斧斤日摧剝陰陽日難救閒居玩草木農圃卽師

友養人如養竹舉目皆孝秀 〔黃庭堅和甫得竹數本
於周翰喜而作詩和之〕初侯一畝宮風雨到臥席前日
築短垣昨日始封植平生歲寒心樂見歲寒色翩翩佳
公子爲致一窓碧憶公來相居筮吉龜墨食人言陋如
何我自適其適白眼對俗徒醉帽坐欹側人知愛酒爾
不解心自得阿堵絕往還此君是賓客淸風吹月來蘿
甚折齒屐有節似見聖無言諒如黙數同長者車猶恨
地未僻陰雨打葉時曲肱自宴息心游萬物初何處尋
轍迹從來修竹林乃是逸民國 〔秦觀次韻曾存之歸
竹軒〕翩翩曾公子子猷定前身晤好準疇昔了然不緇
磷寄食平準官植竹當比鄰朝與竹相對暮與竹相親

安可一日無此君眞可人〔晁補之秋竹〕秋風多煩冤竹是歲寒物朝寒堦玲瓏暮寒堦鄣勿翻然下一葉未覺瘦茜崒豈無陳根旁寂寞衆頭屈何時雷塡塡看爾射地出〔朱子新竹〕春雷殷岩際幽草齊發生我種南窓竹戢戢已抽萌坐獲幽林賞端居無俗情〔元虞集高竹臨水上〕高竹臨水上幽花在崖陰以彼貞女姿當此君子心春陽不自媚夕露忽已深湘妃昔鼓瑟悵望蒼梧岑〔傅若金寒竹篇〕寒竹依澗阿竹生何磊磊滋息因厚地生成藉玄宰春陽散華景枝葉被光彩及茲芳歲闌使吾憂心痗遽悲凛節變但恐驚塵浼寒燠旣異宜遲暮復焉悔淇園蔭未息嶰谷音猶在君子夙相

好深懷邈雲海竹性諒靡遷人心懼中改願言卒封植勿使傷樵采〔王士熙江上竹〕蕭蕭江上竹依依徧山麓晨霞屑明金夕月雜寒玉梢梢綠鳳翼葉葉青鸞足深叢疑立壁高節折垂纛荒凉含雨露歷亂同草木不求筍煮羹不求椽架屋等條作長笛吹我平調曲〔丁復竹山〕離離鳳食幹綿亙亘修巒君子懷靜儀虛貞媚蒼寒靈氐蟠潛頫崇苞岡幽盤延鄰從蔣詡永結求羊歡〔明楊基湘竹〕朝行湘竹下暮宿湘竹中雲情與雨態萬變俄不同密密深翳日疎疎細含風新梢露裊裊花節烟濛濛紛如千靈妃從以萬青童幡幢列縹緲環佩搖丁東來從蔚藍天步入東華宮悵望不可即翩然

若驚鴻天嬌喜而笑低回俯乃恭質堅本外直性潔緣中空籜爾中弦矢採之可形弓冰雪誓不易肎與時汚隆今朝揭春晴更覺翠色濃戢戢琅玕叢忽見桃花紅直疑路不遠便與桃源通我欲揖輕舟褰衣入崆峒春禽迎我啼音響諧孤桐終當聽山雨自號蒼筤翁〔李東陽懷竹〕三年不種竹得竹如得玉十日不見竹一日腸九曲初聞平安報舊葉舒更綠忽聽歡笑聲新筍抽五六兒童亦解事知我性無欲平生愛孤潔不厭食無肉憑將垂老身醫此未盡俗倉皇欲傾倒愁病相縛束昨夜偶夢之清風灑心目呼童汲泉水日夕勤灌沃〔吳寬竹〕偶然數君子落落俱長身東家每借看步去不

嫌頻移栽幸許我已自前年春自我得此輩園居豈爲貧但憂積雨霽日暴少精神終然勤灌溉枝葉還如新因茲悟爲學黽勉在斯晨

七言古詩〔增〕〔陳張正見賦得堦前嫩竹〕翠竹梢雲自結叢輕花嫩筍欲淩空砌曲橫枝屢解籜堦前疎葉强來風欲知抱節成龍處當於山路葛陂中〔唐宋之問綠竹引〕靑溪綠潭潭水側修竹嬋娟同一色徒生仙實鳳不遊老在空山人詎識妙年秉願逃俗紛歸臥嵩丘弄白雲含情傲睨慰心目何可一日無此君〔岑參范公叢竹歌幷序〕職方郎中兼侍御史范公乃於陝西使院內種竹新製叢竹詩以見示美范公之清致雅操遂爲

歌以和之世人見竹不解愛知君種竹府庭內此君託根幸得地種來幾時聞已大盛書翛翛叢色寒閒宵槭槭葉聲乾能清案牘簾下見宜對琴書窓外看爲君成陰將蔽日迸筍穿堦踏還出守節偏凌御史霜虛心願比郎官筆君莫愛南山松樹枝竹色四時也不移寒天草木黃落盡猶自青青君始知 原 白居易畫竹歌并引協律郎蕭悅善畫竹舉時無倫蕭亦甚自秘重有終歲求其一竿一枝而不得者知予天與好事忽寫一十五竿惠然見投予厚其意高其藝無以荅貺作歌以報之凡一百八十六字云植物之中竹難寫古今雖畫無似者蕭郎下筆獨逼真丹青以來惟一人人畫竹身肥

擁腫蕭畫莖瘦節節竦人畫竹梢死羸垂蕭畫枝活葉葉動不根而生從意生不筍而成由筆成野塘水邊碕岸側森森兩叢十五莖嬋娟不失筠粉態蕭索盡得風烟情舉頭忽見不似畫低耳靜聽疑有聲西叢七莖勁而健省向天竺寺前石上見東叢八莖疎且寒憶曾湘妃廟裏雨中看幽姿遠思少人別與君相顧空長歎蕭郎蕭郎老可惜手顫眼昏頭雪色自言便是絕筆時從今此竹尤難得 無名氏斑竹 濃綠疎莖繞湘水春風拙出蛟龍尾色抱霜花粉黛光枝撑蜀錦紅霞起交戛敲欹無俗聲滿林風曳刀鎗橫瘢痕苦雨洗不落猶帶湘娥淚血腥嫋娜梢頭埽秋月影穿林下疑殘雪我今

慙愧子猷心解愛此君名不滅 增 宋梅堯臣乾明院碧鮮亭壞衣削髮遠塵垢虵䖤龍孫生屋後不等渭川千戶侯尺椽片瓦何嘗有方丈東頭一畝餘中軒四面無窓牖青瑣作枝鐵爲葉丹鳳來食蒼鼠走細藤織榻白晝眠鼾濃鼻息如雷吼世間白事不歷心門外寒流徹溪口 蘇軾壽星院寒碧軒 清風肅肅搖窓扉窓前修竹一尺圍紛紛蒼雪落夏簟冉冉綠霧霑人衣日高山蟬抱葉響人靜翠羽穿林飛道人絕粒對寒碧爲問鶴骨何由肥 於潛僧綠筠軒 可使食無肉不可使居無竹無肉令人瘦無竹令人俗人瘦尚可肥士俗不可醫傍人笑此言似高還似癡若對此君仍大嚼世間那

有揚州鶴 陸游贈竹十韻放翁小築湖西偏虛窓曲檻無炎天人間乃有真富貴繞舍十萬碧玉椽連林娟娟泫清露高枝裊裊搖蒼烟常憂俗客觸新粉屢戒園丁傷逸鞭京生尊罍消午醉聲撼窓扉驚晝眠春殘劚土得美筍氣壓卿相食萬錢爾來作吏苦墮弃每一夢到心悽然還家再見郊惝恍塵土何地從臞仙囊中幸藏餐玉法欲屏萬事相周旋更當待月出東嶺坐石冷冷揮響泉 黃希旦和賈鴻舉移竹 琳房珠館何虛寂寶砌無塵苔蘚碧仙翁倚檻靜吟哦却憶篔簹掃巖石勁節虛心守歲寒未嘗暫變風霜色移來迢遞不辭勞深根詡向瑤臺植漸承春意葉青青時惹天香烟羃羃

月籠翠影倚蕭疏露裓繁枝纔滴瀝迎風閒夜擬龍吟
結實他年期鳳食非才終約老烟霞此際謬當親採擇
寄言紅紫莫相猜彼此無情蒙化力逢時翦拂任他人
沉去葛陂都咫尺〔金孟宗獻題龔平甫森玉軒〕古人
借宅亦種竹大是饕奇心未足高齋閒有萬琅玕坐對
懷山飲秋綠官閒勝日無一事尊酒不空仍有肉他時
剝啄叩君門高枕矮床容我宿〔元高克恭題管夫人
竹窩圖〕雲梢露葉秋聲古萬玉叢深翠蛟舞此君擬結
歲寒盟拄笏相看立烟雨過雨山窓斜映日帶烟霜節
總宜秋凍雷迸出千崖翠勒此高歌傲素侯〔馬祖常
息齋風竹圖〕往年家住篔簹谷丹鸞之實美如粟玄雲

翻空下深靚昆吾寶刀削秋玉石衣漬露倚書光風微
粉墮生細香琳館瑤臺九天近夜寒笙磬聲鏘鏘萬斛
蒼烟鬱江雨二妃彈瑟瀟湘浦郫筒蜀酒亦堪沽蟠石
雙杖令誰取河朔歲晏冰爲梁羣木鱗皴臨雪霜遲汝
狂飆莫吹裂藏管他年侑帝觴〔楊載題墨竹〕嶰谷陰
寒石如鐵籜龍偃立露骨節春雷動地萬物活畏汝飛
騰衡石裂攢青聚綠生巖幽海濤引聲風颼颼年年三
伏林下臥白晝慘慄如深秋〔吳鎮竹窩〕阿香怒鞭籜
龍尾斑鱗蝕去痕未洗天風吹作萬琅玕翠壓修林收
不起林深有客棲寒烟玉版已悟禪中禪人間亦日迴
不到著我六月秋冷然青雲欲飛霖雨急佩環聲裏鸞

蛾泣玉簫驚起老龍眠夜深瀟湘半江碧〔野竹〕野竹
野竹絕可愛枝葉扶疎有眞態生平素守遠荆榛走壁
懸崖穿石罅虛心抱節山之阿清風白月聊婆娑寒梢
千尺將如何渭川淇澳風烟多〔王冕息齋雙竹圖〕李
侯畫竹眞是竹氣韻不下湖州牧墨波翻倒徂徠山筆
鋒移出篔簹谷千竿萬竿清影遠百丈十丈意自足就
中分取一兩枝別是山陰瀟灑族疎梢颯颯鳳尾顚條
幹隱隱虬龍伏憑軒忽若秋風來坐使旁人脫塵俗我
生愛竹太僻酷十載狂歌問淇澳歸來不得翠琅玕聽
雨冷眠溪上綠而今已斷那時想見景何曾動心目便
欲爲君眞致之相對空窓慰幽獨〔柯博士竹圖〕先生

原是丹丘仙迎風一笑春翩翩琅玕滿腹造化足須臾
筆底開渭川我家只在山陰曲修竹森森照谿綠只今
榛莽暗荒烟夢想清風到茅屋今朝看畫心茫茫坐久
忽覺生淸凉夜深明月入高堂吹簫喚來雙鳳凰〔華
幼武養竹軒歌爲周茹吳達子道賦〕高軒公子良不俗
不種奇花種修竹奇花照眼一時紅修竹虛心萬年綠
春雷擊地漸筍生龍角森森那忍觸自鋤暖土厚栽培
手挈銀瓶細澆沃深根埽除螻蟻窟香葉終期鳳凰宿
日使霑濡雨露恩歲寒豈憚冰霜酷猗猗繞戶矗琅玕
含霧連烟比淇澳招擕踏月金瑣碎勾引清風聲戛玉
炎天展簟臥蒼雪春日聽鶯泛醽醁可能一日暫相忘

坐對此君看不足君不見白樂天重言養竹比養賢又
不見東坡詩無竹士俗不可醫君今有竹善培養會看
直拂青雲上〔舒頔竹溪書屋圖爲黃克文題〕清谿谿
上竹無數愛竹移家竹林住踏前老竹鏗玉聲秋夜讀
書雲竹露書聲繞屋雜竹聲竹色侵書助書趣竹根偃
仰長龍孫竹上鸞凰亦來聚有時攜琴倚竹彈兩袖清
陰分竹翠雲梢月斡竹弄影杖竹尋詩過橋去平生性
癖亦愛竹不問主人造竹所君不見一節投波忽變化
萬卷蟠胷勝插架〔明宣宗綠竹引〕薊門八月霜華濃
何時種竹能成叢鳳城之陽禁苑東瑱玕萬樹凌青空
光搖太液波心月高出三山頂上松祥飆拂拂來天上

鳴金戛玉聲玲瓏蓬萊宮中日如年高柯密葉霏雲烟
春陽挺秀百花表秋月爭輝仙桂邊九夏繁陰覆靈囿
祥麟瑞鶴相周旋六花凝寒羣卉老清標轉覺生光妍
軒皇昔日初製律截筒來自崑崙谷江心蟠石桃竹枝
斬根剝皮誇紫玉何如蓬萊宮中竹雨露偏多生意足
盤根固節千萬年遠勝猗猗淇水澳上林花木熙青春
靈芝瑞草爭芳芬愛此蒼蒼太古色竹邊幾度停遊輪
世云鳳凰食竹實又云鳳凰棲竹枝鳳皇九奏太平曲
鳳兮鳳兮今來儀予將拭目而觀之〔高啟愛竹軒爲
陳維寅賦〕匡山老客何清眞自繞園屋栽蒼筠年來無
肉雖苦瘦家有萬玉誰言貧一竿蕤惜不忍翦何以持
釣橫江雛僮來掃葉自可喜客至踏筍長遭嗔啁啁啼
能結遠夢碧雲忽墮湘南春凉陰翛翛潤琴硯落翠冉
冉沾衣巾詩成時向節下寫醉墨點破烟痕新風來清
嘯與相答若聽金奏怡我神知無顏色媚兒女自古相
愛惟幽人洛陽陌上花易過戲鐘競賞勞車輪何如此
君最耐久歲晚結托同情親亂聲朝送簾外雨疏影夜
拂窻前塵我嘗種此欲免俗卽今伐盡惟荆榛故園咫
尺未能去移家幸得爲予鄰往來儻許如二仲叢門借
看毋嫌頻〔王紱過華叔端草堂寫畸竹於壁上〕我愛
君家遠城郭繞舍竹色侵簾幙醉中揮翰寫晴梢湘雲
一簇春陰薄看來頓覺風氣清耳邊恍若聞秋聲嘯歌

到晚不歸去高臥翠陰呼月明〔又雨竹〕高軒置酒延
夕曛眼前知已無如君枯腸醉後有芒角手揮高節凌
青雲圖成自覺精靈聚素壁俄然儀鳳羽擬得秋深直
造來蕭颯連床聽風雨〔王佐畫竹〕瀟湘綠玉崑崙石
移向高堂之素壁四座凉風帶雪吹半窻疏雨和烟滴
九疑夢斷瑤瑟寒貼雲影落雙飛鸞霓旌冉冉欲歸去
美人持贈青瑱玕也曾拂拭蒼苔色坐弄參差楚天碧
曲終日暮山鳥啼自寫幽情寄相憶 原 〔王世貞題竹
軒〕吾宗雅謡世所聞何可一日無此君汝今卜居但種
竹凡草不敢驕相羣簫龍個個迸春雨鳳尾枝枝千碧
雲晨呼阿段汲溪澗洗出瀟湘雙淚文愼莫學辟疆驅

大令又莫學張鷹逃右軍扁舟但過醫俗士把臂相將醉夕曛〔題畫竹〕野夫策杖村南復村北處處東君恡消息嗇然縞素一枝横又見琳琅數竿碧一枝春之先數竿冬之後俯仰天地間與爾成三友衡門掩臥不一旬淇園太瘦無精神樵青巳侵翠鳳尾颶毋吹散玉龍鱗賴得吳鎮及王晁前與二友傳其眞處堂展看僅盈尺二友居然侍吾側問之不言對以臆眉宇肅肅吐佳色吾不能學范㬅事西遣關中使郑寄江南春消若悴粉何足論吾不能學家騎曹不可一日無所至植此君封歸護籜何紛紜二友寓吾籠儼若洛下東西兩頭屋一頭蕭徬瀟湘雲一頭小貯羅浮二鎮也九烟吐吸天

漿腴晁亦磊砢節目非凡夫扶輿清氣合此圖快矣乎快矣乎此圖此友吾不孤〔馮琦題畫竹〕何人寫此青琅玕滿堂爽颯生秋寒居然坐我三徑下數莖不動風冊冊柏溪先生隱於酒戲拈秃筆大如帚一幅淋漓竹亦醉醉竹合與先生友矗矗三株狀殊絕迥若蒼虬立烟雪別有一枝秀且長青鸞翥翮從風翔葛陂化龍去巳久至今屏幛生輝光我觀此圖懷耿耿罌花亂落團團影素節偏宜君子堂虛中獨立尚書省尚書華省鳳池隅新長孫枝引鳳雛夔龍禮樂方大備伶倫之管公所須此君何可一日無

五言律詩 增 唐李嶠竹 高簳楚江濆嬋娟含曙氛白花搖鳳影青節動龍文葉掃東南日枝梢西北雲誰知湘水上流淚獨思君〔張九齡和黃門盧侍郎詠竹〕清切紫庭垂葳蕤防露枝色無玄月變聲有惠風吹高節人相重虛心世所知鳳凰佳可食一去一來儀〔蔣渙奉和徐侍郎中書叢篠詠〕中禁夕沈沈幽篁別作林色連雞樹近影落鳳池深爲重凌霜節能虛應物心年年承雨露長對紫庭陰 原 杜甫苦竹 青冥亦自守軟弱强扶持味苦夏蟲避叢卑春鳥疑軒墀曾不重剪伐欲無辭幸近幽人屋霜根結在兹〔嚴鄭公宅同詠竹〕綠竹半含籜新梢纔出牆色侵書帙晚陰過酒樽凉雨洗娟娟淨風吹細細香但令無剪伐會見拂雲長 增 劉長

卿斑竹 蒼梧在何處斑竹自成林點點留殘淚枝枝寄此心寒山響易滿秋水影偏深欲覓樵人路蒙籠不可尋〔郎士元和王相公題中書叢竹寄上元相公〕多時仙掖裏色並翠琅玕幽意含烟月清陰庇蕙蘭枝繁宜露重葉老愛天寒竟日雙鸞止孤吟爲一看〔李益竹窗聞風寄苗發司空曙〕微風驚暮坐臨牖思悠哉開門復動竹疑是故人來時滴枝上露稍沾階下苔何當一入幌爲拂綠琴埃〔楊巨源池上竹〕一叢嬋娟色四面清冷波氣潤曉烟重光閒秋露多翠筠入疎柳清影拂圓荷歲晏琅玕實心期有鳳過〔元稹新竹〕新篁纔解籜寒色已青葱冉冉偏凝粉蕭蕭漸引風扶疎多透

日參落未成叢唯有團團節堅貞大小同〔山竹枝〕深
院虎溪竹遠公身自栽多慙折君節扶我出山來貴托
安危步難將混俗材還投輞川水從作老龍回〔姚合
竹裏徑〕微徑婵娟裏唯同靜者知跡深苔長處步狹筍
生時高是連幽樹窮應到曲池紗巾靈壽杖行樂復相
宜〔李賀竹〕入水文光動抽空綠影春露華生筍徑苔
色拂霜根織可承香汁栽堪釣錦鱗三梁曾入用一節
奉王孫〔李德裕竹逕〕野竹自成逕繞溪三里餘檀欒
被層阜蕭瑟映清渠日落見林靜風行知谷虛田家故
人少誰肯共樊魚〔杜牧栽竹〕本因遮日種却似為溪
移歷歷羽林影疏疏烟露姿蕭騷寒雨夜敲戛晚風時

故國何年到塵冠挂一枝〔題劉秀才新竹〕數莖幽玉
色曉夕翠烟分聲破寒窓夢根穿綠蘚紋漸籠當檻日
欲礙入簾雲不是山陰客何人愛此君〔許渾秋日白
沙館對竹〕蕭蕭凌雪霜濃翠異三湘疏影月移壁寒聲
風滿堂卷簾秋更早高枕夜偏長忽憶南溪路萬竿今
正涼〔方干方著作畫竹〕疊葉與高節俱從毫末生流
傳千古譽研鍊十年情向月本無影臨風疑有聲吾家
釣臺畔似此兩三莖〔劉得仁昊天觀新栽竹〕清風枝
葉上山鳥已棲來根別古溝岸影生秋觀苔遍思諸草
木惟此出塵埃為恨移君晚空庭更擬栽〔薛能竹逕
盤逕入依依旋驚幽鳥飛尋多苔色古踏碎籜聲微鞭

節橫妨戶枝梢動拂衣前溪聞到處應接釣魚磯〔碧
鮮庭春題竹〕竹少竹更重碧鮮強更名有闌常凭立無
徑獨穿行夕月陰何亂春風葉盡輕已聞圖畫客兼寫
薛先生〔李咸用庭竹〕嫩綠與老碧森然庭砌中坐消
三伏景吟起數竿風葉影重還密梢聲遠或通更期春
共看桃映小花紅〔杜荀鶴新栽竹〕斵破莓苔色因栽
十數莖窓風從此冷詩思當時清酒入杯中影碁添局
上聲不同桃與李蕭灑伴書生〔孫峴賦竹送德林少
尹員外〕萬物中瀟灑修篁獨逸羣貞姿曾冒雪高節欲
凌雲細韻風初發濃烟日正曛因題偏惜別不可暫無
君〔李中庭竹〕偶自山僧院移歸傍砌栽好風終日起

幽鳥有時來篩月牽詩興籠烟伴酒杯南窓睡新起蕭
颯雨聲廻〔張蠙新竹〕新鞭暗入庭初長兩三莖不是
他山少無如此地生垂梢叢上出柔葉籜間成何用高
唐峽風枝掃月明〔王周碧鮮亭〕颼颼籠清籟蕭蕭鎻
翠陰向高思盡節從直美虛心廻砌滋莓蘚幽窓伴素
琴公餘時引步一徑靜中深〔薛濤酬人雨後翫竹〕南
天春雨時那鑒雪霜姿衆類亦云茂虛心寧自持多留
晉賢醉早伴舜妃悲晚歲君能賞蒼蒼勁節奇〔宋王
禹偁對鄰家竹〕東鄰誰種竹偏稱長官心月上分清影
風來惠好音低枝疑見接迸筍似相尋多謝此君意墻
頭誘我吟〔韓琦長安府舍竹徑〕北榭層基下森森竹

徑幽枝繁低拂蒼根密僅通流勁節輕環粉狂鞭怒走
虬風霜胡可動松栢乃吾儔（梅堯臣縣署叢竹）裊裊
幽亭竹團團自結叢寒生綠罇上影入翠屏中陶柳應
慚弱潘花只競紅方待雪霜操不敢倚春風（翠竹亭）
種竹幾千個結亭三四椽遊人多寂靜啼鳥亦留連酒
有陶公愛林希阮氏賢我來歸路遠躍馬古城邊（細
竹）森森漢宮竹託本異孤生玉砌綠根迸朱欄與筍平
朝烟生密翠晚影漏斜明應待女媧來參差鳳琯清
司馬光雙竹詩有引草木類同而種殊者竹為多杭州
廣巖寺有雙竹相比而生衆林皆然其尤異者生枯樹
腹中自其頂出森然駢竦樹如龍蛇相縈矯首矸然予

見而賦之雙幹標孤腹青青凡幾霜龍騰雙角直鯨噴
兩鬣長詎欲尋支遁安能問辟疆屢來非別意未與此
君忘（蘇軾次韻子由綠筠堂）愛竹能延客求詩剩掛
檣風梢千纛亂月影萬夫長谷鳥驚棊響山蜂識酒香
只應陶靖節會聽北窗涼（蘇軾和孔武仲金陵華藏
寺此君亭）綠竹不可數孤亭一倍幽色分岩石潤梢出
澗松修雪節寒方見春萌早不抽故山多此物長恨未
歸休（次韻答入檻竹）猗猗元自直落落不須扶密節
風吹展清陰月共鋪叢長傲霜雪根瘦恥泥塗更種愁
無地應須翦碧蘆（詠竹）湖濱宜草木修竹可三尋壓
居多野思移種近墻陰（又）爾迷未醒方予熱正侵無嫌

不逮本地薄冒成林　南隣竹正茂門巷不容賓懸印
君當往囊金我患貧翠旌梢亂起犀角筍初勻不惜圖
書賣端來作主人（移竹）墻陰竹蒙密板築念相妨欲
補東園缺欣乘雨後凉三年生筍遍一徑引風長但恐
翁彌老節枝懶復將（黃庭堅和師厚栽竹）大隱在城
市此君真友生根須辰日斸筍要上番成龍化葛陂去
鳳吹阿閣鳴草荒三徑斷歲晚見交情（朱子次韻擇
之詠竹）竹隖深深處檀欒繞舍青暑風成慘淡寒月助
清冷客去空庭榻詩來拓采櫺此君同一笑午夢頓能
醒（黃希旦詠竹）生涯何所有滿砌植琳琅瘦影碎秋
月健梢橫曉霜且從喧鳥雀終待集鸞凰吟遶都忘卻

誰知此興長（元黃庚對竹）門對南鄰竹青青玉萬竿
雖然無地種且得隔籬看露葉情猶濕風枝夏亦寒但
教休翦伐何用報平安（杜本寄題竹軒）綠竹脩脩處
華軒楚楚深暮留雛鳳宿曉聽蟄龍吟月進窗櫺影雲
移几席陰居然淇澳趣莫使俗塵侵（僧善住盆竹）瓦
缶不多土娟娟枝葉蕃豈知么鳳尾元是古龍孫蒼雪
灑禪榻細香浮酒尊王猷來此見應亦為銷魂（明袁
凱聞張處士竹林甚盛欲覲未能兼簡王一秀才）聞道
南村竹春來接遠坡色侵沽酒旆聲送濯纓歌甚欲敲
門看須憑柱杖過餘陰過西沼應覆右軍鵝（李東陽
竹坡）種竹前坡滿其如秋興何迴含山氣爽低礙夕

多有地留氷雪無心鬬綺羅錦衣歸稚子洗耳聽鳴珂〔種竹〕種竹幽堂下凉生暑氣微愛長過我屋看綠上人衣坐久月初出夢回風漸稀一竿如可釣吾欲問漁磯　剩買城中地多應爲此君凉生別院雨綠補後溪雲秋至不改色夢醒時一間廛居或未免聊爾洗塵氛〔陳憲章雨中栽竹〕心被淸虛引非關索竹看檐前纔數個洪上已千竿微雨土初覆北風天正寒昆丘有孤鳳何處啄琅玕　原中時行竹徑欲借淇園勝麥霜挺萬竿月來金影碎風動玉聲寒障暑陰堪息停雲秀可餐相過惟二仲盡日倚琅玕〔于若瀛詠竹〕綠筍半含籜新梢纔作林色連栖井近根入槛籬深雅有麥寒操

能虛應世心拂雲不須待常對小庭陰〔戈汕題竹〕有竹見庭好當杯意轉親淸聲風閒出文影日斜陳檻近迎根直天空寫葉眞知君杜寒暑長伴瘦吟身　歲暮看吾輩蕭疎賴此君橫枝馴怪石直節藐寒雲松傲低爲伴梅淸艷不羣有時當積雪秉燭倚宵分〔王德操詠竹〕幽居思伴侶惟有此君宜蕭颯旣同我淸空亦可師吟時聲應和步處影追隨不作人間態炎凉意便移

增〔僧源際偶題竹〕上冷翠何眞密幽尋獨坐時扉開流水過風靜到雲遲嬾性知終棄虛心幸自持偶然吟未穩淸響動高枝

佩文齋廣羣芳譜卷第八十四

佩文齋廣羣芳譜卷第八十五

竹譜

竹譜四

集藻　七言律詩　增〔唐崔涯竹〕領得溪風不放廻傍窗緣砌遍庭栽行招野客爲鄰住看引山禽入郭來幽院獨驚秋氣早小門深向綠陰開誰憐翠色兼寒影靜落茶甌與酒杯〔令狐楚郡齋左偏栽竹百餘竿炎凉已周青翠不改而爲墻垣所蔽有乖愛賞假日命去齋居之東墻由是俯臨軒堦低映帷戶日夕相對頗有翛然之趣〕齋居栽竹北窗邊素壁新開映碧鮮青藹近當行藥處綠陰深到臥帷前風驚曉葉如聞雨月過春枝似帶

烟老子憶山心暫緩退公閑坐對嬋娟〔劉禹錫和宣武令狐相公郡齋對新竹〕新竹翛翛韻曉風隔窗依砌尙蒙籠數間素壁初開後一片淸光入坐中欹枕閑看知自適含毫朗詠與誰同此君若欲長相見政事堂東有舊叢〔李紳南庭竹〕東南舊美凌霜操五月凝陰入坐寒煙惹翠梢含玉露粉開春籜聳琅玕莫令戲馬童兒見試引爲龍道士看知爾結根香實在鳳凰終擬下雲端〔楊巨源和令狐舍人酬峯上人題山欄孤竹〕滿院冰姿粉籜殘一莖青翠近簾端離叢自欲親香火抱節何妨共歲寒能讓繁聲任眞籟解將孤影對芳蘭范雲許訪西林寺枝葉須和彩鳳看〔李遠醉人自金仙

觀移竹〕移居新竹已堪看斸破莓苔得幾竿圓節不教
傷粉籜低枝猶擬拂霜壇墻頭枝壓和烟綠枕上風來
送夜寒第一莫教漁父見且從蕭颯滿朱欄〔方干越
州使院竹〕莫見凌雲飄粉籜須知凝石作盤根細看枝
上蟬吟處猶是笛時蟲蝕痕月送綠陰斜上砌露凝寒
色濕遮門列仙終日逍遙地鳥雀潛來不敢喧〔題新
竹〕青苔斸破植貞堅細𢶢竿排鬱眼鮮小鳳凰聲吹嫩
葉短蛟龍尾褭輕烟節環賦色端勻粉根拔秋光暗長
鞭怪得入門肌骨冷縱風黏月滿庭前〔羅鄴竹〕翠葉
纔分細細枝清陰猶未上堦墀蕙蘭雖許相依日桃李
還應笑後時抱節不爲霜霰改成林終與鳳凰期渭濱

若更徵賢相好作漁竿繫釣絲〔薛能新竹〕柳營茅土
倦麤材因向山家乞翠栽清露便教終夜滴好風疑是
故園來欄邊匠去朱猶溼溉後蟲浮穴暗開他日會應
威鳳至莫辭公府受塵埃〔秦韜玉題竹〕削玉森森幽
思清院家高興尚分明捲簾陰薄漏山色欹枕韻寒宜
雨聲斜對酒缸偏覺好靜籠棊局最多情却驚九陌輪
蹄外獨有溪烟數十莖　原〔鄭谷竹〕宜烟宜雨又宜風
拂水藏村復間松移得蕭騷從遠寺洗來疎淨見前峯
侵堦蘚折春芽迸繞逕莎微夏蔭濃無賴杏花多意緒
數枝穿翠好相容　增〔王貞白洗竹〕道院竹繁教略洗
鳴琴酌酒看扶踈不圖結實來雙鳳且要長竿釣巨魚

錦籜裁冠添散逸玉芽修饌稱清虛有時記得三天事
自向琅玕節下書〔殷文圭題友人庭竹〕叢篁蕭瑟拂
清陰貴是栽成碧玉林盡待花開添鳳食可憐風擊伏
龍吟鈿竿離立霜文靜錦籜飄零粉節深何事子猷偏
寄賞此君心似主人心〔李中詠竹〕森森移得自山莊
植向空庭野興長便有好風來枕簟更無閒夢到瀟湘
蔭來砌蘚經疎雨引下溪禽帶夕陽閒約羽人同賞處
安排棊局就清涼〔徐夤詠竹〕翠染琅玕粉漸開東南
移得會稽栽游絲掛處漁竿去綠水夾將龍影來風觸
有聲含六律露沾如洗絕浮埃王猷舊宅無人到抱却
清陰恭綠苔〔劉兼新竹〕近窗卧砌兩三叢佐靜添幽

別有功影鏤碎金初透月聲敲寒玉乍搖風無憑費叟
烟波碧莫信湘妃淚點紅自是子猷偏愛爾虛心高節
雪霜中〔宋韓琦次韻和方諫言郎中再觀省中手植
竹〕翠影參差漸拂堦清郎曾此占奇栽辭君昔爲蓴羹
去穩爾今同菊徑來玉聳勁枝欺暮雪繡殘文籜委寒
苔虛心高節依然在幾見繁英落又開〔梅堯臣和新
栽竹〕斸破烟叢帶筍移映軒臨檻特爲宜龍孫已見多
奇節鳳實新生人翠枝不向阮家林下集還思渭北水
邊窺一花一草公休詠慣作蘭臺侍從詩〔孔武仲惜
竹詩并引〕東齋有竹數竿翠蔚可喜其傍衆筍附生漫
益深茂最後出者尤若奇特無不意也解籜未盡而爲

老兵手折之悲夫以干雲蔽日之勢而摧於窓戶之下以凌霜冒雪之姿而失於俄頃之間環步往來悽愴良久不能忘情因寓之以詩老蘚墻陰夕照間何人折我翠琅玕即之綠葉隨塵化猶有低枝帶露殘不放雲梢侵霰雪因嗟世故兒波瀾故園未乏貲簹品十頃繁陰六月寒〔王安石華藏院此君亭詠竹〕一徑森然四座涼殘陰餘韻去何長人憐直節生來瘦自許高材老更剛會與高蔡同雨露終隨松栢到冰霜煩君惜取根株在欲乞伶倫學鳳凰〔蘇軾次韻劉貢父西省種竹〕要知西掖承平事記取劉郎種竹初舊德終呼名字外後生誰續笑談餘成陰障日行當見取筍供庖計已疎白

首林間望天上平安待報故人書〔孤山竹閣〕海山兜率兩茫然古寺無人竹滿軒白鶴不留歸後語蒼龍猶是種時孫兩叢恰似蕭郎筆千畝空懷渭上村欲把新詩問遺像病維摩詰更無言〔蘇轍寄題陳憲郎中竹軒〕家有修篁綠滿軒趨庭詩禮舊忘言凌霜自得良朋友過雨時添好子孫試翦輕筠扶健步旋收涼葉煮清樽風流共道勝桑梓鄰里何妨種百根〔次韻劉貢父西掖種竹〕竹迷誰定知迷否趁取滂沲好雨初栽向鳳池吹律處斷從芸閣殺青餘迎風一笑朝回早弄月相差直宿疎應怪籍咸林下客相看不飲作除書〔曾鞏南軒竹〕密竹娟娟數十莖旱天蕭灑有高情風吹已送

煩心醒雨洗還供遠眼清新筍巧穿苔石去碎陰微破粉墻生應須萬物冰霜後來看琅玕色轉明〔黃庭堅陳氏園詠竹〕不問主人來看竹小溪風物似家林春供饋婦幾番筍夏與行人百畝陰直氣雖衝雲漢上高材終恐斧斤尋截竿可比北濱釣欲贈溪翁誰姓任〔韓駒次韻何文縝種竹〕杜陵窮老覓檻栽不似何郎種筍材三徑莫憂荒草合一竿如與故人開未堪急雨枝枝打便有幽禽日日來坐誦東坡食無肉詩腸日午轉饑雷〔陸游東湖新竹〕插棘編籬謹護持養成寒碧映淪漪清風掠地秋先到赤日行天午不知解籜時聞聲簌簌放梢初見葉離離官閒我欲頻來此枕簟仍教到處隨〔楊萬里新竹〕青士何年入大荒羽儀禁省立如墻錦繃半脫娟娟玉粉節新塗拂拂霜帶雨小酣三日後出墻忽喜一梢長今年秋悶防多暑剩借先生格外涼〔劉克莊種竹〕借居未定先栽竹為愛疎聲與薄陰一日暫無能鄙吝數竿雖少亦蕭森窓間對了添詩料郭外移來費俸金自笑明年何處在虛簷風至且披襟〔岳珂詠小園雙竹〕錦繃玉立紀雙清瑞牒千年重得名龍竹高標儼元致熊湘素節凜皇英贊同隴麥雨岐秀奇並庭柯連理榮邦羨此君尤特立虛心直道不孤生〔金李獻能丹陽觀竹宮中移賜〕素士如林侍紫清紫清新許住蓬瀛娟娟粉節霜勻出矗矗烟梢玉削成稫

延根莖棠化育中天雨露借恩榮絲章封事朝來奏又
聽風前彩鳳鳴　原郭長倩義師院叢竹南軒移植自
西墻瘦玉亭亭十數竿得法未應輸老柏植根兼得近
幽蘭雖無穠艷包春色自許貞心老歲寒百草千花盡
零落請君來向此中看　增毛端卿題崞縣郝子玉此
君軒植林名姓一枝新萬竹青青德有鄰渭上風烟分
別派山陽詩酒屬閒人心期已到冰霜窟眼界不知花
柳塵萱背從今看輝映嫩香新粉四時春　元白珽竹
陰古斷人間瀟灑地全身水墨畫篔簹非烟非霧一林
碧似雨似晴三徑凉翠袖佳人蹤空谷白鬚道士隱南
塘數竿醉日君須記移向西軒補夕陽　宋无如鏡伐

竹架過墻蒲萄斷竹插地復生枝葉無住序曰瑞竹余
以詩贈之爲引寒藤延晚翠試栽碧玉動秋根鳳梢依
舊生虛籟龍籜相將添遠孫林月過庭窺斷影茶烟潤
色到啼痕陽休灑藻題還徧貝葉應多此處繙　成廷
珪題崔原亨竹深處亭序余家有竹數竿人號之居竹
軒原亨城西時則有竹亦數竿人號之竹深處余與崔
君通家來往所好相同故及之居竹軒中也自寬不愁
無地著琅玕文公狗久空千畝李侗門前只一竿天與
老夫醫惡俗日憑童子報平安崔家別墅尤高致遲子
歸來守歲寒　貢性之雪竹山房此君節操獨凌寒冰
雪叢中更耐看簾幙影迷金瑣碎珮環聲動玉闌干只

疑玄圃翻瓊樹錯訝瑤臺舞素鸞山戰幾時能著我萬
竿深處一憑欄　倪瓚居竹軒翠竹如雲江水春結茅
依竹住江濱階前迸筍從侵逕雨後垂陰欲覆鄰映葉
黃鸝還自語傍人白鶴亦能馴遙知靜者忘聲色滿屋
清風未覺貧　明高啟新篁南池雨後見新篁裊裊烟
梢漸出墻風度亂翻交籜響露垂微裛粉痕香簾前嫩
色初含暝琴畔疏陰已送凉野飯休燒林下筍留添碧
玉嫩竿長　李東陽雨中種竹石欄沙路雨聲乾爲欠
蕭蕭一兩竿深帶土膏從地底巧移茅屋過江干方於
辰日依時種影待晴天拂翠看試倚蓬窗聽疏密布袍
沾盡不知寒　吳寬竹種處能招鳳鳥來月明清影拂

書堆筍鞭遇石猶斜出花朵逢春莫亂開此物似賢今
合薦吾宗醫俗舊曾栽若從後圃論高節梨白桃紅孰
取材　原文徵明竹分得亭亭綠玉枝雨餘生意滿階
除凌霄已展疏疏葉護粉聊營短短籬肎信移來真是
醉不愁俗在未能醫入門此夜頻前席凉月虛窗更自
宜　申時行竹粉浮筠忽自散琳琅解籜依然抱雪霜
應是鳳毛揚素彩非關蝶翅膩瓊芳鉛華半染湘妃淚
玉筍微含漢署香不見侍中頻拭面曉來新雨沐蒼筤
鄧雲霄竹粉萬竿晴拂渭川烟解籜爭枝自嫋然湘
水裙搖珠珮冷葛陂雲護玉龍眠看來翻恨何郎妬粧
處應將漢署連六月林間猶帶雪可留清韻待羣賢

于若瀛竹粉新抽翠篠君於妝嶋質輝輝抱節長操幹未須逢越女解苞疑是試何郎痕銷乍染三湘淚素積猶疑五月霜僕射盤中勞記事未裁斑管已含光

五言排律增唐王維沈十四拾遺新竹生讀經處同諸公作閒居日清靜修竹自檀欒嫩節留餘籜新叢出舊闌細枝風響亂疎影月光寒樂府裁龍笛漁家伐釣竿何如道門裏青翠拂仙壇　劉長卿同郭參謀詠崔僕射淮南節度使廳前竹昔種梁王苑今移漢將壇蒙籠低晃過青翠卷簾看得地移根遠經霜抱節難開花成鳳實嫩筍長漁竿靄靄軍容靜蕭蕭郡宇寬細音和角暮疎影上門寒湘浦何年變山陽幾處殘不知軒屏側

歲晚對袁安　朱放竹青竹何森然沉沉獨曙前出墻同淅瀝開戶滿嬋娟籜卷初呈粉苔侵亂上錢疎中思水過深處若山連疊夜常棲鷺清朝乍有蟬砌陰迎綬策簷翠對欹眠迸筍雙分箭繁梢一向偏月過驚散雪風動極聞泉幽谷添詩諳高人欲製篇蕭蕭意何限不獨佳湘川　白居易題盧秘書夏日新栽竹二十韻湘竹初封植盧生此考槃久持霜節苦新託露根難等度須當砌疎稠要滿欄買憐分薄俸栽稱作閒官葉翦藍羅碎莖抽玉琯端幾聲清淅瀝一簇綠檀欒未夜青嵐入先秋白露漙拂肩搖翡翠熨手弄琅玕韻透窗風起陰鋪砌月殘炎天聞覺冷窄地見疑寬梢動勝搖扇枝低好掛冠碧籠烟冪冪珠灑雨珊珊曉籜晴雲展陰芽蟄虺蟠愛從抽馬策惜未截魚竿松韻徒煩聽桃夭不足觀梁惠當家杏臺陋本司蘭撐撥詩人興勾牽酒客歡靜連蘆簟滑涼拂葛衣單豈止消時暑應能保歲寒莫同凡草木一種夏中看　王建杜中丞書院新移小竹此地本無竹遠從山寺移經年求養法隔日記澆時嫩綠卷新葉殘黃收故枝色經寒不動聲與靜相宜愛護出常數稀稠看自知貧家緣未有客散獨行遲　朱慶餘賦得震爲蒼筤竹爲擢東方秀脩然異衆筠青葱纔映粉蒙密正含春嫩籜霑微雨幽根絕細塵乍憐分徑小偏覺帶烟新結實皆留鳳垂陰似庇人顧唯竽在

手深水掛頳鱗　許晝江南竹江南蕭灑地本自與君宜固節還同我虛心欲待誰潤泉傍借響山木共含滋粉膩蟲難篆叢疎鳥易窺盡應逢野渡中忽見村祠葉掃秋空靜根橫古塹危影迷宗靄裏聲出夜風時客棹深深過人家遠遠移遊邊會結念到此數題詩莫恨成龍晚成龍會有期　賈島題鄭常侍廳前竹綠竹臨詩酒嬋娟思不窮亂枝低積雪繁葉亞寒風蕭颯疑泉過縈迴有徑通侵庭根出土隔壁筍成叢疎影紗窗外清音寶瑟中卷簾終日看欹枕幾秋同萬頃歌王子千竿伴阮公露光憐片片雨潤愛濛濛嶰谷巒湖北湘川瀟水東何如軒檻側蒼翠裊長空　吳融玉堂種竹當砌

植橙欒濃陰五月寒引風穿玉牖搖露滴金盤有韻和
宮漏無香雜曉蘭地嚴雲鏁易日近雪封難靜稱閒栱
會開宜閣筆看他年終結實不羨樹棲鸞〔李建勳新
竹〕裊裊薰風軟娟娟湛露光參差仙子仗迤邐羽林槍
迥去侵花地斜來破蘚墻籜乾猶抱翠粉膩若塗妝逕
曲莖難數陰疎葉未長嬾嫌吟客倚甘畏夏蟲傷映水
如爭立當軒自著行北亭樽酒興還為此君狂〔徐賁
釣絲竹〕藋藋拂清流嶲維舴艋舟野蟲懸作餌溪月曲
為鉤雨潤搖偕長風吹繞指柔若將諸樹比還使綠楊
羞蠶婦非堯女漁人是子猷湖邊舊栽處長映讀書樓
〔宋司馬光雙竹〕上苑通丹禁修林繞玉堂周阿紆鏤

檻並幹擢新篁瀟灑駢瑤蓺連翩拂壁璫虬騰雙角直
鯨噴兩鬚長曉泊烟華重晴留雨氣涼分音成律呂齊
秀待鸞凰碧借雲霞潤清依日月光物情知有謂天造
固無方比節羣誠合虛心至道彰吾君愈勤德不敢有
嘉祥
七言排律【增】〔唐白居易和令狐相公新於郡內栽竹百
竿拆壁開軒旦夕對翫偶題七言五韻〕梁園修竹舊傳
名久廢年深竹不生千畝荒涼尋未得百竿青翠種新
成墻開乍見重添興窓靜時聞別有情烟葉蒙籠侵夜
色風枝蕭颯欲秋聲更登樓望尤堪重千萬人家無一
莖【原】〔明吳國倫題竹〕竹里名依華子岡何年移傍此
君堂鮮筠裛露丹珠細勁節凌霄綠玉長數畝繁陰飄
陸海萬竿疎雨過瀟湘樹遮梁孝園中月袖拂元卿徑
裏霜羨簡未裁龍籟奏泰簫欲截鳳先翔嬋娟隔幔琴
徽冷蔥蒨臨池水脉香居士風流還洛下故人消息半
山陽興時看去同誰好獨有王猷興更長

五言絶句

御製詠盆中竹〕此君霜後青密葉欲停雪叢篁傍小山清節
依然潔
【增】〔唐太宗賦得臨池竹〕貞條障曲砌翠葉貫寒霜拂牖
分龍影臨池待鳳翔〔盧照鄰臨階竹〕封霜連錦砌傍
露拂瑤階聊將儀鳳質暫與俗人諧〔呂太一詠院中

叢竹〕擢擢當軒竹青青重歲寒心真徒見賞籜小未成
竿〔張紘和呂御史詠院中叢竹〕開君庭竹詠幽意歲
寒多歎息爲冠小良工將奈何【原】〔王維斤竹嶺〕檀欒
映空曲青翠漾漣漪暗入商山路樵人不可知〔竹里
館〕獨坐幽篁裏彈琴復長嘯深林人不知明月來相照
〔裴迪斤竹嶺〕明流紆且直綠篠密復深一逕通山路
行歌望舊岑〔竹里館〕來過竹里館日與道相親出入
惟山鳥幽深無世人【增】〔劉長卿斑竹〕蒼梧千載後斑
竹對湘沅欲識湘妃怨枝枝滿淚痕〔劉禹錫庭竹〕露
滌鉛粉節風搖青玉枝依依似君子無地不相宜〔韓
愈竹洞〕竹洞何年有公初斫竹開洞門無鎖鑰俗客不

管來　竹溪蕩蕩溪流漫梢梢岸篠長穿沙碧簳淨落
水紫苞香　張籍和韋開州盛山竹巖獨入千竿裏緣
巖蹋石層筍頭齊欲出更不許人登　李羣玉題竹一
頃含秋綠森風十萬竿氣吹朱夏轉聲掃碧霄寒　殷
璠題竹窗戶盡蕭森空堦凝碧陰不緣冰雪裏為識歲
寒心　杜牧黃州竹逕竹岡蟠小逕曲折鬭蛇來三年
得歸去知遶幾千迴　宋徐鉉北苑詠竹勁節生宮苑
虛心奉豫遊自然名價重不羨渭川侯　石延年省中
對竹擢翠向人孤潭潭省署虛雨餘秋更晚風月共蕭
疎　蘇軾和廬山芝上人竹軒洞外復空中千千萬萬
同勞師向竹須渦足阿誰風　蘇轍和文與可竹塢空

陂放修竹肅肅復寘寘莫除塢外筍從使入園生　霜
筠亭林高日氣薄竹色淨如水寂歷斷人聲時有鳴禽
起　黃甯谷誰言使君貧已用谷量竹盈谷萬萬竿何
曾一竿曲　此君庵風梢遶簷回霜幹當窗淨遙知素
壁上醉墨森相映　楊萬里詠竹凜凜冰霜節脩脩玉
雪身便無文與可自有月傳神　朱子丘子野表兄郊
園詠竹移自溪上園種此墻陰路墻陰少人行來歲障
幽戶　竹種竹官墻陰經年但憔悴故園新綠多宿幹
轉蒼翠　雲谷竹塢竹荷桃蹊北蕭槮竹塢深不堪秋
夜永風雨助悲吟　金李俊民詠竹瀟灑能醫俗檀欒
看上番我寧負此腹忍使籜龍冤　楊載題墨竹風味

旣澹泊顏色不斌媚孤生崖谷間有此凌雲氣　元吳
鎮題露竹晴霏光煜煜皎日影曈曈為問東華塵何如
北窓風　題畫竹霏霏桃李花競向春前開何如此君
子四時清風來　亭亭月下陰挺挺霜中節寂寂空山
深不改四時葉　野色入高秋疎影逝湘水日午思蹤
凉清風為誰起　抱節元無心凌雲如有意置之空山
中凜此君子志　元吉雅謨丁畫竹雨過蛟龍起風生
翡翠寒但存清白在日日是平安　楊維楨雨竹倚石
添新筍爭妍個個添佳人聽春雨笑隔水晶簾　明高
啟署上人房竹幽篠半檐橫山窗颭月明上人禪定久
不怕有秋聲　題叢竹圖窈窕復蒙茸千山萬竹中幽

人夜驚起秋雨共秋風　修竹塢色映溪沉沉秋雲生
夕陰無限楚山意鶴鳴風滿林　李東陽畫竹山風與
溪竹共作一林秋行人休更往前路有鈎輈　旭日照
珊瑚秋風碧海枯只愁龍化去不敢鬭齊奴　詠竹秋
雨爛百草青青修竹林解使秋聲爽還令秋色深　原
馮琦竹滿地種琅玕修枝蔭茅屋微風如有會一一鳴
寒玉　本是瀟湘人最愛瀟湘竹何處丘中琴歷歷蕭
湘曲　于若瀛竹清溪遶一灣種竹只數個朝來風籜
疎落水青萍破　陳繼儒方竹杖外方而內虛得道已
無上不作漁郎竿還斸仙人杖
六言絕句

御製閒坐詠竹門外千竿細竹窓前萬朶鮮花。秋寒衆色皆變惟爾霜姿可嘉

七言絕句

御製詠潭柘寺竹翠葉纔抽碧玉枝經旬清影上階墀凌霜抱節無人見終日虛心與鳳期

題蘇軾墨竹徑尺貿簹墨淺深雪堂健筆勢千尋縱饒凝露春梢色不比凌霜挺節心

初秋詠竹森萃青青繞碧塘霜姿靄靄動幽香寒風不變終身節綠葉紛然映晚涼

原 唐杜甫從韋二明府續處覓綿竹華軒靄靄他年到綿竹亭亭出縣高江上舍前無此物幸分蒼翠拂波濤

增 劉長卿晚春歸山居題窓前竹溪上殘春黃鳥稀辛夷花盡杏花飛始憐幽竹山窓下不改清陰待我歸

韋應物將往滁城戀新竹簡崔都水示端停車欲去繞叢竹偏愛新筠十數竿莫遣兒童觸瓊粉留待幽人迴日看

柳宗元清水驛叢竹天水趙云余手植一十二莖簷下疎篁十二莖襄陽從事寄幽情祇應更使伶倫見寫盡雌雄雙鳳鳴

原 李涉葺夷陵幽居負郭依山一徑深萬竿如束翠沉沉從來愛物多成癖辛苦移家爲竹林

增 王建乞竹乞取池西三兩竿房前栽著病時看亦知自惜難判割猶勝橫根引出闌

劉言史題竹園繞屋扶疎聳翠莖苦滋粉藻有幽情丹陽萬戶春光靜獨自君家秋雨聲

題源分竹亭繞屋扶疎千萬竿無人相誘獨行看日光不透烟常在先校諸家一月寒

僧詹前獨竹詠亂石田中寄孤木亭亭不住凌虛引欲以袈裟拂著來一邊碧玉無輕粉

施肩吾翫友人庭竹曾去玄洲看種玉那似君家滿庭竹客來不用呼清風此處挂冠涼自足

白居易別橋上竹穿橋迸竹不依行恐礙行人被損傷我去自慙遺愛少不教君得似甘棠

問移竹問君移竹意如何慎勿排行但間窠多種少栽皆有意大都少校不如多

題李次雲窓竹不用裁爲鳴鳳管不須截作釣魚竿千花百草凋零後留向紛紛雪裏看

原 元稹斑竹得之湘流一枝斑竹渡湘沅萬里行人感別魂知是娥皇廟前物遠隨

風雨送啼痕

增 馬戴高司馬移竹叢居堂下幸君移翠掩燈窓露葉垂莫羨孤生在山者無人看著拂雲枝

薛能盩厔官舍新竹心覺清涼體似吹滿風輕撼葉垂垂無端種在幽閒地衆鳥嫌寒鳳未知

唐彥謙詠竹醉臥涼陰沁骨清石床冰簟夢難成月明午夜生虛籟悞聽風聲是雨聲

竹風竹映風窓數陣斜旅人愁坐思無涯夜來留得江湖夢全爲乾聲似荻花。

唐球庭竹月籠翠葉秋承露風亞繁梢暝掃烟知道雪霜終不變永留寒色在庭前

陸希聲苦竹徑山前無數碧琅玕一逕清森五月寒世上何人憐苦節應須細問子猷看

裴說春日山中竹數竿蒼翠擬龍形峭拔須教

此地生無限野花開不得半山寒色與春爭　李建勳
竹瓊節高吹宿鳳枝風流教我立忘歸最憐瑟瑟斜陽
下花影相和滿客衣　陳陶詠竹十首　不厭東谿碧玉
君天壇雙鳳有時聞一峯曉似朝仙處青節森森倚絳
雲　萬枝朝露學瀟湘杳靄孤亭白石涼誰道乖龍不
行雨春雷入地馬鞭狂　嘯入新篁一里行萬竿如甕
鎖龍泓驚巢翡翠無尋處閒倚雲根刻姓名　青嵐箒
亞思吾祖綠潤偏多憶蔡邕長聽南園風雨夜恐生鱗
甲盡爲龍　迸玉閒抽上釣磯翠苗番次脫霞衣山童
泥乞青驄馬騎過春泉掣手飛　獨題內史琅玕塢幾
醉山陽瑟瑟村剩養萬莖將掃俗莫教凡鳥鬧雲門

燕燕雛時紫米香野溪羞色過東墻諸兒莫拘成蹊筍
從結高籠養鳳凰　一節呼龍萬里秋數莖垂海六鼇
愁更須瀑布峯前種雲裏欄干過子猷　丘壑誰堪話
碧鮮靜尋春譜認嬋娟會當小殺青瑤簡圖寫龜魚把
上天　玄圃千春閉玉叢湛陽一祖碧雲空不須騷屑
愁江島今日南枝在國風　韋莊新栽竹寂寞堦前見
此君繞闌吟罷却沾巾異鄉流落誰相識惟有叢篁似
主人　羅隱竹籬外清陰接藥闌曉風交戛碧琅玕子
猷歿後知音少粉節霜筠謾歲寒　李中對竹懶穿幽
徑衝鳴鳥忍踏清陰損翠苔不似閉門欹枕聽秋聲如
雨入軒來　宋林逋竹林寺籬斜夾千梢翠山磴深穿

筍籜乾却憶貴家廳館裏粉墻時書數莖看　韓琦中
書東廳綠篠莫輕叢篠綠陰微迸筍方抽嫩玉枝結實
他年臻瑞物最宜栽向鳳凰池　王安石竹裏　竹裏編
茅倚石根竹莖疎處見前村閒眠盡日無人到自有春
風爲掃門　蘇軾和文與可洋州竹塢　晚節先生道轉
孤歲寒惟有竹相娛麤才杜牧眞堪笑喚作軍中十萬
夫　霜筠亭　解籜新篁不自持嬋娟已有歲寒姿要看
凜凜霜前意須待秋風粉落時　此君菴　寄語菴前抱
節君與君到處合相親寫眞雖是文夫子我亦眞堂作
記人　西湖壽星院此君軒　臥聽謖謖碎龍鱗俯看蒼
蒼立玉身一舸鴟夷江海去尙餘君子六千人　蘇轍

南齋竹　舊山修竹半塵埃誰種南林待我來新筍出墻
秋雨足閉門長與護蒼苔　大雨後詠南軒竹二首　苦
寒壞我千竿綠好雨還催衆筍長痛飲雖無嵇阮客瓢
尊一試午陰涼　葉開翡翠才通日節竦琅玕不怕風
梢放西邊深二丈端如幽谷茂林中　原　葛敏修題竹
軒　不用山僧供帳迎世間無此竹風清獨拳一手支頤
臥偷眼看雲生未生　增　范成大種竹了題愛山亭灑
掃宣華舍此君烟中月下絲生鬢他年葉葉清風滿莫
忘今年借宅人　陸游法寶珊師求竹軒詩南軒竹色
映谿光不減吾州五月涼猶恨秋來鷗鷺少須君更爲
築橫塘　楊萬里竹林　珍重人家愛竹林織籬辛苦護

寒青邪知竹性元薄相須要穿來籬外生〔新竹〕京風弄巧補殘山一夜吹添玉數竿半脫錦衣猶半著籜龍未信怯春寒〔王十朋詠竹〕萬木蕭疎怯歲寒子猷相見喜平安世間寧有揚州鶴休訝平生肉食難〔樓鑰雙竹〕蟄龍驚起兩龍角蛟室未呈雙水犀同本若爲分魯衞清風應不愧夷齊〔厲小山庭竹〕渭川未暇栽千畝庭檻聊須種數根最愛深秋羣木脫獨欺風雨戰黃昏〔方伯謨斑竹〕鳳尾森森半已舒玳紋滴瀝畫難如虛心不貯相思淚還作風流向綺疏〔金高士談詠苦竹〕密葉修莖雨後新旬因憔悴損天眞清如南國紉蘭客瘦似西山採蕨人〔龐鑄題墨竹隔溪烟雨〕一溪流

水玉涓涓溪上修篁接暮烟誰倩能詩文與可筆端移得小江天〔秋風驟雨〕瀟川急雨暗秋空無限琅玕淡墨中劍甲縱縱軍十萬欲將貔虎戰斜風〔春雷起蟄〕千梢萬葉玉玲瓏枯槁叢邊綠轉濃待得春雷驚蟄起此中應有葛陂龍〔元張弘範墨竹〕爵墨芸香小玉叢滄烟橫月翠玲瓏小齋春鎖綠窗夢也勝湘江烟雨中〔許有壬雨中移竹〕山人聚景作池臺移得龍孫帶雨栽頃刻雲間晴日上便教陰過酒尊來〔李孝光題竹〕翠袖臨風一悵然雨餘草木亦娟娟東頭夜半明月出照見蛟龍石上眠〔吳鎭題畫竹〕此君不可一日無纔著數竿淸有餘露葉風梢承倪滴瀟湘一曲在吾廬

葉葉如聞風有聲盡消塵俗思全清夜深夢遶湘江曲二十五弦秋月明　低垂新綠影離離倚石臨泉一兩枝憶得昔年今日見鳳凰池上雨絲絲〔潘伯修題柯博士墨竹〕嶰谷春回落粉香拂雲和露倚蒼蒼月明後夜吹簫過應是伶倫學鳳凰〔馬臻畫竹〕拂雲標格歲寒心墨色分陰重又輕不似渭川千畝綠只和風雨作秋聲〔張雨道道竹枝〕篔簹谷口白雲生雲裏琅玕萬玉聲驚破幽人春枕夢一窗斜月半梢橫〔明高啟池亭對竹〕秋陰弄色護池亭碧玉山橫翡翠屏鳴鶴迎風時一喚先生高枕夢初醒〔李東陽畫竹〕漢皐亭上起秋風夜逐湘靈下楚宮曉入碧雲看不見豈銅遺佩各

西東〔墨竹〕亂石層厓捲暮湍秋風吹老碧琅玕蒼蒼月色蕭蕭籟迸作空堂一夜寒〔沈周叢竹〕亭前綠玉森成叢鳳宿枝頭烟雨空簫管一聲人未寢滿林明月浸清風　原〔王象晉種竹〕斸取江干老竹根擔歸家去長兒孫他年勁節干霄起招得丹山彩鳳騫　增〔吳孔嘉詠竹〕幾竿清影映窗紗篩月梳風帶雨斜相對此君殊不俗幽齋松徑伴梅花

詩散何　增〔柬到漉〕復有月霜筠寄生桂潭側文彩既斑爛質性甚綢直〔唐王績〕竹生大夏谿蒼蒼富奇質綠葉吟風勁翠莖犯霄密〔張九齡修竹〕含清景亭池澹碧虛　原〔儲光羲雅子〕脫錦繃斬頭香玉滑　增〔李白

白沙留月色綠竹助秋聲　原杜甫傍舍連高竹疎籬
帶晚花　天寒翠袖薄日暮倚修竹　花濃春寺靜竹
細野池幽　名園依綠水野竹上青霄　東林日影薄
臘月更須栽　野水平橋路春沙映竹村　平生憩息
地必種數竿竹　增錢起楚竹青玉潤從來湘水陰
自愛賞心處叢篁流水濱　原孟郊裂竹見直紋破竹
見貞心　李賀竹香滿淒寂粉節塗生翠　增元稹竹
梢餘雨重時復拂簾驚　杜牧霜根漸隨斧風玉尙敲
秋　宋張詠影射池光冷聲敲鶴夢驚　歐陽修新篁
漸解籜翠色日已深　蘇軾門前兩叢竹雪節貫霜根
黃庭堅野次小崢嶸幽篁相依綠　李覯齋間竹淨

好日媚幽人心　吳儆此君丘壑姿不受世炎凉　陸
游雪重從壓竹竹折有奇聲　唐張籍晚到金光門外
寺寺中新竹隔簾多　南唐先主棲鳳枝梢猶軟弱化
龍形狀已依稀　元張翥籜中龍子振春蟄突出雷雨
頭參差　晉阮籍修竹隱山陰　齊謝朓脩脩蔭窗竹
梁簡文帝竹垂懸掃淚　宋沈約紫籜開綠篠　劉
孝威溪竹暗難開　庾肩吾竹葉含初籜　周庾信風
竹解寒苞　水影搖叢竹　陳徐陵竹密山齋冷　唐
太宗碧林青舊竹　喬知之寒竹有貞葉　張說天香
瀰竹氣　李白竹影掃秋月　窗竹夜鳴秋　王維綠
竹含新粉　岑參窗冷竹聲乾　原杜甫翠乾危棧竹

種竹交加翠　風前徑竹斜　霜埋翠竹根　叢竹
底地碧　竹送清溪月　修竹不受暑　竹皮寒舊翠
秋竹隱疎花　竹光團野色　增李益蕨茸凌風竹
韓翃開窗竹翠陰　司空曙濕竹暗浮烟　韓愈綠
雲竹竦竦　院竹翻夏籜　柳宗元貧篁遺清斑　解
帶圍新竹　孟郊竹氣碧衣襟　竹影金瑣碎　李賀
野竹蛇涎痕　白居易風竹玉相戛　王立竹森森
朱慶餘翠篠寒逾靜　姚合竹深雲自宿　許渾風靜
竹含秋　羅隱砌竹搖風直　鄭谷風竹冷相敲　竹
色染衣巾　宋林逋竹老生虛籟　王安石山竹翠相
園　歐陽修嫩籜筠粉暗　范成大宿雲浮竹色　吳

儆修竹搖蒼翠　金元好問修竹四山雲　元馬祖常
竹光浮晝碧　原唐杜甫風含翠篠娟娟靜　增韓翃
千竿竹影亂登墻　湘竹斑斑湘水春　李賀水風浦
雲生老竹　陸龜蒙叢竹當封瀟灑侯　李洞入戶竹
生床下葉　韓偓窗竹夏多漏月光　宋司馬光竹月
綠堦貼碎金　綠篠影侵棊局暗　秦觀竹陰清掃月
中壇　金元好問竹香偏向靜中聞　元袁泰風動新
篁隱隱香　郭鈺濃翠浮衣竹一尋
詞　增宋陳亮謁金門西風竹韻入翠烟矗矗紅小欄杆
知幾曲聲聲敲碧玉　窗下鳳臺銀燭斷夢已驚難續
曾伴去年庭下菊夜闌聽雨宿　馬莊父朝中措龍孫

脫穎破苔痕英氣欲凌雲深處未須留客春風自掩柴
門　蒲團宴坐輕敲茶臼細撲爐薰彈到琴心三疊鷓
鴣啼傍黃昏〔蘇軾水龍吟〕楚山修竹如雲異材秀出
千林表龍鬚半翦鳳膺微漲玉肌勻繞木落淮南雨晴
雲夢月明風裊自中郎不見桓伊去後知辜負秋多少
　聞道嶺南太守後堂深絲珠嬌小綺窗學弄梁州初
遍霓裳未了嚼徵含宮泛商流羽一聲雲杪爲使君洗
盡蠻風瘴雨作霜天曉〔藏三休沁園春〕竹焉美哉愛
竹者誰曰君子歟向佳山水處築宮一畝好風烟裏種
玉千株朝引輕霏夕延凉月此外塵埃一點無須知道
自樂其樂吾樂吾廬　竹之清也何如應料得詩人淸

矣乎況滿庭秀色對拈彩筆半窗凉影伴讀殘書休說
龍吟莫言鳳嘯且道高標誰勝渠君誰看正繞坡雲氣
似渭川圖

別錄 增 史記西南夷傳元狩元年博望侯張騫使大夏
來言居大夏時見蜀布邛竹杖〔注〕邛山名此竹節高實
中可作杖〔漢書高祖紀〕高祖爲亭長乃以竹皮爲冠
令求盜之薛治時時冠之及貴常冠所謂劉氏冠也〔注〕
應劭曰以竹始生皮作冠今鵲尾冠是也求盜者亭卒
薛魯國縣也有作冠師故往治之韋昭曰竹皮竹筠也
今南夷取竹幼時績以爲帳師古曰竹皮筍皮謂筍上
所解之籜耳非竹筠也今人亦往往爲筍皮巾古之遺
制也　原〔漢書律歷志〕黃帝使伶倫自大夏之西昆侖
之陰取竹之解谷生其竅厚薄均者斷兩節間而吹之
以爲黃鐘之宮制十二筩以聽鳳之鳴其雄鳴爲六雌
鳴亦六此黃鐘之宮皆可以生之是爲律本〔注〕孟康曰
解脫也谷竹溝也取竹之脫無溝節者也一說昆侖之
北谷名也應劭曰生者治也竅孔也孟康曰竹孔與肉
厚薄等也晉灼曰取谷中之竹生而孔外肉厚薄自然
均者截以爲筩不復加削刮也〔晉書律歷志〕候氣之
法靈臺用竹律楊泉記云取弘農宜陽縣金門山竹爲
管河內葭莩爲灰以葭莩灰實律內端案歷而候之氣
至者灰去　增〔晉書陶侃傳〕時造船木屑及竹頭悉令

舉掌之咸不解所以後正會積雪始晴廳事前餘雪猶
濕於是以屑布地及桓溫伐蜀又以侃所貯竹頭作丁
裝船其綜理微密皆此類也〔南齊書高逸傳〕徐伯珍
少孤貧書竹葉及地學書〔南史齊武帝諸子傳〕南海
王子罕字雲華母樂容華嘗寢疾子罕晝夜祈禱於時
以竹爲燈纜照夜此纜宿昔枝葉大茂母病亦愈咸以
爲孝感所致〔明僧紹傳〕齊高帝賜僧紹竹根如意筍
籜冠隱者以爲榮焉〔唐書南蠻傳〕戰以竹籠頭如兜
鍪　環王以竹爲弓〔風俗通〕殺青書可繕寫謹按劉
向別錄曰殺青者直用青竹簡書耳　原〔神仙傳〕壺公
謝遣費長房以一竹杖與之曰但騎此得到家耳房騎

竹杖辭去忽如睡覺已到家所騎竹杖棄葛陂中視之乃青龍耳　蘇仙公持一竹杖時人謂曰蘇生竹杖固是龍也　增〔搜神記〕蔡邕嘗至柯亭以竹爲椽邕仰盼之曰良竹也取以爲笛發聲遼亮一云邕告吳人曰吾昔嘗經會稽高遷亭見屋東間第十竹椽可爲笛取用果有異聲　〔南康記〕南野縣有漢監匠陳齊其人通靈夜常乘龍還家龍至家輒化青竹杖隮內致戶前母不知因將杖去須臾光影滿堂俄爾飛失杖乃御雙鵠還　〔異苑〕晉太元中汝南人入山伐竹見一竹中蛇形已成上枝葉如故又吳郡桐廬人常伐餘遺竹見一竹竿雉頭頸盡就身猶未變此亦竹爲蛇蛇爲雉也　增〔南

雍州記〕辛居士名宣仲家貧春月鬻筍充觴酌截竹爲罌用充盛置人問其故宣仲曰我惟愛竹好酒欲令二物常相並耳　增〔南部烟花錄〕臨池觀竹既枯后每思其響夜不能寢帝爲作薄玉龍數十枚以縷線懸於簷外夜中因風雨相擊聽之與竹無異　〔國史補〕李舟好事嘗得村舍烟竹截以爲笛堅如鐵石遺李牟牟吹笛爲天下第一月夜泛江維舟吹之寥亮逸發上徹雲表俄有客獨立於岸呼船請載既至請笛而吹甚爲精壯山河可裂牟平生未嘗見及入破呼吸盤擗其笛應聲粉碎客散不知所之舟蓄記疑其蛟龍也　〔明皇雜錄〕羅公遠引明皇遊月宮擲一竹於空中爲橋色如白金

行數里至一大城闕曰此月宮也　〔異聞實錄〕陳季卿者江南人舉進士至長安十年不歸一日於青龍寺訪僧不値憩於大閣有終南山翁亦候僧偶坐久之壁間有寰瀛圖季卿尋江南路太息曰得此歸不悔無成翁曰此何難乃折堦前竹葉置圖上渭水中謂陳曰注目於此如願矣季卿熟視卽渭水波濤洶湧一舟甚大恍然登舟其去極速踰旬至家兄弟妻子迎見甚喜信宿乃復進棹倏然復至渭水徑邀青龍寺山翁尚擁褐而坐僧猶未歸　〔在窮記〕廣南以竹爲硯　〔夢書〕竹爲處士夢者當歸隱也　〔常新錄〕宗測樂閒靜好松竹嘗見日篩竹影上窓以筆備描之　〔尚書故實〕崔魏公說

有王修能變竹葉爲黃金　〔桂苑叢談〕太尉朱崖公兩出鎭於浙右前任罷日遊甘露寺因訪別於老僧院啜茗既終將欲辭去公曰昔有客遺筇竹杖一條聊與師贈別亟令求之須臾而至其杖雖竹而方所持向上節眼鬚牙四面對出天生可愛別後不數歲再領朱方復因到院問前時拄杖何在曰至今寶之公請出觀之則老僧規圓而漆之矣公嗟歎彌日自此不復目其僧矣　〔成都古今記〕山濤治郫時刳大竹釀酴醾作酒兼旬方開香聞百步外故蜀人傳其法　〔畫史〕蘇軾子瞻作墨竹從地一直起至頂余問何不逐節分曰竹生時何嘗逐節生運思清拔出於文同與可自謂與文拈一瓣

香以墨深爲面淡爲背自與可始也作成林竹甚精
朝議大夫王之才妻南昌縣君李尙書公擇之妹能臨
松竹木石畫　與可每作竹貺人一朝士張潛迂疎作
謹文作紆竹以贈之如是不一又作橫絹丈餘著色偃
竹以貺子瞻南昌過黃借得以倣臨之後數年會余眞
州求詩非自陳不能辨也余曰偃蹇宜如李揮毫已遍
翁衛書無曲妙殊惠有遺工乍覩虯加物初披颯有風
顧藏惟謹鑰化去或難窮　原東坡集昔時與可墨竹
見精練良紙輒奪筆揮灑不能自已坐客爭奪持去與
可亦不甚惜後來見人設置筆研卽逡巡避去人就求
索至終歲不可得或問其故與可曰吾乃者學道未至

意有所不適而無所遣之故一發於墨竹是病也今吾
病良已可若何然以予觀之與可之病亦未得爲已也
獨容有不發乎予將伺其發而掩取之彼方以爲病而
吾又利其病是吾亦病也　嶺南人當有愧於竹食者
竹筍庇者竹瓦載者竹筏爨者竹薪衣者竹皮書者竹
紙履者竹鞋眞可謂一日不可無此君也耶　昔人以
海苔爲紙今無復有今人以竹爲紙亦古所無有也
增老學庵筆記北方多石炭南方多木炭而蜀又有竹
炭燒巨竹爲之易然無烟耐久奇物　王荆公於富貴
聲色略不動心得耿天騭惠竹根冠愛詠不已　拄杖
斑竹爲上竹欲老瘦而堅勁斑欲微赤而點疎賈長江

詩云揀得林中最細枝結根石上長身遲莫嫌滴瀝紅
斑少恰是湘妃淚盡時善言拄杖者也　邛竹杖蜀中
無之乃出徼外蠻洞蠻人持至瀘敘間賣之一枝纔四
五錢以堅潤細瘦九節而直者爲上品　酒譜老杜詩
云醉倒終同臥竹根蓋以竹根爲飲杯也　原五色線
馬均大巧能削竹作人語時天下大旱人皆將酒與此
竹人語天下須臾雨也　增圖繪寶鑑李夫人西蜀名
家未詳世胄善屬文尤工書畫郭崇韜伐蜀得之夫人
以崇韜武弁常鬱悒不樂月夕獨坐南軒竹影婆娑可
喜卽起揮毫濡墨橫寫窓紙上明日視之生意具足自
是人間往往效之遂有墨竹　宋徽宗作墨竹緊細不

分濃淡一色焦墨叢密處微露白道自成一家不蹈襲
古人　端獻王頵越國夫人吳氏以淡墨寫竹整整斜
斜曲盡其態見者疑其影落縑素　程堂字公明眉人
善畫墨竹宗文湖州好畫鳳尾竹其梢極重作回旋之
勢而枝葉不失向背　李誕河間人多畫叢竹筍籜鞭
節色色畢具此宜和體也　莊靖王䢼裕孝宗之弟也
工墨竹喜作挂屏長竿枝梢旁出如簷底乍見濃墨獵
獵頗具掀舞之態　艾淑字景孟建寧人號竹坡善畫
竹時又有茅汝元號靜齋善墨梅人以艾竹茅梅爲稱
陳虞之字雲翁號止所作墨竹每見竹折小枝就日
影視之皆欲精到　羣碎錄宋魏之間方言謂篁爲笙

桃笙以桃竹為簟也 〔雲林遺事〕元鎮嘗自題其畫竹
云以中每愛子畫竹余之竹聊以寫胸中逸氣耳豈復
較其似與非葉之繁與疎枝之斜與直哉或塗抹久之
他人視以為麻為蘆僕亦不能強辨為竹眞沒奈覽者
何但不知以中視為何物耳 〔西吳枝乘〕管道昇畫傳
者絕少在吳興者錯薤殿畫竹耳然志不言管氏作又
以為子昂讀書其中所作則眞否固未辨也 〔原〕近世
有婦人曹希蘊者頗能詩雖格韻不高然時有巧語嘗
作墨竹詩云記得小軒岑寂夜月移疎影上東墻此語
甚工 文湖州竹生平僅見眞跡一帖在橫冊上乃折
竹也其題者二人柯九思題云湖州放筆奪造化此事

世人那得知跫然何處見生氣彷彿空庭月落時金粟
道人阿瑛題云湖州昔在湖州日日日逢人寫竹枝一
段枯梢作三折分明雪後上窓時 〔移竹〕先期離竹本
一二尺四圍劚斷旁根仍以土覆頻澆水俟雨後移致
即活亦不換葉移時須尋其西南根勿劚斷照舊栽植
豎架扶之尤妙竹中有樹不須去雖風雪不復欹斜亦
一助也若將死貓狗埋其下竹生尤盛埋之邊傍亦能
引竹宋時內苑種竹一二年即茂盛詢之園子云只有
八字疎種密種淺種深種疎種者謂三四尺方種一顆
欲其上虛易於行鞭密種者大其根盤每顆須四五竿
一堆欲根密自相維持淺種者入土不甚深深種者種

得雖淺即用河泥厚壅之 〔鈕竹園〕以稻糠或麥糠或
河泥皆可壅只用一樣勿雜 移竹多帶宿土勿踏以
足若換葉勿遽拔去又有一法迎陽氣則取季冬順土
氣則取雨時連數根種則易生筍 一法擇大竹截去
上段留近根三四寸通其節以土硫黃末塡實倒種之
第一年二年生小筍隨去之至第三年生如舊竹甚有
過之者 〔擇竹〕志林云竹有雌雄雌者多筍故種竹當
擇雌者物不能逃於陰陽也欲識雌雄當自根上第一
節觀之雙枝者為雌宜取西南根栽向東北隅蓋竹性
西南行西南乃嫩根也其東北老根種亦不茂 〔審時〕
種竹之法要得天時五六月間舊筍已成新根未行此

時可移又須醉日宋子京云除地墻陰植翠筠疎枝茂
葉與時新賴逢醉日原無損政自得全於酒人五月十
三日為竹醉日岳陽風土記謂之龍生日栽之勿用腳
踏椎打遇陰雨更妙一云八月初八日又五月二十日
為上時遇雨尤佳一云用木命日謂正月一日二月二
日三月三日之類一云每月二十日皆可或云凡七月
間栽竹無不活者須記向背諺云種竹無時雨過便移
多留宿土記取南枝冬至前後各半月栽竹難活蓋天
地閉塞無生意也至有謂臘日宜栽竹者至引杜少陵
詩云東林竹影薄臘日更宜栽乃栽培之栽即今人冬
月加馬糞糠土之意非栽種也 忌火日及西南風花

木皆同【別地】凡栽竹須向陽爲妙先鋤地令鬆且潤
沃以河泥臨時用馬糞拌濕土栽不用作泥漿水最忌
猪糞勿用脚踏及鋤杵築實則筍生遲蓋土虛鬆則鞭
易行也種竹處須當積土令高於旁地一二尺則雨潦
不能浸損錢塘人謂之竹脚用舊茅茨夾土則竹根尋
地脉易生【伐竹】臘月砍竹作器則不蛀一云六月
竹要留三去四蓋三年者留四年者去諺云公孫不相
見母子不相離謂隔年竹可伐也凡竹木經年不堪作
器若老竹不去竹亦不茂但伐之有時竹之滋澤春發
於枝葉夏藏於幹冬歸於根冬月伐竹經日一裂自首
至尾五月以前伐竹則根紅而鞭爛盛夏伐不蛀但於

林有損七八月猶可過此不堪用矣如要竹堅而不蛀
須盛夏辰日庚午癸卯日血忌日

佩文齋廣羣芳譜卷第八十五

佩文齋廣羣芳譜卷第八十六

竹譜

附錄筍

【爾雅】筍竹萌【註】初生者【疏】竹初萌生謂之筍凡草木
初生謂之萌筍則竹之初生者故曰筍竹萌也可以爲
菜殽　蔥箭萌【註】萌筍屬【說文】筍竹胎也【筍譜】筍
始出土者爲萌生長挺挺然爲筍也筍與笋通或又作箏古文作箏一名篛竹土內皮中謂之籜也
一名竹牙即牙日之牙也一名茁謂竹萌初生茁茁然一名初篁初始也篁竹也
一名竹子神異經云篃竹子美煮而食之張華注云子筍也其種有笆竹筍八月
生盡九月竹與筍俱有刺芒鄖竹筍長節深根冬夏皆生箭筍十二月生會稽以來諸山絕多
箘簵筍自甌越以南七月生至八月盡鸞筍錢塘多生其色紫苞當鸞至時生故俗謂鸞筍天

目筍五月生盡六月色黃出天目山端午後方採鸞早歲則無竹王林筍其筍密密冒土南地
熱多冬生桃竹筍生涪陵相思崖質柔弱有異孤竹筍三年生一筍及筍成竹竹母已枯
旋味筍一名苦蒲筍福州南多生苦竹春則生筍土人煑食甚苦而且澀及停久則味還可食故名
篻竹筍出交阯竹實中有毒筍亦內實桂竹筍見山海經今未詳桂竹狀貌筍亦難識[illegible]
竹筍生海畔山竹與筍皆有毛傷人則死又有荏筍同此毒籌竹筍竹本根長千丈生海畔山
其竹萌數丈猶爲筍也篣竹筍無肉不可食笠筍七月生至十月間縉雲以南多出味苦節
疎大於箭筍少許山人採剝以灰汁熟煑之都爲金色然後可食苦味減而甘食甚佳也篌筍出溫處建
以來春生可食釣絲竹筍南越多之下廣上銳味甘可食發病木竹筍今靈隱山中出筍堅
可食邛竹筍出蜀中臨邛春生羅浮山記曰此山左右時有之今山有筍生又早時候與蜀不同赤
竹筍出閩中無毒衞丘竹筍山海經註衞丘舜林中竹一節可以爲船筍可知矣蘆竹
筍味苦可食出廬州對青竹筍可食出成都慈母山竹筍江寧縣南慈母山竹

其筍圓緻異於餘處三月生可食鍾龍竹筍可食漢竹筍一節可受二三斗味雖甘而澀
利竹筍隨竹變而生亦實韌也傍筍筍敏而節與薄鄰竹筍味同木竹筍雲母
筍廣志云大竹也其筍亦相稱箘筍簵筍尚書注箘簵美竹也母既日美竹曦萌可日美筍
蔓筍皮青而肉皆白少室竹筍長偉堪食渭川筍生晚四月方盛鄠杜竹筍
鄠杜多竹而勁小西夏結乾筍豈不是乎鐍竹筍出廣州可療風疾相迷竹筍生廣州減
鑴筍少分桃枝竹筍叢生其皮生毛聚蟲蟻而不可食新婦竹筍三月生可食篁
竹筍可食篁竹筍其竹直二丈猶爲筍而可食雞頭竹筍可食堪茹斑竹筍
脫殼乃爲篛竹方生斑筍不可食篬筍竹葉大如履筍亦不大篔簹筍洪大沛竹筍
其味美貴而食之白烏筍湘中有此竹生是筍魚腸竹筍其竹細而屈筍亦可識矣篁
筍八月生止十一月皮黑紫色其心實人取細切鹽漬少頃以漿水漬再宿漉乾餅藏泥封謂之筍笴挐
摩筍南人亦藏之爲筍笴蘄竹筍叢生羅浮筍甚騎直雲丘帝筍竹一節可

以爲船筍大如木匾竹筍匡廬山中多生初昌七使匾薄堪食箖箊筍可食射筒筍
吳越有之可食篔簹竹筍可食篻竹筍堅大可食自秋生至於冬未春即不生矣簕竹
筍天台圖經云五縣皆有服傷筍至四月已後方出味甚美狗竹筍寧海以來多有三月
生可食筆竹筍吳越多生扶竹筍是竹爲筍便有合歡貌並出慈竹筍四月生江
南人多以灰黃食之又蘄黃生叢竹一叢數竿筍不外逬只向妻生五六月長筍明年方成竹其筍不堪食
玳瑁竹筍其筍脫殼微有斑文龍牙竹筍出永嘉大羅山春二月生棘竹筍味肥
食之落人鬚髮笳竹筍無味雞脛竹筍食之肥美檳榔竹筍見杜臺卿淮賦毛
竹筍出武陵洞口砍竹隨生篁竹筍無味由梧竹筍澀不可食按竹譜有由衙竹即
此方竹筍硬不堪食丹竹筍以色名毛斑竹筍絕不堪食沙麻竹筍
或云蘇麻竹或云蘆麻竹此疑與蘇摩同斯摩筍一人只可擔兩莖亦堪爲筍筍白竹筍以色名
拂雲箒竹筍大如指雙梢竹筍筍長稱莖及生枝葉即分爲兩箖竹筍出裹

州臥龍山其食甚美木竹筍初生時磥硊然不堪食與今吳會開木竹筍食美而甘味不同水竹
筍出黔南管內叢下潭水中生隨水深淺以成節若深一丈則筍出水面爲一節蠻蜑採取以爲食古
散竹筍堪食狄蘆竹筍可食鶴膝竹筍可食石籩竹筍生閩中可食
紫竹筍不宜食月竹筍每月抽筍筍如筍竹萌人不食也三稜竹筍筍細初抽
川中人家竹林中忽有云吉兆也〔本草〕竹有雌雄根上第一枝雙生
者雌也乃有筍土人於竹根行鞭時掘取嫩者謂之鞭
筍江南湖南人冬月掘大竹根下未出土者爲冬筍東
觀漢記謂之苞筍並可鮮食爲珍品南人淡乾者爲玉
版筍明筍火筍鹽曝者爲鹽筍並可爲蔬食諸竹筍氣
味甘微寒無毒　【原】〔筍譜〕筍利大腸無益于脾俗謂之
刮腸篦食者審焉

【彙考】【增】詩大雅其蔌維何維筍及蒲〔周禮天官〕加豆
之實箈菹鴈醢筍菹魚醢〔注〕箈箭萌〔南齊書劉懷珍
傳〕懷珍子靈哲字文明所生母嘗病靈哲躬自祈禱夢
見黃衣老公曰可取南山竹筍食之疾立可愈靈哲驚
覺如言而疾瘳〔南史孝義傳〕郭平原宅上種竹夜有
盜其筍者平原遇見之盜者奔走墜溝平原乃於所植
竹處溝上立小橋令通又採筍置籬外鄰里慚愧無復
取者【原】〔南史隱逸傳〕沈道虔吳興武康人也有人拔
屋後大筍令人止之曰惜此筍欲令成林更有佳者相
與乃令人買大筍送與之盜者慚不取道虔使置其門
內而還【增】〔唐書百官志〕司竹監掌植竹葦供宮中百

司饔饍之屬歲以筍供尙食〔宋史禮志〕太宗景祐三
年禮官宗正請每歲春季月薦蔬以筍果以含桃〔呂
氏春秋〕和之美者越簵之箘〔註〕箘竹筍也〔東觀漢記〕
馬援至荔浦見冬筍名苞上言禹貢厥苞橘柚疑謂是
也 **原**〔笑林〕漢人有適吳吳人設筍問是何物語曰竹
也歸煮其牀簀而不熟乃謂其妻曰吳人轣轆欺我如
此 **增**〔華陽國志〕何隨人有盜其園筍隨見挈屐而歸
恐盜者見也〔楚國先賢傳〕孟宗字恭武至孝母好食
筍宗入林中哀號方冬爲之出因以供養時人皆以爲
孝感所致〔述異記〕周武王時孤竹之國獻瑞筍一株
原〔酉陽雜俎〕張芬曾爲南康親隨行軍常揀向陽巨
筍織竹籠之隨長旋培常留寸許度竹籠高四尺然後
放長秋深方去籠伐之一尺十節其色如金 **增**〔北戶
錄〕湘源縣十二月食斑皮竹筍諸筍無以及之〔卭頭
錄〕皮蕃去北而復來鄱陽食竹筍曰三年不見羊角哀
矣〔雲仙雜記〕裴晉公於藍田得一大筍破之有三四
眼晴而香美過甚〔淸異錄〕海南島中一類筍極腴厚
而甚短島人號平頭筍 余爲筍效傅休奕作墓誌曰
邊幼節字脆中晉林鄉邪之裔也以湯卒〔廣政錄〕孟
氏有蜀時翰林學士徐光溥劉侍郎義叟分直忽覩庭
中筍迸出徐因題之劉性多譏誚徐托土本是蜀人徐
詩曰迸出班犀數十株更添幽景向蓬壺出來似有凌

雲勢因作冉梯得也無劉詩曰徐徐出土非人種枝葉
難投日月壺爲是因緣生此地從來長養譬如無二學
士從此不睦〔筍譜〕王宣居宁堂前有筍兩莖一日盜
折而亡宣顧而不言 丁固仕吳性孝敬母嘗思筍
因遂泣竹生筍 齊孝宣陳皇后性嗜筍鴨卵永明九
年詔太廟祭后薦筍鴨卵六 本玄虛著四明山記云
雪竇山北巖生石乳其峯非人可升有毛竹銀筍詳其
毛竹自生毛筍若銀筍即銀鑛如筍或云毛竹筍白如
銀 唐夏侯彪之上新縣令問吏筍曰筍一莖幾錢曰
一錢五莖取十千買五萬莖謂之曰吾未要且寄林中
養之至秋竹成一竿十文遂成五十萬 沈如琢成都
人有孝行母亡負土成墳廬於側白鵠二棲於廬冬筍
抽十莖天寶二年詔旌表 朱梁高祖開平二年冬商
州進筍以爲瑞嘉詔賜太守幣帛 程崇雅者遂州蓬
山縣人有孝譽母冬月思筍焚香入林中哭泣感生大
筍數株 王子猷暫寄人家便令種竹或問暫居何煩
子猷笑曰何可一日無此君後代人謂竹都爲此君今
作譜者可命筍爲此君之子也 俗間呼筍爲龍孫若
然者龍未聞化竹竹化爲龍豈宜言龍孫今詳埋貫竹
爲龍龍且不生筍故高言巧論呼爲龍孫耳 或問筍
有五色章采乎對曰江東黃竿閩居賦有青筍閩中賦
有素筍錢塘多紫桂筍白飫斑貍緗縹不可勝言大約

不過青綠色　愚著物類相感志常寄書問天目舊友問山中所出伊僧嗜筍却回詩云山中人事違天眼中修定我本無根株只將筍爲命〔金城記〕黎舉嘗云欲以芥嫁筍但恨時不同耳【原】〔冷齋夜話〕東坡嘗邀劉器之同參玉版和尚器之每倦山行聞參玉版欣然從之至廉泉寺燒筍而食器之覺筍味勝問此筍何名東坡曰即玉版也此老師善說法要能令人得禪悅之味于是器之乃悟其戲爲大笑東坡亦悅作偈曰叢林眞百丈嗣法有橫枝不怕石壓路來參玉版師聊憑柏樹子與問籜龍兒瓦礫猶能說此君那不知【增】〔冷齋夜話〕老杜詩曰筍根稚子無人見沙上鳧雛並母眠世或

不解稚子無人見何等語唐人食筍詩曰稚子脫錦棚駢頭玉香滑則稚子爲筍明矣贊寧雜志曰竹根有鼠大如貓其色類竹名竹豚亦名稚子予問韓子蒼子蒼曰筍名稚子老杜之意也不用食筍詩亦可耳〔西溪叢語〕杜牧之朱坡詩云小蓮娃欲語幽筍穉相攜言筍如穉子與杜甫竹根穉子無人見同意〔揮麈後錄〕富鄭公晚居西都嘗會客於第中邵康節與焉因食羊肉鄭公顧康節云煮羊惟堂中爲勝堯夫所未知也康節云野人豈識堂食之味但林下蔬筍則常喫耳鄭公赧然曰微失言〔二老堂詩話〕紫芝云兩京作斤賣五溪無人採此高力士詩也魯直作食筍詩云尚想高將軍

五溪無人採是也張文潛作薺羹詩乃云論斤上國何曾飽旅食江城日至前嘗慕蔡羹最清好固應加糝忼吾緣則是高將軍所作乃薺詩耳非筍詩也二公同時而用事不同如此不知其故予按二詩各因筍薺而借用作斤賣之句初非用事不同紫芝何其拘也〔老學菴筆記〕吳人謂杜宇爲謝豹杜宇初啼時漁人得蝦曰謝豹蝦市中賣筍曰謝豹筍唐顧況詩曰綠樹村中謝豹啼也〔齊東野語〕世傳涪翁喜苦筍嘗從斌老乞苦筍詩云南園苦筍味勝肉又和坡翁春菜詩云公如端爲苦筍歸明日青衫誠可脫坡得詩戲語坐客云吾固不愛做官魯直遂欲以苦筍硬差致仕聞者絶倒嘗賦

苦筍云苦而有味如忠諫之可活國放翁又從而獎之云我見魏徵殊嫵媚約束童兒勿多取於是世以諫筍目之殊不知翁嘗自跋云余生長江南里人喜食苦筍試取而嘗之氣苦不堪於鼻味苦不可於口故嘗屏之未始爲客一設及來黔人冬掘苦筍萌于土中才一寸許味如蜜蔗初春則不食惟僰道人食苦筍四十餘日出土尺餘味猶甘苦相半以此觀之涪翁所食乃取其甘非貴乎苦也南康簡寂觀有甜苦筍周益公詩云蔬食山間茶亦甘况逢苦筍十分甜君看齒頰留餘味端爲森森正且嚴此亦取其甜耳世人慕名忘味甘心荼苦者果何謂哉〔福建志〕羅源縣囘仙巖一石突起高

數十丈有僧名秀者常見呂洞賓來遊談以一筍復以手畫石作回仙巖三字回字蓋隱呂字也秀從此絕食飛錫而去　福清縣石竺山其產少竹而多筍春夏之交鄉人於此采筍欲多則不可得號濟貧筍　南安縣苦竹山有隱君寓石牀石日存焉隱君好竹至今竹數里瀰漫山中鄉人取筍號曰英筍　四川志筍篔山在大渡河西北五十餘里曰前篔又行數十里曰後篔山多筍故名樵蘇者以爲衣食之源

【集藻】表【增】唐李嶠爲百寮賀瑞筍表臣某等言伏見舊明堂前有叢竹抽新筍數莖綠籜含霜紫苞承雪夌九冬而擢穎冒重陰而發翠伏惟陛下仁兼動植化感靈祇故得萌動惟新象珍臺之更始貞堅效質符聖壽之無疆憐帝座而虛心當歲寒而抱節一人有慶萬類呈祥凡在見聞孰不欣躍無任慶忭之至

尺牘【增】宋蘇軾與杜孟堅來守餉筍云潭州來豈所謂猫頭之稱者乎留之必爲庖偷所壞盡致之左右餪成分一盤足矣

頌【增】宋黃庭堅和宣叔乞筍頌筍兒庖日百尾千角鹿九首馳心生寢溷淹死樓中林擫稚子腹便便老饕耳

賦【增】宋黃庭堅苦筍賦僰道苦筍冠冕兩川甘脆愜當小苦而反成味溫潤縝密多啖而不疾人蓋苦而有味如忠諫之可活國多而不害如舉士而皆得賢是其鍾

江山之秀氣故能深雨露而避風烟食肴以之開道酒客爲之流涎彼桂斑之夢永又安得與之同年蜀人曰苦筍不可食食之動痼疾令人萎而瘠予亦未嘗與之言蓋上士不談而喻中士進則若信退若眩焉下士信耳而不信目其頑不可鐫李太白曰但得醉中趣勿爲醒者傳

文賦散句【增】漢張衡南都賦春卯夏筍　李尤七疑橙醢筍菹　晉潘岳閑居賦青筍紫薑　左思魏都賦淇澳之筍　王彪之閩中賦細箬素筍彤竿綠筒　梁簡文帝七勵澄瓊漿之素色雜金筍之甘菹　杜臺卿淮賦綠筒縹筍竿節疎目楨櫟之筍應冬所育

五言古詩【原】唐盧仝寄男抱孫竹林吾所惜新筍好看守萬籜抱龍兒攢迸溢林藪籜龍正稱冤莫教入汝口叮嚀囑托汝汝活籜龍否　白居易食筍此州乃竹鄉春筍滿山谷山夫折盈把抱來早市鬻物以多爲賤雙錢易一束置之炊甑中與飯同時熟紫籜拆故錦素肌擘新玉每日遂加食經時不思肉久爲京洛客此味常不足且食勿踟躕南風吹作竹　【增】宋蘇軾送筍與公擇久客厭鹵饌枵然思南烹故人知我意千里寄竹萌騈頭玉嬰兒一一脫錦綳庖人應未識旅人眼先明我家拙厨膳彘肉芼蕪菁送與江南客燒煮配香粳　和黃魯直食筍飽食有殘肉饑食無餘菜紛然生喜怒似

被狙公賣遡來誰獨覺凛凛白下宰一飯在家僧至樂
甘不壞多生味蠹簡食筍乃餘債蕭然映樽俎未肯雜
菘芥君看霜雪姿童穉已耿介胡爲遭暴橫三嗅不忍
噉朝來忽解籜勢迫風雷噎尚可餉三閭飯筒纏五采
〔黃庭堅食筍十韻〕洛下斑竹筍花時壓鮭菜一束酬
千金掉頭不肯賣我來白下聚此族富庖宰䆊栗戴地
翻觳觫觸牆壞⿰角戠⿰角戠入中厨如償食竹債甘菹和菌耳
辛膳胹薑芥烹鵝雜股掌炮鼈亂裠介小兒哇不美鼠
壤有餘嘬可貴生於少古來食共噎尚想高將軍五溪
無人采　〔蕭巽葛敏修二學子和予食筍詩次韻荅之〕
北饌厭羊酪南庖豐筍菜自北初落南幾爲兒所賣習

知價廉平百態事烹宰鹽稀枯腊瘦蜜漬真味壞就根
煨苗美豈念炮烙債咀吞千畝餘胸次不蔕芥二妙各
能詩才名動江介論詩多佳句膾炙甘我嘬思君恩養
竹萬籟聽秋噎從此繕籓籬下令禁漁采　韭黃照春
盤菰白媚秋菜惟此蒼竹苗市上三時賣江南家家竹
翦伐誰主宰牛以苦見疎不言甘易壞葛陂雖龍睡未
索兒孫債獺膽能分杯琥珀妙拾芥此物於食穀如客
得償介思入帝鼎烹忍遺饞涎嘬懶牀供翰墨確朴風
號噎每下歎枯枝焚如落樵采　〔胡朝請見和食筍詩
輒復次韻〕人笑庾郎貧滿腹飯寒菜春動食指動筍苗
入市賣回首萬錢厨不羨廊廟宰民生暫神奇胞雋

性壞忍持芭蕉身多負牛羊債籜龍不稱寃易致等拾
芥蕭蕭煙雨姿壯士荷戈介駢頭沸鼎烹可口垂涎嘬
霜叢負後凋玉食香餘噎續詩無全功葑菲儻可采
〔韓駒荅蔡伯世食筍詩〕蓴絲化鹽豉槐葉資新麪豈知苦
竹萌風味常獨擅昔我居錦城屢喫田家飯扶杖自入
箐煨此犢角蠶後參鶴林禪餽我桑門饌烝烝沸鼎中
亂下白玉片惟無他物乘始覺真味現三年客東都錦
籜寧復見千金洛陽來惟充大官膳前時過君食欣逢
故人面那知刻仙臞已雜劇通儁吾寧飽甘肥饋吒那
忍噉請歸謂主孟厨人後當諫苦苣雜嘉蔬沉香秀甲
煎柯亭既誤椽書障或遭練古來可歎事千載寄明辨

作詩弔籜龍助予當食歎　〔陳與義食筍〕竹君家多材
楚楚皆席珍成行著錦袍玉色映市人悤然集吾宇老
眼詹光新麪生亦稅鴛共慰藜藿貧不待月與影三人
亦相親可憐管城子頭禿事苦辛披譜雖同宗聞道隔
幾塵詩成聊使寫一笑驚比隣　〔黃公度謝傅參議彥
濟惠筍用山谷韻〕北方九月霜寶盤無生菜嶺南信地
暖窮冬竹萌賣君念庾郎貧饋束供庖宰中有歲寒姿
真時久不壞前身渭川侯千畝償宿債珍可配天花賤
不數石芥早韭與晚菘奴僕望賓介文園酒渴餘想不
厭姑嘬獲恐吹作竹明日東風噎急須驅兒童傾筐擷
采采　〔張九成食苦筍〕吾鄉苦筍佳出處惟石屋玉肌

膩新酥黃衣綠深綠林深恐人知頭角出繃烟雨養
春姿此物未成熟三月臘酒香開銷婿幽獨烹庖入盤
俎點醬真味足未須五鼎牛聊稱一囊粟擕來庾嶺下
歲月去何速經冬又七春未分剪途哭今朝好事者惠
我生一束頭秃甲爛斑味惡韻龍伶兒童不慣嘗嚱噫
驚媼僕老妻念鄉味放箸淚盈目丈夫志有在何事校
口腹呼奴更傾酒一笑風生谷
七言古詩 增 唐李頎雙筍歌送李回兼呈劉四 並抽新
筍色漸綠迥出空林雙碧玉春風解籜雨潤根一枝半
葉清露痕爲君當面拂雲日孤生四遠何足論再三抱
此悵爲別嵩洛故人與之說 宋梅堯臣韓持國遺洛

筍 龍孫春吐一尺牙紫錦包玉離泥沙金刀璀錯截嫩
節銅駞不與大梁駼特寄韓郎綠蒲束莫令衛女苦思
家韓郎才調偏能賦分餉唯思楚景差因之善謔誦淇
澳欲學報投無木瓜 韓持國再遺洛中斑竹筍牡丹
開盡桃花紅斑筍迸林犀角豐兩株遠寄川上鴻韓郎
輟口贈楚翁便令剝錦煮荊玉甘脆不道簞瓢空小謝
舊城昭亭下侵天筆竹谿西東螗螂生後出芽苗羅列
滿逕爭強雄是時楚翁所食寡朝飯暮飯唯其充今來
得此詡過分一貴一賤物苟同 黃庭堅從斌老乞苦
筍 南園苦筍味勝肉籜龍稱寃莫采錄煩君更致蒼玉
束明日風雨吹成竹 張舜民謝南軒筍脯使君喜食

筍脯味全勝肉祕法不肯傳閉門課私僕君不見金谷
饌客本萍虀豪世藉此眞成癡但令長饕日致饋不敢
求君帳下兒 謝筍脯方筍脯登吾盤可使食無肉鮭
腥避三舍棕櫚乃從僕書生長有十甕虀却笑虎頭肉
相凝得君新法也大奇且復從遊錦棚兒 增 陸游苦
筍 藜藿盤中忽眼明駢頭脫襁白玉嬰極知耿介種性
別苦節乃與生俱生我見魏徵殊嫵媚約束兒童勿多
取人才自古要養成放使干霄戰風雨 楊萬里記張
定叟煮筍經 江西毛筍未出尖雪中土膏養新甜先生
別得煮簀法丁寧勿用醯與鹽巖下清泉須旋汲熬出
霜根生蜜汁寒牙嚼出冰片聲餘瀝仍和月光吸菘羔

楮雞浪得名不如來參玉版禪醉裏何須酒解醒此羹
一碗爽然醒大都煮菜皆如此淡處當知有眞味先生
此法未要傳爲公作經藏名山 增 楊萬里謝唐德明
惠筍 高人愛筍如愛玉忍口不餐要添竹云何又遣十
輩來昏花兩眼爲渠開販夫束縛向市賣外强中乾美
安在錦紋猶帶落花泥不論燒煮兩皆奇猪肝累人眞
可怍以筍累公端不惡 煮筍 金陵竹筍硬如石石猶
有髓筍不及嶺南市裏筍如酥筍味淸絶酥不如帶雨
斸來和籜煮中含柘漿新甘露可虀可膾最可羹繞齒
蔌蔌水雪聲不須咒筍莫成竹頓頓食筍莫食肉 元
李孝光筍 雷公蹴踏夜鼓噪驚起龍孫觚旋蠹炎沙燒

之修尾脫六丁控搏忽顛倒欲落不落虎豹皮錦綳嬰
兒籠大嚼斧斤幸貸凌雲姿留以觀衆歲寒操〔吳鎮
筍〕綠陰晝靜南風來晴梢拂拂烱花開籜龍走地牙角
出班班玉立橫蒼苔長鑱穿雲石路滑錦衣脫綳玉版
白鳴牙未下氷雪虀開籠先放揚州鶴〔明楊基食燒
筍留題陳惟寅竹間〕春雷一聲萬簪玉參差亂迸莓苔
綠斬來掃葉當徑爨何異然萁煑秋菽登盤查牙玉版
肥焦尾碎剝蒼龍皮山人大嚼無以報寫作林間燒筍
詩〔岳岱新筍歎〕滿林黃鳥不勝啼林下新筍與人齊
春風閉門走山兒白晝露滴驚竹雞雨中三日春已過
又近石牀添幾箇競將頭角向靑雲不管堦前綠苔破

〔五言律詩〕增〔唐李頎籬筍〕東園長新筍映日復穿籬迸
出依靑嶂攢生伴綠池色因林向背行逐地高卑但恐
春將老靑靑獨爾爲〔宋梅堯臣新筍〕挑筍春雷後晴
坡過雨時何言江外早已比洛陽遲圃客自偷賣主人
那得知徒令養新竹待與作藩籬〔洪炎從寶峯長老
求猫頭筍〕不識猫頭筍還思馬祖山庭蘭生舊苗綳錦
換新斑藏玉爭懷寶登盤想飫餐分甘須剩劚遠助一
瓢簞〔范成大謝李叔永送筍〕墮地錦綳苗解衣溫玉
姿來償食竹債大勝伏雌炊少日䔧蔡子老來燖羊師
盤餐登異味指動已先知〔朱子公濟惠筍次韻拆筍
聞新寄康廬入夢中丹元餘故宅翠竹尚餘風日月來

威鳳年年饌籜龍猶嫌有兼味不似一源功

〔七言律詩〕

御製過雲栖憩竹林下令人劚筍劚蘭〕壽春二月幸雲栖滿
目天光入品題密林布蔭樵漁樂幽栢成行蕙芷齊浴手
臨泉開籜筍傍巖倚石選蓬藜餘杭風景西湖勝未若山
中待竹遊

增〔唐皮日休聞開元寺開筍園寄章上人〕園鎖開聲駭
鹿羣滿林鮮籜水犀文森森競泣林梢雨戢戢爭穿石
上雲並出亦如鵷管合各生還似犬牙分折烟束露如
相遺何啻明鄭不諂葷〔陸龜蒙和開元寺開筍園寄
章上人〕春龍爭地養檀欒况是雙林雨後看迸出似豪

當垤塊孤生如恨倚欄杆凌虛勢欲齊金刹折贈光宜
照玉盤更待錦苞零落后粉環高下揭煙寒〔徐寅筍〕
鞭節竹巖邊剔翠苔錦江波冷洗瓊瑰纍纍節轉蒼龍
骨寸寸珠籠巨蚌胎須向廣塲驅騏驥莫從閒處撻駑
駘寧同晉帝環營日拋賺中途後騎來〔宋蘇轍食筍〕
林竹抽萌不忍挑誰家盈束伴晨樵籜龍似欲號無罪
食客安知惜後凋不顧鹽梅調鼎味姑從律呂應簫韶
林間老熊雖無用一試冬深雪到腰〔秦觀次韻范純
夫戲答李方叔饋筍兼簡鄧愼思〕楚山冬筍劚寒空北
客長嗟食不重秀色可憐刀切玉清香不斷鼎烹龍論
羹未愧蓴千里入貢當隨傳一封薄祿養親甘旨少滿

供時餽故人供〔唐庚長沙竹筍聞於天下大者可十
餘斤食之甚甘而不冰脾昔渡湘欲作詩未暇也今日
復過之乃酬以此篇〕地入長沙莫數卑竹萌徑尺舊相
知九重幾復金門籍萬里先叅玉版師契濶几年真負
口徘徊彌月未妨脾渭川風味那能對中有離騷九辨
辭〔陸游湖上筍盛出戲作長句〕纖纖穿苔璹埧籜拔
行日夜待成林養渠百尺干霄氣見我平生及物心剩
插藩籬憂玉折豫期風雨聽龍吟明年又從囊衣去誰
與平安報好音〔楊萬里都下食筍自十一月至四月
戲題〕竹祖龍孫渭上居供儂樽俎半年餘斑衣戲綵春
無價玉版談禪佛不如若怨平生食無肉何如陋巷飯

斯蔬不須庾韭元修菜吃到憎時始憶渠〔方岳猶筍〕
此君乃有寧馨兒犀角豐盈玉不如老去烱姿元聳壑
生來風骨已專車詩腸慣識猫頭筍食指寧知熊掌魚
莫遣匆匆萬竿綠一春心事政關渠〔金孫邦傑燒筍〕
爛苗舊聞山谷語勸耕還憶大蘇詩傳將火候無多訣
留得天真又一奇未放錦綳開束縛已看玉版證荼毘
白麻初拜驚燒尾見此應慙富貴癡〔明吳寬答于喬
大韻送冬筍〕西郭清風恭墅開門前俗物敢持來聊供
香飯抄雲子為想長鑱斸雪堆空腹冷含金瑣碎壯心
未怯玉崔嵬知君能畫非饞守乞與鵝溪絹幅裁〔于
慎行紀賜鮮筍〕殊錫光生玉筍班曾從青節賦檀欒蒲

饌乍解香盈座錦籜初分綠滿盤一飯疑含仙禁雨三
秋猶憶北窻寒慚無鳳實儀千仞祝有龍孫長萬竿
五言排律 增 〔唐韓愈和侯協律詠筍〕竹亭人不到新筍
滿前軒乍出真堪賞初多未覺繁成行齊婢僕環立比
兒孫驗長常攜尺愁乾屢側盆對吟忘膳飲偶坐變朝
昏滯雨膏腴濕驕陽氣候溫得時方張王挾勢欲騰騫
見角牛羊沒看皮虎豹存攢生猶有隙散布忽無垠詎
可持籌算誰能以理言縱橫公占地羅列暗連根狂劇
時穿壁橫強幾攔落深窮如避逐遠去若追奔始訝妨
人路還驚入藥園萌牙防浸大覆載莫偏恩已復侵危
砌非徒出短垣身寧虞瓦礫計擬掩蘭蓀且歎高無數

庸知上幾番短長終不校先後竟誰論外恨苞藏密中
仍節目繁暫須迴步履要取助盤飧穰穰疑翻地森森
競塞門戈矛頭戢戢蛇虺首掀掀婦懦咨聊揀兒癡謁
盡髡侯生來慰意詩句讀驚魂屬和才將竭呻吟至日
曛
五言絕句 增 〔宋朱子和劉秀野新筍〕偪偪江上林白日
暗風雨下有萬玉虬三冬臥寒土〔筍脯〕南山春筍多
萬里行枯腊不落盤餐中今知祿如寶〔元范梈看東
亭新筍〕問竹何年有親曾共歲寒昨傳新筍發扶杖繞
林看〔鄭氏允端筍〕竹林春雨過瘦筍迸苔長坐待成
高節清標出短牆〔明高啓燒筍〕幽人嗜燒筍出土不

容長林下孤煙起風吹似竹香
六言絕句〔增〕〔宋〕楊萬里看筍筍如滕薛爭長竹似夷齊
獨清只愛錦棚滿地暗林忽兩三莖
七言絕句〔原〕〔唐〕杜甫絕句無數春筍滿林生柴門密掩
斷人行會須上番看成竹客至從嗔不出迎〔李〕賀昌
谷北園新筍籜落長竿削玉開君看母竹是龍材更容
一夜抽千尺別却園池數寸泥　斫取青光寫楚詞膩
香春粉墨離離無情有恨何人見露壓煙啼千萬枝
家泉石眼兩三莖曉看陰根紫陌生今年水曲春沙上
笛管新篁拔玉青〔李〕商隱初食筍呈座中嫩籜香苞
初出林五陵論價重如金皇都陸海應無數忍翦凌雲

一寸心〔宋〕蘇軾謝惠貓兒頭筍長沙一日煨邊筍鸚
鵡洲前人未知走送煩公助湯餅貓兒突兀鼠穿籬
郭祥正休師惠雪筍雪竹生芽玉一簪北人此味豈嘗
諳病中得食勝牛乳行矣阿難師勿懟〔張〕商英食筍
長江縈繞地膏腴風氣相連不甚殊自是舌根分彼此
致令苦筍勝宜都〔陸〕游筍絕句列仙闕世獨清癯雪
谷冰谿老不枯輸與錦棚孩子輩千金一束入天廚
〔朱〕松新筍一雷驚起籜龍兒戢戢滿山人未知急喚蒼
頭斸煙雨明朝吹作碧參差　梅雨冥冥相已齊連雲
篁竹暗蠻溪短萌解籜登雕俎錯落黃金嬰兒號〔朱〕
子次韻謝劉仲行惠筍二首誰寄寒林新斸筍開奩喜

見白差差知君調我酸寒甚不是封侯食肉姿　君詩
高處古無師鳥瘦郊寒詎足差縛得獰龍并寄我句中
仍喜見雄姿
詩散句〔唐〕杜甫遠傳冬筍味更覺綵衣春〔白〕居易
幾見林抽筍頻驚燕引雛〔元〕稹寶地琉璃折紫苞琅
玕踴〔許〕渾竹院晝看筍藥欄春賣花〔宋〕梅堯臣便
令剝錦裹金玉甘脆不道篔簹瓠空〔劉〕敞龍孫春吐一
尺芽紫錦包玉離泥沙〔黃〕庭堅冰底斸春生筍束豹
文解籜僎寒玉〔孫〕覿綠筍遺苞半出籬清溪一曲翠
相逃〔陸〕游冬筍生林龍鬣纖寒泉落磵珮珊珊〔梁〕
簡文帝橫堦入細筍〔周〕庾信短筍猶埋竹〔唐〕張九

齡林筍苞青籜〔孟〕浩然竹林深筍概〔王〕維嘉蔬綠
筍莖〔杜〕甫綠垂風折筍　舍下筍穿壁〔司〕空曙巖
筍出叢長〔白〕居易紫鮮林筍嫩〔姚〕合迸筍搘堦起
〔杜〕牧斑筍新梢短〔李〕頎春篁抽筍密〔方〕干迸筍
入波生〔司〕空圖坡暖冬生筍〔皮〕日休迸筍支檐楹
〔宋〕林逋煙崖早筍肥〔邵〕雍洗竹留新筍〔張〕耒筍
深鳴鳥下　綠嫩新筍破〔唐〕庚翻泥逢暗筍〔唐〕杜
甫堂西長筍別開門〔韓〕愈貧當競長纖纖筍〔白〕居
易紫筍齊嘗各鬭新　勸我加餐因早筍〔來〕鵬筍過
東家作竹林〔宋〕韓琦竹筍迸堦抽兒角〔蘇〕軾好竹
連山覺筍香　飽食不嫌谿筍瘦〔范〕成大竹筍漫山

鳳尾齊　陸游穿破綠錢多稱筍　方岳霜鞭行苗軟
干酥　惠洪分外濃甘黃竹筍　金吳激一番瘦筍羽
林槍　元方回鮮筍紫泥開玉版　張雨齋庖得筍是
佳蔬　吉雅謨丁紅稻供炊筍脯香
詞 增 宋錢惟演玉樓春錦籜參差朱檻曲露濯文犀和
粉綠未容濃翠伴桃紅已許纖枝留鳳宿　嫩似春荑
明似玉一寸芳心誰管束勸君速喫莫踟躕看破南風
吹作竹
別錄 原 取筍山谷云根須辰日斸筍看上番成凡筍一
番兩番出成竹至第三番者止可供食不成竹矣故曰
筍看上番成也凡筍蒸煑炰醃惟人所好又可乾藏

採筍過一日曰蔫過二日曰菸取宜避露每日出掘深
土取之半折取鞭根旋得旋投密竹器中覆以油華見
風則觸本堅入水則浸肉硬脫殼煑則失味生著刃則
失氣採而久停非鮮也淨之入水非洗也蒸熟停久非
食也如此然後可與語食筍矣此外不足數也　製用
僧贊寧筍譜云麻油姜皆殺筍毒凡食筍之法譬若治
藥修煉之得法則益人反是則損取得以巾拭去土連
殼沸湯瀹之煑宜久生必損人苦筍最宜久甘筍出湯
後去殼煑筍汁為羹茹味全加美不然蒸最美味全煿
灰中煨後入五味尤佳　食筍去殼煑熟切片摧乾鹽
醃過宿曬乾貯　慈竹筍四月生江南人多以灰煑食

煑新筍以沸湯煑則易熟而脆味尤美若蔫者少入
薄荷煑則不蔫與猪羊肉同煑則不用薄荷 增 山家
清供夏初竹筍盛時掃葉就竹邊煨熟其味甚鮮曰傍
林鮮　筍取鮮嫩者以料物和薄麪拖油如黃金色甘
脆可愛舊好莫友訪霍如菴延早供以筍切作方片和
白米煑粥佳甚濟顛筍疏云拖油盤內煿黃金和米鐺
中煑白玉二者兼得之矣 原 筍酢切作片子沸湯瀹
過候乾入葱絲蒔蘿茴香花椒紅麴併鹽拌勻同醃一
時 增 海槎餘錄酸筍大如臂摘至用沸湯泡出苦水
投冷井水中浸二三日取出縷如絲醋煑可食好事者
攜入中州成罕物京師勳戚家會酸筍湯卽此物也

原 筍乾筍肉一百斤用鹽五升水一小桶候沸湧初出
汁候乾旋添筍汁煑熟撈出壓之或用手揉在鍋隔夜
則黑熟洒則枯一日曬乾則硬火焙便不軟臨食時取
浸筍汁煑筍則有味

附錄　竹實

增 山海經注竹六十年一易根易根必生花生花必結
實結實必枯死實落土又復生
彙考 增 宋史真宗本紀咸平二年江南轉運使言宣歙
竹生米民採食之　五行志政和四年八月建州境內
竹生米數千萬石　三年十一月癸酉越州承天寺瑞
竹一竿七枝幹相似其葉圓細生花結實詔送祕書省

仍拜表賀　［莊子］鵷雛非練實而不食［注］練實竹實取其潔白也　［韓詩外傳］黄帝時鳳凰棲帝梧桐食帝竹實　［異苑］晉惠帝元康二年巴西郡界竹生花紫色結實如麥外皮青中赤白味甚甘　［述異記］止些山多竹長千仞鳳食其實去九疑萬八千里　［芸窻私志］凝波竹實服之肌滑體輕出濕吳山紫枝綠葉堅滑如玉風吹有聲如環珮成帝種於臨池觀更名曰環珮竹花如海榴實如蓮子而小近謝夯蘭庭中忽生此竹人以為瑞而不知為何物其夫讀海外志始知之第無花實明年出筍如常竹前種亦漸不然人以為積善所致　［該聞集］舊稱竹實為鸞鳳所食今近道竹間時見花開如

棗結實如麥江淮間號為竹米以為荒年之兆其竹即死信非鸞鳳之食也近有餘干人來言彼有竹實大如雞子竹葉層層包裹味甘勝蜜食之令人心肺清凉生滿竹林茂密處頃因得之雖日久乾枯而味尚存乃知鸞鳳所食必非常物也　［原］天台山志甘竹實出天台山開閑真人以致元帝　［增］福建志紹興十八年侯官縣有竹實如米饑民採食之

［集藻］七言古詩［增］宋陳造竹米行竹君亢宗檀楚墟一一修聳山澤臞風流秀整與世殊楚俗食息皆爾須薪之籬之且籧篨笲筥箱篚籠篩篋溝瓦厥祖羹其雛隨索斯獲掇諸塗今歲麥秋旱歲餘得麥僅足償官租竹君惆農如士夫著花結子千林俱密砌玉粒綴旒珠株株擷取雖錙銖彌頃亘畝無閒株磋磨烝炊勝雕胡鄰里乞索水火如坐令饕餮興歌呼野叟好事能分吾香清而冽甘而腴此君行能不一書此惠及物旋就枯摩頂放踵忘其軀所學無乃墨者徒老子苟蘇天之隅袖手無策蘇婢孤投七三歎吾慚渠

詩散句［增］唐李白竹實滿秋圃鳳來何苦飢

附錄　越王竹

［原］嶺表錄南海岸邊沙中生沙著一名越王竹相傳越王棄餘算而生若細荻高尺餘春吐苗箕心若骨青而且勁南海人愛其色以為酒籌凡欲采者須輕步向前

拔之閒行聲遽縮入沙中不可得

附錄　淡竹葉

［原］淡竹葉一名鴨跖草［洛陽花木記云碧鳳花一名鴨腳即此］一名苓鷄舌草一名碧竹子一名竹鷄草一名耳環草一名碧蟬花一名藍姑草一名竹葉菜處處平地有之三四月生苗紫莖竹葉嫩時可食四五月開花如蛾形兩葉如翅碧色可愛結角尖曲如鳥喙實在角中大如小豆中有細子採花取汁作畫色及彩羊皮燈青碧如黛　［彙考］［增］永嘉郡記青田縣有草葉似竹可染碧名為竹青此地所豐草故名青田

［集藻］七言絕句［增］宋楊巽齋碧蟬花楊葩簇簇傍疎籬

薄翅舒青勢欲飛幾誤佳人將扇撲始知錯認枉心機
〔翁元廣〕碧蟬花露洗芳容別種青幘頭微弄曉風輕
不須强入羣芳社花譜原無汝姓名

附錄 錦竹

增〔宛陵詩註〕錦竹草也似竹而斑

集藻〔五言古詩〕增〔宋梅堯臣錦竹〕雖作湘竹紋還非楚
筠質化龍徒有期待鳳曾無實本與凡草俱偶親君子
室

附錄 篇竹

增〔爾雅〕竹萹蓄〔注〕似小藜赤莖節好生道旁可食又殺
蟲〔本草〕處處有之布地而生節間白花葉細綠人謂

之篇竹煑汁與小兒飲療蚘蟲

彙考 增〔資暇錄〕詩衛淇澳篇云綠竹猗猗按陸璣草木
疏稱郭璞云綠竹王芻也今呼爲白脚莎一云即鹿蓐
草又云篇竹似小藜赤莖節韓詩作藩亦云藩篇竹則
明知非筍竹矣今爲辭賦者引猗猗入竹事大誤也當
時謝莊竹贊云瞻彼中唐綠竹猗猗便襲其謬

附錄 竹菜

增〔齊民要術〕竹菜生竹林下似芹科而莖葉細生極概
淨洗暫經沸湯速出下冷水中即搦去水細切又胡芹
小蒜亦暫經沸湯細切和之與鹽醋拌暮春用至四月

佩文齋廣羣芳譜卷第八十六

佩文齋廣羣芳譜卷第八十七

卉譜

芝

增〔說文〕芝神草也〔嫏嬛記〕靈芝一名壽潛一名希夷

原芝瑞草也 爾雅云菌芝注云芝一歲三華瑞草 一名三秀 王逸楚辭注云三秀芝草也 一名菌蠢神農經所傳五芝〕云赤者如珊瑚白者
如截肪黑者如澤漆青者如翠羽黃者如紫金氣和暢
王者慈仁則芝草生玉莖紫笥又云聖人休祥有五色
神芝含秀而吐榮論衡云芝生於土土氣和故芝生土
食之令人眉壽有青雲芝 生名山之陰青蓋三重上有雲氣食之壽千歲能乘雲通天 龍仙芝 狀似升龍之類葉爲鱗其根如蟠龍服一株則壽千歲 金蘭芝 生名山之陰金石之

間上有水蓋飲其木壽千歲 九曲芝 朱草九曲每曲三葉 火芝 葉赤莖青赤松子所服 月
精芝 秋生山陽石上莖青上赤味辛苦盛以銅器十月服壽萬歲 夜光芝 生華陽洞山之陰有五色浮其上酉陽雜俎云一株九實實墜地如七寸鏡視如牛目 螢火芝 生常良山其物在地如螢火狀葉似草實如豆紫華夜視有光食一枚心中一孔明食七枚七孔明可夜書得食四十七枚壽萬年 白
雲芝雲母芝 皆生名山之陰白石上白雲覆之秋採食令人身輕 商山紫芝 四皓避秦入藍田采而食之共入商洛隱地肺山又轉深入終南山漢祖召之不出 九光芝七明芝 皆瑞芝實石也狀如盤槎有七孔者名七明九孔者名九光生臨水之高山 鳳腦芝 仙經言穿地六尺以鐶實一枚種之灌以黃水五合以土堅築之三年生苗如匏實如桃五色名鳳腦芝食其實唾地爲鳳乘升太極 五德芝 狀如車馬莖方其葉五色各具而不雜上如偃蓋中有甘露紫氣起數尺 萬年芝 令人不老延年九千

增〔抱朴子〕芝有石芝木芝肉芝菌芝凡數
百種石芝 石象生於海隅及島嶼之涯 肉芝 狀如肉附於大石頭尾具有乃生物也光明洞

殼如堅冰大者十餘斤小者三四斤　菌芝或生深山之中或生大木之下或生泉水之側其狀或如宮室或如車馬或如龍虎或如人形或如飛鳥五色無常凡百二十種　木芝松脂淪入地千歲化爲茯苓茯苓萬歲其上生小木狀如蓮葉名曰木威喜芝夜視有光持之甚滑燒之不焦　龍節芝松樹枝三千歲者其皮中有聚脂狀如龍形大者重十斤　木渠芝常生大木上狀如蓮花九莖一叢其味甘而辛　黃蘗芝黃蘗木下根有如三斛器者去本株一二十餘丈有細根相連狀如縷　建木芝生於廣都其皮如纓其實如鸞　樊桃芝其木如升龍其花葉如丹羅其實如翠鳥高不過五尺生於名山之陰東流泉水之上　千歲芝生栝木下根如坐人刻之有血已上皆木芝　牛角芝生虎壽山及吳坂上狀如蔥特出如牛角長三四尺青色　麻女芝似麻而莖赤色花紫色　紫珠芝莖黃葉赤實如李而紫色二十四枚輒相連而垂如貫珠　朱草芝九曲曲有三葉葉有三實其莖如鍼　龍銜芝常以仲春對生三節十二枝下根如坐人凡此草芝有百二十種　玉脂芝生於有玉之山常居懸危之處玉膏流出萬年以上則凝而成芝有似鳥獸之形色無常彩多似山水蒼玉亦鮮明如水晶　石

蜜芝生少室山石戶中　石桂英芝生名山石穴中似桂而實石也高尺許大徑尺光明而味辛　石腦芝生滑石中初破之其在石中五色光明而自動　石硫黃芝五嶽皆有而箕山爲多如此有百二十皆石芝也　黃龍芝生於神山之中狀如黃龍味辛甘　華芝生於名山之陽及出深山大谷源泉水中赤蓋白莖上有兩葉三實　金芝生於金石之中無蓋青莖味甘辛　黑芝生於山之陰大谷中白莖赤葉味甘　月芝生於名山之陰崑崙之山大谷源泉金石之中　山芝韓衆所食　入芝生名山之陰青蓋白莖　鬼芝青蓋長莖　〔酉陽雜俎〕隱辰芝狀如斗以尾爲節以莖爲剛

〔采芝圖〕鳳凰芝生名山金玉間　黑雲芝生山谷之陰黑蓋赤理黑莖味苦　五色龍芝　五方芝　天芝　地芝　上芝　雷芝　甘露芝　雲氣芝　白虎芝　太乙芝　原

茅君內傳云句曲山有五芝求之者投金環一雙於石間勿顧念必得第一龍仙芝似交龍之相負食之爲太極之仙卿第二參

成芝赤色有光其枝葉如金石之音折而續之即復如故食之爲太極大夫　第三燕胎芝其色紫形如葵葉上有燕象光明洞徹食之爲太清龍虎仙君　第四夜光洞鼻芝其色青其實正白如李夜視其實如月洞照一室食之爲太清仙宮　第五玉料芝食之爲三官眞御史　或云芝黃色者爲善黑色者爲惡　增〔瑞應圖〕芝草常以六月生春青夏紫秋白冬黑　〔本草〕五芝經云青芝生泰山赤芝生霍山黃芝生嵩山白芝生華山黑芝生常山紫芝生高夏山谷六芝皆六月八日采　芝類甚多亦有花實者以木積濕處用藥傅之即生五色芝之　原〔臞仙神隱〕芝有二種紫白二色形如菌生於朽木根朽壤上者菌也芝則有莖長尺餘與靈芝相似豫章西山最多其靈芝之生石上形如石可服秋采之菌芝可種於

階前

彙考　增〔禮記內則〕芝栭〔注〕人君燕食所加庶羞也〔疏〕庾蔚云無華葉而生者曰芝栭盧氏云芝木芝也王肅云無華而實者名栭皆芝屬也庾又云芝栭是一物今春夏生於木可用爲葅其有白者不堪食也賀氏云栭軟棗亦云芝木椹也以芝栭爲二物非也　原〔漢書武帝本紀〕元封二年六月詔曰甘泉宮內中產芝九莖連葉上帝博臨不異下房賜朕弘休其赦天下賜雲陽都百戶牛酒作芝房之歌　〔宣帝本紀〕神爵元年三月詔曰金芝九莖產於函德殿銅池中　增〔漢書藝文志〕黃帝雜子芝菌十八卷〔注〕服餌芝菌之法也　〔吳志孫皓傳〕

天紀三年有鬼目菜生工人黃耇家依緣棗樹長丈餘莖廣四寸厚三分東觀案圖名鬼目作芝草遂以耇爲侍芝郎銀印青綬 〔晉書許邁傳〕邁永和二年移入臨安西山登巖茹芝眇爾自得有終焉之志 〔隱逸傳〕張忠隱於泰山恬靜寡欲清虛服氣餐芝餌石修導養之法 〔宋書符瑞志〕芝草王者慈仁則生食之令人度世 漢明帝永平十七年春芝生前殿 桓帝建和元年四月芝草生中黃藏府 宋順帝昇平二年宣城山中生紫芝一株在所獲以獻 〔南齊書祥瑞志〕昇明二年宣城臨成縣於鵲山獲紫芝一枝 〔魏書靈徵志〕世宗景明三年七月魯陽獻烏芝 原〔舊唐書玄宗本紀〕天

寶七載三月大同殿柱產玉芝有神光照殿羣臣請加皇帝尊號開元天寶聖文神武應道許之 肅宗本紀上元二年七月延英殿御座梁上生玉芝一莖三花上製玉靈芝詩 〔唐書張九齡傳〕九齡遷中書侍郎以母喪解毀不勝哀有紫芝產坐側 增〔宋史五行志〕太平興國五年九月眞定府行宮殿梁生芝如荷花知府趙賢進以圖上 咸平四年正月濰州獻芝草一本如佛狀 六年五月導江縣民潘矩田生芝三層黃紫色高五寸許九月相州牧龍坊生芝一莖色紫黃長尺餘分七枝枝如手五指狀其最上枝類鳳翥知州張鑑以獻 大中祥符元年五月辛未以東封遣經度制置使王

欽若祭文宣王廟於孔林得芝五株色黃紫如雲色及人戴冠冕之狀詔內侍楊懷玉祭謝復得芝四本輕黃如雲氣之狀六月瑕丘縣民宋固於堯祠前得黃紫芝九本連理者四 十月復州獻芝草類神仙佛像 三年十一月安鄉縣謝山獲芝二十二本其七狀如珊瑚而色紫 慶曆五年八月洪州章江禪院堂柱芝草生高一尺三寸葉二十一層色白黃有紫暈旁生小芝葉九層上有氣如烟 建炎二年九月癸卯權知密州杜彥獻芝草五葉如人指掌色赤而澤宰臣黃潛善奏色符火德形像股肱之瑞高宗不啓視却之 〔儀衞志〕紹興二十五年適當郊祀而太廟生靈芝九莖禮部侍郎

王珉等請繪之華旗以紀盛美焉 〔金史世宗本紀〕大定二十四年正月辛卯徐州進芝草十有八莖 〔五行志〕大定五年六月戊子河南府進芝草十三本得於芝田石上甲辰大安殿楹產芝其色如玉 〔淮南子〕紫芝生於山而不能生於盤石之上 〔神農經〕山川雲雨五行四時陰陽晝夜之精以生五色神芝皆爲聖王休祥焉 原〔尙書大傳〕王者德先地序則芝草生 增〔十洲記〕瀛洲在東海中地方四千上生神芝仙草 元洲在北海中地方三千里去南岸十萬里上有五芝服此亦得長生 方丈洲仙家數十萬耕田種芝草課計頃畝如種稻狀 生洲上有仙家數萬天氣安和芝草常生

春秋運斗樞瑤光得陵出黑芝 〔孝經援神契〕德至
草木則芝草生善養老則芝草茂 〔瑞應圖〕王者敬事
耆老不失舊故則芝草生 〔漢武內傳〕西王母之山上
藥有大眞紅芝草 〔焦氏易林〕文山紫芝雍梁朱草長
生和氣王以爲寶 原〔論衡〕建初三年零陵泉陵縣女
子傅宅內生芝五本長者尺四五寸短者七八寸莖葉
紫色蓋紫芝也太守沈酆遣門下掾奏獻皇帝悅懌賜
錢衣詔會公卿郡國上計吏皆以芝草告示天下 增〔
東觀漢記〕光和四年郡國上芝英 〔古今注〕章帝元和
二年芝生沛如人冠又生章武如人抱三子狀建初五
年芝出潁川常以六月中生一葉五歲五重春青夏紫

秋白冬黑色十月後黃氣出土尺五寸 〔抱朴子〕蔡誕
求仙三年饑凍還家欺家人云吾爲老君牛視斑龍與
諸仙博戲忽輸此龍爲此罪見責送吾付崑崙山下芸
鋤芝草三四頃並皆生細石中多荒穢治之勤苦不可
論法當十年乃得原會偓佺子王喬諸仙來按行吾守
請之並爲吾作力且自放歸當更自修理求去 蒼山
岑石之中赤雲之下狀如人豎豎如連鼓其色如澤以
夏采之陰乾食之令人乘雲能上天觀見八極通見神
明延壽萬年 行山中見小人乘馬車長七八寸者肉
芝生取服即仙 〔眞誥〕羅江大霍有洞臺中有五色隱
芝 〔枕中書〕玉京七寶山五色芝英上有萬二千種

拾遺記〕岱輿山北有玉梁千丈駕玄流有七色芝生梁
下其色青光輝耀謂之蒼芝 崑崙山第九層有芝田
蕙圃羣仙種耨焉 〔祥異記〕漢安帝時有異物生長樂
宮東廡柏樹永巷南閨合歡樹識者以爲芝草也 〔廣
異記〕仙都有芝圃悉種靈芝或如車騎或如華蓋或如
樓閣或如飛鳥五色 〔安城記〕郡渚江川發源同會落
亭石上有芝草下有紫磨金也 〔博物志〕名山生神芝
不死之草上芝爲車馬中芝爲人形下芝爲六畜 〔玉
塵集〕成都朱善存家世寶一匣每生神芝則天下晏淸
原〔酉陽雜俎〕仙藥有三十六芝 天寶初臨川人李
嘉裔所居柱上生芝草狀如天尊太守張景佚拔柱獻

焉 大曆八年廬江縣紫芝生高一丈五尺 凡學道
三十年不倦天下金翅鳥銜芝至 羅門山食石芝得
地仙 增〔唐新語〕崔希喬以孝友稱爲鄭縣丞芝草生
所居堂一宿而葩蓋盈尺 〔杜陽雜編〕元和五年內給
事張維則自新羅使廻云於海上泊洲島間乘月閒步
約及一二里見花木臺殿金戶銀闕其中有數公子戴
章甫冠著紫霞衣命一青衣捧金龜印以授維則曰致
意皇帝其篆曰鳳芝龍木受命無疆維則達京師即具
以事進上歎異良久但不能諭其文爾是月寢殿前連
理樹上生靈芝二株宛如龍鳳上因歎曰鳳芝龍木寧
非此驗乎 武宗每齋戒沐浴召道士趙歸眞已下共

採希夷之理由是室內生靈芝二株皆如紅玉〔尹鄘〕
元爲上種雙麟芝於殿前色褐一莖兩穗隱隱形如麟
頭尾悉具其中有子如瑟瑟焉上白采餌之頗覺神驗
原〔內觀日疏〕謝幼貞嗜菌庭中忽生一菌狀若飛鳥
沈子王曰此飛禽芝也以處女中單覆之則活煑而食可
數百歲謝入取中單有鄰女乞火跨之翻然飛去謝但
歎恨〔清異錄〕杜荀鶴舍前椿樹生芝之草明年及第以
漆彩飾之安几硯間號稱名草 續〔南豐雜識〕王平甫
熙寧癸丑歲宿直崇文館夢有人要之至海上見水中
宮殿其中樂作笙簫鼓吹之伎甚衆題其宮曰靈芝宮
平甫欲與俱往有人在宮側隔水曰時未至且令去他

日迎之至此恍惚夢覺時禁中已鐘鳴平甫自是頗負
不凡爲詩曰萬頃波濤木葉飛笙簫宮殿號靈芝揮毫
不是人間世長樂鐘鳴夢覺時〔邵氏聞見後錄〕仁宗
降誕章懿后榻下生靈芝一本四十二葉以應享國四
十二年之瑞云〔燕翼詒謀錄〕景祐三年六月丁亥守
臣茹孝標奏城內小山生芝三百五十本悉以上進改
名其上曰紫芝山最爾一瑋瓌不應一時所産若是之
多也上怒曰朕以豐年爲瑞賢臣爲寶草木蟲魚之異
焉足尚哉〔長編〕景祐四年有芝生於化成殿柱御製
瑞芝詩儒者並獻賦〔養痾漫筆〕祥符崇尚道教建立
宮觀專尚祥瑞王欽若獻芝草八千一百三十九本丁

謂獻芝草三萬七千餘本〔齊東野語〕王建父子之據
蜀也致和隆盛之際地不愛寶所在奏貢芝草者動二
三萬本蘄黃間至有一鋪二十五里之間遍野而出密
州山間至彌滿四野有一本數十葉衆色咸備者太守
李文仲採及三十萬本作一綱進即進職除本道運使
〔路史〕黃帝陛鴻隄受神芝施黃葢〔古今詩話〕宣和
間王將明賜第既而以梁生芝之草爲奏車駕臨幸適久
雨梅潤芝墜地京師無名子有爲十七字詩曰新公新
賜第梁上生芝草爲甚脫下來膠少〔湖山勝槩〕靈芝
崇福寺錢王故苑以芝生其間捨以爲寺故名靈芝
〔居山雜志〕吳縣金山雅多靈芝時産地上多碧色山人

每采得之弗貴也〔皇甫汸考芝宮樂曲序〕考芝宮者
歲乙丑獻廟産芝瑤光暎室乃建玉芝之宮以時致享昭
孝感也 原〔庚巳編〕今年春長洲漕湖之濱有農婦治
田見湖灘一物白如雪趨視之乃一小兒手也連臂約
長尺許其下作聲唧唧驚走報其夫夫往看亦甚疑怪
掘之其根不可窮乃折而棄之湖嘗讀神仙感遇傳云
蘭陵蕭静之掘地得物類如人手肥潤而紅烹而食之
踰月髮再生力壯貌少後值道士顧静之曰神氣若是
必嘗仙藥指其脉曰所食者肉芝也壽等龜鶴矣然則
漕湖之物正此類耳乃不幸棄於愚夫之手惜哉 增
弇山園記含雪樓下承簷溜處産芝已三閱歲矣每産

時其地不雨而潤上有紫氣受日晶熒因名之曰紫芝所

【增】湧幢小品世宗有詔采芝宛平縣民得五本以獻御醫李果以玄岳鮮芝四十本進三十六年九月禮部進千餘本明年春鄠縣民聚芝百八十本爲山以獻內有徑一尺八寸者數本號曰仙應萬年芝山四川巡撫黃光昇進芝四十九本十月禮部進芝一千八百六十四本四十三年御醫黃金進黃壽香山四座聚芝三百六十本爲之　宋政和五年蘄州產芝草徧境計黃芝一萬一千六百本內一本色紫九幹尤奇　唐太宗貞觀中安禮門御楊産靈芝五莖十七年太子寢室中產紫芝共十四莖並爲龍與鳳翥之形　肅宗上元二

年含暉院生金芝　武宗起望仙臺空中生靈芝二株色如紅玉　韓思復爲滁州刺史有黃芝五株生州署

邵君協宰新昌五色靈芝十二枝生便坐之室　貞觀中滁州山原徧生芝草　浙江烏程縣大中丞潘印川季馴治河有功嘗築舍於崑山下有芝生於庭始則一本色爛然紫纈乃日盛生至百本扶疎偃仰照耀人目因標之曰芝林　萬曆三十年德平葛祥宇宅產芝明年登科　三十一年費縣王左海新城王蓋臣宅皆產芝明春俱得雋　曹大章曰芝號無根以其天所特產非人力也然載之圖經芝牒不可勝數諸凡草木芝固貴而產於鐵石者謂之玉芝昔東王父服蓬萊玉芝之

壽九萬歲赤松居崑崙嘗授神農服芝法而廣成居崆峒之上亦嘗以授軒轅水經言具茨山有軒轅受芝圖處蓋芝圖自是始也

【集藻】〈表〉【增】唐崔融皇太子賀芝草表伏承某月日芝草生於乾元殿瑞命天來符祥日至煌煌三秀分英井而攢柯睢睢九光閒梅粱而吐葉晉都宮閣何必靈芝之臺洛邑山川居然密芝之地伏惟天皇天臨海內帝有域中兼漢制而宅兩京用堯心而加百姓神精下降洽至道於丘陵靈液旁霈彼深仁於草木觀其如蓋如閣如日如星得五方之氣象合四時之景色仙人在上則車馬疑飛神龍居下則風雲不去謂蓬瀛之海列郎崑

閬之山開魏皇之雙榦莫儔漢帝之九莖爲劣可以薦郊廟可以觴公卿臣謬踐儲闈祗膺守國不獲親承左右日覽休徵雖玉牒延齡在神仙而可致而刀圭入膳視朝夕而猶睽是用心馳仁壽之前慶集肅成之後

孫逖爲宰相賀合鍊院產芝草表臣等伏見道士黃河清等奏興慶宮合鍊院內產芝草五色分輝六莖並秀神丹入鍊而轉精禎祥應期以如荅覩茲嘉瑞望宜付史官者伏以靈芝所致和氣之精著美仙經標名瑞典陛下深仁契道至德通神鍊液飛丹既啟長年之館敷華有葉遽呈三秀之祥五色有類於卿雲六莖且符於帝樂豈惟動植昭感以表於休徵固亦眞仙叶應用彰

於聖壽

〔常袞中書門下賀芝草嘉禾表〕伏見兵部尚書中書門下平章事李抱玉進芝草嘉禾者臣聞王者道洽則靈芝生天下和平則嘉禾應伏惟陛下誕膺景命憂濟生靈合太上之德感元精之氣天地氤氳神明滋液降此珍物叶於昌期垂蕤連莖三華煥發離根合穎一穗孤秀沐我渥澤扇其祥風衆草之英百穀之長以兆稔歲以符太平昔周得唐郊之獻列篇於典策漢獲甘泉之祉薦歌於清廟三瑞之極一朝會同長發其祥無疆之慶

〔中書門下賀芝草表〕今日中使吳承清至宣示宋汴節度使御史大夫田神功所獻芝草一株紫蕤黄莖叢生者天生神物王者嘉瑞奇秀之狀靈篇未書伏惟陛下孝通神明德至草木和氣所感禎祥屢彰煌煌靈芝郡國來獻垂以金蕤發其瓊葩爛然紫雲之色灼然紅蘂之秀王德斯應皇家永昌固可寫狀圖牒薦於郊廟祗奉天意贊揚鴻休

〔序〕增 宋秦觀俞紫芝字序 余昔游玉笥山周行二十四峯訪蕭子雲故隱道見靈芝焉生乎磐石之上回環而有葉秀澤而不根信天下之異草也竊愛久之留不能去俄有童子朱顏紺髮自松陰中距石輙止撫芝歎曰嘻道人無本其亦如是矣余異而問曰適吾子有緒言不敏未知所謂願終其說童子笑曰子求終乎終之久矣以爲未耶沒身無終雖然嘗試爲汝言其崖略夫德人以有本爲宗道人以無本爲宗天下皆知有物所以失已也不知有已所以失已也而德人知之於是內觀無是外觀無彼無是故能以已爲物無彼故能以物爲已已物不二謂之眞一夫是謂以有本爲宗天下皆知有僞所以喪眞也不知有眞所以喪眞也而道人知之於是前際無捨後際無取無捨故不斷一切僞無取故不住一切眞眞僞兩忘亦無眞一夫是之謂以無本爲宗蓋非有本則不能離相而歸空非無本則不能卽空而證實有本然後明心無本然後見性夫子識之人間所謂道德者固不出乎此矣雖然有本無本吾豈能識之哉語未既有老人復杖策自松陰中來顧謂童子曰

適何所言童子欲語老人引杖擊之童子走松陰忽然不見還視老人亦已亡矣於是余茫然自失私識其言後九年遊京師遇金華居士俞紫芝請余敍字因思昔日玉笥童子之言字曰無本復以其說爲序贈焉

〔記〕增 宋王安石芝閣記 祥符時封泰山以文天下之平四方以芝來告者萬數其大吏則天子賜書以寵嘉之小吏若民輒錫金帛方是時希世有力之大臣窮搜而遠采山農野老攀緣狙杙以上至不測之高下至淵溪壑谷分崩裂絶幽窮隱伏人迹之所不通往往求焉而芝出於九州四海之間蓋幾於盡矣至今上卽位謙讓不德自大臣不敢言封禪詔有司以祥瑞告者皆勿納

於是神奇之產銷藏委翳於蒿藜榛莽之間而山農野老不復知其爲瑞也則知因一時之好惡而能成天下之風俗況於行先王之治哉太丘陳君學文而好奇芝生於庭能識其爲芝惜其可獻而莫售也故闕於其居之東偏掇取而藏之蓋其好奇如此噫芝一也或貴於天子或貴於士或辱於凡民夫豈不以時乎哉士之有道固不役志於貴賤而卒所以貴賤者何以異哉此予之所以歎也　黃庭堅瑞芝亭記晉陵邵君叶爲新昌宰視事之三月靈芝五色十二生於便坐之室吏民來觀無不動色相與言曰吾令君殆將有嘉政以福我民乎山川鬼神其與知之矣不然此不蒔而秀不根而成

非人力所能致而自至者何也乃相與闢其室四達爲亭命曰瑞芝奔走來謁記於豫章黃庭堅曰予觀神農草木經青芝生泰山赤芝生衡山黃芝生嵩山白芝生華山黑芝生常山皆久食而輕身延年而不老蓋序列養生之藥不言瑞世之符又其傳五芝曰赤者如珊瑚白者如截肪黑者如澤漆青者如翠羽黃者如紫金皆光明洞徹如堅冰而世之所名芝草不能若是也故常考於信書自先秦之世未有稱述芝草者及漢孝武厭飫四海之富貴求致神仙不死天下翕然元封中乃有芝草九莖連葉生甘泉殿齋房中於是赦天下作芝房之歌孝宣興於　閭閻精覈事事無過舉然廟亭數有

美祥頗甘心焉故復修孝武郊祀以瑞紀年元康中金芝九莖又產函德殿銅池中然此芝不生於五嶽果神農經所謂芝者耶余又竊怪漢世既嘉尚芝草而兩漢循吏之傳未有聞焉何也豈其所居民得其職所去民思其功生則羽儀於朝歿則蒸嘗於社則是民之鳳凰麒麟醴泉芝草也耶抑使民田畝有禾黍則不必芝草生戶庭使民伏臘有雞豚則不必麟鳳在郊陬驕吏不舞文則不必虎北渡河里胥不追擾則不必蝗不入境此其見效優於空文也耶昔者黃霸引上計吏問興化之條有鶡雀來自京兆舍中飛集丞相府上霸以爲皇天降下神雀欲圖上奏京兆尹張敞言郡國計吏竊笑

丞相之仁厚智畧有餘而微信奇怪也恐丞相興化之條或長詐僞以敗風俗天子嘉納焉劉昆爲江陵令連年火災昆輒向火叩頭多能反風降雨遷弘農太守驛道多虎崤澠不通昆爲政三年虎負子渡河乃召入爲光祿勳詔問昆江陵反風滅火弘農虎北渡河行何德政而致是對曰偶然耳左右皆笑其質帝歎曰是乃長者之言由君子觀之張敞之篤論世祖之知言建成之文不如光祿之質也雖然新昌之吏民愛其令君將徼福焉焉可誣也又嘗試論之古之傳者曰上世蓋有屈軼指佞萐蒲扇庖蓂莢紀曆嶰竹生律既不經見後世亦不聞有之則前世之有芝草特未定也邵君家世儒

者乃能好修求自列於循吏之科故因其氣焰而取之異草來瑞使因是而發政於民勤恤而無倦民得盡力於田士將盡心於學則非常之物而不虛其應且必受賜金增秩之賞川儒術顯於朝廷矣豈獨夸耀下邑而已乎故并書余所論芝草循吏之實使歸刻之（吉州西峯院三秀亭記）廬院比缺守輒以它吏攝承託宿傳舍吏胥視民爲俎豆執鞭者衆牟失其牧歲歲仍饑饉夜有枹鼓不治聲聞京師元豐六年春詔用壽春魏侯魏侯有家法以吏能名一世至則引見官吏問救敝所先下書教民諭以苦語獎拔才能昭勸不勉戒敕宿貧聽以功除按行州左右曹三獄累械至三百餘決其得

情引懸釋其點染攀牽唯上請須報逮遝證左與繫輕而捕重者乃付有司其所裁遣蓋去三分之二人氣以和下車之十二日芝草二本產於州院獄門之東其後得一本於郡齋便坐之室而最盛於西峯僧舍之秀野亭一月之間凡產芝二十餘磊落權奇人物象成最後寺僧來獻黃芝異本同穎黃者慶色異本同穎者不爭之祥今郡侯樂士愛民天澤優渥五穀順成鈔盜其將衰息健訟之民且化爲慈祥弟友魏侯亦將鴻漸於臺省以受福民之應則靈芝之生不獨爲吉瑞魏侯因改秀野亭以爲三秀屬豫章黃庭堅記之魏侯名綸字君俞其歲之六月甲戌記

尺牘【增】宋蘇軾與鞠持正尺牘文登雖稍遠百事可樂島中出一藥名白石芝者香味初若嚼茶久之甚美聞甚益人不可不白公知也白石芝狀如石耳而有香味惟此爲辨秘之秘之

題跋【增】家陳傅良跋陳篯芝草圖項桂陽廨中柱去礎二四尺所出芝一本婦子不以爲祥掇視余益恍然歎芝不遇也明日故柄復吐三葉紫質黃緣飾見之奇甚但令婦子輩謹視毋掇取逾時色爛然不敢令覩陳君繪芝爲卷有內相李公宗伯倪公序且頌其所自來不虛得又追歎曩所產芝之非特婦子不好事雖予亦不好事也（周必大書安福劉德禮家紫芝詩卷）昔安福令

歐陽萬五世孫彬實文忠公之曾祖歷仕南京家於安福性至孝兄弟相友愛有紫芝一莖兩葩生於楹鄉人以爲孝德所感著爲賦頌享年九十四累贈太師中書令後裔仕宦不絕

雜著【增】宋蔡襄芝草述福州連江縣寧善鄉崇德里保福院產芝一本四月八日癸未令朱定得之詣府質黑而堅葉如側荷其上又出一本離爲六莖枝柯聳密中有連理末如燕尾而朱渥之高可尺許世傳古篆芝字皆枝葉扶疎豈古人象形而作乎而漢齋房歌曰九莖連葉玄氣之精正謂玄芝而有九莖與葉連也芝之爲物在處有之大較形類菌櫺（音歟）近無是比儗或有焉而

子未之見也故特書之
贊【原】魏繆襲神芝贊青龍元年神芝產於長平之習陽其色丹紫其質光耀其長尺有八寸五分其本圍三寸有三分上别為三榦分為九枝散為二十六莖圍則一寸九分葉徑二寸七分其榦洪纖連屬有似珊瑚之形其吐柯載葉祥明爚爍考圖案牒恭美乎所聞於前代者矣【增】無名氏神芝贊古瑞命紀曰王者慈仁則芝生採食之則延年與真人同又神農氏論芝云山川雲雨五行四時陰陽晝夜之精以生五色神芝皆為聖王休祥焉自漢孝武顯宗世號隆盛而元封永平所紀神芝方斯蔑如也且其枝榦條萃本末相承乃協乎天官

之數非神明其孰為此哉推其類象則蓂莢之植階庭萐蒲之生庖廚覩匹靈矣乃詔御府圖而藏之且畫其形遂以名圖為之贊曰帝德允臻爰不難致煌煌神芝吐葩揚榮曩披其圖今握其形永章遐紀載之頌聲
賦【增】唐史近漢武帝齋宮產靈芝之賦武皇帝慕軒后之風儲思幽通叶珍符於瑞牒產靈芝於齋宮太乙清禱元君降衷色奪兼金發靈姿以溫潤質逾美玉浮真氣以葱蘢原夫帝在華帳儼於仙仗睿思邈以冲寂神心宵其相向髣髴受釐肅其真既非煦育之所致乃精神之潛暢挺茲三秀表信乎三元之符擢此九莖示期爾九垓之上異屈軼之致用類朱英之為狀足表天感與

地生或揚臣和而君唱是知至精潛運神物昭彰靈液潛通願生乎枯木貞石神心幽贊故出此閟殿神房冠庶草以為貴故有時而發祥信真質以津澤非本媚乎馨香豈比夫楚水之苓嘉萍實仙宮之獨貴玄霜懿夫道心虛澹我則無味以玄感化象貴形我乃無根而效靈是用拔奇瑤砌標異形庭紫蓋與祥雲允合朱莖將火德相宜秀射猗蘭之室光連雲母之屏煥國典而永昭歌頌徽玄風而丕耀德馨彼丹甑呈豐器車表德潛美巖野挺芳幽側曷比夫耀甲乙之帳赫矣朱榮結天地之精混然剛克異朝菌之為體同夜光之非飾含聖澤以成春體正陽而變色是知人心告慶珍物效焉將

會昌於羣帝必功格於上玄凡神之符則受此靈草神之會則降彼真仙苟獲符而為約與降質而相懸大寶在乎皇極真居本乎丹田苟溺異以趨怪顧汩沒而表年彼乘蹻而求靜此執迷而徵聖徒有托於齋祈信無禪於性命覩芝宮兮緬爾倏隙駟以奔競庶歸玄化之門小彼炎皇之慶〔宋王令藏芝之賦有序〕丙申歲自四月至六月大雨而余之所客天長縣東北皆瀕湖澤地浸以下頗以水為患傷草木多死邑居無薪務而益貴薪益來自遠以余之所居則薪之自北來者常售於余閒而有得若枯華斷穎根梗帶芥支離擁腫與碩實所異於常草者皆取以戲就其中嘗試視之余得則芝也

折傷不完討之於全此嘗一葉耳不知其他安在也其生雖不知遠近要皆在縣之北以常負薪之所來則芝從可知也示人則不齊有由是而知有芝有出是而信爲芝有雖得是而弗之信者然芝之爲物不常有而或出可愛者也自古詩之作見於今者凡三百篇其以風賦比興而附見於物若蘋蘩薇蕨荇苞苦藿葽唐蒿遂瓠匏瓜葛鬱薁葵蕢葑芹藻莫茅荼蕑苓蓬莠苹蒿萇蒲萑葦葭葵蕭艾根莪著芑禾麻菽麥黍稷豆菽秬秠糜粟稻粱菅苧卷耳茶苣蓍莪莠葽荷華游龍茹藘芍藥之類雜見並出然此特草耳其多蓋如此而未嘗及芝也自詩而下長辭章而善自托者獨有屈原今其離騷九歌具存而可考然其況意所及自詩人所紀之外復益以江離芙蓉杜若薜荔木蘭白蘋薗萬揭車蕙茝苣蕅芰蘅薋菉葹蘼蕪菊蕙而地所常產目所同識之草盡矣若夫陳忠而直私念廢而怨遂託於彼而取此以見義此則余之所知至於道則余不得而一也然稱類已衆而芝復獨遺是誠何故邪說者遂以九歌之三秀爲芝余以其不明又其辭曰適山而採之則芝非獨山草蓋未足據信也及觀漢樂歌蓋當時文工樂人緣飾世治以裁主意耳非有如詩人騷客鬱於中而不得言憑於物而後見者皆非余所好也今余得芝而賦之意皆在於賦序故不道也庭勾突萌抽蔚擢秀孰非奇

坯培繼哂播漑軋蒔孰非人兮不爲常生時見挺出芝則神兮靈幹不阿衆葉類附不孤有鄰兮生莫莫損益無種裔天生德兮苯苣薦庭蘗蕪薦道退野卽兮生無本根拔不滯茹無吝悄兮榮而不華槁而不枯莫損益兮茨萊翳陰高出下蔽適以取容兮朝菌射于齊長並秀德不校同兮荒原穢壤棄放委廢若將終兮知者謂誰何爲來者似不必逢兮困於不知束於薪蘇自信不恥兮摧戕折傷披本斷幹溺不自已兮火炎木焚投置不縮知命有止兮偶於自生不祈見聞吾與爾已兮

薛士隆靈芝之賦宋興二百有三年封陲載寧狼烽不驚上乃高揖凝旒褒神泰清天之與子法舜承堯祗載夔夔齋慄以朝帝祓衮章昇簴寶刻旄麾羅羽葆太師輔前少師保後工瞽登歌奏常贊道有覺彤庭皇拜稽首上天子之父號曰光堯壽聖太上皇帝母曰壽聖太上皇后宮維德壽康壽其堂色養無違儀刑四方二聖相歡用惟其至仰孝俯慈假天準地二氣之精百物之吳誕秀靈芝乘時挺生降與惟甲申歲之陽義皇御寅斗直東方有茁者芝有粲其房不植不根於殿之梁輪囷扶疎馨香有飶紫色芬藴交光睟日嶽騰龍而翥鳳追金相而玉質煥燿宸居清明帝闉閤之者神驚瞻之者目奪一本同柯支生十二錯地分州蟠天列次瞻彼日月膺期嗣歲亦有律呂八音以諧仙館玉樓光於泰階

皇帝乃命東觀啓鑰書披瑞命之篇參瑞應之圖驗通
儒於白虎稽神契於孝經僉曰王者孝慈則芝茂又曰
養老則芝生深仁是加於草木祥應是接於仙靈故肅
宗養親而產延英之座孝武嚴帝而秀甘泉之庭於是
聖心悅懌稱賀謳謠皇上賦玉華之詩太上發芝房之
歌君臣動色至家符慶被之於服章聲之於謳詠蠻獠
以之輸琛海波以之愉靜戴白之叟成黃之兒爰及閨
房笑語嬉嬉自慶未始識也若豈天降而人爲哉粵有
狂生小子樂稱古德喜溢於顏憂形於色謂和氣致祥
允天子之慈孝大施地產誠聖人之達德也乃若漢之
宜章號稱七制仁民得天休符接至柏靈何道而產中

黃之藏有芝英之瑞也由是言之妖祥叵測爾雅離騷
乃壽乃繹乃列芝蘭乃識菌芝或云產於嵒阿采於山
而有之蓋希出堂殿高華之所有沾濡鬱結而爲曾胡
多之可尚靑龍之際乃一柯而三十有六支此何敵所
稱生庭之怪草崔光以謂蒸氣而生之也乃其奇祥有
取莪聞往古方士多岐有傳漢武逮乎季末諛辭麕至
鬼目呈符菌宮賀瑞豈黃精鉤吻有時而亂亦雞蘇豨
苓有時而帝也於惟我后秉文之德昊天景貺三辰耀
色雖無此芝何損於治生禁之庭亦孔之異此不可不
察者誠何足以當上意也悵天居之高遠羌欲告而誰
言聊陳辭而寫志庶有發於塵編亂曰靈芝之秀兮爍宮

庭春秋易色兮隨月而生神父慈兮君至孝既珍符兮
天之云告我欲排閶闔兮雲路迢遙物怪司閽兮翅折
之招爰攄懷兮作賦儻六丁兮下來持去
文賦散句 增 楚屈原九歌 採三秀於山間 漢東方朔
七諫 拔搴玄芝兮列樹芋荷 王褒九懷 北飲兮飛泉
南采兮芝英 馮衍顯志賦 飲六醴之清液食五芝之
茂英 張衡西京賦 浸石菌於重涯濯靈芝以朱柯
東京賦 芝房菌蠢生其隈 思玄賦 聘王母於銀臺兮
羞玉芝以療饑 魏曹植九詠 尋湘漢之長流採芳岸
之靈芝 晉何晏景福殿賦 靈芝生於丘園 孫綽遊
天台山賦 五芝含氣而晨敷

古歌樂章 原 漢四皓紫芝歌 莫莫高山深谷逶迤曄曄
紫芝可以療饑唐虞世遠吾將何歸駟馬高蓋其憂甚
大富貴之畏人兮不如貧賤之肆志 增 漢書郊祀歌
齋房產草九莖連葉宮童效異披圖案牒玄氣之精回
復此都蔓蔓日茂芝成靈華 班固郊祀靈芝歌 因露
寢兮產靈芝象三德兮瑞應圖延壽命兮光此都配上
帝兮象太微參日月兮揚光輝 宋史上尊號樂章 曄
曄靈芝之生於殿闈照映華栱紛敷玉甃感召元[illegible]光符
聖期祥篇協吉百歲咸宜 朝會樂章 嘉瑞降臨應我
皇德曄曄神芝不根而植春秋三秀晝夜一色物播詩
歌聲被金石 彼茁者芝茂英煌煌敷秀喬嶽實繁其

房適符修貢封巒允臧永言登薦抑惟舊章　煌煌茂英不根而生蒲茸奪色銅池著名晨敷表異三秀分榮書於瑞典光我文明

五言古詩【增】梁庾肩吾芝草踟躕玩芝草淹留攀桂叢桂叢方偃蹇芝葉正玲瓏如龍復如馬成闕復成宮黄金九華發紫蓋六英通隱士莽山北神仙海穴東隨丹聊變水獨搖不須風　宋梅堯臣讀吳季野芝草篇阮生存詠懷美彼曜朱堂一榮不復枯五色異衆芳衆芳發朝露俄以歛夕陽丹莖起瓦礫又匪媚棟梁此禀由至和君子要有常

七言古詩【原】宋蘇軾石芝并引元豐三年五月十一日夜夢游何人家開堂西門有小園古井井上皆蒼石石上生紫藤如龍蛇枝葉如赤箭主人言此石芝也予率爾折食一枝衆皆驚笑其味如雞蘇而甘明日作此詩

空堂明月清且新幽人睡息來初匀了然非夢亦非覺有人夜呼祁孔賓披衣相從到何許朱闌碧井開瓊戸忽驚石上堆龍蛇玉芝紫筍生無數鏘然敲折青珊瑚味如蜜藕和雞蘇主人相顧一撫掌滿堂坐客皆胡盧亦知洞府嘲輕脫終勝嵇康羨王烈神山一合五百年風吹石髓堅如鐵　【增】蘇軾石芝并引予昔夢食石芝作詩記之今乃眞得石芝於海上子由和前詩見寄予頃在京師有鑿井得如小兒手以獻者晉指皆具膚理若生予聞之隱者此肉芝也與子由烹而食之追記其事復次前韻土中一掌嬰兒新爪指良具肌骨勻見之怖走誰敢食天賜我爾不及賓旌陽遠遊同一許長史玉斧皆門戸我家韋布三百年祇有陰功不知數跪陳八簋加六瑚化人視之眞塊蘇肉芝烹熟石芝老笑噬熊掌嚬雕胡老蠶作繭何時脫夢想至人空激烈古來大藥不可求眞契當如磁石鐵　蘇轍次韻石芝并引子瞻昔在黄州夢食石芝起賦八韻記之元祐八年予與子瞻皆在京師客有至自登州者言海上諸島石向日者多生耳海人謂之石芝食之味如茶久而益甘海上幽人或取服之言甚益人客以一籃遺子瞻遂次前

韻雞鳴東海朝日新光蒙洲島霧雨勻一晞石上徧生耳幽子自食無來賓符書乞取久未許箬籠蕉囊海神戸一掬誰令墮我前無爲知我起諸數此身不顧淸廟瑚但願歸去隨樵蘇龜龍百歲豈知道養氣千息存其胡塵中學仙定難脫夢裏食芝空酷烈中山軍府得安閒更試朝霞磨鏡鐵　陸游丹芝行劒山峩峩插穹蒼千林萬谷蟠其陽大丹九轉古所藏靈芝三秀夜吐光如火非火森有芒朝陽欲升尚煌煌何由斸取換肝腸往駕桼虯朝紫皇

五言律詩【增】唐李義府宣正殿芝草明王敦孝感寶殿秀靈芝色帶朝陽淨光涵雨露滋且標宣德重更引國

恩施聖祚今無限微臣樂未移
七言律詩【增】宋蘇轍邵武游氏老人三清堂紫芝黑甕
赤鳳早逢師白髮蒼顏老不衰丹鼎一丸深自秘紫芝
三葉邦先知烟薰晴日雲容薄色凝秋霜玉性奇何日
刀圭救羸病莓苔荆棘種交棃　張孝祥廟錫珍符豈
偶然雲華再見幾經年詳開二室昭詒燕根托同盤自
屬聯上瑞應誠難紹聖宸衷思孝益增虔微臣願考皇
天意不厭終童效異篇　煌煌瑞彩映金鋪元氣回旋
卽此都太史連年書盛事近臣更日獻新圖璇穹薦祉
寧虛應玉葉流芳已兆符早晚淸塵歛原廟臨觀敢請
駢前騶　【原】明王世貞數盡潘園賦衆芳何如艸草被

昆閬庭中玉露傳三秀木末丹霞散九光出共蓬蒲昭
聖瑞歸同天韭作仙糧野夫亦有黃公癖地肺何年許
並藏
七言絕句【增】宋晁補之舊說廬山有紫芝田百畮人莫
得見偶於開光樓賢林中步兩日各得一枝正紫如玉
戲成一首千古芝田人不到深林纔日拾瓊瑰從今爲
記晁夫子曾到芝田百畮來　陸游齋中雜題幽居厭
見凡花草紅紫紛紛不復栽自斸蒼苔換黃土南山移
得玉芝來　玉隆得丹芝何用金丹九轉成手持芝草
已身輕祥雲平地擁笙鶴便自西山朝玉京　館中蓄
縉方一新而右文殿生芝草甚異丹碧參差盛一時嚴

樹三秀見金芝漢庭漫道多才傑天馬何勞作頌詩
詩散句【增】魏曹植靈芝生王地朱草被洛濱榮華相晃
麗光采曄若神　【原】晉嵇康煌煌靈芝一年三秀　【增】
張華西入華陰山求得神芝草　【原】唐杜甫空闇紫芝
歌不見杏壇丈　但使芝蘭秀何須棟宇鄰　知名未
足稱局促高山芝　其陽產靈芝其陰宿牛斗　吾慕
漢初老時淸猶茹芝　【增】宋王珪柯同庭柏勁色近御
衣深　夏竦四明開奧壤三秀發靈芝　黃庭堅不須
許斧子辛勤採五芝　汪藻齋房輝玉筆岱檢雜金泥
菌蠢朝承露熒煌夜吐霓　唐李白身騎白鹿行飄
飄手翳紫芝笑披拂　【原】杜甫知君此計誠長往芝草

琅玕日應長　李紳靈根盤錯呈天瑞寶葉蟬聯表地
祥　【增】宋黃庭堅卓仙在時養瓊芝深根固蔕活人命
陸游不用采芝驚世俗恐人謗道是神仙　魏阮籍
芝英耀朱堂　晉庾闡屑宵暎紫芝　齊王融五芝多
秀色　周庾信芝房脆似蓮　靑泥美熟芝　唐孟浩
然采秀弄芝草　杜甫靈秀冠衆芳　張籍分采紫芝
苗　李商隱紫見地仙芝　皮日休盡日嗅金芝之　宋
楊億芝函書茹肥　梅堯臣芝以保萬壽　蘇軾黃公
獻紫芝　金元好問紫芝僅盈匊　魏曹植東上蓬萊
采靈芝　唐曹唐洞中天地足金芝　宋蘇軾枯杇猶
能出菌芝　元倪瓚赤城霞暖神芝秀

【集藻】【增】〔抱朴子〕凡求芝草入名山必以三月九月乃山開出神藥之月必以三輔時出三奇吉門到山須六陰之日明堂之時帶靈寶符牽白犬抱白雞包白鹽一斗及開山符檄著大石上執吳唐草一把入山山神喜必得見芝須禹步往來采以王相專和支干相生之日刻以骨刀陰乾爲末服乃有功效若不致精久齋行穢德薄又不曉入山之術雖得其圖鬼神不以與人終不可得見也〔寘通記〕九莖紫菌瑤葛芝一斤丹朱玉漿二斗右二物細切芝竟仍以玉漿一斗漬之一宿埋陰垣之陽去垣三寸入土一尺以白瓦器容四斗許盛仍以瓦盤蓋之蠟蜜封之上土令厚二寸以今日午時埋至明日午時出之持之南行取巳所住戶十二步乃置眠床頭按上至明日午時又以銅器盛煎之令火齊器底勿令火燄出器邊也得三沸見又內玉漿一斗又加火交二十九日見保命云勿犯霧露〔天台山記〕峭壁下一石如黑靈芝莖細而房大可愛【原】〔花史〕靈芝仙品也山中采歸以籮盛置飯甑上蒸熟曬乾藏之不壞用錫作管套根插水瓶中伴以竹葉吉祥草則根不朽上盆亦用此法

佩文齋廣羣芳譜卷第八十七

佩文齋廣羣芳譜卷第八十八

卉譜

蓍

【原】蓍神草也能知吉凶蘇頌云上蔡縣白龜祠旁其生如蒿作叢高五六尺一本一二十莖至多者五十莖生便條直秋後有花出於枝端紅紫色形如菊花結實如艾實【增】〔說文〕蓍蒿屬生千歲三百莖易以爲數〔陸璣詩疏〕蓍似藾蕭青色科生〔論衡〕蓍草七十年生一莖神靈之物故生遲也【原】史記龜策傳云蓍生滿百莖者其下必有神龜守之其上常有青雲覆之易曰聖人幽贊於神明而生蓍又曰蓍之德圓而神天子蓍長九尺諸侯七尺大夫五尺士三尺傳曰天下和平王道得而蓍莖長丈其叢生滿百莖方今取八十莖已上者難得人民好用卦者取滿六十莖已上長滿六尺者即可用博物志云以末大於本爲主次蒿次荊皆以月望浴之然則揲卦無蓍亦可以荊蒿代其實苦酸平無毒益氣充肌聰耳明目久服不饑輕身前知

【彙考】【增】〔易繫辭〕探賾索隱鉤深致遠以定天下之吉凶成天下之亹亹者莫大乎蓍龜〔詩曹風〕冽彼下泉浸彼苞蓍〔左傳〕蓍短龜長不如從長〔史記龜策列傳〕能得百莖蓍并得其下龜以卜者百言百當足以之吉凶〔洪範五行傳〕蓍之言爲耆也百年一本生百莖此

草木之壽亦知吉凶者聖人以問鬼神〔列仙傳〕老萊子蓍艾爲席〔玉女潭記〕靈蓍臺臺方三十尺有奇始築臺而蓍生也

【集藻】賦【增】〔晉傅玄蓍賦〕春邁衡德於靑陽混百卉而萌生逮朱夏而修茂曁商秋而堅貞離離霜而未凋與濟龜乎通靈於是原極以道握形以度以類萬物之情以通天下之故豈惟終始於事業乃參天而倚數棄原野之蕭條升雲堦而內御運茲萃於掌握爻象形而星布信鉤深而致遠實開物而成務〔唐康子玉神蓍賦〕神蓍之用兮誠稟靈於自然惟神也適變之義至惟用也極數之理全鉤深孰云乎筮短藏密彌彰於德圓再三

則蒙捨我而懼瀆五十以學由我而樂天揲之而雖隱必索保之而其靜愈專易之重者胡可比焉原夫質稟精純叢分葽蔚覆靑雲以表奇伏元龜而克配佐爾筮之貞吉觀我生之進退知微知章而可期何思何慮而或昧於是命彼筮人擇乎上春韞之而必致其用揲之而爰動其神感以洗心遂通端策之志執之指掌空嵯握策之倫禮事其儀易贊其妙探彼幽賾觀其秘要皆多假爾之能必叶窮神之照將欲觀貞諒無與京乾道變化而悟神明幽贊而生原始要終思盡性於大衍知來數往翼明象於小成非我無以昭效法之道非我無以稽作易之情於以致百慮於以類萬物象四時門十九數而有常推三才二百六旬而不拂惟蓍之用惟神是聽運不窮而或變通其志而遂寧且提攜而成列有感應而協靈滋而後數布之而可辨生而成象審之而必形何一卉之時育匹十朋之天縱耻紅蘭之見鋤鄙白茅之藉用則知夫蓍之可貴也庶類安能而共之哉

賦散句【增】〔齊卞伯玉蓍賦〕終風掃於暮節霜露交於杪秋有萋萋之綠蓍方滋繁於中丘

五言古詩【增】〔梁范筠詠蓍〕數奇不可偶性直誰能紆禎蔡伏靈異祥雲降溫腴

附錄 荓

【增】〔爾雅〕荓馬帚〔疏〕荓草似蓍今俗謂蓍荓可以爲掃篲

故一名馬帚

蓂莢

【增】〔帝王世紀〕堯時有草莢生庭每月朔生一莢至月半則生十五莢至十六日後日落一莢至月晦而盡若月小餘一莢王者以是占曆惟盛德之君應和氣而生以爲堯瑞名曰蓂莢一名曆莢一名瑞草又曰仙茆

【彙考】【增】〔竹書〕舜即帝位蓂莢生於堦〔白虎通〕德至地則蓂莢起　日曆得其分度則蓂莢生於堦間〔抱朴子〕軒皇候鳳鳴以調律唐堯觀蓂莢以知月

【集藻】賦【增】〔唐程諫蓂莢賦〕堯階蓂莢兮實稱休禎蓋歷代而難値至我后而斯呈植之以前墀左墄映之而鏤

檻丹楹激蕙風而葉轉迎太陽而心傾日往月來深符大小之數時和曆應因見天地之情觀乎榮謝以月德爲常卷舒以日數成類隨初吉以增茂暄然自春度既望以漸零脩然如寄體盈虛而方同得道任消息而匪殊有智金波桂樹遠合象於彫榮炎漢芝房近方慚於祥瑞彼朱草與蓮蒲曷於茲而擬議則知聖作物覩物興由聖聖於赫而克著元亨物效祥而天莫之令然而蓂之爲應也博蓂之爲瑞也昭贊睿主則太平在邇測陰靈則時變不遙初也則日益一日終也則宵盡一宵弱質浹金莖之露輕姿散玉戶之飈或曰麟在郊而合圖諜鳳來儀以聽簫韶雖咸見而可貴於列迹而斯超

豈如蒙賁著叢集於厚地焜耀於皇朝〔呂諲蓂莢賦〕聖人法天兮無物不成皇天輔聖兮有貺必呈蓂莢之嘉瑞爰乃應乎休禎稟神靈以擢質因堯階而得名抽莖尊尊布葉英英二八而落三五而盈陰德自然仰蟾蜍而知晦太陽常近與葵藿而同傾蘭乃丕體其祥博考其義所以厚上天之德所以表皇王之瑞其國衰也則植之猶難其國理也則生之孔易惟我后之欽若亦合符而受賜承榮金殿旁沾三露之滋每奉玉階上蔭五雲之施豈無萱草以悅其性豈無靈芝以彰其盛芝擢其秀既以紛綸於策書萱樹於堂曷能彌縫於明聖未若蓂莢生於皇朝與夫髦士來應弓招受成於天諒多閏於國瑞託其得地且有異於山苗竊預談於皇道庶有望於遷喬

賦散句 增 〔漢張衡東京賦〕蓋蓂莢爲難蒔也故曠世而不覿惟我后能殖之以至和平方將數諸朝階

五言排律 增 〔唐元稹〕賦得數蓂將課司天曆先觀近砌蓂一旬開應月五日數從星桂滿叢初合蟾虧影漸零辨時長有素數閏或餘青墜葉推前事新芽察未形堯年始今歲方欲瑞千齡

詩散句 增 〔梁庾肩吾〕蓂枝發早叢　〔唐宋之問〕節晦蓂全落　〔蘇頲〕七葉仙蓂依月吐

華平 平一作苹

增 〔宋書符瑞志〕華平其枝正平王者有德則生德剛則仰德弱則低　〔孝經援神契〕王者德至於地則華苹感　〔白虎通〕華苹者其枝平王者政令均則生

彙考 增 〔宋書符瑞志〕漢章帝元和中華平生郡國

萐莆

增 〔宋書符瑞志〕萐莆一名倚扇狀如蓬大枝葉小根根如絲轉而成風殺蠅　〔說文〕萐莆瑞草也　〔白虎通〕孝道至則萐莆生其葉大於門扇不搖自扇於飲食清涼助供養也

彙考 增 〔帝王世紀〕堯時廚中自生肉脯薄如翣形搖鼓則生風使食物寒而不臭名曰翣

朱草

〔增〕〔宋書符瑞志〕朱草草之精也世有聖人之德則生〔大戴禮〕朱草日生一葉至十五日生十五葉十六日一葉落終而復始〔禮斗威儀〕君乘木而王其政升平則福草生郊福草朱草別名〔白虎通德〕至草木朱草生朱草赤草也可以染絳別尊卑也〔博物志〕和氣相感則生朱草〔尚書故實〕朱草瑞草也長三尺枝葉皆赤莖似珊瑚文命咸得俊乂在官則朱草生郊

〔彙考〕〔增〕〔宋書符瑞志〕漢光武建武元年五月京師有赤草生水涯　漢章帝元和中朱草生郡國　魏文帝初朱草生文昌殿側　宋文帝元嘉十一年朱草生蜀郡

郫縣王之家〔拾遺記〕炎帝教民耒耜百穀滋阜朱草滋於階

〔集藻〕賦〔增〕〔唐韋模當朱草合朔賦〕縣官挑大法闡大猷道惟行遠化必通幽彼朱草以合朔示皇天之降休月始而生用叅乎陰騭月虧而落事契夫冥搜其於作候靡或不由乃知天罔私親神惟輔德苟明智之有務必冥契而無忒或産水涯或生巖側布赤葉之蒨練挺朱柯之旖旎旣周復而莫窮與乾坤而不極誰究其義吾知其爲美一人之化洽俾萬國而澤被由是節候不疑生榮以時依天聽以叶祉顧月魄以呈姿朔告合焉表皇化之無與草名朱也比丹心兮自持較瑞不慚於蓂莢稱珍豈讓夫靈芝覩其光彩妍婧文理密緻賁亭毒以榮落洩神祇之奧秘三五之前逐蟾光以潛長二八之後與桂華而暗墜非權量之能侔將漏刻而齊致其氣芬芳其色焜煌聖帝攸感靈仙是常何纖芥之微物遇休明而效祥諒君恩之克播致天意之溥將可以同覩日月共貫陰陽豈止瀆玄醴變金漿而已哉懿夫分莖灼爍擢穎超遙候朔自呈詎比夫偶陽而動旣望斯殞寧同乎見睍曰消幽玄不測神化孔昭自然澤浸有截化行無外三光並明兩儀交泰於靈草以配曆冠古今而爲大

賦散句〔增〕〔漢張衡東京賦〕豐朱草於中庭

屈軼

〔增〕〔博物志〕堯時有屈軼草生於庭佞人入朝則屈而指之一名指佞草

〔集藻〕賦〔增〕〔唐梁肅指佞草賦〕聖淬濡煦兮動植斯形相彼瑞草兮逢時效靈體嘉生於浩氣秉植道於彤庭昔在堯帝至化惟馨伊屈軼之芳貞協王猷與國經有皇膚后德動杳冥二氣暢而羣生遂百祥來而萬宇寧矧夫佞者小人之道直者爲國之寶雖糾正於邦憲實發明於瑞草象恭言僞於是焉去而勿疑藥而莖分何患乎辨之不早若乃一人當宁超黃越虞百辟來朝日臨雲趨風力論道伊咎陳謨嘉草在前疇敢以諛故曰物

生於有有生於無感此變化發爲禎符不然彼植物之何知乃同功於帝俞天道不言聖人無心寓形闡教其用則深禾穎降於周王芝房發於漢后信呈豐兮告慶幷垂美於不朽彼直指以去邪諒於功乎何有我明主所以超三英之躅彼靈草所以爲百瑞之首有由然也史魚守直宣父惡佞佞直不分邦家靡定惟草所指惟皇所聽指歸乎一聽戒乎失苟君道之不弘徒倚瑞以自必重曰嶉彼草兮直而指佞聖之瑞兮時之理須皇休兮無極已〔沈封指佞草賦〕伊嘉卉兮昔生軒庭蓋歷代而莫觀其狀至我后而方覩其形對右平與左城間朱草與形庭薰風晝灑湛露宵零所以彰吾君之睿

聖所以表吾君之德馨非然何以於昭其異有赫厥靈根莖竦擢枝葉靜好惡夫佞允叶乎聖心作乎祥特異於靈草況今勤施五至克奉三無多忠良之士絕讒佞之夫非斯草之助化何以臻於此乎指佞之爲德也廣指佞之爲瑞也深逢聖斯生介一人之景福有佞必指俾百寮而革心故能殊衆芳之質標羣瑞之首彼獬豸之觸邪抵罪在決則嚴伊平露之傾葉知方於人何有孰若我應明聖指邪佞昔者輔德告軒后之功成今也呈祥贊吾君之理定一名屈軼千載挺出有佞則指孰云無必豈比夫菨蒲空扇於堯廚芝房徒歌於漢室哉足以彰致理薦嘉祉君子在位我則恭默以傾心佞人入朝我則無私以直指信可以美芳聲於雅頌垂不朽於國史〔鄭轅指佞草賦〕旒扆肅誠天地降靈蓋臣咸造屈軼生庭翠彩如植皇心以寧暑幷寒生感菨蒲之代謝日來月往異蓂莢之飄零曷奕玄造誕生厥草表忠蹇之不遐懼壬佞之何早宵承湛露密葉如傾諧偃薰風纖莖若掃猗那且都歌詠難模其生也則一其道也乃殊育於軒庭其指或有生於聖代其用則無是靈草之無心以聖人之爲心對危行而不傴覩巧言而則侵榮乎砌陰實爲龜爲鏡肅我皇度式如玉如金冠卉之首綿代曠有茅三脊之可封芝九莖而延壽曷若茲草之盛莫之與並類貂蟬之性潔均獬豸之質勁得詩

人之無邪行孔門之遠佞於鑠屈軼邈乎迥出遇唐復生應時作實經百王而影戢歷千祀而宵密如執法之不回奉直道而自必所以野退宵人朝多髦士同魚水之合契絕螮蝀之莫指封思齊於大夫名可比於君子謝有香之蘭蓀惡無言之桃李

七言律詩〔增〕明申時行堯階屈軼應制聖朝已自登元愷靈卉還能指佞臣自是乾坤扶正氣儼如殿陛立端人觸邪似與神羊並就日常依曆草新倘使漢庭長借爾何須請劒更埋輪

延嘉

〔增〕瑞應圖延嘉王者有德則見 王孝道行則延嘉生

紫薘

增 瑞應圖 紫薘王者仁義行則常見

吉祥草

原 吉祥草叢生不拘水土石上俱可種已長青莖柔葉青綠色花紫蓓結小紅子然不易開花候雨過分其根種於陰崖處即活惟得水爲佳亦可登盆用以伴孤石靈芝清雅之甚堪作書窻佳玩或云花開則有赦一云花開則家有喜慶事人以其名佳多喜種之或云吉祥草蒼翠若建蘭不藉土而自活涉冬不枯杭人多植瓷盎置几案間今以土栽有岐枝者非是

集藻 賦 增 元任士林吉祥草賦并序 吉祥草酷似蘭而

疎秀海國有其種率云十歲一花然鮮有見者余過僧智傳之室見一本紫莖而花華纔二寸纖花數十似瑞香而斂小近甑之有香氣傳且謂余曰種且十五年矣今纔一開感係之餘賦以門庵聰靈委之幽絕蔓天竺之化城挺纖疎之奇植負吉祥之嘉名孰化滋於下土寔見擢於衲僧方其根移露本盆壅春膏擬紫莖之逞瑞伉蘭蕙於亭臯然而朝培夕溉十有五期春風秋露日以披滋卒深韜而重發何堅忍而舒遲諒得天之獨厚不驟悅於時宜候半世之力深迺舒英而揚輝噫嘻江路微暖野梅漏枝駘蕩未透宮楊綰絲未俟夏而叢綠葉迎秋而飄飛含英之本麗土之支孰不聽造化之鼓舞候氣母之推移肯耐靜於寒暑不跂榮於既萎憶夢寗越之學請三十年文公之伯十九載而迺遭彼長沙之誼乏寧志於初歲玉樓之賀無靜心於早慧一發泄而輙衰萬不成而欣纔余嘗感人事於河清之期悟城非於鶴歸之世三竊桃而人未知年屢變海而悵其東逝蹇美草之感余起余衷之繆計尚深根以需榮儻來時之未艾諒就木之歎嫦又安能訪此花之開閉

菖蒲

原 一名昌陽一名昌歜一名堯韭一名蓀一名水劍草有數種生於池澤蒲葉肥根高二三尺者泥蒲也名白菖生於溪澗蒲葉瘦根高二三尺者水蒲也名溪蓀生

於水石之間葉有劍脊瘦根密節高尺餘者石菖蒲也養以沙石愈翦愈細高四五寸葉茸如韭者亦石菖蒲也又有根長二三分葉長寸許置之几案用供清賞者錢蒲也服食入藥石蒲爲上餘皆不堪此草新舊相代冬夏長青羅浮山記言山中菖蒲一寸二十節本草載石菖蒲一寸九節者良味辛溫無毒開心補五臟明耳目久服可以烏鬚髮輕身延年經曰菖蒲九節仙家所珍孝經援神契曰菖蒲益聰生石磧者祁寒盛暑凝之以層冰暴之以烈日衆卉枯瘁方且鬱然叢茂是宜服之却老若生下濕之地暑則根虛秋則葉萎與蒲柳何異烏得益人哉種類有虎鬚蒲燈前置一盆可收燈煙不薰眼泉州者不可多

備蘇州者種類極蠢蓋菖蒲本性見土則蠢見石則細蘇州多植土中但取其易活耳法當於四月初旬收緝裝許不論蠢細用竹剪淨剪堅瓦敲屑篩去蠢頭淘去細垢密密種實深水蓄之不令見日半月後長成蠢葉修去秋初再剪一番斯漸纖細至年深月久盤根錯節無塵埃油膩相染無日色相干則自然稠密自然細短或日四月十四菖蒲生日修翦根葉無踦此時宜積梅水漸澆養之又有龍錢蒲此種盤旋可愛且變化無窮缺水亦沾夏初取橫雲山沙土揀去大塊以淘淨蠹者先盛半盆取其浸水細者蓋面與盆口相平大窠一可分十小窠一可分二三取圓滿而差大者作主餘則蘸盆大小旋繞明植土率第一迴不過五葉六窠二迴倍一三迴倍二斯齊繁可觀經雨後其根大露以沙再壅之只須置陰庭朝夕微微灑水自然榮茂不必盛水養之一月後便成美觀一年後盆無餘地二年儘可分植矣藏法與虎鬚蒲畧同此外又有香苗劒脊金錢牛頂臺蒲皆品之佳者常謂化工造物種種殊途靡不藉陽春而發育賴地脉以化生乘景序之推移而榮枯遞變均未足擬卓然自立之君子也

乃若石菖蒲之爲物不假日色不資寸土不計春秋愈久則愈密愈瘠則愈細可以適情可以養性書齋左右一有此君便覺清趣瀟灑烏可以常品目之哉他如水蒲雖可供菹香蒲雖可採黃均無當於服食視石蒲不啻徑庭矣〔格物總論〕菖蒲花水中叢生根長四五尺多節葉長如劒樣二月結花花黃長二三寸粟穗相似但小耳

彙考 增〔周禮天官〕朝事之豆其實昌本麋臡〔注〕昌本昌蒲根切之四寸爲菹〔左傳〕王使周公閱來聘饗有昌歜〔注〕昌歜昌蒲菹〔梁書太祖張皇后傳〕初后嘗於室內忽見庭前菖蒲生花光彩照灼非世中所有后驚謂侍者曰汝見不對曰不見后曰嘗聞見者當富貴因遽取吞之是月產高祖 原〔南齊書五行志〕永元中御刀黃文濟家齋前種菖蒲忽生花光彩照壁成五彩其兒見之餘人不見也〔呂氏春秋〕冬至後五旬七日菖生菖者百草之先生也於是始耕 增〔呂氏春秋〕文王嗜菖蒲菹孔子聞而服之縮頞而食之三年然後勝之〔淮南子〕昌羊去蚤虱而來蛉窮高誘注昌羊菖蒲〔三輔黃圖〕漢武帝元鼎六年破南越起扶荔宮以植所得奇草異木有菖蒲百本〔春秋運斗樞〕玉衡星散爲菖蒲遠雅頌著倡優則玉衡不明菖蒲冠環〔風俗通〕菖蒲放花人得食之長年 原〔典術〕堯時天降精於庭

爲韭感百陰爲菖蒲〔神仙傳〕漢武上嵩山夜忽見有仙人長二丈耳出頭巔垂下至肩禮而問之仙人曰吾九疑之神也聞中岳石上菖蒲一寸九節可以服之長生故來採耳忽然失神人所在帝顧侍臣曰彼非復學道服食者必中岳之神以喻朕耳爲之採菖蒲服之經二年帝覺悶不快遂止時從官多服然莫能持久惟王興聞仙人教武帝服菖蒲乃採服之不息遂得長生

增〔抱朴子〕菖蒲石上生一寸九節已上紫花者尤善韓終服之十三年身生毛日視書萬言皆誦之冬袒不寒〔南方草木狀〕番禺東有澗澗生菖蒲皆一寸九節安期生採服仙去但留玉舄焉〔後魏典畧〕孝文帝南巡至

新野臨潭水而見菖蒲花乃歌曰兩菖蒲新野樂遂為建兩菖蒲寺以美之（番禺雜記）菖蒲澗昔刺史陸肩之所開也至今重之每旦輒傾州連汲以充日用咸安中姚成甫嘗採菊澗側遇一丈夫謂成甫曰此澗菖蒲昔安期生所餌可以忘老於是迴翔俯仰倏然不知所終蓋仙者焉（高士春秋）王媺之以菖蒲映竹曰菖蒲以九節為貴而此君面目聳然菖蒲正當再拜此君而此君亦安得不受耶【原】（海墨微言）僧普寂大好菖蒲房中種之成仙人鸞鳳獅子之狀【增】（清異錄）宜春太守虞杲郡齋植菖蒲五檻炙子夢髯翁自號昌九言願賜保養（牧豎閒談）元稹贈薛濤詩別後相思隔煙水

菖蒲花發五雲高薛嘗好種菖蒲故有是句（西興記）吳興德清有沈姓者其宅傍有潭水涯忽產蒲葉長幾尋仍俗以為異遇重午爭來斬其葉以辟瘟腊其根以入藥遂表蒲以為瑞因名潭為瑞蒲潭（繹古叢編）周益公校正文苑英華序云以堯韭對舜華非一本草注安知其為菖蒲按梁元帝玄覽賦曰金盤玉豉堯韭舜華論此也余讀他書亦有用者如顏聚載梁太子賚河南菜啓則云堯韭未儔姬歜非喻又以堯韭對姬歜矣周曰堯韭本於本草而不知所以名之之義後見典術曰聖王之仁功濟天下者堯也天星降精於庭為韭感百陰為菖蒲焉今菖蒲是也（三柳軒雜識）菖蒲花為

隱客（周顛仙人傳）顛者舊裙腰間藏三寸許菖蒲一莖謂曰此物何用對曰細嚼飲水腹無痛疾（花史）趙隱之拜傳氏於山澗中見菖蒲花大如車輪傍有神人守護戒之勿洩享富貴年四十九忽向子孫說之得疾而終

【集藻】傳【原】無名氏昌陽傳昌陽字子恒一字子仙蜀郡嚴道人也始祖韭在唐帝廷甚見貴重賜姓堯氏既而感百陰親異常曰遂變氏名曰菖蒲遁入山澤間化去世傳其神為列星厥肩皆以為氏蕃布四方至五世孫菹始以滋味于周文王文王悅之時置齒牙間俾為膳宰世其官成王時有共豆實為五齊之首者曰本其後

有仕魯者曰歜僖公三十年冬王使宰周公閱來聘公備物享之歜與席焉其族人有隱居嵩高者漢武聞其名然不能致也陽龍骨而鳳姿鬚髯戟張秀整拔乎其萃性疏挺高潔不耀其華歷寒燠有常雖凍虐炎爍之不少變容色於世味淡然無一嗜所須惟清泉白石而已平生惟與淇澳先生相敬重每見必交拜謂蘭子江蘺子有芳韻而無高節雖近處不狎也然自其先得引年却老方安期韓眾之流常服之至陽益精韓愈為國子博士以儒鳴猶對諸生稱道之故其名益章徽時憲宗好神仙聞而召之始至望其風度喟然曰是所謂列仙之儒居山澤而形容甚臞者與授太保兼奉御大夫

不拜引至別殿詢其方乃臆對皇王仁壽之道累數百言且謂得其道則不須臣失其道臣雖日共膳無益也上不能強之罷去穆宗即位徵為給事中壽拜侍讀學士上嘗丙夜讀書召陽侍側目益明累遷侍中爵上洛郡公賜第一區擅池島之勝既貴顯極矣然直容清操不少渝其初自王封戚里官署私第多致泉石以延之為席上珍皆曰見昌公使人塵俗自消至有圖其狀而傳之者其為世所愛重至此久之就封郡以壽終諡太師諡靖節子始生識農耕之候徵為勸農使其孫曾亦皆挺挺有祖風焉

頌【原】梁江淹菖蒲頌　藥實靈品爰乃輔性除痾衛福蠲

邪養正縹色外妍金光內映草經所珍山圖是詠【增】宋僧道潛菖蒲頌　寒溪之濱沙石之竇蓮此靈苗蔚然而秀有美君子採持而歸丈石相并涵蓄清漪根盤九節霜雪不槁置之幽齋永以為好

贊【增】宋蘇軾石菖蒲贊并序　本草菖蒲味辛溫無毒開心補五臟通九竅明耳目久服輕身不忘延年益心智高志不老注云生石磧上概節者良生下濕地大根者乃是昌陽不可服韓退之進學解云訾醫師以昌陽引年欲進其豨苓不知退之即以昌陽為菖蒲耶抑謂其似是而非不可以引年也凡草木之生石上者必須微土以附其根如石韋石斛之類雖不待土然去其本處輒槁死惟石菖蒲并石取之濯去泥土漬以清水置盆中可數十年不枯雖不甚茂而節葉堅瘦根鬚連絡蒼然於几案間久而益可喜也其輕身延年之功既非昌陽之所能及至於忍寒苦安淡泊與清泉白石為侶不待泥土而生者亦豈昌陽之所能髣髴哉余遊慈湖山中得數本以石盆養之置舟中間以文石石英璀璨芬郁意甚愛焉顧恐陸行不能致也乃以遺九江道士胡洞微使善視之余復過此將問其安否因為之贊曰清且泚惟石與水託於一器養非其地瘠而不死夫孰知其理不如此何以輔五臟而堅髮齒

賦【增】宋張耒石菖蒲賦并序　歲十月冰霜大寒吾庭之

植物無不悴者爰有瓦缶置水斗許間以小石有草鬱然俯窺其根與石相結絡其生意暢遂顏色茂好若夏雨解籜之竹春田時澤之苗問其名曰是為石菖蒲也考諸本草則為養性上藥仙聖之已試者也因賦之云歲寒風霜水落石潔大木百圍偃仆摧折有草於此寸根九節曾是莫傷蓁然茂悅若處廣深隱奧密而不知戶牖之外平地尺雪也將康而餌之私其益於我躬則不幾於奪也曷若致之吾前儀之以自修兮庶乎此德之琚玦也　〔王炎石菖蒲賦并序〕于書室中有石菖蒲一本鬱然暢茂蓋資水石之清幽以遂其性此物醫經所論可以延年可以成仙第人取而食之潮喪其生矣

然則爲人養生者非蒲之願也因讀北山翁集有石菖
蒲賦一篇三折四復詞既妙麗而興託高遠乃拾其遺
論而賦之曰老石嶙峋金鐵貞兮浮雲所根氣潛蒸兮
下漱洌泉玉鏘鳴兮蹙節盤屈託以生兮附堅涵潤密
如積兮四時青青不改色兮烈日凝冰無能厄兮潛蓄
幽馨如有德兮后土富媼載品彙兮其秀其英拔類萃
兮蚪髯者松負勁氣兮惟竹虛心古君子兮蘭有國香
儔高士兮梅也如玉勝靜女兮得土則繁否則悴兮獨
根於石孰如蒲之精粹兮有荇有藻產漣漪兮可薦可
修播聲詩兮亦有芙蓉媚芳池兮紅衣素裳美且都兮
下視其本著淤泥兮潔淨不污孰如蒲之清癯兮來自

澗谷入吾室兮鑿石瀦水保蘙鬱兮零露宵泣珠的皪
兮甘雨時濯緇塵滌兮中心愛之久無斁兮方士者流
言可餐兮養心益髓將引年兮一寸九節可登仙兮帝
經君錄其言然兮予乃獻疑進木議兮彭聃最壽終亦
逝兮喬松飛昇今安在兮屑而餌之蒲何罪兮毀璞雕
刻玉不幸兮枯骨抱易癙隕命兮破爲犧樽不失性兮
彼美維蒲吾良朋兮前有韋編後黃庭兮全眞育和其
欣榮兮優游卒歲淡然其忘情兮
五言古詩【原】梁江淹採石上菖蒲瑤琴久蕪沒金鏡廢
不看不見空閨裏縱橫愁思端緩步遵汀渚揚枻泛春
瀾竇亦煙流綺水綠桂涵丹憑酒意未悅半景方自歎
毋爲憂見及杜若詎能寬冀採石上草得以駐餘顏赤
鯉倘可乘雲霧不復還【原】唐李白嵩山採菖蒲者神
仙多古貌雙耳下垂肩嵩嶽逢漢武疑是九疑仙我來
採菖蒲服食可長年言終忽不見滅影入雲煙喻帝竟
莫悟終歸茂陵田〔宋蘇軾和子由記園中草木〕自我
來關輔南山得再遊山中亦何有草木媚深幽菖蒲人
不識生此亂石溝山高霜雪苦苗葉不得抽下有千歲
根蹙縮如蟠蚪長爲鬼神守德薄安敢偷〔蘇轍夢小
反古菖蒲井引〕古詩云石上生菖蒲一寸十二節仙人
勸我食令我好顏色十一月八日西鼓夢中反之作四
韻見一恐公在側借觀示之蹶然有愧恨之色石上生

菖蒲一寸十二節仙人勸我食再三不忍折一人得飽
滿餘人皆不悅已矣勿復言人人好顏色〔陸游菖蒲〕
古澗生菖蒲根瘦節蹙密仙人教我服刀匕蠲百疾陽
狂華陰市顏朱髮如漆歲久功當成壽與天地畢〔呂
蒲古上藥結根已千年聞之安期生采服可以仙斯人
非世人兩耳長垂肩松下語未終竦身上青天【增】〔裘
萬頃菖蒲〕匡廬入吾懷十載馳夢魂躡門者何人遺余
以芳蓀歘然得其趣如對五老言幽姿出巖谷常帶冰
雪痕塵容爲一洗面目不復昏忽思三峽流褰衣涉游
湲因仍一寸石浸潤九節根人言可扶老歲易須其蕃
此理諒不誣吾將從綺園〔元劉詵石菖蒲盆池有感

苗石鋳忘偏仄微根亂繫絲疎葉散纖碧苔莓封巉巖
沙水明的皪所貴含貞姿終然傲蒼色道人勤養護黃
悴輙薅剔常與貝葉書珍愛同几格豫樟燔青冥風雨
作霹靂小大固爾殊賦分焉得易相期喬松交歲晚堅
九節
七言古詩原唐張籍寄菖蒲石上生菖蒲一寸十二節
仙人勸我食令我頭青面如雪逢人寄君一絳囊書中
不得傳此方君能來作栖霞侶與君同入丹丘鄉宋
陸游菖蒲鴈山菖蒲崑山石陳叟持來慰幽寂寸根蹙
密九節瘦一拳突兀千金直清泉碧缶相發揮高僧野
人動顏色盆山蒼然日在眼此物一來俱掃迹根盤葉

茂看愈好向來恨不相從早所嗟我亦飽風霜養氣無
功日衰槁 增謝枋得菖蒲歌有石奇峭天琢成有草
夭夭冬夏青人言菖蒲非一種上品九節通仙靈異根
不帶塵埃氣孤操爰結泉石盟明窻淨几有宿契花林
草砌無交情夜深不嫌清露重晨光疑有白雲生嫩如
秦時童女登蓬瀛手攜綠玉杖徐行瘦如天台山上聖
賢僧休糧絕粒孤鶴形勁如五百義士從田橫英氣凜
凜摩青冥清如三千弟子立孔庭回琴點瑟天機鳴堂
前不入紅粉意席上常聽詩書聲怪石篠簜皆充貢此
物舜廟當共登神農多智入本草靈均蔽賢遺騷經幽
人躭翫發仙興方士服餌延修齡綠鸞紫鳳琪花苑青

蝟玉麟芙蓉城上界真人好清淨見此靈苗當大驚我
欲攜之朝上帝太清瑤草不敢專芳馨玉皇一笑留香
案賜與有道者長生人間千花萬草儘榮艷未必敢與
此草爭高名
五言律詩增唐李德裕芳蓀楚客重蘭蓀遺芳今未歇
葉抽清淺水花照暄妍節紫豔映渠鮮輕香含露潔離
君若有贈暫與幽人折 宋姜夔菖蒲岳麓溪毛秀湘
濱玉髓香靈苗憐勁直達節耆芬芳豈謂盤盂小而忘
臭味長拳山幷勺水所至未能量
七言律詩增宋蘇軾和子由盆中石菖蒲忽生九花青
萎秋莢雨須臾神藥人間果有無無鼻何由識薝蔔有

花今始信菖蒲芳心未飽兩蛺蝶寒意知鳴幾蟪蛄記
取明年十二節小兒休吏舊霜鬚 蘇轍石盆種菖蒲
忽開八九花或言此花壽祥也遠因生日作頌亦為賦
此石盆攢石養菖蒲沮洳沙泉非葉鋪世說花開難值
遇天將壽考報勤劬心中本有長生藥根底暗添無限
鬚更爾屈蟠增瘦硬他年老病要相扶 僧如璧戲乞
石菖蒲古澗靈苗不易遭寸根拳石著身牢齊如秧稻
刺春水小似神龜負綠毛未與幽人供壽考會隨遷客
賦離騷阿師垂手入廛去應許珍奇付我曹
五言絕句增宋王十朋石菖蒲天上玉衡散結根泉石
間要須生九節長為駐紅顏

七言絕句〔增〕〔宋秦觀〕客有遺予以假山石盆池者聞陳元發有石菖蒲作此詩乞之瑟瑟風漪心爲清更窺蒼翠眼增明可憐一片江山樣只欠菖蒲十數莖〔曾幾石菖蒲〕窗明几淨室空虛盡道幽人一事無莫道幽人無一事汲泉承露養菖蒲〔朱子寄謝劉彥集菖蒲之貺二首〕君家蘭杜久萋萋近養菖蒲綠未齊乞與幽人伴岑寂小窗風露日低迷　泉清石瘦碧纖長秋露懸珠炯夜光𥦗裏無窮閒造化何來誰與共平章〔謝吳公濟菖蒲〕翠羽紛披一尺長帶煙和雨過書堂知君別有耀仙種容易難教出洞房〔方岳次韻菖蒲〕瓦盆猶帶澗聲寒亦有詩情几研間抱石小龍鱗甲老夜窗雲

廣羣芳譜　卉譜二　菖蒲　三十

氣故斑斑〔吳菊潭〕一掬寒泉塊石頭兩三莖葉弄輕柔蔓同一霎龍湫雨五月軒窗也帶秋〔許棐石菖蒲〕一碧生涯水石濱棱風細雨瘦精神前身恐是巢由輩俯著人間半點塵〔僧如璧乞石菖蒲〕香綠茸茸一寸根清泉白石共寒溫道人好事能分我留取斕斑舊蘚痕〔原〕〔明戚龍淵〕一拳石上起根苗堪與仙家伴寂寥自恨立身無寸土受人滴水也難消

詩散句〔增〕〔宋梅堯臣〕濺濺澗水底冉冉菖蒲稠菖蒲花已晩菖蒲茸尚柔靈根采九節試共野僧求逡巡能致之衰疾無甚憂〔金張建〕石泉何清泠中有九節蒲蒲性本孤潔不受滓穢汚〔原〕〔唐李白〕爾去掇仙草菖蒲花紫茸〔增〕〔宋蘇軾〕明年菖蒲根連絡不可解〔朱子〕澗底采菖蒲顏色永芳鮮〔原〕〔姚思巖〕崇蟠龍節瘦葉聳虎鬚長〔增〕〔金黃鎮成〕杖藜行藥去九節得菖蒲〔原〕〔宋王貫明〕朝知是天中節旋刻菖蒲要辟邪〔增〕〔蘇軾〕斕斑碎石養菖蒲一勺清泉半石盂〔陸游〕今日溪頭慰心處自尋白石養菖蒲〔周王褒〕菖蒲九重節〔唐李嶠〕菖葉布龍鱗〔喬知之〕菖花多艷姿〔許景先〕菖蒲葉正齊〔儲光羲〕春渚菖蒲登〔杜甫〕碧節吐寒蒲〔曹鄴〕菖蒲葉葉齊〔李白〕菖蒲猶短出平沙〔宋黃庭堅〕松根措鼎煮菖蒲〔秦觀〕石上菖蒲三尺長〔陸游〕絡石菖蒲蒙絲髮〔元袁桷〕九節菖蒲泛瓊醑

廣羣芳譜　卉譜二　菖蒲　三十一

〔倪瓚〕石上菖蒲開紫茸

〔別錄〕〔原〕栽種〔養盆蒲法〕種以清泉潔石壅以積年溝中瓦末則葉細長熱手撫摩及酒氣腥味油膩塵垢汚染若見日及霜雪煙火皆爇喜下露遂挾而驕夜息至天明葉端有綴珠宜作綿捲小杖挹去則葉杪不黃愛滌根若留以泥土則肥而麤須常易去水滓取清者續以新水養之久則細短油然蔥蒨水用天雨嚴冬經凍則根浮萎腐九月移置房中不可缺水十一月宜去水藏於無風寒密室中常墐其戶遇天日暖少用水澆或以小缸合之則氣水洋溢足以滋生不然便枯死菖蒲極畏春風春末始開置無風處穀雨後則無患矣語云春

遲出春分出室且莫見雨夏不惜可翦三次秋水深只
天落水養之冬藏密十月後以缸合密又云添水不換
水添水使其潤澤換水傷其元氣見天不見日見天挹
雨露見日恐曬黃宜翦不宜分頻翦則短細頻分則麤
稀浸根不浸葉浸根則滋生浸葉則潰爛又云春初宜
早除黃葉夏日長宜滿灌漿秋季更宜沾重露冬宜暖
日避風霜又云春分最忌摧花雨夏畏京漿熱似湯秋
畏水痕生垢膩嚴冬止畏見風霜　養石上蒲法〈藝花
譜〉芒種時種以拳石奇峰清漪翠葉蒙茸亦几案間雅
翫也石須上水者爲良根宜蓄水而葉不宜近水以木
板刻穴架置瓷水盆中停陰所則葉向上若室內卽向

廣羣芳譜〈卉譜二　菖蒲〉　卌四

見明處長當更移轉置之武康石浮鬆極易取眼最好
紮根一栽便活然此等石甚賤不足爲奇品惟崑山巧
石爲上第新得深赤色者火性未絕不堪栽種必用酸
米泔水浸月餘置庭中日曬雨淋經年後其色純白然
後種之篾片抵實深水盛養一月後便紮根比之武康
諸石者細而且短羊肚石爲次其性最鹹往往不能過
冬新得者枯渴亦須浸養期年使其鹹潤盡解然後種
之庶可久耳凡石上菖蒲不可時刻缺水尤宜洗根澆
以雨水勿見風煙夜移見露日出卽收如患葉黃壅以
鼠糞或蝙蝠糞用水灑之若欲其直以綿裹筯頭每朝
捋之亦可若種炭上炭必有皮者佳　菖蒲梅雨種石

上[illegible]盆面細用土則麤　〈製〉用五月十二日採根取一
寸九節者銅刀刮去黃黑硬節皮一重以嫩桑枝拌蒸
熟曝乾剉之以備服食若常用只去毛微炒　凡使勿
用泥菖夏菖及露根者菖蒲生蠻谷中者尤佳　黔蜀
人常將隨行以治卒患冷氣心腹痛取一二寸捶碎同
吳茱萸煎湯飲或嚼一二寸熱湯或酒下妙　至夏抽
梗於叢葉中謂之蒲槌黃生其中嘗欲開時取之〈歲
時雜記〉端午以菖蒲或縷或屑泛酒〈章簡公端午帖子〉
菖華泛酒堯樽綠菰葉縈絲楚粽香　端午刻菖蒲爲
小人或葫蘆戴之辟邪

書帶草

廣羣芳譜〈卉譜二　菖蒲　書帶草〉　卌五

〈原〉書帶草叢生葉如韭而更細性柔紉色翠綠鮮妍出
山東淄川縣城北黌山鄭康成讀書處名康成書帶草
蓺之盆中蓬蓬四垂頗堪清賞

〈集藻〉賦〈原〉唐陸龜蒙書帶草賦〈並序〉彼碧者草云書帶名先
儒既沒後代還生有味非甘莫共三山芝授無香可媲
難將九畹蘭爭叨詞林呼種在經苑中縈翠影臨波恐
被芙蓉見蹤貞姿傍砌愁爲芍藥相輕發葉抽英因天
受性紛稚圭池上之宅拂仲蔚門前之徑不省教施異
術安得返魂未嘗輙人明庭何嘗指佞幾臨寒日幸勁
青春莎蕊未傳於漁父蒲葺竊詠於詩人霜亦曾潘
令偏知白雄風常徧起宋生惟道青蘋栽培只倚於賢

鄰峯擷長憂乎稚戲出㦖無用舒還有異當琴擽發伯牙山水之情値儒編動鑿齒陽秋之思敢曰求友寧忘慕義吳娃楫上空美苔滋魏王帷中惟通蕙氣或乃蘭榮越徼蕪茂周原幽搜莫及興詠徒存此則對仲舉蕭疎之室處子山搖落之園不識深宮豈是曾爲帝女非侵遠道誰言能憶王孫徒愛其斂疎煙披曉露弱可攬結勺能布䕶蕭蕭而不計榮枯漠漠而何干好惡金燈照灼尚驚秦帝之焚粉蝶留𨓍寘謝羽陵之蠹爾乃高推蘺菊瑞許階蓂我則惟親志士毎聚流螢豈便離蒿萊於隙地希杜若於遙汀倘遇翰林主人之一顧庶幾長保歲寒於青青

詩散句【增】唐李白書帶留青草琴堂冪素塵【宋蘇軾】庭下已生書帶草使君疑是鄭康成　【原】明王世貞仍栖故壘學庚桑書帶沿街薜荔墻

鴛鴦草

【原】鴛鴦草春葉晚生其稚葉在葉中兩兩相向如飛鳥對翔

【集藻】贊【增】宋宋祁鴛鴦草贊翠鸛對生甚似匹鳥適而觀之勢若偕嬌

五言絕句【增】唐薛濤鴛鴦草綠英滿香砌兩兩鴛鴦小但娛春日長不管秋風早

翠雲草

【原】翠雲草性喜陰色蒼翠可愛細葉柔莖重重碎蹙儼若翠鈿其根遇土便生見日則消栽於虎刺芭蕉秋海棠下極佳

【別錄】【原】種植春雨時分其勾萌種於幽厓深谷之間即活

老少年

【原】老少年一名鴈來紅　【增】草花譜鴈來紅以鴈來而色嬌紅十樣錦有紅紫黃綠四色老少年至秋深腳葉深紫而頂紅少年老頂黃而葉綠譜云純紅者老少年　【原】紅紫黃綠相兼者名錦西風又名十樣錦又名錦布衲以長竹扶之可以過墻甚壯秋色

【集藻】賦【增】明楊慎鴈來紅賦蜀城之花與玉蟬而同房漢宮之菊配黃鵠以分裳茲纖莖兮獨異候陽鳥而敷芳盈盈渥赭奕奕鮮粃承景火旻之下委質金神之鄉吳臺草長紅心不同時節楚岸楓愁赤葉遠謝煇煌迎風動彩泫露生光耿夫容兮頩枉渚雜桂蕊兮侍君堂殘蝶留連而驚豔胡蜂躑躅而疑香矜隕霜之不殺笑何草之不黃脫梧楸兮索索銷蘭蕙兮揚揚瑱玕璀兮好樹簫籟響兮長廊椰呈疎兮綺陌荷委蓋兮銀塘嬌兮紅藹爛然朱芳賞生兮稀有物珍兮非常誤停車之杜牧詫翦綵之隋皇江淹多才擬袖豪而賦詠班姬含怨亦却扇而徬徨亂曰春花紅兮杜宇春草碧兮眞弘

茲徵生兮秋穎乃借榮於春工根伴兮寒蟄名托兮霄
鴻彼游龍兮杕杜亦詩人兮爲風採佳名於飾羽聊以
貽夫雕蟲

五言律詩〔原〕宋楊萬里鴈來紅開了原無鴈看來不是
花若爲黄更紫乃借葉爲葩藜莧眞何擇雞冠却較差
未應樨菊輩赤脚也容他

七言絶句〔增〕宋方岳鴈來紅是葉青青花片紅翦裁無
巧似春風誰將葉作花顔色亦與春風迥不同　秋入
山籬葉正丹老天渾誤作花看不知宋玉今何似鴈欲
來時霜正寒　〔原〕明陸樹聲老少年何事還丹可駐年
一枝眞作草中仙霜華洗盡朱顔在不學春花巧弄妍

霜葉迥紅底是春可中朱草對時新衰遲不爲矜顔
色留與羣芳殿後塵　疎疎密密綴新紅庭下看來錦
一叢不分芳華易消歇臙將老色借秋風

詩散句〔原〕宋徐似道葉從秋後變色向晩來紅　胡月
山記得去年今日別矮籬花滿鴈來紅

〔別錄〕〔原〕種植以子種喜肥地正月撒於糞熟肥土上加
毛灰蓋之以防蟻食二月中即生亦要加意培植若亂
撒花臺則蜉蛐傷葉不生矣

芸

〔原〕芸葉類豌豆生山野作小叢三月開小白花而繁香
馥甚遠秋間葉上微白如粉江南極多　〔雜禮圖〕芸似
邪蒿香美可食　大率香草花過則已縱有葉香者須
採而嗅之方香此草香聞數十步外栽園亭間自春至
秋淸香不歇絶可翫爺之可以鬆髮置席下去蚤虱置
書帙中去蠹古人有以名閣者

〔彙考〕〔增〕禮記月令仲春之月芸始生〔注〕芸香草世人種
之中庭　〔淮南子〕芸草可以死復生　〔洛陽宮殿簿〕顯
陽殿前芸香一株徽音殿前芸香二株含英殿前芸香
二株　〔晉宮閣名〕太極殿前芸香四畦式乾殿前芸香
八畦　〔原〕杜陽雜編芸香出于闐國其香潔白如玉入
土不朽唐元載造芸輝堂以此爲屑塗壁　〔夢溪筆談〕
古人藏書辟蠹用芸香謂之芸草即今之七里香也

〔集藻〕〔賦〕〔增〕晉傅咸芸香賦攜昵友以逍遥兮覽偉草之
敷英慕君子之弘覆兮超託軀於朱庭俯引澤於丹壤
兮仰吸潤乎泰淸繁茲綠蕊茂此翠莖葉芰蓯以纖折
兮枝婀娜以廻縈象春松之含曜兮鬱蓊蔚以蔥青
〔原〕成公綏芸香賦美芸香之修潔稟陰陽之淑精去原
野之蕪穢植廣厦之前庭莖類秋竹葉象春檉

五言古詩〔增〕宋梅堯臣書局後叢莽中得芸香一本有
芸如苜蓿生在蓬藋中草盛芸不長馥烈隨微風我來
偶見之乃穊彼蘙蒙上當百雉城南接文昌宮借問此
何地刪修多鉅公天喜書將成不欲有蠹蟲是産茲弱
本蒨爾發荒叢黄花三四穗結實植無窮豈料鳳閣人

偶憐葵葉紅 〔歐陽修和聖俞唐書局後叢莽中得芸
香一本之作〕用其韻有芸黃其華在彼衆草中淸香濯
曉露秀色搖春風幸依華堂陰一顧曾不蒙大雅彼君
子偶來從學宮文章高一世議論伏羣公多識由博學
新篇匪雕蟲唱酬爛衆作光輝發幽叢在物苟有用得
時寧久窮可嗟凡草木糞壤自靑紅

附錄牛芸草

增〔爾雅〕權黃華〔注〕今謂牛芸草爲黃華華黃葉似莽蓿
彙考增王氏談錄芸香草也舊說爲不食今人皆不識
文丞相自秦亭得其種分遺公歲種之公家庭砌下有
草如苜蓿摘之尤香公曰此乃牛芸爾雅所謂權黃華
者校之香烈於芸食與否皆未可試也

杜若

增〔爾雅〕杜土鹵〔注〕杜衡也〔疏〕葉似葵形如馬蹄故俗云
馬蹄香 〔廣雅〕楚蘅杜衡也 〔博物志〕杜若一名土杏
〔香譜〕懷香卽杜衡 〔本草〕一名𧀮子薑一名山薑一
名白蓮一名白芩 〔爾雅翼〕杜若苗似山薑花黃赤子
赤色大如棘子中似豆蔻 〔本草〕葉似薑而有文理莖
葉皆有長毛李時珍曰杜若人無識者今楚地山中時
有之山人亦呼良薑根味辛或以大者爲高良薑細者
爲杜若

彙考增〔山海經〕天帝之山有草焉狀如葵臭如蘼蕪名
曰杜衡可以走馬 〔大戴禮〕蘭氏之根槐氏之苞漸之
滫夫君子不近庶人不服質非不美也所漸者然也〔注〕
蘭槐香草名槐又作懷本草云懷卽杜衡也又名蘅薇
香 〔隋唐嘉話〕宋謝朓詩云芳洲多杜若貞觀中醫局
求杜若度支郎乃下坊州令貢州判司報云坊州不出
杜若應由謝朓詩誤太宗聞之大笑判司改雄州司法
度支郎免官

集藻〔序〕增〔晉嵇康懷香賦序〕余以太簇之月登於歷山
之陽仰眺崇岡俯察幽坂及覩懷香生蒙楚之間曾見
斯草植於廣廈之庭或被帝王之圃怪其遐棄遂遷而
樹於中堂華麗則殊采婀娜芳實則可以藏之書又感
其棄本高崖委身階庭似傅說顯殷四叟歸漢故因事
義賦之

〔頌〕增〔梁江淹杜若頌〕山中杜若嘉爾翠質不奇不俗載
華載實同銜夕露共炯朝日青陂無二沈寞如一
〔贊〕增〔齊下敬宗懷香贊〕有卉惟翠因實制名濛濛綠葉
荏苒弱莖寄芬微風寓秀閑庭懷而芳之爲翫於情
〔賦〕增〔齊謝朓杜若賦〕焉瑤圃而宣游臨水木而延佇柳
含色於遠岸泉鏡流於柱渚蔭綠竹以淹留藉幽蘭而
容與覽茲榮之悅茂務爲芳於淸縈觀夫結根擢色發
曜垂英緣春鬱以宣布蔭凉潭而影淸景奕奕以四照
枝靡靡而葉傾冒霜蹊以獨蒨當春郊而徑平搴汀洲

以企予懷石泉於幽情嗟中巖之纖草厠金芝於芳叢
夕舒榮於溽露旦發彩於春風承羲陽之光景庶無悲
於轉蓬
文賦散句【增】〔楚屈原離騷〕雜杜衡與芳芷〔九歌〕采華
衣兮若英　采芳洲兮杜若將以遺於下女　被石蘭
兮帶杜衡折芳馨兮遺所思　山中人兮芳杜若飲石
泉兮陰松柏〔宋玉風賦〕獵蕙草離秦衡〔漢司馬相
如上林賦〕蔵持若蓀〔子虛賦〕衡蘭芷若〔劉向九歎〕
握申椒與杜若兮冠浮雲之峩峩〔晉何晏景福殿賦〕
芸若充庭
五言古詩【增】〔梁沈約詠杜若〕生在窮絕地豈與世相親

不願逢采擷本欲芳幽人
七言古詩【增】〔宋劉圻父採杜若〕鈌州五月土如炊滿山
杜若芳菲菲素英綠葉紛可喜勁烈不避炎歊威採之
盈掬薦蔬食臧獲失笑庖人譏君不見屈平夕飧賦秋
菊魂兮無南盍來歸又不見坡公服食得枲耳扣角自
嘆從前非伊予假祿二千石竊比二子猶庶幾餐花嚼
蕊有真樂一飽何必藜甘肥尚餘升合漬生蜜從他薏
苡生珠璣
詩散句【增】〔唐白居易〕洲香杜若抽心短沙暖鴛鴦鋪翅
眠〔周庾信〕春洲杜若香〔唐錢起〕新泉香杜若〔孟
浩然〕風起逗閤杜若香〔殷璠〕綠水滿溝生杜若〔元
錢惟善〕春雨和香杜若洲
別錄【增】李時珍曰杜若乃神農上品治足少陰太陽諸
症要藥而世不知用　蘇頌曰山薑去皮間風熱可作
煠湯又主暴冷及胃中逆冷霍亂腹痛久服益精明目
輕身令人不忘

蘼蕪　根爲芎藭別見藥譜

【增】〔爾雅〕蘄茝蘪蕪〔注〕香草葉小如萎狀〔疏〕芎藭苗也一
名蘄茝一名薇蕪一名江蘺〔本草〕一作蘼蕪蘇恭曰
蘼蕪有二種一種似芹葉一種似蛇牀香氣相似李時
珍曰嫩苗未結根時則爲蘼蕪既結根後乃爲芎藭又
海中苔髮亦名江蘺而其實不同

彙考【增】〔管子〕五沃之土生蘼蕪〔淮南子〕亂人者如蛇
牀之與蘼蕪〔廣志〕薇蕪香草魏武帝以藏衣中〔字
說〕茝可以養鼻又可以養體〔芳草譜〕楚辭江蘺之草
屈原幼時所先採蓋自其初年則固已扈江蘺辟芷矣
張勃云江蘺出臨海縣海水中正青似亂髮楚辭之於
江蘺畦而種之則非水物本草蘼蕪一名江蘺又云被
以江蘺揉以蘼蕪又不應是一物也
集藻【增】贊〔晉郭璞山海經圖贊〕蘼蕪善草亂之蛇牀不
隕其實自別以芳佐人以智巧言如簧
文散句【增】〔楚屈原離騷〕扈江蘺與辟芷兮　覽椒蘭其
若茲兮又況揭車與江蘺〔九歌〕秋蘭兮蘼蕪羅生兮

堂下綠葉兮素華芳菲菲兮襲予〔九章〕播江離與滋
菊兮願春日以爲糗芳〔漢司馬相如上林賦〕糅以蘼
蕪雜以留夷〔東方朔七諫〕江離棄於窮巷兮〔王褒
九懷〕江離兮遺捐〔晉郭璞江賦〕緊蔚芳蘺

五言古詩〔增〕〔宋蘇籀〕葉葉秋聲中霏霏蚤英𣪠介特有
如松繁華匪懸菊勃蔚襲軒墀薰沾滿衣服情人擢纖
指拾蕊動盈掬蘼蕪見離騷苓藿入譜錄

五言律詩〔增〕〔唐趙嘏〕蘼蕪葉復齊提筐紅葉下度日採
蘼蕪掬翠香盈袖看花憶故夫葉齊誰復見風暖恨偏
孤一被春光累容顏與昔殊

詩散句〔增〕〔晉陸機〕江蘺生幽渚微芳不足宣被蒙風雲

會移居華池邊發藻玉臺下垂影滄浪泉霑潤既已渥
結根奧且堅〔古詩〕上山采蘼蕪下山逢故夫〔唐李
賀〕沙上蘼蕪花秋風已先發〔吳融〕春候侵殘臘江蕪
綠已齊〔宋曾鞏〕蘼蕪有香花采采乘清日〔孟遲〕蘼
蕪白是王孫草莫送春香入客衣〔元張翥〕江蘺綠徧
汀洲外擬折芳馨寄所思〔唐錢起〕片石隱江蘺

白芷

〔增〕〔本草〕白芷〔一作茝〕一名芳香一名澤芬一名苻蘺一名
虈一名葯〔說文云晉謂之虈齊謂之茝楚謂之蘺又謂之葯〕一名莞葉名蒚麻
蘇頌曰所在有之吳地尤多根長尺餘麤細不等白色
枝榦去地五寸以上春生葉相對婆娑紫色闊三指許
花白微黃入伏後結子立秋後苗枯二月八月采以黃
澤者爲佳氣味辛溫無毒

〔彙考〕〔增〕〔禮記內則〕婦或賜之飲食衣服布帛佩帨茝蘭
則受而獻諸舅姑〔荀子〕蘭槐之根是爲芷其漸之滫
君子不近庶人不服其質非不美也所漸者然也〔注〕蘭
槐香草也其根是爲芷也陶弘景云離騷所謂蘭茝也
蓋葯名蘭茝根名芷也

〔集藻〕〔賦〕〔增〕〔唐陸龜蒙採葯賦有序〕葯白芷也香草美人
得以比之君子定情屬思聊爲賦云日正融冷春歸餘
荒覩一時之流恨撫萬古之遺香問人則不屈不宋說
地則非瀟非湘搴其榮煙擷而動色擢其體雪挺而嚲

光諷畔牢愁子雲於焉華皓吟哀時命旻倩由是擁藏
情思矜年慵情畏晚胡繩繫砮以難駐易車載春而不
返陋君折楊柳須爲送行陋君采芙蓉仍勞贈遠豈如
陰晴互出稚艷相迎隈回鳳言怨盼鴻驚侍笑者青琴
作號顧謂者碧玉爲名偷嬰積兢縈盈目斜波而水怯
鬢鬟葉而雲爭蘭在口以時闘嬌如連瑣蕙牽心而不
定飄若懸旌契叩難申融怡自許石能潛遁以求偶山
亦浮來而命侶誓不爲巖阿竹冉冉孤生誓不爲澗底
松亭亭獨處於是欺皓本掩緗蘂房紅者自破帶縹者
誰披望懷沙之浦詠遺褋之詞煙分而翳曇猶濕綺斷
而龍刀合知只言長信長門年年可恨未必傾城傾國

筁筁生悲臨塔躑躅以虛徐當戶薔薇兮綽約蜂咋葉而先盡鶯蹴枝而易落未若芷堂公子樹芳草忘憂南國佳人佩生香辟惡露苗煙台風條翠蔬不知海傍之期遠不信人間之命薄休爲上計掾空尋寶釵聊作侍中郎且乘金絡別有廬江小吏蜀郡長卿或支離而築恨或調笑以衷情不同乎裛蘅裾而霧悄秉禮義以霜明鄭交甫則江邊佩解萼綠華則席上詩成彼怡神而致問皆蘉飾而含貞蛺欋趨蔚雖陳辭而往恕遷延却立終結抱而難平淚滴堪穿腸迴好繫蟲絲織怨以成段象酒觸愁而判剷江僕射之孤燈向壁不少淒迷張記室之少婦當壚應還細麗景方駘蕩思巳觝摧潛拔

於子建爲使花困於靈均作媒何庶物之相負痛妍華而未同莫與心傷瑤圖從驚鷃鴂如防牆怯空屏宜畫魁堆剩欲追尋徒嗟緬邈郴形連理而終在扇様合歡而可學若遇劉公伯雅夢亦冗沉如逢王母少兒書還數數

文賦散句【增】〔楚屈原離騷〕扈江離與辟芷兮　畦留夷與揭車兮雜杜衡與芳芷　既替余以蕙纕兮又申之以攬茝　〔九歌〕沅有芷兮澧有蘭　〔九章〕擘大薄之芳茝兮　〔宋玉招魂〕菉蘋齊葉兮白芷生　〔漢司馬相如子虛賦〕衡蘭芷若　〔王褒九懷〕芷閭兮葯房奮搖兮衆芳　結縈茝兮逶逝　〔晉張衡思玄賦〕珍蕭艾於重笥兮謂蕙芷之不香

七言絕句【增】〔明僧德祥聞芷〕白芷花開繞屋香一時秋思入江鄉雲多水濶人難見楚竹歌聲動夕陽

詩散句【增】〔晉嵇康〕棄此蓀芷襲彼蕭艾　〔唐皮日休〕艇子小且兀綠湖蕩白芷　〔李白〕芳馥蘼蘭蕤　〔宋蘇軾〕白芷來江南　佩芷襲芳蓀　〔范成大〕蘋芷迷煙路

茅香

【增】〔本草〕茅香一名唱尸羅一名香麻蘇頌曰陝西河東汴東州郡皆有之遂澤州充貢三月生苗似大麥五月開白花亦有黃花者有結實者有無實者並正月二月采根五月采花八月采苗寇宗奭曰茅香根如茅但明

潔而長可作浴湯同藁本尤佳仍入印香中合香附子用

【集藻】〔五言古詩〕【增】〔梁簡文帝香茅〕銅律與鳴琴俱稱類君子豈若江淮間發葉超衆芳珍同白牧歸茅因彙征起豈獨邁蓀蘅芳知茂沅芷　〔蕭祗詠香茅〕鶗鴂芳不歇霜繁綠更滋擢本同三春流芳有四時纖根縮酒易結解舞蠶遲終當入楚貢豈羨詠陳詩

白茅香 附錄

【增】〔本草〕白茅香生安南如茅根道家用作浴湯李珣曰廣志云生廣南山谷合諸名香甚奇妙尤勝舶上來者李時珍曰此乃南海白茅香亦今排香之類非近道之

白茅及北土茅香花也

附錄 排草

增 桂海虞衡志排草出日南狀如白茅香芬烈如麝香亦用以合香諸草香無及之者 本草排草香出交趾今嶺南亦或蒔之草根也白色狀如細柳根人多偽雜之能辟臭去邪惡氣

附錄 瓶香

增 本草瓶香生南海山谷其狀如瓶燒之辟邪煎湯浴風瘡其效

附錄 耕香

增 本草耕香生烏許國莖生細葉食之調中去臭

佩文齋廣羣芳譜卷第八十八

佩文齋廣羣芳譜卷第八十九

卉譜

紅花

原 紅花一名紅藍一名黃藍 爾雅翼云於春種者花生時但作黃色茸茸然故名黃藍 處處有之花色紅黃葉綠似藍有刺春生苗嫩時亦可食夏乃有花花下作梂多刺花出梂上梂中結實白顆如小豆大其花可染真紅又作臙脂為女人唇妝其子搗碎煎汁入醋拌蔬食極肥美又可為車脂及燭花味辛溫無毒行男子血脈通女子經水多則行血少則養血潤燥止痛散腫亦治蠱毒 增 本草番紅花一名洎夫藍一名撒法郎出西番回回地面及天方國即彼

地紅藍花也元時以入食饌用

彙考 增 南史王洪軌傳洪軌為青冀二州刺史勵清節先是青州資魚鹽之貨或彊借百姓麥地以種紅花多與部下交以祈利益洪軌至一皆斷之 宋史地理志興元府貢臙脂紅花 中華古今注紅藍花汁凝作臙脂以燕國所生故曰燕脂塗之作桃紅妝 北邊備對焉支山焉支今之燕脂也此山產紅藍可為燕脂也

集藻 書 增 晉習鑿齒與燕王書山下有紅藍足下先知不北方人採取其花染緋黃挼取其上英鮮者作烟支婦人採將用為顏色吾少時再三過見烟支今日始覩紅藍後當足致其種

七言絶句〔增〕唐李中詠紅花紅花顔色掩千花任是猩猩血未加染出輕羅莫相貴古人崇儉戒奢華

彙考原〔船窗夜話〕陸職奉化人以醫術行於時新昌徐氏爲婦病産不遠二百里輿致之及門婦已死但胸堂間猶微熱陸入視之良久曰此血悶也能捐紅花數十斤則可以活主人急購如數陸乃爲大鍋以煑之候湯沸遂以三木桶盛湯於中取窗格藉婦人寢其上湯氣微又復進之有頃婦人指動半日遂蘇蓋以紅花能活血故也　〔種植〕地欲熟二月雨後種如種麻法根下須鋤淨勿留草穢五月種晚花春初即留子入五月便種若待新花取子便晚新花熟取子曝乾收若鬱浥即不

生〔收採〕花生須日日乘凉採盡旋即碓搗熟水淘布袋絞去黄汁更搗以酸粟米清泔又淘又絞去汁青蒿覆一宿曬乾收好勿令浥濕浥濕則色不鮮晩花色更鮮明耐久不黦勝春種者入藥酒洗用

附錄　臙脂

增〔本草〕臙脂一名赩赦李時珍曰臙脂有四種一種以紅藍花汁染胡粉而成乃蘇鶚演義所謂臙脂葉似薊花似蒲出西方中國謂之紅藍以染粉爲婦人面色者也一種以山臙脂花汁染粉而成乃段公路北戸錄所謂端州山間有花叢生葉類藍正月開花似蓼土人采含苞者爲臙脂粉亦可染帛如紅藍者也一種以山榴花汁作成者鄭虔胡本草中載之一種以紫鉚染綿而成者謂之胡臙脂李珣南海藥譜載之今南人多用紫鉚臙脂俗呼紫梗是也

彙考增〔史記貨殖列傳〕巴蜀亦沃野地饒巵薑〔注〕巵烟支也紫赤色

茜草

原茜草一名蒨一名茅蒐一名茹藘爾雅云茹藘茅蒐注云今之蒨也可以染絳一名地血一名牛蔓陸璣詩疏云齊人謂之茜徐州人謂之牛蔓一名染緋草一名血見愁一名過山龍一名風車草　增〔本草〕一名四補草一名西天王草一名四岳近陽草一名鐵塔草　原十二月生苗蔓延數尺方莖中空有筋外

有細刺數寸一節每節五葉葉如烏藥葉而糙澀面青背緑七八月開花結實如小椒中有細子茜根色紅而氣溫味微酸而帶鹹色赤入營氣溫行滯味酸入肝鹹走血手足厥陰血分之藥也專行血活血

彙考原〔詩鄭風〕茹藘在阪　〔史記貨殖列傳〕千畝巵茜其人與千戸侯等　增〔説文〕茅蒐人血所生可以染絳〔述異記〕洛陽有支茜園漢官儀云染園出支茜供染御服是其處也　〔高要縣志〕頂湖山産茜草

别錄原〔修治〕凡使用銅刀於槐砧上剉日乾勿犯鉛鐵器　〔辨訛〕赤柳草根與茜相似但酸澀誤服患内障速服甘草水可解

藍

原說文藍染青草也　增爾雅葴馬藍注今大葉冬藍
也疏今爲澱者是也　爾雅翼菘藍其汁抨爲澱堪染
青蓼藍苗似蓼而味不辛不堪爲澱　本草藍凡五種
蓼藍葉如蓼五六月開花成穗細小淺紅色子亦如蓼
歲可三刈菘藍葉如白菘馬藍葉如苦蕒即郭璞所謂
大葉冬藍俗中所謂板藍者二藍花子並如蓼藍吳藍
長莖如蒿而花白吳人種之木藍長莖如決明高者三
四尺分枝布葉七月開淡紅花結角長寸許纍纍如小
豆角其子亦如馬蹄決明子而微小迥與諸藍不同而
作澱則一也別有甘藍可食　原大藍葉如萵苣而肥

厚微白似擘藍色小藍莖赤葉綠而小槐藍葉如槐葉
皆可作靛至於秋月數熟染衣止用小藍

彙考增詩小雅中朝采藍不盈一襜　原禮記月令仲
夏之月令民毋艾藍以染　增荀子青出之於藍而青
於藍　秦子常聞作人當如圃畦之藍不異衆草染而
後朗　原漢官儀葽園供染綠紋綬小藍曰葽　增續
漢書楊震種藍以供母諸生嘗有助種者輒拔更種以
拒其後　貴州通志永寧州營山在慕役司水迴山轉
其中深箐可種藍藍有木藍蓼藍耕久而益有收山箐
之中積數百年之枯葉爛柯刀耕火耨土尙腹寒則不
生歲必異地以植

集藻賦散句增後漢趙岐藍賦余就醫偃師道經陳留
此境人皆以種藍染紺爲業藍田彌望黍稷不植慨其
遺本念末遂作賦曰同丘中之有麻似麥秀之油油
唐李程青出於藍賦藍藹嘉色青出其中行採之際詎
盈詩人之襜俯拾之時豈異炎洲之翠

五言律詩增唐王季友青出藍芳藍滋匹帛人力半天
經浸潤加新氣光輝勝本青還同冰出水不共草爲螢
翻覆依襟上偏知造化靈　呂溫青出藍物有無窮好
藍青又出青朱研方比德白受始成形袍襲宜從政衿
垂可問經當時不採擷佳色幾飄零

詩散句增唐許渾藍塢寒先燒

別錄原種植四民月令榆莢落時可種藍五月可刈藍
六月可種冬藍大藍　大藍宜平地耕熟種之爬勻上
用荻簾蓋之每早用水灑至生苗去簾長四寸移栽熟
肥畦三四莖作一窠行離五寸雨後併力栽勿令地燥
白背即急鋤恐土堅也須鋤五遍日灌之如瘦用清糞
水澆一二次至七月間收刈作靛　今南北所種除大
藍小藍槐藍之外又有蓼靛花葉梗莖皆似蓼種法各
土農皆能之種小藍宜於舊年秋及臘月臨種時俱各
耕地一次爬平撒種後橫直復爬三四次俟生五葉即
鋤有草再鋤五月收割留根候長再割一次　打靛便
民圖纂夏至前後看葉上有皺紋方可收割每五十斤

用石灰一斤於大缸內水浸大日變黃色去梗用木杷打轉粉青色變過至紫花色然後去清水成靛〔染藍〕小藍每擔用水一擔將葉莖細切鍋內煮數百沸去渣盛汁於缸每熟藍三停用生藍一停摘葉於瓦盆內手揉三次用熟汁澆接濾相合以淨缸盛用以染衣或綠或藍或沙綠沙藍染工俱於生熟藍汁內斟酌割後仍留藍根七月割候八月開花結子收來春三月種之

附錄 擘藍

原 擘藍一名芥藍葉色如藍芥屬也南方謂之芥藍葉可擘食故北方謂之擘藍葉大於菘根大於芥薹苗大於白芥子大於蔓菁花淡黃色三月花四月實每畝可收三四石葉可作葅或作乾菜又可作靛染帛勝福青

集藻 詩散句 增〔宋蘇軾〕芥藍如菌蕈脆眞牙頰香

別錄 原〔種植〕種無時收根者須四五月種少長擘其葉漸擘根漸大八九月並根葉取之地須熟耕多用糞土壹處停土强者多用灰糞和之疎行則本大而子多每本約相去一尺即乾枯之後根復生葉或並斵去大根稍存入土細根來年亦生經數年不壞〔製用〕苗葉根心俱堪為蔬四時皆可食子可壓油食根之葉本皆在土中獨此在土上根剝去皮可煮食或糟藏醬豉皆可莖葉用麻油煮食並飲汁能散積痰葉及子能消食積解麵毒蔬中仁品也

附錄 鼠尾草

增〔爾雅〕葝鼠尾〔注〕可以染皂〔疏〕本草有白華者有赤華者又名陵翹〔本草〕一名山陵翹一名烏草一名水青所在下濕地有之黔中人采為藥葉如蒿莖端夏生四五穗穗若車前花有赤白二種

附錄 狼把草

增〔本草〕狼把草一名郎耶草生山道旁與秋穗子並可染皂高三四尺葉作雁齒如鬼針苗方士言此草即鼠尾草功用亦近之但無的據耳

芭蕉

原 蕉一名甘蕉一名芭苴一名天苴一名綠天一名扇仙草類也葉青色最長大首尾稍尖菊不落花蕉不落葉一葉生一葉焦故謂之芭蕉其莖軟重皮相裹外微青裏白三年以上即著花自心中抽出一莖初生大萼似倒垂菡萏有十數層層皆作瓣漸大則花出瓣中極繁盛大者一圍餘葉長丈許廣一尺至二尺望之如樹生中土者花苞中積水如蜜名甘露侵晨取食甚香甘止渴延齡不結實生閩廣者結蕉子凡三種未熟時苦澀熟時皆甜而脆一種大如指者長六七寸銳似羊角兩兩相抱剝其皮黃白色味最甘名羊角蕉性涼去熱一種大如雞卵類牛乳名牛乳蕉味微減一種大如蓮子長四五寸形正方味最劣建安草木狀云芭樹子房

相連味甘美可蜜藏根堪作脯發時分其勾萌可別植小者以油簪橫穿其根二眼則不長大可作盆景書窗左右不可無此君此物搗汁治火魚毒甚驗性畏寒冬間删去葉以柔穰直之納地窖中勿著霜雪冰凍 增 南方草木狀 甘蕉花大如酒杯形色如芙蓉著莖末百餘子大名為房相連累甜美根如芋魁大者如車轂實隨花長每花一闔各有六子先後相次子不俱生花不俱落子味似葡萄甜而脆亦療饑 格物總論 芭蕉叢生根出地面兩三莖成一簇大者二三尺圍葉如扇柄如山芋莖中心抽榦作花盛紅者如火炬謂之紅蕉白者如蠟色謂之水蕉 桂海虞衡志 芭蕉有數種極大

者凌冬不凋中抽榦長數尺節節有花花褪葉根有實去皮取肉軟爛如綠柹味極甘冷四季實土人或以飼小兒云性涼去客熱以梅汁漬曝乾按令扁味甘酸有微霜名芭蕉乾又名牛子蕉雞蕉子小如牛蕉亦四季實牙蕉子小如雞蕉尤香嫩甘美秋初實 海槎餘錄 海南芭蕉常年開花結實有二種板蕉大而味淡佛手蕉小而味甜 原 美人蕉 自東粵來者其花開若蓮而色紅若丹產福建福州府者其花四時皆開深紅照眼經月不謝中心一朶曉生甘露其甜如蜜即常芭蕉亦開黃花至曉瓣中甘露如飴食之止渴產廣西者樹不甚高花瓣尖大紅色如蓮甚美又有一種葉與他蕉同中出紅葉一片亦名美人蕉一種葉瘦類蘆箬花正紅如榴花日拆一兩葉其端一點鮮綠可愛春開至秋盡猶芳亦名美人蕉 膽瓶蕉 根出土時肥飽狀如膽瓶 朱蕉 黃蕉 牙蕉 皆花也色葉似芭蕉而微小花如蓮而繁日放一瓣放後即發而結子名蕉黃味亦甘可食 霏雪錄云蕉黃如柹味香美勝瓜冬收嚴密春分勾萌一如芭蕉 鳳尾蕉 一名番蕉能辟火患此蕉產於鐵山如少萎以鐵燒紅穿之即活平常以鐵屑和泥壅之則茂而生子分種易活江西並州有之 水蕉 白花不結實取其莖以灰練之解散如絲績以為布謂之蕉葛出交趾

彙考 增 南史隱逸傳 徐伯珍少孤貧學書無紙常以竹箭箬葉甘蕉及地上學書 唐書南蠻列傳 撲子蠻無食器以蕉葉藉之 宋史五行志 政和五年五月禁中芭蕉連理 三輔黃圖 漢武帝元鼎六年破南越起扶荔宮以植所得奇草異木有甘蕉十二本 晉宮閣名 華林園有芭蕉二株 南方草木狀 水蕉如鹿葱或紫或黃吳永安中孫休嘗遣使取之花終不可致但圖畫

以進 原 遊名山志 赤巖山水石之間唯有甘蕉林高者十丈 增 酉陽雜俎 南中紅蕉花時有紅蝙蝠集花中 原 清異錄 南漢貴璫趙純節性惟喜芭蕉凡軒窗館宇咸種之時稱純節為蕉迷 懷素居零陵庵東郊治芭蕉亘帶幾數萬取葉代紙而書號其所曰綠天庵曰種紙廠後道州刺史追作綠天銘 增 益部方物略記 紅蕉於芭蕉蓋自一種葉小其花鮮明可喜蜀人語染深紅者謂之蕉紅蓋倣其殷麗云 玉堂閒話 天水之地邇於邊陲土寒不產芭蕉戎帥使人於興元求之植三本於庭臺間每至入冬即連土掘取之埋藏於地窟候春暖即再植之庚午辛未之間有童謠曰花開來

裏花謝來裏而又節氣變而不寒冬即和煖夏即壽熟甚於南中芭蕉於是花開秦人不識遠近十女來看者填咽衢路尋而蜀人犯我封疆年年一來不失芭蕉開謝之期〔五色線〕淫槃經芭蕉故無心何以聞雷而長如白日摘宜苑石榴宜得石膏糞造化力也〔楓窗小牘〕花石綱百卉臻集廣中美人蕉大都不能過霜節惟鄭皇后宅中鮮茂倍常盆盎溢坐不獨過冬更能作花

【原】〔星槎覽勝〕南番阿魯諸國無米穀惟種芭蕉椰子取實代糧

【增】〔庚巳編〕爲漢宇天章居閶門石牌巷口庭前雜植花木瀟灑可愛夏月薄晚浴罷坐齋中榻上忽覩一女子綠衣翠裳映窗而立漢叱問之女子斂衽

拜曰兒焦氏也言畢忽然入戶熟視之肌體纖妍舉止輕逸真絕色也漢驚疑其非人起挽衣相狎女忙迫截衣而去僅執一裾角以置所臥幕下明視之乃蕉葉耳先是漢嘗讀書隣僧庵中移一本植於庭其葉所斷裂處取所藏者合之不差尺寸

【原】〔學圃餘疏〕芭蕉惟福州美人蕉最可愛歷冬春不凋常吐朱蓮如簇吾地種之能生然不花無益也又有一種名金蓮寶相不知所從來葉尖小如美人蕉種之三四歲或七八歲始一花南都戶部五顯廟各有一株同時作花觀者雲集其花作黃紅色而瓣大於蓮故以名至有圖之者然予童時見伯父山園有此種不甚異也此却可種以待開時嘗之若甘露則無種蕉之老者輒生在泉漳間則爲蕉實耳

【增】〔閩部疏〕余以盛冬入福州芭蕉葉無凋者廨中美人蕉纈紅鮮甚比出過延平已入春而蕉葉始放乃知二百里外蕉無冬葉矣然閩中蕉三月始抽萌視延津尚遲兩月〔西湖志〕杭州玄妙觀中有蕉花一株以盛衰卜休咎元時有羽客題葉云午夜君山玩月回西隣小圃碧蓮開天風香霧蒼華冷名籍因詢汝來白雪紅鉛立聖胎美金花要十分開好同子往瀛洲看雲在青霄鶴未來識者以爲呂洞賓云

【集藻】雜著 【增】〔梁沈約修竹彈甘蕉文〕渭川長兼淇園貞幹臣修竹稽首臣聞芟夷蘊崇農夫之善法無使滋蔓

翦惡之良圖未有蠹苗害稼不加窮伐者也切尋蘇臺前甘蕉一叢宿漸雲露荏苒歲月擢本盈尋垂蔭含丈階緣寵渥銓衡百卉而予奪乖爽高下在心每叨天功以爲已力風聞籍聽非復一塗猶謂愛憎異說所以措乎嚴網今月某日有臺西階澤蘭萱草到園同訴自稱雖慚杞梓頗異蒿蓬陽景所臨由來無隔今月某日巫岫歛雲秦樓開照乾光弘普罔幽不矚而甘蕉攢莖布影獨見障蔽雖處臺隅遂同幽谷臣謂偏辭難信敢察以情登攝甘蕉左近杜若江蘺依源辨覆兩草各處異列同欸既有證據羌非風聞切尋甘蕉出自藥草本無芬馥之香柯條之任非有松柏後凋之心蓋闕葵藿傾

陽之譏憑紆桓於會稽絕倫等而得人之譽靡門稱不之聲寂寞遂使言樹之草忘憂之用莫施無絕之芳當門之嘆斯在妨賢敗政孰過於此而不除劉憲章安用請以見事徙根翦葉斥出臺外庶懲彼將來謝此衆屈

贊 增〔宋卞敬宗甘蕉贊〕扶疏似樹質則非木高舒垂蔭異秀延矚厥實唯甘味之無足　〔宋宋祁紅蕉贊〕蕉無中榦花產葉間綠葉外敷絳質凝殷

賦 增〔唐韓偓紅芭蕉賦〕瞥見紅蕉魂隨魄消陰火與朱華共映神霞將日腳相燒謝家之麗句難窮多烘蘭紙洛浦之下裳頻換剩染鮫綃鶴頂儘佯雞冠詎擬蘭受露以殊丕楓經霜而莫比趙合德裙間一點顧同白玉

唾壺鄧夫人額上微殷却賴木精如意森森巕巕脉脉亭亭倩玉之瑳來若梢形雲之翦出如屏鶯舌無端姤天桃而未咽猩唇易染嬲浮蟻以難醒在物無雙於情可溺橫波映紅臉之艷含貝發朱唇之色僧虔蜜炬爍柱棟以難藏潘岳金釭被繡幃而不隔大凡人之麗者必動物物之尤者必移人不言而信其速如神所以月彩下蟾蛛之水梅酸生鶴唳之津寧關巧運自合天真有影先知無聲已認體疏而意密跡遠而情近天穿地朽幾人語絕色難逢萬古千秋唯我塍紅英不盡

文賦散句 增〔楚屈原九歌〕傳芭兮代舞　〔梁徐摛冬蕉卷心賦〕拔殘心於孤翠植晚蕊於冬餘枝橫風而悴色葉漬雪而傍枯

五言古詩 增〔宋謝靈運芭蕉〕生分本多端芭蕉知不一含萼不結核敷華何由寔至人善取譬無宰誰能律莫眄緣合時當覩分散日　〔梁沈約甘蕉〕抽葉固盈丈擢本信兼圍流甘扲柳實弱縷冠緇衣　〔唐柳宗元紅蕉〕晚英值窮節綠潤含朱光以茲正陽色窈窕凌清霜遠物世所重旅人心所傷迴暉眺林際戚戚無遺芳　〔姚合芭蕉屏〕芭蕉叢叢生日照參差影數葉大如牆作我門之屏稍稍聞見稀耳目得安靜　〔杜牧芭蕉〕芭蕉為雨移故向窗前種憐渠點滴聲留得歸鄉夢夢遠莫歸鄉覺來一翻動　〔宋狄遵度詠芭蕉〕植蕉低簷前雙叢

對含雨葉間求丹心一日覩百解胸中數寸赤不惜為君吐心盡腹亦空況復霜雪苦非無後凋意柔脆不足禦　〔明袁凱詠池上芭蕉〕亭亭虛心植冉冉繁陰布既掩猗蘭砌還覆莓苔路卷舒今自知衰榮隨所寓默契方在茲臨軒挹清酧　〔顧璘蕉石亭〕怪石如筆格上植蕉葉青蓊然太古色得雨增嫂婷欲攜一斗墨葉底書黃庭拂拭坐盤薄風雨秋冥冥

七言古詩 增〔宋楊萬里芭蕉雨〕芭蕉得雨便欣然終夜作聲清更妍細聲巧學蠅觸紙大聲鏗若山落泉三點五點俱可聽萬籟不生秋夕靜芭蕉自喜人自愁不如西風收却雨即休　〔明吳寬芭蕉〕老冉呈嬌紅破葉留

故綠正當零落時對此殊不俗我思石田生秋色塡滿腹腹中抑鬱無奈何信手寫之忽盈幅滾滾白露初爲霜苔花冷蝕山骨蒼眼昏錯道逢仙子綠絲步障紅綃裳

五言律詩【增】〔唐錢起芭蕉〕幸有靑絲用寧將衆草同心虛含夕露葉大怯秋風細響安禪後濃陰坐夏中由來何所喻持以問支公

七言律詩【增】〔宋蘇轍新種芭蕉〕芭蕉移種未多時濯濯芳莖已數圍畢竟空心何所有欲傾大葉不勝肥蕭騷暮雨鳴山樂狼籍秋霜脫敝衣堂上幽人觀幻久逢人指示此身非〔明王守仁書庭蕉〕檐前蕉葉綠成林長

夏全無暑氣侵但得雨聲連夜靜何妨月色半牀陰新詩舊葉題將滿老芰疏桐恨轉深莫笑鄭人談訟鹿至今醒夢兩難尋〔張紘詠芭蕉〕長葉翩翩綠玉叢植來况是近梧桐美人閒立秋風裏羈客孤眠夜雨中倩逐舞鸞偏易感事隨夢鹿渺難窮太湖石畔新凉院何處吹簫月滿空

五言排律【原】〔明徐茂吳〕根自蘇臺徙陰生蔣徑幽當空炎日障倚檻碧雲流未展心如結微舒葉漸抽瑣窗迷翠黛張幕動淸油書借臨池用光分汗簡留流丹掩中上爲絳衣甪州只益奪苔潤翻令蕙若憂荷風同委露梧葉共鳴秋夢境知誰得人生似爾浮漫勞彈事苦終日傍林丘

七言排律【增】〔明倪長玗戲題陰凉室堦前芭蕉〕新種芭蕉繞石房淸陰早見落書牀根霑零露北山潤葉帶濕雲南澗凉得地初依蒼石瘦抽心欲並綠筠長雨聲夜響巔厓瀑晴碧朝浮海日光標傑自慚全壽命梗楠合媿託岩廊覩身政憶維摩詰草字寧追懷素狂白晝棲遲吾計拙靑霄偃仰汝身彊歲寒要使交期在莫畏空山有雪霜

五言絶句【增】〔宋路德延芭蕉〕一種靈苗異天然體性虛葉如斜界紙心似倒抽書〔曾幾芭蕉〕以此葉陰凉代彼靑琅玕但恐本質脆不堪朔歲寒〔呂本中夢斷添

惆悵更長轉寂寥如何今夜雨只是滴芭蕉〔朱子芭蕉〕芭蕉植秋檻勿云憔悴姿與君障夏日羽扇寧復持〔紅蕉〕弱植不自持芳根爲誰好雖微九秋幹丹心中自保〔王十朋芭蕉〕草木一般雨芭蕉聲獨多主人栽未足其奈客愁何〔金姚孝錫芭蕉〕鳳翅搖寒碧虛庭暑不侵何因有恨事常抱未舒心〔明高啓芭蕉〕靜繞綠陰行閒聽雨聲臥還有感秋詩窗前書葉破〔題芭蕉〕叢蕉倚孤石綠映閒庭宇客意不驚秋蕭蕭任風雨【原】〔邊貢〕庭際何所有有萱復有芋自問秋雨聲不種芭蕉樹【增】〔皇甫汸題美人蕉〕帶雨紅妝濕迎風翠袖翻欲知心不卷遲暮獨無言

七言絕句【增】唐李紳紅蕉花紅蕉花樣炎方識瘴水溪邊色最深葉滿叢深殷似火不惟燒眼更燒身 徐凝紅蕉 紅蕉曾到嶺南看校小芭蕉幾一般差是斜刀翦紅綃卷來開去葉中安 徐寅蕉葉 綠綺新裁織女機擺風搖日影離披只應青帝行春罷閒倚東墻卓翠旗 錢珝未展芭蕉 冷燭無烟綠蠟乾芳心猶卷怯春寒一緘書札藏何事會被東風暗拆看 宋韓琦芭蕉 邊俗稀曾識此科南方地暖北寒多孤芳莫念遺天性無奈深恩愛育何 梅堯臣和行之都官芭蕉詩 看取有心常不展亦知隨分拆佳葩無端大葉映蓮幕却笑菖蒲罕見花 賀鑄題芭蕉葉 十畝荒池漲綠萍南風不

見芰荷生隔窗賴有芭蕉葉未負瀟湘夜雨聲 王之道芭蕉 秋風鳴玉雨疏疏嫩綠臨窗半卷舒似是相知慰牢落朝來看寄一緘書 劉子翬芭蕉 攪碎芳眠挾雨聲碧叢宜看不宜聽而今一任瀟瀟滴華髮蘇翁一夜醒 方岳 自是愁人愁不消非干雨裏聽芭蕉芭蕉易去愁難去移向梧桐轉寂寥 曾雲莊 炎蒸誰解換清涼扇影搖搖上竹窗準擬小軒添睡美夢成風雨夜翻江 明湯顯祖雨蕉 東風吹展半廊青數葉芭蕉未擬聽記得楚江殘雨夜背燈人語醉初醒 【原】俞琬綸宵來輕雨蕉聲送蕉雨流情情欲棗燕頷春風窺幾時開簾放出天涯夢 【增】江西女子一葉芭蕉何處移來一葉青似同羅扇鬭輕盈今宵風雨重門靜藏却瀟湘幾點聲

詩散句【增】唐白居易隔窗知夜雨芭蕉先有聲 宋宋祁雨凋單蕊側風偃半旗開 張耒翠於舒曉日綠錦障西風 楊萬里翠蕉自搖扇白羽得暫閑 元黃溍芭蕉葉間露風過皆成聲 【原】唐何扶芭蕉半捲西池雨日暮門前雙白鷗 【增】王邁秋宵睡足芭蕉雨又是江湖入夢來 宋錢希白綠章封事緘初起青鳳求凰尾四開 張愈生涯自笑惟書在旋種芭蕉聽雨聲 張栻退食北窗涼意滿臥聽急雨打芭蕉 陸游茅簷三日蕭蕭雨又展芭蕉數尺陰 曾北澗自是秋懷易

寂寥強將離緒怨芭蕉 唐朱慶餘隔竹見紅蕉 李商隱芭蕉開綠扇 鄭谷驟雨鬧芭蕉 朱慶餘劒路紅蕉明棧閣 皮日休風搖紅蕉仍換葉 溫庭筠曉來微雨蕉花紫 杜荀鶴風弄紅蕉葉葉聲 宋王安石芭蕉一枕西風雨 黃庭堅更展芭蕉夏學書 范成大窗外三更蕉葉風 陸游乍出芭蕉一寸青 金張藥芭蕉葉斜卷舒雨 元仇遠輕摘蕉花曉露晞 雅琥翠綃卷雨蕉花老

詞【增】宋張鎡菩薩蠻風流不把花爲主多情管定烟和雨瀟灑綠衣裳滿身如許涼 文箋如許處似索題新句莫倚小欄干月明生夜寒 李易安采桑子窗前誰

種芭蕉樹陰滿中庭葉葉心心舒卷餘光分外清　傷
心枕上三更雨點滴霖霪似喚愁人獨擁寒衾不慣聽
〔僧仲殊玉樓春〕飛香漠漠簾帷暖一線水沉烟未斷
紅樓西畔小欄干盡日倚闌人已遠　黃梅雨又芭蕉
晚鳳尾翠搖雙葉短舊年顏色舊年心留到如今春不
管

別錄 **增** 夢溪筆談予家所藏摩詰畫袁安臥雪圖有雪
中芭蕉此乃得心應手意到便成故其理入神迥得天
意 **原** 製用蕉根有兩種一種黏者爲糯蕉可食取作
大片灰汁煑令熟去灰汁又以清水煑易水令灰味盡
取壓乾以鹽醬蕪荑椒乾薑熟油胡椒等雜物研浥一二

兩宿出焙乾畧搥令軟全類肉味

莎　根郎香附子另見藥譜

增 〔爾雅〕薹夫須〔疏〕夫須莎草也　薃侯莎其實媞〔注〕夏
小正曰薃也者莎隨媞者其實　〔廣雅〕地毛莎隨也
〔陸璣草木疏〕臺草有皮堅細滑緻可爲簦笠以禦雨南
山多有　〔爾雅翼〕莎草可爲衣以禦雨今人謂之蓑衣
名曰夫須蓋匹夫所須　〔本草〕莎葉如老韭葉而硬光
澤有劍脊稜五六月中抽一莖三稜中空莖端復出數
葉開青花成穗如黍中有細子其根有鬚鬚下結子一
二枚轉相延生子上有細黑毛大者如羊棗而兩頭尖

彙考 **增** 〔詩小雅〕南山有臺〔疏〕臺可爲蓑笠都人士云臺
笠緇撮　〔周書〕豆盧寧傳寧善騎射嘗與梁企定遇於
平涼州相與肄射乃於百步懸莎草以射之七發五中
定服其能　〔春明退朝錄〕河中府有綠莎廳

集藻 記 **增** 宋晏殊庭莎記介清思堂中讌亭之間隙地
其縱十八步其橫南八北北十步以人跡之罕踐有莎
生焉守護之卒皆疲癃者芟薙之役勞於夏畦蓋是草
耐水旱樂延蔓雖拔心隕葉弗之絕也余既悅草之蕃
廡而又憫卒之勤捽思唐人賦詠間多有種莎之說且
茲地宛在崇堞齊馬不至弦匏不設柔木佳卉難於豐
茂非是草也無所宜焉於是傍西墉畫修徑布武之外
悉爲莎場分命騶人散取增殖凡三日乃備棧之以丹

楯漑之以甘井光風四泛纖塵不驚嗟夫萬彙之多萬
情之廣大含元氣細入無間罔不稟和罔不期適因乘
而晦用其次區別而顯仁措置有規生成有術失之則
數穫之則康茲一物也從可知矣乃今遂二性之域去
兩傷之患偃藉吟諷無施不諧然而人所好尚世多同
異平津客館尋爲馬廄東漢學舍閒充園蔬彼經濟所
先而汚隆匪一矧茲近玩庸冀永年是用刊辭琬琰庶
通賢君子知所留意儻與我同好庶幾不翦也

賦 **增** 唐蕭穎士庭莎賦并序天寶十載予以史臣推擇
待詔闕下僻直多忤連歲不偶未選敘求參河南府軍
事廳階之下蹊有莎草故叅軍宋之問從於伊川而植

焉結根五紀綿羃庭際廣罘萬步高樹十餘間以雜果
陰蔽其上俗吏往來必凌踐之歎其稟山野之姿而托
非其所以就窘迫因而賦曰厭公門之窘束翫纖草於
茲亭奚卑弱之斯極豈雨露之忽靈偕含和以順時隨
春夏之凄清軒房洞敞廣階修直槐楊蔽虧桃李對植
橫層陰之寘密綴繁英之翁葩既高低以異姿亦濃淡
而殊色胥徒牒訴雜沓乎其側遊塵浮烟蒙翳而不息
雖蕭颯以自得亦喧卑而見遏宜夫坐莽浪之野帶江
湖之涘託根山阿搖穎綠水芊綿霏靡連亘乎十數里
何推遷而連會繆產蒔於庭隅憂好尙之傾奪見芟夷
於難除既無心於寵辱又奚議於親疎承竿灑之甘潤

薇衣衿之曳婁雖爲幸於斯日諒稟性之云殊聞哲王
之布澤迨蕭蓴而霑鋪苟一類而失所猶納隍之在予
矧皇穹之播氣陶庶彙於靈樞曷茲卉之攸託條終年
而莫舒吾將徵宰物之至理聿歸問於玄虛者焉

五言律詩 增 宋宋白庭莎 何事牽憂思空庭對野莎青
青銜野步落日拄筇過色與莓苔近陰藏蟋蟀多閒思
舊山下蕭颯徧烟蘿

五言排律 增 唐唐彥謙移莎 移從杜城曲置在小齋東
正是高秋裏仍兼細雨中結根方迸竹疎蔭託高桐苒
苒齊芳草飄飄笑斷蓬片時留靜者一夜響鳴蛩野露
通宵滴溪烟盡日蒙試才卑庾薤求味笑周菘只此霜

栽好他時贈伯翁

詩散句 增 唐姚合 閉門常不出惟覺長庭莎 孟浩然
炎炎暑退子齋靜堦下叢莎有露光 秦韜 老樹雨陰
渾脫葉綠莎霜後半摧尖 李賀 老莎如短鏃 張籍
新雨徑莎肥 白居易 岸莎青靡靡 李咸用 莎城綠
當山 姚合 砌莎留宿露 許渾 城帶晚莎綠 皮日
休 破砌頑莎綠 韋莊 庭莎綠不芟 宋林逋 石莎無
雨瘦 唐李白 青莎白石長江邊 張籍 閉門秋雨濕
墻莎 白居易 青莎臺上起書樓 許渾 白剪青莎織
雨衣 杜荀鶴 門徑綠莎細接溪 薛能 地濕莎青雨
後天 宋張商英 細細烟莎徧燒痕

茅

增 爾雅 蕑牡茅 注 白茅屬 疏 茅之不實者也 白華野
菅 注 菅茅屬 疏 菅似茅而滑澤無毛根下五寸中有白
粉者柔韌宜爲索漚乃尤善 吳錄地理志 桂陽郴縣
有青茅可染布零陵有香茅古貢之縮酒 格物總論
茅叢生荒野間野人刈以覆屋江淮間生者一莖三脊
曰菁茅 本草 白茅根名茹根一名蘭根一名地筋 茅葉如矛故謂之茅其根牽連故謂之茹夏花者爲茅秋花者爲菅一物而名謂不同 蘇頌曰處處
有之春生芽布地如針俗謂之茅針亦可噉夏生白花
茸茸然至秋而枯其根至潔白六月采李時珍曰茅有
白茅菅茅黃茅香茅芭茅數種葉皆相似白茅短小三

四月開白花成穗結細實其根甚長白軟如筋而有節味甘俗呼絲茅其根乾之夜視有光故腐則變爲螢火菅茅只生山上似白茅而長入秋抽莖開花成穗如荻花結實尖黑長分許黏衣刺人其根短硬如細竹根無節而微甘黃茅似菅茅而莖上開葉根頭有毛根亦短而細硬無節秋深開花穗如菅可爲索綯古名黃菅香茅一名菁茅一名瓊茅生湖南及江淮間芭茅叢生葉大如蒲長六七尺有二種卽芒也

彙考 **增**〔易泰卦〕初九拔茅茹以其彙征吉〔注〕茅之爲物拔其根而相牽引者也茹相牽引之貌也〔大過〕初六藉用白茅无咎〔疏〕薦藉於物用絜白之茅言以潔素之

道奉事於上也〔繫辭〕夫茅之爲物薄而用可重也

尙書禹貢包匭菁茅〔注〕匭匣也菁以爲葅茅以藉酒

詩召南野有死麕白茅包之〔豳風〕晝爾于茅宵爾索綯〔小雅〕白華菅兮白茅束兮〔禮記〕郊特牲縮酌用茅明酌也〔周禮〕天官甸師祭祀供蕭茅〔左傳〕爾貢包茅不入王祭不共無以縮酒寡人是徵〔注〕茅菁茅也〔史記〕封禪書管仲曰古之封禪江淮之間一茅三脊所以爲藉也〔晉書〕藝術傳單道開徙臨漳昭德寺於房內造重閣高八九尺於上編菅爲禪室常坐其中

南史宋宗室傳江夏文獻王義恭每有祥瑞輒上賦頌大明元年有三脊茅生石頭西岸又勸封禪上甚悅

六韜呂尙坐茅而漁〔管子〕農趨時就功首戴蒲茅

莊子小巫見大巫拔茅而棄此其所以終身弗如　黃帝築特室席白茅　尹文子堯爲天子土堦三尺茅茨不翦〔拾遺記〕宵明國有焦茅高五丈燃之成灰以水灌之復成茅也謂之靈茅

集藻〔賦〕**增** 唐呂巖說靈茅賦 有靈茅之繁育禀堪輿之粹精間叢薄以孕彩候韶陽之發生與百卉而同氣擅三脊而異名粲纖條以爲族枝連茹以彙征蔓延亭皐鋪敷原陸白華霜淨翠莖雲沃雜春澗之長松亂寒潭之明菊不翦彰帝堯之儉縕袍識子騫之服若廼蒼蔚匝地低昂順風或結根於江漢之澳或蓄苗於嶺南之

中挺芳心兮蕁蕁吐修葉兮叢叢煙霰之所蕩拂昆蟲之所翳蒙納日月之光照資露雨之霑融東市驗左生之術南征紀周王之功嘉此物之爲用蓋今昔之攸同至若錫履於齊俾侯於魯頌容衞之所藉實禮儀之攸覩純束美夫詩人縮酒貢其任土宜有意於遺芳諒無替於終古茅之爲物也賤尙見采於先王士之所貴者道豈敢昧於文章慕朝宗之涓滴對詞林而抑揚若邦國之是賴希寄心於棟梁　獨孤授江淮獻三脊茅賦茅有象靈名之爲盛雖百代以星質終三脊以居正每彰封禪之期如受鬼神之命生於古既光七十之君戢於今更表千里之聖出於淮甸來彼江潭使馳於北星

流於南捧執而有嚴有翼緘縢而再四再三及夫覲至
尊成大國致於金華之上啟於瑤池之側施陳而百瑞
慚容撫翫而千宮變色美其出有常地生必舊形非成
野鹿之禮寧假澄酒之馨超常倫而薦闕殊衆品而實
庭理蕭三分似叶通三之化體皆一類欲明得一之靈
隱見之時吉蠲中禮獨標珍草之狀悉皆兄弟之體整
齊而玉匣遙傳潔淨而瓊華新啟應盛禮而居首表常
度而爲後道未格也雖有采而必無嶽可封焉縱不求
而自有觀王者之得失知禮事之臧否且夫玉帛廣矣
何尚於茅豈不以貴稱三脊重載六爻始彙征於吳楚
終遍藉於陶匏奉上之時且報云亭之兆升中之後因

知天地之交吾皇由是命太史詔宗伯議封山謀勒石
備文物與禮器修玉函與金策使聖功登於九天靈茅
光於三脊使臣稽首稱萬壽以旋役〔路蕩拔茅賦〕拔
大易而探賾偉玄言之杳冥惟乾坤之交泰獲品物之
流形惟卦也泰之義廣惟卉也茅之性靈其用也潔身
而白當春也應候而青或茂江國或生楚郊三脊之異
是稱靈茅刺其無禮詩人引之於純束責其不入諸侯
終貢於厥苞不然者草則多矣胡著之於繫爻哉故可
比君子喻物類惟人也能同其地人易心則雨苦茅分
族則醆悴當連茹以相依夫何往而不利是則傳其潔
守其貞榮落惟運窮通曷情道或屯棠滋雨露而育質

時逢振拔與連類而共征確乎莫移以保貞吉用之錫
命既著之夏典將以縮酒又薦於周室異芝蘭之稟性
不用其香等葵藿之有心常思向日歲聿云暮霜風慘
慄願當蕪沒之時不棄輕微之質〔無名氏徵苞茅賦〕
猗彼菁茅挺生不雜縮醪醴以致潔與清明而相合荊
人是識將有體其精誠王澤不流遂無聞於賦納故小
白仗義來輔衰周言念彤弓玄矢實征九伯五侯惟苞
茅之有闕乃伊人之所羞爾貢或愆於先職王祭誠非
於異求有命是遵雖云我疆埋無思不服孰云風馬牛
於是戒徒無譁命衆以律顧爾心之有二諒我得之惟
一楚子承檳以請罪夷吾將事而靡失陳師鞠旅見旌

旆之翩翩伏軾致辭想德音之秩秩且曰祭有百籩縮
酒爲先類生薪而比潔同有萸以告虔職貢斯巳爾則
不共於命馨香罔薦我將讁見於天豈可狃爾車徒恃
乃封守慢上則君臣異等黷兵則齊楚非偶議乎品列
我則齒兄弟之二三揆以疆場我則吞蠻荊之八九是
以來求獻捷豈敢定於如憂連茹而亡禍之大者乃將
任土作貢禮可忽諸於以止戈褰區折衝醆斝俾潔白
於籩醍肅君臣於上下太壇之禮成彼菁菁者茅問罪
之師罔倦悠悠於野然彼率職四方用賓於王信耀德
於千祀豈矜功以一匡異魯隱觀魚以犯憲笑晉文將
狩以亂常曷若返行葦之積德遵方物之舊章美哉無

私之舉也將歷代而彌光

文散句 增 楚屈原離騷索藑茅以筳篿兮命靈氛爲余占之 蘭芷變而不芳兮荃蕙化而爲茅

五言律詩 增 唐李嶠茅 楚甸供王日衡陽入貢年鹿包青野外鴟嘯綺楹前堯帝成茨能殷湯祭雨旋方期大君錫不懼小巫捐

詩散句 增 唐杜甫荒郊蔓草茅 宋林逋茅叢夾舊槿 唐唐球風動茅花月滿壇 薛逢風茅向暖抽書帶 宋陸游茅葉翻翻帶宿雨

別錄 增 南方草木狀芒茅枯時瘴疫大作交廣皆爾也土人呼曰黃茅瘴又曰黃芒瘴 拾遺記員嶠山之南有移池國人長三丈壽萬歲以茅爲衣服皆長裾大袖因風以昇烟霞若鳥用羽毛也 孫堅母妊堅之時夢一童女負之繞吳閶門外又授以芳茅一莖語曰此吉祥也必生才雄之子 兼明書禹貢包匭菁茅卽三脊之茅也菁者茅之狀貌菁菁然也三脊之茅諸土不生故楚人特貢之也孔安國云菁可爲葅是謂菁爲蔓菁也且蔓菁常物所在皆生何必須事楚國匣盛而貢之哉故知孔失之矣 爾雅茅體柔而理直又潔白故先王用之以藉亦以縮酒 桐柏山志玉霄峰在縣北三十五里產香茅 溪蠻叢笑左傳包茅不入苞茅山在麻陽茅生脊孟康云靈茅揚雄曰璚茅三脊也爾雅謂

藑廣雅謂之茈萁本草云生楚地三月采陰乾衛人以社前者爲佳名鴉御草

附錄 孟

增 爾雅孟狼尾 疏 草似茅者一名孟一名狼尾今人亦以覆屋

蓬

增 爾雅齧彫蓬薦黍蓬 疏 蓬蒿也草之不理者種類非一故有齧彫蓬薦黍蓬 埤雅其葉散生如蓬末大於本遇風輒拔而旋

彙考 增 詩召南彼茁者蓬 衛風首如飛蓬 禮記內則射人以桑弧蓬矢六射天地四方 疏 蓬是禦亂之草 儒行蓬戶甕牖 疏 蓬戶謂編蓬爲戶 宋書禮志上古聖人見轉蓬始爲輪 管子無儀法程式蜚搖而無所定謂之蜚蓬之問蜚蓬之問明主不聽也 家語蓬生麻中不扶自直 商子今夫飛蓬飄風而行千里乘風之勢也 淮南子見飛蓬轉而知爲車 說苑秋蓬惡於根本而美於枝葉秋風一起根且拔矣 列仙傳老萊子蓬蒿爲室 東觀漢記栗駭蓬轉因遇際會 三輔決錄張仲蔚與魏景卿俱隱不仕所居蓬蒿沒人 拾遺記條陽山出神蓬如蒿長十丈周初國人獻之周以爲宮柱所謂蒿宮也 步里客談古人多用轉蓬竟不知何物外祖林公使遼見蓬花枝葉相屬團

關在地遇風即轉問之云轉蓬也
賦【增】唐蔣防轉蓬賦彼芃者蓬其生莽莽因驚風之助地遂離根而去本委順而往異愚夫之守株任運則行叶高人之嘉遯權弱質絕陳根始遲遲而徐轉俄忽忽而駿奔體以圓而疾質以弱而存凌寒後凋雖有慙於松柏近秋俱敗亦無愧於蘭蓀時也玉露爲霜金風應律歎芳菲而難久覩搖落之不一初宛轉以孤翻漸遷延而遠出度平野而暫見映層阜而還失徘徊未已同風葉之辭枝漂蕩不停甚水萍之委質若乃慘澹雲暝悠揚日短歲云秋矣莖弱者先衰風以動之根危者易斷徒觀其委地離披縈吹參差旣忘懷於近遠寧繫迹於高卑觸物何情類虛舟而自汎善行無迹於野馬而相隨豈不以生無悶帶轉有長風象車輪未始有極如循環莫知所終遊子感而忘歸歎飄居陌上小人見而懷土憶生在麻中矧夫依物暫停遇風復舉乍飄颺以歷亂或迴旋而容與青蘋之末不起聊可以躊躇黃埃之中自飛孰知其處所客有因時結念寓物屬詞觀其衰兮懼老將至矣覩其轉也嗟行靡不知撫懷抱起心有之誠驚髩髮增首如之悲儻陽春之可待亦何恨飄飄於此時
文賦散句【增】漢東方朔七諫蓬艾親入於床第兮馬蘭踸踔而日加〔桓寬鹽鐵論〕秋蓬被霜遭風則零落

晉嵇康答難養生論〕呂容以蓬藁易顏〔宋鮑昭蕪城賦〕稜稜霜氣蔌蔌風威孤蓬自振驚砂坐飛
五言古詩【增】魏曹植雜詩轉蓬離本根飄颻隨長風何意回飈舉吹我入雲中高高上無極天路安可窮類此遊客子捐軀遠從戎毛褐不掩形薇藿常不充去去莫復道沉憂令人老　晉司馬彪雜詩百草應節生含氣有深淺秋蓬獨何辜飄颻隨風轉長飈一飛薄吹我之四遠搔首望故株邈然無由返
五言絕句【增】唐王績入長安詠秋蓬示辛學士遇坎聊知止逢風或未歸孤根何處斷輕葉強能飛　辛學士答王績詠秋蓬見示託根雖異所飄葉早相依因風若有便更共入雲飛
詩散句【增】唐李賀西郊寒蓬葉如刺皇天親栽養神驥
杜甫孤蓬轉霜根　蓬生非無根　轉蓬行地遠

青蒿

【增】本草青蒿一名草蒿一名方潰一名菣音牽去聲爾雅云蒿菣注云今人呼青蒿香中炙啖者爲菣孫炎云荊楚之間謂蒿爲菣一名犱蒿息似犱一名香蒿〔夢溪筆談〕青蒿一類自有二種有黃色者有青色者謂之青蒿陝西綏銀之間蒿叢中時有一兩窠迥然青色土人謂之香蒿莖葉與常蒿亦同但常蒿色綠此蒿色青翠如松檜色至深餘蒿並黃此蒿猶青其氣芬芳　本草李時珍曰二月生苗莖麤如指而肥軟莖

葉色並深青其葉微似茵陳面背俱青其根白硬七八月間開細黃花頗香結實大如麻子中有細子

彙考　增　詩小雅呦呦鹿鳴食野之蒿　後漢書獨行傳向栩拜趙相到官略不視文書舍中生蒿萊　博物志周德隆草木茂盛蒿堪爲宮柱名曰蒿宮　桂海虞衡志大蒿客梧道中久無霜雪處年深滋長大者可作屋柱小亦中肩輿之扛

集藻　七言絕句　增　明李東陽拔蒿二絕示諸生委巷迴風多暮塵堦前老蒿長刺人呼童荷鍤相料理忽見庭花放錦新　拔去庭蒿庭始寬向來茅塞本無端誰道人心不如此寒時容易拔時難

廣羣芳譜　卉譜三　青蒿　荻蒿　三十

詩散句　增　晉嵇康斥鷃擅蒿林

附錄　荻蒿

增　爾雅蕭荻注即蒿疏今人所謂荻蒿也或曰牛尾蒿似白蒿白葉莖麤科生多者數十莖可作燭有香氣故祭祀以脂爇之爲香　本草李時珍云曰蕭曰蕭曰荻皆老蒿之通名象秋氣肅殺之意

彙考　增　詩鄭風彼采蕭兮一日不見如三秋兮　曹風洌彼下泉浸彼苞蕭　小雅蓼彼蕭斯零露湑兮　大雅取蕭祭脂　禮記祭義燔燎羶薌見以蕭光以報氣也

附錄　馬先蒿

增　本草馬先蒿一名馬新蒿一名馬矢蒿蒿氣如馬矢故名馬先乃矢字之訛馬新又馬先之訛也一名練石草一名爛石草一名虎麻其葉大如茺蔚花紅白色二月始生七月開花似胡麻花而紫赤八月生角似小豆角銳而長

附錄　黃花蒿

增　本草黃花蒿一名臭蒿一名草蒿與青蒿相似但此蒿色深帶淡黃氣辛臭不可食

附錄　角蒿

增　本草角蒿似白蒿花如瞿麥紅赤可愛子似王不留行黑色作角長二寸許微彎葉似蛇床青蒿子角似蔓菁青黑而細秋熟

廣羣芳譜　卉譜三　馬先蒿　黃花蒿　角蒿　三十

附錄　茵陳蒿

原　茵陳蒿唐本草云此雖蒿類經冬不死更因舊苗而生故名因陳後加蒿字耳按廣雅作因塵生泰山及丘陵坡岸上近道亦生不如泰山者佳春初生苗高三五寸葉似青蒿而紫細背白五月七月采莖葉陰乾性苦平微寒無毒治風溼寒熱邪氣熱結黃疸江南所用者莖葉皆似家茵陳而大高三四尺氣極芬香味甘辛吳中所用乃石香菜也悞作解脾藥服大令人煩　山茵陳二月生苗其莖如艾葉如淡青蒿背白葉歧緊細而扁整九月開細黃花結實大如艾子亦有無花實者

集藻　賦散句　增　宋洪舜俞老圃賦酣糟紫薑之掌沐醯

靑陳之綠

詩散句【原】明王世貞坐來薜荔時添潤齋䏻茵陳倘送香

【別錄】【原】製用蔞蒿葉蔞蒿卽茵陳嫩苗以沸湯瀹過浸於槳水則成虀如以清水或石灰水礬水挼之去其猛氣曬乾可留製食醃焙乾極香美蔞蒿根醃曬乾或仍蒸曬皆可

佩文齋廣羣芳譜卷第八十九

佩文齋廣羣芳譜卷第九十

卉譜

菰

【原】菰一名茭草（江南人呼菰爲茭以其根交結也）一名蔣草蒲類也根生水中江湖陂池中皆有之江南兩浙最多葉如蔗荻春末生白芽如筍名菰菜又名茭白一名蘧蔬（爾雅云出隧蘧蔬注云蘧蔬似土菌生菰草中）味淸脆生熟皆可啖其中心白薹如小兒臂軟白中有黑脉名菰手作首者非（本草云菰手小者擘之內有黑灰如墨者名烏鬱）八月開花如葦茨硬者謂之菰蔣草至秋結彫胡米（廣雅云蔣菰也其米謂之彫胡）一名茭米一名雕蓬一名彫苽一名蔣長寸許霜後採大如茅針皮褐色米白而滑膩歲饑人以當糧作飯香脆氣味甘冷滑無毒利五臟邪氣治心胸浮熱除腸胃熱痛解酒皶面赤白癩癧瘍去煩止渴一種不結實惟堪作薦故爾雅云蘮雕蓬薦黍蓬卽茭之不結實者楊升庵巵言謂黍蓬乃旱蓬靑科結實如黍羌人食之今松州有之恐另是一種

【增】本草蘇頌曰其根相結而生久則并生浮於水上謂之菰葑刈去其葉便可耕蒔又名葑田

【彙考】【增】禮記曲禮稻曰嘉蔬（注）稻菰蔬之屬也（內則）食蝸醢而苽食雉羹（注）苽雕胡也（疏）以蝸爲醢以苽米爲飯以雉爲羹三者味相宜（周禮天官）魚宜苽（宋史禮志）太宗景祐三年禮官宗正請每歲秋仲月嘗酒

嘗稻蔬以茭筍　西京雜記太液池邊皆是彫胡紫蘀綠節之類菰之有米者長安人謂爲彫胡葭蘆之未解葉者謂之紫蘀菰之有首者謂之綠節　會稽人顧翱少失父事母至孝母好食彫胡飯常帥子女躬自採擷還家導水鑿川自種供養每有贏儲家亦近太湖湖中後自生彫胡無復餘草蟲鳥不敢至焉遂得以爲養郡縣表其閭舍　世說張季鷹在洛見秋風起因思吳中菰菜羹鱸魚膾曰人生貴得適意爾何能羈宦數千里以要名爵遂命駕便歸　丹鉛總錄說文彫苽一名蔣徐鉉曰彫苽西京雜記及古詩多作雕胡內則注作雕胡亦作安胡枚乘七發安胡之飯注今所食茭苗是也

宋玉賦主人之女炊雕胡之飯爾雅齧雕蓬孫炎云米茭也米可作飯古人以爲五飯之一周禮魚宜苽于寶云苽米飯膳以魚同水物也其米色黑管子謂之鴈膳杜詩波漂菰米沉雲黑也　學圃餘疏茭白以秋生吳中一種春生者曰呂公茭以非時爲美

集藻 文賦散句 增 楚屈原大招設菰粱只　漢司馬相如子虛賦東蘠彫胡　上林賦蔣苧青薠　張衡七辨會稽之菰　晉郭璞江賦泛之以游蔣

五言古詩 增 梁沈約詠菰結根布洲渚垂葉滿皐澤匹彼露葵羹可以留上客

五言絕句 增 宋劉子翬茭筍秋風吹折碧削玉茹芳根應傍鵝池發中懷灑墨痕　朱子茭筍寒茭翳秋塘風葉自長短刳心一飽餘并得牀敷軟

七言絕句 增 宋陸游鄰人送菰菜張蒼飲乳元難學綺季餐芝未免饑稻飯似珠菰似玉老農此味有誰知

詩散句 增 唐王維青菰臨水映白鳥向山翻　杜甫滑憶彫胡飯香聞錦帶羹　秋菰爲黑穗精鑿成白粲　宋蘇軾水木漸幽茂菰蒲雜游龍　原 唐張泌空江浩蕩景蕭然盡日菰蒲泊釣船　增 宋陸游二升菰米晨炊飯一椀松燈夜讀書　原 明孫齊之留得博山爐內火待君今日進雕胡　增 晉張載春菰牙露翠　唐王維香飯青菰米　楚人菰米肥　李白菰蔣生綠池

原 杜甫白蔣風飇脆　增 杜甫彫胡炊屢新　飯抄雲子白　朱慶餘菰葉寒塘晚　宋陸游粥鑪菰米滑元王逢細雨菰生米　唐張籍茫茫菰草平如地　羅隱道傍菰葉碎羅巾　韋莊饒陂烟雨種菰蔣　宋陸游秋菰出水白於玉

別錄 原 種植 穀雨時於水邊深栽則筍肥大盛野生者 增 種樹書茭白根逐年移動生者不及　原 製用 彫胡米合粟爲粥可食其葉可作薦刈以秣馬甚肥 增 齊民要術菰米飯法菰穀盛常囊中擣瓷器爲府勿令作末內常囊中令滿板上揉之取末一作可用升半炊如稻米　眞臘風土記有茭漿酒蓋有一等茭葉生於

水濱其槳可以釀酒 原禁忌菰之種類皆極冷不可
過食性滑發冷氣令人下焦寒同蜜食發痼疾服巴豆
人忌食

蒲

增爾雅莞苻蘺其上蒚注今西方人呼蒲為莞蒲蒚謂
其頭臺首也今江東謂之苻蘺西方亦名蒲中莖為蒚
用之為席 史記索隱蒲是草之美者故禮有蒲筵
格物總論蒲草叢生多種於田間莖長者可六七尺三
脊無葉如薙二三月生苗八九月收可為席
彙考原詩王風揚之水不流束蒲 陳風彼澤之陂有
蒲與荷 增詩小雅下莞上簟乃安斯寢箋莞小蒲之

席也 魚在在藻依于其蒲 大雅維筍及蒲箋蒲深
蒲也疏深蒲謂蒲蒻入水深臨人注云深蒲蒲始生水
中是也 左傳仲尼曰臧文仲下展禽廢六關妾織蒲
三不仁也 晏子曰澤之萑蒲舟鮫守之 漢書路溫
舒傳溫舒父為里監門使溫舒牧羊溫舒取澤中蒲截
以為牒用寫書 東方朔傳朔曰孝文皇帝莞蒲為席
注莞夫離也今謂之葱蒲以莞及蒲為席尚質也 晉
書忠義傳王育少孤貧為人傭牧羊每過小學必歔欷
流涕時有暇即折蒲學書 石季龍載記季龍下書曰
解西山之禁蒲葦魚鹽除歲供之外皆無所固公侯卿
牧不得規占山澤奪百姓之利 山海經孟子之山其

草多菌蒲 洞冥記帝起俯月臺眺月亦曰眺蟾臺酌
雲葅酒葅以玄草黑蕨金蒲甜蓼 秦記苻洪之先居
武都家生蒲長五丈狀如竹咸異之謂之蒲家因以氏
焉洪後以讖文草付應王遂改姓苻氏 三秦略記鄗
城東南有蒲臺秦始皇東遊海上於臺上蟠蒲繫馬至
今歲蒲生縈委若有繫狀似水楊可以為箭 酉陽雜
俎婚禮納采有九子蒲朱葦蒲葦為心可屈可伸也
集藻五言古詩增晉無名氏拔蒲青蒲銜紫茸長葉復
從風與君同舟去拔蒲五湖中 朝發桂蘭渚晝息桑
榆下與君同拔蒲竟日不成把 宋謝朓蒲生行蒲生
廣湖邊託身洪波側春露惠我澤秋霜縟我色根葉從

風浪常恐不永植攝生各有命豈云智與力安得遊雲
上與爾同羽翼 詠蒲離離水上蒲結水散為珠間廁
秋菡萏出入春鳧雛初萌實雕俎暮蕊雜椒塗所悲塘
上曲遂鑠黃金軀 梁元帝賦得蒲生我池中池中種
蒲葉葉影蔭池濱未好中宮薦行堪隱士輪為書聊可
截匹柳復宜春瑞葉生苻苑纓碧獻周人 唐李白魯
東門觀刈蒲魯國寒事早初霜刈渚蒲揮鐮若轉月拂
水生連珠此草最可珍何必貴龍鬚織作玉床席欣承
清夜娛羅衣能再拂不畏素塵蕪 韓愈青青水中蒲
三首青青水中蒲下有一雙魚君今上隴去我在與誰
居 青青水中蒲長在水中居寄語浮萍草相隨我不

如[illegible]青水中蒲葉短不出水婦人不下堂行子在萬里〔明薛蕙詠蒲〕昔聞詠塘上今見翫池中紫茸含細蕊綠帶舞輕叢蜻蜓高下逐翡翠往來通徘徊桂蘭渚竟日與君同

七言古詩〔增〕〔宋徐似道觀蒲〕圓蒲相將結僧夏荷葉蒲茸綠相亞浮花浪葉自飄零小院廻廊正瀟灑葉如青幄花成肉細腰起舞來送春紅光如銀墨如漆落筆四座驚有神輕彩短帽付餘子花前醉倒輪閑人

七言律詩〔增〕〔唐徐寅詠蒲〕濯秀盤根在碧流紫英含露向晴抽編為細履隨君步織作輕帆送客愁疎葉稍為投餌釣密叢還礙採蓮舟鴛鴦鸂鶒多情甚日日雙雙

遶傍游

五言絕句〔增〕〔宋王安石蒲葉〕蒲葉清淺水杏花和暖風地偏緣底綠人老為誰紅

七言絕句〔增〕〔唐陸龜蒙種蒲〕杜若溪邊手自移旋抽烟劒碧參差何時織得孤帆去懸向秋風訪所思

詩散句〔增〕〔魏甄后〕蒲生我池中其葉何離離〔唐王維〕清淺白石灘綠蒲向堪把〔韓愈〕我有一池水蒲葦生其間〔白居易〕澹澹春水暖東風生綠蒲〔金蔡珪〕籬落半流水苗苗青蒲芽〔原〕〔晉謝靈運〕新蒲含紫茸〔增〕〔梁簡文帝〕日照蒲心暖〔周庾信〕水蒲開晚結〔原〕〔唐李白〕鴛鴦綠蒲上〔杜甫〕風斷青蒲節 碧節吐寒蒲〔增〕〔韓愈〕水漲減蒲芽〔張籍〕紫蒲生濕岸〔李賀〕河蒲聚紫茸〔宋慶餘〕潭清蒲遶岸〔許渾〕紫蒲低水檻〔宋陸游〕秋聲滿綠蒲〔朱子〕戢戢淵中蒲〔唐孟郊〕池中春蒲葉如帶〔宋慶餘〕青蒲映水疎還密〔羅隱〕綠蒲低雨釣魚歸〔韋莊〕蒲生岸脚青刀利〔元趙孟頫〕雨足蒲芽綠更肥

別錄〔原〕〔周禮春官〕子執穀璧男執蒲璧〔增〕〔漢書儒林傳〕趙綰王臧請立明堂以朝諸侯不能就其事乃言師申公於是上使使束帛加璧安車以蒲裹輪駕駟迎申公〔唐書李密傳〕密以蒲韉乘牛挂漢書一帙角上行且讀〔東觀漢記〕劉寬遷南陽太守溫仁多恕吏民有

過但用蒲鞭罰之示辱而已〔齊民要術〕詩義疏曰蒲深蒲也周禮以為菹謂蒲始生取其中心入地者蒻大如匕柄正白生噉之甘脆又煮以苦酒受之如食筍法大美今吳人以為菹又以為酢〔埤雅〕蒲穀璧禮圖悉作草稼之象今人發古冢得蒲璧乃刻文蓬蓬如蒲花敷時穀璧如粟粒爾〔遵懷錄〕山齋之用采蒲花如柳絮者熟鞭貯以方青囊作坐褥或臥褥春則暴收甚溫煖木棉不及也

附錄 香蒲

〔增〕〔本草〕香蒲一名甘蒲一名醮石埤雅云叢生水厓似莞而褊有脊蘇頌曰春初生嫩葉出水時紅白色茸茸

然至夏抽梗於叢葉中花抱梗端俗謂之蒲槌亦曰蒲
蕚花其蒲黄即花中蕊屑也細如金粉當欲開時便取
之李時珍曰八九月收葉以爲蓆亦可作扇軟滑而温

附錄 蘋

增 爾雅 蘋藨蕫 疏 狀似蒲而細可爲屩亦可爲緉以爲
索

蘆 按蘆荻二物相類而異種蘆大而中空凡曰葭曰葦曰華曰芀一物五名皆蘆也荻小而中實凡曰萑曰薍曰菼曰騅曰薕曰烏蓲曰馬尾一物八名皆荻也

增 本草 蘆有數種其長丈許中空皮薄色白者葭也蘆
也葦也短小於葦而中空皮厚色青蒼者菼也薍也
荻也萑也其最短小而中實者蒹也薕也皆以初生已

成得名 原 蘆一名葦 爾雅云葦醜芀疏云葦即蘆之成者其類皆有芀秀 一名
葭 爾雅云葭華註云即今蘆也葭蘆註云葦也詩正義云葦之初生其名爲葭稍大爲蘆長成乃名爲葦
花名蓬蕽筍名虇生下濕地處處有之葉四向而垂中
心抽幹長丈許中虛皮薄色青老則白莖中有白膚較
竹紙更薄身有節如竹葉隨節生若箬葉下半裹其莖
無旁枝花白作穗若茅花根若竹根而節疎堪入藥取
水底味甘辛者去鬚節及黄赤皮其露出水外及浮水
中者不堪用荻一名菼一名薍一名萑 詩正義云初生爲菼長大爲薍成則爲萑
一名鵻江東呼爲烏蓲或謂之藡至秋堅成謂之
荻其初生三月中其心挺出其下本大如箸上鋭而細
揚州人謂之馬尾蒹一名薕 埤雅云今人以爲藩箔因此爲名 似萑而
細高數尺中實是數者皆蘆類也其花皆名芀其萌名
虇堪食如筍可煮食亦可鹽淹致遠又有名苗者亦蘆
之一種用以被屋可數十年 增 丹鉛錄所謂蘆葦通
一物也所謂蒹今作薕者是也所謂荻人以當薪爨者
也今人罕能別蒹菼與蘆葦又北人以蘆與葦爲二物
水傍下濕所生者爲葦其細不及指人家園池間所植
者爲蘆其幹差大深碧色者爲碧蘆亦難得

彙考 增 易說卦震爲萑葦 疏 萑葦竹之類也 詩召南
彼茁者葭 衛風葭菼揭揭 誰謂河廣一葦杭之 秦風蒹葭蒼蒼白露爲霜 豳風八月萑葦 小雅有
漼者淵萑葦淠淠 大雅敦彼行葦牛羊勿踐履方苞

方體維葉泥泥 疏 言周之先王忠厚之至見敦敦然道
旁之葦乃禁牧者爾所牧牛羊勿得踐履折傷之何則
此葦方欲茂盛方欲成體維其葉泥泥然少而美好以
其將爲人用故愛惜之 禮記月令季夏之月命澤人
納材葦 周禮地官以土會之法辨五地之物生五曰
原隰其動物宜羸物其植物宜叢物 註 叢物萑葦之屬
晉書文苑傳羅含轉州别駕以廨舍諠擾於城西池
小洲上立茅屋伐木爲材織葦爲席而居 南史隱逸
傳陶弘景年四五歲恒以荻爲筆畫灰中學書 唐書
藩鎮傳李全忠范陽人仕爲棣州司馬有蘆生其室一
尺三節怪之以問别駕張建建曰蘆茅類生於澤及茅

土兆也傳節者其三世乎〔穆天子傳〕珠澤之藪方三十里爰有萑葦莞蒲茅萯蒹葽〔淮南子〕雁銜蘆而翔以避繒繳　蘆苻之厚通於無埜而復反於敦龐〔高誘注〕厚猶薄也蘆葦苻蘆之中白苻言其薄柯則歸於葦故曰反於敦龐也埜音垠〔列仙傳〕老萊子楚人逃世耕於蒙山之陽莞葭爲牆蓬蒿爲室樹木爲牀蓍艾爲席菹芰爲食　原〔吳越春秋〕伍員奔吳至江江中有漁父乘船從下方泝水而上子胥呼之謂曰漁父渡我如是者再漁父欲渡之適會旁有人窺之因而歌曰日月昭昭乎侵已馳與子期乎蘆之漪子胥即止蘆之漪漁父又歌曰日已夕兮予心憂悲月已馳兮何不渡爲事

寖急兮當奈何子胥入船漁父知其意也乃渡之千潯之津子胥既渡漁父乃視之有甚飢色乃謂曰子俟我此樹下爲子取餉漁父去後子胥疑之乃潛身於深葦之中有頃父來持麥飯鮑魚羹盎漿求之樹下不見因歌而呼之曰蘆中人蘆中人豈非窮士乎如是至再子胥乃出蘆中而應　增〔崔豹古今注〕傳曰萑葦有叢呂氏春秋湯始得伊尹祓之於廟薰以萑葦周禮卿大夫之子名曰門子論語誰能出不由戶故用葦者欲人子孫蕃殖不失其類有如萑葦〔西京雜記〕太液池邊皆是彫胡紫蘀綠節之類葭蘆之未解葉者長安人謂之紫蘀　抱朴子吳世有姚光者有火術吳主身臨試之

積荻數千束光居其上又以數千束荻累之因猛風燔之火盡光端坐灰中振衣而起〔汝南先賢傳〕鄭敬居千蟻陂之陽以漁釣自娛彈琴咏詩常方坐於陂側以蒹葭爲席常隱杞柳之陰〔水經注〕洧水又東逕豬蘭橋橋本名荻蘭橋橋之左右豐蒿荻〔拾遺記〕蓬萊山有葭紅色可編爲席溫柔如罽毳焉〔顏氏家訓〕梁世彭城劉綺早孤家貧燈燭難辦常買荻尺寸折之燃明夜讀〔酉陽雜俎〕仙藥有青津碧荻〔清異錄〕蘆之爲物大類此君但霜雪侵陵改素爲愧耳故好事君子號蘆爲蕭寒郡假節侯　余衛命渡淮入廣陵界維舟野次縱步至一村圃有碧蘆方數畝中隱小室榜曰秋聲

館時甚愛之不知誰家之别墅意主人亦雅士也〔吳船錄〕蜀州郡圃內西湖極廣蘆花甚盛〔燕都游覽志〕葦中貴别業四圍多水荻花蘆葉爽雁秋風令人作江鄉之想〔花史〕青浦周士亭江有年相友善一日九月中偕往渭塘舟次塘東泊一樓下其樓不甚高樓上二女一白面一紅顏倚窗笑語兩生仰視漫賦一詩曰夙有烟霞癖翛然興不羣秋聲飛過雁水面洞行雲逸思乘時發詩名到處聞扁舟湍方社更喜挹清芬蓋其詩直寫心懷初不謂二女也樓上乃大聲曰舟中有詩樓上豈無詩乎遂朗吟一韻兩生側耳聽之一女吟曰湖天秋色物凋殘花吐黃芽葉未乾夜月一灘霜皎皎西

風雨岸雪漫漫爲氈却羨漁翁樂京絮誰憐孝子单总
在孤舟叢裡宿曉來誤作玉濤看一女吟曰金風稜稜
澤國秋馬蔺花發滿汀洲富春山下連漁屋采石江頭
映酒樓夜月光蒙銀露浴夕陽陰曬錦鱗浮王孫醉起
應聲怪鋪著黃絲毯不收吟畢共笑乃以蓮房藕梢俯
擲兩生舟兩生共起上岸大呼欲登樓尋之恍惚間不
聞女聲樓亦不見兩生大駭返舟四顧但見蘆花白蓼
花紅耳士亭遂更號蘆汀漁叟有年更號蓼塘居士以
誌其異云 原 代州志雁門山嶺高峻鳥飛不越惟有
一缺雁來往向此中過號雁門山中多鷹雁至此皆相
待兩兩隨行銜蘆一枝鷹懼蘆不敢捉 增 福州府志

荻蘆峽在連江縣秦始皇以東南有王氣鑿山至此荻
蘆根長數丈朝開夕合夢神人曰可夕置畚鍤於此根
可立斷也且如其言果斷爲峽 康州府志轆轤山在
靈山縣山勢高大四時雲霧不散山多蘆竹故曰綠蘆
集藻 文散句 增 漢王逸九思藿葦兮仟眠
五言古詩 增 梁元帝賦得春荻翠荄玉池前遙映江南
蓮非秋無有毦未燒不生烟 宋司馬光咏葦索索夕
風遒瀼瀼朝露裛啅雀梟寒枝宿螢依敗葉眇然秋典
長坐與江湖接 蘇軾和子由記園中草木蘆筍初似
竹稍開葉如蒲方春節抱甲漸老根生鬚不愛當夏綠
愛此及秋枯黃葉倒風雨白花搖江湖江湖不可到移
植苦勤劬安得雙野鴨飛來成畫圖 蘇轍賦園中所
有蘆生井欄上蕭騷大如竹移來種堂下何爾短局促
莖青甲未解枯葉已可束蘆根愛溪水餘潤長鮮綠强
移性不遂灌水惱僮僕晡日下西山汲者汗盈掬 明
吳寬蘆江湖渺無際彌望皆高蘆蘆本水濱物久疑平
陸無移根偶種植溝湊土不汚縱橫匆遍地葉捲多葭
莩白花可爲絮長榦須人扶每當風雨夕蕭蕭亦江湖
宛如扁舟過榜人共歌呼浩然發歸興豈爲思蓴鱸
七言古詩 原 明陳繼儒蘆花歌蘆花作主我作客蘆花
點頭我拍膝白鷗銜住綠蓑衣使我欲行行不得我醉
欲倩蘆花扶蘆花太嬾可柰何不如呼出青天月大家

躍入金葫蘆
五言律詩 原 唐杜甫蒹葭摧折不自守秋風吹若何暫
時花戴雪幾處葉沉波體弱春苗早叢長夜露多江湖
後搖落亦恐歲蹉跎 增 姚合種葦欲種數莖葦出門
來往頻近陂收本土選地問幽人靜看唯思長初移未
覺勻坐中尋竹客將去更逡巡 薛能使院栽葦戢戞
復差差一叢千萬枝格如僧住處栽得吏閒時笋自廳
中出根從府外移從軍無宿例空想夜風吹 曹松友
人池上咏蘆秋聲誰種得蕭瑟在池欄葉澁栖蟬穩叢
疎宿鷺難斂烟宜字闕下颯吹省先寒此物生蒼島令人
憶釣竿 顧少府池亭葦池上分行種公庭覺少塵根

離潮水岸韻爽判曹人正午廻魚影方昏息鷺身[illegible]不動咏滄海鳥思頻〔張蠙〕叢葦叢叢寒水邊曾折釣魚船忽與亭臺近翻嫌島嶼偏花明無月夜聲急正秋天遙憶巴陵渡殘陽一望烟〔宋邵雍答人乞碧蘆草〕有可嘉者莫將蕭艾儔狀疎全類竹蒼翠特宜秋風雨聲初入江湖思莫收無功濟天下藉此一淹留 原〔楊萬里咏蘆〕避世水雲國卜隣鷗鷺家風前揮玉塵霜後幻楊花骨相緣詩瘦秋聲訴月華欲招盧處士歸去作生涯 增〔金吳激蘆花〕天接蒼蒼渚江涵裊裊花秋聲風似雨夜色月如沙澤國幾千里漁村三兩家翻思杏園路鞭裊帽簷斜

七言律詩 增〔唐張祜咏蘆〕鑿地栽蘆貯碧流臨軒一望似汀洲蔥蘢好映淮南樹疎雨偏宜海上鷗歷歷迎風欹枕聽蕭蕭和雨捲簾秋君看范蠡功成後不道烟波無去舟〔李商隱出關宿盤豆館對叢蘆有感〕蘆葉梢梢夏景深郵亭暫欲灑塵襟昔年曾是江南客此日初爲關外心思子臺邊風自急玉娘湖上月應沉清聲不逐行人去一任荒城伴夜砧〔羅鄴蘆花〕如練如霜乾復輕西風處處拂江城長垂釣叟看不足暫泊王孫愁亦生好傍翠樓妝月色枉隨紅葉舞秋聲最宜羣鷺斜陽裏閒捕纖鱗傍爾行〔宋蕭天山蘆筍〕江客因貧識荻芽一清厚退雜魚蝦燒成味挾豪邊雨摘得身離雁外沙春餌且供行釜菜秋江莫管釣船花食根思到蕭騷葉痛感邊聲咽戍笳〔朱松蘆檻〕手斸修蘆著檻栽使君公退幾徘徊想當風雨翻叢急疑卷江湖入座來未辨松窗眠綠浦且將屐齒印蒼苔種成桃李人間滿應念孤根首屢回〔元吳景奎蘆花〕褭搖落蒹葭白露霜冰綃覆護帶綺張瓊臺積雪和烟凝銀浦流雲入夢香失網曾憐衣冷落吐茵空染酒淋浪雁聲彷彿瀟湘夜起坐俄驚月一牀〔明徐㶿蘆花〕江畔洲前白渺茫蕭蕭摵摵鬬秋光輕風亂攪漫天雪斜月微添隔岸霜半夜雁羣淸避影數聲漁笛淡吹香瓊枝玉樹分明見愁絕懷人水一方

五言排律 增〔唐王貞白蘆葦〕高士想江湖閒庭遍植蘆清風時有至綠竹與何殊嫩喜日光薄疎憂雨點麤驚蛙跳得過鬬雀裊如無未識巴籬護幾攀邛竹扶惹烟輕弱柳蘸水激清蒲溉灌情偏重琴尊賞不孤穿花思釣叟吹葉少羌雛寒色暮天映秋聲遠籟俱朗吟應有趣瀟灑十餘株〔李中庭葦〕品格清於竹詩家景最幽從栽向池沼長似在汀洲玩好招溪叟棲堪待野鷗影疎當夕照花亂正深秋韻細堪清耳根牢好繫舟故溪高岸上冷澹有誰遊〔宋司馬光和人葦花〕蒹葭迷河曲高秋一番榮齊紈張野白楚練照川明不夜月長皎踰時雪未晴萬仙霓帔合千畝玉苗生漠漠波瀾偃滋

菰砂磧平際空鹽海竭垂地塞雲橫日暖鷗無色風高
鶴有聲逢君得嘲賦豈愧束薪并
五言絕句 增 宋蘇轍和文與可荻蒲 離披寒露下蕭索
微風觸摧折有餘音縱橫未須束 寒蘆港 蘆深可藏
人下有扁舟泊正似洞庭風日暮孤帆落 原 潘女郎
圓亭當水中兩岸蘆花雪夜深人未眠碧水蕩秋月
七言絕句 增 唐朱長文吳興送梁補闕歸朝賦得荻花
柳家汀洲孟冬月雲寒水清荻花發一枝持贈朝天人
願比蓬萊殿前雪 宋宋祁詠蘆 裊娜脩莖青玉攢鳧
翁睡罷翠痕乾湘君直寄江湖樂要作風汀雨瀨看
原 蘇軾和文與可洋州園池荻浦 雨折霜乾不耐秋白

花黃葉使人愁月明小艇湖邊宿疑是江南鸚鵡洲
增 蘇軾和文與可洋州園池寒蘆港 溶溶晴港漾春暉
蘆筍生時柳絮飛還有江南風物否桃花流水鮆魚肥
詩散句 增 元姚燧 瀕江不可不蒇帷葭葦茁青林無端
倪永與江水匹 原 古詩 銜蘆過岱嶺日望鴛鴦洲
唐王昌齡出塞 復入塞處處黃蘆草 李白 一一銜蘆
枝散落天地間 增 李白 西望白鷺洲蘆花似朝霜
杜甫 蒹葭離披去天水相與永 白居易 蕭蕭蘆葉裏
風起釣絲斜 錢起 風晚冷颼颼蘆花已白頭 人居
蘆葦岸終夜動秋聲 原 姚合 無竹栽蘆看思山疊石
為 增 宋石延年 葉嫩蘋脩節苞遺出紺膚 劉敞 蕭

蕭江上葦夏生叢已深 故移蘆葦叢粗慰江湖趣
唐杜甫 請看石上藤蘿月已映洲前蘆荻花 杜荀鶴
秋風忽起溪灘白零落岸邊蘆荻花 原 張蠙 十年九
陌寒風夜夢繞蘆花絮客衣 宋林逋 最愛蘆花經雨
後一蓬烟浪飲漁船 張耒 歸雁羈鴻共斷魂荻花楓
葉泊孤村 蘇庠 白蘋滿棹歸來晚秋著蘆花一夜霜
增 陸游 最是平生會心事蘆花千頃月明中 文天
祥 滄洲棹影荻花涼欸乃一聲江水長 原 張一齋 忘
却蘆花叢裡宿起來誤作雪天吟 趙訥 軒門外酒帘
風未定櫓聲搖玉出蘆花 白烏一雙簾外去蘆花風
靜釣舟閑 增 金劉著 八月邊城山未雪蘆花籍籍已

漫天 原 明董其昌 葦花平岸帶霜容總似窗前書帶
叢 增 梁劉孝綽 荻苗抽故叢 唐儲光羲 蘆花白雪
飛 原 杜甫 渚秀蘆筍綠 增 杜甫 蘆花留客晚 荻
岸如秋水 李嘉祐 荻花寒漫漫 司空曙 冰霜葭菼
變 顧非熊 疎葦秋前落 張籍 洲白蘆花吐 白居
易 紫筍折新蘆 錢珝 穿蘆覺渚幽 羅隱 細雨溯蘆
葉 宋歐陽脩 春洲生荻芽 元馬祖常 滿浦荻飛綿
唐孟浩然 月明全見蘆花白 李嘉祐 楚地蒹葭連
海廻 陶峴 鷺立蘆花秋水明 柳宗元 蒹葭淅瀝含
秋露 朱慶餘 蘆葦聲多雁滿陂 溫庭筠 夜船聞雨
滴蘆花 杜荀鶴 葦花零落向秋深 羅隱 短蘆冒土

初生荷吳融葦花深處睡秋聲薛濤水國蒹葭夜
有霜宋夏竦蘋汀殘雨老蒹葭司馬光荻迸短芽
淝水暖陸游葦花漠漠弄斜暉朱子兩岸蒹葭秋
色裏

詞增宋方岳齊天樂孤蓬夜傍低叢宿蕭蕭雨聲悲切
一片霜痕半山烟色愁到沙頭枯葉淡雲沒滅㸃吹老
西風滿汀新雪大豈無情難延黙送歸客歸去來兮
怎得儘鷺翹鷗偎午寒時節秋晚山川夕陽浦漵贏得
別腸千結濤翻浪叠那得似西來一笛橫絕搔首江南
雁銜千里月

別錄增北齊書方伎傳信都芳少明算術有巧思祖珽

謂芳曰律管吹灰術甚微妙絕來既久吾思所不至卿
試思之芳遂留意十數日便云我得之矣然終須河內
葭灰後得河內葭莩用其術應節便飛餘灰即不動也
不爲時所重竟不行故此法遂絕云原荆楚歲時記
元日懸葦索於門百鬼畏之孝子傳閔子騫事親孝
後母生二子衣之絮衣騫以蘆花父察知欲出後母騫
告父曰母在一子寒母去三子單遂不出其母亦化而
慈增集異記元和中故都尉韋宥出牧温州忽忽不
怡江波脩永舟船燠熱一日晚凉乃跨馬登岸依舟而
行忽逢淺沙亂流蘆葦青翠因縱轡飲馬而蘆枝有拂
轢者宥因閑援熟視忽見新絲筝絃周纒蘆心宥即援
蘆仲絃其長倍尋則試縱之應手復結宥奇駭因寘於
懷行次江館即付筝妓曰我於蘆心得之頗甚新緊然
沙洲江徼是物何自而來吾甚異之試施於器以聽其
音妓將安之更無少異惟絕二三寸耳方饌妓即置之
赴食隨置復紉及食罷就視則已蜿蜒舒展蠕蠕搖動
妓乃驚告衆來競觀而雙眸瞭然宥駭曰得非龍乎遽
命衣冠焚香致敬盛諸盂水之內而投於江纔及中流
風浪皆作蒸雲走電咫尺昏暝俄有白龍長百丈挐攫
昇天衆咸覩之長久乃滅歸田錄先公四歲而孤家
貧無資太夫人以荻畫地教以書字畫史余收易元
吉逸色筆作蘆如眞上一鸜鵒活動晉卿借去不歸

埤雅舊云蘆灰缺而月暈移說者以爲取蘆草灰隨牖
下月光中令圖畫缺其一面則月暈亦缺於上也歐
陽元貫雲石神道碑雲石嘗過梁山濼見漁父織蘆花
絮爲被愛之以綢易被漁父見其貴易賤異其爲人陽
曰君欲吾被當更賦詩公援筆立成竟持被往詩傳人
間號蘆花道人公自錢塘因以自號羣碎錄葭莩之
親葭莩蘆管中白衣至薄者也原種植春時取其勾
萌種淺水河濡地即生有收其花絮沾濕地即成蘆體
總不如成株者橫埋濕地內隨節生株最易長成

箬

增本草箬一作篛一名藔葉生南方平澤其根與莖皆似

小荇其節䕫與葉皆似蘆荻而葉之面青背淡柔而韌新舊相代四時常青

荇

原 荇一名莕菜一名鳧葵一名水葵一名莕公鬚一名荇絲菜一名水鏡草一名孽一名屏風一名靨子菜一名金蓮子（爾雅翼云花黃色日出照之如金故名）一名接余（爾雅云莕接余其葉苻）處處池澤有之葉紫赤色形似蓴而微尖長徑寸餘浮在水面莖白色根大如釵股長短隨水淺深夏月開黃花亦有白花者實大如棠梨中有細子氣味甘冷無毒治小渴利小便去諸熱毒火丹遊腫

彙考 增 詩周南參差荇菜左右流之 洞冥記且露池

西有靈池方四百步有連錢荇荇如錢紋 顏氏家訓詩云參差荇菜爾雅云荇接余也字或爲莕先儒解釋皆云水草圓葉細莖隨水淺深今是水悉有之黃花似蓴江南俗亦呼爲猪蓴或呼爲荇菜劉芳具有注釋而河北俗人多不識之博士皆以參差者是莧菜呼人莧爲人荇亦可笑之甚 原 埤雅詩曰參差荇菜左右流之三相參爲參兩相差爲差參差言其出之無類左右言其求之無方王文公曰接余惟后妃可比焉其德行如此可以比接余草矣若蘋蘩藻所謂餘草舊說藻華白荇花黃顏氏家訓云今荇菜是水有之黃花似蓴是也夫后妃祭荇夫人祭蘩大夫妻祭蘋藻至於盛之湘之筥之無所不爲焉亦其位彌高者其事彌略之証也又后妃言河夫人大夫妻言澗后妃言洲夫人言沼言沚大夫妻言濱言涂亦言之殺也且蘋蘩薀藻溪澗沼沚之毛也而荇則異矣故后妃采荇詩傳以爲夫人執蘩菜以助祭神饗德與信不求備焉沼沚溪澗之草猶可以薦后妃則荇菜也據此荇菜厚於蘋藻故曰后妃有關雎之德乃能共荇菜備庶物以事宗廟荇之言行也蘋言賓藻言澡蘩言盛然則荇菜言采言芼是亦共之而已故教成之祭芼用蘋藻以成婦順 增 名山記武夷山神人八月十五日會村人酒行命食或云韮即水荇也或云緗即荇也

彙藻 文散句 增 楚宋玉招魂紫莖屏風

五言律詩 增 宋梅堯臣荇 荇葉光於水鉤牽入遠汀淺黃雙蛺蝶五色小蜻蜓老去懷江女飄浮笑楚萍西風莫苦急孤蘂有餘馨

詩散句 原 唐杜甫春光淡沲秦東亭渚蒲芽白水荇青 原 明彭紹賢泉分石竇瀉珠光坐挹磯邊水荇香 增 晉張載水荇葉連香 宋謝朓魚戲亂水荇 梁劉孝威風荇散餘香 唐儲光羲淺渚荇花繁 宋錢惟演綠荇溢魚防 原 唐杜甫水荇牽風翠帶長 增 曹唐迎風細荇傳香粉 崔櫓荇花初沒舸行時 元戴帥初紫莖永溫初荇葉

【別錄】【原】製用莖葉根花亦可伏硫煮砂制礬用苦酒浸其白莖肥美可以案酒（巖棲幽事）吾鄉荇菜爛煮之其味如蜜名曰荇酥郡志不載遂為漁人野夫所食此見於農田餘話俟秋明水清時載菊泛舸膾鱸擣橙并試前法同與蓴絲薦酒（梧潯雜佩）荇菜首見於三百篇吾鄉陂澤中多有之農田餘話謂熟煮其味如蜜名曰荇酥然知之者絕少

蘋

【原】蘋（說文作薲）一名苹菜一名四葉菜一名田字草葉浮水面根連水底莖細於蓴莕葉大如指頂面青背紫有細紋頗似馬蹄決明之葉四葉合成中折十字夏秋開小

白花故稱白蘋其葉攢簇如萍故爾雅謂大者為蘋也本草云其葉徑一二寸有一缺而形圓如馬蹄者蓴也似蓴而稍尖長者莕也其花並有黃白二色葉徑四五寸如小荷葉而黃花結實如小黍角者萍蓬草也楚王所得萍實乃此萍之實也四葉合成一葉如田字形者蘋也　【增】本草俗呼破銅錢項氏言白蘋生水中青蘋生陸地按田字草有水陸二種陸生者多在稻田沮洳之處其葉四片合一與白蘋一樣但莖生地上高三四寸不可食謂之水田翁項氏所謂青蘋即此　【原】氣味甘寒滑無毒主治暴熱下水

【彙考】【增】詩召南于以采蘋南澗之濱（禮記昏義）芼之以蘋藻（周禮春官）春入學舍采合舞（註）采讀為菜蘋藻之屬（左傳）蘋蘩薀藻之菜可薦於鬼神可羞於王公（酉陽雜俎）太原晉祠冬有水底蘋不死食之甚美（吳興志）白蘋洲在霅溪東南一里乃越女采蘋處梁柳惲為守時賦詩云汀洲採白蘋日暮江南春因以得名

【集藻】文散句【增】楚屈原九歌鳥何萃兮蘋中

五言古詩【增】魏劉楨贈從弟汎汎東流水磷磷水中石蘋藻生其涯華葉紛擾溺采之薦宗廟可以羞嘉客豈無園中葵懿此出深澤（宋梅堯臣）孤汀蘋瀟湘歸去人正值江南春始願逢拾羽今乃見採蘋寄語柳使君

莫恨日已曛

五言律詩【增】宋徐鉉秋日泛舟賦蘋花素艷擁行舟清香覆碧流遠烟分的的輕浪泛悠悠雨歇平湖滿風涼運瀆秋今朝流咏處即是白蘋洲（韓琦）長生蘋奇種定仙草長生習水蘋採芳曾著詠薦潔可供神萬卉衰何遽三冬色自新大年如欲較吾豈愧莊椿

五言絕句【增】唐張仲素春江曲搖漾越江春相將採白蘋歸時不覺夜出浦月隨人

七言絕句【原】唐于鵠江南曲偶向江邊採白蘋還隨女伴賽江神衆中不敢分明語暗擲金錢卜遠人（明陳繼儒）秋老蘋花貼岸開雪飃一點夜飛來逢人盡道游

烟雨月白何曾獨上臺

詩散句【增】唐趙冬曦江天千里望惟見綠蘋齊　李白淥水明秋月南湖採白蘋　【原】杜甫閒道通舟地江潭隱白蘋　【增】張籍渡口過新雨夜來生白蘋　于鄴二月烟波暖南風生綠蘋　李羣玉沅湘寂寂春歸盡水綠蘋香人自愁　晉張華白蘋開素葉　唐劉希夷蘋花日自新　夕採弄風蘋　王勃風生蘋浦葉　徐晧蘋早猶藏葉　孟郊白蘋多清風　白居易池幽綠蘋合　許渾蘋花繞郭香　皮日休蘋花染衣白　宋司馬光魚驚動蘋葉　唐李康成風光搖蕩綠蘋齊　白居易鈿砌池心綠蘋合　姚合春風繞郭白蘋生　張喬蒹葭浦際叢青蘋　皮日休盆池有鷺窺蘋沫　宋范成大綠蘋葉齊春漲生

佩文齋廣羣芳譜卷第九十

佩文齋廣羣芳譜卷第九十一

卉譜

萍

【原】萍一名水花一名水白一名水簾一名薸（爾雅云萍蓱註云水中浮萍江東謂之薸字說云以其與水平故名萍以無定性隨風漂流故名薸）處處池沼中有之季春始生楊花入水所化一葉經宿即生數葉葉下有微鬚即其根也浮於流水則不生浮於止水則一夕生九子故名九子萍無根而浮常與水平有大小二種小者面背俱青爲萍大者面青背紫爲薸一名紫萍今薸有麻薸異種長可指許葉相對聯綴不似萍之點點清輕也　【增】唐本草萍有三種大者曰蘋中者曰荇小者即水上浮萍　【原】萍乃陰物靜以承陽故曝之不死惟七月中採取揀淨以竹篩攤曬盆水在下承之即枯死曬乾爲末可驅蚊蟲味辛寒能療暴熱身癢下水氣勝酒長鬚髮久服身輕善治瘋疾

【彙考】【原】禮記月令季春萍始生　周禮秋官萍氏掌國之水禁（註）以不沉溺取名　【增】後漢書方術傳華佗嘗行道見有病咽塞者因語之曰向來道隅有賣餅人蒜虀甚酸可取三升飲之病自當去即如佗言立吐一蛇　汲冢周書穀雨一日萍始生萍不生陰氣增盈　家語楚昭王渡江江中有物大如斗圓而赤直觸王舟舟人取之王大怪之徧問羣臣莫之能識使使聘于魯問

于孔子孔子曰此所謂萍實者也可剖而食之吉祥也唯霸者爲能獲焉使者返王遂食之大美久之使來以告魯大夫大夫因子游問曰夫子何以知其然曰吾昔之鄭過乎陳之野聞童謡曰楚王渡江得萍實大如斗赤如日剖而食之甜如蜜此是楚王之應也吾是以知之　〔范子〕水萍出三輔色青者善　**原**〔淮南子〕萍樹根於水木樹根於土　**增**〔淮南子〕海閭生屈龍屈龍生容華容華生蔈蔈生萍藻萍藻生浮草凡浮生不根茇者生於萍藻〔註〕海閭浮草之先也屈龍游龍容華芙蓉草花蔈流也無根水中草　〔淮南畢萬術〕老血變爲萍　呂氏春秋菜之美者崑崙之萍　〔渚宮故事〕宋文帝爲

宜都王臨川人獻王萍實六子大者如升小者如鷄卵圓而赤初莫有識者以問長史王華曰此萍實也宣尼所謂王者之應　〔雲林異景志〕浮光多美鴨大原少尹樊千里買百隻置後池載數車浮萍入池使爲鴨作茵褥　〔酉陽雜俎〕臨邑縣北有華公墓尋失唯趺龜存焉石趙世此龜夜常負碑入水至曉方出其上常有萍藻　〔楚辭芳草譜〕天問曰靡萍九衢言其枝葉分爲衢道猶今言花五出六出也　〔南濠詩話〕魏仲先詩名鉅鹿東觀集有詠盆池萍云莫嫌生處波瀾小負得漂然逐衆流眞隱者之話言也　**原**江右萍鄉縣相傳楚王得萍實於此邑因以名而范石湖以爲去大江遠非是然萍實因渡江而得弄謂得之大江中傳聞必有所自未可遽疑其說

集藻〔贊〕**增**〔晉郭璞萍贊〕萍之在水猶卉植地靡見其布漠爾鱗被物有常託孰知所自

〔賦〕**增**〔晉夏侯湛浮萍賦〕步長渠以遊目兮覽隨波之微草紛漂瀲以澄茂兮羌孤生於靈沼因纖根以自滋兮乃逸蕩乎波表散圓葉以舒形兮發翠綠以含縹蔭脩魚之華鱗兮翳蘭池之淸潦既澹淡以順流兮又雍容以隨風有纚蒲於岸側兮或迴滯乎湍中紛上下其靡常兮漂往來其無窮仰熙陽曜俯憑綠水滯不安處行無定軌流息則寧濤擾則動浮輕善移勢危易盪似孤

臣之介立隨排擠之所往內一志以奉朝兮外結心以絕黨萍出水而立枯兮士失據而身枉覩斯草而慷慨兮固知直道之難爽　〔蘇彥浮萍賦〕余嘗泛舟遊觀鼓棹川湖覩浮萍之飄浪乃觸水而自居體任適以應會亦隨遇而靡拘伊弱卉之無心合至理之冥符　〔唐常袞浮萍賦〕居洪泉而不根植者惟浮萍而已矣不懷芳以貫害不銜色以標美動不忤物卑以安已乘流則遊得坻則止如識變而知時似委命而順理故能無幽不涉無遠不尋隨長汀而自汎值驚浪而不沉既不遷其淸濁亦可避乎淺深可以明逍遙之意可以警滯著之心然而推移河海淩歷隈奧溜緩則去遲水急則浮速

秋過楓浦與墜葉而齊奔春渡桃源共落花而相逐披拂丹草搖演青蘋出入經其潭洞高下歸其蓊淪擇利而行有似見機之士不常厥所同乎漂梗之人歌曰大江之水東西流別有孤萍朝夕浮莫言此中長汎汎終當結實觸王舟〔趙昂浮萍賦〕汎汎者萍乘流匪寧殊源比影異沼均形初蒻弱兮碕岸乍連延兮廣汀映池兮草色同翠照日兮苔光共青霞凝兮片片成玉月上兮處處疑星入門自蟒穠李徒矜其妖艷取足爲樂行潦豈小於滄溟觀其枯華有時動靜無必習坎斯止遇亨則逸安卑取順契君子之用心揚波隨流豈漁翁之能詰每托隣於藻荇不混跡於蓬蓽與菡萏而相鮮向

菡萏而如失實幽賞之可嘉何寓遊之足匹夫物之云云糾纏誰分芡處牆兮或不才而見棄蘭生幽也終以香而自焚惟茲萍矣獨擅其美謙能居下知則樂水鑒擘芳於楚客寧見羞於彝盦象虛舟而不繫或倏往而忽來類至人之無心更出生而入死噫歟植匪深根長無固蔕將舍之而不芟翦豈見用而能種藝鄙朝菌之暫榮笑匏瓜之長繫空慼雨露之恩竊愧陶鈞之惠願同蒹葭比玉而見珍託陋質於池塘之際

原 明楊雲鶴浮萍賦嗟楊花之漠漠紛辭樹而綿綿乍飄飄於幕底忽蕩漾於池邊雨過易蹟浸久移妍根無寸蔕葉吐雙駢傍汀蘭而蕺蕺映岸草之芊芊魚驚跳而忽破風漪斂而還連委柔姿兮曉漲寄弱質兮春田流潦凝兮並止歸波逝兮均還商羊舞兮保世以滋大肥蠙見兮聚族而纖旃有似乎邊塞征人關河客子去國辭家流行坎止意忽忽以何之惟蒼蒼之黙使感茲萍質悵此萍蹤慨他鄉之萍梗憐知己之萍逢有如一枝暫棲兩心密契不約而聯無根而蔕始宛轉而密依忽參商而遂逝知宛在兮水中恨長波之靡際嗟嗟每生有識我輩鍾情欣繇合起恨以離生雖離合之皆幻終悵怏而難平若夫合不必醉離不骨驚齊悲愉於一致反寄羨無識之浮萍〔夏茂卿浮萍賦〕夫萍爲風約起滅不常水草中至渺小瑣細物也顧萍氏掌禁於秋官萍生紀

日於月令燕饗則樂嘉賓於魚藻朝會則示周行於鹿苹萍之時義大矣成都楊令公年方二十覩纂梁谿甫下車輒以浮萍一賦見眎清華流麗駸駸大家夫相如子雲之在蜀都也翩翩皆以賦鳴吐鳳凌雲噴薄西京之上即我明用修楊子靈心作賦秀拔峩嵋公豈其苗裔耶遂率爾效顰而抽辭以擬之其詞曰粤萬卉之布葉稟一氣之陶鈞紛紛綸綸職職芸芸毓彼池面貼於波紋既曰楊花之轉蛻復云老血之爲精巧隨浪以開合逐流水以低平兆翔鴻之始見應穀雨而萌生采芳馨於雷澤擷異美於昆明一名水簾亦呼藻蘋西河之側南澗之濱羌乍擲而止渴竭久服而身輕漢昆明池

翠綱橫披於曲岸楚昭王渡赤斗直觸於江濱周穆巡
方則取擿湖頭以資鶴唼太原吏隱則數車捆載而爲
鴨菌漂澈漣綿蘙郁蓊藹可以羞王公可以薦鬼神若
夫不根不蔕時合時張江妃題字漢女搴芳翠蓋覆而
蛙龍匿影青雷破而明月舒光垂疊倭沙開暮春之煙
景參差委岸宣大塊之文章紫葉帶流快題詩於李白
秋風春草宮琢句於劉禹色映菰蒲似罽賓之鋪寶氍
而斜臨曲渚光分杜若如洛妹之遺翠鈿而亂蟲橫塘
若乃波翻浪急雨驕風姤自西自東曷焉歸路孤標冷
淡兮埼孝子之履霜時危震蠱兮恍羈臣之莫訴至若
良朋愴別執友臨岐臭蘭偶契金石遽違玉玦遙分於

塞外寶釵劃斷於中閨是何異萍水之相遭而瞥焉轉
化於天涯胡然而散胡然而聚消息盈虛浮萍莫喻生
馬生人倏忽爲帝仰乾坤亦水上之萍抑蜾蠃螟蛉之
一致有酒旣清有餚旣馨大虛爲御久繫奚爭萬期須
臾睒䁟電驚毋㩟泥以揚波疇皆醉而獨醒縱心浩然
何慮何營吾將濯足萬里擺身蓬閬而憂長嘯於青冥
文賦散句【增】楚宋玉風賦起於青蘋之末〔晉劉伶酒
德頌〕俯觀萬物擾擾焉如水之載浮萍〔郭璞江賦〕萍
實時出而漂泳
五言古詩【原】〔南齊劉繪咏萍〕可憐池內萍葐蒀紫復青
巧隨浪開合能逐水低平微根無所綴細葉詎須莖飄

蕩終難測流連如有情【增】〔梁庾肩吾賦得池萍〕風翻
乍青紫浪起時疏密本欲歎無根還驚能有實〔魏馮
元興浮萍詩〕有草生碧池無根水上蕩脆弱惡風波危
微苦驚浪〔唐李德裕感遇〕幽澗生蕙若幽渚老江蘺
榮落人不見芳香徒爾爲不及綠萍草生君紅蓮池左
右美人弄朝夕春風吹葉洗玉泉水珠清湛露滋心亦
願如此託君君不知〔宋謝翶萍開稗荷效王司馬體〕
初萍半含絮頃刻開數畝花生浮其間風雨足屏后百
年遊子心欲作千歲久昔爲浮萍根今爲稗荷藕荷高
刺已深魚遊觸其首離離荷下萍吹向白魚口〔明楊
基賦得萍贈陳久中〕浮踪散寒星一夕生無數魚跳翠

乍開漉過青還聚微風和影去急雨連根露惆悵別君
時楊花滿衣絮〔薛蕙詠萍〕參差如霰布的皪似星出
魚戲影初開鳥散文仍密幸因雲雨會且免風波失無
裨江海流徒謝芳菲質
五言律詩【增】〔唐李嶠萍〕二月虹初見三春蟻正浮青萍
含吹轉紫葉帶波流屢逐明神薦恒隨旅客遊旣能甜
似蜜還繞楚王舟〔李覯萍〕盡日看流萍誰原造化情
可憐無用物偏解及時生泥滓根萌淺風波性質輕晚
來堆岸曲猶得蔭蛙鳴
七言律詩【增】〔唐徐夤咏萍〕爲實隨流瑞色新泛風縈草
護遊鱗密行碧水澄涵月纇滯輕橈去採蘋比物何名

腰下劍無根堪並鏡中身平湖春渚知何限撥破闌投
獨蠒綸 明日本貢使咏萍 錦鱗密砌不容針只爲根
兒做不深曾與白雲爭水面豈容明月下波心幾翻浪
打應難滅數陣風吹不復沉多少魚龍藏在底漁翁無
處下鈎尋

五言絶句 增 唐王維萍池 春池深且廣會待輕舟廻靡
靡綠萍合垂楊掃復開 元宋无萍 風波長不定浪跡
在天涯莫怨生輕薄前身是柳花

七言絶句 原 唐劉商 醉後靑月秋風老此身一瓢長醉
任家貧醒來還愛浮萍草飄寄官河不屬人 增 皮日
休木蘭後池浮萍 嫩似金脂颺似煙多情渾欲擁紅蓮

明朝擬附南風信寄與湘妃作翠鈿 原 陸龜蒙和木
蘭後池浮萍 曉來風約半池明重疊侵沙綠罽成不用
臨池更相笑最無根蔕是浮名 增 僧可學咏萍 盆池
本不種靑萍春杪無根也自生人道一宵生九葉不知
誰數得分明 宋文同可笑口號 可笑庭前小兒女栽
盆貯水種浮萍不知何處聞人說一夜一根生七莖
原 劉師邵 乍因輕浪疊晴沙又趁廻風擁鈞槎莫怪狂
蹤易飄泊前身不合是楊花 乩仙 點點靑靑浮野塘
不容明月照滄浪風吹雨逐沙泥上燕子銜來遶畫梁

詩散句 增 魏文帝 汎汎綠池中有浮萍寄身流波隨風
靡傾 宋謝翶 浮萍隨漲水上到荷葉端水退不得下
猶黏花萼間 魏曹植 浮萍寄淸水隨風東西流 晉
司馬彪 汎汎江漢萍飄蕩永無根 何晏 願爲浮萍草
託身寄淸池 傅玄 浮萍無根本非水將何依 原 唐
杜甫 萍泛無休日桃陰想舊蹊 增 宋林景熙 柳花滚
雪春冥冥溪風一夜吹爲萍 原 乩仙 見說楊花能變
化是他種子亦輕浮 增 齊王儉 萍開欲半池 梁王
筠 萍生雁鶩池 謝朓 新萍時合水 邢邵 新萍已冒
沼 唐太宗 萍間日影亂 原 杜甫 萍泛若氊綠 增
劉禹錫 風小悲流萍 韓愈 萍蓋汙池淨 風約半池
萍 白居易 紫浮萍汎汎 姚合 萍任連池綠 溫庭
筠 萍皺風來後 萍多釣下遲 李中 萍嫩鋪波面

唐白居易 南潭萍開水沉沉 姚合 浮萍重疊水團圓
薛能 水風初見綠萍陰 遠舸衝開一路萍 原 宋
張先 浮萍破處見山影 陸游 覆水靑萍錦一方

別錄 原 製用 取浮萍重五午時投厠中絶靑蠅 五日
午時取浮萍陰乾加雄黃作紙纏香燒之能祛蚊蟲
七月七日取赤浮萍乾爲末遇冬雪寒水調二盞服又
用漢椒末拌浮萍末擦身不畏寒

藻

增 博雅 麥菜藻也 彙考 藻水草也有二種水藻葉長二
三寸兩兩相對生卽馬藻也聚藻葉細如絲節節連生
郎水蘊也俗名鰓草又名牛尾蘊爾雅云莙牛藻細葉

蓬茸如絲可愛一節長數寸長者二三十節氣味甘大寒滑無毒去暴熱熱痢止渴凡天下極冷無過藻菜荆揚人遇歲飢以藻當穀食

【彙考】【增】〔詩召南〕于以采藻于彼行潦〔小雅〕魚在在藻〔魯頌〕思樂泮水薄采其藻〔左傳〕蘋蘩薀藻之菜〔註〕薀藻聚藻也〔博物志〕歲欲惡惡草先生惡草者水藻也〔洞冥記〕曰露池西有靈池方四百步有倒枝藻枝橫倒水中長九尺餘如結綱有野鴨秋鳧及鶡鷺來翔水上入此草中皆不得出如繒綱也亦名水網藻〔酉陽雜俎〕仙藥有神吾黃藻【原】〔埤雅〕藻水草之有文者出於水下其字从澡言自潔如澡也書曰藻火粉米藻

取其清火取其明也山節藻梲蓋非特爲取其文亦以禳火今屋上覆橑謂之藻井取象於此亦曰綺井又謂之覆海亦或謂之悬頂風俗通曰殿堂室象東井形刻作荷菱荷菱水草也所以厭火與此同類詩魚在在藻有頒其首王在在鎬豈樂飲酒魚在在藻有莘其尾王在在鎬飲酒樂豈蓋魚性食藻王者德至淵泉則藻茂而魚肥故以頒首莘尾爲得其性詁傳曰士卒鳧藻言其和睦歡悅如鳧之戲於水藻也【增】〔名勝志〕青田溪生薀藻冬天水熱如湯衆魚歸之名曰魚倉

【集藻】〔解〕【增】明李東陽藻軒解〔青華主人建閣衛興高居江湖搆林爲亭甃石爲沼簷欄碧皺泉卉雲繞擷芳漱藻名之曰藻客有過者難之曰萬彙蒙茁羣植並分鉅者爲梗欃秀者爲篁筠堅者爲檜柏芬者爲蘭蓀山苞水葩莫可具陳彼藻之細何足以云主人曰君子設佩聖人取物匪名則嘉惟義斯擇品不必富類不必僻泥形爲迂執象爲惑子坐聽我言藻之德夫藻者氣卑大秀根含地靈內秉柔質外敷素英不雕而華匪辭其馨順時生者爲孫命與物徙者爲和光寧負潔以自濯亦何心於行藏客曰可得聞邪主人曰窮海之裔荒溪之涯舟楫之所不至人跡之所不加以汗漫爲方以波濤爲家匪溷跡於草莽寧委情於泥沙客曰嫩哉善藏其用子既出矣請言乎動主人曰或截衣襟或登筐筥滌

以甘泉薦以方簋陋末跡於芻蕘耻遺珉於葑菲繪形則與火齊光比德則與鑑爲軌功雖著而不知其勞用非奢而莫閟其美客曰遳哉君子之婁主人曰嗟物貴實用禮戒彌文弗玩其華而采其根楚佩江蘺周歌澗蘩桃李薇蕨維葛與蘋匏瓜行葦列國所陳緊藻之德於吾則均朝爾吾居夕爾吾鄰匪藻吾軒亦藻吾身下𩂣民隱上華國勳惟夙夜是存以無負於吾軒客起再拜斂容蹙吻君門巍巍縢者莫瞬君行濯濯珉莫可捃包荒納汙辭不我擯鄙人何知敢謝不敏主人不吝莞爾而哂

【賦】【增】唐郭元超水藻賦〔遊子行邁登晉山之孤嶽眾壑

島以淪漣紅𡾊赫兮崩駭䨓其雲崖委溜風竅鳴泉苔
彬彪以冒石藻漫衍兮盈川于以采藻于彼行潦沼沚
之毛汙潭之草霏霏靡靡泚泚悠悠乍賓緣於春水或
纍纍於春洲觀其往往縈散離離無畔婕娟島嶼暐曄
江漢碎流月於澄波隱孤雲於斷岸生不擇所長亦無
叢不貪潤於微露不懼威於勁風纖莖璀璀密葉茸茸
宿銀塘之白鷺矯清水之文虹則知乘流則遊遇坻則
植柔而能全弱而能育其爲隱也不居高而處卑其爲
謙也常韜光而晦色嗟茂族之無托願貞芳之見移生
君之銅沼泚君之瑤池雜青蓮與翠荇偶杜若與江蘺
生於水兮人不知歲歲年年幽淵垂

賦散句 增 漢司馬相如上林賦唼喋菁藻

詩散句 增 晉嵇康俯唼綠藻託身洪流 唐杜甫北風起寒文弱藻舒翠縷 張籍藻密行舟澀 金吳激微流帶文藻 唐白居易翠藻蔓長孔雀尾 綠藻潭中繫釣舟

別錄 原 製用二藻皆可食煮熟挼去腥氣米麵糝蒸爲茹甚滑美入藥以馬藻爲勝

附錄 海藻

增 爾雅蕁海藻注一名海蘿 本草一名落首一名薚生海島上黑色如亂髮而大少許葉大都如藻葉陳藏器曰此有二種馬尾藻生淺水中如短馬尾細黑色大葉藻生深海中新羅國葉如水藻而大海人以繩繫腰沒水取之

海帶

增 本草海帶出東海水中石上似海藻而麤柔韌而長今登州人乾之以束器物

綸

增 爾雅綸似綸組似組東海有之注綸今有秩嗇夫所帶糾青絲綸組綬也海中草生彩理有象之者因以名云 本草一名昆布生南海葉如手大似薄紫赤色可搓爲索

蔛草

增 本草蔛草一名蔛菜一名蔛榮所在有之生水旁似澤瀉而小花青白色亦堪蒸啖江南人用蒸魚食甚美五六月采莖暴乾用氣味甘寒無毒主治暴熱喘息小兒丹腫

苔

原 苔一名綠苔一名品藻一名品菭以形如品字也一名澤葵一名綠錢一名重錢一名圓蘚一名垢草 增 古今注一名綠蘚 述異記苔錢一名連錢一名青扃 原 空庭幽室陰翳無人行則生苔蘚色既青翠氣復幽香花鉢拳峯頗堪清賞欲石上生苔以茭泥馬糞和勻塗潤濕處不久即生 增 本草苔衣之類有五在水曰陟釐

在石曰石濡在瓦曰屋遊在牆曰垣衣在地曰地衣其蒙翠而長數寸者亦有五在石曰烏韭在屋曰瓦松在牆曰土馬騣在山曰卷柏在水曰藫〔格物總論〕苔生於地之陰濕處陰濕氣所生也初生其處漸青成暈斑斑點點久則堆積漸厚如塵埃然又久則微有根葉又能傍緣樹木階砌磚瓦柱礎而上

彙考 **增** 莊子得水土之際則爲蠙蠙之衣〔註〕青苔也

淮南子〕窮谷之汙生青苔 **原** 拾遺記〕祖梁國獻蔓金苔色如黃金若螢聚之大如雞卵投之水中蔓延於波瀾之上光出照日皆如火生水上也乃於宮中穿池廣百步時觀此苔以樂宮人宮人有幸者以金苔賜之置

漆盤中照耀滿室名曰夜明苔著衣襟則如火光 **增** 拾遺記〕岱輿山北有玉梁千丈駕元流之上紫苔覆漫味甘而柔滑食者千歲不饑 **原** 宋畧〕王微大保弘弟子也吏部尚書江湛舉爲吏部郎辭不受與湛書告絕足不踰閾十餘年棲遲環堵之室苔草沒階 **增** 遊名山志〕石賁山綠崖而上高百許丈裏悉青苔無別草木〔酉陽雜俎〕慈恩寺唐三藏院後簷階開成末有苔狀如苦苣初生專上色如鹽綠輕嫩可愛 **原** 耕桑偶記〕石崇砌上就苔蘚刻成百花飾以金玉曰壺中之景不過如是 **增** 三襄山記〕山高多風木不能長枝悉下垂古苔如亂髮懸挂木上垂至地長數丈〔彥周詩話〕東

坡梅花詩云憑仗幽人收艾蒳國香和雨入苔莓艾蒳香名正松上莓苔也出本草及沈氏香譜 **原** 雲林遺事〕倪元鎮閣前置梧石日令人洗拭及苔蘚盈庭不留水跡綠縟可坐每遇墜葉輒令童子以針綴杖頭刺出之不使點壞〔花史〕王彥章葺園亭叠牆種花急欲苔蘚少助野意而經年不生顧弟子曰匠耐這綠拘兒 韃國在拔野古東北五百里六日行至其國有樹無草但有苔

集藻 **增** 梁江淹青苔賦有序〕余鑿山楹爲室有苔焉意之所之故爲是作云 嗟青苔之依依兮無色類而可方必居閒而就寂似幽意之深傷故其處石則松栝交陰

泉雨長注絕澗俯視崩壁仰顧悲鬥聳兮唯流水而馳騖遂能崎屈上生斑駮下布異人貴其貞精道士悅其迥趣咀松屑以高想捧丹經而永慕若其在水則鏡帶湖沼錦匝池林春塘秀色陽鳥好音青郊未謝兮白日照路貫千里兮綠草深乃生水而搖蕩遂出波而沈淫假青條兮總翠借黃華兮舒金游梁之客徒馬疲而不能去兔園之女雖蠶饑而不自禁 **原** 唐王勃青苔賦并序〕吾之旅遊數月矣憩乎荒澗覩青苔焉緣巖而上迺喟而歎曰嗟乎苔之生於林塘也爲幽客之賞苔之生於軒庭也爲居人之怨斯擇地而處無累于物也愛憎從而生遂作賦曰若夫桂洲含潤松巖祕液繞江曲

之寒沙抱巖幽之古石汎廻塘而積翠縈修樹而凝碧契山客之寄情諧楚人之妙適及其瑤房有寂瓊室無光霏微君子之砌蔓延君侯之堂引浮青而汎露散輕綠而承霜起金鈿之舊感驚玉箸之新行若夫弱質緜冪纖姿布濩措形不用之境托跡無人之路望夷險而齊歸在高深而委遇惟愛憎之未染何悲歡之詭赴宜其背陽就陰違喧處靜不根不蔕無華無影恥桃李之暫芳笑蘭桂之非永故順時而不競每乘幽而自整

增 楊炯青苔賦粵若稽古聖皇重暉月光開博望之苑闢思賢之堂華館三襲瑣軒四下地則經省而書坊人則後車而先馬相彼草木兮或有足言者吁嗟青苔兮可得而閟也借如靈山偃蹇巨壁崔嵬畫千峯而錦照圖萬壑而霞開王孫遊兮山之隈披薜荔兮踐莓苔悵容與兮徘徊一去千年兮時不復來至若圓潭寫鏡方流聚玉苔何水而不清水何苔而不綠漁夫遊兮漢川曲歌滄浪兮濯吾足桂舟橫兮蘭枻觸浦溆邅廻兮心斷續別有崇臺廣廈粉壁椒塗梁木蘭兮椽瑇瑁草離合兮樹珊瑚白露下蒼苔蕪暗瑤砌澀瓊鋪有美人兮向隅應門閉兮鄭瓏心震蕩兮意不愉顏如玉兮淚如珠請循其本也見商羊兮鼓舞召風伯兮電赴占顧兔兮離畢星雷闐闐兮雨其冥冥晦兮蕩兮見潢汙之滿庭倏兮忽兮覩苔蘚之青青爾其為狀也羃歷緜密淩溼含濩彬駮兮長廊貫綠兮古樹肅兮若遠山之松柏汎兮若平郊之煙霧春澹蕩兮景物華承芳卉兮藉落花歲崢嶸兮日云暮迫寒霜兮犯危露觸類而長其生也蕃莫不文階兮鏤瓦碧地兮青垣別生分類西京南越則烏韭兮綠錢金苔兮石髮苔之為物也賤苔之為德也深夫其為讓也每違燥而居溼其為謙也常背陽而即陰重扃祕宇兮不以為顯幽山窮谷兮不以為沉有達人卷舒之意君子行藏之心惟天地之大德匪予情之所任

賦散句 增 晉郭璞江賦綠苔鬖髿乎研上 孫綽遊天台山賦踐莓苔之滑石

五言古詩 增 梁沈約詠青苔綠階已漠漠汎水復綿綿微根如欲斷輕絲似更聯長風隱細草深堂没綺錢縈鬱無人贈葳蕤徒可憐 庾肩吾新苔隨潮染岸石逐沫聚浮查徒令阿谷麗停僮不汰沙 唐李益與僧法振同賦應門照綠苔宮上何年月應門何歲苔青光一似照白露共徘徊珠履久行絕玉房重未開妾心正如此昭陽歌吹來 姚合題金州西園苔階茅堂階豈高數寸是苔蘚只恐秋雨中廳戶亦不濺眼前無此物我情何由遣 宋梅堯臣水次蘚花秋雨日霏霏碧花生叠叠水邊有神女妝去遺翠靨岸側小家婦不知所宜愜采得未還人自將渾面帖 古壁苔陰壁流晴泉古

苔長自好不改春與秋何如路傍草空山正幽藹淨綠
無人掃
七言古詩【增】唐顧雲苔歌檻前溪奪秋空色百丈潭心
數砂礫松筠條條長碧苔苔色碧于秋水碧波迴梳開
孔雀尾根細貼著盤陀石撥浪輕拈出少時一䝉濃煙
三四尺山光日華亂相射靜縷藍鬖匀鬓積試把臨流
抖擻看琉璃珠子淚雙滴如看玉女洗頭處解破雲鬟
收未得即是仙宮欲製六銖衣染絲未倩鮫人織採之
不敢盈箱篋苔把龍神河伯惜瓊蘇玉鹽爛熳煮嚥入
丹田續靈液會待功成插翅飛蓬萊頂上尋仙客
五言律詩【增】唐包何同舍弟佶班韋二員外對秋苔成

詠每看苔蘚色如向簡書閒幽思纏芳樹高情寄遠山
雨痕連地綠日色出林斑却要興公賦臨危滑石間
李咸用苔幾年風雨跡疊在石孱顔生處景長靜看來
情儘閒吟亭侵壞壁藥院掩空關每憶東行徑移筇獨
自還　【原】明于若瀛詠苔一雨生無蒂孤茵濕欲寒被
階藏石瘦席徑受花安易作簣綠想難拈空色看紋全
如側理有意爲書殘
七言律詩【增】唐徐夤詠苔印留麋鹿野禽蹤巖壑漁磯
幾處逢金谷曉凝花影重章華春映柳陰濃石橋羽客
遺前迹陳閣才人沒舊容歸去掃除階砌下蘚痕殘綠
一重重　宋趙企詠苔斑斑深淺色差匀個個微圓類

綠萍不比榆錢鋪砌白未饒荷葉點溪青陶鎔誰出春
工力磨就多應雨夜零好與詩人買風月何妨積貯滿
空庭　明朱謀晉苔布葉如錢個個青不爭要路占閒
庭風前印鶴移罡步雨後留蝸作篆形生閣久縈詞客
恨入碑多蝕古人名紅英墮地交相映小屐登然未忍
停　【原】徐茂吳詠苔寂歷空庭綴綺錢綠階依砌更蟬
連長門底是生金輦芳徑無從認翠鈿宜藉落花相掩
映肯教新草獨芊眠違喧只合幽人侶怪得江淹怨思
偏　瑤砌瓊鋪紫翠匀高臺曲榭淨無塵停雲斐亹沿
階綠經雨葳蕤瀝痕新側理成時無汗簡文茵爛處絕
車輪徑開二仲逢迎少鎮日荒荒覆碧筠　點地斑斑

積翠平年年抑草玉階生石家砌上鏤春卉晉帝宮中
號夜明乍訝綠筠經雨長不因白露減秋清坐時隨意
妨行滑幾日空庭斷屐聲
五言排律【原】明于若瀛詠苔研上碧于染鬖鬖滿綠錢
根徵路未斷絲細勢相聯每向重陰合偏逢雨過鮮綿
綿緣閣上漠漠沒階前滋石隨潮長浮查逐沫纖江淹
曾有賦無用總堪憐
五言絕句【原】唐王維鹿柴空山不見人但聞人語響返
景入深林復照青苔上　【增】錢起藍田溪詠石上苔靜
與溪色連幽宜松露滴誰知古石上不染世人跡　宋
梅堯臣苔徑林間夏雨滋復有斜陽照綠淨不搖風從

敎春草笑〔明高啓〕堦前苔莫掃雨餘綠任滿開堦路
留藉落來花春泥免相汙〔李東陽〕苔徑豈不愛佳客
客來殘我苔西園十日雨三徑不曾開
七言絶句【增】〔唐白居易〕石上苔漠漠斑斑石上苔幽芳
靜綠絶纎埃路傍凡草榮遭遇曾得七香車輾來【原】
〔鄭谷〕苔錢春紅秋紫繞池臺箇箇圓如濟世財雨後無
端滿窮巷買花不得買愁來【增】〔李中〕春苔春霖催得
鎻煙濃竹院莎齊逕小通誰愛落花風味處莫愁門巷
襯殘紅
詩散句【增】〔梁劉孝威〕石岸生寒蘚沉根漬水苔〔宋沈
約〕實階綠錢滿客位紫苔生〔唐楊炯〕百果珠爲寶羣

峯錦作苔〔薛稷〕陽林花巳紅寒澗苔未綠〔王維〕坐
看蒼苔色欲上人衣來【原】〔李白〕門前遲行跡一一生
綠苔〔杜甫〕興來無灑掃隨意坐莓苔 雨拋金鎻甲
苔臥綠沉槍〔李嘉祐〕苔色侵衣桁潮痕上井闌〔白
居易〕雲覆莓苔封蒼然無處覓 黛潤霑新雨斑明點
古苔 冷滑無人跡苔點如花箋〔上官昭容〕石苔凌
几杖空翠撲肌膚 石畫裝苔色風梭織水紋【增】〔宋
梅堯臣〕濕翠連澗陰淨綠繞巖坎〔司馬光〕森沉巖式
碧羅歷井苔蒼【原】〔唐杜牧〕英厭瀟湘少人處水多菰
米岸莓苔〔陸龜蒙〕溪溪水過苔還淨深樹雲來鳥不
知 閒牕雨過苔花潤小簟風來薤葉涼【增】〔韓偓〕約

殘自別徑秋雨長得莓苔更幾重〔宋梅堯臣〕庭下陰
苔未敎掃榴花紅落點青蒼〔王安石〕人傳湫水未嘗
枯滿底蒼苔亂髮麄〔陸游〕柴門雖設不曾開爲怕人
行損綠苔 〔晉陸機〕青苔暗階除【原】〔齊謝朓〕蒼苔依
砌上〔梁江淹〕青苔日夜黃【增】〔唐太宗〕綠沼翠新苔
〔崔善爲〕石苔終歲青〔張九齡〕苔益山文古〔孟浩
然〕苔壁饒古意〔王維〕屐齒印苔深 綠髮莓苔地
【原】〔杜甫〕蟲書玉佩蘚 歸休步紫苔 苔移玉座春
苔錢似錫萍 苔徑臨江竹 玉殿莓苔春〔劉長卿〕
蒼苔綠竹徑【增】〔韋應物〕新苔侵屨濕〔司空曙〕苔色
徧春石 雨滌莓苔綠〔李益〕漠漠秋苔潔〔孟郊〕白

苔浮水錢〔張籍〕石苔生紫點〔白居易〕苔斑錢剝落
苔壁錦漫糊〔宋慶餘〕積潤苔紋厚〔姚合〕古苔寒
更翠 苔文翻古篆 苔蘚疎塵色〔薛能〕地燥春苔
裂〔溫庭筠〕紫苔侵壁潤〔羅隱〕水梳苔髮直〔鄭谷〕
染岸蒼苔古〔皮日休〕苔染渾成綺 苔髮紅鬖鬖
〔韋莊〕壁峻苔如畫〔李中〕蘚色花陰潤 濺石苔花潤
〔宋林逋〕雨壁上苔衣〔王安石〕青苔挾雨驕 苔侵
垂磴蔓〔陸游〕雲蒸蒼蘚平〔戴復古〕苔生石徑斑
〔金李獻能〕苔花錦爛斑〔元好問〕苔滑水無聲〔元方
回〕苔紋深翠毯〔唐王維〕青苔日厚自無塵〔岑參〕雨
滋苔蘚侵階綠【原】〔杜甫〕石田茅屋荒蒼苔 蒼苔濁

酒林中靜 苔蘚蝕破沙濤痕 增〔韓翃〕雨後青苔散
點牆〔姚合〕塵靜寒霜覆綠苔〔白居易〕青苔地上消
殘暑〔溫庭筠〕砌因流水長秋苔〔杜荀鶴〕石偏人稀
蘚色交 原〔陸龜蒙〕頗倒青苔落絳英〔皮日休〕破扉
開濕染苔花〔吳仁壁〕爲惜苔錢妨撫砌〔吳融〕小籠
沙淺露莓苔〔韋莊〕禁城烟煖蒸青苔〔宋錢惟演〕碧
蘚初圓亂綠牆 增〔歐陽修〕青苔雨後深紅點 原〔司
馬光〕雨岸莓苔舒繡斑 增〔蘇軾〕研竹穿花破綠苔〔
金蔡松年〕雨餘巖石古苔青

附錄 水苔

原水苔一名石髮一名石衣一名藫爾雅云藫石衣注云水苔也一

名水衣 增〔本草〕水苔一名陟釐一名側梨一名水綿
按石髮有二生水中者爲陟釐生陸地者爲烏韭 原
生石上色青綠蒙茸如髮初生嫩者擇去蟲石以石壓
乾入鹽油醬薑椒切韭芽同拌食亦可油醬炒食
集藻〔五言律詩〕增〔宋梅堯臣〕水苔深若何所若苦詠費
毫尖繞繞水仙髮茸茸蛟客鬚綠縈秋石淨嫩值翠鬵
翻尚芼參差荇薄言無此嫌
七言絕句 增〔宋司馬光〕石髮萬古風濤浸石巖老苔垂
足細鬆鬖傳聞海底珠無數何事從來散不簪〔金闞
銀城仙客居欲傳消息問麻姑蓬萊無物堪爲信翦寄
蒼龍一握鬚

〔詩散句〕增〔唐皮日休〕水苔青鬖鬚
別錄 原〔拾遺記〕張華撰博物志奏于武帝帝詔芟截浮
疑分爲十卷卽于御前賜側理紙萬番此南越所獻後
人言陟里與側理相亂南人以海苔爲紙其理縱橫斜
側因以爲名

垣衣

增〔本草〕垣衣一名垣嬴一名天韭一名鼠韭一名昔邪
此乃磚牆城垣上苔衣也生屋瓦上者卽爲屋遊
集藻〔五言律詩〕增〔唐李益賦得垣衣〕漠漠復霏霏爲君
垣上衣昭陽輦下草應笑此生非掩靄青春去蒼茫白
露晞猶勝萍逐水流浪不相依

〔詩散句〕增〔梁簡文帝〕綠階覆綠綺依簷映昔邪〔齊王
融〕垣衣不可裳

附錄 屋遊

原屋遊一名瓦衣一名瓦苔一名瓦蘚一名博邪一名
昨葉一名蘭香此瓦屋上苔衣也生久屋之瓦木氣洩
則生其長數寸葉圓而肥嫩長寸餘頂生小白花名瓦
松甘寒無毒治浮熱在皮膚往來寒熱時氣煩悶小兒
癇熱

附錄 瓦松

增〔本草〕瓦松一名昨葉何草一名瓦花一名向天草赤
者名鐵脚婆羅門草一名天王鐵塔草[illegible]蘇恭

曰初生高尺餘遠望如松栽馬志曰處處有之生年久
瓦屋上六月七月采苗日乾

【彙考】【增】〈夢溪筆談〉崔融爲瓦松賦云謂之木也訪仙客
而木詳謂之草也驗農皇而罕記段成式難之曰崔公
博學無不該悉豈不知瓦松已有著說引梁簡文詩依
簷映昔邪成式以昔邪爲瓦松殊不知昔邪乃是垣衣
瓦松自名昨葉何成式亦自不識

【集藻】【增】唐崔融〈瓦松賦〉崇文館瓦松者產於屋霤之上
千株萬莖開花吐葉高不及尺下纔如寸不載于仙經
靡題于藥錄謂之爲木也訪山客而未詳謂之爲草也
驗農皇而罕記豈不以在人無用在物無成乎俗以其

形似松生必依瓦故曰瓦松楊炯謂余曰此中草木咸
可爲賦其詞曰賓館兮沉沉明月高兮重海深試一望
兮上棟下宇開陽闔陰彼美嘉族依于夏屋煌煌特秀
狀金芝兮產霤歷歷空懸若星榆而種天茱蕁丰茸青
冥芊眠葩條郁毓根柢連拳間青苔而裛露陵碧瓦而
含烟春風搖兮鬱起冬雪糅兮蒼然詎充採掇罕任雕
鐫桐君莫賞梓匠難甄用匪適于時要必濫聞于俗傳
慚魏宮之烏韭恧漢宮之紅蓮覩其衆間榮列虛心獨
潔高寧我慕無木禾之五尋卑以自安類石蒲之九節
進不必媚居不求利芳不爲人生不因地其質也菲無
忝于天然其陰也薄纔足以自庇望之常見其表尋之

罔得其祕肅穆承華堂皇不賂緹懸麥穗戸刻菱花竹
箸筤而衆色樹連理而相加芙蓉發衪兮照爛日及懸
霤兮紛葩彼懷寶以遇賞此不材而見嗟雖有慕於階
闥亦無混于泥沙已矣哉不學懸蘿附柏直蓬倚麻固
將含美惡以同貫齊是非于一家亂曰少陽之地兮於
何不春博望之苑兮莫匪正人纖根弱植兮生君之館
荷施需恩兮爲人所翫物不謝生不知其榮惟願聖皇
千萬壽但知傾葉向時明〈無名氏瓦松賦〉式觀圖籍
幽山窮野閶卉木之名焉考神農之管者根莖可驗洪
纖不捨惟瓦松兮闕書何昔人兮智寡原其所托高而
又雅抽彤先寄于鶴樓聳質更登于鴛瓦旖旎芬葩含

風接霞既當春而吐葉亦凌秋而點花異山苗之極秀
狀澗松兮抽芽高居壤霤匪雜泥沙向朝陽兮發榮經
夕露兮增華常在危簷心必直詎欲牽風影暫斜小大
殊品高卑異盼離離兮若星榆之照灼矔矔兮疑石蒲
之葱蒨既乏棟梁之用寧怯鐫雕之變豈比夫桂山上
蘭谷中長幽隱兮銷馥爲芬芳兮賦叢奚若茲物之獨
茂無憂患兮養蒙

五言排律【增】唐李華〈尚書都堂瓦松〉華省秘仙蹤高堂
露瓦松葉因春後長花爲雨來濃影混鴛鴦色光含翡
翠容天然斯所寄地勢太無從接棟臨雙闕連甍近九
重寧知深澗底霜雪歲兼封

詩散句 增 宋張耒 別來秋意苦但見瓦松長 唐韓偓 睡起牆陰下藥欄瓦松花白閉柴關 宋陸游 屋老瓦松長 唐白居易 牆有衣兮瓦有松

仙人縧

增 酉陽雜俎 仙人條出衡岳無根蔕生石上狀如同心帶三股色綠亦不常有 益部方物記 仙人縧生大山中與苔同種但巖陰石隈多鮮翠長二三尺叢垂若縧或言深谷有長丈餘者

集藻 贊 增 宋宋祁仙人縧贊 附陽而生垂若文縧大槩苔類十石所交

附錄 羅漢條

增 瀟湘故事 羅漢後洞有草蔓結如帶長丈餘附木而生相傳謂之羅漢條

集藻 七言絕句 增 宋畢向羅漢條 五百稜棲絕澗深空留轍跡杳難尋緣絲條帶何人施長到春來掛滿林

佩文齋廣羣芳譜卷第九十一

佩文齋廣羣芳譜卷第九十二

卉譜

祝餘

增 山海經 招搖之山有草焉其狀如韭而青花其名曰祝餘食之不飢 註 或作桂茶

條 二種同名

增 山海經 符禺之山其草多條狀如葵而赤花黃實如嬰兒舌食之使人不惑 石脆之山其草多條其狀如韭而白花黑實食之已疥

黃雚

增 山海經 竹山有草焉其名曰黃雚其狀如樗其葉如麻白花而赤實其狀如赭浴之已疥又可以已胕

蓇蓉

增 山海經 嶓冢之山有草焉其葉如蕙其木如桔梗黑華而不實名曰蓇蓉食之使人無子

無條 二種同名

增 山海經 皋塗之山有草焉其狀如槀茇其葉如葵而赤背名曰無條可以毒鼠 苦山有草焉圓葉而無莖赤華而不實名曰無條服之不癭

薲草

增 山海經 崑崙之丘有草焉名曰薲草其狀如葵其味如葱食之已勞

籜

【增】山海經甘棗之山有草焉葵本而杏葉黃華而莢實名曰籜可以已瞢

植楮

【增】山海經脫扈之山有草焉其狀如葵葉而赤華莢實實如椶莢名曰植楮可以已癙食之不眯

鬼草

【增】山海經牛首之山有草焉名曰鬼草其葉如葵而赤莖其秀如禾服之不憂

【集藻】贊【增】晉郭璞鬼草讚焉得鬼草是樹是藝服之不憂樂天遺世如彼滾舟任彼流滯

榮草

【增】山海經鼓鐙之山有草焉名曰榮草其葉如柳其本如雞卵食之已風

荀草

【增】山海經青要之山有草焉其狀如葌而方莖黃華赤實其本如藁本名曰荀草服之美人色

【集藻】贊【增】晉郭璞荀草讚荀草赤實厥狀如菅婦人服之練色易顏夏姬是豔厥媚三遷

葶薴

【增】山海經熊耳之山有草焉其狀如蘇而赤華名曰葶薴可以毒魚

薰草

【增】山海經浮山有草焉名曰薰草麻葉而方莖赤華而黑實臭如蘼蕪佩之可以已癘

風條

【增】山海經休與之山有草焉其狀如蓍赤葉而本叢生名曰風條可以爲餘

焉酸

【增】山海經鼓鐘之山有草焉方莖而黃華員葉而三成其名曰焉酸可以爲毒

䔄草 二種同名

【增】山海經姑媱之山帝女化爲䔄草其葉胥成其華黃其實如菟丘服之媚於人　泰室之山有草焉其狀如荼白華黑實澤如蘡薁其名曰䔄草服之不眯

【集藻】贊【增】晉郭璞䔄草贊䔄草黃華實如菟絲君子是佩人服媚之帝女所化其理難思

嘉榮

【增】山海經半石之山其上有草焉生而秀其高丈餘赤葉赤華華而不實其名曰嘉榮服之者不霆　蛇山其草多嘉榮

【集藻】贊【增】晉郭璞嘉榮贊霆維天精動心駭目曷以禦之嘉榮是服所正者神用口腸腹

蔄草

增〔山海經〕少陘之山有草焉名曰䔄草葉狀如葵而赤莖白華實如蘡薁食之不愚

集藻 贊 增 晉郭璞䔄草贊 䔄草赤莖實如蘡薁食之益智忽不自覺殆齊生知功奇於學

梨草

增〔山海經〕太山有草焉名曰梨其葉狀如荻而赤華可以已疽

蒗草

增〔山海經〕大騩之山有草焉其狀如蓍而毛青華而白實其名曰蒗服之不夭可以爲腹病

集藻 贊 增 晉郭璞蒗草贊 大騩之山爰有奇草青華白實食之無夭雖不增齡可以窮老

高粱山草

增〔山海經〕高粱之山有草焉狀如葵而赤華莢實白柎可以走馬

雞穀

增〔山海經〕兔牀之山其草多雞穀其本如雞卵其味酸甘食者利于人　嫗山其草多雞穀

茖饒

增 陸璣〔詩疏〕茖茖饒也幽州人謂之翹饒蔓生莖如勞豆而細葉似蒺藜而青其莖葉綠色可生食如小豆藿也

彙考 增〔詩陳風〕邛有旨苕

鷊

增〔爾雅〕鷊綬〔註〕小草有雜色似綬

彙考 增〔詩陳風〕邛有旨鷊〔疏〕鷊綬草也

莫

增 陸璣〔詩疏〕莫莖大如箸赤節節一葉似柳葉厚而長有毛刺今人繰以取繭緒其味酢而滑始生可以爲羹又可生食五方通謂之酸迷冀州人謂之乾絳河汾之間謂之莫

彙考 增〔詩魏風〕彼汾沮洳言采其莫

葍

增〔爾雅〕葍藚〔註〕大葉白華根如指正白可啖〔疏〕幽州人謂之燕葍其根可著熱灰中溫啖之饑荒之歲可蒸以禦饑也　葍藑茅〔註〕葍華有赤者爲藑藑葍一種耳亦猶蔆苕華黃白異名

彙考 增〔詩小雅〕我行其野言采其葍

芑

增 陸璣〔詩疏〕芑菜似苦菜也莖青白色摘其葉有白汁出肥可生食亦可蒸爲茹青州人謂之芑西河鴈門芑尤美

彙考 增〔詩小雅〕薄言采芑于彼新田于此菑畝　〔大雅〕豐水有芑

藚

增〔爾雅〕藚牛蘈〔註〕今江東呼爲牛蘈者高尺餘許方莖葉長而銳有穗穗間有華華紫縹色可淋以爲飲

結縷

增〔爾雅〕傅橫目〔註〕一名結縷俗謂之鼓箏草〔前漢書註〕師古曰結縷蔓生著地之處皆生細根如線相結故名結縷今俗呼鼓箏草者兩幼童對銜之手鼓中央則聲如箏也

蘆

增〔爾雅〕菡蘆〔註〕作履苴草〔疏〕即蒯類也中作履底

搖車

增〔爾雅〕柱夫搖車〔注〕蔓生細葉紫華可食今俗呼曰翹搖車〔疏〕華翹起搖動因名

綿馬

增〔爾雅〕綿馬羊齒〔注〕草細葉葉羅生而毛有似羊齒今江東呼爲鴈齒繅者以取繭緒

旼

增〔爾雅〕旼九葉〔注〕今江東有草五葉共叢生一莖俗因名爲五葉即此類也

雞腸草

增〔爾雅〕蔜薞蔞〔注〕今蘩蔞也或曰雞腸草〔疏〕本草云蘩蔞味辛多生下濕坑渠之側人家園庭亦有此草

蕕 一作莤

增〔爾雅〕莤蔓于〔注〕多生水中一名軒于江東呼莤〔本草〕一名馬唐一名馬飯一名羊麻一名羊粟節節有根著土如結縷草堪飼馬

彙考 增〔左傳〕一薰一蕕十年尚猶有臭

藒車

增〔爾雅〕藒車芞輿〔注〕藒車香草〔廣志〕藒車味辛生彭城高數尺重葉白花〔海藥本草〕生海南山谷凡諸樹虫蛀者煎此香冷淋之即辟也又辟惡氣薰衣佳

集藻〔文賦散句〕增 楚屈原離騷畦留夸與揭車兮〔漢〕司馬相如上林賦揭車衡蘭

蘮蒘

增〔爾雅〕蘮蒘竊衣〔注〕似芹可食子大如麥兩兩相合有毛著人衣〔疏〕俗名鬼麥

玉紅草

增〔尸子〕赤縣洲爲崑崙之墟其東則滷水島左右玉紅之草生焉食其一實醉臥三百歲

留夷

增〔楚詞註〕留夷文選作留荑張揖曰留夷辛夷顏師古曰留夷香草非辛夷辛夷乃樹耳

集藻〔文賦散句〕增 楚屈原離騷畦留夷與揭車兮〔漢〕司馬相如上林賦雜以留夷

不死草

增 十洲記祖洲上有不死之草草形如菰苗長三四尺人已死三日者以草覆之皆當時活也服之令人長生秦始皇時有鳥如烏狀銜此草來遣使者賫草以問北郭鬼谷先生云此草是東海祖洲上不死之草生瓊田中或名爲養神芝其葉似菰苗叢生一株可活一人始皇乃使使者徐福發童男童女入海採之

明莖草

增 東方朔別傳天漢二年帝升蒼龍館思仙術召諸方士言遠國遐鄉之事唯朔下席操筆疏曰臣遊北極至鏡火山日月初不照有龍銜火以照山四極亦有園圃池苑皆植異草木有明莖草如金燈折爲燭照見鬼物形仙人甯封嘗以此草然爲夜照見腹內外有光亦名洞腹草帝剉此草爲蘇以塗明雲之觀夜坐此觀即不加燭亦名照魅草採以藉足則入水不沉

吉雲草

增 洞冥記東方朔曰臣有吉雲草十種種於九景山東二千歲一花明年應生臣走請刈之得以秣馬馬終不飢

神精香草

增 洞冥記波祇國亦名波弋國獻神精香草亦名荃蘼一名春蕪一根百條其間如竹節柔軟其皮如絲可爲布所謂春蕪布亦名香荃布堅密如紈冰也握一片滿室皆香婦人帶之彌月芬馥

蔓草

增 洞冥記有蔓草似蒲色紅晝縮入地夜則出懷其葉則知夢之吉凶立驗也武帝思李夫人之容不可得朔乃獻一枝帝懷之夜果夢夫人因改曰懷夢草 拾遺記背明國有蔓草葉如蒲莖如蓍採之以占吉凶萬不遺一

却睡草

增 洞冥記有五味草初生味甘花時味酸食之使人不眠名曰却睡草武帝時末多國獻此草

瑤琨碧草

增 洞冥記瑤琨去玉門九萬里有碧草如麥割之以釀酒則味如醇酎飲一合三旬不醒但飲甜水隨飲而醒

地日草

增 洞冥記武帝末年彌好仙術與東方朔狎暱帝曰朕所好者不老其可得乎朔曰臣能使少者不老帝曰服何藥耶朔曰東北有地日之草西南有春生之草帝曰何以知之朔曰三足烏數下地食此草羲和欲馭之以手揜烏目不聽下地食草能不老他鳥獸食此草則美悶不能動矣帝曰子何以知乎朔曰臣小時掘井陷落地下數十年無所託寄有人引臣欲往此草中隔紅泉不

得渡其人以一隻屐與臣臣泛紅泉得至此草之處臣
采而食之

鳳葵草

【增】洞冥記有鳳葵草色丹葉長四寸味甘久食令人身
輕肌滑赤松子餌之三歲乘黃蛇入水得黃珠一枚色
如眞金或言是黃蛇之卵

躡空草

【增】洞冥記烏哀國有掌中芥葉如松子取其子置掌中
吹之而生一吹長一尺至三尺而止然後可移于地上
若不經掌中吹則不生食之能空中孤立足不躡地亦
名躡空草

壽榮草

【增】典術壽榮草出少室金山丘下服之令人不老取葉
服之可通百神

迷迭

【增】廣志迷迭出西域　魏略迷迭香出大秦國　本草
其草修榦柔莖細枝弱根繁花結實嚴霜弗凋收采去
枝葉入袋佩之芳香甚烈主去惡氣令人衣香燒之去
鬼

【集藻】賦【增】魏文帝迷迭賦坐中堂以遊觀兮覽芳草之
樹庭重妙葉于纖枝兮揚修榦而結莖承靈露以潤根
兮嘉日月而敷榮隨迴風以搖動兮吐芳氣之穆清薄
西夸之穢俗兮越萬里而來征豈衆卉之足方兮信希
世而特生　曹植迷迭香賦播西都之麗草兮應靑春
而發暉流翠葉于纖柯兮結微根于丹墀信繁華之速
實兮弗見彫于嚴霜芳暮秋之幽蘭兮麗崑崙之芝英
既經時而收採兮遂幽殺以增芳去枝葉而特御兮入
綃縠之霧裳附玉體以行止兮順微風而舒光　王粲
迷迭賦惟遐方之珍草兮產崑崙之極幽受中和之正
氣兮承陰陽之靈休揚豐馨于西裔兮布和種于中州
去原野之側陋兮植高宇之外庭布萋萋之茂葉兮挺
苒苒之柔莖色光潤而采發兮似孔翠之揚精　陳琳
迷迭賦立碧莖之婀娜鋪綵條之蜿蟺下扶疏以布濩

上綺錯而交紛匪荀方之可樂實來儀之麗闓動容飾
而發微穆斐斐以承顏　應瑒迷迭賦列中堂之嚴宇
跨階序而駢羅建茂莖以竦立擢修榦而承阿燭白日
之炎陰承翠碧之繁柯朝敷條以誕節夕結秀而垂華
振纖枝之翠粲動彩葉之莓莓舒芳香之酷烈乘清風
以徘徊

詩散句【增】樂府氍毹毾㲪五木香迷迭艾蒳及都梁

龍鬚草

【增】本草石龍芻一名龍鬚一名龍修一名龍華一名龍
珠一名懸莞一名草續斷一名縉雲草一名方賓一名
西王母簪叢生狀如稷心草及鳧茈苗直上夏月莖端

生小穗花結細實並無枝葉今吳人多栽蒔織席他處
自生者不多
彙考 **增**〔山海經〕賈超之山多龍修〔注〕龍鬚也似莞而細
生山石穴中莖倒垂可爲席〔崔豹古今注〕孫興公問
曰世稱黃帝鍊丹于鑿硯山乃得仙乘龍上天羣臣援
龍鬚鬚墜而生草曰龍鬚有之乎荅曰無也有龍鬚草
一名縉雲草故世人爲之妄傳至如今有虎鬚草江東
亦織以爲席號曰西王母席可復是西王母乘虎而墮
其鬚也〔水經注〕自洮水南北三百里中地草徧是龍
鬚而無樵柴〔福建志〕武平縣梁山分十二面奇峻疊
出昔鄉民採著誤至一巖見龍鬚草紫幕垂門披而入

見佛像經帙鐘磬幢蓋如新造設後再往遂迷所在
集藻 詩散句 **增** 唐李白 草捲龍鬚席從他生網絲

附錄 龍常草

增〔本草〕龍常草一名粽心草生河水旁狀如龍芻冬夏
生孩爾雅云薕鼠莞郭璞云纖細似龍鬚可爲席蜀中
出好者恐即此龍常也

虹草

增〔拾遺記〕背明國有草名虹草枝長一丈葉如車輪根
大如轂花似朝虹之色昔齊桓公伐山戎國人獻其種
乃植於庭曰霸者之瑞也

宵明草

增〔拾遺記〕背明國有宵明草夜視如列燭晝則無光自
消滅也

黃渠草

增〔拾遺記〕背明國有黃渠草映月如火其堅韌若金食
者焚身不熱

聞遐草

增〔拾遺記〕背明國有聞遐草服者耳聰香如桂莖如蘭

合歡草

增〔拾遺記〕魏明帝時有合歡草狀如蓍一株百莖晝則
衆條扶疎夜則合爲一莖萬不遺一謂之神草

濡姧草

增〔拾遺記〕方丈山有草名濡姧葉色如紺莖色如漆細
軟可縈海人織以爲席薦卷之不盈一手舒之則列坐

方國之賓

娑羅草

增〔拾遺記〕方丈山有娑羅草細大如髮一莖百尋柔軟
香滑羣仙以爲龍育之轡

遙香草

增〔拾遺記〕岱輿山北有遙香草其花如丹光耀入目葉
細長而白如忘憂之草其花葉俱香扇馥數里故名遙
香草其子如薏中實甘香食之累日不飢渴體如草之
香久食延齡萬歲仙人常採食之

莽煌

增拾遺記岱輿山有草名莽煌葉圓如荷去之十步炙人衣則焦刈之為席方冬彌溫以枝相摩則火出矣

芸苗草

增拾遺記瀛洲有草名芸苗狀如菖蒲食葉則醉餌根則醒

芸蓬草

增拾遺記員嶠山有草名芸蓬色白如雪一枝二丈夜視有白光可以為杖

銅鼓草

增桂海虞衡志銅鼓草其實如瓜療瘡瘍毒

珊瑚鞭

增黃山志珊瑚鞭澗壑中草也叢生葉深綠初秋拔莖長二三尺徧莖布小花花色殷似珊瑚更紅俗名金線海棠又名狀元鞭

紅席草

增南史梁武帝紀海中浮鵠山去餘姚岸可千餘里上有女人年三百歲有女官道士四五百人年並出百但在山學道遣使獻紅席云此草常有紅鳥居下故以為名觀其圖狀則鸞鳥也

鹹草

增南史扶桑傳扶桑東千餘里有女國食鹹草如禽獸鹹草葉如邪蒿而氣香味鹹

千步香草

增述異記南海山出千步香佩之香聞於千步也今海隅有千步草是其種也葉似杜若而紅碧雜貢籍曰南郡貢千步香

睡草

增述異記桂林有睡草見之則令人睡一名醉草亦呼嬾婦箴又出南海地記

龍芻

增述異記東海島龍川穆天子養八駿處也島中有草名龍芻馬食之一日千里古語云一株龍芻化為龍駒

蓆箕草

增述異記蓆箕草一名塞路生北方古詩云千里蓆箕草

相思草

增述異記秦趙間有相思草狀如石竹而節節相續一名斷腸草又名愁婦草亦名霜草人呼寮莎

活人草

增述異記漢武帝時西方日支國有獻活人草三莖有人死者將草覆面即活

麝香草

增述異記紫述香一名紅蘭香一名金桂香亦名麝香

草出蒼梧桂林上郡界今吳中有麝香草似紅藍而甚
芳香

懸腸草

增〔述異記〕懸腸草一名思子蔓南中呼爲離別草

宮人草

增〔述異記〕楚中有宮人草狀如金燈而甚氛氳花色紅
翠

護門草

增〔酉陽雜俎〕護門草出常山北寘諸門上夜有人過輒
叱之〔物類相感志〕一名百靈草

集藻 詩散句 增〔梁王筠〕霜被守宮槐風驚護門草

金光草

增〔廣異記〕謝元卿至東岳夫人所居有異草葉如芭蕉
花正黃色光可以鑑曰此金光草也食之化形靈元壽
與天齊

集藻 詩散句 增〔唐李白〕願餐金光草壽與天齊傾

玄鹿草

增〔道籥〕玄鹿之草生於名山人跡不到處烹而食之壽
二千歲

鶴子草

增〔北戶錄〕鶴子草蔓花也當夏開南人云是媚草甚神
可比懷于夢芝采之曝乾以代面靨形如飛鶴狀翅羽
嘴距無不畢備亦草之奇者草蔓延春生雙蟲常食其
葉土人收於奩粉間飼之如養蠶諸蟲老不食而蛻爲
蝶女子佩之如細鳥皮號爲媚蝶

醒醉草

增〔開元天寶遺事〕興慶池南岸有草數叢葉紫而心殷
有一人醉過於草傍不覺失其酒態後有醉者摘草嗅
之卒然醒悟故目爲醒醉草

變晝草

增〔杜陽雜編〕順宗即位拘彌國貢變晝草有類芭蕉可
長三尺而一莖千葉樹之則百步內昏黑如夜始藏於
百寶匣中上見而怒曰背明向暗之物何貴并匣焚之

迎涼草

增〔酉陽雜俎〕迎涼草碧色條似苦竹葉細如杉雖若乾
枯而未嘗凋落盛暑挂之窗戶間則涼風自生

集藻 詩散句 增〔宋章得象〕已持犀辟暑更乞草迎涼

左行草

增〔酉陽雜俎〕左行草使人無情范陽長貢

青草槐

增〔酉陽雜俎〕龍陽縣裨牛山南有青草槐叢生高尺餘
花若金燈仲夏發花一本云花千秋

野狐絲

增〔酉陽雜俎〕野狐絲庭中草蔓生色白花微紅大如粟

秦人呼爲狐絲

望舒草

增酉陽雜俎望舒草出扶支國草紅色葉如蓮葉月出則舒月沒則卷

蜜草

增酉陽雜俎北天竺國出蜜草蔓生大葉秋冬不死因受霜露遂成蜜如塞上蓬鹽〔本草〕交河沙中有草頭上有毛毛中生蜜名爲給敦羅高昌有草名羊刺其上生蜜西番撒馬兒罕地有小草葉細如藍秋露凝其上味甘如蜜

老鵶瓜籬

增酉陽雜俎老鵶瓜籬葉如牛蒡而美子熟時色黑狀如瓜籬

鴨舌草

增酉陽雜俎鴨舌草生水中似蓴俗呼爲鴨舌草

銅匙草

增酉陽雜俎銅匙草生水中葉如翦刀

水耐冬

增酉陽雜俎水耐冬經冬在水不死成式於城南村墅池中有之

天芋

增酉陽雜俎天芋生終南山中葉如荷而厚

油點草

增酉陽雜俎油點草葉似莙薘每葉上有黑點相對

三賴草

增酉陽雜俎三賴草如金色生於高崖老子弩射之魅藥中最切

金盤草

增唐王周詩註金盤草生寧江巫山南陵林木中其根一年生一節人採而服可解毒也

集藻五言古詩增唐王周金盤草詩今春從南陵得草名金盤金盤有仁性生在林木端根節歲一節食之甘而酸風俗競採掇俾人防急難巴中蛇虺毒解之如走

丸巨葉展六出軟幹分長竿搖搖緑玉活褭褭香荷寒世云暑酷月鬱有神物看天之產於此意欲生民安今之爲政者何不反此觀卻彼苛且猛愼勿虐而殘一物苟失所萬金惟可歎莫薤蒿與萊豈羨芝及蘭勤渠護根本栽植富庭欄寄言好生者休說神仙丹

蕪荑

增五代史胡嶠自契丹亡歸中國略能道其所見云自褭潭入大山行十餘日而出過一大林長二三里皆蕪荑枝葉有芒刺如箭羽其地皆無草

息雞草

增五代史胡嶠自契丹亡歸中國略能道其所見云自

上京東行至襄潭水草豐美有息雞草尤美而本大馬
食不過十本而飽

千金草

【增】寰宇記廣州草有大千金小千金守房郎千里迴萬
里憶

金星草

【增】益部方物畧記金星草生峩眉青城山葉似萱草其
背有點雙行相偶黃澤類金星人號金星草亦云金釧
草皆以肖似取之今醫家以傅疽創甚良　嘉祐本草
金星草喜生背陰石上淨處及竹箐中少日色處或生
大木下及背陰古瓦屋上初出深綠色葉長一二尺至

深冬背生黃星點子兩兩相對色如金因得金星之名
無花實凌冬不凋其根盤屈如竹根而細折之有筋如
豬馬騣

【集藻】贊【增】宋宋祁金星草贊長葉叢生背點星布高醫
近識傅疽可愈

石長生

【增】本草經石長生一名丹草一名丹沙草花紫色南中
多生石巖下葉似蕨而細如龍鬚黑如光漆高尺餘不
與餘草雜也　益部方物畧記長生草山陰蕨地多有
之修莖茸葉色似檜柏而澤經冬不凋損故號長生

【集藻】贊【增】宋宋祁長生草贊色與柏類茸茸其莖冬不
甚黃故謂長生

【集藻】七言律詩【增】宋樓鑰長生草玻璃擢葉玉蟠根千
里提攜寄海濱雨澤不霑仍自潤土膏無著自長春歲
寒秀色鎮依舊日暖素英能一新我欲餌之求久視恐
君靈已不靈人

附錄　紅茂草

【增】圖經本草紅茂草一名地沒藥一名長生草生施州
四季枝葉繁故有長生之名

通泉草

【增】庚辛玉冊通泉草一名長生草多生古道丘壟荒蕪
之地葉似地丁中心抽一莖開黃白花如雪又似麥飯

摘下經年不槁根入地至泉故名通泉俗呼禿瘡花

女香

【增】奚囊橘柚女香草出繁績婦女佩之則香聞數里男
子佩之則臭昔海上有丈夫拾得此香嫌其臭棄之有
女子拾去其人跡之香甚欲奪之女子疾走其人逐之
不及乃止故語曰欲知女子強轉臭得成香呂氏春秋
云海上有逐臭之夫疑即此事

鼠麴草

【增】本草鼠麴草一名米麴一名鼠耳一名佛耳草一名
無心草一名香茅一名黃蒿一名茸母原野間甚多二
月生苗莖葉柔軟葉長寸許白茸如鼠耳之毛開小黃

花成穗結細子

馬鞭草

【增】本草馬鞭草一名龍牙草一名鳳頸草下地甚多春月生苗方莖葉似益母對生夏秋開細紫花作穗如車前穗子如蓬蒿子而細根白而小

附錄 蛇含

【增】本草蛇含一名蛇銜一名威蛇一名小龍牙一名紫背龍牙處處有之有兩種並生石上亦生黃土地一莖五葉或七葉根名女青八月採陰乾又有一種藤生葉似蘿摩亦名女青

石帆

【增】本草石帆生海嶼石上草類也無葉高尺許其花離樓相貫連根如漆色至稍上漸軟作交羅紋人以飾作珊瑚裝

佛甲草

【增】本草佛甲草生筠州二月生苗成叢高四五寸脆莖細葉柔澤如馬齒莧尖長而小夏開黃花經霜則枯人多栽于石山瓦牆上呼爲佛指甲

虎耳草

【增】本草虎耳草一名石荷葉生陰濕處人亦栽于石上莖高五六寸有細毛一莖一葉如荷蓋狀人呼爲石荷葉葉大如錢狀似初生小葵葉及虎之耳形夏開小花

淺紅色

離鬲草

【增】本草離鬲草生人家階庭濕處高二三寸苗葉似蘡薁江東有之北土所無

仙人草

【增】本草仙人草生階庭間高二三寸葉有鴈齒似離鬲草北地不生

【集藻】贊【增】宋謝惠連仙人草贊并序余之中園有仙人草焉春穎其苗夏秀其英秋有貞實冬無凋色可謂貫四時而不改者也既嘉其名而美其質染筆作詠庶以攄述云園有佳草名曰仙人曄曄煒煒莫莫蓁蓁穎發

炎著苗秀和春奇爾靈質乃植中林

宜南草

【增】本草宜南草生廣南山谷有莢長二尺許內有薄片似紙大小如蟬翼小男女以緋絹袋盛佩之臂上辟惡止驚此草生南方故名

仙人掌

【增】本草仙人掌草生合州筠州多于石上貼壁而生如人掌形故名葉細而長春生至冬猶有四時采之

【集藻】賦【增】明黃佐仙人掌賦并序仙人掌者奇草也多貼石壁而生惟羅浮黃龍金沙洞有之葉勁而長若闌斷狀發苞時外類芋魁內攢瓣如翠毬各孳子朱如掌

然青赤轉黃而有重殼剖之厚者在外如小椰可爲七勺薄者在裏如銀杏衣而裹閩肉根食之味兼芡栗可補諸虚久服輕身延年俗呼爲千歲子云移植惟宜沙土粵州書院精舍中庭後圃皆有之予以其奇賦焉其詞日有仙人之瑞草惟龍洞之嘉生毓金沙於后土承日景於朱明植深根而擢穎謝修榦以敷榮展青鸞之羽葉攢威鳳之毬英爾乃玄覽啓其前圃叢陰映乎松篁雲蔦林之瑞露翕神霄之寶光子珠鑿於翠掌青赤綦乎中黃傲冬雪而奮起迎凱風以翱翔諒抗時而耀質遙作對乎男貞補桐君之遺錄起葛令之丹經盍朋簪而萃止盈傾筐以胥慶同服食以霞舉集瑤池而濯

纓

萍蓬草

增 本草萍蓬草一名水粟一名水粟子生南方池澤三月出水莖大如指葉大如荇花亦黃未開時狀如算袋其根如藕飢年可以當穀

雞足草

增 五臺山志山有異草二雞足草曹蓉草

知風草

增 一統志知風草廣東出叢生若藤蔓土人覘其節以占一歲風候每一節則一風無節則無風

扁擔草

增 盛京通志扁擔草似黍葉稍窄有穗有粒多生田中可以飼馬

嬌草

增 盛京通志嬌草似香蒲可以飼馬

馬房

增 盛京通志馬房節節相生無葉可以飼馬

星星草

增 盛京通志星星草葉如韭有穗星星故名亦可飼馬

黃背草

增 盛京通志黃背草層層有節細葉乾之可代茅結屋

塔子頭

增 盛京通志塔子頭窪地叢生其根能裹土上壅成堆如塔故名久則根與土糾結堅不可破俗呼塔子頭可雕琢爲木器

水稗草

增 盛京通志水稗草葉似稗子中多汁故名可飼馬

鳳尾草

增 盛京通志鳳尾草葉莖如鳳尾故名多生山陰近水處

稠稉

增 新津縣志稠稉山有草名稠稉服之可以長生

琉璃草

增 始興縣志縣南十里曰玲瓏巖有草名琉璃食之可已風

蝎子草

增 蝎子草塞外多有之高四五尺叢生亂草間其葉最毒人撲觸之立即紅腫如蝎子所螫故名馬亦不敢近之唯駝能食與蕁相類

特勒蘇草

增 特勒蘇草塞外叢生葱翠挺拔經秋霜則變而爲白取之組織爲涼帽光皎異常

恒春草

集藻 五言古詩 增 唐梁鍠方士進恒春草 東吳有靈草生彼剡溪傍既亂莓苔色仍連菡萏香掇之稱遠士持以奉明王北闕顏彌駐南山壽更長金膏徒騁妙石髓莫矜良倘使沾涓滴還遊不死方

附錄 烟草

增 食物本草 烟草一名烟酒味辛溫有毒治風寒濕痺滯氣停痰解山嵐瘴氣多食則火氣薰灼耗血損年閩產者佳燕支之春種夏花秋日取葉曝乾切葉形如細髮草頂數葉名曰蓋露

佩文齋廣羣芳譜卷第九十三

藥譜

甘草

原 甘草 甘作苷 一名國老一名靈通一名美草一名蜜草一名蜜甘一名落草生陝西河東州郡青州間亦有之春生青苗高三四尺枝葉悉如槐葉端微尖而糙澀似有白毛七月開紫花冬結實作角子熟時角拆子扁如小豆極堅根長者三四尺麤細不定皮赤上有橫梁梁下皆細根採得去蘆頭及赤皮陰乾用以堅實斷理者爲佳謂之粉草其輕虛縱理及細韌者不堪用味甘平無毒最爲衆藥之主治七十二種乳石毒解一千二百般草木毒調和衆藥故有國老之號生用瀉火熱熟用散表寒其性能緩能急而又協和諸藥使之不爭惟中滿嘔吐嗜酒者忌用昔有中烏頭巴豆毒者甘草入腹即定加大豆其驗奇應嶺南解蠱毒凡飲食先取炙甘草一寸嚼之嚥汁若中毒隨吐出仍以炙甘草三兩生薑四兩水六升煮二升日三服常帶數寸隨身備用若含甘草食物而不吐是無毒者也 頭生用能行足厥陰陽明二經汙濁之血消腫疽癰痛之毒宜入吐藥 梢生用治胸中積熱去莖中痛加酒煮玄胡索苦楝子尤佳

彙考 增 梁書宕昌國傳天監四年王梁彌博來獻甘草

嘗歸詣以爲使持節都督河涼二州軍事安西將軍東羌校尉河梁二州刺史隴西公宕昌王〔酉陽雜俎〕秀才權同休元和中下第旅遊蘇湖間遇疾貧窘走使者本村野人雇已一年矣疾中思甘豆湯令其市甘草雇者久而不去但具火湯水秀才且意其怠於祗承復見折樹枝盈握仍再三搓之微近火上忽成甘草良久取麤沙數掊挼撥已成豆矣及湯成與甘豆無異疾亦漸痊〔夢溪筆談〕本草注引爾雅云蘦大苦注甘草也蔓延生葉似荷青莖赤此乃黃藥也其味極苦謂之大苦非甘草也甘草枝葉悉如槐高五六尺但葉端微尖而糙澀似有白毛實作角生如相思角作一本生熟則角拆子如小扁豆極堅齒嚙不破〔霏雪錄〕西土甘草大者如柱土人以架屋唐愚士西遊親見之

【集藻】〔五言律詩〕【增】〔宋梅堯臣司馬君實遺甘草杖〕美草將爲杖孤生馬嶺危難從荷蓧叟寧入化龍陂去與秦人採來扶楚客衰藥中稱國老我懶豈能醫

【別錄】【原】〔炙法〕長流水蘸濕炙透爲熟刮去赤皮或用漿水有云用酒及酥炙者非也

黃耆

【原】黃耆本草綱目云耆長也色黃爲補藥之長故名今俗通作芪或作蓍者非一名芰草一名蜀脂一名百本一名獨椹一名戴椹一名戴糝葉扶疏作羊齒狀似槐葉而微尖小又似蒺藜而微闊大青白色開黃紫花大如槐花結小尖角長寸許獨莖或作叢生枝榦去地二三寸根長二三尺以緊實如箭簳者良味甘微溫無毒隴西者溫補白水者冷補赤色者作膏消癰腫其皮折之如綿出綿上故名綿黃耆綿上山西沁州有白水耆白水陝西同州赤水耆赤水鄉屬隴西木耆功用並同而力不及白水者木耆短而理橫今人多以苜蓿根假作者苜蓿根堅而脆亦名土黃耆能令人瘦黃耆柔韌皮微黃褐色肉白能令人肥宜辨黃耆之功有五補諸虛不足一也益元氣二也壯脾胃三也去肌熱四也排膿止痛活血生血內托陰疽爲瘡家聖藥五也治氣虛盜汗自汗及膚痛是皮表之藥治咯血柔脾胃是中州之藥治傷寒尺脈不至補腎臟元氣乃上中

下內外三焦之藥也苗嫩時亦可煠淘作茹食收其子十月種如種菜法

【彙考】【增】〔梁書鄧至國傳〕國居西涼州界天監元年詔以鄧至王象舒彭爲督西涼州諸軍事號安北將軍五年舒彭遣使獻黃耆四百斤馬四匹　【原】〔本草衍義〕唐許胤宗初仕陳爲新蔡王外兵參軍時柳太后病風不能言脈沉而口噤胤宗曰既不能下藥宜湯氣蒸之藥入腠裏周時可瘥乃造黃耆防風湯數斛置於牀下氣如煙霧其夕便得語也

【集藻】〔詩散句〕【增】〔金王特起〕但說今年秋雨多黃芪滿谷無人采

【修治】【原】製用凡使勿用木耆草形相似但葉短根橫綿者則否須去頭上皺皮槌扁蜜水塗炙數次以透爲度

人參

【原】人參古作蓡又作蔘本草綱目云年深浸漸長成者根如人形故名陶弘景別錄云一名人微微乃蓡字之訛一名血參一名黃參色黃屬土而補脾胃生陰血故有二名一名神草其根如人形有神故名神草一名地精廣雅云地精人蓡也一名土精見異苑一名人銜其成有階級故名人銜一名鬼蓋其草背陽向陰故名鬼蓋一名海腴一名皺面還丹舊以上黨爲佳今不復采邇來所用皆遼參高麗參別錄云生上黨山谷及遼東吳氏本草云或生邯鄲本草注云生百濟高麗蜀本草云沁州遼州澤州箕州平州易州檀州幽州嬀州并州并出唐本草云潞州紫團山所出者謂之紫團參圖經云河東諸州及泰山皆有之又有河北及閩中來者名新羅參蒙筌云紫團參紫色稍扁百濟參白堅且圓名白條參俗名羊角參遼東參黃潤纖長有鬚俗名黃參獨勝高麗參近紫體虛新羅參亞黃味薄綱目云上黨今潞州民以人參爲地方累不復采取今所用者皆是遼參其高麗百濟新羅三國皆屬於朝鮮其參猶來中國互市大抵人參春生苗多於深山背陰椵漆樹下潤濕處初生小者三四寸許一椏五葉四五年後兩椏五葉未有花莖十年後生三椏年深者生四椏各五葉中心生一莖俗名百尺杵三四月有花細小如粟蕊如絲紫白色秋後結子七八枚如大豆生青熟紅自落泰山出者葉榦青根白江淮出者形味皆如桔梗欲試上黨參使二人急走三五里一含參一空口其含參者不喘乃眞也遼參連皮者黃潤纖長色如防風去皮者堅白如粉秋冬采者堅實春夏采者虛軟高麗參類雞腿者

力大僞者皆以沙參薺苨桔梗造作亂之沙參體虛無心而味淡薺苨體虛無心桔梗體堅有心而味苦人參體實有心而味甘微帶苦自有餘味俗名金井玉闌干者是也性微寒無毒別錄云微溫調中開胃補五臟安精神定魂魄止驚悸通血脈主五勞七傷男婦一切虛損痰弱虛促短氣止渴生津及胎前產後諸病開心益智久服輕身延年其有手足面目似人形者更神效謂之孩兒參而假僞者尤多

【彙考】【增】晉書石勒載記勒居武鄉北原山下草木皆有鐵騎之象家園中生人參花葉甚茂悉成人狀　南史隱逸傳阮孝緒母王氏有疾合藥須得生人參舊傳鍾山所出孝緒躬歷幽險累日不逢忽見一鹿前行孝緒感而隨後至一所遂滅就視果獲此草　【原】隋書五行志高祖時上黨有人宅後每夜有人呼聲求之不得去宅一里所但見人參一本枝葉峻茂因掘去之其根五尺餘具體人狀呼聲遂絕　春秋運斗樞搖光星散而爲人參人君廢山瀆之利則搖光不明人參不生　禮斗威儀下有人參上有紫氣　【增】異苑人參一名土精生上黨者佳人形皆具能作兒啼昔有人掘之始下鏵便聞土中呻吟聲尋音而取果得人參　卓異記騶虞採藥北山月夜見紫衣童子歌曰山涓涓兮樹濛濛明月愁兮當夜空煙茂密兮垂枯松遂於古松下得參一

本食之而壽〔海藥本草〕新羅國所貢人參有手足狀如人形長尺餘以杉木夾定紅絲纏飾之〔本草衍義〕上黨參有長及一尺餘者或十岐者其價與銀等稍爲難得土人得一窠則置板上以新綵絨飾之〔夢溪筆談〕王荊公病喘藥用紫團山人參不可得時薛師政自河東還適有之贈公數兩不受人有勸公曰公之疾非此藥不可治疾可憂藥不足辭公曰平生無紫團參亦活到今日竟不受

集藻 贊 **增** 高麗人人參贊 三椏五葉背陽向陰欲來求我椵樹相尋

五言古詩 **增** 宋蘇軾紫團參寄王定國 谽谺土門口突兀太行頂豈惟團紫雲實自俯倒景剛風被草木真氣入苕穎舊聞人銜芝生此羊腸嶺纖攕虎豹鬣蹙縮龍蛇癭蠶頭試小嚼龜息變方騁矧予明真子已造浮玉境清宵月挂戶半夜珠落井灰心寧復然汗喘久已靜東坡猶故目北藥致遺秉欲持三椏根往侑七轉鼎爲予置齒頰豈不賢酒茗〔不鬭人參〕上黨天下脊遼東真井底玄泉傾海腴白露灑天醴靈苗此孕毓肩股或具體移根到羅浮越水灌清泚地殊風雨隔臭味終祖禰青椏綴紫萼圓實墮紅米窮年生意足黃土手自啓上藥無炮炙齕齧盡根柢開心定魂魄憂恚何足洗糜身輔吾軀既食首重稽

七言律詩 **增** 唐皮日休友人以人參見惠因以詩謝之 神草延年出道家是誰披露記三椏開時的定涵雲液劚後還應帶石花名士寄來消酒渴野人煎處撇泉華從今湯劑如相續不用金山焙上茶〔陸龜蒙和襲美謝友人惠人參〕五葉初成椵樹陰紫團峰外即雞林名參鬼蓋須難見材似人形不可尋品第已聞升碧簡攜持應合重黃金殷勤潤取相如肺封禪書成動帝心〔宋楊萬里謝人寄紫團參〕新羅上黨各宗枝有兩曾參果是非入手截來花暈紫聞香已覺玉池肥舊傳飲子安心妙新擣珠塵看雪飛珍重故人相問意爲言老矣共思歸

七言絕句 **增** 唐段成式與周爲憲求人參 少賦令才猶強作衆醫多識不能呼九莖仙草真難得五葉靈根許惠無〔周繇以人參遺段柯古〕人形上品傳方志我得真英曰紫團慚非叔子空持藥更請伯言審細看

詩散句 **增** 唐韓翃 佳期別在春山裏應是人參五葉齊

別錄 **原** 種植 子熟時收取於十月下種一如種菜法若春初生苗時移根種之亦可活〔收藏〕人參易蛀見風日尤易蛀惟納新器中密封可經年不壞又盛過麻油磁器泡淨烘乾入華陰細辛相間收之可久又用淋過竈灰曬乾罐收亦可〔製用〕正旦未明佩紫赤囊中盛人參木香如豆樣時時嚼吞日出乃止號迎年佩

沙參

【原】沙參一名羊乳一名羊婆奶一名苦心本草綱目云宜于沙地故名沙參其根多白汁故俚人呼爲羊婆奶別錄所謂羊乳此物無心味淡而別錄一名苦心又與知母同名不知所謂也一名文希一名識美【增】本草一名白參以其色白也一名鈴兒草象花形也一名志取【原】色白味淡種宜沙地二月生苗葉如初生小葵葉而圓扁不光莖高一二尺葉尖長如枸杞葉而小有細齒秋月葉間開小紫花如鈴五出白蕊亦有白花者結實如冬青實中有細子霜後苗枯根生沙地者長尺餘大一虎口黄土地者短而小根莖皆有白汁八九月採者白而實春採者微黄而虛味苦微寒無毒人參專補脾胃元氣因而益肺與腎內傷元氣者宜之沙參專補肺氣因而益脾與腎金受火尅者宜之一補陽而生陰一補陰而制陽

薺苨

【原】薺苨爾雅云苨菧苨注云薺苨一名杏參一名杏葉沙參一名菧苨一名甜桔梗本草綱目云根如沙參而葉如杏故河南人呼爲杏葉沙參圖經杏參即此俗謂之甜桔梗一名白麪根苗名隱忍苗高一二尺莖青白葉似杏葉小而微尖背白邊有叉牙杪間開五瓣白盌子花根如野胡蘿蔔頗肥皮色灰黲中間白毛亦有開碧花者嫩苗煠熟水淘可油鹽拌食根換水煮亦可食又可蜜煎味甘寒無毒解百藥毒殺蠱毒壓丹石發動署毒箭治蛇咬辟沙蝨短狐毒寒而利肺甘而解毒藥中良品也語云薺苨亂人參故詳著之

桔梗

【原】桔梗一名梗草一名白藥一名薺苨本草綱目云桔梗薺苨乃一類有甜苦二種故本經桔梗一名薺苨而今俗呼薺苨爲甜桔梗也一名利如一名符扈一名房圖見吳普本草生嵩高山谷及寃句今處處有之二三月生苗嫩時可煮食根如指大黄白色莖高尺餘葉似杏葉而長四葉對生夏開小花紫碧色頗類牽牛花秋後結子八月採根關中所出根黄其皮似蜀葵根莖細青色葉小而青似菊葉性辛微溫有小毒治心腹脹痛胸脇痛如刀刺腸鳴血積痰涎欬逆口舌生瘡赤目腫痛清肺氣利咽喉破癥瘕治鼻塞除腹中冷痛小兒驚癇爲肺部引經之藥與甘草同用爲藥中舟楫有承載之功

【別錄】【原】【辨訛】凡使勿用木梗木梗真似桔梗只是咬之腥澀不堪　桔梗薺苨葉有差互者亦有葉三四對者皆一莖直上葉既相亂惟根有心者桔梗無心者薺苨此足爲別耳【製用】雷斆炮炙論云凡用桔梗須去頭上尖二三分並兩畔附枝於槐砧上細剉用生百合擣膏投水中浸一伏時濾出緩火熬乾每桔梗四兩用百合二兩五錢李時珍曰今但刮去浮皮米泔水浸一夜切片微炒用　桔梗煎先以米泔水浸去皮及爛者以井水煮畢取入蜜煎盡添蜜曬至蜜乾再添蜜收貯

長松

[增]本草綱目長松一名仙茅（其葉如松服之長年功如松脂及仙茅故有二名）生古松下根色如薺苨長三五寸味甘微苦類人參清香可愛并代間士人多以長松雜甘草山藥爲湯煎甚佳氣味甘溫無毒溫中去風又解諸蟲毒補益長年

[彙考][增]無盡居士集僧普明居五臺山患大風眉髮俱墮哀苦不堪忽遇異人教服長松示其形狀明采服之旬餘毛髮俱生顏色如故　東坡集上黨鴈門出一草藥名長松治大風氣味芳烈亦可作湯常服近歲河東人多以爲餉

[集藻]七言絶句[增]宋蘇軾謝王澤州寄長松兼簡張天覺二首莫道長松浪得名能教覆額兩眉青便將徑寸同千尺知有奇功似茯苓　憑君說與埋輪使速寄長松作解嘲無復青黏和漆葉杜將鍾乳敵仙茅

詞[增]宋黃庭堅鷓鴣天湯泛冰甆一坐春長松林下得靈根吉祥老子親拈出箇箇教成百歲人　燈焰焰酒醺醺壑源曾未破醒魂與君更把長生盌略爲清歌駐白雲

黃精

[原]黃精一名黃芝一名玉芝草一名戊巳芝（羊公服黃精法云黃精芝草之精也五符經云黃精獲天地之精淳故名爲戊巳芝）一名兎竹一名鹿竹（本草綱目云葉似竹而鹿兎食之也）一名龍銜（廣雅云龍銜黃精也）一名雞格一名米餔（九蒸九曝可以代糧故名）一名重樓一名野生薑（以根似嫩薑也）一名救窮草（本草拾遺作救荒草）一名仙人餘糧（以其功名也）[增]本草綱目黃精一名葳蕤（根似葳蕤故亦有此名）一名日及一名苟格一名馬箭一名垂珠（以子形也）[原]南方皆有嵩山茅山者佳根苗花實皆可食三月生苗高一二尺葉如竹而短兩兩相對（本草拾遺云葉不對者名偏精功用不如正精）嫩苗采爲茹名筆管菜甚美莖梗柔脆頗似桃枝本黃末赤四月開青白花如小豆花結子白如黍米粒亦有無子者根如嫩生薑而黃肥地者大如拳薄地僅如拇指純得土之冲氣而秉乎季春之令味甘平無毒補中益氣除風濕安五臟久服輕身延年不饑

[彙考][增]博物志黃帝問天老曰天地所生豈有食之令人不死者乎天老曰太陽之草名曰黃精餌而食之可以長生太陰之草名曰鉤吻不可食入口立死人信鉤吻之殺人不信黃精之益壽不亦惑乎　高士傳陸通字接輿與妻俱隱峩眉諸名山食菌櫨實服黃精子俗傳以爲仙　神仙傳尹軌學道常服黃精華日三合計年數百歲後到太和山中仙去　王烈常服黃精及鉛年三百三十八歲猶有少容登山歷險行步如飛　[原]稽神錄臨川有士人唐遇虐其所使婢婢不堪其毒乃逃入山中久之糧盡饑甚坐水邊見野草枝葉可愛即拔取濯水中連根食之甚美自是恒食久之遂不饑而

更輕健夜息大樹下聞草中獸走以爲虎而懼因得念
上樹杪乃生也正爾念之而身已在樹杪矣及曉又念
當下平地又欻然而下自是意有所之身輒飄然而去
或自一峰之一峰頂若飛鳥焉數歲其家人伐薪見之
以告其主使捕之不得一日遇其在絶壁下即以網三
面圍之俄而騰上山頂其主亦駭異必欲致之或曰此
婢也安有仙骨不過得靈草餌之爾試以盛饌多其味
令甚香美致其往來之路觀其食否果如其言常來就
食食訖不復能遠去遂爲所擒具述其故問其所食草
之形狀即黃精也復使尋之遂不能得 增 福地記武
當縣石堦山西北角有大松樹樹下生草名救窮日食

廣羣芳譜 卷 藥譜一 黃精 十二

三寸絶穀不饑久之度世陶先生謂之西嶽佐命是也
原 梧潯雜佩 顧況紀秦時建阿房宮采木者偶食黃
精天蒜不覺竦身飛上就山下人家裁詩云酒盡君莫
酤壺傾我當發城市多囂塵還山弄明月今平樂志所
載縈山木客事蓋附會此說余昔在昭州嘗詢之陶偉
西明府云少時聞父老云曾有人見之今久不聞矣
莪眉山志 黃精莪山產者甚佳宿進游莪詩云拾得黃
精須爛煮飯儂明日上莪眉
集藻 五言古詩 增 宋鮑照過銅山掘黃精 土肪閟中經
水芝韜內策寶餌緩童年命藥駐衰曆矧蓄終古情重
拾煙霧迹羊角棲斷雲榼口流隘石銅谿晝森沉乳竇
夜涓滴既類風門磴復像天井壁蹀蹀寒葉離灇灇秋
水積松色隨野深月露依草白空守江海思豈懷梁鄭
客得仁古無怨順道今何惜 唐韋應物餌黃精靈藥
出西山服食采其根九蒸換凡骨經著上世言候火起
中夜馨香滿南軒齋居感衆靈藥術啓妙門自懷物外
心豈與俗士論終期脫印綬永與天壤存 宋韓維答
象之謝惠黃精之什 仙經著靈藥茲品上不刊服之歲
月久衰羸反童顏巖居有幽子乘時劚蒼山溪泉濯之
潔秋陽暴而乾元蒸達晨夜候火不敢安持之落城市
誰復著眼看富貴異所嗜口腹窮甘酸貧賤固不暇雖
刃乃其于坐使至靈物委棄同草菅惟君沖曠士敦然

廣羣芳譜 卷 藥譜一 黃精 十三

守高閑食之易爲力天和中自完故以此爲餽其容幾
一簞報我三百言浩浩馳波瀾何以諭珍重如獲不死
丹方當煩燠時把玩毛骨寒他年靈氣成與子驂雙鸞
元吾丘衍張伯雨贈黃精 山中有靈草乃云太陽精
況聞天老言餌之可長生故人赤松意分贈慰我情玉
津比靈芝采采三秀英我願服此久飄然出蓬瀛綠髮
無秋霜身如羽翰輕舉臂入香漢丹臺列高名手把金
芙蓉與君遊太淸
七言古詩 增 宋朱弁蘇子翼送黃精酒 仙經何物堪延
老較功無如太陽草龍銜雞銜名雖異兎公羊公事可
老蘇君眞是神仙裔橘井陰功貫穹昊雲笈書成數萬

言銀闕珠宮用心早獨知此物有奇效福地名山爲儲寶不憚林泉新劚㔉斥去杵田謝篩擣况從高士論麴糜更課公田收秫稻一朝靈液浮瓮盎三冬浩氣生襟抱且欣輒飽得澆腸漫說逆流上補腦眼碧那憂散黑花髮白故應還翠葆賈傅只嫌松醪陋劉墮敢誇桑落好直須五斗論解酲寧待三杯乃通道誰知萬里落荒人亦許匏尊自傾倒爲君喚廻雪窖春八載羇愁供一掃

七言絕句 增 唐張籍寄王奉御 愛君紫閣峰前好新作書堂藥竈成見欲移居相近住有田多與種黃精

詩散句 原 唐杜甫 三春劚黃精一餐生毛羽 增 白居易 丹竈燒煙熅黃精花丰茸 宋蘇軾 聞道黃精草叢生絳玉參 原 唐杜甫 掃除白髮黃精在君看他年冰雪容 增 宋蘇軾 詩人空腹待黃精生事只看長柄械 唐姚合 繞籬栽杏種黃精 宋王安石 雪底黃精與不疎 孫覿 連筒自灌黃精圃

別錄 原 種植 三月間劈根長二寸稀種膏腴地一年後極稠子亦可種冬取其根 製用 凡採得以溪水洗淨蒸之從巳至子薄切曬乾 春深採根九蒸九曝擣如飴可作果實 服食 根一石細切水二石五斗煮去苦味漉入絹袋壓汁澄之再煎如膏以炒黑豆黃爲末作餅約二寸大可供客 臞仙神隱書 黃精細切一石用水二石五斗自旦煮至夕候冷以手挼碎布袋榨取汁煎之滓曬乾爲末同入釜中煎熬爲丸如雞子大每服一丸日三服絕粮除百病身輕不老渴則飲水 聖惠方 黃精根莖不拘多少細剉陰乾擣末每日水調多少任服一年內變老爲少久久成地仙 同桑椹漆葉何首烏茅山朮作丸餌可變白久之殺三蟲能使足溫而不寒 同朮久服可輕身防險不饑 同地黃天門冬釀酒可去風益血

附錄 黃獨

增 明道雜志 老杜同谷詩有黃精無苗山雪盛後人所改也其舊乃黃獨也讀者不知其義因改爲精其實黃獨自一物也本處謂之土芋其根唯一顆而色黃故名黃獨饑歲土人掘食以充糧故老杜云耳

萎蕤

增 爾雅 熒委萎 按本草即今萎蕤也 酉陽雜俎 萎蕤草一名麗草亦呼爲女草江湖中呼爲娃草 美女曰娃故以爲名 本草綱目 萎蕤一名女萎 見本經當是爾雅委萎二字之訛 一名萎蕤一名萎香一名玉竹一名地節 按古今韻會云萎蕤草木葉垂之貌此草根長多鬚如冠纓下垂之緌而有威儀故以名之別錄作萎蕤有文也說文作萎蕤音相近也其葉象竹其根多節故又有玉竹地節諸名吳普本草又有烏女蟲蟬之名宋本一名馬薰即烏萎之訛者也 蘇頌曰 莖幹強直似竹箭幹有節葉狹而長表白裏青亦類黃精而多鬚大如指長一二尺三月開青花結圓實 李時

珍曰處處山中有之其根橫生黃白色性柔其葉如竹
兩兩相值亦可采根種之極易繁嫩葉及根并可煮淘
食茹氣味甘平無毒用代參耆不寒不燥大有殊功
【彙考】【增】瑞應圖葳蕤者禮備至則生一曰王者愛人命
則生一名葳綏也
【集藻】詩散句【增】唐韓愈葳蕤綴藍瑛
【別錄】【增】本草凡使勿用黃精並鉤吻二物相似萎蕤節
上有鬚毛莖斑葉尖有小黃點為不同采得以竹刀刮
去節皮洗淨以蜜水浸一宿蒸了焙乾用

知母

【增】〔爾雅〕蕁莸藩〔注〕生山上葉如韭一名蝭母〔疏〕藥草知

母也〔本草綱目〕知母一名蚳母（蚳說文作茋）一名連母一
名貨母一名地參一名水參一名水須一名水浚一名
苦心一名兒草一名兒踵草一名女雷一名女理一名
鹿列一名韭逢一名東根一名野蓼一名昌支（李時珍曰宿根之旁初生子根如蚳蝱之狀故謂之蚳母後訛為知母蝭母也餘多未詳）陶弘景曰形似菖
蒲而柔潤葉至難死掘出隨生須枯燥乃止蘇頌曰四
月開青花如韭花八月結實氣味苦寒無毒張元素曰
氣寒味大辛苦氣味俱厚沈而降陰也又云陰中微陽
腎經本藥入足陽明經手太陰經氣分李杲曰其用有
四瀉無根之腎火療有汗之骨蒸止虛勞之熱滋化源
之陰

【別錄】【增】炮炙論凡使先於槐砧上挫細焙乾木臼杵擣
勿犯鐵器〔本草〕凡用揀肥潤裏白者去毛切引經上
行則用酒浸焙乾下行則用鹽水潤焙

肉蓯蓉

【原】肉蓯蓉（本草綱目云此物補而不峻故有從容之號從容和緩也）一名肉松容一
名黑司命出肅州福祿縣沙中今陝西州郡多有之然
不及西羌界中來者肉厚而力緊三四月掘根長尺餘
切取中央好者三四寸繩穿陰乾八月始好（別錄云五月五日采陰乾吳氏本草云二月至八月采圖經云八月采恐老不堪故多三月采之）皮有松子鱗甲
性甘微溫無毒補五勞七傷益精髓悅顏色養五臟延
年輕身令人多子

【別錄】【原】〔辨訛〕朱震亨曰河西混一之後方識其真形何
嘗有所謂鱗甲者蓋蓯蓉罕得人多以金蓮根用鹽盆
製而為之又或以草蓯蓉充之陳嘉謨曰今人以嫩松
梢鹽漬偽為之〔製用〕清酒浸一宿以棕刷去沙土浮
甲劈破中心去白膜一層如竹絲草樣有此能隔人心
前氣不散令人上氣 以甑蒸之從午至酉取出再用
酥炙得所 西人刮去鱗甲酒浸洗去黑汁薄切合山
芋羊肉作羹極益人勝服補藥

列當

【原】列當一名草蓯蓉一名花蓯蓉一名栗當秦州原州
渭州靈州皆有之暮春抽苗四月中旬采取長五六寸

至一尺莖圓白色采取壓扁曰乾以其功劣於肉蓯蓉故謂之列當性甘溫無毒治男子五勞七傷補腰腎令人有子煮酒浸酒服之大補益人

鎖陽

增〔本草綱目〕鎖陽出肅州其形如笋上豐下儉鱗甲櫛比筋脈連絡卽肉蓯蓉之類氣味甘溫無毒大補陰氣益精血可代蓯蓉煮粥彌佳

天麻

增〔本草綱目〕天麻（卽赤箭根）一名赤箭芝（以狀而名）一名獨搖芝一名定風草（陶弘景曰赤箭有風不動無風自搖）一名離母一名合離草（蘇頌曰仙方有合離草一名獨搖芝一名離母所以謂之合離離母者此草下根如芋魁有游子十二枚周環

之以倣十二辰去大魁數尺皆有細根如白髮雖相須而實不相連但以氣相屬耳按西京雜記云終南山多離合草葉似江蘺而紅綠相間莖皆紫色亦與此草相類）一名神草一名鬼督郵（徐長卿同名以功而言也）馬志曰生鄆州利州太山勞山諸處葉似芍藥而小當中抽一莖直上如箭幹莖端結實狀若續隨子至葉枯時子黃熟其根連一十二枚猶如天門冬之類形如黃瓜亦如蘆菔大小不定蘇恭曰是芝類莖似箭幹赤色端有花葉赤色遠看如箭有羽四月開花結實似枯苦楝子核作五六稜中有肉如麵曰暴則枯萎蘇頌曰春生苗獨抽一莖莖中空依半以上貼莖微有尖小葉梢頭生成穗開花結子如豆粒大其子至夏不落卽透虛入莖中潛生土內（俗名還筒子）根形如黃瓜連生一二十枚大者至重半斤或五六兩皮黃白色名曰龍皮肉名天麻初得乘潤刮去皮沸湯略煮過暴乾收之嵩山衡山人或取生者蜜煎作果食甚珍之李時珍曰暴乾肉色堅白如羊角色呼羊角天麻蒸過黃皺如乾瓜者俗呼醬瓜天麻皆可用一種形尖而空薄如玄參狀者不堪用根莖氣味並辛溫無毒

彙考 增〔抱朴子〕獨搖芝生高山深谷其生左右無草根有大魁如斗細者如雞子十二枚繞之人得大者服之延年〔夢溪筆談〕赤箭卽今之天麻也後人既誤出天麻一條遂指赤箭別爲一物既無此物不得已又取天麻苗爲之茲爲不然本草明稱採根陰乾安得以苗爲

之草藥上味除五芝之外赤箭爲第一此神仙補理養生上藥世人惑於天麻之說遂止用之治風良可惜哉以謂其莖如箭既言赤箭疑當用莖此尤不然至如鳶尾牛膝之類皆謂莖葉有所似則用根耳何足疑哉

集藻〔詩散句〕增〔唐白居易〕赤箭一甌湯

別錄 增〔本草〕陳藏器曰天麻生平澤似馬鞭草節節生紫花中有子如青葙子性寒李時珍曰此一種天麻草是益母草之類也嘉祐本草誤引入天麻耳

朮

原 朮（一作茱）有兩種（本草云古方二朮通用後人方有蒼白之分）白朮枹薊也（爾雅云楊枹薊注云似薊而肥大本草云揚州之域多種白朮其狀如枹故有枹薊之名今人謂之吳朮是也）

一名天蓟一名山薑一名山芥（本草云以其葉似蓟而味似薑芥也）一名
山連一名馬蓟【增】本草 西域謂之乞力伽蘇頌曰白
术生杭越舒宣州高山崗上葉葉相對上有毛方莖莖
端生花淡紫碧紅數色根作椏生二三月八九月采暴
乾用以大塊紫花爲勝【原】吳越有之嫩苗可茹葉稍
大而有毛根如指大狀如鼓槌亦有大如拳者彼人剖
開曝乾謂之削术亦曰片术白而肥者爲浙术俗名雲
頭术其力勝歙术俗名狗頭术甚燥白勝于浙术瘦而
黃者爲幕阜山术其力劣味苦而甘性溫厚氣薄除濕
益燥溫中補氣强脾胃生津液止胃中及肌膚熱解四
肢困倦佐黃芩安胎清熱在氣主氣在血主血有汗則

止無汗則發蒼术山蓟也（爾雅云术山蓟注云术似蓟）一名山精一
名仙术一名赤术處處山中有之苗高二三尺其葉抱
莖而生葉似棠梨葉其脚下葉有三五叉皆有鋸齒小
刺根如老薑蒼黑色肉白有油膏以茅山嵩山者爲佳
味甘而辛烈性溫而燥除濕發汗健脾安胃治濕痰留
飲驅災沴邪氣消痃癖氣塊婦人冷氣癥瘕山嵐瘴氣
瘟疾總之二术所治大略相近除濕解鬱發汗驅邪蒼
术爲要補中焦益胎元健脾胃消濕痰益脾白术爲良
【彙考】【增】晉書許邁傳 邁初採藥於桐廬縣之桓山餌术
涉三年時欲斷穀 南史劉虬傳 虬宋泰始中仕至晉
平王驃騎記室當陽令罷官歸家靜處常服鹿皮袷斷

穀餌术及胡麻 山海經 首山其草多茉芫 女几之
山其草多茉 淮南畢萬術 术草者山之精也結陰陽
精氣服之令人長生絕穀致神仙故神農藥經曰子欲
長生當服山精子欲輕翔當服山薑 列仙傳 涓子餌
术秤食其精三百年乃見於齊 南方草木狀 藥有乞
力伽术也瀕海所產一根有至數斤者劉涓子取以作
煎令可丸餌之長生 神仙傳 漢武帝東巡狩見老翁
鋤于道旁頭上白光高數尺怪而問之對曰臣年八十
五時頭白齒落遇有道者教臣絕穀但服术飲水並作
神枕臣行之轉老爲少黑髮更生齒落復出日行三百
里臣今一百八十歲矣帝受其方賜玉帛老父後入岱

山中每十年五年時還鄉里三百餘年乃不復還 葛
玄字孝先從左元放受九丹金液仙經未及合作常服
餌术後尸解去 陳子皇得餌术要方服之得仙去霍
山妻疲病其婿用餌术法服之病自愈安壽一百七十
歲登山取术重擔而歸不息不極顏色氣力如二十許
人【原】抱朴子 南陽文氏漢末逃難華山中飢困欲死
有人教之食术遂不饑數十年乃還鄉里顏色更少氣
力轉勝【增】建康記 建康出精术 廣州記 彭平縣偏
饒术 顏氏家訓 爾雅云术山蓟案术葉其體似蓟近
世文士遂讀蓟爲筋肉之筋以耦地骨用之恐失其義
【原】吐納經 紫微夫人术序云吾察草木之精速益於

已者並不及术之多驗也可以長生久視遠而更靈山
林隱逸得服术者五岳比肩【增】〔洛陽要記〕陳宛盛其
居止厠上以术湯盥手〔清異錄〕潛山産善术以其盤
結醜怪有獸之形因號爲獅子术〔東坡雜記〕黄州山
中蒼术甚多就野買一斤數錢爾此長生藥也人以爲
易得不復貴重至以熏蚊子此亦可爲太息舒州白术
莖葉亦甚相似特華紫耳然甚難得三百一兩其效止
於和胃去游風非神仙上藥也【原】〔氣類編〕越民高氏
妻病恍惚譫語亡夫之鬼憑之其家燒蒼术鬼遽求去
〔夷堅志〕江西一士爲女妖所染其鬼將別曰君爲陰
氣所侵必當暴泄但多服平胃散爲良中有蒼术能去

邪也【增】〔水南翰記〕范文正公所居宅必先浚井納青
术數斤於其中以辟瘟氣
【集藻】〔啓〕【增】梁庾肩吾荅陶隱居賚术煎啓竊以綠葉抽
條生於首峰之側紫花標色出自鄭巖之下百邪外禦
六府内充山精見書華神在籙木熒火謝盡采擷之難
啓旦移申窮淋漉之劑故能競爽雲珠爭奇冰玉自非
身疲掌硯役倦攀桃豈可立致還年坐生羽翼臨洮丹
井方覺可捐酈縣菊泉無勞復汲庶得遨遊海岸追涓
子之塵馳騖霍山共陳生爲侶謡俗輕施尚曰難酬出
世鴻恩寧知上報〔荅陶隱居賚术蒸啓〕味重金漿芳
踰玉液足使芝慙明麗丹愧芙蓉坐致延生伏深銘戴

五言古詩【增】〔唐柳宗元〕種术〕守閑事服餌採术東山阿
東山幽且阻疲薾煩經過戒徒劚靈根封植閟天和違
爾澗底石徹我庭中莎土膏滋玄液松露墜繁柯東南
自成畝缭繞紛相羅晨步佳色媚夜眠幽氣多離憂苟
可怡孰能知其他爨竹茹芳葉寧慮瘵與瘥留連樹蕙
辭婉娩采薇歌悟拙甘自足激清愧同波單豹且理内
高門復如何〔宋梅堯臣〕採白术〕吳山霧露清孳草多
秀發白术結靈根持鉏採秋月歸來濯寒澗香氣流不
歇夜火煮石泉朝煙編巖竇千歲扶玉顏終年固玄髪
曾非首陽人敢慕食薇蕨〔范成大〕次韻謝施進之惠
紫芝术〕山精媒長生仙理信可詰黎袁本寓言杞菊亦

比賢幽人愛臞儒藥鼎薦珍物絶粒謝煙火耘苗換肌
骨摩挲萊蕪甑塵生不須拂
七言絶句【增】〔明邵寶〕以蜜术問南沙〕醫家白术重天台
郡守曾將蜜浸來嚼罷不印香滿室桃花流水夢瑤臺
詩散句【增】〔宋張耒〕南畝稻粮仍歲熟舊山芝术入秋肥
〔高似孫〕一筋术絲仙有分依然只作祕書香〔唐溫
庭筠〕衣濕术花雨〔宋林逋〕蒸术拾鄰梢〔陸游〕土潤
术苗肥
【別錄】【原】〔種植〕取其根栽之一年即稠〔製用〕白术以米
泔浸一宿入藥一法東壁土炒用　蒼术性燥須糯米
泔浸洗再換泔浸二日浸去油去粗皮切片焙乾用亦

有用脂麻同炒以制其燥者以水作飲甚甘香

狗脊

增〔本草綱目〕狗脊一名強膂一名扶筋一名百枝一名狗青蘇恭曰根如狗脊骨而色青故名李時珍曰強膂扶筋以功名也別錄又名扶蓋乃扶筋之訛本經一名百枝而吳普謂百枝爲萆薢誤也蘇頌曰今太行山淄溫諸州有之苗尖細碎青色高一尺無花其莖葉似貫衆而細其根黑色長三四寸多歧似狗之脊骨大有兩指許其肉青綠色春秋采根暴乾李時珍曰狗脊有二種一種根黑色如狗脊骨一種有金黃毛如狗形皆可入藥其莖細而葉花兩兩對生正似大葉蕨比貫衆葉有齒面背皆光其根大如拇指有硬黑鬚簇之氣味苦平無毒治風痺

益腰膝續筋骨強肝腎

別錄增〔炮炙論〕凡修治火燎去鬚細挫了酒浸一夜蒸之從巳至申取出曬乾用〔本草〕今人惟剉炒去毛鬚用

貫衆

增〔爾雅〕濼貫衆〔注〕葉圓銳莖毛黑布地冬不死一名貫渠廣雅云貫節〔疏〕藥草名也本草云一名百頭一名虎卷一名萹苻一名伯萍一名藥藻此謂鴟頭陶注云葉如大蕨形色毛芒全似老鴟頭故名之〔本草綱目〕一名黑狗脊一名鳳尾草李時珍曰此草莖葉如鳳尾其根一本而衆枝貫之故草名鳳尾根名貫衆貫節貫渠渠者魁也吳普本草作貫中俗名貫仲管仲者皆謬稱也別錄名伯萍藥藻皆字訛也吳普曰四月開花白七月實黑聚相連卷旁生蘇頌曰春生苗赤葉大如蕨莖榦三稜葉綠色似雞翎其根紫黑色形如大瓜下有黑鬚李時珍曰多生山陰近水處數根叢生一根數莖莖大如筯其涎滑葉兩兩相對似狗脊之葉而無鋸齒青黃色面深背淺其根曲而有尖嘴黑鬚叢簇亦似狗脊根而大氣味苦微寒有毒治腹中邪熱諸毒殺三蟲破癥瘕除頭風止金瘡止鼻血解骨哽治婦人血氣

巴戟天

增〔本草綱目〕巴戟天一名不凋草一名三蔓草別錄曰生巴郡及下邳山谷陶弘景曰今亦用建平宜都者根

狀如牡丹而細外赤內黑蘇恭曰其葉似茗經冬不枯根如連珠宿根青色嫩根白紫用之亦同以連珠多肉厚者為勝蘇頌曰今江淮河東州郡亦有但不及蜀州者佳多生山林內內地生者葉似麥門冬而厚大至秋結實今方家多以紫色為良蜀人云都無紫色者采時或用黑豆同煮欲其色紫殊失氣味又有一種山葎根正似巴戟但色白土人采得用醋水煮之乃以雜巴戟莫能辨也但擊破視之中紫而鮮潔者偽也其中雖紫又有微白糝有粉色而理小暗者眞也氣味辛甘微溫無毒治風邪強筋骨安五臟補中增志益氣補五勞療水脹補血海

【別錄增】〔炮炙論〕凡使須用枸杞子湯浸一宿待稍軟漉出再酒浸一伏時漉出同菊花熬焦黃去菊花以布拭乾用〔本草〕今法惟以酒浸一宿剉焙入藥若急用只以溫水浸軟去心也

遠志

【增】〔爾雅〕葽繞蕀蒬〔廣雅〕蕀蒬遠志也其上謂之小草〔本草綱目〕遠志苗名小草一名細草一名醒心杖此草能益智强志故有遠志之稱記事珠謂之醒心杖也蘇頌曰河洛陝西州郡有之根形如蒿根黃色苗似麻黃而青又如畢豆葉亦有似大青而小者三月開白花根長及一尺泗州出者花紅根葉俱大於他處商州出者根又黑色俗傳夷門出者

最佳四月采根曬乾古方通用遠志小草今醫但用遠志稀用小草氣味苦溫無毒治欬逆傷中補不足除邪氣利九竅益智慧耳目聰明不忘强志倍力益精定心氣安魂魄長肌肉助筋骨治一切癰疽久服輕身不老

【彙考增】〔抱朴子〕陵陽子仲服遠志二十年有子三十七人能坐在立亡也〔世說〕謝公始有東山之志後嚴命屢臻勢不獲已始就桓公司馬於時人有餉桓公藥草中有遠志公取以問謝此藥又名小草何一物而有二稱謝未即荅時郝隆在坐應聲荅曰此甚易解處則為遠志出則為小草謝甚有愧色桓公目謝而笑曰郝參軍此過乃不惡亦極有會

百脉根

【增】〔本草綱目〕蘇恭曰百脉根出肅州巴西一似苜蓿花黃根如遠志二月八月采根日乾李時珍曰按唐書作柏脉根肅州歲貢之千金外臺大方中亦時用之今不復聞此或者名稱又不同也氣味苦微寒無毒下氣止渴去熱除虛勞補不足

淫羊藿

【原】淫羊藿本草經云西川北部有淫羊常食此藿故名綱目云豆葉曰藿此葉似之故亦曰藿一名仙靈脾脾柳集作毗人臍曰毗此物補下于理尤通一名放杖草一名棄杖草一名千兩金一名剛前皆言其功也一名乾雞筋一名黃連祖一名三枝九葉草皆言其形也江東陝西泰山漢中

湖湘間皆有之生大山中一根數莖莖麤如線高一二尺一莖二椏一椏三葉長二三寸青似杏葉及豆葉面光背淡甚薄而細齒邊有刺根紫色有鬚四月中開白花亦有紫花者碎小獨頭子五月採葉曬乾根如黃連根葉俱堪用生處不聞水聲者良性辛寒無毒補腰膝强心志益氣力堅筋骨治老人昏耄中年健忘一切冷風筋骨攣急四肢不仁久服令人有子

【集藻】〔五言古詩〕【增】唐柳宗元種仙靈毗窮陋闕自養癘氣劇囂煩隆冬乏霜霰日夕南風溫杖藜下庭際曳踵不及門門有野田吏慰我飄零魂乃言有靈藥近在湘西原服之不盈旬蹩躠皆騰騫笑抃前即吏為我擢其

根蔚蔚遂充庭英魏忽已繁晨起自採曝炸日通夜暄靈和理內藏攻疾貴自源擁覆逃積霧伸舒委餘暄奇功苟可徵寧復貪蘭蓀我聞畸人術一氣中夜存能令深深息呼吸還歸踵旋放困難效且以藥餌論瘦者不忘起窮者寧復言神哉輔吾足幸及兒女奔

別錄 **原** 製用凡使時呼仙靈脾以夾刀夾去四邊花枝每一斤羊脂四兩拌炒以脂盡為度氣陽不足者宜之

療治仙靈脾酒用淫羊藿一斤酒一斗浸三日逐時飲之

佩文齋廣群芳譜卷第九十三

佩文齋廣群芳譜卷第九十四

藥譜

仙茅

原 仙茅 海藥本草云其葉似茅久服輕身故名 一名獨茅 本草圖經云其根獨生故名 一名茅爪子一名婆羅門參 詳見後圖經本草 初出西域今大庾嶺蜀川江湖兩浙諸州亦皆有之葉青如茅而軟且畧潤面有縱紋又似初生椶櫚秧高尺許至冬盡枯春初乃生四五月閒抽莖開小花深黃色六出不結實其根獨莖直大如小指下有短細肉根相附外皮稍麤褐色內肉黃白色二月八月採根曝乾衡山出者花碧五月結黑子處處大山中皆有人惟取梅嶺者用性辛溫有小熱小毒治心腹冷氣不能食腰腳風冷攣痺不能行丈夫虛勞無子久服通神強記益顏色健筋骨長肌膚助精神明耳目填骨髓許眞君書云仙茅久服長生其味甘能養肉辛能養節苦能養氣鹹能養骨滑能養膚酸能養筋宜和苦酒服必効

集藻 七言絕句 **增** 宋范成大玉虛觀去宜春二十五里許君上昇時飛白茅數葉以賜王長史王以宅為觀觀旁至今有仙茅極異常草備五味尤辛辣云久食可仙道士煮湯以設客白雲堆裏白茅飛香味芳辛勝五芝揉葉煮泉摩腹去全勝石髓畏風吹

別錄 **原** 圖經本草開元中婆羅門僧進此藥明皇服之

有効禁方不外傳天寶之末方書流散上都僧不空三藏傳司徒李勉尚書路嗣供僕射張建封給事齊抗服之皆有効路公久服金石無効得此藥其益百倍齊給事生平少氣力風疹繼作服之遂愈　五代唐王顏著續傳信方編錄服仙茅方當時盛行云十斤乳石不及一斤仙茅　本草會編五臺山有仙茅患大風者服之多瘥　本草綱目按范成大虞衡志云廣西英州多仙茅其羊食之舉體悉化爲筋不復有血肉食之補人名乳羊沈括筆談云夏文莊公禀賦異於人但睡則身冷如逝者既覺須令人溫之良久乃能動常服仙茅鍾乳硫黃莫知紀極觀此則仙茅蓋亦性熱補三焦命門之

藥也惟賦禀素怯者宜之若體狀火盛者服之反能動火按張杲醫說云一人中仙茅毒舌脹出口漸大與肩齊因以小刀剺之隨破隨合剺至百數始有血一點出曰可救矣煮大黃朴硝與服以藥摻之應時消縮此皆火盛性淫之人過服之害也弘治間東海張弼梅嶺仙茅詩有使君昨日纔持去今日人來乞墓銘之句皆不知服食之理惟藉藥縱恣以速其生者於仙茅何尤

製用清水洗刮去皮槐砧上用銅刀切豆許大生稀布袋盛黑豆水內浸一宿取出酒拌濕蒸從巳至亥取出曝乾勿犯鐵器及牛乳斑人鬢鬚　彭祖單服法竹刀刮切糯米泔浸去赤汁出毒後無妨損

玄參

原 玄參一名黑參（以色名也本草註云其莖微似人參故得參名）一名鹿腸一名馥草（開寶本草云合香家用之故俗呼馥草）一名玄臺一名重臺一名正馬一名逐馬一名鬼藏一名野芝麻宿根二月生苗葉似脂麻對生又如槐柳而尖長有鋸齒細莖青紫色七月開花青碧色八月結子黑色又有白花者莖方大紫赤色而有細毛有節若竹者高五六尺一根五七枚微有腥氣地蠶喜食之故其中空味苦微寒無毒治胸中氤氳之氣無根之火與地黃同功其消瘰癧解斑毒亦以散火之故

別錄 **增** 炮炙論凡采得後須用蒲草重重相隔入甑蒸兩伏時曬乾用勿犯銅器餌之噎人喉喪人目

地榆

原 地榆一名玉豉（本草註云其葉似榆初生布地故名其子紫黑色如豉故又名玉豉）一名玉札一名酸赭蘄州呼爲酸棗（綱目云外丹方地榆一名酸赭以其味酸其色赭故也俗又訛赭爲棗）處處平原川澤皆有之宿根三月內生苗初生布地獨莖直上高三四尺對分出葉葉似榆葉而稍狹細長似鋸齒狀青色七月開花如椹子紫黑色根外黑裏紅似柳根味苦微寒無毒消酒止渴補腦明目止膿血除惡肉療金瘡此草霧而不濡太陽氣盛也燒作灰能鑠金爛石故道家煮石方用之炙其根作飲若茗取其汁釀酒治風痺采其葉作飲亦好又可煠食

彙考原 東華眞人煑石經昔西域眞人王屋山人王常言何以得長壽何不食石用玉豉玉豉者即地榆也昔尹公度聞孟綽子董子因共相與言曰寧得一斤地榆安用明月寶珠

丹參

原 丹參一名赤參（以色名也）一名山參一名郄蟬草一名木羊乳一名逐馬一名奔馬草（圖經本草云丹參治風軟腳可及奔馬故名）二月生苗高一尺許莖方有稜青色一枝五葉相對如薄荷而有毛三月至九月開花紅紫似蘇花成穗如蛾形中有細子根大者如指長尺餘一苗數根皮丹而肉紫味苦微寒無毒破宿血補新血安生胎落息胎破癥除

瘕排膿止痛定精養神定志通利關脈婦人明理論云四物湯治婦人諸病調婦人經脈皆可通用一味丹參散與之同功

紫參

原 紫參一名牡蒙（與王孫同名）一名童腸一名馬行一名衆戎一名五鳥花（以形得名）苗長一二尺莖青而細葉青似槐葉亦有似羊蹄者五月開花白色絕似葱花亦有紅紫而似水葒者根淡紫黑色如地黃狀肉紅白色肉淺而皮深三月採根火炙紫色用（范子計然云紫參出三輔有三色以青赤色爲上）味苦寒無毒治諸血病及心腹積聚寒熱瘧痢癰腫積塊之屬

集藻 七言古詩 增 錢起紫參歌幷序紫參幽芳也五葩連萼狀飛禽羽舉俗名之五鳥花起故山道人蘭若尤豐此藥校書劉公詠歌之俾予繼組遠公林下滿青苔春藥偏宜間石開往往幽人尋水見時時仙蝶隔雲來陰陽雕刻花如鳥對鳳連雞一何小春風宛轉虎溪傍紫翼紅翹翻霽光貝葉經前無住色蓮花會裏暫留香蓬山才子憐幽性白雪陽春動新詠應知仙卉老煙霞莫賞夭桃滿蹊逕

王孫

增 本草綱目王孫一名牡蒙（與紫參同名）一名黃孫一名黃昏（附弘景曰今方家皆呼爲黃昏云牡蒙市人少識者）一名旱藕（其根如藕）吳普曰楚

名王孫齊名長孫又名海孫吳名白功草又名蔓延赤文整延相當蘇恭曰葉似及已而大根長尺餘皮肉皆紫色李時珍曰葉生頂上似紫河車葉氣味苦平無毒治五臟邪氣寒濕痹四肢疼酸膝冷痛療百病益氣長生不飢黑毛髮

彙考 增 唐書方技傳開元末姜撫言終南有旱藕餌之延年狀類葛粉帝作湯餅賜大臣右驍衛將軍甘守誠能銘藥石曰旱藕牡蒙也方家久不用撫易名以神之

紫草

原 紫草一名紫丹一名紫芙一名茈莫（廣雅云茈莫紫草也）一名藐（爾雅云藐茈草）一名地血一名鴉銜草（本草云猺獞呼之云爾）生碭山

山谷南陽新野及楚地苗似蘭香莖赤節青二月開花紫白色結實亦白色秋月熟根色紫可以染紫味甘鹹氣寒無毒補中益氣利九竅入心包絡及汗經血分凉血和血利大小腸故痘疹欲出未出血熱毒盛大便閉澀者宜用得木香白朮佐之尤妙已出而紫黑閉者亦可用若出而紅活者及白陷大便利者切忌蓋脾氣實者可用脾氣虛反能作瀉古方惟用茸取其初得陽氣以類觸類所以用發痘搶今人不達此理一槩用之則非矣一切惡瘡瘑癬癧毒亦可用

彙考 **增**〈山海經〉勞山多茈草　敦薨之山其下多茈草　隅陽之山其草多茈　〈博物志〉平氏山之陽紫草特

好　〈廣志〉隴西紫草紫之上者

集藻〈樂曲〉**增**宋無名氏〈讀曲歌〉紫草生湖邊誤落芙蓉裏色分都未獲空中染蓮子

別錄 **原**〈種植〉宜黃白軟良之地青沙地亦善開荒黍穄下大佳性不耐水必須高田秋耕深細耮平不深不細易生草穢至春又轉耕之三月種之耬耩地逐隴手下子良田一畝用子二升半薄田三升下訖耮之或以輕砘碾過地潔淨為佳隴底草手拔之用鋤恐傷根不茂此草嬌嫩也　〈刈獲〉九月中子熟刈之候燥聚打取子收草宜速竟為良濕打則子浥鬱不速恐遇雨損草一把隨以茅束之擘葛尤善四把為一束當日斬齊一顛倒十層許為長行置堅平地上板石壓之令扁兩三宿豎頭置日中曝之令浥浥然不壓難售太乾則碎帶濕為良不曬鬱黑太燥碎折五十頭作一洪著屋下陰凉處棚棧上洪十字大頭向外以葛纏縛之棚下勿有驢馬糞及人溺又忌煙皆令草失色其利勝藍若欲久停者入五月內著屋中閉門塞向密泥勿使風入漏氣過立秋然後開出草色不黑若經夏在棚棧上草便變黑不復任用矣　〈製用〉秋深子熟傍去其土連根取就地鋪齊少乾輕振其土以茅策束切去蘆梢以之染紫其色殊美　**增**〈炮炙論〉凡使每一斤用蠟二兩鎔水拌蒸之待水乾取去頭并兩畔髭細挫用

白頭翁

增〈本草綱目〉白頭翁陶弘景曰近根處有白茸狀似白頭老翁故以爲名一名野丈人一名胡王使者一名奈何草李時珍曰皆狀老翁之意蘇頌曰所在有之正月生苗作叢生狀似白薇而柔細稍長葉生莖頭如杏葉上有細白毛而不滑澤近根有白茸根紫色深如蔓青其苗有風則靜無風而搖與赤箭獨活同也氣味苦溫無毒李杲曰氣厚味薄可升可降治瘧痢狂惕寒熱癥瘕積聚瘿氣逐血止諸痛療金瘡鼻衄明目治一切風氣大明曰花子莖葉氣味并同

集藻〈五言律詩〉**增**唐李白〈見野草中有白頭翁者〉醉入田家去行歌荒野中如何青草裏亦有白頭翁折取對

明鏡宛將衰鬢同微芳似相誚留恨向東風

白及

【增】〔本草綱目〕一名連及草一名甘根一名白給李時珍曰其根白色連及而生故曰白及其味苦而曰甘根反言也吳普作白根其根有白亦通金光明經謂之罔達羅喝悉多別錄作白給韓保昇曰葉似初生椶苗葉及藜蘆三四月抽出一薹開紫花七月實熟黃黑色冬凋根似菱有三角白色角頭生芽八月采根用李時珍曰一科止抽一莖開花長寸許紅紫色中心如舌其根如菱米有臍如鳧茈之臍又如扁螺旋紋性難乾

三七

【原】三七一名山漆一名金不換本草云彼人言其葉左三右四故名三七蓋恐

不然或云本名山漆謂其能合金瘡如漆黏物也此說近之金不換貴重之稱也生廣西南丹諸州番峒深山中采根曬乾黃黑色團結者狀畧似白及長者如老乾地黃有節味微甘而苦頗似人參之味氣溫無毒止血散血亦主吐血衄血下血血痢崩中不止產後惡血不下血暈血痛赤目癰腫虎咬蛇傷諸病治金瘡箭傷跌撲杖瘡血出不止嚼爛塗或爲末摻之血立止青腫者即消若受杖時先服一二錢則血不衝心杖後尤宜服產後服亦良乃陽明厥陰血分之藥故能治一切血病忌鐵器與騏驎竭紫鉚相同試法以末摻猪血中血化爲水者乃眞其葉功劾畧同本草綱目云近傳一種草春生苗夏高三四尺葉似菊艾而勁厚有岐尖莖有赤稜夏秋間開黃花蘂如金絲盤紐可愛而氣不香花乾成絮如苦蕒絮根葉味甘治金瘡折傷出血及上下血病甚効云是三七而根大如牛蒡根與南中來者不類恐是劉寄奴之屬甚易繁衍

黃連

【原】黃連一名王連一名支連本草綱目云其根連珠而色黃故名江湖荊夔皆有而以宣城九節堅重相擊有聲者爲勝施黔者次之東陽歙州處州者又次之苗高尺許叢生一莖三葉葉似甘菊凌冬不凋四月開花黃色六月結實似芹子色亦黃江左者根黃節高若連珠葉如小雉尾草正月開花作細穗淡黃白色六七月根緊始堪采蘇恭云

蜀道者麤大味極濃苦療渴爲最江東者節如連珠療痢大善澧州者更勝李時珍云今雖吳蜀皆有惟以雅州眉州者爲良大抵有二種一種根麤無毛有珠如鷹雞爪形色深黃而堅實一種無珠多毛黃色稍淡而中虛味苦寒無毒止消渴厚腸胃利骨益膽降火療口瘡其用有六瀉心臟火一也去中焦濕熱二也諸瘡必用三也除風濕四也治赤眼暴發五也止中部見血六也

【彙考】〔宋史地理志〕施州貢黃連 〔神仙傳〕封衡字君達隴西人也幼學道通老莊學勤訪眞訣初服黃連五十年後入鳥獸山採藥又服朮百餘年還鄉里如二十許人

【[illegible]】〔異林〕弘治乙卯長沙大旱黃連上生王瓜

集藻 贊 原 宋王微黃連贊 黃連味苦左右相因斷凉滌暑闡命輕身縉雲昔御飛蹕上旻不行而至吾聞其人

頌 原 梁江淹黃連頌 黃連上草丹砂之次禦孽辟妖長靈久視驂龍行天馴鳳而起鴻飛以儀順道則利

書 增 宋秦觀與喬希聖論黃連書 某比聞公以眼疾餌黃連至數十兩猶不已不知果然否審如所聞殆不可也某頃年血氣未定頗好方術之說讀醫經數年嘗記釋者云服黃連苦參久而反熱甚以爲不然後乃信之蓋五味入胃各歸其所喜故酸先歸肝苦先歸心甘先歸脾辛先歸肺鹹先歸腎入肝則爲溫入心則爲熱入肺則爲清入腎則爲寒入脾則爲至陰而血氣兼之皆

謂增其氣不已則臓氣有所偏勝有所偏勝則必有所偏絶黃連苦參性雖大寒然其味至苦入胃則先歸於心久而不已則心火之氣勝火勝則熱乃其理也眼疾之生本於肝之熱肝與心爲子母夫心爲子肝爲母心火也肝亦火也腎孤臓也人嘗患一水不勝二火今病本於肝而久餌苦藥使心有所偏勝是所謂以火救火命之曰益多其不可亦明矣夫藥所以療疾其過也適所以爲疾聞比初作時十已損其七八正宜節藥慎護飲食以俟其自平非如決疣潰癰可以忽然一朝去也輙具以進惟留意而聽之無忽

五言古詩 增 明吳寬黃連花 細山桂然階下不堪嗅野

生波斯國海畔陸地今南海及秦隴間亦有之初生似蘆茵若夏枯草根頭似烏嘴乾時似楊柳枯枝心黑外黃折之內似鸜鵒眼塵出如煙者良八月上旬採氣味苦平無毒治骨蒸勞熱三消五心煩熱婦人胎蒸虛驚冷熱洩痢厚腸胃益顏色

黃芩

原 黃芩 本草綱目云芩說文作莶謂其色黃也或云芩者黔也黔乃黃黑之色也 一名經芩一名空腸一名腐腸一名內虛一名黃文一名印頭一名妒婦一名苦督郵內實者名子芩一名條芩一名純尾芩一名鼠尾芩 本草註云圓者名子芩破者名宿芩其腹中皆爛故名腐腸綱目云宿芩乃舊根多中空外黃內黑即今所謂片芩故又有腐腸妒婦諸名妒婦心黯故以比之子芩乃新根多內實即今所謂

條芩或云西芩多中空而色黔北芩多內實而深黃 川蜀河東陝西近郡皆有之苗長尺餘莖麤如筯葉從地四面作叢生類紫草高一尺許亦有獨莖者葉細長青色兩兩相對六月開紫花根如知母長四五寸二月八月采根曝乾氣寒味微苦而甘氣厚味薄得酒上行得豬膽汁除肝膽火得柴胡退寒熱得厚朴黃連止腹痛得芍藥止下痢得桑白皮瀉肺火得五味子牡蠣令人有子得白术安胎得黃芪白斂赤小豆療鼠瘻李時珍曰黃芩氣寒味苦色黃帶綠苦入心寒勝熱瀉心火治脾之濕熱一則金不受刑一則胃火不流入肺即所以救肺也肺虛不宜者苦寒傷脾胃損其母也少陽之證寒熱胸脇痞滿實兼

心肺上焦之邪心煩喜嘔默默不欲飲食又兼脾胃中焦之證宜用黃芩以治手足少陽相火黃芩亦少陽本經藥也

別錄增物類相感志麝黃芩爲字在紙上以水沉去紙則字畫脫在水面上　本草綱目予年二十時因感冒咳嗽既久且犯戒遂病骨蒸發熱膚如火燎每日吐痰碗許暑月煩渴寢食幾廢六脈浮洪遍服柴胡麥門冬荆瀝諸藥月餘益劇皆以爲必死矣先君偶思李杲治肺熱如火燎煩燥引飲而晝盛者氣分熱宜一味黃芩湯以瀉肺經氣分之火遂按方用片芩一兩水二鍾煎一鍾頓服次日身熱盡退而痰嗽皆愈藥中肯綮如鼓

應桴醫中之妙有如此哉

秦艽

增本草綱目秦艽一名秦糺一名秦爪蘇恭云俗作秦膠本名秦糺與糾同李時珍曰出秦中以根作羅紋交糾者佳故名蘇頌曰河陝州郡多有之其根土黃色而相交糾長一尺以來麤細不等枝幹高五六寸葉婆娑連莖梗俱青色如萵苣葉六月中開花紫色似葛花當月結子每於春秋采根陰乾李時珍曰以左文者爲良氣味苦平無毒治寒熱邪氣寒濕風痺肢節痛骨蒸疳及時氣療黃疸解酒毒去頭風瀉血養血榮筋益膽氣治胃熱手足陽明經也兼入肝膽

柴胡

增本草綱目柴胡柴舊作茈蘇恭曰茈古柴字一名地薰一名芸蒿一名山菜一名茹草李時珍曰嫩則可茹老則采而爲柴故苗有芸蒿諸名而根名柴胡也蘇頌曰關陝江湖間近道皆有之以銀州者爲勝二月生苗甚香莖青紫堅硬微有細線葉似竹葉而稍緊小亦有似斜蒿者亦有似麥門冬葉而短者七月開黃花根淡赤色似前胡而強生丹州者結青子與他處者不類其根似蘆頭有赤毛如鼠尾獨窠長者好李時珍曰銀州即今延安府神木縣所產柴胡長尺餘而微白且軟不易得也北地所產者亦如前胡而軟今人謂之北柴胡是也入藥亦良南土所產者不似前胡正如蒿根強硬不堪使用其苗有如韭葉者竹葉者以竹葉者爲

勝其如邪蒿者最下也近時有一種根似桔梗沙參白色而大市人以偽充銀柴胡殊無氣味不可不辨氣味苦平無毒治心腹腸胃中結氣飲食積聚寒熱邪氣五勞七傷頭痛目昏耳鳴諸瘧婦人產前產後諸熱小兒痘疹時疾內外熱不解單煮服之良

彙考增戰國策今求柴胡桔梗於沮澤則累世不得一焉及之睾黍梁父之陰則郄車而載耳　炮炙論茈胡出銀州銀縣西畔生處多有白鶴綠鶴於此飛翔是茈胡香直上雲間若有過往聞者皆氣爽也

別錄增炮炙論凡采得銀州柴胡去鬚及頭用銀刀削去赤薄皮少許以麤布拭淨剉用勿令犯火立便無效

前胡

【增】本草綱目前胡（孫愐唐韻作湔胡） 蘇頌曰陝西梁漢江淮荆襄州郡及相州孟州皆有之春生苗青白色似邪蒿初出時有白芽長三四寸味甚香美又似芸蒿七月內開白花與葱花相類八月結實根青紫色今鄜延將來者大與柴胡相似但柴胡赤色而脆前胡黃色而柔軟爲不同耳一說今諸方所用前胡皆不同汴京北地者色黃白枯脆絕無氣味江東乃有三四種一種類當歸皮斑黑肌黃而脂潤氣味濃烈一種色理黃白似人參而細短香味都微一種如草烏頭者膚赤而堅有兩三岐爲一本皆非真前胡也今最上者出吳中又壽春生者

皆類柴胡而大氣芳烈味亦濃苦李時珍曰前胡有數種惟以苗高一二尺色似邪蒿葉如野菊而細瘦嫩時可食秋月開黲白花類蛇牀子花其根皮黑肉白有香氣爲真大抵北地者爲勝故方書稱北前胡云氣味苦微寒無毒治一切氣破癥結開胃下食通五臟主霍亂轉筋骨節煩悶反胃嘔逆氣喘咳嗽安胎小兒一切疳氣清肺熱化痰熱散風邪

【別錄】【增】炮炙論凡修治先用刀刮去蒼黑皮並髭細剉以甜竹瀝浸令潤日中曬乾用

防風

【原】防風一名屏風一名回芸一名茴草一名銅芸一名茼根一名百枝一名百蜚（本草綱目云防者禦也其功療風最要故名屏風者防風隱語也曰芸曰茴曰蔄者其花如茴香其氣如芸蒿蕑蘭也） 出齊州龍山最善淄青兖者亦佳今汴東淮浙皆有之莖葉俱青綠色莖深而葉淡似青蒿而短小春初嫩時紫紅色采作菜茹極爽口五月開細白花中心攢聚作大房似蒔蘿花實似胡荽子而大根土黃色與蜀葵根相類二月十月采關中生者三月六月采然輕虛不及齊州者良氣溫味辛而甘治三十六種風男子一切勞劣補中益神通利五臟心煩體重羸瘦盜汗散頭目中滯氣經絡中留濕得葱白能行週身又有石防風出河中府根如蒿根而黃葉青花白五月開花六月采根曝乾亦療頭風

【彙考】【增】博物志太原晉陽以北生屏風草 酉陽雜俎香州防風子可亂畢撥 【原】金鑾密記白居易在翰林賜防風粥一甌剔取防風得五合餘食之口香七日

【別錄】【原】製用江淮所產多是石防風生于山石之間二月采嫩苗作菜辛甘而香呼爲珊瑚菜其根粗醜子亦可種 入藥以黃色脂潤頭節堅如蚯蚓頭者爲好白者多沙條不堪用 禁忌叉頭者令人發狂叉尾者發人痼疾

獨活

【增】本草綱目獨活一名羌活一名羌青一名獨搖草一名護羌使者一名胡王使者一名長生草（陶弘景曰一莖直上不爲

風搖故曰獨活別錄曰此草得風不搖無風自動故名獨搖草李時珍曰獨活以羌中來者爲良故有羌活胡王使者諸名 蘇頌曰獨活羌活出蜀漢者佳春生苗葉如青麻六月開花作叢或黃或紫結實時葉黃者是夾石上所生葉青者是土脈中所生本經云二物同一類今人以紫色而節密者爲羌活黃色而作塊者爲獨活而陶隱居言獨活色微白形虛大用與羌活相似今蜀中乃有大獨活類桔梗而大氣味亦不與羌活相類用之微寒而少效今又有獨活亦自蜀中來類羌活微黃而極大收時寸解乾之氣味亦芳烈小類羌活又有槐葉氣者今京下多用之極效驗意此爲真者大抵此物有兩種西蜀者黃色香如蜜隴西者紫色秦隴人呼爲山前獨活李時珍曰獨活羌活乃一類二種以中國者爲獨活西羌者爲羌活按王既易簡方云羌活須用紫色有蠶頭鞭節者獨活是極大羌活有臼如鬼眼者尋常皆以老宿前胡爲獨活者非也氣味甘平無毒治風寒金瘡癇痓疝瘕瘵諸賊風百節痛風五勞七傷利五臟及伏梁水氣

彙考 增 文系唐劉師貞之兄病風夢神人曰但取胡王使者浸酒服便愈師貞訪問皆不曉復夢其母曰胡王使者羌活也求而用之兄病遂愈

別錄 增 炮炙論 采得細剉以淫羊藿拌挹二日暴乾去藿用免煩人心

土當歸

增 本草綱目 近時江淮山中出一種土當歸長近尺許白肉黑皮氣芬香如白芷人亦謂之水白芷用充獨活氣味辛溫無毒除風和血煎酒服之閃拗手足同荊芥葱白煎湯淋洗之

都管草

增 圖經本草 都管草生宜州田野根似羌活頭歲長一節苗高一尺許葉似土當歸有重臺二月八月采根陰乾施州生者作蔓又名香毬蔓長丈餘赤色秋結紅實四時皆有采其根枝淋洗風毒瘡腫 桂海虞衡志 都管草一莖六葉解蜈蚣毒

升麻

增 本草綱目 升麻一名周麻 李時珍曰其葉似麻其性上升故名按張揖廣雅吳普本草並云升麻一名周升麻則或指周地如今人呼川升麻之義今別錄作周麻非省文卽脫誤也 陶弘景曰舊出寧州者第一形細而黑極堅實今惟出益州好者細削皮青綠色謂之雞骨升麻北部亦有而形虛大黃色建平亦有而形大味薄不堪用 蘇頌曰蜀漢陝西淮南州郡皆有之以蜀川者爲勝春生苗高三尺以來葉似麻葉並青色四五月著花似粟穗白色六月以後結實黑色根如蒿根紫黑色多鬚 氣味甘苦平微寒無毒解百毒辟瘟疫瘴癘邪鬼蠱毒治陽明頭痛補脾胃去風邪療癰腫能發浮汗消斑疹行瘀血

【彙考】【增】〔前漢書地理志〕益州郡縣有收靡〔註〕李奇曰靡音麻卽升麻殺毒藥所出也〔博物志〕收靡草可以解毒鳥多誤食中毒必急飛往收靡山啄收靡草以解之〔水經注〕涂水出建寧郡之收靡縣南山縣山並卽草以立名山在縣東北烏句山南五百里山生收靡可以解毒百世方盛

【別錄】【增】〔炮炙論〕采得刮去麤皮用黃精自然汁浸一宿暴乾剉蒸再暴用〔本草綱目〕今人惟取裏白外黑而緊實者謂之鬼臉升麻去鬚及頭蘆剉用

苦參

【增】〔本草綱目〕苦參一名苦識（與藏部苦蘵同名異物）一名苦骨一

名地槐一名水槐一名菟槐一名驕槐一名野槐一名白莖〔別錄〕又名芩莖綠白陵郎虎麻（李時珍曰苦以味名參以功名槐以葉形名也）蘇頌曰其根黃色長五七寸許兩指麤細三五莖並生苗高三四尺以來葉碎青色極似槐葉春生冬凋其花黃白色七月結實如小豆子河北生者無花子五六月十月采根暴乾李時珍曰七八月結角如蘿蔔子角內有子二三粒如小豆而堅氣味苦寒無毒治心腹結氣癥瘕積聚黃疸逐水補中明目養肝膽氣安五臟平胃輕身定志利九竅除風熱止渴殺蟲療癰癧瘡疹瀉血熱痢

【彙考】【增】〔夢溪筆談〕予嘗苦腰重久坐則旅距十餘步然後能行有一將佐見予曰得無用苦參潔齒否予時以病齒用苦參數年矣曰此病由也苦參入齒其氣傷腎能使人腰重後有太常少卿舒昭亮用苦參揩齒歲久亦病腰自後悉不用苦參腰病皆愈

【別錄】【增】〔炮炙論〕采根用糯米濃泔汁浸一宿其腥穢氣并浮在水面上須重重淘過卽蒸之從巳至申取曬切用

白鮮

【增】〔本草綱目〕白鮮一名白羶一名白羊鮮一名地羊鮮一名金雀兒椒（陶弘景曰俗呼爲白羊鮮氣息正似羊羶故又名白羶李時珍曰鮮者羊之氣也此草根白色作羊羶氣其子纍纍如椒故有諸名）陶弘景曰近道處處有以蜀

中者爲良蘇頌曰今河中江寧府滁州潤州皆有之苗高尺餘莖青葉稍白如槐亦似茱萸四月開花淡紫色似小蜀葵花根似小蔓青皮黃白而心實山人采嫩苗爲菜茹氣味苦寒無毒治一切風熱瘡癬時疾黃疸風痺欬逆小兒驚癇通關節利九竅及血脈其花同功

延胡索

【增】〔本草綱目〕延胡索一名元胡索陳藏器曰延胡索生奚國從安東來根如半夏李時珍曰今二茅山西上龍洞種之每年寒露後栽立春後生苗葉如竹葉樣三月長三寸高根叢生如芋卵樣立夏掘起氣味辛溫無毒治婦人諸血病除風治氣暖腰膝破癥瘕撲損瘀血專

治一身上下諸痛用之中的紗不可言蓋能活血化氣
第一品藥也

貝母

【增】爾雅蝱貝母〔註〕根如小貝圓而白華葉似韭〔陸璣詩疏〕蝱今藥草貝母也其葉如栝樓而細小其子在根下如芋子正白四方連累相著有分解也〔本草綱目〕貝母一名勤母一名苦菜一名苦花一名空草一名藥實陶弘景曰形似聚貝子故云貝母 蘇頌曰河中江陵府郢壽隨鄭蔡潤滁州皆有之二月生苗莖細青色葉亦青似蕎麥葉隨苗出七八月開花碧綠色形如鼓子花八月采根根有瓣子黃白色有數種陸璣詩疏所云今近道出者正類

此郭璞爾雅註所云罕復見之雷斅曰貝母中有獨顆團不作兩瓣無皺者號曰丹龍精不入藥用誤服令人筋脈永不收惟以黃精小藍汁服之立解氣味辛平無毒治傷寒煩熱邪氣疝瘕喉痺乳難金瘡風痙瘰結胸欬嗽上氣止煩熱渴出汗安五臟和骨髓消痰潤心肺治時疾黃疸散心胸鬱結之氣研末點目去膚翳燒灰傳人畜惡瘡

【彙考】【增】詩鄘風陟彼阿丘言采其蝱〔酉陽雜俎〕許卑山人言江左數十年前有商人左膊上有瘡如人面亦無他苦商人戲滴酒口中其面亦赤以物食之凡物必食食多覺膊內肉脹起疑胃中也或不食之則一臂痺也有善醫者教其歷試諸藥金石草木悉與之至貝母其瘡乃聚眉閉口商人喜曰此藥必治也因以小葦筒毀其口灌之數日成痂遂愈

石蒜

【增】本草綱目石蒜一名烏蒜一名老鴉蒜一名蒜頭草一名婆婆酸一名一枝箭一名水麻蒜以根狀名箭以莖狀名李時珍曰處處下濕地有之春初生葉如蒜秧及山慈姑葉背有劍脊四散布地七月苗枯乃于平地抽出一莖如箭簳長尺許莖端開花四五朶六出紅色如山丹花狀而瓣長黃蘂紅鬚其根狀如蒜皮色紫赤肉白色此有小毒而救荒本草言其可煠熟水浸過食蓋為救荒爾

一種葉如大韭四五月抽莖開花如小萱花黃白色者謂之鐵色箭功與此同二物並抽莖開花後乃生葉葉花不相見氣味辛甘溫有小毒治癰毒疔瘡惡核可水煎服取汗及擣傅之又中溪毒者酒煎半升服取吐良

龍膽

【增】本草綱目龍膽一名陵游馬志曰葉如龍葵味苦如膽因以為名 陶弘景曰出近道以吳興者為勝根狀似牛膝其味甚苦蘇頌曰宿根黃白色下抽根十餘條類牛膝而短直上生苗高尺餘四月生葉如嫩蒜細莖如小竹枝七月開花如牽牛花作鈴鐸狀青碧色冬後結子苗便枯俗呼草龍膽又有山龍膽味苦澀其葉經霜雪不凋山人用治

四肢疼痛與此同類而別種也氣味苦濇大寒無毒治
骨間寒熱驚癇邪氣續絶傷定五臟殺蠱毒除胃中伏
熱時氣溫熱熱泄下痢去腸中小蟲益肝膽氣久服益
智不忘輕身耐老明目止煩治瘡疥癰腫咽喉痛風熱
盜汗

【別錄】【增】〔炮炙論〕采得陰乾用時銅刀切去鬚上頭子剉
細甘草湯浸一宿漉出暴乾用

細辛

【增】〔本草綱目〕細辛一名小辛一名少辛蘇頌曰根細而味極辛故名李時珍曰小辛少辛皆此義也別錄曰生華陰山谷二月八月采根陰
乾陶弘景曰今用東陽臨海者形段乃好而辛烈不及

華陰高麗者寇宗奭曰細辛葉如葵赤黑色一根一葉
相連非此則杜衡也李時珍曰柔莖細根直而色紫味
極辛氣溫無毒治欬逆上氣頭痛腦動百節拘攣風濕
痺痛明目利九竅輕身長年溫中下氣破痰利水道開
胸中滯結除喉痺齆鼻風癇癲疾下乳結汗不出血不
行安五臟益肝膽通精氣除齒痛治口舌生瘡治督脉
爲病脊强而厥凡使細辛切去頭子以瓜水浸一宿暴
乾用須揀去雙葉者服之害人

【彙考】【增】〔山海經〕浮戲之山多少辛〔管子〕五沃之土羣
藥生少辛〔博物志〕杜衡亂細辛〔夢溪筆談〕東方南
方所用細辛皆杜衡也又謂之馬蹄香也黃白拳局而
脆乾則作團非細辛細辛出華山極細而直深紫色
味極辛嚼之習習如椒其辛更甚於椒故本草云細辛
水漬令直是以杜衡僞爲之也襄漢間又有一種細辛
極細而直色黃白乃是鬼督郵亦非細辛也

【集藻】〔賦〕散句【增】〔宋謝靈運撰征賦〕摭曾嶺之細辛

附錄 木細辛

【增】〔本草拾遺〕木細辛生終南山冬月不凋苗如大戟根
似細辛味苦溫有毒主腹內結聚癥瘕推陳去新破冷
氣未可輕服令人利下至困

附錄 及已

【增】〔本草綱目〕及已一名獐耳細辛李時珍曰及已名義未詳葉如獐耳根如

細辛故名獐耳細辛蘇恭曰生山谷陰處軟地其草一莖莖頭四
葉隙著白花根似細辛而黑今人以當杜衡非也二月
采根日乾氣味苦平有毒入口使人吐血治諸惡瘡可
煎汁研末傳之

鬼督郵

【增】〔本草綱目〕鬼督郵一名獨搖草李時珍曰此草獨莖而葉攢其端無風自動故曰鬼獨搖草後人訛爲鬼督郵耳因其專治鬼病猶司鬼之督郵也徐長卿赤箭皆治鬼病故並有鬼督郵之名名同而物異蘇恭曰鬼督郵所在有之有必叢生苗惟一
莖莖端生葉若繖狀根如牛膝而細黑今人以徐長卿
代之非也韓保昇曰莖似細箭簳高二尺以下葉生莖
端花生葉心黃白色根橫生而無鬚二月八月采根氣

味苦平有小毒治鬼疰卒忤中惡心腹邪氣百精毒溫
瘧疫氣强腰脚益膂力
〔別錄〕增〔炮炙論〕凡采得細剉用生甘草水煮一伏時日
乾用

徐長卿

增〔本草綱目〕徐長卿一名鬼督郵一名別仙蹤 李時珍曰徐長卿人名也常以此藥治邪病人遂以名之吳普本草一名石下長卿石間生者爲良也蘇頌曰淄齊淮泗間謂之別仙蹤 蘇恭曰所在川澤有之葉似柳兩葉相當有光澤
根如細辛微麤長黃色而有臊氣今俗以代鬼督郵非
也韓保昇曰三月苗青七月八月著子似蘿藦子而小
九月苗黃十月凋八月采根日乾氣味辛溫有毒治鬼

物百精蠱毒疫疾邪惡氣溫瘧久服强悍輕身益氣延
年
〔別錄〕增〔炮炙論〕凡採得麤杵拌少蜜令遍以瓷器盛蒸
三伏時日乾用

白微

增〔爾雅〕葞春草〔註〕一名芒草〔疏〕藥草也今俗呼爲菵草
也按本草郎今白微也 〔本草綱目〕白微一名白幕一名骨美 李時珍曰微細也其根細而白也按爾雅曰葞微葞音相近則白微又葞音之轉也 蘇頌曰陝西諸
郡及舒滁潤遂州皆有之莖葉俱青頗類柳葉六七月
開紅花八月結實其根黃白色類牛膝而短小今人八
月采之氣味苦鹹平無毒治暴中風狂惑邪氣溫瘧疰

病鬼魅療傷中淋露下水氣利陰氣益精久服利人
〔別錄〕增〔炮炙論〕凡采得以糯米泔汁浸一宿取出去髭
于槐砧上細挫蒸之從申至巳曬乾用

白前

增〔本草綱目〕白前一名石藍一名嗽藥 陶弘景曰氣嗽方多用之 蘇
恭曰苗高尺許其葉似柳或似芫花根長于細辛白色
生洲渚沙磧之上馬志曰根似白微牛膝輩二月八月
采陰乾氣味甘微溫無毒治胸脇逆氣欬嗽上氣一切
氣肺氣煩悶賁豚腎氣降氣下痰
〔別錄〕增〔炮炙論〕凡用以生甘草水浸一伏時漉出去頭
鬚了焙乾收用

草犀

增〔廣州記〕草犀生嶺南及海中獨莖對葉而生如燈臺
草〔本草綱目〕草犀 李時珍曰其解毒之功如犀角故曰草犀 陳藏器曰生
衢婺洪饒間苗高二三尺獨生根如細辛生水中者名
水犀氣味辛平無毒解一切毒氣并燒研服之臨危者
亦得活治天行瘴瘧寒熱欬嗽痰壅飛尸喉痺瘡腫丹
毒中惡注忤痢血等病煮汁服之

釵子股

增〔本草綱目〕釵子股一名金釵股 李時珍曰石斛名金釵花此草狀似之故名 陳藏器曰生嶺南及南海山谷根如細辛每莖三四
十根李珣曰忠州萬州者亦佳草莖功力相似緣嶺南

多毒家家貯之氣味苦平無毒解諸藥毒蠱毒治瘧瘴
天行喉痺癰疽

吉利草

原 南方草木狀吉利草其莖如金釵股形類石斛根類
芍藥交廣俚俗多蓄蠱毒惟此草解之極驗吳黃武中
江夏李俁以罪徙合浦始入境遇毒其奴吉利者偶得
是草與俁服遂解吉利即遁去不知所之俁因此濟人
不知其數遂以吉利為名

良耀草

增 南方草木狀良耀草枝葉如麻黃秋結子如小栗煨
食之解毒功不亞於吉利始者有得是藥者梁氏之子
耀因以為名梁轉為良齒花白似牛李出高涼

硃砂根

增 本草綱目硃砂根生深山中今惟太和山人采之苗
高尺許葉似冬青葉背甚赤夏月長茂根大如筋赤色
與百兩金相髣髴氣味苦涼無毒治咽喉腫痺磨水或
醋嚥之甚良

辟虺雷

增 本草綱目辟虺雷一名辟蛇雷（此物辟蛇虺有威故以雷名之）蘇恭
曰狀如麤塊蒼朮節中有眼李時珍曰今川中峨眉鶴
鳴諸山皆有之根狀如蒼朮大者如拳彼人以充方物
氣味苦大寒無毒解百毒消痰祛大熱頭痛辟瘟疫治

咽喉痛痺解蛇虺毒

錦地羅

增 本草綱目錦地羅出廣西慶遠山巖間鎮安歸順柳
州皆有之根似草薢及栝樓根狀彼人頗重之以充方
物氣味微苦平無毒治山嵐瘴毒瘡毒並中諸毒以根
研生酒服一錢七即解

紫金牛

增 圖經本草紫金牛生福州葉如茶葉上綠下紫結實
圓紅色如丹朱根微紫色八月采根去心暴乾頗似巴
戟氣味辛平無毒治時疾膈氣去風疾

拳參

增 圖經本草拳參生淄州田野葉如羊蹄根似海蝦黑
色土人五月采之為末淋渫腫氣

鐵線草

增 圖經本草鐵線草生饒州三月采根陰乾氣味苦平
無毒療風消腫毒有效

金絲草

增 本草綱目金絲草出慶陽山谷氣味苦寒無毒治諸
血病解瘴氣諸藥毒療癰疽惡瘡涼血散熱

佩文齋廣羣芳譜卷第九十四

佩文齋廣羣芳譜卷第九十五

藥譜

當歸

【原】當歸一名文無（古今注云相招召贈之以文無文無亦名當歸也）一名乾歸一名山蘄一名白蘄（爾雅云薜山蘄又云薜白蘄說文云蘄草也生山中者一名薜一名山蘄色白者名白蘄爾雅云山蘄當歸也本草云蘄古芹字以花葉似芹故得芹名）春生苗葉綠有三稜七八月開花似蒔蘿淺紫色根黑黃色以肉厚不枯者爲勝今秦蜀諸處多栽蒔貨賣其頭圓尾多色紫氣香肥潤者秦產也名馬尾歸最勝（唐本草云似大葉芎藭者名馬尾當歸今人多用似細葉芎藭者名蠶頭當歸不堪用）他處者頭大尾多色白堅枯名鑱頭歸止宜入發散藥氣味苦溫無毒凡血病宜

用之治妊婦產後能使氣血各有所歸當歸之名宜取諸此治上當用頭治中當用身治下當用尾通治則全用此一定之理也惡濕麪茴茹畏菖蒲海藻牡蒙生薑制雄黃

【彙考】【原】孫盛雜記初姜維詣諸葛亮與母相失復得母書令求當歸維曰良田百頃不在一畝但有遠志不在當歸也　【增】雲仙雜記虢州別駕賈涎以當歸爲地仙圓曰使血海增光　續仙傳羅公遠鄂人玄宗學其術不肯盡怒殺之後有使者入蜀見公遠自道姓名以蜀當歸爲寄比玄宗入蜀始悟當歸之意

【集藻】詩散句【增】元陳樵當歸葉長映芭蕉

【別錄】【原】修治凡用去蘆頭水洗去土酒浸一宿日乾或火乾切片如收藏曬乾乘熱紙封甕不蛀

芎藭

【原】芎藭（博雅云苗曰江蘺根曰芎藭）一名香果（以氣香也）一名山鞠藭（詳見左傳）　【增】本草芎藭一名胡藭（以戎地者爲佳故名）古人因其根節狀如馬銜謂之馬銜芎藭後世因其狀如雀腦謂之雀腦芎其出關中者呼爲京芎亦曰西芎出蜀中者爲川芎出天台者爲台芎出江南者爲撫芎皆因地而名也金光明經謂之闍莫迦　【原】清明後宿根生苗分而橫埋之宜鬆肥土節節生根蒔宜退牲水葉香似芹而微細窄有丫义文似白芷葉而細又似胡荽葉而微壯叢

生細莖七八月間開碎白花如蛇牀子花根下始結芎藭堅瘦黃黑色關中出者形塊重實爲雀腦芎最有力九月十月採者佳三四月虛惡不堪用凡用以塊大內中色白不油嚼之微辛甘者佳他種不入藥止可爲末煎湯沐浴耳味辛溫無毒治中風入腦頭痛寒痺除腦中冷痛面上油風一切風氣勞損血痢止瀉痢燥濕行氣開鬱今人用此最多頭面風不可缺須以他藥佐之不可單服

【彙考】【增】左傳楚子伐蕭還無社與司馬卯言號申叔展叔展曰有麥麴乎曰無有山鞠藭乎曰無【註】麥麴鞠藭所以禦濕欲使無社逃泥水中無社不解故曰無【疏】云

草有芎藭者是藥草之名親傳文欲使無社逃於泥水中而問有此物否以知是禦濕所用　山海經號山其草多芎藭　繡山其草多芎藭　洞庭之山其草多芎藭　淮南子夫亂人者若芎藭之與藁本　益部方物畧記芎蜀中處處有之成都九月九日藥市芎與大黃如積香溢千廛或言其大若胡桃者不可用多蒔於園檻葉落時可用作羹蜀少寒莖葉不萎今醫家最貴川芎川大黃云

集藻　贊　增　宋宋祁川芎贊柔葉美根冬不殞零采而掇之可糝於羹

賦散句　增　漢揚雄甘泉賦排玉戶而颺金鋪兮發蘭蕙與芎藭

五言古詩　增　宋蘇軾和子由記園中草木芎藭生蜀道白芷來江南漂流到關輔猶不失芳甘濯濯翠莖滿愔愔清露涵及其未花實可以資筐籃秋節忽已老苦寒非所堪斸根取其實對此微物慙

七言絕句　增　宋韓琦中書廳芎藭　蕪嘉樹列羣芳禦濕前推藥品良時摘嫩苗烹賜茗更從雲腳發清香

詩散句　增　宋陸游泉潔煮芎苗　蘇軾穿林覓野芎苗

蛇牀

增　爾雅盱虺牀註蛇牀也　廣雅虺牀馬牀也　本草經蛇牀一名蛇米一名思益一名繩毒一名棗棘一曰牆蘼註近道田野墟落間甚多花葉正似蘼蕪　本草綱目韓保昇曰生下濕地所在皆有以揚州襄州者為良蘇頌曰三月生苗高二三尺葉青碎作叢似蒿枝每枝上有花頭百餘結同一窠似馬芹類四五月乃開白花又似繖狀子黃褐色如黍米至輕虛李時珍曰其花如碎米攢簇其子兩片合成似蒔蘿子而細亦有細稜氣味苦平無毒治男子婦人風濕痺毒小兒驚癇溫中下氣暖丈夫陽氣女子陰氣久服輕身好顏色令人有子

別錄　增　炮炙論凡使須用濃藍汁并百部草根自然汁同浸一伏時漉出日乾却用生地黃汁相拌蒸之從巳至亥取出日乾用　日華本草凡服食即挼去皮殼取仁微炒殺毒即不辣也作湯洗浴則生用之

藁本

增　本草綱目藁本蘇恭曰根上苗下似禾藁故名一名藁茇出山海經一名鬼卿一名鬼新一名微莖蘇頌曰西川河東州郡及兗州杭州皆有之葉似白芷香又似芎藭但芎藭似水芹而大藁本葉細五月有白花七八月結子根紫色氣味辛溫無毒張元素曰乃太陽經風藥其氣雄壯寒氣鬱於本經頭痛必用之藥與木香同用治霧露之清邪中於上焦與白芷同作面脂既治風又去濕亦各從其類

也

彙考增王氏談錄公云京師市藥須當精別市中藁本多雜以葳靈仙不可稱辨往往誤售人藥遂不爲効藁本蓋柔細而芳香者是　邵氏聞見錄夏英公病泄太醫以虛治不効霍翁曰風客于胃也飲以藁本湯而止

附錄 徐黃

增名醫別錄徐黃生澤中大莖細葉香如藁本味辛平無毒主心腹積瘕莖主惡瘡

蜘蛛香

增本草綱目蜘蛛香出蜀西茂州松潘山中草根也黑色有麤鬚狀如蜘蛛及藁本芎藭氣味芳香彼人亦重

之或云貓喜食之味辛氣溫無毒辟瘟疫中惡邪精鬼氣尸疰

木香

增本草綱目木香一名蜜香一名青木香一名五木香一名南木香李時珍曰木香草類也本名蜜香因其香氣如蜜也緣沉香中有蜜香遂訛此爲木香昔人謂之青木香后人因呼馬兜鈴爲青木香乃呼此爲南木香廣木香以別之今人又呼一種薔薇爲木香愈亂矣三洞珠囊云五香者五木香也一株五根一莖五枝一枝五葉葉間五節故名五香燒之能上徹九天金光明經謂之矩琵佗香別錄曰生永昌山谷陶弘景曰永昌今不復貢今皆從外國舶上來乃云出大秦國今皆以合香不入藥用蘇恭曰此有二種當以崑崙來者爲佳西湖來者不善葉似羊蹄而長大花如菊花結實黃黑所在亦有之功用極多甄權曰出天竺是草根狀如甘草也蘇頌曰今惟廣州舶上來他無所出根窠大類茄子葉似羊蹄而長大亦有如山藥而根大開紫花者不拘時采根芽爲藥以其形如枯骨味苦黏牙者爲良江淮亦有此種名土青木香不堪藥用蜀本草言孟昶苑中亦嘗種之云苗高三四尺葉長八九寸皺軟而有毛開黃花恐亦是土木香種也雷斅曰其香是蘆蔓根條左盤旋采得二十九日方硬如朽骨其有蘆頭丁蓋子色青者是木香神也寇宗奭曰常自岷州出塞得青木香持歸西洛葉如牛蒡但狹長莖高二三尺花黃一如金錢其根即香也李時珍曰南番諸國皆有一統志云葉

類絲瓜冬月取根曬乾味辛溫無毒乃三焦氣分之藥能升降諸氣諸氣膹鬱皆屬于肺故上焦氣滯者用之乃金鬱則泄之也中氣不運皆屬于脾故中焦氣滯者宜之脾胃喜芳香也大腸氣滯則後重膀胱氣滯則癃淋肝氣鬱則爲痛故下焦氣滯者宜之乃塞者通之也

彙考增隋書樊子蓋傳大業五年車駕西巡將入吐谷渾子蓋以彼多瘴氣獻青木香以禦霧露

甘松香

增廣志甘松出姑臧涼州諸山細葉引蔓叢生可合諸香及裛衣　本草綱目甘松香産于川西松州其味甘故名金光明經謂之苦彌哆蘇頌曰黔蜀州郡及遼州皆有之叢生山野葉細如

茅草根極繁密八月采之作湯浴令人身香治惡氣辛
心腹痛滿下氣理元氣去氣鬱

山柰

增〈本草綱目〉山柰一名山辣（俗訛爲三柰又訛爲三賴或云本名山辣南人舌音呼山爲三呼辣如賴故致謬誤）生廣中人家栽之根葉皆如生薑作樟木香氣土人食其根如食薑切斷暴乾則皮赤黃色肉白色古之所謂廉薑恐其類也氣味辛溫無毒暖中辟瘴癘惡氣治心腹冷氣痛寒濕霍亂風蟲牙痛入合諸香用

廉薑

增〈本草綱目〉廉薑一名薑彙一名族葰陳藏器曰似薑

生嶺南劍南李時珍曰生沙石中似薑大如贏氣猛近于臭南人以爲虀其法陳皮以黑梅及鹽汁漬之乃成也鄭樵云似山薑而根大氣味辛熱無毒治胃冷溫中下氣消食益智

山薑

增〈嶺表錄異〉山薑莖葉皆姜也但根不堪食亦與豆蔻花相似而微小爾花生葉間作穗如麥粒醃藏入甜糟中經冬如琥珀色辛香可愛用爲鱠無以加矣又以鹽殺治暴乾者煎湯服之極除冷氣　〈本草綱目〉山薑（與杜若同名）一名美草（陶弘景曰東人呼爲山薑南人呼爲美草）蘇頌曰生九眞交趾今閩廣皆有之李時珍曰生南方葉似薑花赤色甚辛子似草豆蔻根如杜若及高良薑今人以其子僞充草豆蔻然其氣甚猛烈氣味辛熱無毒治腹中冷痛辟穀止飢去惡氣溫中止霍亂功用如薑花及子辛溫無毒調中下氣破冷氣消食殺酒毒

集藻〈五言古詩〉增唐劉禹錫崔元受少府自貶所還遺山薑花以詩答之故人博羅尉遺我山薑花採從碧海上來自謫仙家雲濤潤孤根陰火照晨葩靜搖扶桑日豔對瀛洲霞世人受芳辛摭擷忘幽遐傳名入帝里飛驛辭天涯王濟本尚味石崇方鬬奢雕盤多不識綺席乃增華驛馬損筋骨貴人滋齒牙顧予藜藿士持此重咨嗟

〈五言律詩〉增唐劉禹錫奉和鄭相公以寄考功十弟山薑花俯賜篇詠採擷黃薑蘂封題青瑣闈共聞調膳日正是退朝歸響爲纖筵發情隨綠輸飛故將天下寶萬里與光輝

豆蔻

增〈海藥本草〉紅豆蔻生南海諸谷高良薑子也其苗如蘆其葉如薑花作穗嫩葉卷之而生微帶紅色嫩者入鹽纍纍作朵不散落須以朱槿花染令色深善醒醉解酒毒　〈桂海虞衡志〉紅豆蔻花叢生葉瘦如碧蘆春末發初開花抽一榦有大籜包之籜解花見一穗十蘂淡紅鮮妍如桃杏花色蘂重則下垂如葡萄又如火齊纓

絡及翡翠鸞枝之狀每蘂心有兩瓣人謂之比目連理
云〔本草綱目〕高良薑一名蠻薑陶弘景言此薑始出高良郡故名按高良即今高州漢爲高涼縣吳改爲郡則高良當作高涼也氣味辛大溫無毒治胃中
冷逆霍亂腹痛止痢治風破氣健脾胃寬噎膈破冷癖
除瘴瘧子名紅豆蔻氣味主治畧同〔酉陽雜俎〕白豆
蔻出伽古羅國呼爲多骨形如芭蕉葉似杜若長八九
尺冬夏不凋花淺黃色子作朶如葡萄初出微青熟則
變白七月採〔本草綱目〕白豆蔻子圓大如白牽牛子
其殼白厚其仁如縮砂仁氣味辛大溫無毒治積冷氣
止吐逆反胃消穀下氣散肺中滯氣治噎膈除瘧疾解
酒毒〔桂海虞衡志〕草豆蔻入梅汁鹽漬令色紅暴乾

以薦酒曰紅鹽草果鸚鵡舌即紅鹽草果之珍者實始
結即頻取紅鹽乾之纔如小舌〔本草綱目〕草豆蔻南方異物志謂之漏蔻通志謂之草果金光明經謂之蘇乞迷羅納蘇頌曰嶺南皆有之苗
如蘆葉似山薑杜若根似高良薑二月開花作穗房生
於莖下嫩葉卷之而生初如芙蓉花微紅穗頭深紅色
其葉漸展花漸出而色漸淡亦有黃白色者結實若龍
眼子而銳皮無鱗甲皮中子如石榴瓣夏月熟時采之
暴乾氣味辛濇溫無毒溫中治心腹痛嘔吐下氣止霍
亂一切冷氣消酒毒調中補胃健脾消食治瘴瘧噎膈
反胃痞滿痰飲積聚開鬱破氣殺魚肉毒制丹砂

彙考 增〔宋史地理志〕慶遠府貢生豆蔻草豆蔻〔五代
史〕牂牁蠻天成二年貢草豆蔻二萬箇〔環氏吳記〕黃
初二年魏求豆蔻〔南方草木狀〕舊說紅豆蔻花食之
破氣消痰進酒增倍泰康二年交州貢一篚上試之有
驗以賜近臣〔集仙傳〕軒轅集不知何許人唐宣宗召
見時京師素無豆蔻荔支花上因語及集袖中出之二
花各數百朶皆連枝葉鮮明芳潔如新折者〔西溪叢
語〕杜牧之詩云娉娉嫋嫋十三餘豆蔻梢頭二月初不
解豆蔻之義閱本草豆蔻花生葉間南人取其未大開
者謂之含胎花言尚小如姙身也〔花經〕豆蔻花四品
六命

集藻 賦散句 增〔晉左思蜀都賦〕草則藿蒳豆蔻

五言律詩 增〔宋范成大詠紅豆蔻花詩〕綠葉蕉心展紅
苞竹籜披貫珠垂寶珞翡翠倒鸞枝且入花欄品休論
藥裹宜南方草木狀爲爾首題詩

詩散句 增〔唐李涉〕瘴山江上重相見醉裏同看豆蔻花
〔韓翃〕春生豆蔻枝〔梁簡文帝〕江南豆蔻生連枝

縮砂蔤

增〔圖經本草〕縮砂蔤嶺南山澤間有之苗莖似高良薑
高三四尺葉長八九寸闊半寸以來三月四月開花在
根下五六月成實五七十枚作一穗狀似益智而圓皮
緊厚而皺有粟紋外有細刺黃赤色皮間細子一團八
隔可四十餘粒如大黍米外微黑色內白而香似白豆

蔻仁七月八月採之辛香可調食味及蜜煎糖纏用

本草綱目縮砂蔤仁氣味辛溫濇無毒治一切氣消食和中止痛安胎補肺醒脾養胃益腎理元氣通滯氣散寒飲脹痞噎膈嘔吐除咽喉口齒浮熱化銅鐵骨硬

益智

增南方草木狀益智子如筆毫長七八分二月花色若蓮著實五六月熟味辛雜五味中芬芳亦可鹽曝出交阯合浦　廣州記葉如蘘荷長丈餘其根上有小枝高八九寸無花萼莖如竹箭子從心中出一枝有十子叢生大如小棗其中核黑而皮白核小者佳含之攝涎穢四破去核取外皮蜜煑爲粽食味辛　異物志益智子類薏苡長寸許如枳椇子味辛辣香如豆蔻　本草綱目今之益智子形如棗核而皮及仁皆似草豆蔻氣味辛溫無毒益氣安神補不足利三焦調諸氣益脾胃理元氣補腎虛治冷氣腹痛

彙考增南方草木狀建安八年交州刺史張津常以益智子粽餉魏武帝　二十六國春秋安帝元年盧循爲廣州刺史遺劉裕益智粽裕乃荅以續命湯　廬山記山果有益智蒲萄　東坡雜記海南產益智花實皆作長穗而分三節其實熟否以候歲之豐歉其下節以候穜禾中上亦如之大凶之歲則皆不實蓋罕有三節並熟者其爲藥治氣止水而無益於智智豈求之於藥其

得此名者豈以知歲耶

集藻書增宋僧慧遠荅盧循書捐餉六種深抱情至益智乃是一方異味即於僧中行之

五言古詩增梁劉孝勝詠益智挺芳銅嶺上擢潁石門端連叢去本葉雜和委雕盤亭推不迷章詎識聰明尤儻逢公子宴方厭永夜歡

蓽茇

增南方草木狀蒟醬生于番國者大而紫謂之蓽茇　酉陽雜俎蓽撥出摩伽陁國呼爲蓽撥梨拂林國呼爲阿梨訶咃苗長三四尺莖細如箸葉似蕺葉子似桑椹八月採　圖經本草嶺南特有之多生竹林內正月發苗作叢高三四尺其莖如筯葉青圓如蕺菜闊二三寸如桑面光而厚三月開花白色在表七月結子如小指大長二寸以來青黑色類椹子而長九月收米曬曝乾南人愛其辛香或取葉生茹之復有舶上來者更辛香　本草綱目蓽撥草木狀作蓽茇陳藏器本草作畢勃扶南傳作逼撥大明會典作畢茇氣味辛大溫無毒溫中下氣補腰腳殺腥氣消食除胃冷治霍亂心痛嘔逆醋心臟腑虛冷

別錄增炮炙論凡使去挺用頭以醋浸一宿焙乾以刀刮去皮粟子令淨乃用免傷人肺令人上氣

蒟醬

增南方草木狀蒟醬生于番禺可以爲食故謂之醬焉交趾九真人家多種蔓生　益部方物畧記蒟出渝瀘茂威等州即漢唐蒙所得者葉如王瓜厚而澤實若桑椹緣木而蔓子熟時外黑中白長三四寸以蜜藏而食之辛香能溫五臟或用作醬善和食味或言即南方所謂浮留藤取葉合檳榔食之　本草綱目蒟子一名土蓽茇苗名蔞藤一名扶留藤劉歆期交州記云扶留有三種一名穫留其根香美一名扶留其葉味亦辛一名南扶留其葉青味辛氣溫無毒下氣溫中破痰治欬逆上氣心腹蟲痛胃弱虛瀉霍亂吐逆解酒食味散結氣消穀解瘴癘去胸中惡邪氣溫脾燥熱

彙考增漢書西南夷傳大行王恢使番禺令唐蒙風曉南粵南粵食蒙蜀枸醬蒙問所從來曰道西北牂柯江江廣數里出番禺城下蒙歸至長安問蜀賈人獨蜀出枸醬多持竊出市夜郎夜郎者臨牂柯江江廣百餘步足以行船南粵以財物役屬夜郎西至桐師然亦不能臣使也

集藻贊增宋宋祁蒟醬贊　蔓附木生實若椹纍或曰浮留南人謂之和以爲醬五味告宜

五言絕句增宋朱子扶留　根節含露辛苕穎扶援綠蠻中靈草多夏永淸陰足

別錄增炮炙論凡采得後以刀刮去麤皮擣細每五錢用生薑自然汁五兩拌之蒸一日曝乾用

肉豆蔻

增本草綱目肉豆蔻一名肉果一名迦拘勒（寇宗奭曰肉豆蔻對草豆蔻爲名李時珍曰花實皆似豆蔻而無核故名）蘇頌曰嶺南人家種之春生苗夏抽莖開花結實似豆蔻六月七月采之李時珍曰花實雖似草豆蔻而皮肉之顆則不同顆外有皺紋而內有斑纈紋如檳榔紋最易生蛀惟烘乾密封則稍可留氣味辛溫無毒溫中消食止洩治積冷心腹脹痛霍亂中惡鬼氣冷疰嘔沫小兒乳霍調中下氣開胃解酒毒治痰飲心腹蟲痛脾胃虛冷氣赤白痢

別錄增炮炙論凡使須以糯米粉湯搜裹豆蔻于塘灰

火中煨熟去粉用勿令犯鐵

補骨脂

增本草綱目補骨脂一名破故紙一名婆固脂一名胡韭子（補骨脂言其功也番人呼爲婆固脂而俗訛爲破故紙也胡韭子因其子之狀相似也）馬志曰生嶺南諸州及波斯國蘇頌曰今嶺外山坂間多有之四川合州亦有皆不及番舶者佳莖高三四尺葉小似薄荷花微紫色實如麻子圓扁而黑九月采氣味辛大溫無毒治五勞七傷風虛冷骨髓傷敗腎冷及婦人血氣墮胎男子腰疼膝冷逐諸冷痺頑通命門煖丹田斂精神

別錄增炮炙論此藥燥毒須用酒浸一宿漉出以東流

水浸三日夜蒸之從巳至申日乾用一法以鹽同炒過曬乾

薑黃

增〈本草綱目〉薑黃一名蒁一名寶鼎香蘇恭曰薑黃根葉都似鬱金其花春生於根與苗並出入夏花爛無子蘇頌曰今江廣蜀川多有之葉青綠長一二尺許闊三四寸有斜文如紅蕉葉而小花紅白色至中秋漸凋春末方生其花先生次方生葉不結實根盤屈黃色類生薑而圓有節八月采根片切暴乾蜀人以治氣脹及產後敗血攻心甚驗蠻人生噉云可祛邪辟惡李時珍曰近時以扁如乾薑形者為片子薑黃圓如蟬腹形者為

蟬肚鬱金並可浸水染色根氣味辛苦大寒無毒治心腹結積疰忤下氣破血除風熱消癰腫治癥瘕血塊通經治撲損瘀血止暴風痛冷氣下食祛邪辟惡

鬱金二種同名

增〈本草綱目〉鬱金一名馬蒁朱震亨曰鬱金無香而性輕揚能致達酒氣於高遠古人用治鬱遏不能升者恐命名因此也李時珍曰酒和鬱鬯昔人言是大秦國所產鬱金花香惟鄭樵通志言即是此鬱金其大秦三代時未通中國安得有此草羅願爾雅翼亦云是此根和酒令黃如金故謂之黃流其說並通此根形狀皆似莪蒁而醫馬病故名馬蒁蘇恭曰鬱金生蜀地及西戎苗似薑黃花白質紅末秋出莖心而無實其根黃赤取四畔子根去皮火乾馬藥用之破血而補蕃人謂之馬蒁嶺南者有實似小豆不堪噉李時珍曰其苗如薑其

根大小如指頭長者寸許體圓有橫紋如蟬腹狀外黃內赤人以浸水染色亦微有香氣氣味辛苦寒無毒治血積下氣生肌止血破惡血治女人宿血氣心痛冷氣結聚失心顛狂蠱毒

鬱金香一名鬱香一名紅藍花一名紫述香一名草麝香一名茶矩摩蘇頌曰說文解字云鬱芳草鬱鬯乃百草之英合而釀酒以降神乃遠方鬱人所貢故謂之鬱鬯今鬱林郡也李時珍曰漢鬱林郡今廣西貴州潯柳邕賓諸州之地一統志惟載柳州羅城縣出鬱金香即此也金光明經謂之茶矩摩香陳藏器曰鬱金香生大秦國二月三月有花狀如紅藍四月五月采花即香也氣味苦溫無毒治蠱野諸毒心腹間惡氣鬼疰鵶鶻等一切臭入諸香藥用

彙考增詩大雅釐爾圭瓚秬鬯一卣告於文人〈傳〉秬黑

黍也鬯香草也築煮合而鬱之曰鬯〈疏〉正義曰禮有鬱鬯者築鬱金之草而煮之以和秬黍之酒使之芬香條鬯故謂之鬱鬯鬯非草名而此傳言鬯草者蓋亦謂鬱為鬯草何者禮緯有秬鬯之草中候有鬯草生郊皆謂鬱金之草也以其可和秬鬯故謂之鬯草毛言鬯草蓋有然也〈梁書海南傳〉鬱金獨出罽賓國華色正黃而細與芙蓉華裹被蓮者相似國人先取以上佛寺積日香槁乃糞去之〈唐書西域傳〉天竺國貨有金剛旃檀鬱金與大秦扶南交趾相貿易　烏茶國東安國開元中遣使獻鬱金香石蜜等　大勃律國地宜鬱金　箇失蜜地出鬱金〈詩含神霧〉鬱金十葉為貫

百二十貫采以煮之爲鬯合芳物釀之以降神〔水經注〕秦桂林郡漢武帝元鼎六年更名鬱林郡王莽以爲鬱平郡矣應劭地理風俗記曰周禮鬱人掌裸器凡祭祀賓客之裸事和鬱鬯以實彝鬱芳草也百草之華煮以合釀黑黍以降神者也或說今鬱金香是也一曰鬱人所貢因氏郡矣〔唐紀〕太宗時伽毘國獻鬱金香葉似麥門冬九月開花狀似芙蓉其色紫碧香聞數十步花而不實欲種者取根〔妝樓記〕鬱金芳草也染婦人衣最鮮明然不奈日炙染成衣則微有鬱金之氣

集藻 頌 增 晉左九嬪鬱金頌伊此奇草名曰鬱金越自殊域厥珍來尋芬香酷烈悅目欣心明德維馨淑人是

欽窈窕妃媛服之褵衿永重名實曠世弗沈

賦 增 漢朱公叔鬱金賦歲朱明之首月兮步南園以迴眺覽草木之紛葩兮美斯華之英妙布綠葉而挺心吐芳榮而發曜眾華爛以俱發鬱金邈其無雙比光榮於秋菊齊英茂乎春松遠而望之粲若羅星出雲垂近而觀之曄若丹桂曜湘涯赫乎扈扈萋兮猗猗清風逍遙芳越景移上灼朝日下映蘭池覩茲榮之瑰異副歡情之所望折英華以飾首曜靜女之儀光瞻百草之青青羌朝榮而夕零美鬱金之純偉獨彌日而久停晨露未晞微風肅清增妙容之美麗發朱顏之熒熒作椒房之珍玩超眾葩之獨靈〔晉傅玄鬱金賦〕葉萋萋兮翠青英蘊藹而金黃樹晻藹以成陰氣芬馥而含芳凌蘇合之殊珍豈艾納之足方榮曜帝寓香播紫宮吐芬揚烈萬里望風

詩散句 增 〔唐段成式〕鬱金種得花茸細添入春衫領裏香

蓬莪茂

增〔本草綱目〕蓬莪茂一名蒁藥馬志曰生西戎及廣南諸州葉似蘘荷子似乾椹茂在根下並生一好一惡惡者有毒西人取之先放羊食羊不食者棄之蘇頌曰今浙江或有之三月生苗在田野中其莖如錢大高二三尺葉青白色長一二尺大五寸以來頗類蘘荷五月有

花作穗黃色頭微紫根如生薑而茂在根下似雞鴨卵大小不常九月采削去麤皮蒸熟暴乾用氣味苦辛溫無毒治心腹痛中惡疰忤鬼氣霍亂冷氣吐酸水解毒療婦人血氣結積丈夫奔豚破痃癖治一切氣開胃消食通經消瘀血止撲損痛下血及內損惡血

別錄 增 〔炮炙論〕凡使于砂盆中以醋磨令盡然後于火畔熁乾重篩過用〔本草綱目〕今人多以醋炒或煮熟入藥取其引入血分也

荆三稜

增〔本草綱目〕荆三稜蘇頌曰三稜草有三稜也生荆楚地故名荆三稜開寶本草作京者誤矣陳藏器曰三稜總有三四種京三稜黃色體重狀若

鯽魚而小又有黑三稜狀如烏梅而稍大體輕有鬚相連蔓延作漆色蜀人以織爲器一名葵蘇頌曰今荊襄江淮濟南河陝間皆有之多生淺水旁及陂澤中春生苗葉似莎草極長高三四尺又似菱蒲葉而有三稜五六月抽莖高四五尺大如人指有三稜如削成莖端開花大體皆如莎草而大黃紫色苗下即魁初生成塊如附子大或有扁者其旁有根橫貫一根則連數魁魁上亦出苗其魁皆扁長如小鯽魚體重者三稜也其根末將盡一魁未發苗小圓如烏梅者黑三稜也又根之端鈎曲如爪者雞爪三稜也皆皮黑肌白而至輕或云不出苗只生細根者謂之雞爪三稜又不生細根者謂之

黑三稜大小不常其色黑去皮即白三者本一種但力有剛柔各適其用因其形爲名又河中府有石三稜根黃白色形如釵股葉綠如蒲苗高及尺亦有三稜四月開花白色如蓼紅花五月采根亦消積氣李時珍曰三稜多生荒廢陂池濕地春時叢生夏秋抽高莖莖端復生數葉開花六七枝花皆細碎成穗黃紫色中有細子其葉莖花實俱有三稜並與香附苗葉花實一樣但長大爾其莖光滑三稜如欆之葉莖莖中有白穰剖之織物柔韌如藤呂忱字林云葵草生水中根可緣器即此草莖非根也抱朴子言葵根化鱓亦是此草其根多黃黑鬚削去鬚皮乃如鯽狀非本根似鯽也氣味苦平無

毒治老癖癥瘕積聚結塊調血破氣治婦產後諸病療瘡腫下乳汁須用醋浸一日炒或煮熟焙乾入藥乃良

香附子 苗名莎草 別見卉譜

【原】香附子莎草根也一名草附子一名莎結一名水香稜一名續根草一名地藾根一名水巴戟上古謂之雀頭香（本草綱目云其根相附連續而生可以合香故謂之香附子古謂之雀頭香其葉似三稜及巴戟而生下濕地故有水三稜水巴戟之名）俗人呼爲雷公頭金光明經謂之月萃哆記事珠謂之抱靈居士生田野在處有之葉如老韭葉而硬光澤有劍脊稜五六月中抽一莖三稜中空莖端出數葉開青花成穗如黍中有細子其根有鬚鬚下結子一二枚轉相延生子上有細黑毛大者如羊棗

而兩頭尖采得燎去毛暴乾氣味辛微苦甘平無毒足厥陰手少陽藥也兼行十二經八脈氣分散時氣寒疫利三焦解六鬱消飲食積聚痰飲痞滿胕腫腹脹脚氣止心腹肢體頭目齒耳諸痛癰疽瘡瘍吐血下血婦人崩帶經閉胎前產後百病爲女科要藥其功能推陳致新故諸書皆云益氣而俗有耗氣之說又謂宜於女人不宜於男子者非矣蓋婦人以血用事氣行則血行無疾老人精枯血閉惟氣是資小兒氣日充則形乃日固大凡病則氣滯而餒香附於氣分爲君藥世所罕知臣以參芪佐以甘草治虛怯甚速

【彙考】江表傳魏文帝遣使於吳求雀頭香 【增】清異

錄香附子湖湘人謂之回頭青言就地剗去轉首已青也

【別錄】【原】修治凡采得𦢊乾火燎去毛童便浸透洗曬搗用或生或炒或酒醋鹽水浸各從本方稱草煮之味不苦

香附之氣平而不寒香而能竄其味辛能散微苦能降微甘能和乃足厥陰肝手少陽三焦氣分主藥而通十二經氣分生則上行胸膈外達皮膚熟則下走肝腎外徹腰足炒黑則止血得童溲浸炒則入血分而補虛鹽水浸炒則入血分而潤燥青鹽炒則補腎氣酒浸炒則行經絡醋浸炒則消積聚薑汁炒則化痰飲得參朮則補氣得歸芐則補血得木香則流滯和中得檀香

則理氣醒脾得沉香則升降諸氣得芎藭蒼朮則總解諸鬱得梔子黃連則能降火熱得伏神則交濟心腎得茴香破故紙則引氣歸元得厚朴半夏則決壅消脹得紫蘇葱白則解散邪氣得三稜莪茂則消磨積塊得艾葉則治血氣暖子宮乃氣病之總司女科之主帥也

艾納香

【增】開寶本草廣志云艾納出西國似細艾又有松樹皮上綠衣亦名艾納與此不同其氣味甘溫平無毒治惡氣殺蟲主腹冷洩痢傷寒五洩心腹注氣止腸鳴下寸白燒之辟瘟疫合蜂窠浴腳氣治癬辟蛇

兜納香

【增】海藥本草廣志云兜納香出西海剽國諸山魏略云出大秦國草類也氣味辛平無毒溫中除暴冷惡瘡腫瘻止痛生肌並入膏用燒之辟遠近惡氣帶之夜行壯膽安神與茅香柳枝煎湯浴小兒易長

藿香

【增】南州異物志藿香出海邊國形如都梁可著衣服中　交州記藿香似蘇合　本草綱目藿香（豆葉曰藿其葉似之故名）楞嚴經謂之兜婁婆香法華經謂之多摩羅跋香金光明經謂之鉢怛羅香涅槃又謂之迦算香蘇頌曰嶺南多有之人家亦多種二月生苗莖梗甚密作叢葉似桑而小薄六七月采之須黃色乃可收李時珍曰莖方有

節中虛葉微似茄葉氣味辛微溫無毒治風水毒腫去惡氣止霍亂心腹痛吐逆開胃溫中快氣香口

【彙考】【增】吳外國傳都昆在扶南南三千餘里出藿香　夢溪筆談酉陽雜俎記事多誕如云一木五香根旃檀節沉香花雞舌葉藿膠薰陸此尤謬旃檀與沉香兩木元異雞舌即今丁香耳藿香自是草葉南方至多薰陸小木而大葉海南亦有薰陸乃其膠也今謂之乳頭香五物迥殊原非同類　王氏談錄公言蘭蕙二草今人蓋無識者或云藿香為蕙草

【集藻】頌【增】梁江淹藿香頌桂以過烈麝以太芬摧沮天壽夭抑人文誰及藿香微馥微薰攝靈百仞養氣青雰

附錄藿山草

【增】廣東志肇慶府德慶州東北五里曰藿山峰巒鬱秀上有草如藿香

麻伯

【增】名醫別錄麻伯一名君莒一名衍草一名道止一名自死生平陵如蘭葉厚白裹莖實赤黑九月采根味酸無毒主益氣出汗

相烏

【增】名醫別錄相烏一名烏葵如蘭香赤莖生山陽五月十五日采陰乾味苦治陰痿

天雄草

【增】名醫別錄天雄草生山澤中狀如蘭實如大豆赤色味甘溫無毒主益氣

益妳草

【增】本草拾遺益妳草生永嘉山谷葉如澤蘭莖赤高二三尺味苦平無毒治五痔止血炙令香浸酒服

香薷

【原】香薷一名香茸一名香菜一名蜜蜂草（本草綱目云薷本葇玉篇云葇菜蘇之類是也其氣香其葉柔故以名之草初生曰茸食療本草作香戎者非俗呼蜜蜂草象其花房也中州人呼爲香菜以充蔬品）所在皆種但北土差少有野生者有家蒔者方莖尖葉有刻缺似黄荆葉而小九月開紫花成穗有細子汴洛作圃種之暑月作蔬生茹十月采取乾

之圖經本草云又有一種石香葇生石上莖葉更細色黄而辛香彌甚本草綱目云一名石蘇高僅數寸葉如落帚葉與香薷同一物也但隨所生而名爾氣味辛微溫無毒下氣除煩熱療霍亂腹痛嘔逆冷氣脚氣寒熱解暑治水李時珍云世醫治暑病以香薷飲爲首藥不知中暑有頭痛發熱惡寒煩燥口渴或瀉或吐或霍亂者宜用有大熱大渴汗泄如雨煩燥喘促或瀉或吐乃勞倦內傷之症宜瀉火益元若用香薷是重虛其表而益之熱矣

【別錄】【原】修治八九月開花著穗時采取去根苗葉陰乾勿犯火氣服至十兩一生不得食白山桃

爵牀

【增】本草綱目爵牀一名爵麻一名香蘇蘇恭曰此草生平澤熟田近道旁似香葇葉長而大或如荏且細俗名赤眼老母草李時珍曰原野甚多方莖對節與大葉香薷一樣但香薷搓之氣香而爵牀搓之不香微臭以此爲別氣味鹹寒無毒治腰脊痛不得着牀俛仰艱難除熱可作浴湯療血脹下氣治杖瘡

赤車使者

【增】本草綱目赤車使者一名小錦枝蘇恭曰苗似香葇蘭香葉莖赤根紫赤色八月九月采日乾韓保昇曰生荆州襄州根紫如蒨根二月八月采李時珍曰此與爵

淋相類但以根色紫赤爲別爾氣味辛苦溫有毒治風冷邪疰蠱毒癥瘕五臟積氣治惡風冷氣服之悅澤肌皮好顏色

假蘇

【增】本草綱目假蘇一名薑芥一名荊芥一名鼠蓂蘇恭曰此即荊芥也薑芥聲訛爾曰蘇曰薑曰芥皆因氣味辛香如蘇如薑如芥也蘇頌曰處處有之葉似落藜而細初生香辛可噉人取作生菜古方稀用近世醫家爲要藥並取花實成穗者曝乾入藥又有胡荊芥俗呼新羅荊芥又有石荊芥生山石間體性相近入藥亦同李時珍曰荊芥原是野生今爲世用遂多栽蒔二月布子生苗炒食辛香方莖細葉似獨帚葉而狹

小淡黃綠色八月開小花作穗成房房如紫蘇房內有細子如葶藶子狀黃赤色連穗收采用之氣味辛溫無毒治寒熱鼠瘻瘰癧生瘡破結聚氣下瘀血除濕疸去邪除勞渴冷風出汗傳丁腫腫毒作菜生熟皆可食并煎茶飲之散風熱清頭目利咽喉消瘡腫祛風邪消瘡毒

薄荷

【原】薄荷一名菝蔄一名蕃荷菜一名南薄荷一名吳菝蔄一名金錢薄荷本草綱目云薄荷食性本草作菝蔄音跋括甘泉賦作茇葀字林作茇苦俗訛爲薄荷千金方作蕃荷又方音之訛也以蘇州者爲勝故謂之吳菝蔄以別于胡菝蔄也衍義云世稱此爲苗薄荷以別于龍腦薄荷會編云全錢薄荷謂其葉小頗圓如錢也二月宿根生苗清明前後分栽方莖赤色葉對生初生形長而頭圓及長則尖人家多栽之吳越川湖多以代茶蘇州所蒔者莖小而氣芳尤以產儒學前者爲佳江西者稍麤川蜀者更麤氣味辛涼無毒利咽喉口齒諸病治瘰癧瘡疥風瘙癮疹去舌胎語澀止衄血塗蜂螫蛇傷療小兒驚熱

【集藻】七言絕句【原】宋陸游題畫薄荷扇薄荷花開蝶翅翻風枝露葉弄秋妍自憐不及貍奴黠爛醉籬邊不用錢　一枝香草出幽叢雙蝶紛飛戲晚風莫恨郇居相識晚知名元向楚辭中

【別錄】【增】晉束皙發蒙記貓以薄荷爲酒謂飲之即醉也　物類相感志薄荷去魚腥　【原】收採凡收薄荷須隔

夜以糞水澆之雨後刈收則性涼不爾不涼　【製用】可生食同薤作虀相宜病薄荷勿食令人虛汗不止瘦弱人久食動消渴病

地錢

【增】酉陽雜俎地錢葉圓莖細有蔓生溪澗邊一曰積雪草亦曰連錢草　本草綱目積雪草一名胡薄荷一名海蘇陶弘景曰積雪草方藥不用想此草以寒涼得名耳蘇恭曰此草葉圓如錢荊楚人謂爲地錢草蘇頌曰處處有之八九月采苗葉陰乾用按天寶單行方云連錢草生咸陽下濕地亦生臨淄郡濟陽郡池澤中甚香俗間或云圓葉似薄荷江東吳越丹陽郡極多彼人常充生菜食之河北柳城郡盡呼爲海蘇好近水

生經冬不死咸陽洛陽亦有之或名胡薄荷寇宗奭曰南方多有生陰濕地不必荊楚形如水荇而小面亦光潔微尖爲異葉葉各生今人謂之連錢草蓋取象也蘇頌圖經云胡薄荷與薄荷相類但味少甘生江浙間彼人多以作茶飲俗呼爲新羅薄荷天寶方所用連錢草是也氣味苦寒無毒治大熱惡瘡癰疽傳熱腫丹毒治瘰癧鼠漏寒熱男女血病

紫蘇

原紫蘇一名赤蘇（本草綱目云蘇性舒暢行氣和血故謂之蘇曰紫曰赤以色名也）一名桂荏（爾雅云蘇桂荏註云蘇荏類故名桂荏）又一種白蘇皆二三月下種或宿子在地自生莖方葉圓而有尖四圍有鉅齒肥地者面背皆紫瘠地背紫面青其面背皆白卽白蘇乃荏也紫蘇五六月連根收採以火煨其根陰乾則經久葉不落八月開細紫花成穗作房如荊芥穗九月半枯時收子子細如芥子而色黃赤又有一種花紫蘇其葉細齒密紐如翦成狀香色莖子並無異者人種囘囘蘇莖葉子俱辛溫無毒氣辛入氣分色紫入血分解肌發表行氣寬中消痰利肺和血溫中止痛定喘開胃安胎散風寒解魚蟹毒治蛇犬傷爲近世要藥

彙考 增沙州記乞弗虜之地不種五穀惟食蘇子

集藻〔五言古詩〕增宋劉敞採紫蘇歲暮有秋望帶經且親鋤今茲五月交盛陽精已徂養生寄空瓢雖之未可慮止以營一飲形骸如此劬

別錄〔製用〕葉生採作羹殺一切魚肉毒嫩時採葉和蔬茹之或鹽及梅滷作葅食甚香夏月作熟湯飲之務本新書田畔近道可種蘇以遮六畜收子打油燃燈甚明或熬之以油器物〔丹房鏡源〕蘇子油能柔五金八石〔宋氏種植書〕子與葉同功發散風氣用葉清利上下用子 香紫蘇採蘇嫩心長三寸許勿見水約三斤用鹽二兩醃一宿梅滷浸三日曬乾入甘草甘松白芷末拌勻摻收之 製細酸紫蘇葉同茭白青梅作絲入白糖曝乾細酸平時取咀嚼之利痰結消五鬲 雲南紫蘇頭葉入梅醬醃一日取出用糖浸可作佳蔬其子醋浸甚爽酒 白蘇子乾收炒熟最香入糖煎拌芝蘇均爲佳品〔禁忌〕宋仁宗命翰林院定湯飲以紫蘇熟水爲第一取其能下胸膈浮氣也不知久則瀉人眞氣

水蘇

增【本草綱目】水蘇一名雞蘇一名香蘇一名龍腦薄荷一名芥蒩一名芥苴（此草似蘇而好生水旁故名水蘇其葉辛香可以煮雞故有龍腦香蘇雞蘇之名芥蒩芥苴當作芥苴以其味辛如芥故名）三月生苗方莖中虛葉似蘇葉而微長密齒面皺色青對節生氣甚辛烈六七月開花成穗如蘇穗水紅色穗中有細子狀如荊芥子可種易生宿根亦自生者莖高四五尺氣味辛微溫

無毒理血下氣清肺消穀除飲食辟口臭去邪毒辟惡
氣久服通神明輕身耐老

薺薴

增本草綱目薺薴一名臭蘇一名青白蘇云其形似木蘇而臭似白蘇而青故有二名處處平地有之葉似野蘇而稍長有毛氣臭
山人茹之味不甚佳氣味辛溫無毒治冷氣洩痢生食
除胸間酸水挼碎傅蟻瘻

附錄 石薺薴

增本草拾遺石薺薴生山石間細葉紫花高一二尺山
人用之味辛溫無毒治風冷氣瘡疥瘙痒痔瘻下血煮
汁服之

菴蕳

增本草綱目菴蕳一名覆閭菴草屋也閭里門也此草乃蒿屬老莖可以蓋覆菴閭故以名之貞元廣利方謂之菴蕳蒿葉似菊葉而薄多細丫面背皆青
高者四五尺其莖白色如艾莖而麤八九月開細花淡
黃色結細實如艾實中有細子極易繁衍藝花者以之
接菊子氣味苦微寒無毒治五臟瘀血腹中水氣臚脹
留熱風寒濕痺身體諸痛久服輕身延年不老療心下
堅隔中寒熱周痺通經消食明目駏驉食之神仙

附錄 對廬

增名醫別錄對廬似菴蕳八月采味苦寒無毒主疥瘡
久不瘳生肌除大熱煮汁洗之

艾

原艾一名醫草一名冰臺一名艾蒿爾雅云艾冰臺注云今艾蒿一
名黃草處處有之宋時以湯陰復道者爲佳近代湯陰
者謂之北艾四明者謂之海艾自成化以來惟以蘄州
者爲勝謂之蘄艾相傳蘄州白家山產艾置寸板上灸
之氣徹於背他山艾徹五分湯陰艾僅三分以故世皆
重之此草宿根二月生苗成叢莖白色直上高四五尺
葉四布狀如蒿分五尖椏上復有小尖面青背白有茸
而柔厚味苦而辛生則溫熟則熱七八月葉間出穗如
車前穗細花結實纍纍盈枝中有細子霜後始枯皆以
五月五日連莖刈取曝乾收葉以灸百病凡用艾陳久

者良治令細軟謂之熟艾若生艾灸火傷人肌脈作煎
治諸血病溫中逐冷除濕擣汁服止傷血殺蚘蟲治心
腹一切冷氣鬼氣其莖乾之染麻油引火點灸炷滋潤
灸瘡至愈不痛又可代蓍策作燭心

彙考增詩王風彼采艾兮一日不見如三歲兮 原孟
子猶七年之病求三年之艾也 增隋書酷吏傳屈突
蓋爲武侯驃騎嚴刻長安爲之語曰寧茹三升艾不逢
屈突蓋 唐書南蠻傳婆利者直環王東南多火珠大
者如雞卵圓白照數尺日中以艾藉珠輒火出 師曠
占艾先生則歲多病 四民月令三月可採艾 漢武
內傳西王母神仙灸藥有靈叢艾 博物志削冰令圓

舉以向日以艾承其影則得火 原荊楚歲時記五月五日採艾以爲人懸門戶上以禳毒氣按宗則字文度嘗以五月五日雞未鳴時採艾見似人處攬而取之 增老學庵筆記祖母楚國夫人病累月醫藥莫効一日有老道人狀貌甚古探囊出少艾取一繈灸之祖母方卧忽覺腹間痛甚如火灼道人徑去疾馳不可及祖母病遂愈 獨醒雜志樞密孫公抃生數日患臍風已不救家人乃盛以盤合將棄諸江道遇老媼曰兒可活即與俱歸以艾灸臍下遂活 原外國記安南艾山上有仙艾每春仲開花雨後落水面羣魚吞之化爲龍者十九

集藻 贊 增齊孔璠之艾贊論藹靈艾蔚彼修坂混區羣卉理深用遠 明李言聞艾贊產于山陽采以端午治病灸疾功非小補

賦 增齊孔璠之艾賦良藥弗達妙針莫宣奇艾急病靡身挺煙治匪君臣得用神火振淹固於一爛氣絕息平無假淳建扱而招祟鉗椒擣而貽禍伊茲艾之淑粹仍索質於中野嗟乎貞灰與邪蠹浩御芳煙與苦蘭競薰是以艾正而賤蘭妖而珍故言蕭則榮對舉蘭則艾因

文賦散句 增楚屈原離騷扈服艾以盈腰兮謂幽蘭其不可佩 漢張衡思玄賦實蕭艾于重笥兮謂蕙蘭之不香 唐陳章艾人賦採彼艾兮及此佳辰標至靈以衞物因善救以成人

詩散句 增宋章得象艾葉成人後榴花結子初 增梁沈約艾葉彌南浦 庾肩吾漢艾凌波出 唐孟浩然采艾値幽人

附錄 千年艾

增本草綱目千年艾出武當太和山中小莖高尺許其根如蓬蒿其葉長寸餘無尖椏面青背白秋開黃花如野菊而小結實如青珠丹顆之狀三伏日采葉曝乾葉不似艾而作艾香搓之即碎不似艾葉成茸也氣味辛微苦溫無毒治男子虛寒婦人血氣諸痛

陰地厥

增圖經本草陰地厥生鄧州順陽縣內鄉山谷葉似青蒿莖青紫色花作小穗微黃根似細辛七月采根用氣味甘苦微寒無毒治腫毒風熱

九牛草

增圖經本草九牛草生筠州山岡上二月生苗獨莖高一尺葉似艾葉圓而長背有白毛面青五月采苗用氣味微苦有小毒解風勞治身體痛與甘草同煎服不入衆藥用

益母草

原益母草一名萑一名蓷一名茺蔚一名貞蔚一名益明一名野天麻一名火杴一名猪麻一名苦低草一名

夏枯草一名土質汗一名鬱臭草爾雅云萑蓷註云今茺蔚也廣雅名益母本草綱目云此草及子皆茺盛密蔚故名茺蔚其功宜于婦人及明目益精故有益母益明之稱其莖方類麻故謂之野天麻俗呼為豬麻豬喜食之也夏至後即枯故亦有夏枯之名近效方謂之土質汗出西番治金瘡折傷益母亦治折傷故名劉歆云蓷臭穢也拾遺云田野間人呼為鬱臭草埤雅又謂之蔚臭處處有之春初生苗如嫩蒿入夏長三四尺莖方如黃麻莖葉青如艾葉而背青一梗三葉葉有尖岐寸許一節節節開花苞叢簇抱莖四五月開小花紅紫色每萼內子數粒大如同蒿子有三稜褐色其草生時有臭氣夏至後即枯根白色味甘微辛氣溫無毒和血行氣有助陰之功治婦女一切諸病能明目益精久服令人有子治手足厥陰血分風熱及女人諸病單用子若治腫毒瘡瘍消水行血胎產諸病則根莖花葉並用蓋根莖花葉專于行而子則行中有補也

彙考 增 詩王風中谷有蓷〔註〕蓷雖也即今益母草也

別錄 原 〔修治〕凡用益母根莖切以竹刀忌鐵器用子微炒香或砂鍋蒸熟曝乾舂取仁用〔辨訛〕按閨閣事宜爾雅陳藏器皆以白花者為益母紫花者為野天麻返魂丹註以紫花者為益母白花者不是千金方以為一物二種凡花皆有赤白如牡丹芍藥菊花之類李時珍以二色花皆益母白花者主氣分紫花者主血分分別而用之可也〔製用〕唐天后澤面法五月五日采根苗具者勿著土曬乾搗羅以水和成團雞子大再曝乾作一爐四旁開竅上下置火安藥中央大火燒一炊久去大火留小火養之勿令火絕經一伏時取出瓷器中研極細收用如澡豆法日用一方每十兩加滑石一兩胭脂一錢

蘩菜

增〔圖經本草〕蘩菜生江南陰地似益母方莖對節白花李時珍曰此即益母之白花者乃一物二種故亦主血病與益母功同嫩苗可食故謂之菜氣味辛平無毒破血治產後腹痛煑汁服

薇銜

增〔本草綱目〕薇銜一名麋銜一名鹿銜一名吳風草一名無心一名無顛一名承膏一名承肌蘇恭曰南人謂之吳風草一名鹿銜草言鹿有疾銜此草即瘥李時珍曰蘇說則薇銜麋銜當作麋銜也鹿麋一類也按酈道元水經注云魏興錫義山多生薇銜草有風不偃無風獨搖則吳風亦當作無風乃通陳藏器曰一名無心草非草之無心者方藥少用別錄曰薇銜生漢中川澤及冤句邯鄲七月采莖葉陰乾蘇恭曰此草叢生似茺蔚及白頭翁其葉有毛赤莖又有大小二種楚人謂大者為大吳風草小者為小吳風草韓保昇曰葉似茺蔚叢生有毛其花黃色其根赤黑色氣味苦平無毒治風濕痺歷節痛驚癇吐舌悸氣賊風鼠瘻癰腫暴癥逐水療痿躄久服輕身明目

夏枯草

増本草綱目夏枯草一名夕句一名乃東一名燕面一名鐵色草 朱震亨曰此草夏至後即枯蓋稟純陽之氣得陰氣則枯故有是名 蘇恭曰處處有之生平澤冬至後生葉似旋覆三月四月開花作穗紫白色似丹參花結子亦作穗五月便枯四月采之 李時珍曰原野間甚多苗高一二尺許其莖微方葉對節生似旋覆葉而長大有細齒背白多故莖端作穗長一二寸穗中開淡紫小花一穗有細子四粒嫩苗瀹過浸去苦味油鹽拌之可食氣味苦辛寒無毒治寒熱瘰癧鼠瘻頭瘡破癥散癭結氣脚腫濕痺輕身

劉寄奴草

増本草綱目劉寄奴草 詳見述異記 一名金寄奴一名烏藤

菜 鄭樵通志云江南人因漢時謂劉為卯金刀乃呼劉為金昱按又有金寄奴之名江東人謂之烏藤菜云 一莖直上葉似蒼朮尖長糙澀面深背淡九月莖端分開數枝一枝攢簇十朶小花白瓣黃蘂如小菊花狀花罷有白絮如苦買花之絮其子細長亦如苦藚子氣味苦溫無毒破血下脹下血止痛治產後餘疾止金瘡血極効多服令人下痢

彙考 増 述異記宋武帝徽時伐荻於新洲見大蛇長數丈遂射之傷明日復往觀之聞杵臼聲覓見數青衣童子搗藥問其故答曰我王為劉寄奴所射今合藥傅之帝曰何神也童子不荅帝叱之皆散收得藥人因名此草為劉寄奴

曲節草

増本草綱目曲節草一名六月淩一名六月霜一名綠豆青一名蛇藍 此草性寒故有淩霜綠豆之名 蘇頌曰生均州四月生苗莖方色青有節葉似劉寄奴而青軟七八月著花似薄荷結子無用五月六月采莖葉陰乾氣味甘平無毒治發背瘡消癰腫拔毒同甘草作末米汁調服

麗春草 與花譜麗春名同物異

増圖經本草麗春草生檀嵎山川谷檀嵎山在高密界河南淮陽郡潁川及譙郡汝南郡等並呼為龍羊草河北近山鄴郡汲郡並名蘩蘭艾上黨紫團山亦有名定參草又名仙女蒿花及根並治癃黃黃疸

青葙

増本草綱目青葙一名草蒿一名萋蒿一名崑崙草一名野雞冠一名雞冠莧子名草決明 青葙名義未詳胡麻葉亦名青蘘此草又多生于胡麻地中與之同名豈以其相似而然耶青蒿亦名草蒿其功相似名亦相同其子明目與決明子同功故有草決明之名其花葉似雞冠嫩苗似莧故謂之雞冠莧陳藏器曰胡人謂之崑崙草 生田野間嫩苗可食長則高三四尺苗葉花實與雞冠花一樣無別但雞冠花穗或有大而扁或團者此則梢間出花穗尖長四五寸狀如兔尾水紅色亦有黃白色者子在穗中與雞冠子及莧子一樣難辨莖葉氣味苦微寒無毒治邪氣皮膚中熱風瘙身痒殺三蟲惡瘡疥蝨痔蝕䘌瘡搗汁服療溫癘止金瘡血子氣味苦微寒無毒

治唇口青五臟邪氣益膽髓鎮肝明耳目堅筋骨去風寒濕痺治肝臟熱毒衝眼赤障青盲翳腫惡瘡疥瘡

附錄 桃朱術

增〔本草綱目〕蕭炳曰青葙一種花黃者名陶朱術苗相似陳藏器曰桃朱術生園中細如芹花紫子作角以鏡向旁敲之則子自發五月五日乃收子帶之令婦人為夫所愛

附錄 天靈草

增〔土宿真君本草〕天靈草狀如雞冠花葉亦如之折之有液如乳生江湖荊南陂池間五月取汁可制雄硫煮雌煉砂

附錄 思蓂子

增〔炮炙論〕思蓂子鼠細子二件真似青葙子只是味不同思蓂子味苦煎之有涎

大薊

增〔本草綱目〕大薊一名虎薊陶弘景曰大薊是虎薊小薊是貓薊葉並多刺相似一名馬薊一名刺薊一名山牛蒡一名雞項草一名千針草一名野紅花薊猶髻也其花如髻也曰虎曰貓因其苗狀狰獰也曰馬者大也牛蒡因其根似牛蒡根也雞項因其莖似雞之項也千針紅花皆其花狀也鄭樵通志謂爾雅之蘩曰狗毒者即此未知是否陳藏器曰薊門以多薊得名當以北方者為勝也蘇恭曰大小薊葉雖相似功力有殊大薊生山谷根療癰腫小薊生平澤不能消腫而俱能破血蘇頌曰小薊處處有之俗名青刺薊二月生苗二三寸時併根作菜茹食甚美四月高尺餘多刺心中出花頭如紅藍花而青紫色北人呼為千針草四月采苗九月采根並陰乾用大薊苗根與此相似但肥大爾寇宗奭曰大小薊皆相似花如髻但大薊高三四尺葉皺小薊高一尺許葉不皺以此為異作菜雖有微芒不害人大薊根氣味甘溫無毒安胎止吐血鼻衄令人肥健葉治腸癰腹臟瘀血作暈撲損惡瘡疥癬小薊根氣味甘溫無毒養精血破宿血生新血合金瘡治蜘蛛蛇蠍毒熱毒風并胸膈煩悶開胃下食退熱補虛損苗去煩熱作菜食除風熱

佩文齋廣羣芳譜卷第九十五

佩文齋廣羣芳譜卷第九十六

藥譜

續斷

增本草綱目續斷一名屬折一名接骨一名龍豆一名南草續斷屬折接骨皆以功命名也蘇頌曰今陝西河中興元舒越晉絳諸州皆有之三月以後生苗榦四稜似苧麻葉兩兩相對而生四月開花紅白色似益母花根如大薊赤黃色按范汪方云續斷即是馬薊與小薊葉相似但大於小薊爾葉似旁翁菜而小厚兩邊有刺刺人其花紫色與今越州所圖者相類而市之貨者亦有數種少能辨其麤良醫人但以節節斷皮黃皺者為真李時珍曰今人所用以中州來色赤而瘦折之有煙塵起者為良氣味苦微溫無毒治傷寒補不足金瘡癰瘍折跌續筋骨助氣補五勞七傷破癥結瘀血消腫毒治婦人乳難胎漏產後一切病胎久服益氣力去諸溫毒通宣血脈

鉤芺

增爾雅鉤芺註大如拇指中空莖頭有臺似薊初生可食說文芺味苦江南食以下氣本草綱目苦芺一名鉤芺一名苦板凡物穉曰芺此物嫩時可食故以名之浙東人清明節采其嫩苗食之云一年不生瘡疥亦搗汁和米為食其色青久留不敗造化指南云苦芺大者名苦藉葉如地黃味苦初生有白毛入夏抽莖有毛開白花甚繁結細實其無花實者名地膽草汁苦如膽也處處濕地有之入爐火家用氣味苦微寒無毒下氣解熱燒灰傅漆瘡療金瘡治丹毒煎湯洗痔甚驗

漏盧

增本草綱目漏盧一名野蘭一名莢蒿一名鬼油麻屋之西北黑處謂之漏凡物黑色謂之盧此草秋後即黑異於衆草故有漏盧之稱唐韻作蘆其莢如麻故俗呼為鬼油麻云蘇頌曰汴東州郡及秦海州皆有之舊說莖葉似白蒿花黃白莢莖若筯大房類油麻而小今諸郡所圖上惟單州者差相類沂州者花葉頗似牡丹秦州者花似單葉寒菊海州者如單葉蓮花三州所生花雖別而葉頗相類但秦海州者葉更作鋸齒狀當依舊說以單州出者為勝氣味鹹寒無毒治膚熱毒惡瘡疽痔金瘡濕痺下乳汁殺蟲止血排膿補血長肉通經脈久服輕身益氣耳目聰明不老延年

飛廉

增本草綱目飛廉一名漏蘆一名木禾一名飛雉一名飛輕一名伏兔一名伏豬一名天薺飛廉神禽之名也其狀鹿身豹文雀頭蛇尾有角能致風氣此草附莖有皮如箭羽復療風邪故有飛廉飛雉飛輕諸名陶弘景曰處處有之極似苦芺惟葉多刻缺葉下附莖輕有皮起似箭羽其花紫色俗方殆無用而道家服其枝莖可得長生又入神枕方蘇恭曰此有兩種一種生平澤中是陶氏所說者一種生山岡上者葉頗相似而無刻缺且多

毛其莖赤無羽其根直下更無旁枝生則肉白皮黑中有黑脈日乾則黑如玄參用莖葉及根療疳蝕殺蟲與平澤者俱有驗蘇頌曰今秦州所圖漏蘆花似單葉寒菊紫色五七枝同一榦海州所圖漏蘆花紫碧色如單葉蓮花花蕚下及根旁有白茸裹之根黑色如蔓青而細又類葱本淮甸人呼爲老翁花與陶蘇所說飛廉相近李時珍曰蘇頌圖經疑海州所圖之漏蘆是飛廉沈存中筆談亦言今方家所用漏蘆乃飛廉也苗似苦芙根如牛蒡而綿頭古方漏蘆散下云用有白茸者則是有白茸者飛廉無疑矣氣味苦平無毒治骨節熱脛重酸疼頭眩頂重皮間邪風熱瘡癰疽痔濕痺止風邪欬

嗽下乳汁療疳蝕殺蟲小兒疳痢

大青

增本草綱目大青其莖葉皆深青故名處處有之高二三尺莖圓葉長三四寸面青背淡對節而生八月開小花紅色成簇結青實大如椒九月色赤氣味苦大寒無毒治時氣頭痛大熱口瘡除時行熱毒治溫疫寒熱熱毒痢黃疸喉痺解金石藥毒

小青

增圖經本草小青生福州三月生花彼土人當三月采葉用之生搗傅癰腫瘡癤甚效

胡盧巴

增本草綱目胡盧巴一名苦豆掌禹錫曰出廣州并黔州春生苗夏結子子作細莢至秋采今人多用嶺南者蘇頌曰或云種出海南諸番蓋其國蘆菔子也舶客將種蒔於嶺外亦生不及番中來者眞好氣味苦大溫無毒治元臟虛冷氣疝瘕寒濕脚氣益右腎煖丹田右腎命門藥也元陽不足冷氣潛伏不能歸元者宜之

蠡實

增本草綱目蠡實一名荔實一名馬藺子一名馬楝子一名馬薤一名馬帚一名鐵掃帚一名劇草一名旱蒲一名豕首一名三堅蘇恭曰此即馬藺子也月令仲冬荔挺出鄭玄註云荔馬薤也通俗文云一名馬藺本草謂之荔實蘇頌曰馬藺子北人訛爲馬楝子廣雅云馬薤荔也高誘云荔挺出荔草挺出

也講禮者不識呼爲荔挺又作馬莧並誤矣馬莧亦名豕耳即馬齒也李時珍曰爾雅云荓音瓶馬帚也即此荔草謂其可爲馬刷故名今河南北人呼爲鐵掃帚是也蘇頌曰陝西諸郡及鼎澧州皆有之近汴尤多葉似薤而長厚三月開紫碧花五月結實作角子如麻大而赤色有稜根細長通黃色人取以爲刷三月開花五月采實並陰乾用李時珍曰生荒野中就地叢生一本二三十莖苗高三四尺葉中抽莖開花結實氣味甘平無毒治皮膚寒熱胃中熱氣風寒濕痺堅筋骨令人嗜食久服輕身止心煩滿利大小便長肌膚療金瘡血內流癰腫有效消酒毒治黃病殺蕈毒傅蛇蟲咬治小腹疝痛腹內冷積水痢諸病花實及根葉去白蟲療喉痺癰疽惡瘡

牛蒡

【原】本草綱目牛蒡一名惡實一名鼠黏一名大力子一名蒡翁菜一名便牽牛一名蝙蝠刺其實狀惡而多刺鉤故名惡實其根葉皆可食人呼爲牛菜術人隱之呼爲大力也俚人謂之便牽牛河南人呼爲夜叉頭蘇頌曰實殼多刺鼠過之則綴惹不可脫故謂之鼠黏子　蘇頌曰處處有之葉大如芋葉而長實似葡萄核而褐色外殼似栗梂而小如指頭多刺根有極大者作菜茹益人秋後采子入藥李時珍曰古人種子以肥壤栽之翦苗淘爲蔬取根煮曝爲脯云甚益人今人亦罕食之三月生苗起莖高者三四尺四月開花成叢淡紫色結實如楓梂而小萼上細刺百十攢簇之一梂有子數十顆其根大者如臂長者近尺其色

灰黲七月采子氣味辛平無毒明目補中除風傷風毒腫諸瘻去丹石毒利腰腳散諸結節筋骨煩熱毒潤肺散氣利咽膈去皮膚風通十二經消斑疹毒十月采根氣味苦寒無毒治傷寒寒熱汗出中風面腫消渴熱中逐水療牙痛勞瘧諸風腳緩弱風毒癰疽欬嗽傷肺肺壅疝瘕冷氣積血傳杖瘡金瘡通十二經脈洗五臟惡氣可常作菜食令人身輕

卷耳

【增】爾雅卷耳苓耳（註）廣雅云枲耳也亦曰胡枲江東呼爲常枲形如鼠耳叢生如盤（陸璣詩疏）今或謂之耳璫耳鄭康成謂是白胡荽幽州人呼爵耳（爾雅翼）幽冀謂之襢菜雒下謂之常思菜（本草綱目）葈耳一名蒼耳一名猪耳一名地葵一名葹一名羊負來一名道人頭一名進賢菜一名喝起菜一名野茄一名縑絲草蘇頌曰博物志云洛中有人驅羊入蜀胡葈子多刺黏綴羊毛遂至中國故名羊負來俗呼爲道人頭李時珍曰葉形如葈麻又如茄故有葈耳及野茄諸名味滑如葵故名地葵　蘇頌曰處處有之其葉青白似胡荽白華細莖蔓生可煮爲茹滑而少味四月中生子正如婦人耳璫（周憲王本草）蒼耳葉青白類黏糊菜葉秋間結實比桑椹短小而多刺嫩苗煠熟水浸淘拌食其子炒去皮研爲麪亦可熬油氣味甘溫有小毒治頭風寒痛風濕周痺拘攣一切風氣填髓煖腰腳治瘰癧瘡疥及瘙癢莖葉治溪毒中風傷寒頭痛

大風癲癇頭風濕痺毒在骨髓腰膝風毒狂犬咬毒

【彙考】【增】（詩周南）采采卷耳不盈頃筐（四民月令）伏後二十日爲麪至七月七日乾之覆以胡葈（埤雅）舊說千歲之龜巢於蓮葉游於卷耳（東坡雜記）藥至賤而爲世要用無若蒼耳者他藥雖賤或地有不產惟此藥不問南北夷夏山澤斥鹵泥土沙石但有地則產其花葉根實皆可食食之則如藥治病無毒生熟丸散無適不可愈食愈善乃使人骨髓滿肌如玉長生藥也主療風痺癱緩癃瘧瘡癢不可勝言尤治癭金瘡海南無藥惟此藥生舍下遷客之幸也

【集藻】文散句【增】楚屈原離騷薋菉葹以盈室兮

五言古詩【增】唐李白尋魯城北范居士失道落蒼耳中見范置酒摘蒼耳作　鴈度秋色遠日靜無雲時客心不自得浩漫將何之忽憶范野人閒園養幽姿茫然起逸興但恐行來遲城壕失往路馬首迷荒陂不惜翠雲裘遂爲蒼耳欺入門且一笑把臂君爲誰酒客愛秋蔬山盤薦霜梨他筵不下筯此席忘朝飢酸棗垂北郭寒瓜蔓東籬還傾四五酌自詠猛虎詞近作十日歡遠爲千載期風流自簸蕩謔浪偏相宜酣來上馬去却笑高陽池【原】杜甫驅豎子摘蒼耳　江上秋已分林中瘴猶劇畦丁告勞苦無以供日夕蓬莠獨不焦野蔬暗泉石卷耳況療風童兒且時摘侵星驅之去爛熳任遠適放筐

亭午際洗剝相蒙羃登牀半生熟下筯還小益加點瓜薤間依稀橘奴迹亂世誅求急黎民糠籺窄飽食復何心荒哉膏粱客富家廚肉臭戰地骸骨白寄語惡少年黃金且休擲

七言律詩【增】元成廷珪寄周平叔先生就求蒼耳子　周侯久不通書問夜夜滄江入夢頻五月采來蒼耳子幾時分送白頭人沙頭酒熟田毛足港上船來海錯新南北相望千百里老來幽獨倍傷神

詩散句【增】唐李白　贈君卷葹草心斷矣何言

地菘

【增】爾雅　薂蘋豕首　註　本草曰彘顱一名蟾蜍蘭今江東呼稀首　疏　菊藥草名一名天名精一名麥句薑一名蝦蟇藍一名天門精一名玉門精一名天蔓菁南人呼爲地菘味甘辛故有薑稱狀如藍故名蝦蟇藍香似蘭故名蟾蜍蘭　本草綱目　天名精一名蚵蚾草一名活鹿草一名劉儘草（詳見酉陽雜俎）一名皺面草一名母豬芥根名杜牛膝（見集效方）實名鶴蝨（詳見夢溪筆談）嫩苗綠色似皺葉菘芥微有狐氣長則起莖開小黃花如小野菊花結實如同蒿子相似最黏人衣服狐氣尤甚炒熟則香其根白色如短牛膝根葉氣味甘寒無毒子苦辛有小毒其功大抵只是吐痰止血殺蟲解毒治乳蛾喉腫及小兒急慢驚風牙疼諸病尤有效

【彙考】【增】酉陽雜俎　天名精一名鹿活草昔青州劉儘宋元嘉中射一鹿剖五臟以此草塞之蹶然而起儘怪而拔草復倒如此三度儘密錄此草種之多主傷折俗呼爲劉儘草　夢溪筆談　地菘爲天名精世人既不識天名精又妄認地菘爲火蘞本草又出鵝蝨一條都成紛亂今按地菘即天名精蓋其葉似菘又似名精故有二名鶴蝨即其實世間有單服火蘞法乃是服地菘耳不當用火蘞

豨薟

【原】豨薟（豨音喜　薟音杴）一名希仙一名火杴草一名虎膏一名豬膏母一名狗膏一名黏糊菜（本草綱目云楚人呼豬爲豨呼草之氣味辛毒

爲薟豨膏虎膏狗膏皆因其氣似及治虎狗傷也火杴當作火薟俗音訛耳近人復訛豨薟爲希仙矣救荒本草言其嫩苗煠熟油鹽調食故俗謂之黏糊菜素莖有直稜兼有斑點葉似蒼耳葉微長似地菘而稍薄對節生莖葉皆有細毛肥壤一株分枝數十八九月開深黃小花子如同蒿子外萼有細刺黏人氣味苦寒有小毒治金瘡止痛斷血生肉除諸惡瘡浮腫治久瘧痰癊風氣麻痺骨痛膝弱風濕傳虎傷狗咬及諸蟲毒

集藻 表 **原** 唐成訥進豨薟丸方表臣有弟訮年二十一中風伏枕五年百醫不瘥有道人鍾鍼因覩此患曰可餌豨薟丸必愈其草多生沃壤高三尺許節葉相對當夏五月以來收之每去地五寸翦刈以溫水洗去土摘

葉及枝頭凡九蒸九暴不必太燥但以取足爲度仍熬搗爲末煉蜜丸如梧子大空心溫酒或米飲下二三十丸服至二千丸所患愈加不得憂慮是藥攻之力服至四千丸必得復至五千丸當復須喫飯三五匙壓之五月五日采者佳 宋張詠進豨薟丸表竊以餐食飲水可作充腸之饌餌松合柏亦成救病之功是以療饑者不在於羞珍愈病者何煩於異術倘獲濟時之藥輒陳鄙物之形不恥管窺輒干天聽臣因換龍興觀掘得一碑內說修養氣術并藥方二件依方差人訪問采覓其草頗有異金稜銀線素莖紫荄對節而生蜀號火杴莖葉頗同蒼耳不費登高歷險每常求少獲多急采非難廣收甚易倘勤久服旋見神功誰知至賤之中乃有殊常之效臣自喫至百服眼目清明即至千服髭鬚烏黑筋力輕健效驗多端臣本州有郡押衙羅守一曾因中風墜馬失音不語臣與十服其病立痊又和尚智嚴年七十忽患偏風口眼喎斜時時吐涎臣與十服亦便得痊今合一百劑差職貢史元奏進

七言絕句 **增** 宋黃庭堅一夕風雨花藥都盡惟有豨薟一叢濯濯得意戲題 紅葉山丹逐曉風春榮分到豨薟叢朱顏頗欲辭鏡去煮葉掘根儻見功

別錄 **原** 修治 五月五日六月六日九月九日采葉去根莖花實洗淨曝乾入甑中層層灑酒與蜜蒸之又曝如

此九遍則氣味香美熬搗篩末蜜丸服之 辨訛 李時珍云沈括筆談云世人妄認地菘爲火杴按地菘莖青圓而無稜無斑毛葉皺似菘芥不對節與成訥張詠進豨薟丸表所說不同蘇恭謂葉似酸漿乃龍葵非豨薟蓋誤認爾

蘘荷

原 蘘荷一名葍苴古今註云荷紫者曰葍苴白者曰蘘荷一名覆葅一名猼苴博雅謂之蓴苴楚辭謂之苴蓴一名嘉草似芭蕉而白色花生根中花未敗時可食久則消爛根似薑而肥葉似初生甘蔗宜陰翳地依蔭而生樹陰下最妙二月種一種永生不須鋤耘但加糞耳八月初踏其苗令死則根滋茂九

月初取其傍生根爲葅亦可醃貯以備蔬果有赤白二種製食赤者爲勝入藥白者爲良其葉冬枯十月中以糠厚覆其根免致凍死氣味辛溫有小毒治諸惡瘡及蠱毒葉名蘘草氣味苦甘寒無毒治溫瘧寒熱酸嘶邪氣辟不祥

彙考 增 搜神記 蔣士先有傭客得疾下血醫以中蠱乃密以蘘荷根布席下不使知乃狂言曰食我蠱者乃張小小也乃呼小小亡去今世攻蠱多用蘘荷根往往驗蘘荷或謂嘉草 丹鉛錄 丘文莊羣書抄方載中蠱毒用白蘘荷引柳子厚詩云云且曰子厚在柳州種之其地必有此種仕于茲土者其物色之蓋亦不知爲何物

也余謂丘公之博洽而不識世之識者亦罕矣按嵇江志引急就章注曰白蘘荷即今甘露考之本草其形性正同

集藻 文賦散句 增 楚屈原大招 膾苴蓴只 漢司馬相如上林賦 茈薑蘘荷 馬融廣成頌 芝荋蕫苴蘘荷芋渠 張衡南都賦 蓼蕺蘘荷

五言古詩 增 唐柳宗元種白蘘荷 皿蟲化爲癘夷俗多所神銜猜每腊毒謀富不爲仁蔬果自遠至杯酒盈肆陳言甘中必苦何用知其眞華潔事外飾尤病中州人錢刀恐賈害飢至益逡巡竄伏常戰慄懷故逾悲辛庶民有嘉草攻禬事久泯炎帝垂靈編言此殊足珍崎嶇

乃有得託以全余身紛敷碧樹陰眄睞心所親

別錄 原 修治 凡使白蘘荷以銅刀刮去麤皮一層細切入砂鍋中研如膏取自然汁煉作煎新器攤冷如乾膠狀刮取用 辨訛 凡使勿用革牛草其形眞相似

麻黃

原 麻黃一名龍沙廣雅云龍沙麻黃也狗骨麻黃根也一名卑相一名卑鹽近汴京多有之以出滎陽中牟者爲勝春生苗至五月則長及一尺莖端開花小而黃簇結實如皁角子味甜微有麻黃氣外皮黃裏仁黑根皮色赤黃長者近尺俗說有雌雄二種雌者三四月開花六月結子雄者無花不結子微苦而辛性熱而輕揚治中風傷寒頭痛溫

瘧發表出汗去邪熱止欬逆除寒熱破癥瘕去營中寒邪泄衛中風熱療傷寒解肌第一藥也過用洩眞氣

別錄 原 修治 立秋後收莖陰乾去節及根水煮十餘沸竹片掠去沫沫令人煩節能止汗

木賊

增 本草綱目 木賊此草有節面糙澀治木骨者用之磋擦則光淨猶云木之賊也 叢叢直上長者二三尺狀似鳧茈苗及粽心草而中空寸寸有節又似麻黃莖而稍麤無枝葉凌冬不凋氣味甘微苦無毒治目疾退翳膜消積塊益肝膽療喉痺胎動不安腸風止痢及婦人崩帶解肌止淚止血去風濕疝痛

燈心草

【增】本草綱目燈心草一名虎鬚草一名碧玉草馬志曰生江南澤地叢生莖圓細而長直人將爲席寇宗奭曰陝西亦有之蒸熟待乾折取中心白穰燃燈者是謂熟草又有不蒸者但生乾剝取爲生草入藥宜用生草李時珍曰吳人栽蒔之取瓤爲燈炷以草織席及蓑他處野生者不多外丹家以之伏硫砂氣味甘寒無毒瀉肺降心火止血通氣行水散腫止渴治濕熱黃疸燒灰治急喉痺塗乳上飼小兒止夜啼

地黃

【原】地黃一名地髓一名芐（爾雅云芐地黃注云江東呼爲芐）一名芑（蔬穀皆有芑與此同名）一名牛奶子（本草衍義云北人謂之牛奶子）一名婆婆奶（本草綱目云俗呼其苗爲婆婆奶）

處處有之河南懷慶者佳二月生莖有細短白毛葉布地深青色似小芥葉而厚不叉丫上有皺文毛澁不光高者尺餘低者三四寸摘其傍葉作菜甚益人開小筒子花似油麻花但有斑點紅紫色亦有黃者實作房如連翹子如小麥褐色根黃如胡蘿蔔麤細長短不一根入土即生宜肥地虛則根大而多汁正九月採根生地曝乾熟地蒸曬忌銅鐵器令人腎消髮白男損營女損衛薑汁浸則不泥膈又宜酒製鮮用則寒（初出土者）乾用則涼（即今生地）生地生血熟地養血生者以水浸之沉者爲地黃半沉者爲人黃浮者爲天黃入藥沉者佳半沉者次之浮者不堪

【彙考】【原】（抱朴子）楚文子服地黃八年夜視有光　【增】（抱朴子）韓子治用地黃苗喂五十歲老馬生三駒又一百三十歲乃死　（朝野僉載）雉被鷹傷銜地黃葉點之即愈

【集藻】（尺牘）【增】（宋蘇軾與翟東玉尺牘）藥之膏油者莫如地黃啖老馬皆復爲駒樂天採地黃詩云與君啖老馬可使照地光今人不復知此法吾晚學道血氣衰耗如老馬矣欲多食生地黃而不可常致近見人言循州興寧令歐叔向於縣圃中多種此藥意欲作書干求而未敢君與叔向故人可爲致此意否此藥以二八月採者良如許以此時寄惠爲幸欲烹爲煎也

（賦散句）【增】（宋謝靈運撰征賦）採石上之地黃

（五言古詩）【增】（唐白居易采地黃者）麥死春不雨禾損秋早霜歲晏無口食田中采地黃采之將何用持以易餱糧凌晨荷鋤去薄暮不盈筐攜來朱門家賣與白面郎與君啖肥馬可使照地光願易馬殘粟救此苦飢腸

（宋蘇軾小圃地黃）地黃飼老馬可使光鑒人吾聞樂天語喻馬施之身我衰正伏櫪垂耳氣不振移栽附沃壤蕃茂爭新春沉水得穉根重湯養陳薪投以東阿淸和以北海醇崖蜜助甘冷山薑發芳辛融爲寒食餳嚥作瑞露珍丹田自宿火渴肺還生津願餉內熱子一洗胸中塵（陸游夢有餉地黃者味甘如蜜戲作數語記之

有客餉珍草發奩驚絕奇正爾取嚼齕炮製不暇施異香透崑崙清水生玉池至味不可名何止甘如飴兒稱喜語翁雪領生黑絲老病失所在便欲棄杖馳晨雞喚夢覺齒頰餘甘滋寄聲山中友安用求金芝

別錄 原 〔種植〕宜沙軟地先於十二月耕熟至正月細耙三四遍然後作溝闊二尺兩溝作一畦闊四尺其畦微高而平硬甚不受水三月初種苗未生時得水即爛畦中又撥作溝深三寸取地黃切長二寸種於溝內以熟糞土蓋厚三寸許每一畝用根五十觔蓋土訖即取經冬爛草覆之候芽稍出以火燒其草令燒去其苗再生葉肥茂根益壯自春至秋凡五六耘不得鋤一年後滿

畦宿根採訖還生八月堪採根若不採其根太盛春二月宜出之若秋採訖至春不復更種其生者猶得三四年但採訖比至明年耨耘而已神隱云參驗古法此為最良按本草二八月採殊未窮物性也不如冬月採妙又蒸曬相宜也欲食其葉但露散後摘取傷葉勿損中心正葉秋收其花可充冬用 〔製用〕掘出洗淨肥大沉水者篩出將篩下瘦小者搗汁入好酒並縮砂仁末拌勻浸肥地令透用砂鍋柳甑蒸令氣透晾乾再浸再蒸如此九次蓋地黃性泥得砂仁之香而竄合和五臟冲和之氣歸宿丹田故無泥膈之患 增 東坡雜記肥嫩地黃一二寸截去薄紙裹兩頭以生猪腦塗其膚周匝置小盤中挂通風處十餘日自乾抖數之出細黃粉其膚獨一一如鵝管狀其粉沸湯點或謂之金粉湯

牛膝

原 牛膝 本草註云其莖有節似牛膝故以為名 一名牛脛 見廣雅 一名百倍一名山莧菜一名對節菜 本草綱目云百倍隱語也言其滋補之功如牛之多力也其葉似莧其節對生故俗有山莧對節之稱 江淮閩越關中皆有以懷慶為真以人栽蒔者為良春生苗高二三尺方莖暴節葉皆對生頗似莧菜而長且尖艄秋月開花作穗結子狀如小鼠負蟲有濇毛皆貼莖倒生九月採根貨賣者多用水泡去皮裹紥曝乾自直可貴但其汁既去入藥力減終不如留皮者力大氣味苦酸平無毒主治寒濕痿痹

四肢拘攣膝痛不可屈伸補中續絕益精利陰氣填骨髓除腰脊痛治久瘧寒熱惡瘡折傷喉痺口瘡齒痛孕婦忌用

別錄 原 〔種植〕秋收子至春種肥地深耕土鬆易長耙土平方下種水糞澆剪苗食如剪韭法旱則鋤耘荒則澆水秋中亦可種 〔修治〕凡使去蘆頭以酒浸洗欲下行則生用滋補則焙用或酒拌蒸用

紫菀

原 紫菀 本草綱目云其根色紫而柔宛故名 一名青菀一名紫蒨一名茈菀一名還魂草一名夜牽牛處處有之以牢山所出根如北細辛者為良三月內布地生苗五六月開花色黃

白紫數種結黑子木有白毛根甚柔細二月採根陰乾今人多以車前旋覆根紫土染過僞爲之紫菀肺病要藥肺本自亡津液又服走津液藥爲害滋甚不可不慎又有類紫菀而有白如練色者名曰羊鬚草亦宜辨

別錄 **原**〔修治〕凡使先去鬚頭及土東流水洗淨以蜜浸一宿至明火上焙乾每一兩用蜜二分〔製用〕連根葉採之醋浸入少鹽收藏作菜辛香號名仙菜鹽不宜多易腐

附錄 女菀

原 女菀(本草綱目云其根似女體柔婉故名)一名白菀(本草經註云紫菀白者名白菀)一名茆一名女復一名織女菀生漢中山谷正二月採陰乾蘇恭云功與紫菀相似氣味辛溫無毒李時珍云葛洪肘後方治人面黑令白方用女菀三分丹鉛一分則紫菀治手太陰血分白菀手太陰氣分藥也肺氣熱則面紫黑清則面白三十以後肺氣漸減不可服

麥門冬

原 麥門冬(本草註云根似穬麥故謂之麥門冬)一名虋冬(虋音門)一名忍冬一名忍凌一名禹韭齊名愛韭秦名烏韭(爾雅疏作羊韭)楚名馬韭越名羊韭(爾雅疏作羊蓍)一名禹葭(見爾雅疏)一名禹餘糧(述異記云今藥中有禹餘糧者世傳昔禹治水棄其所餘糧於江中生爲藥也)一名不死草(本草綱目云麥鬚曰虋此草根似麥而有鬚其葉如韭凌冬不凋故謂麥虋冬及有禹韭忍冬諸名可以服食斷穀故又有餘糧不死之稱)一名階前草一名僕壘一名隨脂(見吳氏本草)所在有之葉大小有三四種功用相似其色青長及尺餘大者如鹿葱小者如韭四季不凋浙中者良多縱紋且堅韌根黃白色有鬚在根如連珠四月開淡紅花如紅蓼花實碧而圓如珠吳地者勝性甘平無毒治肺中伏火補心不足療身黃目黃虛勞客熱口乾燥渴止嘔吐安魂魄定肺痿吐膿止嗽治時疾熱狂頭痛令人肥健美顏色有子

集藻〔五言絕句〕**增**〔宋范成大霜後紀園中草木〕門冬如佳隸長年護階除生兒乃不凡磊落玻璃珠

〔七言絕句〕**增**〔宋蘇軾睡起聞米元章冒熱到東園送麥門冬飲子〕一枕清風値萬錢無人肯買北窗眠開心煖

胃門冬飲知是東坡手自煎

別錄 **原**〔種植〕四月初採根于黑壤肥沙地栽之每年六月九月十一月三次上糞及耘灌夏至前一日取根洗曬收之其子亦可種但成遲爾〔修治〕凡入湯液以滾水潤濕少頃抽去心或以瓦焙軟乘熱去心若入丸散須瓦焙熱卽于風中吹冷如此三四次卽易燥且不損藥力或以湯浸搗膏和藥亦可滋補藥則以酒浸擂之〔製用〕寇宗奭曰治心肺虛熱及虛勞與地黃阿膠麻仁同爲潤經益血復脈通經之劑與五味子枸杞子同爲生脈之劑張元素曰治肺中伏火脈氣欲絕者加五味子人參三味爲生脈散補肺中元氣不足李杲曰六

七月間濕熱方旺人病骨乏無力身重氣短頭旋眼黑甚則痿軟故孫眞人以生脈散補其天元眞氣脈者人之元氣也人參之甘寒瀉熱火而益元氣麥門冬之苦寒滋燥金而清水源五味子之酸溫瀉丙火而補庚金兼益五臟之氣也趙繼宗儒醫精要云麥門冬以地黃爲使服之令人頭不白補髓通腎氣定喘促令人肌體滑澤除身上一切惡氣不潔之疾蓋有君而有使也若有君無使是獨行而無功矣此方惟火盛氣壯之人服之相宜若氣弱胃寒者必不可餌

增〈圖經本草〉麥門冬煎補中益心悅顏色安神益氣令人肥健其力甚駛取新麥門冬根去心搗熟絞汁和白蜜銀器中重湯煮攪不停手候如飴及成溫酒日日化服之

酸漿

增〈爾雅〉葴寒漿〈註〉今酸漿草江東呼曰苦葴〈疏〉案本草酸漿一名醋漿陶註云處處人家多有葉亦可食子作房房中有子如梅李大皆黃赤色〈古今註〉苦葴一名苦蘵子有裹形如皮弁始生青熟則赤裹有實正圓如珠亦隨裹青赤長安兒童謂爲洛神珠一曰王母珠一曰皮弁草〈本草拾遺〉苦葴小者爲苦蘵亦呼爲小苦耽〈本草綱目〉酸漿一名燈籠草一名天泡草酸漿以子之味名也苦葴苦耽以苗之味名也燈籠皮弁以角之形名也王母洛神珠以子之形名也寇宗奭曰天下有之苗如天茄子開小白花結青殼熟則深紅殼中子大如櫻亦紅色中復有細子如落蘇之子食之有青草氣李時珍曰五月開小花黃白色紫心白蘂其花如杯狀無瓣但有五尖結一鈴殼凡五稜一枝一顆下懸如燈籠之狀殼中一子狀如龍葵子苗葉莖根竝苦寒無毒能利濕除熱治嗽化痰搗汁服治黃病去蠱毒子酸平無毒治黃病尤益小兒難產吞之立產

蜀羊泉

增〈本草綱目〉蜀羊泉一名羊泉一名羊飴一名漆姑草諸名莫解能治漆瘡故曰漆姑蘇恭曰葉似菊花紫色子類枸杞子根如遠志無心有糝所在平澤有之生陰濕地三月四月採苗葉陰乾氣味苦微寒無毒治瘡疥癬漆瘡黃疸

鹿蹄草

增〈本草綱目〉鹿蹄草一名小秦王草一名秦王試劍草鹿蹄象葉形能合金瘡故名試劍草按軒轅述寶藏論云鹿蹄多生江廣平陸及寺院荒處淮北絕少川陝亦有出似堇菜而葉頗大背紫色春生紫花結青實如天茄子可制雌黃丹砂治金瘡一切蛇蟲犬咬毒

敗醬

增〈本草綱目〉敗醬一名苦菜一名苦蘵一名澤敗一名鹿腸一名鹿首一名馬草陶弘景曰根作陳敗豆醬氣故以爲名李時珍曰南人採嫩者暴蒸作菜食味微苦而有陳醬氣故又名苦菜與苦蕒龍葵同名亦名苦蘵與酸漿同名苗形則不同也蘇恭曰此藥多生岡嶺間葉似水莨及薇銜叢生花黃

根紫作陳醬色李時珍曰處處原野有之俗名苦菜野人食之江東人每采收儲焉春初生苗深冬始凋初時葉布地生似菘菜葉而狹長有鋸齒綠色面深背淺夏秋莖高二三尺而柔弱數寸一節節間生葉四散如繖顛頂開白花成簇如芹花蛇牀子花狀結小實成簇其根白紫頗似柴胡氣味苦平無毒治瘡腫風熱破血排膿催生治產後諸病

款冬

增〔爾雅〕菟奚顆凍〔註〕款冬也紫赤花生水中〔疏〕案本草一名橐吾一名虎鬚陶註云形如宿蓴未舒者其腹裏有絲其花乃似大菊花唐本註云葉似葵而大叢生花

出根下是也〔本草綱目〕一名款凍一名氐冬一名鑽凍李時珍曰冬生冰下故名顆凍後人訛爲款冬款者至也至冬而花也寇宗奭曰百草中惟此不顧冰雪最先春也故世謂之鑽凍蘇頌曰根紫色葉似萆薢十二月開花黃青紫萼去土一二寸初出如菊花萼通直而肥實無子又有紅花者葉如荷而斗直大者容一升小者容數合俗呼蜂斗葉又名水斗葉氣味辛溫無毒治欬逆上氣善喘喉痺諸驚癇寒熱邪氣

彙考 增〔范子〕款冬花出三輔〔述征記〕洛水至歲末凝厲則款冬花茂悅層冰之中〔丹鉛錄〕款冬花即爾雅所稱菟奚顆凍者紫赤華生水中十二月雪中出花佛經云朱炎鑠石不壓蕭丘之木凝冰慘慄不凋款冬之花乃知唐詩僧房逢著款冬花正十二街頭春雪時也詩人之興於時物如此

集藻〔贊〕增 晉郭璞款冬贊吹萬不同陽煦陰蒸款冬之生擢穎堅冰物體所安焉知渙凝

〔賦〕增 晉傅咸款冬花賦并序余曾逐禽登於北山於時仲冬之月也冰凌盈谷積雪被崖顧見款冬煒然始敷賦曰惟茲奇卉款冬而生原厥物之載育稟淳粹之至精用能託體固陰利此堅貞惡朱紫之相奪患居衆之易傾在萬物之並作故韜華而弗逞迨皆死以枯槁獨保質而金形華艷春暉既麗且殊以堅冰爲膏壤吸霜雪以自濡非天然之真貴曷能彌寒暑而不渝

〔文散句〕增 漢王褒九懷款冬而生兮凋彼葉柯

決明

原 決明杜詩註云食之能決去眼昏以益其明有二種馬蹄決明莖高三四尺葉大於苜蓿而本小末奢晝開夜合兩兩相貼秋開淡黃花五出結角如初生細豇豆長五六寸子數十粒參差相連狀如馬蹄青綠色入眼藥最良一種茳芒決明即山扁豆苗莖似馬蹄決明但葉本小末尖似槐葉夜亦不合秋開深黃花五出結角如小指長二寸許子成數列如黃葵子而扁色褐味甘滑二種苗葉皆可作酒麴俗呼爲獨占缸但茳芒嫩苗及花角皆可瀹爲茹及點茶食而馬蹄決明苗角皆韌苦不可食也其子

鹹平無毒治目中諸病助肝益精作枕治頭風明目勝黑豆有决明處蛇不敢入外有草决明石决明皆能明目草决明即青葙子又有茳芒另是一種生道旁葉小於决明亦作飲甚香除痰止渴令人不睡隋稠禪師作五色飲以進隋帝者是也

彙考 增〈霏雪錄〉陳白雲家籬落有植决明家人摘以下茶生三女皆短而跛而三女甥亦跛予皆識之又會稽民朱氏一子亦然其家亦嘗種之悉拔去

集藻 〈五言古詩〉增〈宋黃庭堅種决明〉后皇富嘉種决明注方術耘鋤一席地時至觀茂密縹葉資芼羹緗花馬蹄實霜叢風雨餘簸揚功畢枕囊代曲肱甘寢聽芬

苾老眼願力餘讀書眞成癖〈明吳寬决明〉黃花隱綠藥雨過仍離披不爲村老歎未是涼風時服食治目青吾將采掇之不須更買藥園丁是醫師

〈七言古詩〉增〈唐杜甫秋雨歎〉雨中百草秋爛死階下决明顏色鮮著葉滿枝翠羽蓋開花無數黃金錢涼風蕭蕭吹汝急恐汝後時難獨立堂上書生空白頭臨風一嗅馨香泣

〈七言律詩〉增〈明吳寬濟之送决明〉畦間香霧正氤氳童子清晨荷鍤與不惜離披垂翠羽端然搖落動黃雲藥名早得宣公註書帶休從鄭老分病目向來俱有賴涼風吹汝莫

〈七言絕句〉增〈宋蘇轍蜀人舊食决明花耳潁州夏秋少菜崇寧老僧教人并食其葉有鄉人西歸使爲父老言之戲作〉秋蔬舊採决明花三嗅馨香每歎嗟西寺衲僧并食葉因君說與故人家

地膚 原譜誤作藜今從本草訂正

原 地膚一名掃帚一名獨帚一名王篲一名落帚一名王帚爾雅云葥王篲註云王帚也似藜其樹可以爲掃帚江東呼之曰落帚一名地麥一名地葵一名白地草一名涎衣草一名鴨舌草一名子頭子一名千心妓女一名益明本草綱目云地膚地麥因其子形似也地葵因其苗味似也鴨舌因其葉形似也妓女因其枝繁而頭多也益明因其子功能明目也春間可種處處有之一本叢生每窠約二三十莖欑圑直上有赤

有黃七月開黃花子色生青似一眠起蠶沙之狀最繁嫩苗可作蔬茹至八月而藍榦成可採子落則老八月以草束其腰九月刈以石壓扁可爲帚性苦寒無毒治膀胱熱利小便補中益精氣久服耳目聰明輕身耐老可作湯沐浴

王不留行

增〈本草綱目〉王不留行一名禁宮花一名剪金花一名金盞銀臺此物性走而不住雖有王命不能留其行故名多生麥地中苗高者一二尺三四月開小花如鐸鈴狀紅白色結實如燈籠草子殼有五稜殼內包一實大如豆實內細子大如菘子生白熟黑正圓如細珠可愛氣味苦平無毒止血除

風治金瘡鼻衄癰疽惡瘡乳婦人難產下乳汁出竹木刺

彙考 增 世說 壽江州在潯陽有知舊人投之都不料理惟餉王不留行一觔此人得餉便命駕李弘範聞之曰家舅刻薄乃復驅使草木

葶藶

增 爾雅 蕇亭藶 註 實葉皆似芥一名狗薺廣雅云本草一名丁歷一名大室一名大適 圖經本草 葶藶汴東陝西河北州郡皆有之曹州者尤佳初春生苗葉高六七寸似薺根白色枝莖俱青三月開花微黃結角子扁小如黍粒微長黃色月令孟夏之月靡草死許慎鄭玄註皆云靡草薺葶藶之屬是也一說葶藶單莖向上葉端出角麤且短又有一種狗芥草葉近根下作岐生角細長取時必須分別此二種也氣味辛寒無毒治癥瘕積聚結氣飲食寒熱破堅逐邪通利水道療中風肺壅上氣欬嗽止喘促除胸中痰飲

車前

原 車前一名芣苢一名馬舄一名蝦蟇衣爾雅云芣苢馬舄車前註云江東呼爲蝦蟇衣一名當道一名牛舌陸璣詩疏云喜在牛迹中生故曰車前當道也幽州人謂之牛舌草一名地衣神仙服食經云一名地衣雷之精也一名羽化一名牛遺一名車輪菜與當道名義同諸處處有之開州者勝春初生苗葉布地如匙面累年者長及尺餘中抽數莖作長穗如鼠尾花青色微赤甚細密結實如葶藶赤黑色五月採苗八九月採實人家園圃或種之味甘寒無毒養肺益精除濕痺利水道治產難壓丹石毒去心胸煩熱久服輕身明目耐老令人有子

彙考 增 詩周南采采芣苢薄言采之

集藻 贊 增 晉郭璞芣苢贊 車前之草別名芣苢王會之云其實如李名之相亂在乎疑似

七言絕句 原 唐張籍答開州韋使君寄車前子 開州午日車前子作藥人皆道有神慙愧使君憐病眼二千里外寄開人

詩散句 增 唐白居易 芣苢春來盈女手

別錄 原 修治 凡用須以水淘洗去泥沙曬乾入湯液炒過用入丸散酒浸一宿蒸熟研爛作餅曬乾焙研 製用 陸璣言嫩苗作茹大滑 王旻山居錄有種車前剪苗食法昔人常以爲蔬矣今野人猶採食之 本草綱目 歐陽公常得暴下病國醫不能治夫人買市人藥一帖進之而愈力叩其方則車前子一味爲末米飲服二錢七云此藥利水道而不動氣水道利則清濁分而穀藏自正矣

狗舌草

增 唐本草 狗舌生渠塹濕地春生葉似車前而無文理抽莖開花黃白色四月五月採莖暴乾氣味苦寒有小

壽治蟲疥瘙瘡殺小蟲塗之即瘥

鱧腸

增本草綱目鱧腸一名蓮子草一名旱蓮草一名金陵草一名墨煙草一名墨頭草一名墨菜一名猢孫頭一名豬牙草鱧烏魚也其腸亦烏此草柔莖斷之有墨汁出故名俗呼墨菜是也細實頗如蓮房故得蓮名蘇頌曰處處有之南方尤多此有二種一種葉似柳而光澤莖似馬齒莧高一二尺開花細而白其實若小蓮房一種苗梗枯瘦頗似蓮花而黃色實亦作房而圓南人謂之連翹者二種折其苗皆有汁出須臾而黑俗謂之旱蓮子李時珍曰旱蓮有二種一種苗似旋覆而花白細者是鱧腸一種花黃紫而結房如蓮房者乃是

小連翹也爐火家亦用之氣味甘酸平無毒烏鬚固齒止血排膿傅一切瘡繫臂截瘧

連翹

增爾雅連異翹註一名連苕又名連草疏案本草連翹一名蘭華一名折根一名軹一名三廉　圖經本草近汴京及河中江寧潤淄澤兗鼎岳利諸州南康軍皆有之有大小二種大翹生下濕地或山岡上青葉狹長如榆葉水蘇輩莖赤色高三四尺獨莖梢間開花黃色秋結實似蓮內作房瓣根黃如蒿根八月採房其小翹生岡原之上花葉實皆似大翹而細南方生者葉狹而小莖短纔高一二尺花亦黃實房黃黑內含黑子如粟粒

亦名旱蓮南人用花葉今南方醫家說云連翹有兩種一種似椿實之未開者殼小堅而外完無跗蕚剖之則中解氣甚芳馥其實纔乾振之皆落不著莖也一種乃如菡萏殼柔外有跗蕚抱之而無解脈亦無香氣乾之雖久著莖不脫此甚相異此種江南下澤間極多如椿實者乃自蜀中來入用勝似江南者據本草則亦以蜀中者為勝然未見其莖葉也氣味苦平無毒　珍珠囊連翹之用有三瀉心經客熱一也去上焦諸熱二也為瘡家聖藥三也

蒴藋

增本草綱目蒴藋一名接骨草蘇恭曰即陸英也蘇頌曰陸英當是蒴藋花也

陶弘景曰生田野所在有之春抽苗莖有節節間生枝葉大似水芹春夏採葉秋冬採根莖寇宗奭曰花白子初青如綠豆顆每朵如盞面大又平生有一二百子十月方熟紅李時珍曰每枝五葉氣味酸溫有毒風瘙癮瘮身癢濕痺可作浴湯止瘧破癥塊治丹毒

水英

增圖經本草水英生永陽池澤及河海邊臨汝人呼為牛葒草河北信都人名水節河內連內黃呼為水棘劍南遂寧等郡名龍移草淮南諸郡名海莤嶺南亦有土地尤宜莖葉肥大名海精木亦名魚津草蜀人採其花合面藥骨風疾不宜鍼灸及服藥惟取此草煮浸飲瘥

海根

【增】本草拾遺海根生會稽海畔山谷莖赤葉似馬蓼根似菝葜而小番人蒸而用之氣味苦小溫無毒治霍亂中惡鬼氣疰忤喉痺蠱毒癰疽遊瘮蛇毒

火炭母草

【增】圖經本草火炭母草生恩州原野中莖赤而柔似細蓼葉端尖近梗形方夏有白花秋實如椒青黑色味甘可食氣味酸平有毒去皮膚風熱流注骨節癰腫疼痛搗爛以鹽酒炒傅腫痛處

三白草

【增】本草綱目三白草陳藏器曰此草初生無白入夏葉端半白如粉農人候之蒔田三葉白則草便秀故謂之三白生田澤畔八月生苗高二三尺莖如蓼葉如章陸及青葙四月其顛三葉面上三次變作白色餘葉仍青不變俗云一葉白食小麥二葉白食梅杏三葉白食黍子五月開花成穗如蓼花狀而色白微香結細實根長白虛軟有節鬚狀如泥菖蒲根氣味甘辛寒有小毒治水腫脚氣消痰破癖除積聚消丁腫搗汁服除瘧及熱痰小兒痞滿根療脚氣風毒煎湯洗癬瘡

蠶繭草

【增】本草拾遺蠶繭草生濕地如蓼大莖赤花白東土亦有之氣味辛平無毒治諸蟲咬毒煮服之亦搗傅諸瘡

蛇繭草

【增】本草拾遺蛇繭草生平地葉似苦杖而小節赤高一二尺種之辟蛇搗傅蛇虺毒蟲等螫又一種草莖圓似苧亦傅蛇毒

虎杖

【增】爾雅蒤虎杖註似紅草而麤大有細刺可以染赤本草綱目虎杖一名苦杖一名大蟲杖一名斑杖一名酸杖杖言其莖虎言其斑也蘇頌曰今出汾州越州滁州處處有之三月生苗莖如竹笋狀上有赤斑點初生便分枝子葉似小杏葉七月開花九月結實南中出者無花根皮黑色破開即黃似柳根亦有高丈餘者寇宗奭曰大率皆似寒菊然花葉莖蕊差大為異仍莖葉淡黑斑六七月旋旋開花至九月中方已花片四出其色如桃花差大而外微深陝西山麓水次甚多李時珍曰其莖似葒蓼其葉圓似杏其枝黃似柳其花狀似菊色似桃氣味微溫無毒通經破留血癥結治風在骨節大熱煩躁五淋腸痔燒灰貼諸惡瘡

蒺藜

【原】蒺藜一名茨爾雅云蒺藜楚辭作薋本草綱目云蒺疾也藜利也茨刺也其刺傷人甚疾而利也一名升推一名旁通一名休羽一名屈人一名止行皆因其傷人也多生道旁及牆頭葉四布莖淡紅色旁出細莖一莖五七葉排兩旁如初生小皁莢葉圓整可愛開小黃花結實每一朵蒺藜五六枚團砌如扣每一蒺藜子

如赤根菜子及小菱三角四刺子有仁味苦無毒治惡血破積聚消風下氣健筋益精堅牢牙齒久服長肌肉明目輕身炒黃去刺磨麪或蒸食可以救荒

彙考 **原** 易據于蒺藜疏蒺藜之草有刺而不可踐也 詩鄘風牆有茨不可埽也 **增** 詩小雅楚楚者茨 韓詩外傳春樹蒺藜夏不得采其葉秋得其刺焉 博物志歲欲旱旱草先生旱草謂蒺藜也

集藻 文散句 **增** 楚屈原離騷賫菉葹以盈室兮 漢東方朔七諫蒺藜蔓乎東廂

詩散句 **增** 唐柳宗元古道饒蒺藜縈廻古城曲

別錄 **增** 爾雅翼鐵蒺藜菱角等起於隋時征遼為之然

六韜中已有此物鼂錯傳謂之渠荅諸葛亮卒於五丈原魏人追之長史楊儀多布鐵蒺藜則其來已久 埤雅兵家鑄鐵為之以梗敵路亦呼蒺藜 **原** 修治凡使揀淨從午蒸至酉曬乾木臼舂令刺盡酒拌再蒸從午至酉曬乾用炒去刺亦可不計丸散用皆去刺 服食神仙祕旨蒺藜子七八月熟時收取一碩日乾舂去刺杵為末每服二錢新汲水調下日三勿令中絕斷穀長生服之一年以後冬不寒夏不熱二年老者復少髮白復黑齒落更生服之三年身輕長生 本地蒺藜候八九月將熟時收取根莖花實不拘多少洗淨水煮數沸以爛為度大瓮內木杓碾爛濾淨汁鍋內再熬至稀稠調勻每一觔入蜂蜜四兩再熬一沸裝入磁罐埋土內去火毒每食忌溫酒調下一兩大有補益

附錄 沙苑蒺藜

原 沙苑蒺藜本草謂之白蒺藜出陝西同州沙苑牧馬草地近道亦有之細蔓綠葉綿布沙上七月開花黃紫色如豌豆花而小九月結莢長寸許形扁縫在腹背與他莢異中有子似羊內腎大如黍粒褐綠色味甘溫無毒微腥補腎治腰痛虛損勞乏

穀精草

原 穀精草本草綱目云穀田餘氣所生故曰穀精一名文星草一名戴星草一名流星草開寶本草云白花似星故有戴星諸名處處有之收穀後

生荒田中一科叢生葉似嫩穀秧抽細莖高四五寸莖頭有小白花點點如亂星九月採花陰乾氣味辛溫無毒治頭風痛目盲翳膜痘後生翳目中諸病加而用之良明目退翳功在菊花上餧馬令肥主蟲顙毛焦病又有一種莖硬長有節根微赤出秦隴

海金沙

增 本草綱目海金沙一名竹園荽其色黃如細沙也謂之海者神異之也俗名竹園荽象葉形也江浙湖湘川陝皆有之生山林下莖細如線引於竹木上高尺許其葉細如園荽葉而甚薄背面皆青上多皺文皺處有沙子狀如蒲黃粉黃赤色不開花細莖堅強其沙及草皆可入藥氣味甘寒無毒通利小

腸痹傷寒熱狂治濕熱腫滿五淋解熱毒氣

地楊梅

〔增〕〔本草拾遺〕地楊梅生江東濕地苗如沙草四五月有子似楊梅氣味辛平無毒治赤白痢取莖子煎湯服

水楊梅

〔增〕〔本草綱目〕水楊梅一名地椒生水邊條葉甚多生子如楊梅狀庚辛玉冊云地椒一名水楊梅多生近道陰濕處荒田野中亦有之叢生苗葉似菊莖端開黃花實類椒而不赤可結伏三黃白礬制丹砂粉霜氣味辛溫無毒治疔瘡腫毒

地蜈蚣草

〔增〕〔本草綱目〕地蜈蚣草生村落塍野間左蔓延右右蔓延左其葉密而對生如蜈蚣形其穗亦長俗呼過路蜈蚣其延上樹者呼飛天蜈蚣根苗皆可用氣味苦寒無毒

半邊蓮

〔增〕〔本草綱目〕半邊蓮小草也生陰濕塍塹邊就地細梗引蔓節節而生細葉秋開小花淡紅紫色止有半邊如蓮花狀故名又呼急解索氣味辛平無毒治蛇虺傷搗汁飲以滓圍塗之又治寒齁氣喘及瘧疾

紫花地丁

〔增〕〔本草綱目〕紫花地丁一名箭頭草一名獨行虎一名

羊角子一名米布袋處處有之其葉似柳而微細夏開紫花結角平地生者起莖溝壑邊生者起蔓普濟方云鄉村籬落生者夏秋開小白花如鈴兒倒垂葉微似木香花之葉此與紫花者相戾恐別一種也氣味苦辛寒無毒治一切癰疽發背疔腫瘰癧無名腫毒惡瘡

鬼鍼草

〔增〕〔唐本草〕鬼鍼草生池畔方莖葉有椏子作釵脚著人衣如鍼北人謂之鬼鍼南人謂之鬼釵氣味苦平無毒治蜘蛛蛇咬杵汁服併傅之

獨用將軍

〔增〕〔唐本草〕獨用將軍生林野中節節穿葉心生苗不時采根葉用氣味辛無毒治毒腫乳癰解毒破惡血

附錄 留軍待

〔增〕〔唐本草〕留軍待生劍州山谷葉似楠而細長采無時味辛溫無毒主肢節風痛折傷瘀血五緩攣痛

見腫消

〔增〕〔圖經本草〕見腫消生筠州春生苗葉莖紫色高一二尺葉似桑而光面青紫赤色采無時氣味酸澀有微毒消癰腫及狗咬搗葉貼之

攀倒甑

〔增〕〔本草綱目〕攀倒甑生宜州郊野莖葉如薄荷一名斑杖一名接骨氣味苦寒無毒解利風熱煩渴狂躁搗汁

服

水甘草

增圖經本草水甘草生筠州多在水旁春生苗莖青葉如柳無花土人十月八月採單用不入衆藥氣味甘寒無毒治小兒風熱丹毒同甘草煎飲

佩文齋廣羣芳譜卷第九十六

佩文齋廣羣芳譜卷第九十七

藥譜

大黃

增本草綱目大黃一名黃良一名將軍一名火參一名膚如（陶弘景曰大黃其色也將軍之號當取其駿快也）吳普曰生蜀郡北部或隴西二月卷生黃赤其葉四四相當莖高三尺許三月花黃五月實黑八月采根根有黃汁蘇恭曰葉子莖並似羊蹄但莖高六七尺而脆味酸堪生啖葉麤長而厚根細者亦似宿羊蹄大者如盌長二尺出宕州涼州西羌蜀地者皆佳幽并以北者漸細氣力不及蜀中者蘇頌曰今蜀州河東陝西州郡皆有之以蜀川錦文者佳

其次秦隴來者謂之土番大黃正月內生青葉似蓖麻大者如扇根如芋大者如盌細根如牛蒡小者亦如芋四月開黃花亦有青紅似蕎麥花者莖青紫色形如竹二八月采根去黑皮切作橫片火乾蜀大黃乃作緊片如牛舌形謂之牛舌大黃二者功用相等江淮出者曰土大黃二月開花結細實李時珍曰宋祁益部方物略記云大黃蜀大山中多有之藥市所見大者治之為枕紫地錦文今人以莊浪出者為最莊浪即古涇原隴西地也氣味苦寒無毒下瘀血破癥瘕積聚留飲宿食蕩滌腸胃推陳致新通利水穀調中化食安和五臟宣通一切氣

【集藻】贊【增】宋朱祁大黃贊「葉大黃莖赤根若巨皿治疾則多方家所詺

七言絕句【增】宋范成大大黃花「大芊高荷半畝陰玉英危綴碧瑤簪誰知一葉蓮花面中有將軍劍戟心

【別錄】【增】炮炙論凡使細切以文如水旋斑緊重者剉片蒸之從巳至未曬乾又灑臘水蒸之從未至亥如此凡七次曬乾卻灑淡蜜水再蒸一伏時其大黃必如烏膏樣乃曬乾用

商陸

【原】商陸一名蓫薚音逐湯一名馬尾一名當陸爾雅云蓫薚馬尾注云廣雅曰馬尾商陸本草云別名薚今關西亦呼為薚江東為當陸一名章柳本草綱目云商陸北音訛為章柳兼明書云一名章陸一名烏椹一名六甲交母一名白昌一名夜呼所在有之人家園圃亦種為蔬春生苗高三四尺青葉如牛舌而長莖青赤至柔脆夏秋開紅紫花作朶根如蘿蔔而長八九月採氣味辛平有毒通大小腸瀉十種水病及蠱毒墮胎熁腫毒傅惡瘡殺鬼精物

【彙考】【增】易莧陸夬夬注莧陸草之柔脆者也疏子夏傳云莧陸木根草莖剛上柔下也馬融鄭玄王肅皆云莧陸一名商陸皆以莧陸為一董遇云莧人莧也陸商陸也以莧陸為二 金門歲節裴度除夜歎老迨曉不寐爐中商陸火凡數添也

【別錄】【增】炮炙論取白花者根銅刀刮去皮薄切以東流水浸兩宿漉出架甑蒸以黑豆葉一重商陸一重如此蒸之從午至亥取出去豆葉暴乾剉用無豆葉以豆代之 本草綱目取白根及紫色者擘破作畦栽之亦可種子根苗莖並可洗蒸食或用灰汁煮過亦良其赤與黃色者有毒不可食

狼毒

【增】開寶本草狼毒葉似商陸及大黃莖葉上有毛根皮黃肉白以實重者為良輕者為力劣氣味辛平有大毒治欬逆上氣破積聚飲食寒熱水氣惡瘡鼠瘻疽蝕鬼精蠱毒殺飛鳥走獸 抱朴子合野葛納耳中治聾

防葵

【增】本草綱目防葵一名房苑一名梨蓋一名利茹吳普本草又名爵離方蓋農果蘇恭曰根葉似葵花子根香味似防風故名防葵蘇頌曰出襄陽地其葉似葵每莖三葉一本十數莖中發一幹其端開花如蔥花景天輩而色白六月開花即結實根似防風香味亦如之依時采者乃沉水今乃用枯朽狼毒當之極謬氣味辛寒無毒治疝瘕腸洩膀胱熱結欬逆溼痟癲癇驚邪狂走鬼瘧百邪

狼牙

【增】本草綱目狼牙一名牙子一名狼齒一名狼子一名犬牙一名抱牙一名支蘭陶弘景曰其牙似獸之齒牙故有諸名韓保昇曰所在有之苗似蛇莓而厚大深綠色根黑若獸之牙

三月八月采根日乾氣味苦寒有毒治邪氣熱氣疥瘙惡瘍瘡痔去白蟲

䕡茹

【增】本草綱目䕡茹一名離婁一名掘据（䕡茹本作藘蕠其根牽引之貌掘据當作拮据拮据手口共作之狀也）蘇頌曰河陽淄齊州皆有之二月生苗葉似大戟而花黃色根如蘿蔔皮赤黃肉白斷時汁出凝黑如漆三月開淺紅花亦淡黃色不著子又一種草䕡茹色白李時珍曰范子計然云藘茹出武都黃色者善草䕡茹出建康白色今亦處處有之生山原中春初生苗高二三尺根長大如蘿蔔蔓菁狀或有岐出者皮黃赤肉白色破之有黃漿汁莖葉如大戟而葉長微闊不甚尖折之有白汁抱莖有短葉相對團而出尖葉中出莖莖中分二三小枝二三月開細紫花結實如豆大一顆三粒相合生青熟黑中有白仁如續隨子狀氣味辛寒有小毒治蝕惡肉敗瘡死肌殺疥蟲排膿惡血除大風熱氣善忘不寐破癥瘕除息肉

大戟

【增】爾雅蕎邛鉅（注今藥草大戟也）本草綱目大戟一名下馬仙（其根辛苦戟人咽喉故名大戟今俚人呼為下馬仙言利人甚速也）蘇頌曰近道多有之春生紅芽漸長叢高一尺以來葉似初生楊柳小團三月四月開黃紫花團圓似杏花又似蕪荑根似細苦參秋冬采根陰乾淮甸出者莖圓高三四尺葉黃莖至心亦如百合苗江南生者葉似芍藥李時珍曰大戟生平澤甚多直莖高二三尺中空折之有白漿葉長狹如柳葉而不團其梢葉密攢而上杭州紫大戟為上江南土大戟次之北方綿大戟色白其根皮柔韌如綿甚峻利能傷人弱者服之或至吐血氣味苦寒有小毒治蠱毒十二水腹滿急痛積聚中風皮膚疼痛吐逆瀉毒藥泄天行黃病溫瘧破癥結下惡血治隱㾮

澤漆

【增】本草綱目澤漆一名漆莖一名貓兒眼睛草一名綠葉綠花草一名五鳳草考土宿本草及寶藏論云江湖原澤平陸多有之春生苗一科分枝成叢柔莖如馬齒莧綠葉如苜蓿葉葉圓而黃綠頗似貓睛故名貓兒眼莖頭凡五葉中分中抽小莖五枝每枝開細花青綠色復有小葉承之齊整如一故又名五鳳草綠葉綠花草掐莖有白汁黏人其根白色有硬骨或以此為大戟苗者誤也氣味苦微寒無毒治皮膚熱利水消腫丈夫陰氣不足利大小腸解蠱毒止瘧疾消痰退熱

甘遂

【增】本草綱目甘遂一名甘藁一名陵藁一名陵澤一名甘澤一名重澤一名苦澤一名白澤一名主田一名鬼醜蘇頌曰陝西江東有之苗似澤漆莖短小而葉有汁根皮赤肉白作連珠大如指頭氣味苦寒有毒治疝瘕

腹滿浮腫留飲宿食破癥堅積聚痰迷癲癇噎膈痞塞利水穀道瀉十二種水疾

續隨子

增本草綱目續隨子一名千金子一名千兩金一名菩薩豆一名拒冬一名聯步蘇頌曰葉中出葉數數相續而生故名冬月始長故又名拒冬馬志曰生蜀郡處處亦有之苗如大戟蘇頌曰今南中多有北土產少苗如大戟初生一莖莖端生葉葉中復出葉花亦類大戟自葉中抽幹而生實青有殼人家園亭中多種以爲飾秋種冬長春秀秋實李時珍曰莖中亦有白汁可結水銀子去殼取色白者以紙包壓去油取霜用氣味辛溫有毒治瘀血癥瘕痃癖除蠱毒鬼

疰心腹痛冷氣脹滿利大小腸下惡滯物宜一切宿滯治肺氣水氣塗疥癬瘡

莨菪

增本草綱目莨菪一名天仙子一名橫唐一名行唐莨菪一作蔨蕩其子服之令人狂狼放宕故名蘇頌曰處處有之苗莖高二三尺葉似地黃王不留行紅藍等而闊如三指四月開花紫色莖莢有白毛五月結實有殼作罌子狀如小石榴房中子至細青白色如粟米粒氣味苦寒有毒治齒痛出蟲肉痺拘急久服輕身使人健行走及奔馬強志益力通神見鬼多食令人狂走以甘草汁解之療癲狂風癇顛倒拘攣安心定志聰明耳目除邪逐風根氣味苦辛

有毒治邪瘧疥癬殺蟲

雲實

增本草綱目雲實一名員實一名雲英一名天豆一名馬豆一名羊石子苗名草雲母一名臭草一名黏刺員亦音雲其義未詳豆以子形名羊石當作羊矢其子肖之故也蘇恭曰大如黍及大麻子等黃黑似豆叢生澤旁高五六尺葉如細槐亦如苜蓿枝間有微刺韓保昇曰所在平澤有之葉似細槐花黃白色其莢如豆其實青黃色大若麻子五月六月采實李時珍曰此草山原甚多俗名粘刺赤莖中空有刺高者如蔓其葉如槐三月開黃花纍然滿枝莢長三寸許狀如肥皂莢內有子五六粒正如鵲豆兩頭微尖有

黃黑斑紋厚殼白仁咬之極堅重有腥氣氣味辛溫無毒治泄痢腸澼殺蟲蠱毒去邪惡結氣止痛除寒熱消渴治瘧花治見鬼精多食令人狂走根治骨哽及咽喉痛研汁嚥之

蓖麻

原蓖麻蘇頌曰葉似大麻子形宛如牛蜱故名李時珍曰蓖亦作螕螕牛虱也其子有麻點故名蓖麻處處有之夏生苗莖中空有節色或赤或白葉如瓠葉凡五尖夏秋間椏中抽出花穗纍纍黃色每枝結實數十顆上有軟刺如蝟毛一顆三四子熟時破殼子大如豆皮有白黑紋亦有白紫紋者形微長而末圓頭上小白點遠觀之儼如牛蜱皮中有仁色嬌白甘辛平有小

毒氣味頗近巴豆善走能利人通諸竅經絡下水氣治偏風失音口禁口目喎邪頭風七竅諸病止諸痛消腫追膿拔毒催生下胞衣下有形諸物無刺者良有刺者毒此藥外用有奇功但內服不可輕易凡服蓖麻終身不得食炒豆犯之脹死其油服丹砂粉霜或言搗膏以筯點六畜舌根下卽不能食點肛內卽下血死今北方人種之田邊牛馬過者不食其毒可知

集藻 七言絕句 增 明陳憲章種蓖麻六首 山渠面面擁蓖麻鎖盡春風一院花江上行人迷指顧老夫於此煉丹砂　短檠他夜照書牀一幾蓖麻也借光老去圖書收拾盡只憑香几對羲皇　紅朶青條擺弄同人間無

地不春風莫輕此輩蓖麻子也在先生藥圃中　蓖麻得雨綠成畦如此風光亦老黎飮後小庵搜句坐山禽啼近竹門西　蓖麻繞竹徑通雲雲裏樵歌隔竹聞手把長鑱種春雨風光吾與老黎分　種了蓖麻合種瓜靑山周折兩三家老夫來構茅茨畢別種秋風一徑花

附錄 博落廻

原 博落廻生江南山谷莖葉如蓖麻莖空吹之作聲折之有黃汁大毒不可入口藥人立死治惡瘡癭瘤瘜肉瘡瘻白癜風此藥和百丈靑雞桑灰等分爲末傅之蠱毒精魅當別有法

附錄 黑天赤利子

原 黑天赤利子似蓖麻緣在地葉上是顆兩頭尖有毒

常山

增 本草綱目 常山一名恒山一名互草一名雞尿草一名鴨尿草一名蜀漆李時珍曰恒亦常也恒山乃北岳名在今定州常山乃郡名亦今眞定豈此藥始產于此得名歟蜀漆乃常山苗功用相同 陶弘景曰出宜都建平細實黃者呼爲雞骨常山用之最勝蘇恭曰生山谷間莖圓有節高者不過三四尺葉似茗而狹長兩兩相當二月生白花靑萼五月結實靑圓三子爲房其草暴燥色靑白堪用若陰乾便黑爛鬱壞矣蘇頌曰今汴西淮浙湖南州郡亦有之而海州出者葉似楸葉八月有花紅白色子碧色似山楝子而小今天台山出一種草名土

常山苗葉極甘人用爲飮甘味如蜜又名蜜香草性涼益人非此常山也氣味苦寒有毒治傷寒寒熱熱發溫瘧鬼毒胸中痰結吐逆療鬼蠱水脹鼠瘻瘰癧蜀漆氣味辛平有毒截瘧治欬逆寒熱癥瘕積聚邪氣蠱毒鬼疰破血胡痰

別錄 增 炮炙論 采時連根苗收如用莖葉臨時去根以甘草細剉同水拌濕蒸之臨時去甘草取蜀漆細剉又拌甘草水勻蒸日乾用凡用根以酒浸一宿漉出日乾熬搗用

附錄 杜莖山

增 圖經本草 杜莖山莖高四五尺葉似苦蕒菜秋有花

冬作實如枸杞子大而白葉味苦寒主溫瘴寒熱作止不定煩渴頭痛心燥杵爛新酒浸絞汁服吐出惡涎甚效

附錄 土紅山

增〔圖經本草〕土紅山生南恩州山野中大者高七八尺葉似枇杷而小無毛秋生白花如粟粒不實福州生者作細藤似芙蓉葉其葉上青下白根如葛頭土人取根米泔浸一宿以清水再浸一宿炒黃為末生薑煎服治勞瘴甚效葉味甘微寒無毒治骨節疼痛勞熱瘴瘧

藜蘆

增〔本草綱目〕藜蘆一名山蔥一名蔥苒一名蔥菼一名

蔥葵一名豐蘆一名憨蔥一名鹿蔥黑色曰黎其蘆有黑皮裹之故名根際似蔥俗名蔥管藜蘆是矣北人謂之憨蔥南人謂之鹿蔥 蘇頌曰陝西山南東西州郡皆有之遼州均州解州者尤佳二月生苗葉似初出椶心又似車前莖似蔥白青紫色高五六寸上有黑皮裹莖似椶皮有花肉紅色根似馬腸根長四五寸許黃白色二月三月采根陰乾此有二種一種水藜蘆莖葉大同只是生在近水溪澗石上根鬚百餘莖不中藥用今用者名蔥白藜蘆根鬚甚少只是三二十莖生高山者為佳均州土俗亦呼為鹿蔥氣味辛寒有毒治蠱毒欬逆洩痢腸澼頭瘍疥瘙惡瘡殺諸蟲毒去死肌療噦逆喉痺鼻中息肉吐上膈風涎暗風癇病小兒鰕齁痰疾末治馬疥癬

附錄 山慈石

增〔名醫別錄〕山慈石生山之陽正月生葉如藜蘆莖有衣一名爰茈氣味苦平無毒主女子帶下

附錄 參果根

增〔名醫別錄〕參果根生百餘根根有衣裹莖三月三日采根一名百連一名烏蓼一名鼠莖一名鹿蒲味苦有毒治鼠瘻

附錄 馬腸根

增〔圖經本草〕馬腸根生秦州葉似桑三月采葉五月六月采根苦辛寒有毒治蠱除風葉療瘡疥

水藜蘆

增〔本草綱目〕水藜蘆一名黃藜蘆一名鹿驪鹿驪俚人呼為黃藜蘆小樹也葉如櫻桃葉狹而長多皺紋四月開細黃花五月結小長子如小豆大氣味苦辛溫有毒治疥癬殺蟲

附子

增〔廣雅〕奚毒附子也一歲為莂子二歲為烏喙三歲為附子四歲為烏頭五歲為天雄 〔本草綱目〕正者為烏頭多岐者為烏喙細長三四寸者為天雄根旁如芋散生者為附子旁連生者為側子五物同出而異名蘇頌曰五者今並出蜀土苗高三四尺莖作四稜葉如艾

其花紫碧色作穗其實細小如桑椹狀黑色本只種附子一物成熟後乃有四物以長二三寸爲天雄割削附子旁尖角爲側子附子之絕小者亦名側子元種者爲烏頭其餘大小者皆爲附子以八角者爲上李時珍曰烏頭有兩種出彰明者即附子之母今人謂之川烏頭春末生子故春采爲烏頭冬則生子已成故冬采爲附子其天雄烏喙側子皆是生子多者因象命名附子氣味辛溫有大毒治風寒欬逆邪氣寒濕踒躄拘攣破癥堅積聚血瘕金瘡腰脊風寒心腹冷痛霍亂溫中暖脾胃除脾濕腎寒補下焦陽虛除臟腑沉寒三陽厥逆治三陰傷寒中風痰厥氣厥柔痓癲癇暴瀉脫陽久痢寒

瘧瘴氣久病嘔噦反胃噎膈烏頭助陽退陰功同附子而稍緩

彙考 增 詩大雅 堇荼如飴 國語 寘堇於肉 注 賈逵曰堇烏頭也 淮南子 天下之物莫凶於雞毒然而良醫橐而藏之有所用也 注 雞毒烏頭也 博物志 烏頭天雄附子一物春秋冬夏采各異也 明皇十七事 玄宗好神仙往往詔郡國徵奇士有張果者所爲變怪不測上謂力士曰吾聞奇士至人外物不能敗其中試飲以堇汁不死者乃奇士也會天寒甚乃使以汁進果果遂飲盡二巵醉然如醉者顧曰非佳酒也 藥譜 川烏頭別名昌明童子 瑣碎錄 滑臺風土極寒民啖附子如啖芋栗 益部方物略記 陶弘景以天雄烏頭附子皆出建平謂之三建 癸辛雜識 三建湯用附子川烏天雄而莫曉其命名之義因觀謝靈運山居賦曰三建異形而同出蓋三物皆一種類是知古藥命名皆有所本祖也 明會典 四川成都府歲貢天雄二十對附子五十對烏頭五十對漏藍二十斤

集藻 記 增 宋楊天惠彰明附子記 綿州故廣漢地領縣八惟彰明出附子彰明領鄉二十惟赤水廉水會昌昌明宜附子總四鄉之地爲田五百二十頃有奇然稅稻之田五菽粟之田三而附子之田止居其二焉合四鄉之產得附子一十六萬斤已上然赤水爲多廉水次之

而會昌昌明所出微甚凡上農夫歲以善田代處前期輙空田一再耕之蒔薺麥若巢糜其中比苗稍壯并根葉耨覆土下後耕如初乃布種每畝用牛十耦用糞五十斛七寸爲壟五寸爲符終畝爲符二十爲壟千二百壟從無衡深亦如之又以其餘爲溝爲涂春陽憤盈丁壯畢出疏整符壟以需風雨雨過輙振拂而騈持之既又挽草爲援以御烜日其用工力比他田十倍然其歲穫亦倍稱成之凡四鄉度用種千斛以上出龍安及龍州齊歸木門青堆小平者良其播種以冬盡十一月止采擷以秋冬九月止其莖類野艾而澤其葉類地麻而厚其花紫葉黃蕤長苞而圓其蓋其實之美惡視功之

勤瘁以故富室之人常美貧者雖接畛或不盡然又有七月采者謂之旱水拳縮而小蓋附子之未成者然此物謂畏惡猥多不能常熟或種美而苗不茂或苗秀而不充或以釀而腐或以暴而攣若有物焉陰爲之故園人將采常禱於神或目爲藥妖云其釀法用醯醅安密室淹覆彌月乃發以時暴凉久乾定方出釀時其大有如拳者已定不輒盈握故及兩者極難得蓋附子之品有七實本同而末異其初種之小者爲烏頭附烏頭而傍生者爲附子又左右附而偶生者爲鬲子又附而長者爲天雄又附而尖者爲天錐又附而上者爲側子又附而散者爲漏藍子皆脉絡連貫如子附母而附子以

貴故獨專附名自餘不得與焉凡種一而子六七以上則其實皆小種一而子二三則其實稍大種一而子特生則其實特大此其凡也附子之形以蹲坐正節角少爲上有節多鼠乳者次之形不正而傷缺風皺者爲下附子之色以花白爲上鐵色次之青綠爲下天雄烏頭天錐以豐實盈握爲勝而漏藍側子園人以乞役夫不足數也大率蜀人餌附子者少惟陝輔閩淛宜之陝輔之賈纔市其下者閩淛之賈纔市其中者其上品皆士大夫求之蓋貴人金多喜奇故非得大者不厭然土人有知藥者云小者固難用要知半兩以上皆良不必及兩乃可此言近之按本經及志載附子出犍爲山谷及在山南嵩高齊魯間以今考之皆無有誤矣又曰春採爲烏頭冬採爲附子大謬又云附子八角者良其角爲側子愈大謬與余所聞絕異豈所謂盡信書則不如無書者類耶

【贊】【增】宋宋祁附子贊附堇而生翠莖紫蘂生蜀者良三建則非

【七言絕句】【增】宋林景熙越州陶山附子澗洞霞疑接台峰近石棧空歌蜀道難一種靈苗人不識半山霜露夜痕乾

【別錄】【增】本草綱目韓保昇曰附子烏頭天雄側子烏喙采得以生熟湯浸半日勿令滅氣出以白灰裛之數易

使乾又法以米粥及糟麴等淹之並不及前法蘇頌曰五物收時一處造釀其法先於六月內造大小麥麴未采前半月用大麥煮成粥以麴造醋候熟去糟其醋不用大酸酸則以水解之將附子去根鬚於新瓮內淹七日日攪一徧撈出以疏篩攤之令生白衣乃向慢風日中曬之百十日以透乾爲度若猛日則皺而皮不附肉陶弘景曰凡用附子烏頭天雄皆熱灰微炮令拆勿過焦惟薑附湯生用之俗方每用附子須甘草人參生薑相配者正制其毒故也雷斅曰凡使烏頭宜文武火中炮令皴拆擘破用若用附子須底平有九角如鐵色一箇重一兩者即是氣全勿用雜木火只以柳木灰火中

炮令皺拆以刀刮去上孕子并去底火擘破於屋下平地上掘一土坑安之一宿取出焙乾用若陰制者生去皮尖底薄切以東流水并黑豆浸五日夜漉出日中曬用朱震亨曰凡烏附天雄須用童子小便浸透煮過以殺其毒并助下行之力入鹽少許尤好或以小便浸二七日揀去壞者以竹刀每箇切作四片井水淘淨逐日換水再浸七日曬乾用李時珍曰附子生用則發散熟用則峻補生用者須如陰制之法去皮臍入藥熟用者以水浸過炮令發拆去皮臍乘熟切片再炒令內外俱黃去火毒入藥又法每一箇用甘草二錢鹽水薑汁童便各半盞同煮熟出火毒一夜用之則毒去也

烏頭

增〔爾雅〕芨堇草〔注〕即烏頭也江東呼爲堇〔本草綱目〕烏頭一名烏喙一名草烏頭按藥譜別名小昌明一名土附子一名奚毒一名耿子一名毒公一名金鴉苗名莨一名獨白草一名鴛鴦菊汁煎名射罔此即烏頭之野生于他處者俗謂之草烏頭亦日竹節烏頭出江北者日淮烏頭日華子所謂土附子者是也烏喙即偶生兩岐者今俗呼爲兩頭尖因形而名其實乃一物也附子天雄之偶生兩岐者亦謂之烏喙非此烏頭也草烏頭取汁曬爲毒藥射禽獸故有射罔之稱吳普曰正月始生葉厚莖方中空葉四四相當與蒿相似陶弘景曰今采用四月亦以八月采搗莖汁煎爲射罔獵人以傅箭射禽獸十步即倒中人亦死宜速解之李時珍曰處處有之根苗實並與川烏頭相同但此係野生又無釀造之法其根外黑內白皺而枯燥爲異爾然毒則甚焉氣味辛溫治中風除寒濕痺欬逆上氣破積聚寒熱消冷痰痃癖治頭風喉痺癰腫疔毒乃至毒之藥非風頑急疾不可輕投

白附子

增〔本草綱目〕白附子因與附子相似故名實非附子類也蘇恭曰本出高麗今出涼州以西生砂磧下濕地獨莖似鼠尾草細葉周匝生於穗間根形似天雄李珣曰徐表南州異物記云生東海新羅國及遼東苗與子相似李時珍曰根正如草烏頭之小者長寸許乾者皺紋有節氣味辛甘大溫有小毒治心痛血痺行藥勢中風失音一切冷風氣面皯瘢疵

彙考 增〔楚國先賢傳〕孔休傷頰有瘢王莽賜玉屑白附子香與之消瘢〔酉陽雜俎〕藥草異號章陽羽白附子也

天南星

增〔本草綱目〕天南星一名虎掌一名虎膏一名鬼蒟蒻蘇頌曰天南星即虎掌小者名由跋李時珍曰虎掌因葉形似之大南星因根圓白如老人星狀故名蘇頌曰虎掌河北州郡有之初生根如豆大漸長大似半夏而扁年久者根圓及寸大者如雞卵周匝生圓牙三四枚或五六枚三四月生苗高尺餘獨莖上有葉如爪五六出分布尖而圓一窠生七八莖時出一莖作穗直

上如鼠尾中生一葉如匙裹莖作房旁開一口上下尖中有花微青褐色結實如麻子大熟即白色自落布地一子生一窠九月苗殘取根又曰天南星處處平澤有之二月生苗似荷梗莖高一尺以來葉如蒟蒻兩枝相抱五月花似蛇頭黃色七月結子作穗似石榴子紅色二月八月采根似芋而圓扁氣味苦溫有大毒治心痛寒熱結氣積聚伏梁傷筋痿拘緩利水道除陰下濕風眩疝瘕傷寒時疾中風麻痺除痰下氣利胸膈攻堅積消癰腫傅金瘡疥癬蛇蟲咬傷

彙考 增 藥譜 天南星別名半夏精 文房寶飾 以竹梢甘露和天南星漬紙一宿裁之刀去如飛

附錄 虎掌草

增 圖經本草 江州一種草葉大如掌面青背紫四畔有才如虎掌生三四葉爲一本冬青不結花實治心疼寒熱積氣

蒟蒻

增 本草綱目 蒟蒻一名蒻頭一名鬼芋出蜀中施州亦有之呼爲鬼頭閩中人亦種之宜樹陰下掘坑積糞春時生苗至五月移之長一二尺與南星苗相似但多斑點宿根亦自生苗經二年者根大如椀及芋魁其外理白味亦麻人秋後采根須淨擦或搗或片段以釅灰汁煮十餘沸以水淘洗換水更煮五六徧即成凍子切片以苦酒五味淹食不以灰汁則不成也切作細絲沸湯汋過五味調食狀如水母絲馬志言其苗似半夏楊慎丹鉛錄言蒟醬即此者皆誤也氣味辛寒有毒磨傅癰腫風毒製食主消渴

附錄 菩薩草

增 圖經本草 菩薩草生江浙州郡凌冬不凋秋冬有花直出赤子如蒻頭冬月采根用味苦無毒酒研服治諸毒搗傅諸蟲傷婦人妊娠欬嗽蜜丸服

半夏

原 半夏一名水玉一名守田一名地文 本草綱目云禮記月令五月半夏生蓋當夏之半也故名守田會意水玉象形也 一名和姑在處有之齊州者

爲良二月生苗一莖莖端三葉淺綠色頗似竹葉三三相偶而生江南者似芍藥白花圓上生平澤者甚小名羊眼半夏圓白爲勝五月採則虛小八月乃實大陳久更佳氣味辛平有毒生微寒令人吐熟溫令人下射干柴胡爲之使忌羊血海藻飴糖惡皁角畏雄黃秦皮龜甲反烏頭消痰熱滿結欬嗽上氣心下急痛時氣嘔逆除腹脹目不得瞑

集藻 五言古詩 增 宋孔平仲常父寄半夏 齊州多半夏採自鵲山陽纍纍圓且白千里遠寄將新婦初解包諸子喜若狂皆云已法製無滑可以嘗大兒強占據端坐斥四旁次女出其腋一攫已半亡小兒作蟹行乳媼代

與蘘分頭各咀嚼方愛有所志須臾被辛螫棄餘不復
藏競以手捫舌啼譟滿中堂父至笑且驚亟使啖以薑
中宵方稍定久此燈燭光大鈞播萬物不擇豸與良虎
掌出深谷鳶頭薇高岡春草善殺魚野葛挽人腸各以
類自蕃敢問孰主張水玉名雖佳神農錄之方其外則
皎潔其中慕堅剛柰何蘊毒性入口有所傷老兒好服
食似此亦可防急難我輩事感惕成此章

七言絕句【增】唐王建寄劉蕡問疾年少病多應為酒誰
家將息過今春賒來半夏重熏盡投著山中舊主人

【別錄】【原】修治洗去皮垢以湯泡浸七日逐日換湯晾乾
切片薑汁拌焙入藥或研為末以薑汁入湯浸澄三日

瀝去涎水曬乾用謂之半夏粉或研末以薑汁和作餅
子日乾用謂之半夏餅或研末以薑汁白礬湯和作餅
楮葉包置籃中待生黃衣日乾用謂之半夏麴白飛霞
醫通云痰分之病半夏為主造而為麴尤佳治濕痰以
薑汁白礬湯和之治風痰以薑汁及皂莢煮汁和之治
火痰以薑汁竹瀝或荊瀝和之治寒痰以薑汁礬湯入
白芥子末和之此皆造麴妙法也　辨訛江南半夏大
乃徑寸葉似芍藥根下相重上大下小皮黃肉白南人
特重之用之始知其異此乃由跋類半夏而苗不同誤
以為半夏也　白傍䕬子經似半夏但咀之微酸不堪
入藥

蚤休

【增】本草綱目蚤休一名蚩休一名螫休一名紫河車一
名重臺一名重樓金線一名三層草一名七葉一枝花
一名草甘遂一名白甘遂蟲蛇之毒得此治之即休故有蚤休螫休諸名重臺三層因其葉狀也金線重樓因其花狀也甘遂因其根狀也紫河車因其功用也處處有之生于
深山陰濕之地一莖獨上莖當葉心葉綠色似芍藥凡
二三層每一層七葉莖頭夏月開花一花七瓣有金絲
蕊長三四寸王屋山產者至五七層根如鬼臼蒼朮狀
外紫中白有黏糯二種外丹家采制三黃砂汞入藥洗
切焙用俗諺云七葉一枝花深山是我家癰疽如遇者
一似手拈拏是也氣味苦微寒有毒治驚癇搖頭弄舌

熱氣在腹中癲疾癰瘡陰蝕下三蟲去蛇毒治胎風手
足搐能吐泄瘰癧去瘧疾寒熱

【集藻】五言古詩【增】宋范成大紫荷車綠英吐弱綫翠葉
抱修莖矗如青旄節草中立亭亭根有却老藥鱗皴友
松苓長生不暇學聊冀病身輕

【別錄】【增】服食經紫河車根以竹刀刮去皮切作骰子大
塊麪裹入瓷瓶中水煮候浮漉出凝冷入新布袋中懸
風處待乾每服三丸五更初面東念咒井水下連進三
服即能休糧若要飲食先以黑豆煎湯飲之次以藥丸
煮稀粥漸漸食之咒曰天朗氣清金雞鳴吾今服藥欲
長生吾今不饑復不渴賴得神仙草有靈

鬼臼

【增】〔本草綱目〕鬼臼一名九臼一名天臼一名鬼藥一名解毒一名爵犀一名馬目毒公一名害母草一名羞天花（詳見益部方物略記）一名术律草一名瑠田草（詳見山谷詩注）一名獨脚蓮一名獨荷草一名山荷葉一名旱荷一名八角盤一名唐婆鏡（此物有毒而白如馬眼故名馬目毒公殺蠱解毒故有犀名其葉如鏡如盤如荷而新苗生則舊苗死故有鏡盤荷蓮害母諸名）蘇頌曰今江寧府滁舒商齊杭襄峽州荆門軍皆有之花生莖間赤色三月開花後結實一說鬼臼生深山陰地葉六出或五出如鴈掌莖端一葉如繖旦時東向及暮則西傾蓋隨日出沒也花紅紫如荔枝正在葉下常爲葉所蔽未常見日一年生一

莖既枯則生一臼及八九年則八九臼矣然一年一臼生而一臼腐蓋陳新相易也李時珍曰考鄭樵通志云鬼臼葉如小荷形如鳥掌年長一莖莖枯則根爲一臼亦名八角盤以其葉似之也據此則是今人所謂獨脚蓮者也南方處處深山陰密處有之北方惟龍門山王屋山有之一莖獨上莖生葉心而中空一莖七葉圓如初生小荷葉面青背紫揉其葉作瓜李香開花在葉下亦有無花者其根全似苍术紫荷車丹爐家采根制三黄砂汞或云其葉八角者更靈或云其根如紫荷車一樣但以白色者爲河車赤色者爲鬼臼恐亦不然而庚辛玉册謂蚤休陽草旱荷陰草亦有分别陶弘景以馬目毒公與鬼臼爲二物殊不知正是一物而有二種也又唐獨孤滔丹房鏡源云术律草有二種根皆似南星赤莖直上莖端生葉一種葉凡七瓣一種葉作數層葉似蓖麻面青背紫而有細毛葉下附莖開一花狀如鈴鐸倒垂青白色黃蕊中空結黃子風吹不動無風自搖可制砂汞按此即鬼臼之二種也其說形狀甚明氣味辛溫有毒殺蠱毒鬼疰精物辟惡氣不祥逐邪解百毒治風疾邪瘧癰疽下息胎

【彙考】【增】〔益部方物略記〕羞寒花蜀地處處有之不爲人所愛根莖綴花蔽葉自隱俗曰羞天花予易爲羞寒花

〔山谷詩注〕子瞻詩所記胡道士玉芝之一名瑠田草者

俗號其葉爲唐婆鏡葉底開花故號羞天花以予考之其實本草之鬼臼也歲生一臼如黃精而堅瘦滿十二歲可爲藥就土中生根取一臼勿令大本知也煮麪如餺飥皮裹一臼吞之數日不饑啗三臼可辟穀也黃龍山老僧多採而斷食令人體臞而神王今方家所用鬼臼乃鬼燈檠耳如蜀人用鬼箭但用一草根不知何物也鎮陽趙州間道傍叢生三羽者眞鬼箭俗醫用藥如此而責古方不治病可勝歎哉因論玉芝之故并記之

【集藻】〔贊〕【增】宋宋祁〔羞寒花贊〕冒寒而茂莖修葉廣附莖作花葉蔽其上以其自蔽若有羞狀

〔七言古詩〕【增】宋黃庭堅〔瑠芝軒〕卓仙在時養瑠芝深根

囹帶活人命憧憧來問此何草但告渠是唐婆鏡

射干

增〈廣雅〉鳶尾射干也〈本草綱目〉射干一名烏扇一名烏翣一名烏吹一名烏蒲一名鳳翼一名鬼扇一名扁竹一名仙人掌一名紫金牛一名野萱花一名草薑一名黃遠（蘇頌曰莖梗疎長正如射之長竿之狀故名李時珍曰其葉叢生橫鋪一面如烏翅及扇之狀故有烏扇諸名俗呼扁竹謂其葉扁生而根如竹也根葉又如蠻薑故曰草薑）蘇恭曰鳶尾葉都似射干而花紫碧色不抽高莖根似高良薑而肉白名鳶頭陳藏器曰射干鳶尾二物相似人多不分射干即人間所種為花草名鳳翼者葉如烏翅秋生紅花赤點鳶尾亦人間所種苗低下於射干狀如鳶尾夏生紫

碧花者是也蘇頌曰今在處有之人家種之春生苗高一二尺葉大類蠻薑而狹長橫張疎如翅羽狀故名烏翣葉中抽莖似萱草莖而強硬六月開花黃紅色瓣上有細文秋結實作房中子黑色李時珍曰射干即今扁竹也今人所種多是紫花者呼為紫蝴蝶其花三四月開六出大如萱花結房大如拇指頗似泡桐子一房四隔一隔十餘子子大如胡椒而色紫極硬咬之不破七月始枯陶弘景謂射干鳶尾是一種蘇恭陳藏器謂紫碧花者是鳶尾紅花者是射干韓保昇謂黃花者是射干蘇頌謂花紅黃者是射干白花者亦其類朱震亨謂紫花者是射干紅花者非按土宿真君本草云射干即扁竹葉扁生如側手掌形莖亦如之青綠色一種紫花一種黃花一種碧花多生江南湖廣川浙平陸間八月取汁煮雄黃伏雌黃制丹砂能拒火據此則鳶尾射干本是一類但花色不同正如牡丹芍藥菊花之類其色各異皆是同屬也大抵入藥功不相遠氣味苦平有毒治欬逆上氣喉痺咽痛散結氣腹中邪逆食飲大熱消痰破癥結水蠱消結核利大腸治瘧毋摩塗毒腫

彙考　增〈夏小正〉十一月廣莫風至則蘭射干生〈圖經本草〉射干多生山厓之間其莖雖細小亦類木故荀子云西方有木名曰射干莖長四寸生于高山之上〈易通卦驗〉冬至射干生

集藻　文賦散句　增〈漢司馬相如上林賦〉槀本射干〈劉向九歎〉掘荃蕙與射干兮

坐拏草

增〈圖經本草〉坐拏草生江西及滁州六月開紫花結實采其苗入藥甚易得後因入用有效今頗貴重氣味辛熱有毒治風痺壯筋骨兼治打撲傷損

押不蘆

增〈癸辛雜識〉回回地方有草名押不蘆土人以少許磨酒飲即通身麻痺而死加以刀斧亦不知至三日則以少藥投之即活御藥院中亦儲之〈湛淵集詩注〉漠北有草名押不蘆食其汁立死以他藥解之即蘇華陀洗

腸胃攻疾疑先服此 滇載記 押不蘆北方起死回生
草也

【集藻】五言絕句【增】元白斑續滇雅草食押不蘆雖死元
不死未見滌腸人先問棄簀子

芫花

【增】本草綱目 芫花一名杜芫一名赤芫一名去水一名毒魚一名痛頭花一名兒草一名敗華根名黃大戟一名蜀桑（芫或作杬義未詳去水言其功毒魚言其性大戟言其似也俗人因其氣惡呼為頭痛花）韓保昇曰近道處處有之苗高二三尺葉似白前及柳葉根皮黃似桑根正月二月花發紫碧色葉未生時收采日乾葉生花落即不堪用也蘇頌曰在處有之宿根舊枝莖紫長一二尺根入土深三五寸白色似榆根春生苗葉小而尖似楊柳枝葉二月開紫花頗似紫荊而作穗又似藤花而細今絳州出者花黃謂之黃芫花氣味辛溫有小毒治欬逆上氣喉鳴喘咽腫短氣蠱毒鬼瘧疝瘕癰腫殺蟲魚去水利痰通利血脉治惡瘡風痺一切毒風四肢攣急

【別錄】【增】本草綱目 芫花留數年陳久者良用時以好醋煮十數沸去醋以水浸一宿曬乾用則毒減也或以醋炒者次之

蕘花

【增】本草綱目 蕘花（蕘者饒也其花繁饒也）蘇恭曰苗似胡荽莖無刺花細黃色四月五月收韓保昇曰所在有之以雍州者為好生岡原上苗高二尺許李時珍曰按蘇頌圖經言絳州所出芫花黃色謂之黃芫花其圖小株花成簇生恐即此蕘花也生時色黃乾則如白故陶氏言細白也氣味苦寒有毒治傷寒溫瘧下十二水破積聚大堅癥瘕蕩滌胸中留癖飲食寒熱邪氣利水道療痰飲欬逆上氣喉中腫滿疰氣蠱毒

醉魚草

【增】本草綱目 醉魚草一名鬧魚花一名魚尾草一名樚木南方處處有之多在塹岸邊作小株生高者三四尺根狀如枸杞莖似黃荊有微稜外有薄黃皮枝易繁衍葉似水楊對節而生經冬不凋七八月開花成穗紅紫色儼如芫花一樣結細子漁人采花及葉以毒魚盡圉圉而死呼為醉魚兒草池沼邊不可種之此花色狀氣味並如芫花毒魚亦同但花開不同時為異爾氣味辛苦溫有小毒治痰飲解魚毒化魚骨鯁

莽草

【增】本草綱目 莽草一名芮草一名芒草一名鼠莽（陶弘景曰莽本作䒽字俗訛呼爾李時珍曰此物有毒食之令人迷罔故名山人以毒鼠謂之鼠莽）陶弘景曰今東間處處皆有葉青辛烈者良又用擣以和陳粟米粉納水中魚吞即死浮出人取食之無妨蘇頌曰今南中州郡及蜀川皆有之木若石楠而葉稀無花實五月

七月采葉陰乾一說藤生繞木石間旣謂之草乃藤生者是也寇宗奭曰莽草諸家皆謂之草而本草居木部今世所用皆木葉如石楠葉枝硬乾則皺揉之其臭如椒氣味辛溫有毒治風頭癰腫乳癰疝瘕喉痺瘰癧除結氣疥瘙殺蟲魚

彙考 增 周禮秋官翦氏掌除蠹物以攻禜攻之以莽草薰之 范子計然莽草出三輔青色者善

茵芋

增 本草綱目茵芋一名莞草一名卑共陶弘景曰好者出彭城今近道亦有莖葉狀似莽草而細軟連細莖采之方用甚稀惟合療風酒大明曰出自海鹽形似石楠

樹生葉厚五六七月采蘇頌曰今雍州絳州華州杭州亦有之春生苗高三四尺莖赤葉似石榴而短厚又似石楠葉四月開細白花五月結實三月四月七月采莖葉日乾氣味苦溫有毒治五臟邪氣心腹寒熱羸瘦如瘧狀發作有時諸關節風濕痺痛

苦菫

增 爾雅齧苦菫注今菫葵也葉似柳子如米汋食之滑 疏本草唐本注云此菜野生非人所種俗謂之菫菜葉似蕺紫花本草云味甘而此云苦者古人語倒猶甘草謂之苦也 本草綱目苦菫一名石龍芮一名地椹一名天豆一名石能一名魯果能一名水菫一名椒葉一名彭根 陶弘景曰生于石上其葉芮芮短小故名石龍芮蘇恭曰實如桑椹故名地椹李時珍曰芮芮細貌其椹之子細芮故名地椹以下皆子名也水菫苗名也苗作蔬食味辛而滑故有椒葵之名 蘇恭曰水菫苗似附子實如桑椹生下濕地五月熟葉子皆味辛山南者粒大如葵子關中河北者細如葶藶氣力劣於山南者蘇頌曰今惟出兗州一叢數莖莖青紫色每莖三葉其葉短小多刻缺子如葶藶而色黃李時珍曰水菫處處有之多生近水下濕地高者尺許其根如薺三月生苗叢生圓莖分枝一枝三葉葉青而光滑有三尖多細缺江淮人三四月采苗瀹過曬蒸黑色爲蔬四五月開細黃花結小實大如豆狀如初生桑椹青綠色搓散則子甚細如葶藶子卽石龍芮也宜半老

時采之氣味苦平無毒治風寒濕痺心腹邪氣利關節止煩滿久服輕身明目不老莖葉氣味甘寒無毒搗汁洗馬毒塗蛇蠍毒及癰腫

彙考 增 禮記內則菫荁枌榆免薧滫瀡以滑之 晉書孝義傳劉殷祖母王氏冬月思菫殷時年九歲乃於澤中慟哭聲不絕者半日忽若有人云止止殷收淚視地有菫生焉因得斛餘以供食 范子計然石龍芮出三輔色黃者善

毛茛

增 本草綱目毛茛一名毛建草一名水茛一名毛菫一名天灸一名自灸一名猴蒜 李時珍曰茛乃草烏頭之苗此草形狀及毒皆似之

故名別錄方謂之水茛又名毛建亦茛字音訛也俗名毛堇似水堇而有毛也山人截瘧采葉挼貼寸口一夜作泡如火燎故呼爲天灸自灸下濕處多有春生苗高者尺餘一枝三
葉葉有三尖及細缺與石龍芮莖葉一樣但有細毛爲
別四五月開小黃花五出甚光艷結實狀如欲綻青桑
椹如有尖峭與石龍芮子不同人以爲毒不食草者大
誤也方士取汁煮砂伏硫沈存中筆談所謂石龍芮有
兩種水生者葉光而末圓陸生者葉毛而末銳此即葉
毛者氣味辛溫有毒治惡瘡癰腫未潰者搗葉傅之不
得入瘡令肉爛蔦洪百一方云水茛生水旁有毒蟹多
食之人誤食之狂亂如中風狀或吐血以甘草汁解之

海薽

增 本草經注 海薽生海中赤色狀如石龍芮有大毒

陰命

增 本草經注 陰命生海中赤色著木懸其子有大毒

牛扁

增 本草綱目 牛扁一名扁特一名扁毒蘇恭曰田野人名爲牛扁療牛虱甚效太常名扁特或名扁毒蘇恭曰此藥似堇草石龍芮輩根如秦
九而細蘇頌曰今潞州一種便特六月有花八月結實
木其根苗搗末油調殺蟣虱主療大都相似疑即扁特
也但聲近而字訛耳氣味苦微寒無毒治身皮瘡熱氣
可作浴湯殺牛虱小蟲又療牛病

附錄 虱建草

增 本草拾遺 虱建草生山足濕地發莖似山丹微赤高
一二尺味苦無毒主蟣虱挼汁沐頭虱盡死人有誤吞
虱成病者搗汁服一小合亦主諸蟲瘡又有水竹葉生
水中葉如竹葉而短小可生食亦去蟣虱

蕁麻

增 本草綱目 蕁麻一名毛藙川黔諸處甚多其莖有刺
高一二三尺葉似花桑或青或紫背紫者入藥上有毛芒
可畏觸人如蜂蠆蠚蠚以人溺濯之即解有花無實冒
冬不凋挼投水中能毒魚氣味辛苦寒有大毒吐利人
不止治蛇毒搗塗之

彙考 增 杜詩注 除草去藙草也 東坡集 杜甫有除藙
詩言草有害於人然治風瘮擇最先者以此草點之一
身皆失去葉背紫者入藥據此說藙亦能療疾棄瑕錄
用可也

集藻 五言古詩 增 唐杜甫除草詩 草有害於人曾何生
阻修其毒甚蜂蠆其多彌道周清晨步前林江色未散
憂芒刺在我眼焉能待高秋霜露一霑凝蕙葉亦難留
荷鋤先童稚日入仍討求轉致水中央豈無雙釣舟頑
根易滋蔓敢使依舊丘自茲藩籬曠更覺松竹幽芟夷
不可闕疾惡信如讎

格注草

增 唐本草 格注草出齊魯山澤間葉似蕨根紫色若紫

草根一株有二十許二月八月采根五月六月采苗日
乾用氣味辛苦溫有大毒治蠱疰諸毒疼痛

海芋

【增】益部方物略記海芋生不高四五尺葉似芋而有根
幹根皮不可食方家號隔河仙云可變金或云能止瘧
本草綱目海芋一名觀音蓮一名羞天草一名天荷
生蜀中今亦處處有之春生苗高四五尺夏秋間抽莖
開花如一瓣蓮花碧色花中有蕊長作穗如觀音像在
圓光之狀故俗呼為觀音蓮其根似芋魁大者如升盌
長六七寸蓋野芋之類也庚辛玉冊云羞天草陰草也
生江廣深谷澗邊其葉極大可以禦雨葉背紫色花如

蓮花根葉皆有大毒可煅粉霜硃砂小者名野芋氣味
辛有大毒治瘧瘴毒腫風癩
【集藻】贊【增】宋宋祁海芋贊木幹芋葉擁腫盤戾農經弗
載不用治厲

鈎吻

【增】博物志鈎吻草與荇華相似 南方草木狀野葛蔓
生葉如羅勒光而厚一名胡蔓草人以雜生蔬中毒人
半日輒死 酉陽雜俎胡蔓草生邕容間叢生花扁如
支子稍大不成朵色黃白葉稍黑誤食之數日卒飲白
鵞鴨血則解或以一物投之祝曰我買你食之則立死
本草綱目鈎吻一名野葛一名毒根一名胡蔓草一

名斷腸草一名黃藤一名火把花陶弘景曰言其入口則鈎人喉吻也或言吻當作挽字牽挽人腸而絕之也李時珍曰此草雖名野葛非葛根之野者也或作冶葛王充論衡云冶地名也在東南廣人謂之胡蔓草亦曰斷腸草入人畜腹內卽粘腸上半日則黑爛又名爛腸草滇人謂之火把花因其花紅而性熱如火也岳州謂之黃藤生傳高山谷及會稽東野折之青烟出者名固活吳普云秦鈎吻一名除辛
蘇恭曰野葛生桂州以南村墟閭巷間皆有彼人
通名鈎吻亦謂苗為鈎吻根名野葛蔓生其葉如柿其
根新采者皮白骨黃宿根似地骨嫩根如漢防已皮節
斷者良正與白藤相類新者折之無塵氣經年以後則
有塵起從骨之細孔出人食其葉立死李時珍曰南人
云鈎吻卽胡蔓草今人謂之斷腸草是也蔓生葉圓而
光春夏嫩苗毒甚秋冬枯老稍緩五六月開花似櫸柳

花數十朵作穗生嶺南者花黃生滇南者花紅氣味辛
溫有大毒陳藏器曰蕹菜擣汁解野葛毒取汁滴野葛
卽萎死南人先食蕹菜後食野葛二物相伏自然無苦
李時珍曰葛洪肘後方云凡中野葛毒口不可開者取
大竹筒洞節以頭拄其兩脅及臍中灌冷水入筒中數
易水須臾口開乃可下藥解之惟多飲甘草汁人屎汁
白鴨或白鵞斷頭瀝血入口中或羊血灌之嶺南衛生
方云卽時取雞卵抱未成雛者研爛和麻油灌之吐出
毒物乃生稍遲卽死也
【集藻】【增】三國志注魏太祖習啖野葛至一尺 博物志
太陰之草名曰鈎吻不可食入口卽死 神農經曰藥

物有大毒不可入口鼻耳目者即殺人一曰鉤吻盧氏曰陰地黃精不相連根苗獨生者是也

集藻 五言古詩 增 唐白居易有木詩有木香苒苒山頭生一蘐主人不知名移種近軒闥愛其有芳味因以調麴蘖前後曾飲者十人無一活豈徒悔封植兼亦誤采掇試問識藥人始知名野葛年深已滋蔓刀斧不可伐何時猛風來為我連根拔

透山根

增 本草綱目按岣嶁神書云透山根生蜀中山谷草類蘼蕪可以點鐵成金昔有人采藥誤斫此草刀忽黃軟成金也又庚辛玉冊云透山根出武都取汁點鐵立成

黃金有大毒人誤食之化為紫水又有金英草亦生蜀中狀如馬齒莧而色紅摸鐵成金亦有大毒入口殺人須臾為紫水也又何遠春渚紀聞云劉均父吏部罷官歸成都有水銀一篋過峽篋漏急取渡旁叢草塞之久而開視盡成黃金矣宋初有軍士在澤州澤中割馬草歸鐮皆成金以草燃釜亦成黃金又臨安僧法堅言有客過於潛山中見一蛇腹脹嚙一草以腹磨之而消念此草必能消脹取置篋中夜宿旅館聞鄰房有人病腹脹呻吟以釜煎藥一杯與服頃之不復聞聲念已安矣至旦視之其人血肉俱化為水獨骸骨在牀爾視其釜則通體成金矣觀何氏所載即是透山根乃金英草之類如此毒草不可不知故備載之耳

佩文齋廣羣芳譜卷第九十八

藥譜

兔絲 女蘿 附鬼木蒲

原 兔絲一名兔縷一名兔虆一名兔蘆一名兔丘（廣雅云兔丘兔絲也）一名女蘿（爾雅云在木爲女蘿在草爲兔絲）一名赤網一名玉女（爾雅云蒙玉女注云即唐也）一名唐蒙（爾雅云唐蒙女蘿女蘿兔絲）一名火㷄草（庚辛玉冊云火㷄云即兔絲子）一名狐絲一名金線草蔓生處處有之以冤句者爲勝生懷孟林中及黑豆上者入藥更良夏生苗色紅黃如金細絲遍地不能自起得草梗則纏繞而生其子入地初生有根及長延草物其根自斷無葉有花白色微紅香亦襲人結實如秕豆而細色黃生於梗上味辛甘平無毒主續絕傷補不足益氣力肥健人堅筋骨添精益髓養肌去腰痛膝冷久服明目輕身延年去面䵟悅顏色

彙考 原 詩小雅蔦與女蘿施于松柏 增 史記龜策傳下有茯苓上有兔絲 呂氏春秋或謂兔絲無根也其根不屬地茯苓是也 淮南子兔絲無根而生茯苓抽兔絲死 博物志女蘿寄生兔絲兔絲寄生木上生根不著地 抱朴子兔絲之草下有伏兔之根無此兔在下則絲不得生於上然實不屬也 兔絲初生之根其形似兔掘取剖其血以和丹服之立變化任意所作 酉陽雜俎兔絲子多近棘及蘘山居者疑二草之氣類也

集藻 五言古詩 原 宋謝朓詠兔絲 輕絲既難理細縷竟無織爛熳已萬條連緜復一色安根不可知縈心終不測所貴能卷舒伊用蓬生直 唐李白古意 君爲女蘿草妾作兔絲花輕條不自引爲逐春風斜百丈託遠松纏緜成一家誰言會面易各在青山崖女蘿發馨香兔絲斷人腸枝枝相糾結葉葉竟飄揚生子不知根因誰共芬芳中巢雙翡翠上宿紫鴛鴦若識二草心海潮亦可量 元稹兔絲 人生莫依倚依倚事不成若看兔絲蔓依倚榛與荊荊榛易蒙密百鳥撩亂鳴下有狐兔穴奔走亦縱橫樵童斫將去柔蔓與之并翳薈生可恥束縛死無名桂樹月中出珊瑚石上生俊鶻度海食應龍升天行靈物本特達不復相纏縈纏縈竟何者荊棘與飛莖 增 明薛蕙兔絲根株不自立枝蔓爲誰飾偶同雜組文未比朱絃直闔客何由整天女詎堪織暫附松柏枝終辭霜露色

詩散句 原 梁江淹兔絲附女蘿引蔓故不長 兔絲及水萍所寄終不移 增 金雷琯緜緜兔絲草 唐喬知之南山羃羃兔絲花 陸龜蒙教疎兔縷金絃亂

別錄 原 修治 凡用以溫水淘去沙泥酒浸一宿曝乾搗之不盡者再浸曝搗須臾悉細又法酒浸四五日蒸曝四五次研作餅焙乾再研末或云曝乾時入紙條數枚

同搗即刻成粉且省力也〔辨訛〕勿使天碧草子眞相似但味酸澀并黏也〔服食〕抱朴子仙方單服法兎絲子一斗酒一斗浸曝乾再浸又曝酒盡乃止搗篩爲末每酒服二錢日二服治腰膝去風明目久服令人光澤老變爲少十日外飲啖如湯沃雪

五味子

〔增〕〔爾雅〕菋荎藸〔注〕五味也〔疏〕按本草五味子一名會及一名玄及唐本注云五味皮肉甘酸核中辛苦都有鹹味此則五味具也〔圖經本草〕五味春初生苗引赤蔓於高木其長六七尺葉尖圓似杏葉三四月開黃白花類蓮花狀七月成實叢生莖端如豌豆許大生青熟紅

紫入藥生曝不去子今有數種大抵相近雷斅言小顆皮皺泡者有白樸鹽霜一重其味酸鹹苦辛甘皆全者爲眞也〔本草綱目〕南產者色紅北產者色黑氣味酸溫無毒益氣治欬逆上氣勞傷羸瘦補不足養五臟除熱生肌治中下氣止嘔逆補虛勞令人體悅澤明目暖水臟壯筋骨治風消食治反胃霍亂轉筋痃癖奔豚冷氣消水腫心腹氣脹止渴除煩熱解酒毒生津止瀉治瀉痢補元氣不足收耗散之氣

〔集藻〕〔抱朴子〕五味者五行之精其子有五味淮南公羨門子服之十六年面色如玉女入水不霑入火不灼

覆盆子

〔彙考〕覆盆子李氏藥錄云子似覆盆之形故名一名缺盆一名茥爾雅云茥蒛葐注云覆盆也一名插田藨一名烏藨子一名大麥莓一名栽秧藨本草綱目云五月子熟其色烏赤故有諸名一名西國草一名畢楞伽見海上集驗方一名馬瘻一名陸荆見藥性本草處處有之秦吳尤多藤蔓莖有鉤刺一枝五葉葉小面青背微白光薄無毛開白花四五月實成子小於蓬蘽而稀疏味酸甘外如荔支大如指頂軟紅可愛生青黃熟烏赤山中人及時采賣少遲則就枝生蛆食之五六分熟便采烈日曝乾不爾易爛氣味甘平無毒益氣輕身補虛續絕益腎明目悅澤肌膚安和五臟

〔彙考〕〔原〕〔夷堅志〕潭州趙太尉母病爛弦疳眼二十年有

老嫗云此中有蟲吾當除之入山取草蔓葉咀嚼留汁入筒中還以皂紗蒙眼滴汁漬下弦轉盻間蟲從紗上出數日下弦乾復如法滴上弦又得蟲數日而愈後以治人多驗乃覆盆子葉也蓋治眼妙品

〔集藻〕〔五言古詩〕〔增〕宋丁右丞覆盆子蟠根茂永夏幽磴羅深叢晶華發鮮澤叢實分青紅搜尋犯晨露採摘勤村童籍以烟衕犍笥之霜筠籠

〔別錄〕〔修治〕采得捩滓搗作薄餅曬乾密貯臨時酒拌蒸用采時不見水取汁作煎爲果著水則不堪煎

蓬蘽

〔彙考〕〔本草綱目〕一名覆盆一名陵蘽一名陰藥一名寒莓

李時珍曰蓬蘽與覆盆同類故別錄謂一名覆盆此種生於丘陵之間藤葉繁衍蓬蓬蘽蘽異於覆盆故曰蓬蘽陵蘽即藤也【原】藤蔓繁衍莖有倒刺逐節生葉葉大如掌狀類小葵葉面青背白厚而有毛六七月開小白花就蔕結實三四十顆成簇生則青黃熟則紫黯微有黑毛形如熟椹而扁冬月苗葉不凋者俗名割田藨氣味酸平無毒安五臟益精氣令人有子益顏色長髮久服輕身不老　一種蔓小於蓬蘽一枝三葉葉面青背淡白而微有毛開小白花四月實熟其色紅如櫻桃者俗名薅田藨即爾雅所謂藨者也故郭璞注云藨即莓也子似覆盆而大赤色酢甜可食此種不入藥

懸鉤子

【增】爾雅推前山莓註今之木莓也實似藨莓而大亦可食　本草綱目懸鉤子一名沿鉤子一名山莓一名樹莓陳藏器曰莖上有刺如懸鉤故名懸鉤樹生高四五尺其莖白色有倒刺其葉有細齒青色無毛背後淡青頗似櫻桃葉而狹長又似地棠花葉四月開小白花結實色紅今人亦通呼為藨子氣味酸平無毒醒酒止渴除痰去酒毒擣汁服解射工沙虱毒

蛇莓

【增】本草綱目蛇莓一名蛇藨一名地莓一名蠶莓汪機曰近地而生故曰地莓吳瑞曰蠶老時熟紅於地其中空者為蠶莓中實極紅者為蛇殘莓人不噉之恐有蛇殘也就地引細蔓節節生根每枝三葉葉有齒刻四五月開小黃花五出結實鮮紅狀似覆盆氣味甘酸大寒有毒治胸腹大熱不止傷寒大熱及溪毒射工毒甚良通經熁瘡腫傅蛇傷湯火傷

使君子

【原】使君子一名留求子開寶本草云俗傳潘州郭使君療小兒多是獨用此物後號為使君子本草綱目云按南方草木狀謂之留求子療嬰孺之疾則自魏晉已用但名異耳其莖作藤生如手指大如葛繞樹而上葉青如五加葉五月開五瓣花一簇一二十葩初淡紅久乃深紅色輕虛如海棠作架植之蔓延若錦實長寸許五瓣合成有稜初時半黃熟則紫黑其中仁白上有薄黑皮如榧子仁而嫩味如栗七月采久者油黑不可用氣味甘溫無毒治小兒

五疳健脾胃除虛熱殺蟲療瀉痢小兒百病瘡癬皆治凡服使君子忌飲熱茶犯之即瀉

【集藻】七言絕句【原】宋無名氏使君子花竹籬茅舍趁溪斜白白紅紅嬌外花須得佳名使君子初無君子到君家

木鼈子

【增】本草綱目木鼈子一名木蟹馬志曰其核似鼈蟹狀故以為名蘇頌曰春生苗作藤生葉有五椏狀如山藥青色面光四月生黃花六月結實似栝樓而極大生青熟紅黃色肉上有軟刺每一實有核三四十枚其狀扁而如鼈八九月采之嶺南人取嫩實及苗葉作茹蒸食李時珍曰木鼈

核形扁礧砢大如圍棊子其仁青綠色氣味甘溫無毒治折傷消結腫惡瘡生肌止腰痛除粉刺黯䵟婦人乳癰治疳積痞塊利大腸瀉痢痔瘤瘰癧

番木鼈

增本草綱目番木鼈一名馬錢子一名苦實把豆一名火失刻把都狀似馬之連錢故名馬錢蔓生夏開黃花七八月結實如栝樓生青熟赤亦如木鼈其核小於木鼈而色白彼人言治一百二十種病或云以豆腐制過用之良或云能毒狗至死氣味苦寒無毒治傷寒熱病咽喉痺痛消痞塊並含之嚥汁或磨水噙嚥

馬兜鈴

增本草綱目馬兜鈴一名都淋藤一名獨行根一名土青木香一名三百兩銀藥根名雲南根宗奭曰蔓生附木而上葉脫時其實尚垂狀如馬項之鈴故得名也李時珍曰其根吐利人微有香氣故有獨行木香之名嶺南人用治蠱隱其名爲三百兩銀藥蘇頌曰春生苗作蔓繞樹而生葉如山蕷葉而厚大背白六月開黃紫花頗類枸杞花七月結實如大棗狀似鈴作四五瓣根微似木香大如小指赤黃色氣味苦寒無毒治肺熱欬嗽痰結喘促血痔瘻瘡肺氣上急解蛇蠱毒根氣味辛苦冷有毒治鬼疰積聚諸毒熱腫取汁服吐蠱毒治五種蠱毒

預知子

增本草綱目預知子一名聖知子一名聖先子一名盍合子一名仙沼子馬志曰相傳取子二枚綴衣領上遇有蠱毒則聞其有聲當預知之故有諸名蘇頌曰作蔓生依大木上葉綠有三角而深背淺七月八月有實作房生青熟深紅色每房有子五七枚如皂莢子斑褐色光潤如飛蛾其根治蠱功勝於子山民目爲聖無憂子仁氣味苦寒無毒治殺蟲療蠱治諸毒痃癖氣塊消宿食止煩悶利小便催生中惡失音髮落天行溫疾塗一切蛇蟲蠶咬治一切病

牽牛

原牽牛本草注云此藥始出田野人牽牛謝藥故以名焉一名盆甑草酉陽雜俎云盆甑草即牽牛子也結實後斷之狀如盆甑其中有子似龜一名黑丑白丑一名草金鈴一名狗耳草本草綱目云近人隱其名爲黑丑白者爲白丑蓋以丑屬牛也金鈴象子形狗耳象葉形

處處有之有黑白二種黑者野生尤多二月種子三月生苗作藤蔓遶籬墻高者或二三丈蔓有白毛斷之有白汁其葉青有三尖如楓葉花不作瓣如旋花而大碧色其實有蒂裹之生青枯白核與棠梂子核相似但深黑耳白者蔓微紅無毛有柔刺斷之有濃汁葉圓有斜尖並如山藥莖葉花淺碧蒂紅色核白色稍麤其嫩實蜜煎爲果名天茄氣味苦寒有毒治水氣在肺喘滿腫脹下焦鬱遏腰背脹腫大腸氣秘風秘卓有奇功但病在血分及脾胃虛弱而痞滿者則不可取快一時及常服致傷元氣

集藻五言古詩增宋梅堯臣牽牛楚女霧露中籬上摘

牽牛花蔓相連延星宿光未收采之一何早日出顏色收持寘梅窗間染藍奉盤羞爛如珊瑚枝惱翁齒牙柔齒牙不能餐粱肉坐爲仇　牆東有冬瓜費盡滋溉力牽牛獨得志抽走無尋尺旣上我屋壁復冒我籬落遊藤催細緌逐節分豆葉未欲掃鋤斤且與妝秋色任他繞屋去度表幽人宅　〔蘇軾賦〕園中所有牽牛非佳花走蔓入荒榛開花荒榛上不見細蔓身誰窺薄素紗浸之青藍盆水淺浸不盡下餘一寸銀嗟爾脆弱草豈能凌霜晨物性有禀受安問秋與春　〔元郝經甲子歲後園牽牛〕野花照天星星中花亦盛長夏蔓草深疎籬掩斜徑幽庭日無事森寂淡相映繚繞絲亂垂纍綴葉相

竝金風一披拂零露光彩競參差碧玉簪綃插滑欲迸霜絲吐冰同容色姸娟淨堂陰青錦張牆背紫苔塋時方鵲橋成佳節當秋孟織女能翦裁天河洗尤稱女以秋爲期郎將花作該風雨開雲屏鸞皇鏘月鏡處處乞巧筵家家喜相慶五年江館客萬事成隳廢不能致龍節空自悲虎穽永日鏖炎蒸中暑甘臥病對花淚盈目坐起不覺瞋雲漢見饑星回頭看斗柄遙憐小兒女婚嫁俱未竟中流廣風波相見何日更　〔明吳寬牽牛〕本草載藥品草部見牽牛薰風籬落間蔓生甚綢繆誰琢紫玉簪葉密花仍稠日高卽斂豈是朝菌儔陰氣得獨盛下劑斯見收便須作花庵譜與汀史謀

五言律詩　增〔宋邵雍花庵多牽牛清晨始開日出已瘁花雖甚美而不能留賞〕望遠雲凝岫妝餘黛散鈿縹囊承曉露翠蓋拂秋烟綢繆非葵北彫零在槿先才供少頃玩空廢日高眠　葉鬧深如幄花繁翠似鈿瀼瀼零曉露羃羃薇晴烟謝旣成番次開仍有後先主人凝佇看長是廢朝眠　〔趙蕉境牽牛〕西風樵子谷藤蔓絡柴關名在星河上花開曉露間秋空同碧色曉日轉紅顏若挂青松頂翛然不可攀

五言絕句　增〔宋文同牽牛花〕柔條長百尺秀萼包千葉不惜作高架爲君相引接

七言絕句　增〔宋楊萬里牽牛花〕素羅笠頂碧羅簷曉卸

藍裳著茜衫望見竹籬心獨喜翩然飛上翠雲簪　莫笑渠儂不服箱天孫爲織錦雲裳涙言偸得星橋巧只解冰盤染紫薑　曉思歡欣晩思愁繞籬縈架大嬌柔木犀未發芙蓉老買斷西風恣意秋　〔姜夔詠牽牛〕青花綠葉上疎籬別有長條竹尾垂老覺殘妝差有味滿身秋露立多時　不見青青繞竹生西風籬落抱枯藤道人一任空花過愁殺山陰賁何僧　〔楊巽齋牽牛〕青青柔蔓遶脩篁刷翠成花著處芳應是折從河鼓手天孫斜插鬢雲香　〔施東洲牽牛〕一泓天水染朱衣生怕紅埃透日飛急整離離蒼玉珮曉雲光裏渡河歸　〔林逋山牽牛〕圓似流泉碧剪紗墻頭藤蔓自交加天孫滴

卜相思淚長向秋深結此花
詩散句　增〔宋蘇軾〕牽牛一獨何長詰曲自牙蘗走尋荊與榛如有宿昔約〔奈𬺷籬落秋暑中碧花蔓牽牛〔趙山臺〕秋來難得花成染開引牽牛上短籬〔虞賛元〕紅芭蕉映黑牽牛〔金高士談〕風動牽牛曉花碧
別錄　原　修治　凡采得子曬乾水淘去浮者再曬拌酒蒸從巳至未曬乾收之臨用舂去黑皮今多只碾取頭末去皮麩不用亦有半生半熟用者

栝樓

原　栝樓一名果蠃一名瓜蔞一名天瓜一名黃瓜一名地樓一名澤姑　爾雅云果蓏之實栝樓注云今齊人呼之爲天瓜本草綱目云蓏與蔞同許慎云木上曰果地下曰蓏此物蔓生附木故得兼名栝樓即果蓏二字音轉也亦作菰𧂂後人又轉爲瓜蔞古者瓜姑同音故有澤姑之名　所在有之三四月生苗引藤蔓葉如甜瓜葉而窄作叉有細毛七月開花似壺蘆花淺黃色結實在花下如拳生青至九月熟黃赤色形有圓者　圓者色黃皮厚蒂小爲雌陽人服　有銳而長者　長者皮赤蒂麤爲雄陰人服　內有扁子大如絲瓜子殼色褊子色綠多脂作青氣根一名白藥一名瑞雪一名天花粉直下生年久者長數尺大二三圍秋後掘者有粉夏月者有筋無粉不堪用氣味甘寒無毒治胸痺潤肺燥治欬嗽滌痰結利咽喉止消渴利大腸消癰腫瘡毒降上焦之火使痰氣下降不犯胃氣子性同補虛勞潤心肺治吐血腸風下血赤白痢手面皺口乾根甘酸微苦寒製爲粉潔白美好大宜虛熱人解煩渴行津液除腸胃中痼熱治熱狂時疾通小腸消腫毒乳癰發背痔瘻瘡癤排膿生肌消撲損瘀血莖葉味酸生津止渴潤枯降火
彙考　增〔雞肋編〕燕地女子冬月用栝蔞塗面謂之佛妝但皆傳而不洗至春煖方滌去久不爲風日所侵故潔白如玉也
別錄　原　修治　凡使皮子莖根其効各別古方全用後乃分別各用實者去殼皮革膜及油用根者澄粉〔作天花粉法〕秋冬采根大二三圍者去皮寸切水浸逐日換水五日後取出搗泥以絹衣濾過澄粉曬乾每服方寸匕水化下亦可入粥及乳酪中食善治消渴

王瓜

原　王瓜一名土瓜一名野甜瓜一名馬瓟瓜一名赤雹子一名老鴉瓜一名師姑草俚人名公公鬚一名鉤𧄍　爾雅云鉤藈姑註云鉤𧄍也一名王瓜本草注云王瓜即今土瓜鄭玄注月令王瓜生以爲萆挈殊謬圖經本草云月令王瓜生即此房間人呼爲老鴉瓜亦曰菟瓜按爾雅曰黃菟瓜郭璞注云似土瓜又曰芴菲亦謂之土瓜皆別是一物非此土瓜也本草綱目云土瓜其根作土氣其實似瓜也或云根味如瓜故名瓜可雹子熟時色赤鴉喜食之故俗名赤雹子老鴉瓜一葉之下一鬚故俚人呼爲公公鬚王瓜不知何義按兼明書以栝樓爲王瓜謂其大于土瓜故以王字別之誤也　四月生苗其蔓多鬚嫩時可茹葉圓如馬蹄而有尖面青背淡澀而不光五六月開小黃花成簇花下結子纍纍如彈丸其殼徑寸長二寸

許上微圓下尖長生青七八月熟赤紅色皮麤澀根如栝樓根之小者用須深掘二三尺乃得正根江西人栽以沃土取根作蔬食如山藥南北二種微有不同若療黃疸破血南者大勝根苦平無毒治天行熱疾酒黃心胸煩熱消瘀血破癥瘕治面黑面瘡落胎子酸苦平無毒生用潤心肺治黃病炒用治肺痿吐血腸風瀉血赤白痢反胃吐食蠱毒

黃環

增〔本草綱目〕黃環一名凌泉一名大就一名就葛一名生芻一名根韭實名狼跋子一名度穀此物葉黃而圓故名黃環亦是葛類故巴西人謂之就葛跋乃狼足名其莢似之故曰狼跋子吳普曰二月生苗正赤

高二尺葉黃圓端大葉有汁黃白五月實圓三月采根黃色從理如車輻解根氣味苦平有毒治蠱毒鬼疰鬼魅邪氣除欬逆寒熱上氣急百邪痰嗽消水嚏子氣味苦寒有小毒治惡瘡蝸疥殺蟲魚塗瘻疥

天門冬

原 天門冬一名虋冬一名滿冬爾雅云蘠蘼虋冬注云門冬一名滿冬一名天棘一名顛棘一名地門冬一名筵門冬一名萬歲藤抱朴子云在東岳名淫羊藿在西岳名管松在南岳名百部在北岳名無不愈在中岳名天門冬在京陸山阜名顛勒在越人名浣草名雖異其實一也本草綱目云草之茂者名虋此草茂而功同麥冬故名天門冬或云天棘爾雅云髦顛棘也因其細葉如髦有細棘也顛天音相近也按救荒本草云俗呼萬歲藤又名婆蘿樹其形與治肺之功頗同百部故亦名百部藤虋乃莔音蝱而爾雅指為門冬或古書錯簡也處處有

之春生藤蔓大如釵股高至丈餘葉如茴香極尖細而疎滑莖間有逆刺亦有澀而無刺者其葉如絲杉而細散夏生細白花亦有黃色紫色者秋結黑子在其根枝旁入伏後無花暗結子其根一科數十枚大如手指圓實而長黃紫色肉白以大者為佳中有心如麥冬心而稍麤性苦平無毒潤燥滋陰清金降火保肺氣通腎氣養肌膚止消渴治濕疥除身上一切惡氣不潔之疾久服令人肌體滑澤潔白李時珍云天門冬清金降火益水之上源故能下通腎氣入滋補方合羣藥用之有効若脾胃虛寒人單餌既久必病腸滑反成痼疾此物性寒而潤能利大腸故也服天門冬忌鯉魚誤食中毒者

擣萍汁服之可解

彙考 增〔宋史地理志〕順慶府貢天門冬　普州貢天門冬〔山海經〕條谷之山其草多虋冬　鮮山其草多虋冬〔列仙傳〕赤松子服天門冬齒落更生細髮復出〔神仙傳〕甘始者太原人也善行氣不飲食又服天門冬在世百餘歲入王屋山仙去〔抱朴子〕入山便可以天門冬蒸煮啖之取足以斷穀若有力可餌之或作散酒服或擣汁作液膏服至百日丁壯兼倍駛於朮及黃精也二百日強筋髓駐顏色與煉成松脂同蜜丸服尤善杜紫微服之御八十妾有子百四十人日行三百里〔名山記〕鬱山出天門冬〔建康記〕建康出天門冬極精

妙　〔彥周詩話〕天棘蔓青絲洪覺範便差天棘作顛棘高秀實云天棘天門冬也當以秀實之言為正顛天聲相近又酷似青絲又江南徐鉉家本云天棘蔓青絲若蔓生如青絲尤見是天門冬　〔丹鉛錄〕山海經小徑之山有草名蔷亦莖白華如顛冬也顛冬天門冬也

【集藻】〔啟〕【增】梁簡文帝謝勑賚益州天門冬啟逮自星橋見珍玉鼎本草稱其輕身延壽實為上藥姬曾之重丹桂曹丕之愛落英一蒙恩錫竊幸徃代

〔五言絕句〕【增】宋朱子天門冬高蘿引蔓長插椶垂碧絲西窓夜來雨無人領幽姿

【別錄】【原】〔種植〕正二月取苗種肥地中每根相去二尺餘

不得稠不久其根甚茂若取根則留一分小者却栽時常上糞有草即耘此物甚難種若都摘了恐不活種子即成亦晚　〔修治〕二三七八月採根曬乾猶脂潤難擣必須去皮心用柳木甑及柳木柴蒸一伏時灑酒令遍更添火蒸作小架去地二三尺攤於上曝乾用　〔服食〕聖化經云以天門冬茯苓等分為末日服方寸匕則不畏寒大寒時單衣汗出　孫真人枕中記云八九月採天門冬根曝乾為末每服方寸匕日三服久服補中益氣治虛勞絕傷年老衰損偏枯不隨風濕不仁冷痺惡瘡癰疽癩疾鼻柱敗爛者服之皮脫蟲出釀酒服去癥病積聚風痰顛狂三蟲伏尸除濕痺輕身益氣令人不饑百日還童耐老釀酒初熟微酸久停則香美諸酒不及也　臞仙神隱云用乾天門冬十斤杏仁一斤擣末蜜漬每服寸匕名仙人糧　一法天門冬二斤熟地黃一斤為末煉蜜丸彈子大每服溫酒化三丸日三服居山遠行辟穀良服至十日身輕目明二十日百病愈顏色如花三十日髮白更黑齒落重生五十日行及奔馬百日延年　又法天門冬擣汁微火煎取五斗入白蜜一斗胡麻炒末二升合煎至可丸即止火下大豆黃末和作餅徑三寸厚半寸一服一餅一日三服百日以上有益　又法天門冬末一升松脂末一升蠟蜜一升和煎丸如梧子大每日早午晚各服三十丸　〔天門

冬酒〕補五臟調六腑令人無病天門冬三十斤去心擣碎以水二石煮汁一石糯米一斗細麴十斤如常炊釀酒熟日飲三杯　〔天門冬膏〕去積聚風痰補肺療欬嗽失血潤五臟殺三蟲伏尸除瘟疫輕身益氣令人不饑以天門冬流水泡過去皮心擣爛取汁砂鍋文武炭火煮勿令太沸以十斤為率熬至三斤却入蜜四兩熬至滴水不散瓶盛埋土中一七去火毒每日早晚白湯調服一匙若勤大便以酒服之

百部

【原】〔百部〕本草綱目云其根多者百十連屬如部伍故名一名野天門冬一名婆婦草山野處處有之春生苗作藤蔓葉大而尖長頗似

竹葉面青而光亦有細葉如茴香者莖青微嫩時亦可煮食莖多者五六十長尖內虛根數十相連似天門冬而苦根長者近尺黃白色鮮時亦肥實乾則虛瘦無脂潤性甘微溫無毒清肺熱潤肺治寒嗽上氣傳尸骨蒸勞疳殺蚘蟲寸白蟯蟲種法與百合同宜山地

別錄原〔修治〕凡採得以竹刀劈去心皮花作數十條懸簷下風乾却用酒浸一宿漉出焙乾剉用或一窠八十三條者號日地仙苗若修治餌之可千歲也　九眞一種最長大懸火上令乾取四五寸切短夜含嚥汁勿令人知治暴嗽甚良

何首烏

原何首烏一名交藤一名交莖一名夜合一名地精一名赤葛一名瘡帚一名紅內消一名九眞藤一名桃柳藤一名馬肝石一名陳知白一名野苗圖經本草云此藥本名交藤因何首烏服而得名也唐元和七年僧文象遇茅山老人遂傳此事日華本草云其藥本草無名因何首烏見藤夜交便即採食有功因以採人爲名耳李時珍日馬肝石能治人髮后人隱此名亦日馬肝石赤者能消腫毒外科呼爲瘡帚紅內消斗門方云取根若獲九數者服之乃仙故名九眞藤處處有之以西洛嵩山及柏城縣者爲勝春生苗蔓延竹木墻壁間莖紫色葉葉相對如薯蕷而不光澤夏秋開黃白花如葛勒花結子有稜似蕎麥而雜小纔如粟秋冬取根大者如拳連珠有赤白二種赤者雄苗色黃白白者雌苗色黃赤根遠不過三尺夜則苗蔓相交或隱化不見性苦濇微溫無毒白者入氣分赤者入血分腎主閉藏肝主疏洩此物氣溫味苦濇苦補腎溫補肝能收斂精氣所以能養血益肝固精益腎健筋骨烏髭鬢治五痔腰膝之病冷氣心痛積年勞瘦痰癖風虛敗劣壯氣駐顏延年益壽功難盡述茯苓爲使忌諸血無鱗魚鐵器犯之令藥無功此藥不寒不燥功在地黃天冬諸藥之上凡服藥用偶日二四六八日服訖以衣覆汗出導引尤良

彙考增〔彥周詩話〕古詩云上山採交藤交藤何首烏也服之令人多欲生子有采采芣苢之意　原〔李遠附錄〕何首烏以出南河縣及嶺南恩州韶州潮州賀州廣州潘州四會縣者爲上邕州桂州康州春州高州勒州循州晉興縣出者次之眞仙草也五十年者如拳大號山奴服之一年髮髭青黑一百年者如椀大號山哥服之一年顏色紅悅一百五十年者如盆大號山伯服之一年齒落更生二百年者如斗栲栳大號山翁服之一年顏如童子行及奔馬三百年者如三斗栲栳大號山精純陽之體久服成地仙〔本草綱目〕宋懷州知州李治與一武臣同官怪其年七十餘而輕健面如渥丹能飲食叩其術則服何首烏丸也乃傳其方後治得病盛暑中半體無汗已二年竊自憂之造丸服至年餘汗遂浹體　此藥流傳雖久服者尙寡嘉靖初邵應節眞人以

七寶美髯丹方上進服餌有効速生皇嗣於是何首烏
之方天下大行矣
集藻〔尺牘〕**增**宋蘇軾與歐陽知晦尺牘聞公服何首烏
是否此藥温厚無毒李習之傳正爾啖之無炮製今人
用棗或黑豆之類蒸熟皆損其力僕亦服此但採得陰
乾便杵羅爲末棗肉或煉蜜爲丸入木臼中萬杵乃丸
服極有力無毒恐未得此法故以奉白
〔雜著〕**原**唐李翺何首烏錄僧文象好養生術元和七年
三月十八日朝茅山遇老人於華陽洞口告僧曰汝有
仙相吾授汝秘方有何首烏者順州南河縣人祖能嗣
本名田兒天生閹嗜酒年五十八因醉夜歸臥野中及

醒見田中有藤兩本相遠三尺苗蔓相交久乃解解合
三四心異之遂掘根持問村野人無能名曝而乾之有
鄉人袁良戲而曰汝閹也汝老無子此藤異而後以合
其神藥汝盍餌之田兒乃篩末酒服經七宿忽思人道
累旬力輕健慾不制遂娶寡婦曾氏田兒因常餌之七
百餘日舊疾皆愈反有少容鄉人異之十年生數男俱
號爲藥告田兒曰此交藤也服之可壽百六十歲古方
草不載吾傳於師亦得之於南河吾服之遂有子吾本
好靜以此藥害於靜因絶不服女偶餌之乃天幸因爲
田兒盡記其功而改田兒名能嗣焉嗣年百六十歲乃
卒男女一十九人子庭服亦年百六十歲男女三十人

子首烏服之年百三十歲男女二十一人老人言訖遂
別去其行如疾風浙東知院殿中孟侍御識何首烏嘗
餌其藥言其功如所傳南人因呼爲何首烏焉
贊**原**無名氏何首烏贊神効勝道著在仙書雌雄相交
夜合晝疏服之去穀日居月諸返老還少變安病軀有
緣者遇揚爾自如
五言古詩**增**宋文同寄何首烏丸與友人此草有奇効
嘗聞於習之陵陽亦舊產其地尤所宜翠蔓走巖壁芳
叢蔚參差下有根如拳赤白相雄雌斸之高秋後氣味
乃不虧斷以苦竹刀蒸曝凡九爲夾羅下香屑石蜜相
和治入臼杵萬過盈盤走纍纍日進豈厭屢初若無所

滋漸久覺膚革鮮潤如凝脂既已鬚髮換白者無一絲
耳目固聰明步履欲走馳十年親友别忽見皆生疑問
胡得爾術容貌負衰爲之講靈苗不爲世俗知蓋以
多見賤遂韜同一斸君如聽予服此語不敢欺勿信柳
子厚但誇仙靈毗
詩散句**增**宋梅堯臣試採上陽何首烏刮切仍致苦竹
刀
別錄**原**修治春夏秋采其根雌雄並用乘濕以布拭去
土曝乾臨時以竹刀切米泔浸經宿曝乾木杵臼搗之
忌鐵器　新採者去皮銅刀切薄片入甑内瓷鍋蒸之
旋以熱水從上淋下勿令滿溢俟無氣息取出曝乾用

近時治法用何首烏赤白各一斤竹刀刮去麤皮米泔浸一夜切片用黑豆三斗分九分每次用一分以水泡過砂鍋內鋪豆一層首烏一層重重鋪盡蒸之豆熟取出去豆將何首烏曬乾再以豆蒸如此九蒸九曬乃用

萆薢

【增】本草綱目萆薢一名赤節一名百枝一名竹木一名白菝葜蘇頌曰作蔓生苗葉俱青葉作三叉似山薯又有綠豆葉花有黃紅白數種亦有無花結白子者根黃白色多節三指許大春秋采根曝乾今成德軍所產者根亦如山薯而體硬其苗引蔓葉似蕎麥子三稜不拘時月采根利刀切片曝乾用氣味苦平無毒治腰脊痛強骨節風寒濕周痺惡瘡不瘳熱氣痼疾中風補水臟堅筋骨益精明目

菝葜

【增】本草綱目菝葜（作葜）一名金剛根一名鐵菱角一名王瓜草（菝葜猶拔結也此草莖蔓強堅短小故名菝葜而江浙人謂之金剛根楚人謂之鐵菱角皆狀其堅而有尖也鄭樵通志云其葉頗近土瓜故名王瓜草）山野中甚多其莖似蔓而堅強直生有刺其葉團大狀如馬蹄光澤似柿葉秋開黃花結紅子其根甚硬有硬鬚如刺其葉采以煮飲酸濇野人采其根葉入染家用氣味甘酸平無毒治腰背寒痛風痺益血氣治時疾瘟瘴消渴肝經風虛

【集藻】五言古詩【增】宋張耒菝葜　江鄉有奇蔬本草寄菝葜驅風利頑痺解疫補體節春深土膏肥紫筍迸土裂烹之芼薑橘盡取無可擬應同玉井蓮已過苜頭茁異時中州去買子擕根撥免令食蔬人區區美薇蕨

土茯苓

【增】本草綱目土茯苓一名土萆薢一名刺豬苓一名山豬糞一名草禹餘糧一名仙遺糧一名冷飯團一名硬飯一名山地栗（按陶弘景注禹餘糧云南中平澤有一種藤生葉如菝葜根作塊有節似菝葜而色赤味如薯蕷亦名禹餘糧即今土茯苓也故今尚有仙遺糧冷飯團之名陳藏器本草草禹餘糧蘇頌圖經刺豬苓皆此物土茯苓刺豬苓山地栗皆象形也俗又名過岡龍）蔓生如蒓莖有細點其葉不對狀頗類大竹葉而質厚滑如瑞香葉而長五六寸其根狀如菝葜而圓其大若雞鴨子連綴而生遠者離尺許近或數寸其內軟可生啖有赤白二種入藥用白者良氣味甘淡平無毒食之當穀不饑調中止洩健行不睡健脾胃強筋骨去風濕利關節止泄瀉治拘攣骨痛惡瘡癰腫解汞粉銀朱毒

白歛

【增】本草綱目白歛一名白草一名白根一名兎核一名貓兒卵一名崑崙（寇宗奭曰歛猶斂也方多用之故名白歛李時珍曰兎核貓兒卵皆象形也崑崙言其皮黑也）蘇頌曰二月生苗多在林中作蔓赤莖葉如小桑五月開花七月結實根如雞鴨卵而長三五枚同一窠皮黑肉白一種赤歛花實功用皆同但表裏俱赤氣

味苦平無毒治癰腫疽瘡散結氣止痛除熱目中赤小兒驚癇溫瘧殺火毒刀箭瘡撲損解狼毒毒

女萎

增唐本草女萎葉似白歛蔓生花白子細亦名蔓楚氣味辛溫無毒治風寒霍亂洩痢腸鳴遊氣上下無常驚癇寒熱百病出汗

赭魁

增本草綱目赭魁（其根如魁有汁如赭故名魁乃酒器名）韓保昇曰苗蔓延生葉似蘿藦根若菝葜皮紫黑肉黃赤大者輪如升小者如拳李時珍曰按沈括筆談云今南中極多膚黑肌赤似何首烏切破中有赤理如檳榔有汁赤如赭彼人以染皮製靴閩人謂之餘糧氣味甘平無毒治心腹積聚除三蟲

鵝抱

增圖經本草鵝抱生宜州山林下附石而生作蔓似大豆其根形似萊菔大者如三升器小者如拳氣味苦寒無毒治風熱上壅咽喉腫痛及解蠻箭藥毒亦消風熱結毒

伏雞子

增本草拾遺伏雞子根一名承露仙蔓延生葉圓薄似錢貫似烏形者良氣味苦寒無毒解百藥毒治諸熱煩悶急黃天行黃疸瘴瘧中惡寒熱頭痛疽瘡馬黃牛瘡

亦傅癰腫

附錄 仰盆

增本草拾遺仰盆苗似承露仙根圓如仰盆狀大如雞卵味辛溫有小毒治蠱毒飛尸喉痺磨傅皮膚惡腫

附錄 人肝藤

增本草拾遺人肝藤引蔓而生葉有三椏花紫色與伏雞子同名承露仙而伏雞子葉圓解諸藥毒遊風手脚軟痺

九仙子

增本草綱目九仙子一名仙女嬌一根連綴九枚大者如雞子小者如半夏白色二月生苗蔓高六七尺莖細而光葉如烏桕葉而短而不圓每葉椏生子枝或一或二梟梟下垂六七月開碎青黃色花隨即結實碎子叢簇如穀精草子狀九月采根氣味苦涼無毒治咽痛喉痺散血

山豆根

增本草綱目山豆根一名解毒一名黃結一名中藥（其蔓如大豆因以爲名）蘇頌曰苗蔓如豆葉青經冬不凋八月采根廣南者如小槐高尺餘氣味甘寒無毒解諸藥毒止痛消瘡腫毒發熱欬嗽治人及馬急黃殺小蟲解咽喉腫毒治腹脹喘滿女人血氣腹脹又下寸白諸蟲止下痢卒患熱厥心腹痛五種痔痛研汁塗諸熱腫秃瘡蛇狗

蜘蛛傷

黃藥子

增〔本草綱目〕黃藥子一名木藥子一名大苦一名赤藥一名紅藥子 按沈括筆談云本草注引郭璞注爾雅云蘦大苦者云即甘草也蔓生葉似荷青而黃莖赤有節節有枝相當此乃黃藥也其味極苦故曰大苦非甘草也 今處處人栽之其莖高二三尺柔而有節似藤葉大如拳長三寸許其根長者尺許大者圍二三寸外褐內黃亦有黃赤色者肉色頗似羊蹄根冬枯春生開碎花無實氣味苦平無毒治諸惡腫瘡瘻喉痺蛇犬咬毒凉血降火消癭解毒

解毒子

增〔圖經本草〕解毒子一名地不容出戎州蔓生葉青如杏葉而大厚硬凌冬不凋無花實根黃白色外皮微䵋褐纍纍相連如藥實而圓大采無時又開州興元府出苦藥子大抵與黃藥相類春采根曝乾亦入馬藥用氣味苦大寒無毒解蠱毒止煩熱辟瘴癘利喉閉及痰毒治五臟邪氣清肺壓熱消痰降火利咽喉退目赤

附錄 奴會子

增〔海藥本草〕奴會子生西國諸戎大小如苦藥子味辛平無毒主小兒冷疳虛渴脫肛骨立瘦損

附錄 海藥實

增〔本草綱目〕海藥實一名連木蘇恭曰藥名那疏樹生葉似杏花紅白色子肉味酸李時珍曰此藥子似黃藥

苦藥子而稍有不同二藥子不結子此則樹之子也去皮取中仁用味辛溫無毒治邪氣諸痺疼酸續絕傷補骨髓破血止痢消腫除蠱疰蛇毒

白藥子

增〔本草綱目〕蘇恭曰白藥子三月生苗葉似苦苣四月抽赤莖長似壺盧蔓六月開白花八月結子亦名瓜蔞九月葉落枝折根皮黃色氣味辛溫無毒治金瘡生肌消腫毒喉痺消痰止嗽治渴并吐血喉痺咽痛解野葛生金巴豆藥毒傅刀斧折傷能止血痛散血降火消痰解毒

附錄 陳家白藥

增〔嶺表錄〕陳家白藥善解毒封州康州有種之者廣府每歲充土貢〔本草綱目〕陳家白藥出蒼梧陳家蔓及根並似土瓜葉如錢根似防已緊小者良味苦寒無毒主解諸藥毒亦去心胸煩熱天行瘟瘴

附錄 甘家白藥

增〔本草拾遺〕甘家白藥出龔州以南生陰處葉似車前根如半夏其汁飲之如蜜味苦大寒有小毒解諸藥毒與陳家白藥功相似

附錄 會州白藥

增〔本草拾遺〕會州白藥葉如白歛傅金瘡生膚止血

附錄 衝洞根

【增】〔海藥本草〕衝洞根苗蔓如土瓜根亦相似〔本草拾遺〕衝洞根味苦平無毒主熱毒蛇犬蟲癰瘡等毒

附錄 突厥白

【增】〔開寶本草〕突厥白根黃白色狀似茯苓而虛軟苗高三四尺春夏葉如薄荷花似牽牛而紫上有白夌二八月采根味苦治金瘡生血止血補腰續筋

威靈仙

【增】〔本草綱目〕威靈仙威言其性猛也靈仙言其功神也蘇頌曰陝西及河東河北汴東江湖州郡皆有之初生作蔓莖如釵股七月內生花六出淺紫或碧白色作穗似莆臺子亦有似菊花頭者實青色根稠密多鬚似穀李時珍曰其根每年旁引年深轉茂一根叢鬚數百條長者二尺許初時黃黑色乾則深黑俗稱鐵脚威靈仙別有數種根鬚皆一樣色或黃或白皆不可用氣味苦溫無毒治諸風宜通五臟去腹內冷滯心膈痰水久積癥瘕痃癖氣塊腰膝疼痛療折傷散風邪久服無有溫瘧疾

【彙考】【增】〔圖經本草〕唐貞元中周君巢作威靈仙傳云商州有人病手足不遂不履地者數十年良醫殫技莫能療所親置之道旁以求救者遇一新羅僧見之告曰此疾一藥可活但不知此土有否因爲之入山求索果得乃威靈也使服之數日能步履山人鄧思齊知之遂傳其事

【別錄】【增】〔志林〕服威靈仙有二法其一淨洗陰乾擣羅爲末酒浸牛膝末或蜜丸或爲散酒調牛膝之多少視臟腑之虛實而增減之此眉山一親知患脚氣至重依此服半年遂永除其一法取此藥麤細得中者寸截之七十寸作一貼每歲作三百六十貼置牀頭五更初面東細嚼一貼候津液滿口嚥下此牢山一僧年百餘歲上下山如飛云得此藥方二法皆以得眞爲要眞者有五驗一味極苦二色深翠三折之脆而不韌四折之有微塵如胡黃連狀五斷處有白暈謂之鴝鵒眼無此五驗則藁本根之細者耳又須忌茶以槐角皂角牙之嫩者依造草茶法作或只取外臺秘要代茶飲子方常合服乃可

翦草

【增】〔本草綱目〕陳藏器曰翦草生山澤間葉如茗而細李時珍曰狀如茜草又如細辛氣味苦凉無毒治諸惡瘡疥癬風瘙瘻蝕有蟲一切失血

防已

【增】〔本草綱目〕防已一名解離一名石解李杲云防已如險健之人幸災樂禍能首爲亂階若善用之亦可御敵其名或取此義解離因其殺解也蘇頌曰漢中出者破之文作車輻解黃實而香莖梗甚嫩苗葉小類牽牛折其莖一頭吹之氣從中貫如木通然他處者青白虛軟又有腥氣皮皺上有丁足子名木防已氣味辛平無

毒治風寒溫瘧熱氣諸癇除邪療水腫風腫去膀胱熱傷寒熱邪氣中風手脚攣急通腠理利九竅止洩散癰腫惡結諸瘺疥癬蝨瘡散留痰肺氣喘嗽木防已治男子肢節中風毒風不語散結氣擁腫溫瘧風水腫去膀胱熱

木通

【增】本草綱目通草一名木通其莖中通故名通草即今所謂木通今之通草乃通脫木也一名附支一名丁翁一名萬年藤子名燕覆蘇恭曰南人謂為燕覆子或名烏覆子陳藏器云江東人呼為畜葍子江西人呼為拏子陶弘景曰遠樹藤生汁白莖有細孔兩頭皆通含一頭吹之則氣出彼頭者良蘇頌曰蔓大如指其莖榦大者徑三寸一枝五葉頗類石韋又似芍藥二葉相對夏秋開紫花亦有白花者結實如小木瓜食之甘美即陳士良本草所謂桴棪子也李時珍曰有紫白二色紫者皮厚味辛白者皮薄味淡治除脾胃寒熱通利九竅血脉關節令人不忘去惡蟲療脾疸嘔噫散癰腫諸結不消及金瘡惡瘡鼠瘻踒折齆鼻息肉利諸經脉寒熱不通之氣理風熱安心除煩止渴退熱明耳目下水排膿止痛催生下胞治天行時疾頭痛目眩羸劣乳結喉痺咽痛導小腸火

通脫木

【增】爾雅離南活莌注草生江南高丈許大葉莖中有瓤正白零陵人祖日貫之為樹 本草綱目通脫木一名通草蘇頌曰爾雅活莌即通脫也山海經名寇脫又名倚商李杲曰能通竅利水因有通草之名與木通同功陳嘉謨曰白瓤中藏脫木得之故名通脫陳藏器曰生山側葉似萆麻其莖空心中有白瓤輕白可愛女人取以飾物俗名通草蘇頌曰今園圃有種蒔者或作蜜煎充果食之甘美氣味甘淡寒無毒利陰竅治五淋除水腫癃閉瀉肺解諸毒蟲痛明目退熱下乳催生花上粉治諸蟲瘻惡瘡痔疾瘰癧及胸中伏氣攻胃咽

【彙考】【增】山海經升山其草多寇脫注寇脫草生南方高丈許似荷葉而莖中有瓤正白零桂人植而日灌之以為樹也 熊山下其草多寇脫

附錄 天壽根

【增】圖經本草天壽根出台州每歲土貢其性凉治胸膈煩熱

金銀藤

【原】金銀藤一名忍冬一名通靈草一名鴛鴦藤一名左纏藤一名蜜桶藤一名鷺鷥藤一名老翁鬚一名金釵股本草注云凌冬不凋故名忍冬綱目云其花長瓣垂鬚黃白相間而藤左纏故有金銀鴛鴦諸名金釵股貴其功也土宿真君云蜜桶藤取汁能伏硫制汞故有通靈之稱處處有之附樹延蔓莖微紫色有薄皮膜之其嫩莖色青有毛對節生葉葉如薜荔而青有濇毛三四月後開花不絕花長寸許一蒂兩花二瓣一大一小長蕊初開者蕊瓣俱白經二三日則變黃新舊相參黃白相映故呼金銀花氣甚清芬四

月采花藤葉不拘時采俱陰乾氣味甘寒無毒功用皆同治風除脹解痢逐尸消腫散毒療癰疽疥癬發背楊梅諸惡瘡皆爲要藥

【集藻】〔五言古詩〕【增】〔金段克己同封仲堅采鷺鷥藤因而成詠寄家弟誠之〕有藤名鷺鷥天生匪人育金花間銀蕊翠蔓自成簇褰裳涉春溪采之漸盈掬樂物時所需非爲事口腹寸瀉與馬勃良醫猶並蓄況此香色奇兩通鼻與目尤喜療瘡瘍先賢講之熟世俗不知愛棄擲在空谷作詩與題評使異凡草木〔段成巳和鷺鷥藤詩并序〕吾兄同仲堅采鷺鷥藤於午芹之東溪因詠詩見示前代詩人未嘗聞賦此者此花長於田野籬落間

人覩之與草芥無異是詩一出好事者將知所貴矣感歎之餘敬次其韻有與我同志繼而述之不亦懿乎微雨灑郊坰白芹欣並育幽花發溪側間錯金珠簇徐看是鷺藤香味濃可掬忍饑出新句大笑負此腹遺落榛莽間采擷誰見著情知無俗姿安能悅衆目先生日來往東溪路應熟一經品題餘名字耀巖谷遇合良有時不才異山木

鈎藤

【增】〔本草綱目〕鈎藤〔陶弘景曰出建平亦作弔藤李時珍曰其刺曲如釣鉤故名今人呼爲鈎藤〕寇宗奭曰藤長八九尺或一二丈大如拇指其中空李時珍曰狀如葡萄藤而有鈎紫色古方多用皮後世多用鈎氣味甘微寒無毒治小兒寒熱十二驚癇小兒驚啼瘛瘲熱擁客忤胎風大人頭旋目眩平肝風除心熱小兒內釣腹痛發斑疹

附錄 倒掛藤

【增】〔本草拾遺〕倒掛藤生深山有逆刺如懸鈎倒掛於樹葉尖而長味苦無毒主一切老血及産後諸疾結痛血上欲死煑汁服之

白兔藿

【增】〔本草綱目〕白兔藿蘇恭曰山南人謂之白葛苗似蘿摩圓厚莖有白毛與衆草異韓保昇曰蔓生葉圓似蓴五月六月采苗氣味苦平無毒治蛇虺蜂蠆猘狗菜肉

蠱毒鬼疰風疰諸大毒

白英

【增】〔本草綱目〕白英一名穀菜一名白幕一名排風子名鬼目〔白英謂其花色穀菜象其葉文排風言其功用鬼目象其子形〕蘇恭曰蔓生葉似王瓜小長而五椏實圓似龍葵子生青熟紫黑東人謂之白草李時珍曰正月生苗白色可食秋開小白花根苗氣味甘寒無毒治寒熱八疸消渴補中益氣久服輕身延年葉作羹飲甚療勞熱風瘙丹毒瘴瘧寒熱小兒結熱子酸平無毒主明目

芄蘭

【增】〔爾雅釋〕芄蘭〔注〕萑芄蔓生斷之有白汁可啖〔陸璣

詩疏芄蘭一名蘿摩幽州人謂之雀瓢〈本草綱目〉蘿摩一名白環藤實名雀瓢一名斫合子一名羊婆奶一名婆婆鍼線包（陳藏器曰漢高帝用子傅軍士金瘡故名斫合子李時珍曰白環即芄字之訛其實嫩時有漿裂時如瓢故有雀瓢羊婆奶之稱其中一子有一條白絨長二寸許故俗呼婆婆鍼線包又名婆婆鍼袋兒也）陶弘景曰蘿摩作藤生摘之有白乳汁人家多種之葉厚而大可生啖亦蒸煑食之李時珍曰三月生苗蔓延籬垣極易繁衍其根白軟其葉長而後大前尖根與莖葉斷之皆有白乳如構汁六七月開小長花如鈴狀紫白色結實長二三寸大如馬兜鈴一頭尖其殼青軟中有白絨及漿霜後枯裂則子飛其子輕薄亦如兜鈴子氣味甘辛溫無毒治虛勞補益精氣強陰葉煑

食功同子擣子傅金瘡生膚止血擣葉傅腫毒取汁傅丹毒赤腫及蛇蟲毒

彙考增〈詩衞風〉芄蘭之支

赤地利

增〈本草綱目〉赤地利一名赤薜荔一名五毒草一名五蕺一名蛇芮一名山蕎麥蘇頌曰春夏生苗作蔓繞草木上莖赤葉青似蕎麥葉七月開白花亦如蕎麥結子青色根若菝葜皮紫赤肉黃赤八月采根曬乾收氣味苦平無毒治赤白冷熱諸痢斷血破血生肌肉主癰疽惡瘡毒腫赤白遊瘮醋磨傅蟲蠶蛇犬咬亦擣莖葉傅之恐毒入腹煑汁飲

紫葛

增〈唐本草〉紫葛生山谷中苗似葡萄長丈許根紫色大者徑二三寸氣味甘苦寒無毒主傅癰腫惡瘡

烏蘞莓

增〈爾雅〉拔龍葛〈注〉似葛蔓生有節江東呼爲龍尾亦謂之虎葛細葉赤莖〈本草綱目〉烏蘞莓一名五葉莓一名龍草一名赤葛一名五爪龍一名赤潑藤（即爾雅拔龍葛也五葉如白蘞故曰烏蘞俗名五爪龍曰龍尾曰虎葛並取蔓形赤潑與赤葛及拔音相近）蘇恭曰蔓生平澤葉似白蘞韓保昇曰莖端五葉開花青白色李時珍曰其藤柔而有稜一枝一鬚凡五葉葉長而光有疏齒面青背淡七八月結苞成簇青白色花大如粟黃

色四出結實大如龍葵子生青熟紫內有細子其根白色大者如指長一二尺擣之多涎滑氣味酸苦寒無毒傅癰癤瘡腫蟲咬風毒熱腫遊丹涼血解毒利小便消癤腫

葎草

增〈本草綱目〉葎草一名勒草一名葛勒蔓一名來莓草（此草莖有細刺善勒人膚故名勒草訛爲葎草又訛爲來莓皆方音也）二月生苗莖有細刺葉對節生一葉五尖微似蓖麻而有細齒八九月開細紫花成簇結子狀如黃麻子氣味甘苦寒無毒治瘀血止精益盛氣療五淋利小便止水痢除瘧虛熱渴治傷寒汗後虛熱疥癩潤三焦消五穀益五臟除九蟲辟

溫疫傳蛇蠍傷

澤瀉

增爾雅蕍蕮注今澤蕮疏即藥草澤瀉也本草一名水瀉一名及瀉一名芒芋一名鵠瀉本草綱目澤瀉一名禹孫去水曰瀉如澤水之瀉也禹能治水故名禹孫蘇頌曰山東河陝江淮皆有之漢中者爲佳春生苗多在淺水中葉似牛舌獨莖而長秋時開白花作叢似穀精草秋末采根曝乾氣味甘寒無毒治風寒濕痺乳難養五臟益氣力肥健消水治痞滿五淋消腫脹滲泄止渴滲濕熱行痰飲止嘔吐瀉痢

羊蹄

增陸璣詩疏蓫牛蘈揚州謂之羊蹄似蘆菔而莖赤可瀹爲茹滑而美也多啖令人下氣幽州人謂之蓫本草綱目羊蹄一名蓄一名禿菜一名敗毒菜一名牛舌菜一名羊蹄大黃一名鬼目一名東方宿一名連蟲陸一名水黃芹子名金蕎麥陶弘景曰今人呼爲禿菜即蓄字音訛也李時珍曰羊蹄以根名牛舌以葉形名禿菜以治禿瘡名也金蕎麥以相似名也近水及濕地極多葉長尺餘似牛舌之形不似波稜入夏起臺開花結子花葉一色夏至即枯秋深即生凌冬不死根長近尺赤黃色如大黃胡蘿蔔形氣味苦寒無毒治頭禿疥瘙浸淫疽痔腫毒殺蟲療蠱毒治癬殺一切蟲治產後風秘葉甘滑寒無毒治小兒疳蟲腸痔瀉血殺河豚魚毒作菜多食滑大腑

酸模

增爾雅須薞蕪注薞蕪似羊蹄葉細酢可食本草綱目酸模一名山羊蹄一名山大黃一名酸母一名蓚一名當藥即爾雅薞蕪也薞蕪乃酸模之音轉酸模又酸母之轉皆以味而名與三葉酸母草同名掌禹錫以薞蕪爲蔓菁菜誤矣大明曰狀似羊蹄葉而小黃莖葉俱細節間生子若茺蔚李時珍曰根葉花形並同羊蹄但葉小味酸爲異其根赤黃色連根葉取汁煉霜可制雄汞氣味酸寒無毒治暴熱腹脹殺皮膚小蟲治疥瘙痢去汗斑

龍舌草

增本草綱目龍舌葉如大葉菘菜及芣苢狀根生水底抽莖出水開白花根似胡蘿蔔根而香杵汁能軟鵝鴨卵方家用煮丹砂煅白礬制三黃氣味甘鹹寒無毒擣塗癰疽湯火灼傷

附錄 蘆舌

增名醫別錄蘆舌生小水中五月采之味辛微溫無毒治霍亂腹痛吐逆心煩

苦草

增本草綱目苦草生湖澤中長二三尺狀如茅蒲之類治婦人白帶及好嗜乾茶不已面黃無力

石斛

【增】本草綱目石斛一名石蓫一名金釵一名禁生一名林蘭一名杜蘭石斛名義未詳其莖狀如金釵之股故古有金釵石斛之稱今蜀人栽之呼爲金釵花林蘭杜蘭與木部木蘭同名恐誤蘇恭曰有二種一種似大麥纍纍相連頭生一葉而性冷名麥斛一種莖大如雀髀葉在莖頭名雀髀斛其他斛如竹而節間生葉也蘇頌曰多在山谷中五月生苗莖似小竹節節間出碎葉七月開花十月結實其根細長黃色惟生石上者爲勝李時珍曰石斛叢生石上其根糾結甚繁乾則白軟其莖葉生皆青色乾則黃色開紅花節上自生根鬚人亦折下以砂石栽之或以物盛挂屋下頻澆以水經年不死俗稱爲千年潤石斛短而中實木斛長而中虛處處有之以

蜀中者爲勝氣味甘平無毒治傷中除痺下氣補五臟虛勞羸瘦久服厚腸胃補內絕不足平胃氣長肌肉逐皮膚邪熱疿氣脚膝疼冷痺弱定志除驚輕身延年益智清氣

骨碎補

【增】本草綱目骨碎補一名猴薑一名胡孫薑一名石毛薑一名石菴蘭陳藏器曰骨碎補本名猴薑開元皇帝以其主傷折補骨碎故命此名或作骨碎布訛矣江西人呼爲胡孫薑象形也李時珍曰菴蘭主折傷破血此物功同故有菴蘭之名蘇頌曰淮浙陝西夔路州郡皆有之生木或石上多在背陰處引根成條上有黃赤毛及短葉附之抽大葉成枝葉面青綠有青黃點背青白色有赤紫點春生葉至冬乾黃無花實采根入藥李時珍曰其根扁長略似薑形其葉有椏缺頗似貫衆葉氣味苦溫無毒破血止血補傷折骨中毒氣風血疼痛五勞惡疾蝕爛肉殺蟲

石韋

【增】本草綱目石韋一名石韀一名石皮一名石蘭陶弘景曰蔓延石上生葉如皮故名石韋李時珍曰柔皮曰韋韀亦皮也蘇恭曰此物叢生石旁陰處其生古瓦屋上者名瓦韋蘇頌曰今晉絳滁海福州江寧皆有之叢生石上葉如柳背有毛而斑點如皮福州別有一種石皮三月有毛采作浴湯治風李時珍曰多生陰崖險罅處其葉長者近尺闊寸餘柔韌如皮背有黃毛凌冬不凋又一種如杏葉者亦生石上其性

相同氣味辛平無毒治勞熱邪氣五癃閉不通利小便水道止煩下氣通膀胱滿補五勞安五臟去惡風益精氣治淋瀝發背主崩漏金瘡清肺氣

石莧

【增】圖經本草石莧生筠州多附河岸沙石上春生苗莖青高一尺以來葉如水柳而短八九月土人采之氣味辛苦有小毒同甘草煎服主齁䶎又吐風涎

附錄石垂

【增】圖經本草石垂生福州山中三月花四月采子生擣爲末丸服治蠱毒

景天

原一名慎火（本草注云栽之可救火故曰慎火）一名戒火一名護火一名辟火一名救火一名火母人多種於石山上二月生苗脆莖微帶赤黃色高一二尺折之有汁葉淡綠色光澤柔厚狀似長匙頭及胡豆葉而不尖夏開小白花結實如連翹而小中有黑子如粟粒其葉味苦平無毒治大熱火瘡諸蠱寒熱療金瘡止血除熱狂赤眼頭痛寒熱游風可煆硃砂苗葉花並可用葉煮熟水淘可食南北皆有人家多種於中庭或盆栽置屋上以防火極易生折枝置土中澆灌旬日便活

彙考 增〈南越志〉廣州有樹可以禦火山北謂之慎火或謂之戒火多種屋上以防火也南中無霜雪故成樹

〈倦遊錄〉慎火即龍骨樹也

集藻〈五言古詩〉增〈梁范筠詠慎火草〉兹卉信叢叢微榮未足奇何期糅香草遂得遶花池忘憂雖無用止酸或有施早得建章立幸蒸栭梁垂

〈五言絕句〉增〈宋王十朋慎火草〉禁殿安蚩尾騷人逐畢方何如栽此草有火自能妨

石胡荽

增〈本草綱目〉石胡荽一名天胡荽一名野園荽一名鵝不食草一名雞腸草生石縫及陰濕處小草也高二三寸冬月生苗細莖小葉形狀宛如嫩胡荽其氣辛熏不堪食鵝亦不食之夏開細花黃色結細子極易繁衍僻地則鋪滿也氣味辛寒無毒通鼻氣利九竅吐風痰去目瞖療痔病解毒明目治耳聾頭痛腦酸痰瘧齆鼻室不通散瘡腫

螺厴草

增〈本草拾遺〉螺厴草一名鏡面草蔓生石上葉狀似螺厴微帶赤色而光如鏡背有少毛小草也味辛治癰腫風疹脚氣腫

酢漿草

增〈本草綱目〉酢漿草一名酸漿一名三葉酸一名三角酸一名酸母一名醋母一名酸箕一名鳩酸一名雀兒酸一名雀林草一名小酸茅一名赤孫施（此小草三葉酸也其味如醋與燈籠草之酸漿名同物異鄭樵通志言閩人謂之孫施）

李時珍曰苗高一二寸叢生布地極易繁衍一枝三葉一葉兩片至晚自合帖整整如一四月開小黃花結小角長一二分內有細子冬亦不凋方士采制砂汞硇礬砒石氣味酸寒無毒殺諸小蟲治惡瘡瘑瘻諸淋赤白帶塗湯火蛇蠍傷

附錄 酸草

增〈名醫別錄〉酸草生名山醴泉上陰居莖有五葉青澤根赤黃可以消玉一名醜草主輕身延年

附錄 三葉

增〈名醫別錄〉三葉生田中莖小黑白高三尺根黑三月采陰乾一名三石一名當田一名赴魚味辛治寒熱蛇

蜂螫人

地錦

增本草綱目地錦一名地朕一名地噤一名夜光一名承夜一名草血竭一名血見愁一名血風草一名馬蟻草一名雀兒臥單一名醬瓣草一名猢猻頭草赤莖布地故曰地錦專治血病故俗稱爲血竭血見愁馬蟻雀兒喜聚之故有馬蟻雀單之名醬瓣猢猻頭象花葉形也掌禹錫曰莖葉細弱蔓延於地莖赤葉青紫色夏中茂盛六月開紅花結細實取苗子用之李時珍曰田野寺院及階砌間皆有之就地而生赤莖黃花黑實狀如蒺藜之朶斷莖有汁方士秋月采煮雌雄丹砂硫黃氣味辛平無毒通流血脈治癰腫惡瘡金刃撲損出血血痢下血崩中能散血止血

附錄金瘡小草

增本草拾遺金瘡小草生江南村落田野間下濕地高一二寸許如薺而葉短春夏間有淺紫花長一粳米許味甘平無毒主金瘡止血長肌斷鼻中衄血血痢及卒下血

崖椶

增圖經本草崖椶生施州石崖上苗高一尺以來其狀如椶四季有葉無花土人采根去麤皮入藥氣味甘辛溫無毒治婦人血氣並五勞七傷同雞翁藤半天回野蘭根洗焙爲末溫酒服

附錄雞翁藤

增圖經本草雞翁藤生施州蔓延大木上有葉無花味辛性溫無毒采無時

附錄半天回

增圖經本草半天回生施州春生苗高二尺以來赤斑色至冬苗枯土人夏月采根味苦濇性溫無毒

附錄野蘭根

增圖經本草野蘭根生施州叢生高二尺以來四時有葉無花其根味微苦性溫無毒采無時

紫背金盤

增本草綱目蘇頌曰紫背金盤生施州苗高一尺以來葉背紫無花土人采根用李時珍曰湖湘水石處皆有之名金盤藤似醋筒草而葉小背微紫軟莖引蔓似黃絲槎之即斷無汁可見方士用以制汞他處少有氣味辛濇熱無毒治婦人血氣痛孕婦勿服能消胎氣

附錄醋筒草

增本草綱目醋筒草葉似木芙蓉而偏莖空而脆味酸開白花廣人以鹽醋淹食之

白龍鬚

增本草綱目白龍鬚生近水旁有石處寄生投風樹節乃樹之餘精也細如椶絲直起無枝葉最難得真者一種萬纏草生於白綠樹根細絲相類但有枝莖稍麤爲

巽氣味平無毒治男子婦人風濕腰腿疼痛左癱右痪口眼喎斜及產後氣血流散惟虛勞癱痪不可服

馬勃

增〔本草綱目〕馬勃一名馬疕一名馬氣一名灰菰一名牛屎菰陶弘景曰紫色虛軟狀如狗肝彈之粉出寇宗奭曰生濕地及腐木上夏秋采之有大如斗者小亦如升杓氣味辛平無毒治惡瘡馬疥傅諸瘡治喉痺咽疼清肺散血熱解毒

佩文齋廣羣芳譜卷第九十八

佩文齋廣羣芳譜卷第九十九

藥譜

屈草

增〔本草經〕屈草味苦微寒無毒主胸脇下痛邪氣腸間寒熱陰痺久服輕身益氣耐老

別羇

增〔本草經〕別羇味苦微溫無毒主風寒濕痺身重四肢疼酸寒邪歷節痛〔名醫別錄〕別羇一名別枝生藍田川谷二月八月采

離樓草

增〔名醫別錄〕離樓草味鹹平無毒主益氣力多子輕身長年生常山七月八月采實

黃護草

增〔名醫別錄〕黃護草無毒主痺益氣令人嗜食生隴西

雀醫草

增〔名醫別錄〕雀醫草味苦無毒主輕身益氣洗爛瘡療風水一名白氣春生秋花白冬實黑

木甘草

增〔名醫別錄〕木甘草主療癰腫盛熱煮洗之生木間三月生大葉如蛇牀四四相值但折枝種之便生五月花白實核赤三月三日采之

益決草

增名醫別錄蓋決草味辛溫無毒主欬脇傷生山陰根加細辛

九熟草

增名醫別錄九熟草味甘溫無毒主出汗止洩療悶一名烏粟一名雀粟生人家庭中葉如棗一歲九熟七月采

兌草

增名醫別錄兌草味酸平無毒主輕身益氣長年冬生蔓草木上葉黃有毛

異草

增名醫別錄異草味甘無毒主痿痺寒熱去黑子生籬

木上葉如葵莖旁有角汁白

灌草

增名醫別錄灌草一名鼠肝葉滑汁白主癰腫

葩草

增名醫別錄葩草味辛無毒主傷金瘡

莘草

增名醫別錄莘草味甘無毒主盛傷痺腫生山澤如蒲黃葉如芥

英草華

增名醫別錄英草華味辛平無毒主痺氣療女勞疸解煩堅筋骨療風頭可作沐藥生蔓木上一名鹿英九月采陰乾

封華

增名醫別錄封華味甘有毒主疥瘡養肌去惡肉夏至日采

㥏華

增名醫別錄㥏華味甘無毒主上氣解煩堅筋骨

節草

增名醫別錄節草味苦無毒主傷中痿痺溢腫皮主脾中客熱氣一名山節一名達節一名通漆十月采暴乾

讓實

增名醫別錄讓實味酸主喉痺止洩痢十月采陰乾

羊實

增名醫別錄羊實味苦寒主頭禿惡瘡疥瘙痂癬生蜀郡

桑莖實

增名醫別錄桑莖實味酸溫無毒主乳孕餘病輕身益氣一名草王葉如荏方莖大葉生園中十月采

可聚實

增名醫別錄可聚實味甘溫無毒主輕身益氣明目一名長壽生山野道中穗如麥葉如艾五月采

滿陰實

增名醫別錄滿陰實味酸平無毒主益氣除熱止渴利

小便長年生深山及園中莖如芥葉小實如櫻桃七月
成

馬顛

【增】〈名醫別錄〉馬顛味甘有毒療浮腫不可多食

馬逢

【增】〈名醫別錄〉馬逢味辛無毒主癬蟲

兎棗

【增】〈名醫別錄〉兎棗味酸無毒主輕身益氣生丹陽陵地
高尺許實如棗

鹿良

【增】〈名醫別錄〉鹿良味鹹臭主小兒驚癇賁豚瘛瘲大人

痓五月采

雞涅

【增】〈名醫別錄〉雞涅味甘平無毒主明目中寒風諸不足
水腫邪氣補中止洩痢療女子白沃一名陰洛生雞山
采無時

犀洛

【增】〈名醫別錄〉犀洛味甘無毒主癃疾一名星洛一名泥
洛

雀梅

【增】〈名醫別錄〉雀梅味酸寒有毒主蝕惡瘡一名千雀生
海水石谷間

燕齒

【增】〈名醫別錄〉燕齒主小兒癇寒熱五月五日采

土齒

【增】〈名醫別錄〉土齒味甘平無毒主輕身益氣長年生山
陵地中狀如馬牙

金莖

【增】〈名醫別錄〉金莖味苦平無毒主金瘡內漏一名葉金
草生澤中高處

白背

【增】〈名醫別錄〉白背味苦平無毒主寒熱洗惡瘡疥生山
陵根似紫葳葉如燕盧采無時

青雌

【增】〈名醫別錄〉青雌味苦主惡瘡禿敗瘡火氣殺三蟲一
名蟲損一名孟推生方山山谷

白辛

【增】〈名醫別錄〉白辛味辛有毒主寒熱一名脫尾一名羊
草生楚山三月采根白而香

赤舉

【增】〈名醫別錄〉赤舉味甘無毒主腹痛一名羊飴一名陵
渴生山陰二月花銳蔓草上五月實黑中有核三月三
日采葉陰乾

赤涅

【增】名醫別錄赤涅味甘無毒主痓崩中止血益氣生蜀郡山石陰地濕處采無時

赤赫

【增】名醫別錄赤赫味苦寒有毒主痂瘍惡敗瘡除三蟲邪氣生益州川谷二月八月采

黃秫

【增】名醫別錄黃秫味苦無毒主心煩止汗出形如桐根

黃辯

【增】名醫別錄黃辯味甘平無毒主心腹疝瘕口瘡臍傷一名經辯

紫給

【增】名醫別錄紫給味鹹主毒風頭洩注一名野葵生高陵下地三月三日采根根如烏頭

紫藍

【增】名醫別錄紫藍味鹹無毒主食肉得毒能消除之

糞藍

【增】名醫別錄糞藍味苦主身痒瘡白禿漆瘡洗之生房陵

巴朱

【增】名醫別錄巴朱味甘無毒主寒止血帶下生雒陽

柴紫

【增】名醫別錄柴紫味苦主小腹痛利小腹破積聚長肌肉久服輕身長年生宛句二月七月采

文石

【增】名醫別錄文石味甘主寒熱心煩一名黍石生東郡山澤中水下五色有汁潤澤

路石

【增】名醫別錄路石味甘酸無毒主心腹止汗生肌酒痂益氣耐寒實骨髓一名陵石生草石上天雨獨乾日出獨濡花黃莖赤黑三歲一實赤如麻五月十月采莖葉陰乾

曠石

【增】名醫別錄曠石味甘平無毒主益氣養神除熱止渴

生江南如石草

敗石

【增】名醫別錄敗石味苦無毒主渴痺

石劇

【增】名醫別錄石劇味甘無毒止消渴

石芸

【增】名醫別錄石芸味甘無毒主目痛淋露寒熱溢血一名螫烈一名顧啄三月五月采莖葉陰乾

竹付

【增】名醫別錄竹付味甘無毒止痛除血

祕惡

增名醫別錄秘惡味酸無毒主療肝邪氣一名杜逢

盧精

增名醫別錄盧精味平治蠱毒生益州

唐夷

增名醫別錄唐夷味苦無毒主療踒折

知杖

增名醫別錄知杖味甘無毒主療疝

河煎

增名醫別錄河煎味酸主結氣癰在喉頸者生海中八月九月采

區余

增名醫別錄區余味辛無毒主心腹熱癃

王明

增名醫別錄王明味苦主身熱邪氣小兒身熱以浴之生山谷一名王草

師系

增名醫別錄師系味甘無毒主癰腫惡瘡煮洗之一名臣堯一名巨骨一名鬼芭生平澤八月采

并苦

增名醫別錄并苦主欬逆上氣益肺氣安五臟一名蜮音或蔃一名玉荊三月采陰乾

索干

增名醫別錄索干味苦無毒主易耳一名馬耳

良達

增名醫別錄良達主齒痛止渴輕身生山陰莖蔓延大如葵子滑小

戈共

增名醫別錄戈共味苦寒無毒主驚氣傷寒腹痛羸瘦皮中有邪氣手足寒無色生益州山谷惡蜚廉

船虹

增名醫別錄船虹味酸無毒主下氣止煩渴可作浴湯藥色黃生蜀郡立秋取

姑活

增名醫別錄姑活味甘溫無毒主大風邪氣濕痺寒痛久服輕身益氣耐老一名冬葵子生河東 唐本草姑活一名雞精

白女腸

增名醫別錄白女腸味辛寒無毒主洩痢腸澼療心痛破疝瘕生深山谷葉如藍實赤赤女腸同

白扇根

增名醫別錄白扇根味苦寒無毒主瘧皮膚寒熱出汗令人變

黃白支

增名醫別錄黃白支生山陵三月四月采根暴乾

父陛根

增【名醫別錄】父陛根味辛有毒以熨癰腫膚脹一名當魚一名梓藻

疥拍腹

增【名醫別錄】疥拍腹味辛溫無毒主輕身療痺五月采陰乾

五母麻

增【名醫別錄】五母麻味苦有毒主痿痺不便下痢一名鹿麻一名歸澤麻一名天麻一名若草生田野五月采

五色符

增【名醫別錄】五色符味苦微溫主欬逆五臟邪氣調中

益氣明目殺蟲青符白符赤符黑符黃符各隨色補其臟白符一名女木生巴山谷

救赦人者

增【名醫別錄】救赦人者味甘有毒主疝痺通氣諸不足生人家宮宰五月十月采暴乾

常吏之生

增【名醫別錄】常吏之生味苦平無毒主明目實有刺大如稻粱

載

增【名醫別錄】載味酸無毒主諸惡氣

慶

增【名醫別錄】慶味苦無毒主欬嗽

腂

增【名醫別錄】腂味甘無毒主益氣延年生山谷中白順理十月采

芥

增【名醫別錄】芥味苦寒無毒主消渴止血婦人疾除痺一名梨葉如大青

鴆烏漿

增【本草拾遺】鴆烏漿生江南林木下高一二尺葉陰紫色冬不凋有赤子如珠味甘溫無毒能解諸毒故名山人浸酒服主風血羸老

吉祥草 與草譜吉祥草名同物異

增【本草拾遺】吉祥草生西國味甘溫無毒主明目強記補心力

雞腳草

增【本草拾遺】雞腳草生澤畔赤莖對葉如百合苗味苦平無毒主赤白久痢成痔

兔肝草

增【本草拾遺】兔肝草初生細葉軟似兔肝一名雞肝味甘平無毒主金瘡止血生肉解丹石發熱

斷罐草

增【本草拾遺】斷罐草主疔瘡

千金鑑

增本草拾遺千金鑑生江南高二三尺主傳蛇蝎蟲咬毒

土落草

增本草拾遺土落草生嶺南山谷葉細長味甘溫無毒主腹冷氣痛痃癖

倚待草

增本草拾遺倚待草生桂州如安山谷葉圓高二三尺八月采味甘溫無毒主血氣虛勞腰膝疼弱風緩羸瘦無顏色絶陽無子婦人老血浸酒服逐病極速故名倚待

藥王草

增本草拾遺藥王草苗莖青色摘之有汁味甘平無毒解一切毒止鼻衄吐血袪煩躁

筋子根

增本草拾遺筋子根生四明山苗高尺餘葉圓厚光潤冬不凋根大如指亦名根子味苦溫無毒主心腹痛不問冷熱遠近惡鬼氣注刺痛霍亂蠱毒暴下血

慮藥

增本草拾遺慮藥生蕃國似乾茅黃赤色味鹹溫無毒主折傷內損瘀血生膚止痛治五臟除邪氣補虛損產後血病

無風獨搖草 與羌活天麻鬼臼名同物異

增海藥本草無風獨搖草生大秦國及嶺南五月五日采諸山野亦往往有之頭若彈子尾若鳥尾兩片開合見人自動故曰獨搖性平溫無毒主頭骨遊風遍身癢本草拾遺獨搖草帶之令夫相愛

陀得花

增開寶本草陀得花味甘平無毒主一切風血生西國蕃人將來蕃人采此花以釀酒呼為三勒漿

建水草

增圖經本草建水草生福州枝葉似桑四時常有土人取葉治走注風痛

百藥祖

增圖經本草百藥祖生天台山中冬夏常青土人采葉治風

催風使 與五加皮名同物異

增圖經本草催風使生天台山中冬夏常青土人采葉治風

刺虎

增圖經本草刺虎生睦州淩冬不凋采根葉枝入藥味甘主一切腫痛風疾

石逍遙

增圖經本草石逍遙生常州冬夏常有無花實味苦微

寒無毒主癱瘓諸風手足不遂久服益氣輕身

黃寮郎

【增】〔圖經本草〕黃寮郎生天台山中冬夏常青土人采根治風〔醫學正傳〕黃寮郎俗名倒摘刺治喉痛

黃花了

【增】〔圖經本草〕黃花了生信州春生青葉三月開花似辣菜花黃色秋中結實采無時治咽喉口齒病

百兩金

【增】〔圖經本草〕百兩金生戎州河中府雲安軍苗高二三尺有幹如木凌冬不凋葉似荔枝初生背面俱青秋後背紫面青初秋開花青碧色結實如豆大生青熟赤無

時采根去心用味苦性平無毒治壅熱咽喉腫痛其河中出者根赤如蔓菁莖細青色四月開碎黃花似星宿花五月采根曬乾用治風涎

地茄子

【增】〔圖經本草〕地茄子生商州三月開花結子五六月采陰乾味微辛溫有小毒主中風痰涎麻痺下熱毒氣破堅積利膈消癰腫瘡瘻散血墮胎

田母草

【增】〔圖經本草〕田母草生臨江軍無花實三月采根性涼主煩熱及小兒風熱

田麻

【增】〔圖經本草〕田麻生信州田野及溝澗旁春夏生青八月中生小莢冬月采葉治癰癤腫毒

芥心草

【增】〔圖經本草〕芥心草生淄州引蔓白色根黃色四月采苗葉治瘡疥

苦芥子

【增】〔圖經本草〕苦芥子生秦州苗長一尺餘莖青葉如柳開白花似榆莢其子黑色味苦大寒無毒明目治血風煩躁

布里草

【增】〔圖經本草〕布里草生南恩州原野中莖高三四尺葉

似李而大至夏不花而實食之瀉人采根皮焙爲末味甘寒有小毒治瘡疥殺蟲

茆質汗

【增】〔圖經本草〕茆質汗生信州葉青花白七月采根治風腫行血

胡堇草

【增】〔圖經本草〕胡堇草生密州東武山田中枝葉似小堇菜花紫色似翹軺花一枝七葉花出兩三莖春采苗味辛滑無毒止痛散血治打撲損傷筋骨惡癰腫搗汁塗金瘡

小兒羣

增〔圖經本草〕小兒羣生施州叢高一尺以來春夏生苗葉無花冬枯其根味辛性凉無毒治淋疾

獨脚仙

增〔圖經本草〕獨脚仙生福州山林旁陰泉處多有之春生苗葉圓落下紫脚長三四寸秋冬葉落夏連根葉采焙爲末治婦人血塊

撮石合草

增〔圖經本草〕撮石合草生眉州平田中莖高二尺以來葉似穀葉十二月萌芽二月有花不結實其苗味甘無毒療金瘡

露筋草

增〔圖經本草〕露筋草生施州株高三尺以來春生苗隨即開花結子碧綠色四時不凋其根味辛濇性凉無毒主蜘蛛蜈蚣傷

九龍草

增〔本草綱目〕九龍草一名金釵草生平澤中紅子狀如楊梅其苗解諸毒治喉痛折傷骨筋蛇虺傷喉風重舌牙關緊閉

荔支草

增〔本草綱目〕荔支草治蛇咬犬傷及破傷風

水銀草

增〔本草經目〕水銀草治眼昏

透骨草

增〔本草綱目〕透骨草治筋骨一切風濕疼痛攣縮寒濕脚氣癰屆遍身瘡癬反胃吐食一切腫毒

蛇眼草

增〔本草綱目〕蛇眼草生古井及年久陰下處形如淡竹葉背後皆是紅圈如蛇眼狀搗傅蛇咬

鵞項草

增〔本草綱目〕鵞項草取花治咽喉生瘡

蛇魚草

增〔本草綱目〕蛇魚草搗傅金瘡血出不止

九里香草

增〔本草綱目〕九里香草治肚癰

白筵草

增〔本草綱目〕白筵草香草也蟲最畏之取根葉煎洗諸蟲瘡疥癩

環腸草

增〔本草綱目〕環腸草治蠱脹

劉耳草

增〔本草綱目〕劉耳草治氣鞞

雲花草

增〔本草綱目〕雲花草一名雲花子狀如麻黃治馬疥

野芬草

增本草綱目野芝[illegible]草治痞滿

纖霞草

增本草綱目纖霞草治元臟虛冷氣攻臍腹痛

牛脂芳

增本草綱目牛脂芳治七孔出血

鴨脚青

增本草綱目鴨脚青治疔瘡

天仙蓮

增本草綱目天仙蓮搗葉傅惡毒瘡癤

雙頭蓮

增本草綱目雙頭蓮一名催生草主婦人產難左手把

之即生又主腫脹利小便搗爛貼大人小兒牙痛

豬藍子

增本草綱目豬藍子治耳內有膿名通耳

天芥菜

增本草綱目天芥菜生平野小葉如芥狀味苦一名雞痾黏主傅蛇傷治一切腫毒

佛掌花

增本草綱目佛掌花根治疔瘡

郭公刺

增本草綱目郭公刺一名光骨刺取葉搗傅天泡瘡取根煎服治哮喘

籩箕柴

增本草綱目籩箕柴生山中取皮煎服治癧瘡

碎米柴

增本草綱目碎米柴主癰疽發背

羊屎柴

增本草綱目羊屎柴生山野葉類鶴虱四月開白花亦有紅花者結子如羊屎狀名鐵草子根可毒魚夏用苗葉冬用根主傅癰疽發背能合瘡口散膿血又酒煮服治下血

山枇杷柴

增本草綱目山枇杷柴取皮傅湯火傷

三角風

增本草綱目三角風名三角尖取石上者尤良主風濕流注疼痛及癰疽腫毒

葉下紅

增本草綱目葉下紅滴汁治飛絲入目腫痛

滿江紅

增本草綱目滿江紅主癰疽

隔山消

增本草綱目隔山消出太和山白色主腹脹積滯氣膈噎食轉食

石見穿

【增】〔本草綱目〕石見穿主骨痛大風癰腫

慕頭回

【增】〔本草綱目〕慕頭回治崩中赤白帶下

羊茅

【增】〔本草綱目〕羊茅羊喜食之故名治喉痺腫痛

阿兒只

【增】〔西域記〕阿兒只出西域狀如苦參主打撲傷損婦人損胎又治魚鼠瘡

阿息兒

【增】〔西域記〕阿息兒出西域狀如地骨皮治婦人產後胞衣不下又治金瘡膿不出嚼爛塗之即出

奴哥撒兒

【增】〔西域記〕奴哥撒兒出西域狀如桔梗治金瘡及腸與筋斷者嚼爛傅之自續也

薏苡

【原】薏苡一名解蠡一名芑實一名贛米一名薏珠子一名西番蜀秫一名回回米一名草珠兒本草綱目云其葉似黍實而解散又似芑黍之苗故有解蠡芑實之名贛音感贛米乃其堅硬者有贛彊之意一作贛珠一作𦮼米苗名屋菼回回米以下三名見救荒本草處處有之交阯者子最大出眞定者佳今多用梁漢者氣劣於眞定春生苗莖高三四尺葉如黍葉開紅白花作穗五六月結實靑白色形如珠子而稍長故呼薏珠子取用以顆小色青味甘黏牙者良形尖而殼薄米白如糯米此眞薏苡也可粥可麪可同米釀酒性微寒無毒養心肺上品之藥健脾益胃補肺清熱去風勝濕消水腫治筋急拘攣去乾濕脚氣大驗久服輕身辟邪令人能食根甘微寒無毒煮糜食甚香去蚘蟲大效心腹煩滿及胸脅痛剉三升煮濃汁服汁能墮胎氣葉作飲氣香益中暑月煎飲煖胃益氣血初生小兒煎湯浴之無毒

【彙考】【增】〔史記夏本紀注〕禹母修巳見流星貫昴又吞神珠薏苡胸坼而生禹 〔後漢書馬援傳〕初援在交阯嘗餌薏苡實用能輕身省慾以勝瘴氣南方薏苡實大援欲以爲種軍還載之一車時人以爲南方珍怪權貴皆

望之援時方有寵故莫以聞及卒後有上書譖之者以謂前所載還乃明珠文犀帝益怒

【集藻】五言古詩【增】〔宋梅堯臣魏文以予病渴贈薏苡二叢植庭下走筆戲謝〕媿無相如才偶病相如渴潩水有丈人薏苡分叢茇爲飲可扶衰餘生幸且活安知惡已者不願變野葛 〔司馬光薏苡〕佳實產南州流傳却山瘴如何馬伏波坐取丘山謗夫君道義白復爲神明相厲氣與流言安能混無狀 〔蘇軾小圃薏苡〕伏波飯薏苡御瘴傳神良能除五溪毒不救讒言傷讒言風雨過瘴癘久亦亡兩俱不足治但愛草木長草木各有宜珍產騈南荒絳囊懸荔枝雪粉剖桄榔不謂蓬荻姿中有

漿與糧春爲芡珠圓炊作菰米香子美拾橡栗黃精誑
空腸今吾獨何者玉粒照座光
七言古詩【增】〔宋陸游薏苡〕初遊唐安飯薏米炊成不減
彫胡美大如芡實白如玉滑欲流匙香滿屋腹膜項臠
不入盤況復殘酪誇甘酸東歸思之未易得每以問人
人不識嗚呼奇才從古棄草菅君試求之籬落間
七言絕句【增】〔宋梅堯臣和石昌言學士官舍薏苡〕葉如
華黍實如珠移種官庭特意殊但爲病渴相如勿恤
謗言歸馬援〔明邵寶謝張提學惠薏苡仁〕辟濕初聞
薏苡仁涯翁詩裏見來眞東風吹送臺端覗活火山泉
共作春

詩散句【增】〔唐王維〕薏苡扶衰病歸來幸可將【原】〔杜甫〕
稻粱求未足薏苡謗何頻【增】〔宋蘇軾〕只疑薏苡來交
趾未信蠙珠出泗濱〔黃庭堅〕黃金滿地無人費一斛
明珠薏苡秋【原】〔明馮琦〕南國緣來多薏苡東山且可
問松蘿【增】〔宋陸游〕飯香炊薏米〔金高士談〕井邊薏
苡吐秋珠
【別錄】【原】〔修治〕取子於甑中蒸使氣餾曝乾挼之得仁亦
可碾取凡使每兩同糯米一兩炒熟去糯米用亦有以
鹽湯煮者〔製用〕舂熟炊爲飯食之治冷氣　薏苡仁
爲末同粳米煮粥日日食補正氣利腸胃消水腫治風
痺除胸中邪氣治筋脈拘攣除消渴不飲【增】〔五雜俎〕
京師有薏酒用薏苡實釀之淡而有風致然不足快酒
人之吸也〔鳳洲筆記〕蘄州薏苡仁酒周氏第一成氏
次之三屯營所造更勝清冽秀美有出色香味之表者

檳榔

【增】〔藥錄〕檳榔一名賓門〔本草注〕檳榔一名仁頻一名
洗瘴丹一名螺果尖長有紫文者名檳圓大而矮者名
榔〔南方草木狀〕檳榔樹高十餘丈皮似青桐節如斑
竹下本不大上枝不小調直亭亭千萬若一森秀無柯
端頂有葉葉似甘蕉條派開破仰望如插叢蕉於竹杪
風至獨動似舉羽扇之掃天葉下繫數房房綴數十實
實大如桃李天生棘重累其下所以禦衛其實也味苦

澀剖其皮煮其膚堅如乾棗作雞心狀破皮作錦文者
爲佳以扶留藤古賁灰并食則消美下氣消穀〔名醫
別錄〕檳榔生南海氣味苦辛溫澀無毒消穀逐水除痰
澼三蟲伏尸寸白〔藥性本草〕味甘性寒宜利五臟六
腑壅滯破胸中氣〔唐本草〕除一切風下一切氣通關
節利九竅健脾調中除煩破癥結〔鶴林玉露〕嶺南人
以檳榔代茶禦瘴其功有四一曰醒能使之醉蓋食之
久則熏然頰赤若飲酒然二曰醉能使之醒蓋酒後嚼
之則寬氣下痰餘酲頓解三曰飢能使之飽四曰飽能
使之飢蓋空腹食之則充然氣盛如飽飽後食之則飲
食快然易消又且賦性疏通而不洩氣稟味嚴正而更

有餘甘有是德故有是功也
【集藻】（梁書海南傳）千陁利國出檳榔特精好爲諸國
之極（南史劉穆之傳）穆之少時家貧誕節嗜酒食不
修拘檢好往妻兄家乞食多見辱不以爲耻其妻江嗣
女甚明識每禁不令往江氏後有慶會屬令勿來穆之
猶往食畢求檳榔江氏兄弟戲之曰檳榔消食君乃常
飢何忽須此妻復截髮市殽饌爲其兄弟以餉穆之自
此不對穆之梳沐及穆之爲丹陽尹將召妻兄弟妻泣
而稽顙以致謝穆之曰本不匿怨無所致憂及至醉穆
之乃令厨人以金柈貯檳榔一斛以進之（任昉傳）昉
父遙本性重檳榔以爲常餌臨終常求之剖百許口不

得好者昉亦所嗜好深以爲恨遂終身不嘗檳榔（唐
書南蠻傳）環王國取檳榔瀋爲酒　哥羅國凡嫁娶納
檳榔爲禮多至二百盤　眞臘國客至屑檳榔龍腦香
蛤以進　婆賄伽盧國土熱衢路植椰子檳榔仰不見
日（宋史地理志）瓊州貢檳榔（三輔黃圖）漢武帝元
鼎六年破南越起扶荔宮以植所得奇草異木有檳榔
百餘本（風俗記）王高巍年十四五時四月八日在彭
城佛寺中謝混見而以檳榔啗之挑王手謂曰王郎謝
叔源可與周旋否（南中八郡志）檳榔土人以爲貴婚
族狄客輙先進此物若邂逅不設用相嫌恨（三國典
略）齊命通直散騎常侍辛德源聘于陳陳遣主客蔡佽
宴酬因談噱手弄檳榔乃曰頃聞北間有人爲啖檳榔
獲罪人間遂禁此物定爾否德源荅曰此是天保初王
尚書罪狀故耳猶如李固被責云胡粉飾而搔首弄姿
不聞漢世頓禁胡粉（酉陽雜俎）檳榔枝苗可以忘憂
（嶺表錄異）安南自嫩及老採檳榔實啖之自云交州
地溫不食此無以祛其瘴癘廣州亦噉檳榔然不甚於
安南也（西溪叢語）閩廣人食檳榔每切作片蘸蠣灰
以荖葉裹嚼之荖音老又音蒲口切初食微覺似醉面
亦赧東坡詩云紅潮登頰醉檳榔（宋類苑）南海地氣
暑濕人多患胸中痞滯故常啗檳榔數十口加以勁蔞
藤泊蜆灰同咀之液如朱色程思孟知番禺凡左右侍

史啖檳榔者悉杖之或問其故曰惡其口唇如濺血耳
（海槎餘錄）檳榔產於海南惟萬崖瓊山會同樂會諸
州縣爲多他處則少每親朋會合互相擎送以爲禮至
於議姻不用年帖只送檳榔而已（瀛崖勝覽）爪哇國
人檳榔不離口賓飯於盤酥蔗之餐則嗽去椰屑向盤
掬而食食既水飲待賓以檳榔
【麗藻】（牋）【晉】（俞益期與韓康伯牋）惟檳榔樹最南游之
可觀子既非常木亦特異余在交州時度之大者三圍
高者九丈餘葉聚樹端房構葉下花秀房中子結房外
其擢穗似黍其綴實似穀其皮似桐而厚其節似竹而
穊其中空其外勁其屈如覆虹其伸如縋繩本不大末

不小上不傾下不斜稠直亭亭千百若一步其林則寥朗庇其蔭則蕭條信可以長吟可以遠想矣但性不耐霜不得北植必當遐樹海南遼然萬里弗遇長者之目自令人深恨

啓【增】〔梁庾肩吾謝東宮賚檳榔啓〕無勞朱實兼荔支之五滋能發紅顏類芙蓉之十酒登玉案而上陳出珠盤而下逮澤深溫柰恩均含棗〔謝賚檳榔啓〕形均綠竹詎掃山壇色譬青桐不生空井事踰紫柰用兼芳菊方爲口實永以蠲痾〔王僧孺謝賜于佗利所獻檳榔啓〕竊以文軌一覃充仞斯及入侍清朔航海梯山獻琛奉貢充庖盈府故其取題在賦多述俞書萍實非甘荔葩慙美

賦【增】〔明黎遂球檳榔賦有序〕檳榔生於海外予粵人喜雜蔞葉蜆灰嚼之婚姻之約以表結言客粵者每不諳食且資嘲笑然攷食檳榔不惟予粵人也昔劉穆之微時嘗造妻家已食畢求檳榔妻兄弟曰君嘗苦飢何用此物及任丹陽尹名妻兄弟以金盤貯檳榔一斛贈之然則往故吳俗所貴何以云然予讀書之暇作賦爭之美嘉實之貞烈合文采於炎方榦亭亭而直上枝扶舉而疎張涉南海以流望見團蓋之彷徉摘鮫人之明珠猶什襲而錦裝牽異草而薦葉朋翡翠於越裳準削瓜以成瓣或如錢而擲僉疑鐵髓與玉屑並資嚼而得漿凝潄石而礪齒勝含脂以爲容於是集良朋遨上賓進鯉尾獻猩脣調甘選脆嘉澹雪醇龍華代燭雞人遲更觴羽倦而既醉德味飽乎大烹却易牙而不顧祁村庖以逡巡並牽裾與捧袂見微誠於華巾結方勝以象物翅則螳而首螓香儼合乎雞舌液半飲而霞蒸酌廝臟之損益導元氣以降升是以靡俗不珍無時不宜托吉士以爲友比白茅而包之指摽梅以興感佇斯焉之相遺陳瓜果以穿鍼懸艾虎而續絲匯一端以調笑即懷袖以寄怡在凝寒而擁背或五月而露滋忽溫靄而如醺惟丹丸之馥頤彼嚙脣與唆舌樂並枕於低帷暢同心之蘭言相吞吐而氣佳笑貞士之苦節采松實而緣

阿分藜藿之我安適晚食而婆娑詠素餐以不怍歌無酒而可酡從樂飢於衡門亦回味以旨多況鼎養之羅列侑退食而委蛇

五言古詩【增】〔梁劉孝綽有人乞牛舌乳不付因餉檳榔〕陳乳何能貴爛舌不成珍空持渝皓齒非但汙丹脣別有無枝實曾要湛上人茬比朱櫻熟詎易紫梨津莫言蔕中久當看心裏新微芳雖不足含咀願相親〔周庾信忽見檳榔〕綠芳千子熟紫穗百花開莫言行萬里曾經相識來〔宋蘇軾食檳榔〕月照無枝林夜棟立萬礎渺渺雲間扇蔭此九月暑上有垂房子下繞絳刺禦風欺紫鳳卵雨暗蒼龍乳裂包一堕地還以皮自煮北客

初未諳勸食俗難阻中虛畏泄氣始嚼忽半吐吸津得微甘著齒隨亦苦面目太嚴冷滋味絕媚嫵詠彭勳可策推轂勇宜賈瘴風作堅頑導利時有補藥儲固可羅果錄詎用許先生失膏粱使腹委敗鼓日啖過一粒腸胃爲所侮蟄雷殷臍腎藜藿腐亭午書燈看膏盡鉦漏歷歷數老眼怕少睡竟使赤肯努渴思梅林嚥饑念黃獨舉奈何農經中收此困羈旅牛舌不餉人一斛寸多與乃知見本偏但可酬惡語

戴復古泉南即事寄跡小圃中自笑客異鄉東家送檳榔西家送檳榔咀嚼唇齒赤亦能醉我腸南人愛敬客以此當茶湯慇懃謝其來此意不可忘

明劉基初食檳榔檳榔紅白文色似

青扶留驛吏勸我食可已瘴癘憂初驚刺生頰漸若戟在喉紛紛花滿眼岑岑暈蒙頭將疑慎腊毒復想致無由稍稍熱上面輕汗如珠流清凉徹肺腑粗穢無纖留信知殷王語瞑眩疾乃瘳三復增永歎書之遺朋儔

五言律詩 【增】宋朱子檳榔 憶昔南遊日初嘗面發紅藥囊知有用茗盌詎能同蠲疾收殊效修真錄異功三彭如不避糜爛七非中

五言排律 【增】宋李綱檳榔 疎林滄海上結實已纍纍煙濕頳虬卵風搖翠羽旗飛翔金鸑鷟掩映犧龍見蔓文哈椰子勻圓訝荔枝當茶銷瘴速如酒醉人遲蔞葉偏相稱蠣灰亦浸爲午餐顏愧赧頰嚼齒愁疲飲啄隨風土端憂化烏黎

七言絕句 【增】宋黃庭堅幾道復覓檳榔 蠻煙雨裏紅千樹逐水排痰肘後方莫笑忍飢窮縣令煩君一[illegible]榔

宋朱子檳榔五絕卒章戲簡及之主簿 暮年藥裹關身切此外翛然百不貪薏苡載來緣下氣檳榔收得爲祛痰　錦文縷切勸加餐蜃炭扶留共一盤食罷有時求不得英雄邂逅亦飢寒　向來試吏著南冠馬甲蠔山得飫餐却藉芳辛來解穢雞心磊落看堆盤　箇中有味要君參蟄吻春喉久不甘珍重人心亦如此莫將寒苦換春酣　高士沉迷簿領書有時紅糝綴玄鬚定知不著金盤貯兒女心情本自無

詩散句 【增】唐李白何如黃金盤一斛薦檳榔　宋唐庚纖貝流肌滑檳榔入頰紅　元張翥檳榔新善啖一斛宿酲空　宋蘇軾不用長愁掛月村檳榔生子竹生孫　唐曹鄴檳榔自無柯　宋鄭域檳榔共聘幣　戴復古紅吐檳榔唾

附錄 山檳榔

【增】羅浮山疏 山檳榔一名蒳子生日南樹似栟櫚而小與檳榔同狀一叢十餘榦一榦十餘房一房數百子子長寸餘五月采之味近甘苦

大腹子

【增】本草綱目 大腹子一名大腹檳榔出嶺表滇南檳榔

中一種腹大形扁而味澀者不似檳榔尖長味良甘者所謂猪檳榔也雲南記云大腹檳榔每枝有二三百顆青時以一片蔞葉及蛤粉卷和食之即減澀味與檳榔可通用但力稍劣耳皮味辛微溫無毒治冷熱氣攻心腹大腸蠱毒痰膈醋心下一切氣止霍亂通大小腸健脾開胃消肌膚中水氣壅逆瘴瘧痞滿胎氣惡阻脹悶

馬檳榔

原 馬檳榔俗譌為馬金囊一名馬金南一名紫檳榔結實紫色內有核而殼薄去殼其仁色白盤轉與北方文官果無異第文官果乾久食之刺喉馬檳榔雖乾嚼之軟美嚼完以新汲水送下其清甜香美凡果無與為比

味甘寒無毒出雲南金齒沅江諸夷地核仁氣味苦甘寒無毒治產難傷寒熱病惡瘡腫毒俱以冷水嚼服數枚

集藻 五言古詩 增 明吳寬馬檳榔 有樹吾不識人云馬檳榔檳榔產南海結實因瘴鄉平生昌其名豈亦如丁香白花細而密實甘翻可嘗其葉與麻同沃若澤且光麻馬音或譌欲問郭駝亡

茱萸 二種同類

彙考 本草綱目 吳茱萸 陳藏器曰茱萸南北總有入藥以吳地者為好所以有吳之名也 處處有之江淮蜀漢尤多木高丈餘皮青綠色葉似椿而闊厚紫色三月開紅紫細花七八月結實似椒子嫩時微黃至熟則深紫李時珍曰枝柔而肥葉長而皺其實結於梢頭纍纍成簇而無核一種粒大一種粒小小者入藥為勝氣味辛溫有小毒溫中下氣止痛除濕逐風邪開腠理治欬逆寒熱利五臟去痰冷逆氣治飲食不消心腹諸冷絞痛中惡心腹痛霍亂吐瀉痞痺刺痛腰脚軟弱利大腸壅氣腸風痔疾殺三蟲鬼疰治腎氣通關節健脾厚腸胃開鬱化滯 食茱萸一名藙一名榝一名艾子一名辣子一名越椒一名欓子 陶弘景曰禮記名藙而俗呼為榝子當是不識藙子也蘇恭曰爾雅云椒榝醜梂陸璣詩疏云椒榝屬也並有榝名李時珍曰此即欓子也蜀人呼為艾子楚人謂之辣古人謂之藙及榝子因其辣螫口慘腹有殺毅黨然之狀故有諸名曹憲博雅云欓子越椒茱萸也鄭樵通志云欓子一名食茱萸以別吳茱萸也 蘇頌曰南北皆有之其木甚高大有長及百尺者枝莖青黃莖間有刺上

有小白點葉類油麻其花黃花子宜入食羹中能發辛香李時珍曰高木長葉黃花綠子叢簇枝上味辛而苦土人八月採搗濾取汁入石灰攪成名曰艾油亦曰辣米味辛辣入食物中用主治功同吳茱萸但力少劣爾

彙考 增 禮記內則 三牲用藙 註 藙煎茱萸也漢律會稽獻焉爾雅謂之榝 疏 賀氏云今蜀郡作之九月九日取茱萸折其枝連其實廣長四五寸一升實可和十升膏名為藙也 南齊書祥瑞志 始興郡本無欓樹調味有闕世祖在郡堂屋後忽生一株 唐書文藝傳 王維別墅在輞川有茱萸沜 詩含神霧 茱萸耐老 淮南畢

萬術井上宜種茱萸茱萸葉落井中飲此水者無瘟病
懸茱萸于屋內鬼畏不入〔雜五行書〕舍東種白楊茱
萸三根增年益壽除患害也〔搜神記〕永嘉六年正月
無錫縣欻有四枝茱萸樹相樛而生狀若連理〔發蒙
記〕蛇以茱萸為酒謂飲之即醉也〔異苑〕晉新野庾紹
字道遐與南陽宋協中表之親情好綢繆桓玄時庾為
湘東太守病亡義熙中忽見形詣協求酒協時時餌茱
萸酒因為設之酒至執杯還置云有茱萸氣協云卿惡
之耶紹云上官皆畏之非獨我也〔風土記〕俗尚九月
九日謂之上九茱萸到此日氣烈熟色赤可折其房以
插頭云辟惡氣禦冬〔易洞林〕郭璞避難至新息有人

以茱萸令璞射之璞曰子如小鈴含玄珠按文言之是
茱萸〔續齊諧記〕汝南桓景隨費長房遊學長房謂之
曰九月九日汝南當有大災厄急令家人縫囊盛茱萸
繫臂上登山飲菊花酒此禍可消景如言舉家登山夕
還見雞犬牛羊一時暴死長房聞之曰此可代矣今世
人九日登高飲酒帶茱萸囊蓋始於此〔成都古今記〕
蜀人每進酒輒以艾子一粒投之少頃香滿盃醆〔福
建志〕建寧府重陽日登高飲茱萸酒名茱萸為辟邪翁
集藻　贊　增〔宋宋祁艾子贊〕綠實若萸味辛香苾发莅羹
臛與桂之匹
賦〔晉孫楚茱萸賦〕有茱萸之嘉木植茅茨之前庭歷

漢女而始育閱百歲而長生森蔓延以盛興布綠葉於
紫莖鵲火西徂白藏授節零露既凝鷹隼飄厲攀紫房
於纖柯綴朱實之酷烈應神農之本草療生民之疢疾
文散句　增〔楚屈原離騷〕椴又欲充夫佩幃
五言古詩　增〔梁簡文帝茱萸女〕茱萸生狄邪結子復銜
花遇逢纖手摘濫得映鉛華雜與鬟簪插偶逐鬢鈿斜
東西爭贈玉縱橫來問家不無夫婿馬空駐使君車
〔唐萬楚茱萸女〕山陰柳家女九日采茱萸復得東鄰伴
雙為陌上姝插枝著高髻結子置長裾忤性常遲緩非
關詫丈夫平明折林樾日入返城隅俠客要羅袖行人
挑短書蛾眉自有主年少莫踟躕

五言律詩　增〔宋徐鉉奉御扎賦茱萸〕萬物慶西成茱萸
獨擅名房排紅結小香透夾衣輕宿露霑猶重朝陽照
更明長和菊花酒高宴奉西清
七言律詩　增〔宋徐鉉奉和御製茱萸〕臺畔西風御果新
芳香精彩麗蕭辰柔條細葉妝治好紫蒂紅芳點綴勻
幾朵得陪天上宴千株長作洞中春今朝聖藻偏流詠
黃菊無由更敢鄰
五言絕句　增〔唐王維茱萸沜〕結實紅且綠復如花更開
山中儻留客置此芙蓉杯〔山茱萸〕朱實山下開清香
寒更發幸與叢桂花窗前向秋月〔裴迪茱萸沜〕飄香
亂椒桂布葉間檀欒雲日雖迴照森沉猶自寒

七言絶句【增】唐武元衡寄䢴江南所居茱萸樹 手種茱萸舊井傍幾回春露又秋霜今來獨向秦中見攀折無時不斷腸

詩散句【增】唐孟浩然 茱萸正可佩折取寄情親 司空曙 强向衰叢見芳意茱萸紅實是繁花 張說 茱囊繫牧童 李白 九日茱萸熟 李益 茱萸滴露房 宋司馬光 萸房近令節 唐王昌齡 茱萸插鬢花宜壽 王維 遍插茱萸少一人 杜甫 醉把茱萸仔細看 盧綸 茱萸一朵映華簪 權德輿 酒泛茱萸曉易醺 白居易 舞鬟擺落茱萸房 茱萸色淺未經霜 元稹 茱萸暗綻紅珠蘂 崔櫓 茱萸冷吹溪口香 無名氏 茱萸

蘂綻蠅頭赤

別錄【增】齊民要術 食茱萸二月栽之宜園城隄冢高燥之處候實開便收之挂著屋裏壁上令陰乾勿使煙薰用時去中黑子 炮炙論 凡使吳茱萸去葉梗每十兩以鹽二兩投東流水四斗分作一百度洗之自然無涎日乾入丸散用之若用醋煮者每十兩用醋一鎰煮三十沸後入茱萸曬乾用

桂 巖桂別見花譜

【增】爾雅 梫木桂 註 今南人呼桂厚皮者爲木桂桂樹葉似枇杷而大白華華而不著子叢生巖嶺枝葉冬夏常青 桂海虞衡志 桂南方奇木上藥也桂林以地名地

實不產而出於賓宜州凡木葉心皆一縱理獨桂有兩紋形如圭製字者意或出此葉味辛甘與皮無別而加芳美人喜咀嚼之 南方草木狀 桂出合浦生必以高山之巔冬夏常青其類自爲林間無雜樹交趾置桂園桂有三種葉如柏葉皮丹者爲丹桂葉似柿葉者爲菌桂葉似枇杷葉者爲牡桂 酉陽雜俎 牡桂葉大如苦竹葉葉中一脈如筆跡花蔕葉三瓣瓣端分爲兩岐其表色淺黃近岐淺紅色花六瓣色白心凸起如荔枝其色紫出婺州山中 唐本草 牡桂乃爾雅所云梫木桂也葉長尺許花子與菌桂同大小枝皮俱名牡桂但大枝皮肉理麤虛如木而肉少味薄名曰木桂亦云大桂

不及小嫩枝皮肉多而半卷中必皺起其味辛美一名肉桂亦名桂枝一名桂心出邕州桂州交州甚良其菌桂葉似柿葉中有縱文三道表裏無毛而光澤肌理緊薄如竹大枝小枝皮俱是筒其大枝無肉老皮堅板不能重卷味極淡薄不入藥用小枝薄而卷及二三重者良或云筒桂陶氏云小桂是也今惟出韶州 本草綱目 牡桂葉長如枇杷葉堅硬有毛及鋸齒其花白色其皮多脂菌桂葉如柿葉而尖狹光淨有三縱文而無鋸齒其花有黃有白其皮薄而卷今商人所貨皆此二種別錄單名桂者即肉桂李杲云桂之纖薄者爲枝厚脂者爲肉去皮與裏當其中者爲桂心桂肉氣味甘辛有

小毒利肝肺氣心腹寒熱冷痰霍亂轉筋頭痛腰痛出汗濕中堅筋骨通血脈理疏不足宣導百藥治沈寒痼冷之病去營衛中風寒表虛自汗桂心苦辛無毒治九種心痛腹內冷痛欬逆結氣壅痺腳痺不仁止痢破血殺三蟲治一切風氣補五勞七傷通九竅利關節益精明目暖腰膝治風痺骨節攣縮續筋骨生肌肉消瘀血破痃癖癥瘕殺草木毒治風癖失音喉痺失血內托癰疽痘瘡解蛇蝮毒牡桂即木桂其最薄者爲桂枝枝之嫩小者爲柳桂氣味辛溫無毒治上氣欬逆結氣痰痺吐吸利關節補中益氣治心痛脇痛溫筋通脈止煩發汗去冷風疼痛菌桂氣味辛溫無毒治百病養精神和

顏色爲諸藥先聘通久服輕身不老面生光華媚好常如童子昔人所服食者蓋此類也

【彙考】【增】〔戰國策〕蘇秦曰楚國之食貴於玉薪貴於桂 〔山海經〕桂林八樹在賁隅東〔註〕八樹成林言其大也 〔莊子〕桂可食故伐之 〔列仙傳〕范蠡好食桂飲水賣藥人間世世見之 〔說文〕桂江南木百藥之長 【原】〔地理志〕桂陽郡有桂嶺開花徧樹林嶺盡香 【增】〔搜神記〕彭祖者殷時大夫也姓籛名鏗帝顓頊之孫陸終氏之中子歷夏而生商末號七百歲常食芝桂 〔抱朴子〕趙佗子服桂二十年足下生毛日行五百里力舉千斤 〔廣州記〕桂父常食桂葉見知其神人尊事之一旦與鄉曲別飄然入雲 〔拾遺記〕闇河之北有紫桂成林其實如棗羣仙餌焉韓終採藥四言詩曰闇河紫桂實大如棗得而食之後天而老 〔臨海記〕郡東南有白石山望之如雪山有湖傳云金鷲之所集八桂之所植 〔水經注〕林邑城隍塹之外林棘荒蔓榛梗冥欝藤槃等秀參錯際天其中香桂成林氣清澄烟桂父象人也棲居此林服桂得道 〔羅浮山記〕山頂有桂山海經所謂賁禺之桂 〔一品集〕李德裕平泉莊有東陽之牡桂 〔酉陽雜俎〕大凡木脈皆一脊唯桂葉三脊 〔孫公談苑〕南唐後主嘗名徐鍇至清暑閣前地經雨草生磚縫中薙去復生鍇曰呂氏春秋云桂枝之下無雜木味辛故也後主

令取桂屑數斗勻布縫中經宿盡死 〔夢溪筆談〕呂氏春秋云桂枝之下無雜木蓋桂枝味辛螫故也然桂之殺草木自是其性不爲辛螫也雷公炮炙論云以桂爲丁以釘木中其木即死一丁至微未必能螫大木自是其性相制耳 〔避暑錄話〕蘇子瞻在惠州作桂酒嘗問其二子邁過云一試之而止大抵氣味似屠蘇酒二子語及亦自撫掌大笑劉禹錫傳信方有桂漿法善造者暑月極快美凡酒用藥未有不奪其味況桂之烈楚人所謂桂酒椒漿者安知其爲美酒但土俗所尚今欲因其名以求美亦過矣

【集藻】【贊】〔晉郭璞桂贊〕桂生南裔拔萃岑嶺廣莫熙葩

凌霜津潁氣王百藥森然雲挺

文賦散句【增】〔楚屈原離騷〕雜申椒與菌桂兮豈維紉夫蕙茝 〔漢司馬相如上林賦〕桂椒木蘭 〔晉孫綽天台賦〕八桂森挺以凌霜

五言古詩【原】〔周庾信詠桂〕南中有八桂繁華無四時不識風霜苦安知零落期 【二】〔唐顏眞卿謝陸處士杼山折青桂花見寄之什〕羣子遊杼山山寒桂花白綠蕊含素萼采折自遠客忽枉巖中詩芳香潤金石全高南越蠹豈謝東堂策會愜名山期從君恣幽覿

詩散句【增】〔唐李白〕何以折相贈白花青桂枝 〔孟浩然〕青桂春再榮白雲暮來變 〔白居易〕身倚白石崖手攀

青桂樹 〔晉張協〕尺燼重尋桂 〔梁庾肩吾〕八桂動芳枝 【原】〔唐李白〕青桂隱遙月 【增】〔姚合〕辛香發桂叢 〔李賀〕山頭老桂吹木香

別錄【原】〔漢書南越傳〕尉佗獻桂蠹一器〔註〕師古曰此蟲食桂故味辛而漬之以蜜食之也

佩文齋廣羣芳譜卷第九十九

佩文齋廣羣芳譜卷第一百

藥譜

丁香

【增】〔本草綱目〕丁香一名丁子香一名雞舌香〔陳藏器曰〕雞舌香與丁香同種花實叢生其中心最大者爲雞舌擊破有順理而解爲兩向如雞舌故名乃是母丁香也〔馬志曰〕生交廣南番樹高丈餘木類桂葉似櫟葉花圓細黃色其子出枝蘂上如釘長三四分紫色其中有麤大如山茱萸者俗呼爲母丁香雞舌香氣味辛微溫無毒治風水毒腫霍亂心痛去惡熱丁香氣味辛溫無毒溫脾胃止霍亂壅脹風毒諸腫齒疳𧏾殺蟲辟惡治口

氣反胃鬼疰蠱毒殺酒毒消痃癖療腎氣奔豚腹痛嘔逆去胃寒理元氣血氣盛者勿服（按今所種丁香花三四月開又一種也）

彙考【增】〔酉陽雜俎〕藥草異名亭炅獨生雞舌香也 〔藥譜〕丁香異名支解香 〔夢溪筆談〕予集靈苑方論雞舌香以爲丁香母蓋出陳氏拾遺今細考之尚未然按齊民要術云雞舌香世以其似丁子故一名丁子香卽今丁香是也日華子云雞舌香治口氣所以三省故事郎官日含雞舌香欲其奏事對答其氣芬芳此正所謂丁香治口氣至今方書爲然又古方五香連翹湯用雞舌香千金五香連翹湯無雞舌香却有丁香此最爲明驗新補本草又出丁香一條蓋不曾深考也今世所用雞

舌香乳香中得之大如山茱萸剉開中如柿核畧無氣
味以治痰殊極乖謬

集藻五言古詩增唐杜甫丁香丁香體柔弱亂結枝猶
墊細葉帶浮毛疎花披素艷深栽小齋後庶近幽人占
晚墮蘭麝中休懷粉身念

五言律詩增唐錢起賦得池上雙丁香樹得地移根遠
交柯繞指柔露香濃結桂池影鬬蟠虬黛葉輕筠綠金
花笑菊秋何如南海外雨露隔炎洲

七言絶句增唐陸龜蒙丁香江上悠悠人不問十年雲
外醉中身殷勤解却丁香結從放繁枝散誕春金元
好問賦瓶中雜花香中人道睡香濃誰信丁香臭味同

一樹百枝千萬結更應薰染費春工明許邦才丁香
花蘇小西陵踏月迴香車白馬引郎來當年剩綰同心
結此日春風爲翦開

詩散句增宋宋白昨日司花新奉勑後園差使結丁香
陶弼萬枝千葉遥相就內結花心外結身

烏藥

增本草綱目烏藥一名旁其一名鰟魮一名矮樟烏以色名其葉狀似鰟魮鯽魚故俗呼爲鰟魮樹拾遺作旁其方音訛也南人亦呼爲矮樟其氣似樟也蘇頌曰
台州雷州衡州皆有之以天台者爲勝木似茶檟高五
七尺葉微圓而尖面青背白有紋四五月開細花黃白
色六月結實根有極大者又似釣樟根然根有二種嶺

南者黑褐色而堅硬天台者白而虛軟並以八月采根
如車轂紋形如連珠者佳李時珍曰吳楚山中極多人
以爲薪根葉皆有香氣但根不甚大纔如芍藥嫩者肉
白老者肉褐色其子如冬青子生青熟紫核殼極薄其
仁亦香而苦根味辛溫無毒治中惡心腹痛蠱毒疰忤
鬼氣宿食不消天行疫瘴膀胱腎間冷氣攻衝背膂婦
人血氣小兒腹中諸蟲除一切冷霍亂反胃吐食瀉痢
癰癤疥癘并解冷熱

附錄研藥

增海藥本草研藥生南海諸州小樹葉如椒根如烏藥
而圓小根味苦溫無毒主霍亂下利赤白中惡蠱毒腹

不調者剉水煎服

乳香

增香錄乳香一名薰陸香出大食國南其樹類松以斤
斫樹脂溢於外結而成香聚而成塊上品爲揀香圓大
如乳頭透明俗呼滴乳又曰明乳次爲瓶香以瓶收者
次爲乳塌雜沙石者次爲黑塌黑色次爲水濕塌水漬
色敗氣變者次爲斫削雜碎不堪次爲纏末播揚爲塵
者本草綱目薰陸香一名馬尾香一名天澤香一名
摩勒香一名多伽羅香寇宗奭曰薰陸香即乳香爲其垂滴如乳頭也鎔塌在地者爲塌香皆一也李時珍曰佛書謂之天澤香言其潤澤也又謂之多伽羅香又曰杜嚕香李珣言薰陸是樹皮乳是樹脂陳藏器言乳香是薰陸之類寇宗奭言是一物陳承言薰陸是總名乳香是薰陸之乳頭也掌禹

暘曰按南方異物志云薰陸出大秦國在海邊有大樹枝葉正如古松生于沙中盛夏木膠流出沙上狀如桃膠夷人采取賣與商賈無賈則自食之氣味微溫無毒主風水毒腫去惡氣伏尸癮瘮癢毒治耳聾中風口噤不語婦人肉氣止大腸洩澼療諸瘡令內消能發酒理風冷下氣益精補腰膝治腎氣止霍亂衝惡中邪氣心腹痛疰氣長血活血定痛伸筋治婦人產難折傷

彙考 **增**〔酉陽雜俎〕薰草異名靈華汎腴薰陸香也　貞元中蜀郡有僧志功言住寶相寺持經夜久忽有飛蟲五六枚大如蠅金色迸飛燈焰或蹲于柱花上鼓翅與火一色久乃滅焰中如此數夕童子擊墮一枚乃薰陸香也亦無形狀自是不復見

沒藥

增〔本草綱目〕沒藥一作末藥（皆梵言也）蘇頌曰今南海諸國及廣州或有之木之根株皆如橄欖葉青而密歲久者則有脂液流滴在地下凝結成塊或大或小亦類安息香采無時按一統志云沒藥樹高大如松皮厚一二三寸采時掘樹下為坎用斧伐其皮脂流於坎旬餘方取之氣味苦平無毒破血止痛療金瘡杖瘡諸惡瘡痔漏卒下血目中翳暈痛膚赤破癥瘕宿血損傷瘀血消腫痛治心膽虛肝血不足墮胎及產後心腹血痛

騏驎竭

增〔本草綱目〕騏驎竭一名血竭（騏驎馬名也此物如乾血故謂之血竭曰騏驎者隱之也）蘇頌曰南番諸國及廣州皆有之木高數丈婆娑可愛葉似櫻桃而有三角其脂液從木中流出滴下如膠飴狀久而堅凝乃成竭赤作血色采無時按一統志云血竭樹略如沒藥樹其肌赤色采法亦於樹下掘坎斧伐其樹脂流於坎旬日取之多出大食諸國今人試之以透指甲者為真氣味甘鹹平無毒治心腹卒痛金瘡血出破積血止痛生肉去五臟邪氣傷折打損一切疼痛血氣攪刺內傷血聚補心包絡肝血不足益陽精消陰滯氣

阿魏

增〔酉陽雜俎〕阿魏木出伽闍那國即北天竺也伽闍那呼為形虞亦出波斯國呼為阿虞截樹長八九丈皮色青黃三月生葉似鼠耳無花實斷其枝汁如飴久乃堅凝名阿魏拂林國僧彎所說同摩伽陀國僧提婆言取其汁如米豆屑合成阿魏〔本草綱目〕阿魏一名薰渠一名哈昔泥（夷人自稱曰阿此物極臭阿之所畏也涅槃經謂之央匱蒙古人謂之哈昔泥元時食用以和料其根名穩展且淹羊肉甚香美）蘇恭曰生西番及崑崙苗葉根莖酷似白芷擣根汁日煎作餅者為上截根穿暴乾者為次體性極臭而能止臭又婆羅門云薰渠即是阿魏取根汁暴之如膠或截根日乾並極臭西國持呪人禁食之常食用之云去臭氣陳承曰今江浙人家亦種之枝

菜香氣皆同而差淡薄但無汁膏李時珍曰阿魏有草木二種草者出西域可曬可煎木者出南番取其脂汁梭一統志所載有此二種云出火州及沙鹿海牙國者草高尺許根株獨立枝葉如蓋臭氣逼人生取其汁熬作膏名阿魏出三佛齊及暹羅國者樹不甚高土人納竹筒于樹內脂滿其中冬月破筒取之其樹低小如枸杞牡荊之類西南風土不同故或如草如木也氣味辛平無毒殺諸小蟲去臭氣破癥積下惡氣除邪鬼蠱毒治風邪鬼疰心腹中冷傳尸冷氣辟瘟治瘧霍亂心腹痛腎氣瘟瘴禦一切蕈菜毒解自死牛羊馬肉諸毒消肉積

盧會

【增】本草綱目盧會一名奴會一名訥會一名象膽(陳藏器曰俗呼爲象膽以其味苦如膽也)李珣曰盧會生波斯國狀似黑餳乃樹脂也蘇頌曰今惟廣州有來者其木生山野中滴脂淚而成采之不拘時月李時珍曰一統志云爪哇三佛齊諸國所出者乃草屬狀如鱟尾采之以玉器搗成膏氣味苦寒無毒治熱風煩悶胸膈間熱氣明目鎮心小兒癲癇驚風療五疳殺三蟲及痔病瘡瘻解巴豆毒除鼻瘙傅䘌齒治濕癬出黃汁

黃蘗

【原】黃蘗(俗作黃柏)一名蘗木根名檀桓出邵陵者輕薄色深爲勝出東山者厚而色淺樹高數丈葉似吳茱萸亦如紫椿經冬不凋皮外白裏深黃色厚二三分二月五月采皮陰乾性苦寒無毒瀉伏火補腎水堅腎壯骨治衝脈氣逆不渴而小便不通消五臟腸胃中結熱黃疸除骨蒸瀉膀胱相火得知母滋陰降火得蒼朮除濕清熱爲治痿要藥得細辛瀉膀胱火治口舌生瘡金張元素曰黃蘗之用有六瀉膀胱心火一也利小便結二也除下焦濕腫三也痢疾先見血四也臍中痛五也補腎壯骨髓六也凡膀胱腎水不足諸痿厥腰無力于黃芪湯中加用使兩足膝中氣力涌出痿軟即去乃癱瘓必用之藥明李時珍曰古書言知母佐黃柏滋陰降火有金

水相生之義黃柏無知母猶水母之無蝦蓋黃柏能制膀胱命門陰中之火知母能清肺金滋腎水之化源氣爲陽血爲陰邪火煎熬則陰血漸涸故陰虛火動之病須之非陰中之火不可用又必少壯氣盛能食者用之相宜若中氣不足邪火熾甚者久服有寒中之變

【彙考】【增】[illegible]閒紀聞古人寫書皆用黃紙以蘗染之所以辟蠹故曰黃卷

【別錄】【增】修治炮炙論云削去麤皮用生蜜水浸半日曬乾每五兩用蜜三兩塗之文武火炙令蜜盡爲度李時珍云黃蘗性寒而沉生用降實火熟用不傷胃酒制治上鹽制治下蜜制治中

小蘗

增〔本草綱目〕小蘗一名子蘗一名山石榴此與金櫻子杜鵑花並名山石榴非一物也蘇恭曰生山石間所在皆有襄陽峴山東者為良其樹枝葉與石榴無別但花異子細黑圓如牛李子及女貞子爾李時珍曰其皮外白裏黃狀如蘗皮而薄小氣味苦大寒無毒治口瘡疳䘌殺諸蟲去心腹中熱氣治血崩

厚朴

增〔廣雅〕重皮厚朴也〔漢書注〕朴木皮也此藥以皮為用而皮厚故呼厚朴〔本草綱目〕厚朴一名烈朴一名赤朴一名厚皮樹名榛子名逐折其木質朴而皮厚味辛烈而色紫赤故有厚朴烈赤諸名蘇頌曰以梓州龍州者為上木高三四丈徑一二尺春生葉如槲葉四季不凋紅花而青實皮極鱗皺而厚紫色多潤者佳薄而白者不堪李時珍曰朴樹膚白肉紫五六月開細花結實如冬青子生青熟赤有核七八月采之味甘美皮氣味苦溫無毒治中風傷寒頭痛寒熱驚悸氣血痺死肌去三蟲溫中益氣消痰下氣療霍亂腹痛脹滿胃中冷逆洩痢淋露反胃轉筋瀉膀胱及五臟一切氣消宿食去結水破宿血化水穀止吐酸水大溫胃氣

集藻 增〔溫公詩話〕文德殿百官常朝之所也宰相奏事畢乃來押班常至日旰守堂卒好以厚朴湯飲朝士朝士有久無差遣厭苦常朝者戲為詩曰立殘階下梧桐影喫盡街頭厚朴湯亦朝中之實事也

杜仲

增〔廣雅〕杜仲曼榆也 原 一名思仲一名思仙一名木綿本草綱目云昔有杜仲服此得道因以名之思仲思仙皆此義其皮中有銀絲如綿故曰木綿漢中建平宜都者佳脂厚潤者良深州山谷及上黨商州陝州亦有之樹高數丈葉類柘又似辛夷江南謂之檰初生嫩葉可食謂之檰牙花實名逐折味苦濇亦堪入藥木可作屐益腳皮色紫而潤狀如厚朴而更厚折之多白絲相連如綿二五六九月皆可採味甘微辛氣溫平甘溫能補微辛能潤故能潤肝而補腎主補中益精治腰膝痛堅筋骨強志療腰脊攣潤肝燥補肝經風虛葉作蔬去風毒腳氣久積風冷

別錄 原〔修治〕凡使削去麤皮每一斤用酥一兩蜜三兩和塗火炙以盡為度細剉用

秦皮

增〔本草綱目〕秦皮一名梣皮一名樳木一名石檀一名樊槻一名盆桂一名苦樹一名苦櫪秦皮本作梣皮其木小而岑高故名人訛為樳木又訛為秦木或云本出秦地故得秦名高誘注淮南子云梣苦櫪木也蘇恭云樹葉似檀故名石檀俗因味苦呼為苦樹蘇恭曰此樹似檀葉細皮有白點而不麤錯取皮漬水便碧色書紙看之皆青色者是真蘇頌曰其木大都似檀枝幹皆青綠色葉如匙頭許大而不光

竝無花實根似槐根俗呼為白檮木氣味苦微寒無毒治風寒濕痺除熱目中青瞖白膜久服頭不白輕身可作洗月湯

彙考　**增**〔淮南子〕夫梣木色青翳而蠃瘉蝸睆此皆治目之藥也人無故求此物者必有蔽其明者

皂角

原　皂角一名皂莢一名烏犀一名懸刀一名雞棲子本草綱目云莢之樹皁故名廣志謂之雞棲子曾氏方謂之烏犀外丹本草謂之懸刀所在有之樹高大葉如槐葉瘦長而尖枝間多刺夏開細黃花結實有三種一種小如猪牙一種長而肥厚多脂而黏一種長而瘦薄枯燥不黏以多脂者為佳不結實者鑿一孔

入生鐵三五斤泥封之即結性辛鹹溫有小毒通關節破堅癥通肺及大腸氣治咽喉痺塞痰氣喘咳風癘疥癬下胞衣墮胎

彙考　**原**〔神仙傳〕左親騎軍崔言一旦得大風惡疾雙目昏盲眉髮自落鼻梁崩倒勢不可救遇異人傳方用皂角刺三斤燒灰蒸一時久日乾為末食後濃煎大黃湯調一匕飲之一旬眉髮再生肌潤目明後入山修道不知所終　**增**〔墨客揮犀〕唐華清宮今靈泉觀也七聖殿之西南隅數十步間有皁角一株合數人抱皮幹頗瘁相傳明皇與貴妃共植於此每歲結實必有十數莢合歡者京兆尹命老卒數人守視之移接於他樹則不復合歡也

集藻〔七言絕句〕**增**〔宋張耒皂莢樹〕畿縣塵埃不可論故山喬木尚能存不緣去垢須青莢自愛蒼鱗百歲根

別錄　**原**〔採取〕樹多刺難上採時以篾箍其樹一夕盡落

〔修治〕皂莢取赤肥不蛀者新汲水浸一宿銅刀削去麤皮以酥反復炙透去子弦每一兩酥五錢又有蜜炙絞汁燒灰之異各依方法　子揀圓滿堅硬不蛀者瓶煮熟剝去硬皮取向裏白肉兩片去黃以銅刀切曬用

〔禁忌〕皂角與鐵有相感召處鐵砧槌皂角即自損鐵碾碾之久則成孔鐵鍋爨之多爆片落

〔製用〕溽暑久雨時皂莢合蒼朮燒煙辟瘟疫邪濕氣　皂莢浸酒中

取盡其精煎成膏塗帛上貼一切腫毒　子炒舂去赤皮水浸軟煮熟糖漬食疏導五臟風熱　**增**〔翰墨叢記〕淮南人藏鹽酒蟹凡一器十隻以皂莢半挺置其中則經歲不壞

附錄　波斯皂莢

增〔酉陽雜俎〕波斯皂莢出波斯國呼為忽野簷默拂林呼為阿梨去伐樹長三四丈圍四五尺葉似鉤緣而短小經寒不凋不花而實其莢長二尺中有隔隔內各有一子大如指頭赤色至堅硬中黑如墨甜如飴可噉亦入藥用　〔本草拾遺〕一名阿勃勒狀如皂角而圓長味甘好喫

附錄 鬼皂莢

增 酉陽雜俎 鬼皂莢生江南地澤如皂莢高一二尺沐之長髮亦去衣垢

附錄 肥皂莢

增 本草綱目 肥皂莢生高山中其樹高大葉如檀及皂莢葉五六月開白花結莢長三四寸狀如雲實之莢而肥厚多肉內有黑子數顆大如指頭不正圓其色如漆而甚堅中有白仁如栗煨熟可食亦可種之十月采莢煮熟搗爛和白麪及諸香作丸澡身面去垢而膩潤勝于皂莢也 氣味辛溫微毒 去風濕 治下痢便血瘡癬腫毒

附錄 酸角

增 雲南志 臨安府出酸角如皂角而小味酸

訶黎勒

增 南方草木狀 訶黎勒樹似木梡花白子形如橄欖六路皮肉相著可作飲變白髭髮令黑出九真 本草綱目 訶黎勒一名訶子 訶黎勒梵言天主持來也 蘇頌曰嶺南皆有而廣州最盛子形如巵子橄欖青黃色七八月實熟時采未熟時風飄墮者謂之隨風子暴乾收之益小者彼人尤珍貴之 氣味苦澀無毒 治冷氣心腹脹滿下食破胸膈結氣下宿物止腸澼久洩赤白痢消痰活水調中止嘔吐霍亂心腹虛痛奔豚腎氣

彙考 增 嶺南異物志 廣州法性寺有訶黎勒四五十株子極小而味不澀皆是六路每歲州貢只以此寺者寺有古井木根蘸水水味不鹹每子熟時有佳客至則院僧煎湯以延之其法用新摘訶子五枚甘草一寸破之汲井水同煎色若新茶

集藻 五言排律 增 唐包佶抱病謝李吏部贈訶黎勒葉

一葉生西徼齎來上海查歲時經水府根本別天涯方士真難見商胡輒自誇比香同異域看色勝仙家茗飲暫調氣梧丸喜伐邪幸蒙祛老疾深願駐韶華

別錄 增 炮炙論 凡用訶黎勒酒浸後蒸一伏時刀削去皮取肉剉焙用用核則去肉

婆羅得

增 本草綱目 婆羅得一名婆羅勒 婆羅得梵言重生果也 李珣曰婆羅得生西海波斯國樹似中華柳樹子如蓖麻子氣味辛溫無毒 治冷氣塊溫中補腰腎破痃癖可染髭髮令黑

巴豆

增 本草綱目 巴豆一名巴菽一名剛子一名老陽子 此物出巴蜀而形如菽豆故名 宋本草一名巴椒 菽字之訛也 蘇頌曰嘉州戎州眉州皆有之木高一二丈葉似櫻桃而厚大初生青色後漸黃赤至十二月葉漸凋二月復漸生四月舊葉落盡新葉齊生即花發成穗微黃色五六月結實作房生青至八

月熟而黃漸漸自落乃收之一房有二瓣一瓣一子或三子仍有殼戎州出者殼上有縱文隱起如線一道至兩三道土人呼爲金線巴豆最爲上等氣味辛溫有毒治傷寒溫瘧寒熱破癥瘕結聚堅積留飲痰癖開通五臟六腑閉塞利水穀道去惡肉除鬼毒蠱疰邪物殺蟲魚蝬用則有戡亂劫病之功微用亦有撫綏調中之妙

彙考 **增**〔稽神錄〕明經趙瑜魯人累舉不第困厄甚矣因遊泰山祈于嶽廟將出門忽有小吏自後至曰判官召隨之而去奄至一廳事良久聞簾中檢閱簿書既而言日君命生至薄名與祿仕皆無分今此見告當有以奉濟今以一藥方授君君以此給足衣食然不可置家置

家則貧矣瑜拜謝而出至門外空中飄大桐葉至乃書巴豆丸方于其上與人間之方正同瑜遂稱前長水令賣藥于夷門市餌其藥者病無不愈獲利甚多道士李德陽親見其桐葉巳十餘年尚如新折者〔隣幾雜誌〕吳冲卿說其先君爲瑞昌令一卒力啗巴豆如松子問其由始用飯一盌巴豆兩粒漸加巴豆減飯積以歲月至於純食巴豆此亦習噉葛之類

大風子

原 大風子出海南諸番國乃大樹之子狀如椰子而圓中有核數十枚大如雷丸子中有仁白色久則黃而油不堪入藥氣味辛熱有毒取油治瘡有殺蟲之功不可多服或至喪明用之外塗功不可沒

別錄 **原**〔修治〕取油法用子二三斤去殼及黃油者研極爛盛磁器中封口入滾湯中蓋鍋密封勿令透氣文武火煎至黑色如膏名大風油以和藥

海紅豆

增〔南州異物記〕海紅豆生南海人家園圃中大樹而生葉圓有莢近時蜀中種之亦成〔益都方物略記〕紅豆葉如冬青而圓澤春開花白色結莢枝間其子累累而綴珠若大紅豆而扁皮紅肉白以似得名蜀人用爲果飣〔本草綱目〕紅豆樹高二三丈葉似梨葉而圓氣味微寒有小毒治人黑皮鼾黯花癬頭面遊風宜入面藥及澡豆

集藻 〔贊〕 **增**〔宋宋祁紅豆贊〕葉圓以澤素蘤春敷子生莢間纍纍綴珠

相思子

增〔本草綱目〕相思子一名紅豆古今詩話云相思子圓而紅故老言昔有人歿於邊其妻思之哭於樹下而卒因以名之生嶺南樹高丈餘白色其葉似槐其花似皁莢其莢似扁豆其子大如小豆半截紅色半截黑色彼人以嵌首飾段公路北戶錄言有蔓生用子收龍腦香相宜令香不耗也氣味苦平有小毒通九竅去心腹邪氣止熱悶頭痛風痰瘴瘧殺腹臟及皮膚內一切蟲除蠱毒取二七枚研服即吐出

猪腰子

增〔本草綱目〕猪腰子生柳州蔓生結莢內子大若猪之內腎狀酷似之長三四寸色紫而肉堅彼人以充土宜饋送中土氣味甘微辛無毒治一切瘡毒及毒箭傷

金櫻子

增〔本草綱目〕金櫻子一名刺梨子一名山石榴一名山雞頭子（金櫻當作金罌謂其子形如黃罌也石榴雞頭皆象形也）蘇頌曰叢生郊野中大類薔薇有刺四月開小白花夏秋結實亦有刺黃赤色形似小石榴李時珍曰花最白膩其實大如指頭狀如石榴而長其核細碎而有白毛氣味酸濇平無毒治脾泄下痢止小便利濇精氣久服耐寒輕身

集藻〔五言古詩〕增〔宋黃庭堅和孫公善李仲同金櫻餌唱酬二首〕人生欲長存日月不肯遲百年風吹過忽成甘蔗滓傳聞上世士烹餌草木滋千秋垂綠髮每恨不同時李侯好方術肘後探神奇金櫻出皇墳刺橐攬霜枝寒牕司火候古鼎凍膠飴初嘗不可口醇酒和味宜至今身七十孺子色不衰田中拔耘耔孫息親抱持却笑隣舍翁未老須杖藜　假手富春公秋毫聽民詞風夜臨公廳歸臥酸體肢李侯來饋藥期以十日知深中護靈根金鑷祕玉符不須許斧子辛勤來玉芝我方困健訟攙翁爭一錐不能鳴絃坐頗愧巫馬期敢乞刀圭餘歸和卯飲巵儻令憂民病從此得國醫

〔七言絕句〕增〔宋謝薖採金櫻子〕三月花如薝蔔香霜中採實似金黃煎成風味亦不淺㵎色猶煩顧長康

〔詩散句〕增〔宋楊萬里〕霜紅半臉金櫻子

衛茅

增〔本草綱目〕衛茅一名鬼箭一名神箭（劉熙釋名言齊人謂箭羽爲衛此物幹有直羽如箭羽矛刃自衛之狀故名張揖廣雅謂之神箭寇宗奭衍義言人家多燔之遣祟則三名又取此義也）蘇頌曰生山石間小株成叢春長嫩條條上四面有羽如箭羽視之若三羽青葉狀似野茶對生味酸濇三四月開碎花黃綠色結實大如冬青子氣味苦寒無毒除邪殺鬼毒蠱疰治婦人血氣

五加

原五加一名文章草一名金玉香草一名金鹽一名五花一名追風使一名犲漆一名犲節一名五佳一名白刺一名木骨（本草綱目云此藥以五葉交加者良故名五加又名五花丹鉛錄作五佳云一枝五葉者佳故也蜀人呼爲白刺異物志名文章草本草犲漆犲節之名不知何義蘇頌圖經云蘄州人呼爲木首吳中俗名追風使金鹽詳見煮石經）江淮湖南州郡皆有之春生苗莖葉皆青作叢苗莖俱有刺類薔薇長者至丈餘葉五出香氣似橄欖春時結實如豆粒而扁色青得霜乃紫黑根類地骨皮輕脆芬香一云生南方者微白而柔韌大類桑白皮生北方者微黑而硬入藥用南方者苗可作蔬明皮浸酒久服輕身耐老明目下氣補中益精堅筋强志意黑鬚髮令人有子或只爲散代茶餌之亦驗

[illegible]增 煮石經舜嘗登蒼梧之山曰厥金玉之香草朕欲偃息正道此五加也又異名曰金鹽昔西域眞人王屋山人王常曰何以得長久何不食石蓄金鹽何以得長壽何不食石用玉豉玉豉者卽地榆也五加地榆皆是煮石而餌得長生之藥也昔尹公度聞孟綽子董士固相與言曰寧得一把五加不用金玉滿車寧得一斤地榆安用明月寶珠　昔魯定公母服五加酒以致不死尸解而去　張子聲楊建始王叔牙于世彥等皆服此酒而房室不絕得壽三百年有子二十人世人服而延年者甚衆　眞人王常云五加者五車之星精也水應五湖人應五德位應五方物應五車故青精入莖則

有東方之液白氣入節則有西方之津赤氣入華則有南方之光玄精入根則有北方之粘黃煙入皮則有戊已之靈五神鎭主轉相育成餌之者眞仙服之者反嬰

集藻 贊 增 漢譙周文章草贊 文章作酒能成其味以金買草不言其貴

別錄 原 種植 深掘肥地每二尺埋一根令沒舊痕甚易活苗生從一頭蔭訖鋤土壅之五月採莖十月採根皆取皮陰乾　製用 造酒方用五加皮洗淨去骨莖葉亦可以水煎汁和麴釀米酒成時時飲之亦可煮酒飲加遠志爲使更良一方加木瓜煮酒服談野翁試驗方云神仙煮酒法用五加皮地榆刮去麤皮各一斤袋盛入無灰好酒二斗大罈封固安大鍋內文武火煮罈上安米一合米熟爲度取出入水中三日出火毒以渣曬乾爲丸每旦服五十九藥酒送下臨臥再服能去風濕壯筋骨順氣化痰添精補髓久服延年益壽功難盡述王綸醫論云風病飲酒能生痰火惟五加皮一味浸酒日飲數杯最有益諸浸酒藥惟五加皮與酒相合且味美也

枸杞

原 枸杞一名枸檵（爾雅云杞枸檵註云今枸杞也）一名枸棘一名天精（廣韻云春名天精子夏名枸杞秋名却老枝冬名地骨皮）一名地仙一名却老 增 本草綱目 一名地輔一名枸忌一名却暑一名苦杞一

玄真居大箬巖常登山嶺采黃精服餌一日就溪濯蔬忽見岸側有二小花犬相趂孺子異之乃尋逐入枸杞叢下歸語玄真訝之遂與孺子俱往伺之復見二犬戲躍逼之又入枸杞下玄真與孺子共尋掘乃得二枸杞根形狀如花犬堅若石洗挈歸煑食之俄頃而孺子忽飛昇在前峯上玄真驚異久之孺子謝別玄真昇雲而去今俗呼其峯爲童子峯〔圖經本草〕蓬萊縣南丘村多枸杞高者一二丈其根盤結甚固其鄉人多壽考潤州開元寺大井傍生枸杞歲久土人目爲枸杞井云飲其水甚益人也　增〔夢溪筆談〕枸杞陝西極邊生者高丈餘大可作柱葉長數寸無刺根皮如厚朴甘美異于他處千金翼云枸杞出甘州者爲眞葉厚大者是大體出河西諸郡其次江池間埂上者實圓如櫻桃全少核暴乾如餅極膏潤有味〔東坡集〕蜀青城山老人村有五世孫者道極險遠生不識鹽醯而溪中多枸杞根如龍蛇飲其水故壽近歲道稍通漸能致五味而壽益衰〔貴耳錄〕綦內相崇禮在太學前廊裕陵有進枸杞根如犬大作賀表學官令前廊撰述皆不下筆綦欣然當之其用一句靈根夜吠舉學皆服用東坡詩云靈厖或夜吠又出白樂天枸杞詩因此後登玉堂〔茅亭夜話〕華陽邑村民段九者常入山野中採枸杞根莖貨之有年矣因於紫山脚下見枸杞一株甚大遂斸之根本

怪異不類常者長尺餘四莖如四足兩莖如頭尾若一獸形持歸村舍家狗吠之不已至夜四隅村落羣狗聚而吠之終夕不輟不堪其喧迨遲明妻怒將充朝爨羣狗乃不復吠矣休復見道書云枸杞茯苓人參薯蕷术等形有異者餌之皆獲上壽或除嗜慾尚神抱和則必有眞靈降顧接引爲地仙爾〔浩然齋日抄〕徽宗時順州築城得枸杞于土中其形如獒狀馳獻闕下乃仙家所謂千歲枸杞其形如犬者也

集藻　〔賦〕增〔宋史子〕玉枸杞賦有序　史子分教剡庠之明年目眚踰月廢卷默坐客有告之曰玆土之宜杞根實繁產諸泮林尤腴而美採之本草明目養神盍試其味

壽命僮僕即取之不竭食之既厭而昏者開翳者鮮矣於是作而歎曰是物也不假種植沾濡雨露芬敷自榮其功效足以回光返照如此況出於輔之翼之長之養之者豈不足以備明時之采擇哉有感而爲之賦曰當春用事肝恬勢而驕厥火彌壯用弗利乎眸紫珍兮塵漫瑩舒兮雲浮熨之平之濯之冷之計屢施而罔功書既展而復收其誰巧運乎金篦抑將乞諸其龍湫者也客莞爾而笑曰泮宮耽耽靈根萃止匪藻匪芹强名曰杞或云羊乳亦曰狗忌其效伊何未易殫紀於以安神於以輕體至於瑩秋水之神而爛巖電之光則又其效驗之細者也子居是間左抽右取不費一錢多取其數

餐厥英還爾明爲予之計不亦近而易行乎應之曰廣文一寒飯嚼不足信如子言載采盈掬因以比離婁之目且不負將軍之腹豈不魚熊之兼得又何必空糜乎廩祿於是叱咤丁戒僕夫搜諸荆棘之場探諸榛莽之區叢然而遂油然而達或壓枝以騈出或附趾而簪碧隨取隨足不耘不植蔓延布滿夭矯瑰特有如蒙頂之苗而槍之始露有如楚畹之香而芽之方茁至若仙杖飛空旁髯驂鸞壽榦通靈時聞吠尨幸則高人逸士襲其馨而挹其味不幸則樵夫野叟爨之棄而斧之戕也於是小摘薦至大烹可期錯落琉璃之碎青蔥雨露之滋潤寒庖之屢空笑盛饌之莫知燎南山之煠翳西澗之水潔獨瓦缶酌中火劑登俎過熟噴香霧之紫茸畢著頓空覺餘糝之滑美混甘苦而爽口逼寒涼而液齒知再飯之幾如兩八珍之鮮味朝焉咀英暮焉茹脆曾不論乎非菘又何數乎蓴豉殆不可無此君於一日又何拘乎去家之一思惜乎首陽之夫食采薇而遂足商巖之老厭啜芝而遂止秦人之炙夫何太俗相如之渴胡不嗜此哉巳而心體舒逸神情爽塏湧真水於玉池炯夜光於銀海吝不予欺遜而謝之荷神農之知音悵離騷之偶遺雖則一草之微無庸多談感物悟理斯有可觀彼弗種而然矧種之者乎彼弗養而然矧養之者予所以菁莪誦育才之樂棫樸歌官人之能行有枝葉

可使莠亂苗之去仁在乎熟深懼莠塞子之心雜杞雜梓扶而養之一薰一猶疏而別之自本自根種而茂之孝弟忠信培而植之師友淵源灌而溉之先王遺言饜而飫之散柯布葉日積月長摩厲青冥直干霄漢股肱心膂無施不可如此則錫山之植物豈但收近效於睥子睠焉而巳哉

五言古詩【增】宋梅堯臣舟中行自采枸杞子 野岸竟多杞小實霜且丹繫舟聊以掇粲粲忽盈盤助吾苦羸薾豈必採琅玕自異騎華人百金求祕丸昔聞王子喬上帝降玉棺此爲卽不免但願任世安 【原】蘇軾小圃枸杞 神藥不自閟羅生滿山澤 日有牛羊憂歲有野火厄

趣俗不好事過眼等茨棘青黃春自長絳珠爛莫摘短籬護新植紫笋生臥節根莖與花實收拾無棄物大將玄吾髩小則餉我客似聞朱明洞中有千年質靈尨或夜吠可見不可索仙人可許我借杖扶衰疾 增黃庭堅題聖寺庭枸杞仙苗壽日月佛界承露雨誰爲萬年計乞此一坏土扶疎上翠蓋磊落綴丹乳夫家尚不食出家何用許政恐落人間采剝四時苦養成九節杖特獻西王母

七言古詩 增宋蘇軾周教授索枸杞因以詩贈錄呈廣倅蕭大夫鄭侯藏書手不觸嗟我嗜書終日讀短檠照字細如毛怪底昏花懸兩目扶衰賴有玉母杖名字於

今挂仙籙荒城古塹草露寒碧葉叢低紅萼粟春根夏苗秋著子盡付天隨啞充腹蘭傷桂折緣有用爾獨何損丹其族贈君慎勿比薏苡采之終日不盈匊外澤中乾非爾儔斂藏更借秋陽暴雞壅桔梗一稱帝堇也雖尊等臣僕時復論功不汝遺異時謹事東籬菊 原楊萬里題張似道寒綠軒菊芽伏土摻青粟杞笋傍根埋紫玉雷聲一夜雨一朝森然迸出如蕨苗先生肌腸詩作梗小摘珍芳汲水井風爐蟹眼候松聲罌觴親撈微帶生爛炊雕胡淅青精芼以天隨寒綠萌飢時作韲仍作羹飽後龍鳳同庖烹大官蒸羊壓花片宰夫臑蹯割瓊軟豹胎熬出禍胎來貴人有眼何曾見天隨尚有愁作羹愁杞作棘菊作莎君不見黃金錢照紅玉豆秋高更覺風味多先生釀金煉紅玉自莎自棘如予何金空王盡苗復出喫苗喫花并喫實天隨白眼屠沽兒不道有人頭上立

七言律詩 原唐劉禹錫楚州開元寺北院枸杞臨井繁茂可觀羣賢賦詩因以繼和僧房藥樹依寒井井有香泉樹有靈翠黛葉生籠石甃殷紅子熟照銅瓶枝繁本是仙人杖根老新成瑞犬形上品功能甘露味還知一勺可延齡 宋楊萬里嘗枸杞芥花蕊蓍餞春忙夜吠仙苗喜晚嘗味抱土膏甘復脆氣含風露嚥猶香作虀淡著微施酪芼茗臨時莫過湯却憶荊溪古城上翠條

紅乳摘盈箱 增明吳寬謝顧良弼甘州枸杞畦間此種看來無綠葉尖長也自殊似取珊瑚沉鐵網空將薏苡作明珠菊苗同摘悲誰賦藥品兼收正爾須曾是老人宜服食只今衰病莫如吾

五言排律 原唐孟郊井上枸杞架深鎖銀泉甃高葉架雲空不與凡木並自將仙蓋同影疎千點月聲細萬條風迸子鄰溝外飄香客位中花杯承此飲椿歲小無窮

七言絕句 增唐白居易和郭使君題枸杞山陽太守政嚴明吏靜人安無犬驚不知靈藥根成狗怪得時聞吠夜聲

詩散句 增宋張耒江臯春氣足佳杞暮新苗老枘飽霜

露餘滋發柯條神農不吾欺詩譽何物物堅筋及奔馬
瑩目察秋毫〔曾肇〕腹飽仙人杖心存姹女丹〔朱子〕
雨餘芽甲翠光勻杞菊成蹊亦自春〔陸游雪齋茆堂〕
鐘磬清晨齋枸杞一杯羹〔蘇軾〕新芽摘杞叢
【別錄】〔移植〕揀好地熟劚加糞訖畦開深七八寸取枸
杞連莖剉四寸長以草索束如碗大堆中立種相去尺
許調爛牛糞如稀糊灌束上令滿減則更灌以肥土擁
滿更加熟牛糞然後灌水不久即生極肥嫩從一頭割
如剪韭法種半畝料理如法可供數人割時以早朝爲
佳避熱及雨須與地面平高留則無葉深翦則傷根要
數鋤壅灌每月一加糞尤妙〔種子〕取枸杞於水盆內

挼去皮取子曝乾劚肥地作畦畦中去土二三寸仍深
劚熟加糞用二月初一日撒子如種菜法又以爛牛糞
蓋之又蓋土一層令與畦平苗出頻澆之當年疎瘦二
年以後悉肥可作菜食割如土法一年但五度不可過
勿令長不堪食如食不盡即翦作乾菜以備冬用如此
從春及秋其苗不絕其根年年生發可備常用〔辨訛〕
葉厚而長梗上無刺者枸杞葉圓梗上有刺者名白棘
味辛苦麻人不堪服慎之〔製用養生雜纂〕採枸杞子
紅熟者去蔕水淨洗瀝乾砂盆內爛研以細布袋盛濾
去滓沉清一宿去清水若天氣稍暖更不待經宿入銀
石器中慢火熬成膏不住手攪之勿黏底候稀稠得所

瀉向新瓷瓶中盛之蠟紙封勿令透氣每日早朝溫酒
下二大匙夜臥再服百日身輕氣壯耳目聰明鬚髮烏
黑〔歲時記〕澡浴除病正月一日二月二日三月三日
四月四日以至十二月十二日皆用枸杞葉煎湯洗澡
令人光澤百病不生　九月上戌日采枸杞十月上亥
日製服〔法天生意〕廿一日枸杞煎湯沐浴令人不病
不老　十月壬癸日面東采枸杞子二升以好酒五升
磁瓶內浸二十一日開封入生地黃汁三升攪勻以紙
三重封口更浸候至立春前三日開瓶空心煖飲一杯
至立春後鬚鬢却黑補益精氣服之耐老輕身忌食蘿
蔔蕪荑　十四日取枸杞煎湯沐浴令人光澤不老

十一月初十日十二月除夜取枸杞煎湯沐浴令人光
澤不病不老去災【增】〔外臺祕要〕枸杞酒補虛損去勞
熱長肌肉益顏色肥健人止肝虛目淚用生枸杞子五
升擣破絹袋盛浸好酒二斗中密封勿洩氣二七日服
之〔養痾漫筆〕枸杞子榨油點燈觀書能益目力

溲疏

【增】〔藥錄〕溲疏一名楊櫨一名牡荊一名空疏皮白中空
時時有節子似枸杞子冬月熟赤色味甘苦〔名醫別
錄〕溲疏一名巨骨味苦微寒無毒治皮膚中熱除邪氣
止遺溺利水道除胃中熱下氣可作浴湯

楊櫨（與上溲疏名同物異）

增唐本草楊櫨一名空疏所在皆有生籬垣間其子爲莢葉氣味苦寒有毒治疽瘻惡瘡水煑汁洗之立瘥

木天蓼

增本草綱目木天蓼其樹高而味辛如蓼故名蘇恭曰所在皆有生山谷中今安州申州作藤蔓葉似柘花白子如棗許無定形中瓤似茄子味辛噉之以當薑蓼陳藏器曰今時所用木蓼出山南鳳州樹高如冬青不凋藤蓼生江南淮南山中藤著樹生葉如梨光而薄子如棗郎蘇恭以爲木天蓼者又有小天蓼生天目山四明山樹如巵子冬月不凋野獸食之是有三天蓼俱能逐風而小者爲勝蘇頌曰木天蓼今出信陽木高二三丈三月四月開

花似柘花五月采子子作毬形似檾麻子可藏作果食李時珍曰天蓼雖有三種而功用彷彿蓋一類也其子可爲燭其芽可食枝葉氣味辛溫有小毒治癥結積聚風勞虛冷細切釀酒飲

放杖木

增本草拾遺放杖木生溫括睦婺諸州山中樹如木天蓼老人服之一月放杖故以爲名氣味甘溫無毒治一切風血理腰脚輕身變白不老浸酒服之

接骨木

增唐本草接骨木一名木蒴藋所在皆有之葉如陸英花亦相似但作樹高一二丈許木體輕虛無心斫枝扦之便生人家亦種之氣味甘苦平無毒治折傷續筋骨除風痺齲齒可作浴湯葉治痎瘧

新雉木

增名醫別錄新雉木味苦香溫無毒主風眩痛可作沐藥七月采陰乾實如桃

合新木

增名醫別錄合新木味辛平無毒解心煩止瘡痛生遼東

俳蒲木

增名醫別錄俳蒲木味甘平無毒主少氣止煩生陵谷葉如柰實赤三稜

遂陽木

增名醫別錄遂陽木味甘無毒主益氣生山中如白楊葉三月實十月熟赤可食

學木核

增名醫別錄學木核味甘寒無毒主脇下留飲胃氣不平除熱如甤核五月采陰乾

栒核

增名醫別錄栒核味苦療水身面癰腫五月采

木核

增名醫別錄木核療腸澼花療不足子療傷中根療腹逆氣止渴十月采

荻皮

增名醫別錄荻皮味苦止消渴白蟲益氣生江南如松葉有別刺實赤黃十月采

柵木

增海藥本草柵木皮味苦溫無毒主霍亂吐瀉小兒吐乳暖胃正氣按廣志云生廣南山野其樹如桑

乾陀木

增海藥本草按西域記云乾陀木生西國彼人用染僧褐故名乾陀褐色也樹大皮厚葉如櫻桃安南亦有皮味溫平無毒主癥瘕氣塊溫腹暖胃止嘔逆破宿血

馬瘍木

增本草拾遺馬瘍木根皮有小毒塗惡瘡疥癬出江南山谷樹如櫪也

角落木

增本草拾遺角落木皮味苦溫無毒主赤白痢生江西山谷似茱萸獨莖也

芙樹

增本草拾遺芙樹有大毒主風蹷偏枯筋骨攣縮癱瘓皮膚不仁疼冷等取根葉搗碎大甑蒸熱鋪牀上臥之生江南深山葉長厚冬月不凋

白馬骨

增本草拾遺白馬骨無毒燒灰塗瘰癧惡瘡蝕息肉白癜風取莖葉煮汁服止水痢生江東似石榴而短小對節

慈母

增本草拾遺慈母枝葉炙香作飯下氣止渴令人不睡主小兒痰痞生山林間葉如櫻桃而小樹高丈餘

黃屑

增本草拾遺黃屑味苦寒無毒主心腹痛霍亂破血酒疸目黃及野雞病熱痢下血從西南來者並作屑染黃用之樹如檀

大木皮

增圖經本草大木生施州四時有葉無花其皮味苦濇

性溫無毒采無時治一切熱毒氣

茯苓

原茯苓一名伏靈一名伏菟一名松腴一名不死麪生深山大松下蓋古松久爲人斬伐其枯槎枝葉不復上生者謂之茯苓撥其撥大者茯苓亦大有大如拳者有大如斗者外皮黑而細皺內堅白似鳥獸形人形龜形者爲佳皆自作塊不附著根亦無苗葉花實性不朽蛀埋地中二三十年色性無異有赤白二種氣味甘平無毒白主氣赤主血白者逐水緩脾和中益氣止渴除濕補勞傷腰膝利小便除虛熱赤者破結氣瀉心小腸膀胱濕熱利竅行水張元素謂其用有五利小便一也

開勝理二也生津液三也除虛熱四也止泄瀉五也皮
治水腫腹脹通水道開勝理
彙考 增 〔史記龜策傳〕著龜傳曰下有伏靈上有兔絲所
謂伏靈者在兔絲之下狀似飛鳥之形新雨已天清靜
無風以夜捎兔絲去之即以篝燭此地燭之火滅即記
其處以新布四尺環置之明即掘取之入四尺至七尺
得矣過七尺不可得伏靈者千歲松根也食之不死
〔南史隱逸傳〕陶弘景永明十年脫朝服挂神武門上表
辭祿詔許之賜以束帛勅所在月給茯苓五斤白蜜二
斤以供服餌 〔典論〕潁川郤儉能辟穀餌茯苓初儉至
市茯苓價暴數倍 議郎李覃學郤儉辟穀食茯苓飲

水中大寒滑痢殆至殞命 〔博物志〕神仙傳云松柏脂
入地千年化爲茯苓茯苓化爲琥珀琥珀一名江珠今
泰山出茯苓而無琥珀益州永昌出琥珀而無茯苓或
云燒蜂巢所作 〔神仙傳〕黃初平得仙道兄初起棄妻
子就初平學共服松脂茯苓至五百歲能坐在立亡行
於日中無影而有童子之色 孔元方許昌人也常服
松脂茯苓松實等藥老而益少容如四十許人 原 抱
朴子王子季服茯苓十八年玉女從之能影能彰不食
穀炙瘢滅面體玉澤 〔枕中記〕茯苓久服百日病除二
百日晝夜不眠二年役使鬼神四年後玉女來侍 增
魏夫人傳夫人志慕神仙味眞耽玄欲求冲舉常服胡

麻散茯苓丸 〔酉陽雜俎〕藥草異號絳晨伏胎茯苓也
武攸緒隱居中岳服赤箭茯苓晚年肌肉殆盡目有
紫光晝見星月又能辨數里外語 沈約謝始安王賜
茯苓一枚重十二斤八兩有表 陝州西北白徑嶺上
邏村村人田氏常穿井得一根大如臂節中麤皮若茯
苓氣似朮其家奉釋有像設數十遂置於佛像前田氏女
名登娘十六七有容質父常令供香火焉經歲餘女常
見一少年出入佛堂中白衣躡履女遂私之精神舉止
有異於常矣其物根每歲至春擢芽其女有娠乃以其
事白於母母疑其怪常有衲僧過門其家留之供養僧
將入佛宇輒爲物拒之一日女隨母他出僧入佛堂門

纔啟有鴿一隻拂僧飛去其夕女不復見其怪覘其根
頓成朽蠹女娠纔七月產物三節其形如像前根也田
氏併火焚之其怪亦絕成式常見道者論枸杞茯苓人
參朮形有異服之獲上壽或不葷血不色欲遇之必能
降眞爲地仙矣田氏無分見怪而去宜乎 〔湖山勝槩〕
無垢寺偃松下有茯苓因名泉爲茯苓泉
集藻 贊 原 〔宋王微茯苓贊〕皓苓下居彤絲上薈中狀雞
鳧其容龜蔡神侔少司保延幼艾終志不移柔紅可佩
賦 增 〔宋蘇轍服茯苓賦有序〕余少而多病夏則脾不勝
食秋則肺不勝寒治肺則病脾治脾則病肺平居服藥
始不復能愈年三十有二宦於宛丘或憐而授之以道

士服氣法行之朞年二疾頁愈蓋自是始有意養生之說晚讀抱朴子書言服氣與草木之藥皆不能致長生古神仙眞人皆服金丹以爲草木之性埋之則腐煑之則爛燒之則焦不能自生而況能生人乎余旣汩沒世俗意金丹不可得也則試求之草木之類寒暑不能移歲月不能敗者惟松柏爲然古書言松脂流入地下爲茯苓茯苓又千歲則爲琥珀雖非金石而其能自完也亦久矣於是求之名山屑而瀹之去其脈絡而取其精華庶幾可以固形養氣延年而却老者因爲之賦以道之辭曰春而榮夏而茂憔悴乎風霜之前摧折乎冰雪之後閱寒暑以同化委糞壤而兼朽茲固百草之微細

與衆木之凡陋雖復效骨革於刀几盡性命於杵臼解急難於俄頃破奇邪於邂逅然皆受命淺薄與時變遷朝菌無日蟪蛄無年苟自救之不暇矧他人之足延乃欲擷根莖之幺末假臭味以登仙是猶策疲牛於千里駕鳴鳩而升天則亦辛勤於澗谷之底槁死於峯巖之巔顧桑榆以竊歎意神仙之不然者矣若夫南澗之松拔地千尺皮厚犀兕心堅鐵石鬚髮不改蒼然獨立流膏液於黃泉乘陰陽而固結象鳥獸之[illegible]時伏頫龜蛇之閉蟄外黝黑以鱗皴中潔白而純密上[illegible]莽之不犯下螻蟻之莫賊經歷千歲化爲琥珀受雨露以彌堅與日月而終畢故能安魂魄而定心志却五味與穀粒追赤松於上古以百歲爲一息顏如處子綠髮方目神止氣定浮游自得然後乘天地之正御六氣之辨以遊夫無窮夫又何求而得食

五言古詩　增　唐李益罷秩後入華山採茯苓逢道者　委紱來名山觀奇恣所停山中若有聞言此不死庭遂逢五老人一謂西嶽靈或聞樵人語飛去入昴星授我出雲路蒼然凌石屏覩之有文字乃古黃庭經左右長松列動搖風露零上蟠千年枝陰虬負青冥下結九秋霰流膏爲茯苓取之沙石間異若龜鶴形況聞秦宮女華髮變已青有如上帝心與我千萬齡始疑有仙骨鍊魄可永寧何事逐豪遊飮啄以羶腥神物亦自閟風雷護

此扃欲傳山中寶回策忽已暝乃悲世上人求醒終不醒　宋梅堯臣尹子漸歸華産茯苓若人形者賦以贈行　因歸語茯苓久著桐君籍成形得人物具體存標格神岳畜粹和寒松化膏液外凝石稜紫內蘊瓊肪白千載忽旦暮一朝成琥珀旣瑩毫芒分不與蚊蚋隔拾芥曾未難爲器期增飾至珍行處稀美價定多益

七言古詩　增　宋張鎡謝李仁父茯苓　峨嵋山中千歲松枝虬幹直摩青空雪霜剝落中不槁膏液下與靈泉通龜蹲凫伏自磊砢金堅玉潔仍豐融篝明夜取喜得雋煑鼎朝聽如吟風杵成坐上香飛雪更和乳酪收全功當知至味本無味子若服之壽無窮巽巖脊粱硬如鐵

冠峨切雲佩明月百好都隨春夢空大藥獨傳鴻寶訣
中宵咀嚼不搖頭玉池生肥醲不徹憐我百慮形蚤衰
裹贈扶持意何切丹砂著根謾爾傳脂澤釀黍計已拙
由來妙道初不煩此法莫從兒輩說徑思舉袂揖浮丘
下視塵世真一吷朱顏留得亦何爲追逐同堅歲寒節

五言律詩 增 唐杜甫路逢襄陽楊少府入城戲呈楊員外綰 寄語楊員外山寒少茯苓歸來稍暄暖當爲斸青冥翻動神仙窟封題鳥獸形兼將老藤杖扶汝醉初醒

七言律詩 增 唐吳融病中宜茯苓寄李諫議 千年茯菟帶龍鱗太華峯頭得最珍金鼎曉煎雲漾粉玉甌寒貯露含津南宮已借徵詩客內署今還託諫臣飛檄愈風

知妙手也須分藥救漳濱

詩散句 增 元袁桷 南山植松苗深根生茯苓 唐戴叔倫 日日澗邊尋茯苓巖扉常掩鳳山青 宋蘇軾 我來徙倚長松下欲掘茯苓親洗曬 陸游 百尺松根結茯苓千年長養似人形 元張雨 道人腰著金鴉觜自向松根洗茯苓 唐李商隱 碧松根下茯苓多 李洞 人雲晴斸茯苓還 元袁桷 采苓欲取千年魄 陳樵 茯苓分種傍松栽

詞 增 宋黃庭堅 鷓鴣天 湯泛冰甆一坐春長松林下得靈根吉祥老子親拈出箇箇教成百歲人 燈焰焰酒醺醺壑源曾未破醒魂與君更把長生盌略爲清歌駐白雲

別錄 原 採取 視茯苓擬所在即于四面丈餘地內以鐵錐刺地有茯苓則錐固不可拔乃掘取之二八月末陰乾堅如石者絕勝 修治 凡用去皮搗細水盆中攪濁濾去浮者此茯苓赤筋若誤服令人瞳子黑睛點小兼盲目陶弘景曰作丸散者先煮二三沸乃切曝乾用

增 東坡雜記 茯苓自是神仙上藥祖其中有赤筋脈若不能去服久不利人眼或使人眼小當削去皮斫爲方寸塊銀石器中清水煮以酥軟解散爲度入細布袋中以冷水揉搜如作葛粉狀澄取粉而筋脈留袋中棄去不用用其粉以蜜和如濕香狀蒸過食之尤佳 原 服

食 集仙方多單餌茯苓其法取白茯苓五斤去黑皮搗篩以熟絹囊盛於二斗米下蒸之米熟即止曝乾又蒸如此三遍乃取牛乳二斗和合著銅器中微火煮如膏收之每食以竹刀割隨性飽食辟穀不饑如欲食穀先煮葵汁飲之 又茯苓酥法白茯苓三十斤山之陽者甘美山之陰者味苦去皮薄切曝乾蒸之以湯淋去苦味淋之不止其汁當甜乃曝乾篩末用酒三石蜜三升相和置大甕中攪百匝密封勿洩氣冬五十日夏二十五日酥自浮出酒上掠取其味極甘美作掌大塊空室中陰乾色赤如棗饑時食一枚酒送下終日不食名神仙度世法 又茯苓合白菊花或合桂心或合朮爲散

九皆可常服補益殊勝　儒門事親方用茯苓四兩頭白麪二兩水調作餅以黃蠟三兩煎熟飽食一頓便絕食辟穀至三日覺難受以後氣力漸生也　又法用華山挺子茯苓削如棗大方塊安新甕內好酒浸之紙封一重百日乃開其色當如餳糖日食一塊百日肌體潤澤一年可夜視物久久腸化爲筋延年耐老面若童顏
又法茯苓松脂各二斤醇酒浸之和以白蜜日三服之久久通靈　又法白茯苓去皮酒浸十五日漉出爲散每服三錢水調下日三服

附錄 茯神

原 茯苓抱木者爲茯神安魂魄養精神止驚悸辟不祥

補勞乏開心益智人虛小腸不利者倍用

集藻 辨 增 唐柳宗元辨茯神文 茯神之神兮惟餌之良愉心舒肝兮魂平志康殿開滯結兮調護柔剛利寧悅懌兮復彼恒常休嘉訢合兮邪怪遁藏君子食之兮其樂揚揚余殆於理兮榮衛蹇極伏盃積塊兮悸不得息有醫導余兮求是以食往沽之市兮欣焉有得滌濯爨烹兮專恃爾力反增予疾兮昏憒惡寒余駭其狀兮往尤於醫徵滓以觀兮既笑而嘻曰子胡昧愚兮茲謂蹲鴟處身猥大兮善植圩卑氣受頑昏兮陰僻欿危累積星紀兮以老爲奇潛苞水土兮混雜蝝蚳不幸充腹兮唯痛之宜野夫忮害兮假是以欺刮肌刻貌兮觀者勿疑中虛以脆兮外澤而夷談而爲餌兮命或殆而今無以追兮後愼觀之嗚呼物固多僞兮知者蓋寡考之不良兮求福得禍出而爲詞兮願寤來者

附錄 神木

原 神木一名黃松節治偏風口面喎斜毒風筋攣不語心神驚掣虛而健忘脚氣痺痛諸筋牽縮

豬苓

增 昌黎詩註 豨苓豬苓也楚人呼豬爲豨　本草綱目 豬苓一名豭豬苓一名豕橐一名地烏桃陶弘景曰是楓樹苓其皮黑色肉白而實者佳削去皮用李時珍曰豬苓亦是木之餘氣所結如松之結茯苓也他木皆有

楓樹爲多氣味甘平無毒治疾瘧解毒蠱疰不祥利水道解傷寒溫疫大熱發汗主腫脹滿腹急痛治渴除濕瀉膀胱開腠理治淋腫脚氣

佩文齋廣羣芳譜卷第一百

出版後記

早在二〇一四年十月，我們第一次與南京農業大學農遺室的王思明先生取得聯繫，商量出版一套中國古代農書，一晃居然十年過去了。

十年間，世間事紛紛擾擾，今天終於可以將這套書奉獻給讀者，不勝感慨。

當初確定選題時，經過調查，我們發現，作爲一個有著上萬年農耕文化歷史的農業大國，我們整理的農業古籍叢書只有兩套，且規模較小，一是農業出版社自一九五九年開始陸續出版的《中國古農書叢刊》，收書四十多種；一是農業出版社一九八二年出版的《中國農學珍本叢刊》，收書三種。其他點校整理的單品種農書倒是不少。基於這一點，王思明先生認爲，我們的項目還是很有價值的。

經與王思明先生協商，最後確定，以張芳、王思明主編的《中國農業古籍目錄》爲藍本，精選一百五十二種中國古代最具代表性的農業典籍，影印出版，書名初訂爲『中國古農書集成』。接下來就是正常的流程，先確定編委會，確定選目，再確定底本。看起來很平常，實際工作起來，卻遇到了不少困難。

古籍影印最大的困難就是找底本。本書所選一百五十二種古籍，有不少存藏於南農大等高校圖書館。但由於種種原因，不少原來准備提供給我們使用的南農大農遺室的底本，當時未能順利複製。最後所有底本均由出版社出面徵集，從其他藏書單位獲取。

本書所選古農書的提要撰寫工作，倒是相對順利。書目確定後，由主編王思明先生親自撰寫樣稿，副主編惠富平教授（現就職於南京信息工程大學）、熊帝兵教授（現就職於淮北師範大學）及編委何彦超博士（現就職於江蘇開放大學）及時拿出了初稿，爲本書的順利出版打下了基礎。

本書於二〇二三年獲得國家古籍整理出版資助，二〇二四年五月以『中國古農書集粹』爲書名正式出版。

二〇二三年一月，王思明先生不幸逝世。没能在先生生前出版此書，是我們的遺憾。本書的出版，或可告慰先生在天之靈吧。

是爲出版後記。

鳳凰出版社

二〇二四年三月

《中國古農書集粹》總目